科学出版社"十四五"普通高等教育本科规划教材

联合作战科技基础系列教材

武器装备系统概论

（第二版）

谭东风　蒋　杰　等　编著

科 学 出 版 社

北　京

内 容 简 介

本书将装备科技原理与作战应用相结合,按照主战武器是力量投射(送)系统的观点,从弹药、武器、平台和体系四个层次,系统地介绍了各类武器装备系统的基本概念、关键科技原理、典型装备实例与作战运用。在保留第一版教材的弹药,枪炮,导弹,信息对抗装备,陆上、海上、空中和空间 (作战) 平台,无人作战系统,指挥信息系统,武器装备系统运用与实例各章基本内容的同时,进行修订、更新和补充,如集群智能等相关内容。新增一章,概述武器装备体系效能评估的基本概念和方法,提出一个融合动态零和博弈与动态合作博弈理论,评估网络化武器装备体系对抗动态行为与整体效能的数学方法。全书共十四章,并配有思考题和参考文献,便于教学或延伸使用。

本书可作为高等院校本科生教材,也可供感兴趣的读者阅读和参考。

图书在版编目(CIP)数据

武器装备系统概论/谭东风等编著. —2 版.—北京:科学出版社,2023.12
科学出版社"十四五"普通高等教育本科规划教材
ISBN 978-7-03-076494-2

Ⅰ. ①武… Ⅱ. ①谭… Ⅲ. ①武器装备–系统管理–高等学校–教材
Ⅳ. ①E92

中国国家版本馆 CIP 数据核字(2023)第 188548 号

责任编辑:刘凤娟 杨 探 / 责任校对:彭珍珍
责任印制:吴兆东 / 封面设计:有道设计

科 学 出 版 社 出版
北京东黄城根北街 16 号
邮政编码:100717
http://www.sciencep.com
北京厚诚则铭印刷科技有限公司印刷
科学出版社发行 各地新华书店经销
*
2015 年 6 月第 一 版 开本:720×1000 1/16
2023 年 12 月第 二 版 印张:40 3/4 插页:3
2025 年 10 月第三次印刷 字数:799 000
定价:**149.00 元**
(如有印装质量问题,我社负责调换)

《武器装备系统概论》(第二版)
作 者 名 录

第 1 章　谭东风、赵青松、杨克巍

第 2 章　易声耀、张耀鸿

第 3 章　朱一凡、蒋杰

第 4 章　卢芳云、李翔宇、蒋邦海、柳珑

第 5 章　罗爱民、戴长华、葛斌、谭东风

第 6 章　杨舜洲、戴长华、杨克巍、蒋杰

第 7 章　龙建国、刘兴、王辰、郭金林

第 8 章　徐浩军、张国华、蒋杰

第 9 章　杨乐平、朱彦伟

第 10 章　孙振平、蒋平、谭东风

第 11 章　罗爱民、张国华、谭东风、白亮

第 12 章　谭东风

第 13 章　杨克巍、罗爱民

第 14 章　凌云翔

"联合作战科技基础系列教材" 序言

大力加强联合作战指挥人才培养，是胡主席和军委总部着眼我军现代化建设和军事斗争准备全局提出的重大战略决策。当代科学技术特别是以信息技术为主要标志的高新技术的迅猛发展及其在军事领域的广泛应用，深刻改变着战斗力要素内涵和战斗力生成模式，科技素质已经成为高素质新型军事人才必备的核心素质之一。军队院校特别是学历教育院校必须着眼培养军队信息化建设的未来领导者和未来信息化战争的指挥者，切实打牢联合作战指挥人才的科技素质。

国防科学技术大学认真贯彻落实胡主席和军委总部重要指示精神，以信息化条件下联合作战需求为导引，积极探索联合作战指挥人才培养的特点规律，充分发挥学校人才和科技密集的优势，着力打牢学员适应未来联合作战所必需的科技素质。2008 年，学校策划实施"联合作战科技基础系列教材"编著计划，以教学内容体系建设为突破口，积极推进教育教学改革向联合作战指挥人才培养聚焦，大力培养理想信念坚定、联合作战意识强烈、科技素质扎实、指挥管理能力过硬的高素质新型指挥人才。在总部机关的关心指导下，学校组织精干教学与科研力量，历时四载，完成了首批四部联合作战科技基础系列教材《战场环境概论》《军事信息技术基础》《武器装备系统概论》和《武器战斗部投射与毁伤》的编著工作。

本系列教材适应信息化条件下联合作战的发展趋势，立足我军建设和训练改革实践，紧扣基于信息系统的体系作战能力建设和集成训练问题研究，重点阐述了联合作战相关科技要素的核心知识概念、科学技术原理、武器装备体系和联合作战应用等方面的内容。教材教学定位明确、内容科学先进、时代特色鲜明，较好地满足了当前联合作战指挥人才科技素质培养之急需。

联合作战指挥人才培养是军队现代化建设的战略性工程，也是复杂的系统工程，需要学历教育、任职培训、岗位锻炼等诸多环节的协调统一。四部联合作战科技基础教材的出版，是学校联合作战指挥人才培养实践取得的阶段性成果。抛砖引玉，期待更多有识之士参与，提出宝贵意见和建议，让我们共同为加快推进我军联合作战指挥人才培养作出新的更大贡献。

中国人民解放军
国防科学技术大学　　校长

2012 年 9 月

第二版前言

《武器装备系统概论》第一版于 2015 年出版，迄今已经 8 年。作为"国防科学技术大学联合作战科技基础系列教材"之一，首先是一部本科必修课程教材，后又作为专业限选课程和公选课程教材，也被国内有关院校选做教材和教学参考书。

此次改版基于两个缘由。首先，自教材出版以来，在各项教学实践中，获得了广大学员和教师的普遍好评和大量教学反馈，许多领导、专家提出了许多宝贵意见和建议。特别是深化国防和军队改革以来，新的使命任务和人才培养需求对课程提出了新的要求。其次，自第一版以来，新的装备科技与应用不断涌现，武器装备的机械化、信息化，特别是智能化呈现融合发展态势，体系化趋势越来越明显，一些内容亟待更新和补充。经过学校推荐和专家评审，《武器装备系统概论(第二版)》入选科学出版社"十四五"普通高等教育本科规划教材。

针对上述情况，我们重新审视了第一版并对各章进行系统修改。第二版依然坚持装备科技原理与作战应用相结合，维持第一版按照力量投射（送）的观点将现代武器装备系统分为弹药、武器、平台和体系四个层次，系统地介绍各型武器装备系统的基本概念、关键科技原理、典型装备实例与作战运用的框架结构。对原"信息作战武器"与"指挥信息系统"两章做了较大篇幅的改写，补充了新内容；改写了"无人作战系统"部分内容，增加"集群智能"与无人作战系统的相关内容。为进一步增强武器装备体系化评估与运用的认知，新增一章 (第 12 章)系统介绍武器装备体系对抗及其效能评估的数学理论，从定量评估武器装备体系作战效能的视角，运用网络思维和智能博弈的数学理论方法评估体系对抗的动态行为。

第二版修订工作由谭东风总体筹划，蒋杰和杨克巍承担了部分的组织协调工作，谭东风、张耀鸿、蒋杰、杨克巍、郭金林、罗爱民、孙振平、蒋平 (按参与修订的章节次序) 负责相关章节的修订，最后由谭东风统稿。

具体的修订内容与分工情况如下：谭东风修订第 1 章。张耀鸿修订第 2 章，简化并完善了"枪械的工作循环、缠角计算、制退机原理和新概念火炮"叙述，增加了"远程火箭炮、迫榴炮等装备及作战应用"相关内容。蒋杰修订第 3 章，增加了"高超声速导弹概述"，系统梳理和加强了"导弹制导原理"的相关内容，精练了"惯性制导"，补充了"遥控制导、寻的制导、匹配制导、卫星制导和复合制导"等常用制导技术的内容。罗爱民修订第 5 章，章名由"信息作战武器"改为"信息对抗武器装备",介绍信息对抗武器装备的概念、内涵、分类及发展历程,围绕电子对抗装备和网络对抗装备介绍相关技术原理和典型装备及作战应用。杨克巍、蒋杰修订第 6 章,删减重复的"坦克炮射击原理"等内容,"直升机"的相关内容移至第 8 章,对"发动机"部分内容进行了调整,对"陆上作战平台运用"部分精简篇幅,补充"数字化陆上装备、作战运用"相关信息。郭金林修订第 7 章,对"(船体) 回转性"、"水声探测设备及工作原理"、"声速理论"、"菲涅耳透镜式光学 (舰载机) 助降系统"等技术原理进行了通俗化描述,新增了 055型驱逐舰,"山东"号国产航母等有关内容。蒋杰修订第 8 章,补充"直升机技术原理与作战运用",简化"升力影响因素、气动布局、飞机机动、发动机原理"等,修改"战斗机火控系统原理、空战方式"等内容。孙振平、蒋平和谭东风修订第 10 章,在无人作战系统优缺点分析方面增加了"无人作战系统与应用面临挑战"的内容,在技术原理方面,增加了"自主性"的新概念,特别是近来兴起无人集群系统的内容,包括无人集群的科学概念、集群自主协调与指挥控制的数学原理、集群的特性分析以及关键技术等。在"典型装备和作战应用案例"部分增加"翼龙"-Ⅱ 无人机以及进攻型无人蜂群等内容。罗爱民与谭东风修订第 11 章,在概述部分,重写了"指挥信息系统发展历程",删除了"指挥信息系统地位与作用"等存在重复的内容。在技术原理部分,突出指挥信息系统基本原理,新增加了"熵不增"原理,修改"综合集成、指挥控制过程"等内容。在典型装备部分,删除"全球信息栅格"等相对陈旧的内容,新增"美军先进作战管理系统介绍"。杨克巍修订第 13 章 (原第 12 章),主要修改原 12.1 节"数字化装甲装备体系",补充装甲装备体系作战运用的新发展,特别是多域作战的一些新理念和新战法。

第一版的第 4 章"弹药"、第 9 章"空间作战平台"和第 13 章"武器装备体系运用实例"(第二版第 14 章) 除必要的格式修改和少量调整外基本未做改变。

为了加强对武器装备系统体系化、智能化的认知和武器装备体系对抗概念的理解,新增一章 (第 12 章) 介绍武器装备系统体系对抗及其效能评估的数学理论,用定量的观点描述武器装备体系及其对抗。在这一章中,首先介绍了武器装备体系能力与作战效能以及效能评估的概念,然后系统综述了体系对抗作战效能评估方法的几种主要理论,如基于线性微分方程组的 Lanchester 理论,基于图论的信息时代战斗理论以及经典的博弈理论,即非合作博弈与合作博弈。针对体系对抗中火力、信息、网络体系结构和指挥控制博弈的动态建模需要,首次系统地提出了一个基于超图的武器装备网络体系对抗动态博弈模型 (该项研究获得国家自然科学基金项目 (70571084, 61074121) 等资助),该模型融合了动态零和博弈与动态合作博弈两种不同的博弈理论,模型示例显示体系对抗效能受杀伤武器效能、网络体系、对抗拓扑以及策略博弈等多重因素和作用影响。

第二版修订得到国防科技大学教务处和系统工程学院的大力支持,为本教材的出版提供了多方面的支持和保障。

在第一版出版后，胡晓峰教授、李国辉教授、武小悦教授、刘忠教授、于淼教授审阅并提出了宝贵意见和建议；使用过第一版教材的凌云翔教授、戴长华副教授、王辰副教授、张国华博士、王晖教授、肖卫东教授、白亮教授、杨征副教授、阮逸润副教授、皮立副教授、汤俊副教授等，以及众多学员们结合教与学，甚至毕业后工作的体会，提出了许多感想和建议，本次修订工作对此进行了认真的分析和梳理，并在第二版修订中得到了相应的体现；在第一版作者同心协力奠定的良好基础之上，第二版的修订延续了第一版的基本框架和主体内容，同时，修订中对原稿的利用和修改得到了第一版各位作者的理解、支持和宽容；王正明教授审阅了第二版全文初稿并提出了系统和详细的修改意见，修订作者也从王教授的《导弹试验的设计与评估 (第三版)》与新著《装备试验科学方法论》中获得了许多有益见解和启发；对于上述具名或未及具名的同仁的支持和帮助，本次修订作者表示衷心感谢。

由于客观条件的限制以及修订者的学识和能力等主观原因，本教材存在不足之处在所难免，敬请各位专家和读者指正。

修订作者

2023 年春，长沙

第一版前言

　　人类社会正在从工业时代迈向信息时代，战争形态也在经历同样的转变。现代战争已经从传统的陆地、海洋、空中，扩展到空间、网络、电磁等多维空间，多军兵种联合作战成为主要的作战样式，体系对抗成为联合作战的基本特征。工欲善其事，必先利其器。武器装备是武装力量用于实施和保障战斗行动的武器、武器系统以及与之配套的其他军事技术装备的统称，以信息技术为核心的军事高技术在武器装备研制和现有武器装备改进中的大量运用，使得现代武器装备系统成为一个技术密集、功能多样和体系复杂的庞大综合体，武器装备的作战效能得到空前提高。然而，先进的武器只有与掌握先进科学理论并能灵活运用的人结合起来，才能发挥其应有的作用，进而产生新的、更大的战斗力。

　　针对新型联合作战指挥人才培养需求，我们以具体武器装备为载体，以科技原理为基础，以作战运用为落脚点进行教学设计，面对武器装备科技知识专业性与装备运用理论综合性的矛盾，本教材提出并采用了一种"四纵四横"的内容体系框架，所谓"四纵"是基于"主战武器是广义力量投射（送）装备"的观点，将武器装备系统划分为弹药、武器、平台和体系四个层次；所谓"四横"是指按概述、科技原理、装备实例、作战运用四个方面综合讨论武器装备系统。

　　按照广义力量投射（送）的观点，弹药是对目标实施近距、直接毁伤的装备，如通常所称的战斗部；武器是将战斗部直接投射到目标位置的装备，如枪炮、导弹等，其中信息作战武器是一种通过电磁波、网络或信息系统等信息手段对抗目标及其系统的新型武器；平台是装载武器、弹药，并在作战空间中机动的装备，如陆上、海上、空中和空间作战平台等；体系则是上述弹药、武器和平台的集成系统，如航母战斗群、联合火力打击装备体系等。对于每种装备，概述部分主要介绍装备的基本概念、组成、分类和发展历程等；科技原理部分主要选择直接决定或影响装备功能、效能和使用方式等方面的科学技术知识；装备实例部分主要分析中外典型装备及其体系的现状、特点和比较；作战运用部分主要介绍装备的作战用途、使用方式和优缺点等，并结合技术原理进行分析。

　　这种"分解、组装"式的武器装备系统划分，在教学上有两个好处。第一，比较方便集中篇幅讲解装备中具有共性和相关性的科技原理，容易讲深讲透，使读者能举一反三，也可减少相似内容的不必要重复，避免陷入对众多具体装备战技性能指标的罗列式叙述。第二，通过将不同层次、不同装备科技原理与作战运用的有机综合，可以增强读者对武器装备系统整体性、层次性和动态性的认识，为提高分析问题和知识运用的能力与水平提供帮助。

本书既可与本系列教材中《战场环境概论》《武器战斗部投送及毁伤》和《军事信息技术基础》联合使用，也可以单独使用；既可以作为教材使用，也可以作为读者了解相关知识的入门读物。

本书是多学科融合与多单位联合协作的结果，是集体智慧的结晶。各章内容在团队反复研讨，共同确定目标原则、内容体系的基础上，分工协作，经过多轮迭代、反复修改而成，并在实际教学中使用了三年。教材的主要参编人员包括：第1章，谭东风、赵青松、杨克巍；第2章，易声耀；第3章，朱一凡；第4章，卢芳云、李翔宇、蒋邦海、柳珑；第5章，戴长华、葛斌、谭东风；第6章，杨舜洲、戴长华；第7章，龙建国（海军指挥学院）、刘兴（海军指挥学院）、王辰；第8章，徐浩军（空军工程大学）、张国华；第9章，杨乐平、朱彦伟；第10章，孙振平、谭东风；第11章，张国华、谭东风、白亮；第12章，杨克巍、罗爱民；第13章，凌云翔。全书由谭东风提出教材框架、组织编写并统稿。知名武器装备体系学者谭跃进教授担任本书的名誉主编。在编写过程中，先后得到了国防科学技术大学领导的直接关心和具体指导，学校和学院各级机关的领导和同志给予了大力支持和帮助，在此表示衷心的感谢。

由于作者知识水平有限，虽然倾注了极大的热情和努力，但书中不妥之处仍在所难免，敬请读者批评指正。

作　者

2014 年 8 月于长沙

目 录

第1章 绪论 ·· 1

1.1 武器的产生 ·· 1

1.2 武器装备的概念与分类 ·· 2

    1.2.1 武器装备的概念 ·· 2

    1.2.2 武器装备的分类 ·· 4

1.3 武器装备的发展 ·· 7

    1.3.1 武器装备的发展历程 ··································· 7

    1.3.2 现代科学技术与武器装备的发展 ·················· 10

    1.3.3 武器装备的发展趋势 ·································· 14

1.4 作战能力构成与生成途径 ····································· 17

    1.4.1 作战能力构成 ··· 17

    1.4.2 作战能力生成途径 ···································· 20

1.5 全书总体框架 ·· 22

思考题 ··· 24

参考文献 ·· 25

第2章 枪械与火炮 ·· 26

2.1 枪械与火炮概述 ·· 26

    2.1.1 枪械与火炮的发展 ···································· 26

    2.1.2 枪械与火炮的分类 ···································· 27

    2.1.3 枪械与火炮的基本组成 ······························ 28

    2.1.4 枪械与火炮自动机及工作循环 ···················· 31

2.2 枪械与火炮弹道学基本原理 ································· 31

    2.2.1 内膛构造原理 ··· 31

    2.2.2 枪炮弹膛内运动过程及其规律 ···················· 34

    2.2.3 弹丸空中飞行的一般运动规律 ···················· 36

2.3 枪械基本构造原理 ··· 38

    2.3.1 枪械常用自动方式与枪膛开闭锁 ················· 38

    2.3.2 供弹与退壳 ··· 42

    2.3.3 击发、发射与保险 ···································· 44

2.3.4　其他机构与装置 ································· 46

2.4　火炮基本构造原理 ······························· 46

2.4.1　炮身结构原理 ································· 46

2.4.2　反后坐装置原理 ······························· 50

2.4.3　火炮架体工作原理 ····························· 51

2.5　枪械与火炮典型装备 ····························· 53

2.5.1　枪械典型装备 ································· 53

2.5.2　火炮典型装备 ································· 57

2.6　枪械与火炮的作战运用 ··························· 64

2.6.1　枪械的作战运用 ······························· 64

2.6.2　火炮的作战运用 ······························· 66

思考题 ··· 68

参考文献 ··· 69

第 3 章　导弹 ··· 70

3.1　概述 ··· 70

3.1.1　导弹的概念及分类 ····························· 70

3.1.2　导弹武器的发展 ······························· 71

3.1.3　导弹武器的作战性能指标 ······················· 73

3.2　导弹主要技术原理 ······························· 74

3.2.1　导弹的结构原理 ······························· 74

3.2.2　导弹的推进原理 ······························· 80

3.2.3　导弹的控制原理 ······························· 90

3.2.4　导弹的飞行原理 ······························· 101

3.2.5　导弹的拦截与突防原理 ························· 109

3.3　典型装备与系统 ································· 111

3.3.1　弹道式导弹 ··································· 111

3.3.2　飞航式导弹 ··································· 113

3.3.3　寻的式导弹 ··································· 114

3.4　作战运用 ······································· 117

3.4.1　弹道导弹作战运用 ····························· 117

3.4.2　巡航导弹作战运用 ····························· 120

3.4.3　防空导弹作战运用 ····························· 121

思考题 ··· 124

参考文献 ··· 124

第 4 章　武器弹药 ·· 126

　4.1　武器弹药概述 ··· 126

　　4.1.1　武器弹药的基本分类 ··· 126

　　4.1.2　武器弹药的发展历程 ··· 126

　4.2　常规弹药 ·· 128

　　4.2.1　常规弹药的基本概念 ··· 128

　　4.2.2　常规弹药的毁伤原理 ··· 130

　　4.2.3　常规弹药系统与典型装备 ··· 140

　　4.2.4　典型常规弹药作战运用 ·· 150

　4.3　核武器 ·· 153

　　4.3.1　核武器的基本概念 ··· 153

　　4.3.2　核武器的毁伤原理 ··· 154

　　4.3.3　核武器结构 ··· 158

　　4.3.4　核武器作战运用与防护 ·· 161

　4.4　生化武器 ·· 166

　　4.4.1　生化武器的基本概念 ··· 166

　　4.4.2　生化武器的毁伤原理 ··· 167

　　4.4.3　生化武器结构 ··· 171

　　4.4.4　生化武器作战运用与防护 ··· 173

　思考题 ··· 174

　参考文献 ·· 175

第 5 章　信息对抗武器装备 ··· 176

　5.1　信息对抗武器装备概述 ··· 176

　　5.1.1　信息对抗武器的概念及分类 ·· 176

　　5.1.2　信息作战武器发展 ··· 178

　5.2　电子对抗装备 ·· 180

　　5.2.1　电子对抗关键技术原理 ·· 180

　　5.2.2　电子对抗典型装备 ··· 190

　　5.2.3　电子对抗装备的作战运用 ··· 201

　5.3　网络武器 ·· 207

　　5.3.1　网络攻击原理 ··· 207

　　5.3.2　网络进攻武器 ··· 211

　　5.3.3　网络武器的作战运用 ··· 212

　思考题 ··· 213

　参考文献 ·· 214

第 6 章　陆上作战平台 ·· 215

6.1　陆上作战平台概述 ·· 215

　　6.1.1　陆上作战平台发展概况 ······························· 215

　　6.1.2　陆上作战平台的组成与分类 ·························· 216

6.2　陆上作战平台技术原理 ······································ 218

　　6.2.1　发动机 ·· 218

　　6.2.2　轮式车辆底盘 ·· 221

　　6.2.3　履带式车辆底盘 ······································ 231

　　6.2.4　车辆防护系统 ·· 238

　　6.2.5　武器系统 ·· 242

　　6.2.6　电气与信息系统 ······································ 248

6.3　典型陆上作战平台 ·· 249

　　6.3.1　军用车辆 ·· 250

　　6.3.2　坦克 ·· 253

　　6.3.3　装甲车辆 ·· 259

6.4　陆上作战平台运用 ·· 264

　　6.4.1　陆上作战平台运用的一般原则 ······················· 265

　　6.4.2　装甲装备的使用原则 ·································· 266

　　6.4.3　陆军突击部队装备作战运用特点 ····················· 267

　　6.4.4　陆军突击部队作战案例——伊拉克战争–法奥战役 ······· 268

思考题 ·· 269

参考文献 ·· 270

第 7 章　海上作战平台 ·· 271

7.1　概述 ·· 271

　　7.1.1　海上作战平台的发展简史 ······························ 271

　　7.1.2　海上作战平台的类型 ·································· 275

　　7.1.3　海上作战的主要作战样式 ······························ 278

7.2　海上作战平台的原理与关键技术 ······························ 280

　　7.2.1　水面船体运动原理 ···································· 280

　　7.2.2　水声探测原理 ·· 288

　　7.2.3　航海导航原理 ·· 291

　　7.2.4　鱼雷 ·· 294

　　7.2.5　水雷 ·· 296

　　7.2.6　航母舰载机工作原理 ·································· 297

7.3　典型海上作战平台 ·· 304

7.3.1　驱护舰系统 ·· 304

7.3.2　潜艇系统 ·· 308

7.3.3　航空母舰系统 ·· 312

7.3.4　海上作战平台发展趋势 ··································· 318

7.4　海上作战平台作战运用 ·· 319

7.4.1　反舰作及装备运用 ·· 319

7.4.2　反潜作战及装备运用 ····································· 321

7.4.3　防空作战及装备运用 ····································· 324

7.4.4　对岸作战及装备运用 ····································· 325

思考题 ·· 326

参考文献 ·· 326

第 8 章　空中作战平台 ··· 328

8.1　概述 ··· 328

8.1.1　空中作战平台 ·· 328

8.1.2　军用飞机发展概况 ·· 331

8.1.3　军用飞机基本组成与分类 ······························ 335

8.1.4　空中作战样式 ·· 338

8.2　空中作战平台的主要技术原理 ···································· 339

8.2.1　飞机飞行原理 ·· 339

8.2.2　推进系统原理 ·· 369

8.2.3　操纵系统原理 ·· 378

8.2.4　火控系统原理 ·· 381

8.2.5　直升机飞行原理 ··· 383

8.3　典型空中作战平台 ··· 388

8.3.1　歼击机 ·· 388

8.3.2　强 (攻) 击机 ··· 389

8.3.3　轰炸机 ·· 390

8.3.4　预警机 ·· 392

8.3.5　直升机 ·· 393

8.4　空中作战平台运用 ··· 395

8.4.1　空对面攻击 ··· 395

8.4.2　空战 ··· 397

8.4.3　航空侦察 ·· 401

8.4.4　空降 ··· 402

思考题 ·· 405

参考文献 ··· 406

第 9 章　空间作战平台 ····································· 407

9.1　概述 ··· 407

9.1.1　发展概况 ·· 407

9.1.2　基本组成 ·· 409

9.1.3　分类及功能特点 ······································ 412

9.2　技术原理 ··· 414

9.2.1　轨道原理 ·· 414

9.2.2　发射入轨 ·· 419

9.2.3　轨道机动 ·· 425

9.2.4　再入返回 ·· 426

9.3　典型装备 ··· 430

9.3.1　侦察卫星 ·· 431

9.3.2　导航卫星 ·· 432

9.3.3　通信卫星 ·· 434

9.3.4　气象卫星 ·· 435

9.4　作战运用 ··· 436

9.4.1　联合作战信息支援 ···································· 437

9.4.2　空间攻防对抗 ·· 443

思考题 ··· 452

参考文献 ··· 453

第 10 章　无人作战系统 ···································· 454

10.1　概述 ·· 454

10.1.1　发展简史 ··· 454

10.1.2　无人作战系统的基本概念 ····························· 460

10.1.3　无人作战系统的分类 ································· 461

10.1.4　无人作战系统的特点 ································· 463

10.2　关键技术原理 ·· 466

10.2.1　无人作战系统的系统结构 ····························· 466

10.2.2　无人作战系统的自主控制分级 ························· 467

10.2.3　自主运动控制 ······································· 469

10.2.4　指挥控制 ··· 473

10.2.5　无人集群系统 ······································· 475

10.3　典型无人作战系统 ···································· 480

10.3.1　空中无人作战系统 ··································· 480

10.3.2　水中无人作战系统 · 486

10.3.3　地面无人作战系统 · 489

10.4　典型作战运用与案例 · 493

10.4.1　电子侦察的得力干将 · 494

10.4.2　察打一体化的无人作战 · 495

10.4.3　初试身手的战斗机器人 · 496

10.4.4　有人–无人协同正在成为现实 · 497

10.4.5　进攻型无人蜂群呼之欲出 · 498

思考题 · 500

参考文献 · 500

第 11 章　指挥信息系统 · 501

11.1　概述 · 501

11.1.1　指挥控制面临的挑战 · 501

11.1.2　指挥信息系统发展历程 · 502

11.1.3　指挥信息系统功能与组成 · 505

11.1.4　指挥信息系统的分类 · 508

11.1.5　指挥信息系统的特点 · 509

11.2　指挥信息系统的基本原理 · 510

11.2.1　信息及熵不增原理 · 510

11.2.2　指挥控制过程 · 511

11.2.3　OODA 与武器系统 · 516

11.2.4　指挥信息系统的集成 · 519

11.3　典型指挥信息系统 · 523

11.3.1　炮兵指挥信息系统 · 523

11.3.2　预警机系统 · 525

11.3.3　美军“宙斯盾”系统 · 530

11.3.4　美军先进作战管理系统 · 533

11.4　指挥信息系统作战运用 · 536

11.4.1　指挥信息系统保障作战指挥全过程 · · · · · · · · · · · · · · · 536

11.4.2　指挥信息系统为作战单元提供统一态势 · · · · · · · · · · 537

11.4.3　指挥信息系统提升作战单元的作战效能 · · · · · · · · · · 538

思考题 · 543

参考文献 · 543

第 12 章　武器装备体系对抗及其效能评估 · 544

12.1　基本概念与方法 · 544

12.1.1　武器装备系统能力与效能 ·································· 544

12.1.2　体系对抗建模方法简述 ····································· 546

12.2　武器装备体系及其对抗建模 ··· 554

12.2.1　武器装备体系的超图模型 ·································· 554

12.2.2　武器装备体系的生成与破击 ······························ 555

12.2.3　体系对抗及其动态建模 ····································· 557

12.2.4　体系对抗动态抗合博弈 ····································· 559

12.2.5　基于 IACM 的动态抗合博弈 ······························ 563

12.3　体系对抗效能评估与分析 ·· 566

12.3.1　星形体系与环形体系的对抗 ······························ 566

12.3.2　态势变化下的战斗博弈 ····································· 569

12.4　结语 ·· 571

思考题 ··· 572

参考文献 ·· 572

第 13 章　典型武器装备体系及其作战应用 ·································· 574

13.1　数字化装甲装备体系 ·· 574

13.1.1　数字化装甲装备体系的概念 ······························ 574

13.1.2　美军数字化装甲装备部队编制与组成 ················ 576

13.1.3　数字化装甲装备体系的作战运用 ······················ 581

13.2　航母编队作战装备体系 ··· 587

13.2.1　航母编队的作战编成 ··· 588

13.2.2　航母编队典型的武器体系 ·································· 589

13.2.3　航母编队的队形 ··· 592

13.2.4　舰载机的作战使用 ·· 595

13.3　野战防空作战装备体系 ··· 600

13.3.1　概述 ··· 600

13.3.2　野战防空作战装备体系构建 ······························ 601

13.3.3　野战防空作战装备体系部署 ······························ 605

思考题 ··· 611

参考文献 ·· 611

第 14 章　武器装备体系运用实例 ·· 613

14.1　我军典型军事行动装备运用案例 ·································· 613

14.1.1　一江山岛战役 ·· 613

14.1.2　新中国防空作战 ··· 616

14.1.3　"八六"海战 ··· 619

14.1.4　亚丁湾护航 ································· 622

14.2　外军经典联合作战装备运用案例 ··········· 624

14.2.1　英阿马岛战争 ····························· 624

14.2.2　海湾战争 ································· 626

14.2.3　伊拉克战争 ······························· 628

思考题 ··· 630

彩图

第 1 章 绪 论

墨子说："库无备兵，虽有义不能征无义。"

武器装备是武装力量建设和进行战争的物质基础，是军队战斗力的重要组成部分。在现代战争中，武器装备，特别是高技术武器装备正发挥着越来越重要的作用，它极大地影响着战争的进程和结局。与此同时，武器装备的发展也深刻地影响着军事作战理论的发展和军队编制体制的制定。科学技术的发展促使武器装备系统的作战效能逐渐提高，随着武器装备科学技术含量的增强，作战使用方式日益多样。这就要求作战决策人员、武器装备的使用人员必须了解和掌握武器装备的基本技术原理、使用特点和典型运用方式，才能实现人与装备的紧密结合，从而发挥人的主导作用，充分实现武器装备的最大效能。

毛泽东早在抗日战争中指出："武器是战争的重要的因素，但不是决定的因素，决定的因素是人不是物。"虽然时过境迁，但这一论断仍然非常精辟地指出了战争中人与武器的辩证关系，也是我们学习本课程的重要理论指导。

1.1 武器的产生

早在人类出现之前的远古时期，早期的生命体由于生存的需要，已经自然地进化出了多种多样或攻击或自卫的身体"武器"，从食肉类动物的尖牙利爪、食草类动物头顶的威猛犄角，到爬行类动物的坚硬外壳，甚至产生毒液或放电的诡异组织，这些堪称奇葩的身体器官无一不在捕食或避免被捕食的生存竞争中发挥着独特的作用。

与大型食肉类动物相比，作为灵长类一支的人类祖先的身体构造显然先天不足，这促使具有模仿天性的猿类后代用磨尖的木棍或敲打成型的石片做成自己的"尖牙利齿"，很快，这些最早为了生存而出现的"武器"逐渐广泛应用于与同类之间的争斗，此时，真正意义上的武器和战争终于出现了。迄今最早有关战争记录的证据出现在中石器时代石洞中描绘杀戮攻击行为的壁画上，有四幅来自西班牙东部边境山上的石洞壁画最为知名，其中两幅重点描绘了一个身中数箭的猎物遭受 10 名弓箭手伏击的场面，而另外两幅图则展现了一幅战争的场景：7 名来自马里拉·拉·维拉 (Marella la Vella) 的战士与 29 名来自卡斯特隆勒多谷 (Castellon Les Dogues) 掩体中的战士作战，其中画面局部如图 1.1.1 所示。

图 1.1.1   记录早期人类使用武器进行战争的壁画

在人类社会发展的过程中，战争与武器始终紧密地联系在一起。从宏观来看，战争是政治的延续，是包括经济、科技、军事、外交等因素在内的综合实力的较量；从微观来看，战争是人与武器装备有机结合的战斗力之间的较量。

从武器发展规律来看，战争需求和科技进步是武器发展的两大动力。首先，战争对武器装备的需求是永恒的，战争对武器系统的需求一般表现为对杀伤力、机动力、防护力、信息力和保障力等作战能力诸要素的追求。其次，几乎所有的科学技术进步都可能为新的战斗能力的产生、提高甚至突破奠定基础。从这个意义上说，武器装备是战争需求和科学技术的物化形式，如陆、海、空、天机动作战的需求推动了战车、舰船、航空、航天技术平台的发展，对机械能、化学能、电能、核能等的开发和利用则产生了划时代的杀伤力提升。正是在上述作战能力诸要素的综合作用下，产生了各种各样技术复杂、性能先进的武器装备，乃至系统配套的武器装备体系。

当然，我们也应该看到，武器系统的发展和使用同时也必然面临多种因素的限制和制约。

1.2   武器装备的概念与分类

1.2.1   武器装备的概念

1. 武器与武器装备

我军对武器装备的定义在不同时期有不同的解释。在最新的 2011 年版的《中国人民解放军军语》(以下简称《军语》) 中有 "武器"、"装备" ("武器装备") 的词条。对 "武器" 一词的解释是，可直接用于杀伤敌有生力量，毁坏敌装备、设施等的器械与装置的统称。对 "装备" 一词的解释是，武器装备的简称，用于作战和保障作战及其他军事行动的武器、武器系统、电子信息系统和技术设备、器材的统称。其主要指武装力量编制内的舰艇、飞机、导弹、雷达、坦克、火炮、车辆和工程机械等。分为战斗装备、电子信息装备和保障装备。由此可见，我军对"武器"、"装备"（"武器装备"）的解释是有明显区别的：两者所指的范围是由小到大，后者包括前者，前者是后者的一部分；作为名词，两者同样表示某一范畴的事物，而作为动词，"装备"又可以表示向部队或分队配发武器及其他制式军用设备、器材、装具等的活动。

2. 武器系统

在一般情况下，往往把"武器"一词作为独立的概念使用，即指进攻和防御的工具。随着科学技术的不断发展，武器越来越复杂，因此出现了"武器系统"一词。

同样在 2011 年版的《军语》中，对"武器系统"一词的解释是，由武器及其相关技术装备等组成，具有特定作战功能的有机整体，通常包括武器本身及其发射或投掷工具，以及探测、指挥、控制、通信、检测等分系统或设备，分为单件武器构成的单一武器系统和多种武器构成的组合武器系统。相应地，"装备体系"是由功能上相互关联的各种类各系列装备构成的整体，通常由战斗装备、综合电子信息系统、保障装备构成。

本书认为，武器装备系统是指为完成一定的军事任务，由相互配合的武器和技术装备组成的并具有一定作战功能的有机整体。一般包括武器本身及其发射或投掷的各种运载工具、观瞄装置和指挥、控制、通信等技术装备。

有各种各样的武器装备系统，而且各种武器装备系统按其结构和功能的不同，可划分为不同层次的系统；一种武器本身就可以看成一种武器装备系统；更常见的是一种武器装备系统由多种武器和技术装备组成，即一种武器装备系统通常由数个子系统组成，而这种武器装备系统本身又可视为更大的一种武器装备系统的一个子系统。例如，有由单件武器构成的单一武器装备系统，如一挺机枪、一门火炮、一辆坦克、一艘舰船、一架作战飞机等；有由多件或多种武器与技术装备构成的组合式武器装备系统，如由目标搜索与跟踪雷达、火控雷达、导弹与导弹发射车、指挥车、导弹运输车与装填车，以及其他辅助车辆等构成的防空导弹武器系统。军事技术的发展导致现代武器系统越来越复杂，使得许多单一武器装备系统也可以看成由许多子系统构成的复杂系统，如作战飞机、作战舰艇和主战坦克等单一武器装备系统，实际上都是由多种武器和技术装备系统共同构成的复杂的武器装备系统，它们也可以看成组合式武器装备系统。

3. 武器装备平台

在 2011 版《军语》中，新增有"武器平台"的词条，它指武器系统中具有运载、投送功能并可作为武器依托的载体部分，分为陆战武器平台、海战武器平台、空战武器平台、天战武器平台。

　　武器装备平台，狭义上是指现代各种武器装备系统中，具有运载功能并可作为火器依托以供武器装备执行作战任务的处所、载体或者器具的总称。例如，在坦克、步兵战车、舰艇、飞机等武器系统中除火器之外的部分；海湾战争中使用的"战斧"式巡航导弹，既可以从核潜艇上发射，也可以从巡洋舰、驱逐舰或者战机上发射，所有这些能够发射巡航导弹的舰船和飞机，可以统称为巡航导弹的发射平台。

　　广义上的武器装备平台是在一定的作战空间内，具备火力、机动、防护和信息作战等功能，以将作战能量、物质或信息投送到指定作战空间，实现作战目标的武器装备系统的综合体。例如，一艘现代驱逐舰，它综合了舰炮、导弹、鱼雷、雷达、直升机等多类武器系统，将它们集成到一个具有快速机动和远程作战的舰体上，就构成了一个基本的海上作战平台。

　　武器装备平台是武器装备系统的重要组成部分和发挥作战效能的重要因素，同一种武器装备，放在不同的平台上，其性能发挥和作战效果可能大为迥异。例如，同样是巡航导弹，如果是从固定的导弹发射井进行发射，它的覆盖范围可能只有几千千米，并且容易被敌方发现和摧毁；如果是放置在火车等陆地机动平台上，它被敌方发现和摧毁的概率将大大降低；如果是放置在核潜艇中，那么敌方就很难发现并摧毁它，而且覆盖范围也会大大提升。所以，在加速发展武器装备的同时，必须积极研制与之配套的新型武器装备平台。这样"英雄"有了"用武之地"，才能如虎添翼，发挥出更大的威力。

1.2.2　武器装备的分类

　　随着科学技术的进步，新的武器装备层出不穷，已经远远超出了传统意义上的武器装备分类界限。由于武器是在矛与盾的激烈对抗中发展起来的，所以呈现出名目繁多、相互兼容的特点，武器分类方法也非常繁杂。

　　1. 按照作战应用划分

　　在 2011 版《军语》中，无论是从"武器装备"还是"装备体系"的定义都可看出，装备及其体系都可分为三大类，即战斗装备、电子信息装备和保障装备及其体系。

　　战斗装备是作战中起杀伤、破坏作用的武器和武器系统，包括火力打击装备和信息战装备等。

　　电子信息装备是以电子信息技术为主要特征，用于信息生产、获取、传输、处理、利用，或对信息流程各环节实施攻击、防护的装备。

　　保障装备是军队用于实施作战保障和技术保障的装备，广义上还包括后勤装备和部分电子信息装备。

2. 按照平台划分

武器装备平台分类方法众多，如按所处空间可分为四类：①陆上武器装备平台，如坦克、装甲车等；②空中武器装备平台，如飞机、导弹运载工具等；③海上武器装备平台，如舰船、潜艇等；④空间武器装备平台，如携带武器的航天器。按担负使命的不同，武器装备平台又可以区分为侦察平台、发射平台、保障平台等。

1) 陆上武器装备平台

陆上武器装备平台是指在陆上实施作战行动时所采用的平台。其作用是为各种武器装备系统提供陆上机动和防护载体，确保搭载的武器装备发挥作战效能，支持整个装备系统完成作战任务。典型的陆上武器装备平台有坦克、装甲车、各种机动车辆等。

陆上武器装备平台是人类最早应用和发展的作战平台，几乎伴随着人类战争的历史。20 世纪是陆战武器装备平台发展最为活跃的时期，是陆上武器装备平台发展的辉煌百年。虽然从武器装备发展现状来看，各国对空中和海上武器装备平台的发展重视程度越来越高，但现代战争尤其是近几场局部战争表明，陆战武器装备平台依然是夺取战争胜利不可或缺的手段。特别是对于幅员辽阔、国境漫长的国家，拥有精良的陆上武器装备平台对国家安全至关重要。

2) 空中武器装备平台

空中武器装备平台是指在空中实施作战行动时所采用的平台。其作用是为各种武器装备系统提供空中机动和防护载体，确保搭载的武器装备发挥作战效能，支持整个装备系统完成作战任务。典型的空中武器装备平台有各种飞机、直升机和飞艇、气球等。

空中武器装备平台具有速度快、距离远、机动性好等优势，因此从诞生以来一直备受重视。早在 1911~1912 年意土战争期间就开始从飞机上向地面目标投掷爆炸物。第一次世界大战期间出现了轰炸机，交战双方广泛地使用空中平台进行侦察、轰炸和机动等作战活动。第二次世界大战后，飞行平台技术发展突飞猛进，先后出现了喷气式飞机、超声速飞机、远程重型轰炸机、隐身飞机、无人机等。空中武器装备平台的发展，促使战争形态和作战样式发生了重大变化，从近几场高技术局部战争来看，大规模的空袭和精确打击以及空中封锁成为战争的主旋律，空中武器装备平台充当了战争"急先锋"和"顶梁柱"的角色，空中武器装备平台成为未来夺取战争先机的主力。

3) 海上武器装备平台

海上武器装备平台是指在海洋 (也包括江河、湖泊) 中实施作战行动时所采用的平台。其作用是为各种武器装备系统提供水上 (下) 机动、发射和防护载体，确保搭载的武器装备发挥作战效能，支持整个装备系统完成作战任务。典型的海上武器装备平台有各种舰船、潜水器等。

海上武器装备平台的特点决定了其机动能力、运载能力和多用途性是无可比拟的。海湾战争中，海上武器装备平台对赢得战争起到了至关重要的作用，其突出表现如下所述。一是实施重兵集团的远程战略投送。海湾战争是美国自朝鲜战争以来规模最大的一次军事行动，其兵力投送速度之快、数量之多、种类之全都是前所未有的。在这次军事行动中，海上武器装备平台在远程战略投送方面发挥了重要作用。美海军动用了 106 艘舰船，还租用了 183 艘各种商船，向战区运送了 300 多万吨作战物资和装备，以及 420 多万吨军需后勤物品，占总运输量的 95%。二是利用海上武器装备平台夺取和保持制海权。美海军拥有强大的海上舰队，从战争一开始就利用 13 艘核动力攻击型潜艇对伊拉克周围海域的地中海、红海和阿拉伯海进行了水下封锁；在水面，包括 6 艘航母战斗群在内的 100 多艘水面舰艇，对伊拉克周边和相邻海域进行海上封锁，从而使多国部队始终掌握着制海权。三是利用海上平台作为空中平台的进攻出发阵地。在战争中，多国部队海上平台虽然在海战方面没有太多的表现，但利用海上平台为舰载机提供进攻出发阵地却发挥了重要作用。美海军出动 400 多架舰载机，海军陆战队投入 240 架飞机，共占参战飞机总数的 25%；舰载机出动了 1.8 万多架次，占总出动架次的 16%，夺取了海上制空权，并配合空军夺取和保持了战区制空权；18 艘舰艇发射了 288 枚"战斧"式巡航导弹，对伊拉克纵深的重要目标进行了精确打击。

4) 空间武器装备平台

空间武器装备平台是指在太空中实施作战行动时所采用的平台。其作用是为某些武器装备系统提供太空机动和防护载体，确保搭载的武器装备发挥作战效能，支持整个装备系统完成作战任务。典型的空间武器装备平台有各种卫星、航天飞船和空间载具等。

空间武器装备平台是信息化武器装备体系的又一个重要发展方向。随着信息化战争的到来，空间特别是太空的战略地位日益提高，航天飞机、载人飞船、空间站、卫星等空间平台的发展已经取得了突破性进展并广泛应用，为开辟太空战场奠定了基础。反导系统、反卫星武器的相继问世，必将把未来作战引向外层空间。这些新型作战平台将对航空航天一体化作战产生革命性影响。

3. 按照运用方式划分

依据武器装备的工作方式与战场运用，一般将现代武器装备划分为 14 类，见表 1.2.1。

表 1.2.1　现代武器分类及典型武器

序号	名称	典型武器装备
1	弹药	枪弹、炮弹、航空炸弹、手榴弹、地雷、水雷、火炸药等
2	枪械	手枪、步枪、冲锋枪、机枪和特种枪等
3	火炮	加农炮、榴弹炮、火箭炮、迫击炮、高射炮、坦克炮、反坦克炮、航空炮、舰炮和海岸炮等
4	装甲战斗车辆	坦克、装甲输送车和步兵战车等
5	舰艇	战斗舰艇 (航空母舰、战列舰、巡洋舰、驱逐舰、护卫舰、潜艇、导弹舰等)，两栖作战舰艇 (两栖攻击舰、两栖运输舰、登陆舰艇等)，勤务舰艇 (侦察舰船、抢险救生舰船、航行补给舰船、训练舰、医院船等)
6	军用航天器	军用人造卫星、宇宙飞船、空间站和航天飞机等
7	军用航空器	作战飞机 (轰炸机、歼击机、强击机、反潜机等)，勤务飞机 (侦察机、预警机、电子干扰机、空中加油机、教练机等)，直升机 (武装直升机、运输直升机等)，无人驾驶飞机，军用飞艇，军用气球等
8	化学武器	装有化学战剂的炮弹、航空炸弹、火箭弹、导弹弹头和化学地雷等
9	防爆武器	橡皮子弹、催泪瓦斯、眩目弹、高压水枪等
10	生物武器	生物战剂 (细菌、毒素和真菌等) 及其施放装置等
11	核武器	原子弹、氢弹、中子弹和能量较大的核弹头等
12	精确制导武器	导弹、制导炸弹、制导炮弹等
13	隐身武器	隐身飞机、隐身导弹、隐身舰船、隐身坦克等
14	新概念武器	定向能武器 (激光武器、微波武器、粒子束武器)，动能武器 (动能拦截弹、电磁炮、群射火箭)，军用机器人和计算机"病毒"等

1.3　武器装备的发展

1.3.1　武器装备的发展历程

依据科学技术的发展和战争形态变化，武器装备的发展大致可以分为冷兵器时代、热兵器时代、热核武器时代和信息化时代。

1. 冷兵器时代

冷兵器时代是指使用石兵器、铜兵器和铁兵器直到出现火器以前的漫长历史时期，大致从原始社会晚期至公元 10 世纪。冷兵器时代兵器的作用机理是直接利用人的体能，或利用简易机械装置拓展人的体能，通过机械能的转换来实现兵器的作战效果。冷兵器时代的战场范围狭小，局限于地面或近海沿岸等单维空间；作战力量主要是人力和畜力，作战半径很小，基本限制在视距范围；冷兵器时代的装备反映了当时生产力低下、科学技术落后的时代特征，装备的研制和生产基本是手工作坊式，受地域、疆域的限制较大。冷兵器按材质可分为石、骨、蚌、竹、木、皮革、青铜、钢铁兵器等；按用途分进攻性兵器和防护装具，而进攻性兵器又分格斗兵器、远射兵器和卫体兵器三类；按作战使用分步战兵器、车战兵器、骑战兵器、水战兵器和攻守城器械等。

2. 热兵器时代

火器，特别是火药的广泛应用，大大提升了战场上的作战效能。14 世纪和 15 世纪是学习、掌握和推广火药和火药武器制造技术的时期，经过 16 世纪和 17 世纪的巩固和发展，18 世纪迎来了军事技术的火器时期。火器时代武器装备的主要作用机理是以化学能直接杀伤破坏，或利用化学能做功转化为机械能杀伤破坏，其作战效能主要通过威力、射程、射速、机动性等物理量加以衡量，火力的数量和强弱成为作战胜负的决定性因素之一。火器时代的武器装备，是武器装备发展史上的一次重大革命。

1) 火药和原始火器

火药是中国古代四大发明之一。公元 808 年，中国古籍便记载了以硝、硫、碳为主要成分的黑火药配方。火药问世后很快被用于战争，尽管火药在发明后数百年间并未改变以冷兵器为主体的武器装备构成，但它打破了冷兵器发展后期停滞不前的局面。同时，火药也成为彻底变革作战方式的催化剂，使体力决胜的战斗场面最终让位于以火力为主的战场较量；集团方阵不得不让位于筑城、攻坚与奇袭；身先士卒的将帅转变为运筹帷幄的指挥官；人与武器的结合则从依靠人的体力和技巧为主，转而依靠人掌握科学技术的能力与水平。总之，火药的发明为整个军事活动开创了一个崭新时代。

2) 枪炮

枪炮是火器时期军事技术发展的代表性产品。枪炮的技术发展大体经历了由滑膛到线膛和由前装到后装的两次飞跃。13 世纪，中国发明的火药和火器技术随着蒙古大军西征而传入了阿拉伯地区，后又经阿拉伯传遍整个欧洲。虽然欧洲使用火药的历史比中国晚四百至五百年，但是由于特殊的社会历史原因使其后来居上，在枪炮制造技术上超越了中国，并主导了枪炮发展的世界潮流。

3) 机械化兵器

机械化兵器主要是指铁甲舰、潜艇、飞机、坦克、装甲车辆等武器系统。它们都以机械化运载发射平台为基础，典型特征是通过化学能与机械能的转化，将火力和机动力合为一体。第一次世界大战前后，机械化兵器相继研制成功并登上战争舞台，使主要作战武器从人背马驮进入机械动力运载状态，将人对武器的直接操作转化为人通过机械实现对武器的操纵，并使武器装备的使用范围从陆地扩展到空中、地面、海上、水下等立体空间，从而极大地改变了军事斗争的面貌。

机械化兵器最早是从海军装备突破的。19 世纪，蒸汽动力和螺旋桨战舰迅速发展起来，并出现了装甲舰。20 世纪初，新型船用蒸汽轮机为军舰提供了强大的动力，威力更大的舰炮促进了战列舰和巡洋舰的诞生，"巨舰大炮主义"在大国海军中盛行。第一次世界大战期间，机枪、火炮和堑壕虽然构成了陆上阵地攻防作战的中坚力量,但坦克的问世标志着军事装备发展进入攻防结合的新起点,开创了陆军机械化的新时代。1903 年 12 月 17 日,美国莱特兄弟研制的第一架动力飞机试飞成功,此后,美国、英国、德国、意大利等国相继研制成功军用飞机,使战争扩展到空中,真正走向了立体化。

随着高新军事技术迅猛发展,无人作战系统几乎渗透到战场空间的各个领域,并且受到越来越多国家的重视。"平台无人,系统有人"是无人作战系统的基本特征。

3. 热核武器时代

核武器的出现是 20 世纪 40 年代前后科学技术发展的重大结果。美国政府根据著名科学家爱因斯坦等的建议,于 1939 年开始研制原子弹。到 1942 年 8 月发展成代号为"曼哈顿计划"的庞大工程,并在第二次世界大战即将结束时制成了三颗原子弹,使美国成为第一个拥有原子弹的国家。1945 年 7 月 16 日,美国率先爆炸成功第一枚原子弹,1945 年 8 月 6 日和 8 月 9 日,美国分别在日本的广岛和长崎投掷了两枚原子弹,在加速战争结束的同时,也造成了巨大的平民伤亡,人类由此跨入了核武时代。苏联在第二次世界大战后加速了原子弹的试验,1949 年 8 月,苏联进行了原子弹试验,打破了美国的核垄断地位。1950 年 1 月,美国总统下令加速研制氢弹。随后,英国、法国先后在 20 世纪 50 年代和 60 年代各自进行了原子弹与氢弹试验。中国也在 20 世纪 60 年代初成功进行了第一次原子弹试验。

核武器的发明是武器装备发展史上的一个重要里程碑,它标志着武器装备发展到了热核兵器时期。热核兵器包括核武器以及运载发射、指挥控制、作战保障等武器系统。其中,核武器又分为裂变武器 (原子弹) 和聚变武器 (又称热核武器,包括氢弹和中子弹) 两大类,主要作用机理是通过核能的释放来实现大规模的杀伤和破坏。核武器属于大规模杀伤破坏武器,它把战争对火力杀伤效果的追求推到了顶点,但核武器在摧毁目标的同时必然会造成巨大的附带性破坏,因此也走向了自己的反面。

4. 信息化时代

信息化时代的武器装备,即信息化武器装备,是指具备信息获取、处理、控制等功能的武器装备,其典型特征是以信息为主导要素,从机械化操纵扩展到自动化、智能化控制。

由于信息技术的飞速发展和广泛应用,传统武器装备在杀伤力、防护力、机动力三大要素之外,增加了一个全新的要素——信息力,从而出现了信息化武器装备。借助于信息技术的渗透和耦合作用,信息化武器装备不仅杀伤力更大、防护力更强、机动力更高，而且更加综合化、体系化、智能化，彼此之间可以实现互联、互通、互操作。

20 世纪 40 年代，雷达、导弹、电子计算机等相继问世，成为信息化武器装备发展的萌芽。20 世纪 50 年代末，以信息技术为主导的新技术革命迅速崛起，信息化武器装备开始大量涌现，特别是 20 世纪 80 年代末高技术武器装备的广泛使用，标志着信息化装备时期的初步形成。在信息时代，武器装备的数量和规模不再是衡量作战效能的关键要素，互联互通、将分离的作战单元集成为一个完整的作战系统或体系，成为提高作战效能的关键。武器的杀伤破坏力不再是面杀伤，而是更加精确的点攻击，误炸误伤现象大大减小，新概念武器和信息化武器等新杀伤机理武器层出不穷。军事装备系统化和一体化的特征，使战场范围更加广阔，除有形的陆、海、空、天战场外，无形的电磁作战空间更加重要，战场呈现网络化和一体化趋势。

进入 21 世纪以来，武器装备的发展将朝着无人化、智能化方向发展，武器的主要用途不再是大规模杀伤和毁灭，而是达到一种威慑、制约和控制的效果，最终将战争推向"不战而屈人之兵"的境界。

1.3.2　现代科学技术与武器装备的发展

科学技术是战斗力中最活跃的能动因素。科学技术的发展直接推动着武器装备的发展，武器装备的发展为军事斗争提供新的物质手段，引发军事领域的深刻变化。

1. 现代科学技术的产生和特征

1) 现代科学技术产生的理论准备

19 世纪末 20 世纪初，人们在科学实验中发现一系列新的现象，迫使当时的科学家去寻找能说明新现象的新理论。

在物理科学领域，1905 年，爱因斯坦建立了狭义相对论，1915 年又建立了广义相对论。1925 年，玻尔、薛定谔、海森伯等建立量子力学。相对论和量子力学的创立，是物理学上的一次巨大的革命。相对论揭示了物体在可以与光速相比拟的高速运动状态下的各种规律，认识到物质、运动、空间和时间的紧密联系。量子力学不仅打开了微观世界的大门，使人们认识到宏观物体是由微观客体组成的，而且建立了描绘微观现象的一系列新概念、新理论和新方法，发现了微观物质运动的规律。相对论和量子力学的创立，不仅更新了整个物理学的基础，更影响到各个自然科学学科的发展。

生命科学领域在 20 世纪上半叶取得了突破性的成就。1945 年，美国生物学家比德尔和塔特姆用实验方法揭示了基因与酶的关系。1953 年，美国生物学家沃森和英国物理学家克里克发现了 DNA 大分子的双螺旋结构。分子生物学的建立，使人们对生命现象的认识由细胞水平进入到分子水平，从更深的层次说明了各种复杂的生命现象。

在化学研究领域，人们已深入到原子、电子的层次来研究化学运动的本质和规律，建立了结构化学、量子化学、高分子化学等分支学科。在天文学领域，发现了中子星、类星体等一系列罕见的天体和天文现象，并已经开始研究我们迄今观察到的整个宇宙天体的产生发展和演化规律。现代自然科学理论的重大突破和全面发展，为新技术的兴起做了理论准备。

20 世纪中期出现的系统论、控制论和信息论等新兴学科，不仅深刻地揭示了事物之间的联系，而且定量地描述了联系的具体过程，并能实现对过程的控制。其理论和方法可运用于自然界、社会和人的思维三个不同的领域，揭开了自然科学发展史上崭新的一页。各门基础理论不仅在纵向上出现变革和进步，而且在横向上互相促进、互相移植和互相渗透，促进了许多边缘学科和交叉学科的诞生，进而形成了庞大的纵横交错的现代自然科学理论体系。

2) 现代科学技术产生的工业技术基础

在现代科学理论的指导下，新技术是高度发达的工业、技术体系发展的必然结果。

19 世纪上半叶，以蒸汽机的广泛使用为主要标志的工业技术革命达到高潮，各主要资本主义国家建立起了以蒸汽机为动力的工业技术体系，冶金、燃料、材料、机械等工业部门先后出现并发展起来，这期间最先进的技术是以机械力学为基础的机械技术。

19 世纪 70 年代和 80 年代，直流供、输电设备有了很大的进展，出现了实用照明线路。电力技术的另一应用领域是无线电波的发射和接收。1890 年和 1894 年，法国的布冉利、英国的洛奇制成和改进了无线电波接收器。随后，人们在二极管的基础上发明了三极管，开拓了无线电技术领域。与蒸汽机动力相比，电力具有效率高、传输远、便于控制等一系列优点。

3) 现代科学技术的主要特征

现代科学技术是由一批知识和技术高度密集的新型技术群构成的技术系统，信息技术是这个系统的核心，是一个发展着的动态系统。与传统技术相比，现代科学技术有许多明显的特征。

(1) 现代科学技术是以信息技术为核心的新兴技术群。

现代经济、社会的发展对科学技术的需要，无论从广度还是深度上来说，都比历史上任何时期要大得多，单一技术的兴起已难以满足发展的需要，因此，现代新兴技术是以群的形式出现的。同时，物质、能量和信息被称为客观世界的三要素，而信息技术处于核心地位。人类认识世界和改造世界的过程，首先是不断地从外界获得信息，对信息进行加工和提取，并在此基础上，通过一定的物质和能量形式, 对事物 (也包括对自身) 进行调整、控制和组织的过程。在人类认识和改造世界的过程中, 信息处于支配地位, 与此相应, 信息技术也处于其他技术的中心地位。信息技术的发展需要大批的支持性技术和基础技术, 如微电子技术、生物电子技术、激光技术、光学集成技术、空间技术等。

(2) 现代科学技术是不断发展变化的。

无论从宏观还是从微观来看, 现代新兴技术都是一个动态的、开放的、发展迅速的系统。从微观上看, 每一种新兴技术都有发明、发展和完善的过程。在这一过程中, 一种技术可能朝着多个方向发展。例如, 要提高集成电路的集成度, 就涉及半导体的提纯技术、离子扩散或注入技术, 光刻或其他更先进的加工技术、检测技术等。其中每一项技术的提高, 又涉及多种技术的发展。所以, 现代技术的发展有一种系统性的要求。某一技术的进步涉及多种技术的发展, 这种发展是没有止境的。从宏观来看, 现代新兴技术的出现才几十年时间, 现代科学理论所揭示的自然规律, 人们才刚刚开始掌握和运用, 随着实践的发展和社会需求的增长, 还会有更新的技术领域被开拓出来。

(3) 现代科学技术是以多种形式发展的。

现代科学技术的发展形势不是孤立的, 而是互相交叉、并行的。第一, 现代科学技术以更新换代的形式向前发展。以电子计算机技术为例, 最初的电子计算机以电子管为基本元件。随着晶体管的发明, 电子计算机又改用晶体管为基本元件, 发展到第二代。以后又先后改用集成电路、大规模集成电路, 产生了第三代、第四代、第五代计算机。每一代改进, 都标志着在技术上达到了一个新的水平。第二, 现代科学技术以相互移植的形式向前发展, 一种新技术被纳入另一种新技术的体系中后, 原有的技术达到更高的水平。例如, 将耐高温的材料和准确的自动控制系统用于航天领域, 才使航天飞机的制造成为可能, 诞生了新的空间运载工具。第三, 若干新技术的综合运用, 也会构成新的技术, 例如, 卫星通信技术就是空间技术、自动控制技术、遥控遥感技术、电子计算机技术、新材料、新能源的综合运用。

2. 现代科学技术是武器装备发展的前提和基础

像其他人类活动的工具一样, 武器装备也是一种人工创造物。人类的这种创造活动完全是基于对自然、社会的认识和把握, 即建立在一定的科学技术基础上的。因此, 武器装备也和其他社会活动工具一样, 是科学技术物化的直接结果。

1) 科学技术是武器装备产生的前提条件

武器装备发展的历史表明, 在从冷兵器到热兵器, 从热兵器到现代的高技术兵器的演变过程中, 每一种武器装备的出现, 几乎都是科学技术直接应用的结果。各种现代武器装备, 从原理、结构的研究, 到设计和生产, 更是建立在现代自然科学、技术科学发展的基础上的，都离不开现代科学技术提供的理论基础和技术成果。例如，精确制导武器的问世就是以微电子学、计算机技术和传感器技术的成就为条件的。实际上，从常规武器到战略武器，从传统武器到高技术武器，其研制和改进都离不开自然科学和技术科学的最新成就。

现代武器装备不但广泛应用了数学、物理学、化学、生物学这样一些基础科学的理论研究成果，而且天体科学、地球物理科学、生物学等基础科学成果也用于新型武器装备的研制和开发。例如，模仿某些动物的听觉与视觉器官设计的军用传感器，利用对人类高级神经活动的研究成果研制的失能性毒剂等。更引人注目的是，利用地球物理科学 (如气象学、地震学等) 研究成果，可研制能诱发狂风、暴雨、山洪、海啸、地震等自然灾害的威力巨大的环境武器；利用化学的新成就，可研制非杀伤性的黏合剂，使飞机被黏结在机场跑道上，使火炮、坦克和装甲车辆的零部件黏合在一起无法使用或行驶等。科学技术在当代武器装备领域的应用是如此之广泛，以至于现在无法绝对肯定哪一种自然科学与军事发展无关，对它没有用处。

利用高新技术成果提供的新原理、新方法，人们已经开发出了一系列武器装备。例如，美陆军正利用最先进的科学技术全力研制其 21 世纪核心装备，即名为"未来战斗系统"的新一代信息化武器装备系统，并准备配置在旅和旅以下作战部队。该系统的研制工作已经于 2002 年启动，2009 年开始列装。在该系统中，美军充分利用了以微电子技术、计算机技术、自动控制技术为基础的人工智能技术，研制无人驾驶侦察/攻击飞行器、武装机器人车、通用/后勤机器人车、小型机器人车等 110 种无人化装备。人们采用有线指令制导技术、电视制导技术、微波雷达制导技术、激光制导技术、红外制导技术、地形匹配制导技术、全球定位系统 (GPS) 制导技术以及复合制导技术等现代精确制导技术，研究和开发出了许多新型的精确制导武器，为未来战争提供了更加有效的火力突击手段。

由此不难看出，在人类战争史上，每一种武器装备的出现，都是科学技术发展应用的直接结果。可以说，没有科学技术，就没有现代武器装备。

2) 科学技术是武器装备性能完善和提高的重要基础

任何武器装备都有一个从不成熟到成熟、从不完善到完善的发展过程。在这种武器装备系统性能完善的过程中，科学技术起着决定性的作用。

科学技术对武器装备改进和完善的影响，主要通过两种方式实现。一是提高武器装备的质量。科学技术在武器系统中的应用，可以大幅度地提高武器装备的整体性能和工艺水平，有效地改善现有武器装备的命中率、反应速度和机动能力，从而极大地提高武器装备的质量，增强其战斗效能。任何一种武器装备，只有在其整体性能提高到一定程度或其质量达到一定程度之后，才能有效地发挥其应有的战斗效能。二是增加先进武器装备的数量比例。一种新武器装备出现后，只有当其积累到一定数量，在整个武器装备体系中达到一定比例时，才能充分显示其作战能力。数量的多寡，也是武器装备作战能力的重要标志。

在历次现代高技术局部战争中发挥巨大威力的高技术武器装备，许多都是利用以信息技术为核心的高技术成果进行改造之后的传统武器装备。例如，采用"改装法"，对非制导弹药进行信息化改造，就可使其"旧貌换新颜"。美军在非制导航空炸弹上加装激光制导系统，所制成的激光制导炸弹，其价格仅为巡航导弹的 1/15，但精度却高于巡航导弹；在普通航空炸弹上加装惯性制导和 GPS 制导装置，所制成的"联合直接攻击弹药"，是巡航导弹价格的 1/25，威力大，抗干扰能力强，效费比高，现已成为美战机对地攻击的首选武器。再如，采用"插入法"，在传统武器装备上插入红外线焦平面夜视仪、数字化通信设备、敌我识别装置和 GPS 等先进的信息设备，可使其战技性能获得大幅度提升，投入少、周期短、见效快，效费比高。美军"全球鹰"无人机等侦察平台插入了数据链设备，能够把飞行途中获得的目标信息直接传送给其他作战平台。

因此，科学技术对武器装备的影响和作用，是整体的和全方位的，它不仅是武器装备产生的条件，更是武器装备完善和提高的基础。

1.3.3　武器装备的发展趋势

科学技术的发展，特别是军事高技术的发展正在军事领域引发一场深刻的变革。从 20 世纪末到 21 世纪前 10 年以来发生的历次局部战争，如在科索沃战争、伊拉克战争、阿富汗战争中，人们看出：现代战争已在很大程度上表现为高技术的较量，谁拥有军事高技术，谁就能够在战争中占据更大的主动权；现代战争已进入高技术时代，现代的武器装备也更加朝着高技术的方向发展。

1. 武器装备的信息化程度不断提高

在信息时代，武器装备的信息化对于提高武器装备系统的战斗力具有倍增器的作用。因为在信息化战争中，武器装备效能不再完全依赖战斗威力的增大，而主要依靠电子信息装备对目标的识别和精确打击。据测算，爆炸威力每提高 1 倍，杀伤力仅提高 40%，而命中率提高 1 倍，杀伤力则提高 400%。因此，世界各国都把提高武器装备的信息化程度作为发展方向，加速发展信息化武器装备。

当今，以信息感知、信息传输和信息处理为主要内容的信息技术综合化，使得武器装备的发展重点已经从提高平台的航程、航速等物理性能转向提高武器装备的信息能力。海湾战争后，美军除继续研制一些新型的信息化程度较高的平台外，还对其在役的武器装备进行了系统的信息化改进。在随后的局部战争中，这些经过信息化改装的武器装备都发挥了重要作用。

2. 武器装备日趋多功能一体化

随着武器装备的信息化程度不断提高，世界各国不再追求武器平台型号品种的多样性，而是转而追求武器平台的一专多能，力求集发现、跟踪、识别、打击等多种能力于一体，以最大限度地提高武器平台的作战效能。

在空中武器装备的发展上，信息技术使得作战飞机越来越向着集歼击、轰炸、侦察和电子对抗于一体的方向发展。特别是新一代作战飞机要求其不但具有良好的空中遮断能力，而且还应具有较强的对地攻击和轰炸能力。例如，美军现役战斗机绝大多数具备空战和空袭的双重能力，既可用于空战，又可用于对地攻击。正是利用空中武器装备这种较高的综合作战效能，以美国为首的北约在科索沃战争中打了一场以空袭开始，又以空袭结束而没有地面部队直接参加的信息化战争。

在海上武器装备的发展中也特别强调多功能一体化。航母作为大型海上机动平台，不仅可以作为飞机的起落场，本身还具有较强的攻击和防护能力；核动力潜艇不仅能发射潜对地弹道导弹，而且还能发射潜对舰、潜对空和潜对潜导弹以及潜对地的巡航导弹，成为武器携带数量大、种类多的水下发射平台。例如，美军排水量为 9000t 的"海狼"级攻击型核潜艇和俄罗斯"奥斯卡"级巡航导弹核潜艇，都是当今世界上具有多种攻击能力的多用途攻击型核潜艇，可发射多种导弹和鱼雷，对地面、海上、海下以及空中的各种不同目标进行攻击。

3. 武器装备向高隐身性和高机动性发展

在现代战争中，精确制导武器的大量使用，使得武器装备的战场损伤率大为增加。为了提高武器装备的战场生存能力，武器装备正在向具有高隐身性和高机动性的方向发展。所谓高隐身性就是通过大量采用隐形技术降低武器装备的目标信号特征，与敌方的雷达、红外、电子等侦察探测手段相对抗，使敌方难以发现、跟踪、识别和攻击。目前，隐身飞机是应用隐形技术手段最多、发展最快和隐形技术应用最成熟的武器装备。从世界各国武器装备的发展来看，美国的隐身武器装备发展最快，已投入使用的隐身武器装备有隐身侦察机、隐身战斗机、隐身轰炸机和隐身无人机等。特别值得一提的是，在海湾战争中，凭借其隐身特性，美国空军的 F-117 隐身战斗机是唯一不需其他飞机护航就能够安全抵达严密设防的巴格达市上空，对市区内的重要目标和战略目标实施空袭的飞机。

如今，隐形技术也被应用在海上武器装备的发展上。例如，美国于 1985 年研制了"海影"号隐身试验舰，法国海军 1995 年 7 月投入使用的 3600t"拉斐特"级护卫舰，都是具有较好隐身效果的隐身战舰。其中"拉斐特"级护卫舰综合采用了多项隐身技术，总体性能达到国际领先水平，其雷达散射截面积仅相当于一艘 500t 级小艇的水平。此外，隐身陆战平台也在研发之中。

在提高武器装备隐身性的同时，各国并未放松提高武器装备的机动性。目前，美国、俄罗斯以及欧洲联盟 (欧盟) 等先进国家和地区都积极发展一些新的高机动性平台，例如，美陆军的"未来作战系统"，空军的 F-22、F-35，海军的"弗吉尼亚"级核潜艇，以及军用空天飞机等都在研发之中。这些武器装备除具有良好的隐身性外，优异的机动性和敏捷性也是这一代武器装备的主要特点。

另外，美国的空中高超声速武器装备的研制也取得突破性进展。2004 年 3 月27 日和 11 月 16 日，美国连续两次对 X-43A 超高速无人驾驶飞机进行了试验。在第一次试验中，X-43A 超高速飞机的速度达到了 8500km/h，接近 7 倍声速，打破了喷气式飞机的飞行速度纪录。在第二次飞行试验中，最高速度竟高达 1.2 万km/h，接近 10 倍声速。

4. 空间平台的军事功能日趋完善

空间有能够聚集大量信息并且不受国界限制的有利条件，正在成为提高武器系统作战效能的一个新的制高点。而空间武器装备正是利用空间这种优势，为部队提供全天时、全天候、近实时的战略情报和战术情报，成为现代战场通信、导航、侦察和监视系统的重要作战支援保障力量。这一点在近几场局部战争中已明显表现出来，海湾战争是第一次大量使用空间武器装备的战争，在此后的几次局部战争中，空间武器装备都发挥了重要作用。例如，在科索沃战争中，北约动用大约 50 多颗卫星，形成了全球导航定位、空间侦察、空间通信和气象预报等空间四大卫星应用系统。这些卫星系统成为北约战场信息获取、传输和分发的重要节点，为北约全程军事打击南斯拉夫联盟共和国 (简称南联盟) 提供了重要的信息支援保障。

在信息化战争中，卫星具有侦察、预警、通信、导航、定位等作用，战时很可能成为敌方攻击的重要目标。因此，2004 年 8 月 2 日，美空军在其新出台的《空间对抗作战》中首次明确指出，美空军将把空间对抗作战作为首要任务之一，必要时先发制人对敌方遂行反卫星作战。美国作为世界上第一航天大国，认为空间平台是确保己方航天行动自由，破坏敌方航天系统的重要力量。因此，近些年来投入了大量的人力、物力和财力，积极发展以干扰、致盲、摧毁敌方航天器等为主要目标的反卫星武器系统。同时，为了验证空间作战能力，美国航天司令部于2001 年、2003 年和 2005 年先后进行了三次以"太空战"为背景的模拟演习。俄罗斯也于 2001 年 6 月 1 日正式组建了航天部队。随着空间平台的发展，今后太空将出现攻防兼备的新型武器装备，如隐身卫星、抗毁加固卫星、诱饵卫星和杀手卫星等。

5. 武器装备的体系化发展

20 世纪 90 年代以来发生的近几场高技术局部战争充分表明，单件武器性能再好，若不能形成系统或体系，也难以在对抗中取胜。高技术条件下的作战思想、作战理论和战争样式，与以往相比发生了根本变化，多军兵种联合作战已成为高技术战争的基本样式，陆、海、空、天、电一体化成为高技术战争的突出特点。通过信息技术整合不同军种、不同区域和不同空间的职能系统 (包括传感器系统、指挥控制系统、兵力投送与保障系统、火力打击与效果评估系统等)，形成一体化的作战体系，实现全维战场空间中的体系对抗。

在科索沃战争中，美军使用的战斗机主要是 F-16，南联盟参战机种是米格-29。这两种战斗机就技术、战术性能而言，米格-29 战斗机略优于 F-16 战斗机。在一般技术条件下，按传统格斗战法，最有可能获胜的是米格-29 战斗机。但是在实战中，米格-29 战斗机屡屡被 F-16 战斗机击落。究其原因，主要是美军使用了电子战飞机、空中预警机等特种作战飞机，准确地掌握了南联盟米格-29 战斗机起飞后的各种参数。这些空中的"千里眼"与 F-16 战斗机的综合运用，形成了新的作战系统。这个新系统较原系统不仅在能力上更强大，而且在功能的种类上也更多样。相比之下，南联盟的米格-29 战斗机却是孤立作战，没有特种作战飞机和地面指挥信息系统的支持，因此其优势无法充分发挥，成为 F-16 战斗机的靶子。

1.4　作战能力构成与生成途径

1.4.1　作战能力构成

作战能力的基本构成，是指军队完成作战任务和遂行作战行动所必须具备的基础性能力的总和。作战能力生成的一般途径，是指将军队各种作战力量要素变成现实能力的方式、方法及手段。

从一般意义上讲，作战能力主要由杀伤力、机动力、防护力、信息力、指挥控制力、保障力等构成。只是在不同的时代里，它们各自在作战能力系统中的地位体现有所不同。上述作战能力是互相联系、互相依存、缺一不可的。从战争实践来看，任何一种基本能力的弱化，都将直接影响军队整体作战功能。

1. 火力打击能力

火力打击能力，是指综合运用各种火力，有效杀伤敌有生力量、破坏军事设施、摧毁武器装备，使其丧失战斗力的能力，它在作战能力基本构成中占有十分重要的位置，并随着武器装备的更新和战争的发展而不断提高。

在信息化条件下，高精确、高效能打击武器与高素质军人的有机结合，使得火力打击能力得到质的提高，打击力呈现出一种全新的表现形式。信息战装备不仅可以通过硬摧毁，而且可以通过软杀伤等手段，干扰、压制和破坏对方侦察、通信、指挥系统以及先进的武器系统，使之降低或丧失作战效能。在近几场信息化条件下局部战争中，美军都曾首先派出多架电子干扰飞机，对预定空袭区域进行定向强电子干扰，"战斧"巡航导弹携带高功率微波弹，以非核爆炸方式产生类似于高空核电磁脉冲的强电磁辐射，直接摧毁或损伤对手的各种敏感电子部件，使对手的雷达、计算机系统等电子装备和互联网失去工作能力，既剪除了对手的"耳目"，又挑断了对手的"神经"，为随后的军事打击铺平道路。

2. 机动能力

机动能力，是指兵力或兵器所具有的进行空间位移的能力。

军队的机动能力是与武器装备的发展水平分不开的。信息化条件下，机动能力又呈现出新的特点。作战双方为了能够聚集最优力量对敌实施最有效的打击，需要将己方打击力量从多个方向向统一的地点、目标机动，使得机动力的使用呈现出多向性；而随着作战空间的扩大、作战力量结构的复杂和机动方式的增多，既可从空中机动，又可从海上、陆上机动，未来还可从临近空间甚至太空机动，军队机动呈现出多维性；机动中既使用军事运输力量，又征用民用运输力量，机动距离进一步加大，机动力量和手段呈现出多样性；随着情报保障、指挥控制、机动工具的不断改善，空中机动能力从战术级跃升到了战役级，目前，一些发达国家军队主力部队的直升机数量已与坦克数量大致相等，平均每 100 名士兵就有一架直升机，机动力正在向"空中化"转移。

3. 防护能力

防护能力，是指有生力量、武器装备、技术器材等所具有的抵御对方杀伤、破坏和恶劣自然条件侵害，有效保存力量的能力。它是军队作战能力基本构成的重要方面，是消灭敌人、保存自己的前提和基础。军队的防护力，既是有生力量应具备的自我保存能力，又是武器装备应具有的对付对方技术兵器打击的防护性能。军队防护能力的高低，取决于军队人员素质、武器装备的技术防护性能、作战中所利用的防护工程、地形情况，以及采取的作战方法等多方面的因素。

随着先进技术兵器的问世和发展，一些新的技术防护手段开始运用于战场，兵器的装甲防护不再向着无限度地增加钢铁厚度发展，而是采用新型复合材料和隐形材料，提高对高性能杀伤兵器攻击的抗毁性。例如，隐身技术的发展改善了武器装备的反侦察能力；电子干扰技术在战场上的应用，促进了抗干扰技术的发展，提高了武器装备的防干扰能力；抗摧毁技术的发展增强了武器装备的抗摧毁能力；而先进防空反导系统的出现，使精确制导武器攻击有了新的"克星"。同时，部队配置更加疏散化，动态防护、隐真示假成为防敌火力杀伤的重要措施等，军队的防护能力提高到一个新的水平。

4. 信息能力

信息能力，是获取、传递、处理、利用和控制信息情报的能力。军队的信息力，主要表现为获取己方作战所需要的敌方信息的能力、控制己方信息不为对方所捕捉的能力、传递各种信息的能力和处理利用信息的能力。无论是哪个时代的战争，信息始终是战争中的一种重要资源，战争的任何活动都离不开信息，交战双方谁获取、利用、控制信息的能力强，谁就能在战争中掌握主动，赢得胜利。信息力在作战能力基本构成中从无到有，并逐渐发展成为军队作战能力基本构成的六种能力之一。军队信息力的高低，主要取决于军事信息技术水平和指挥方式、手段等因素。

随着通信、雷达、电子计算机、卫星、激光等信息技术装备在军事领域的广泛应用，军队获取、处理、利用信息的能力大大增强，同时也导致了作战双方围绕信息展开的对抗日益广泛而激烈。因此，发展信息技术，提高军队的信息力越来越为人们所重视，现代各发达国家军队都竞相采用高技术来提高信息获取、处理、利用和控制的能力。

5. 指挥控制能力

指挥控制能力，是指依靠一定的指挥工具，指导和调动所属部队达成作战目的的能力。军队指挥控制能力的高低与发展是由指挥主体、指挥手段和武器装备的状况所决定，并随着指挥主体、指挥手段、指挥方式和武器装备的发展而发展的。

6. 保障能力

保障能力，是指为保证军队遂行作战任务而实施的战时政治工作和作战、后勤、装备保障的能力。军队作战能力能否发挥到最佳状态，在很大程度上取决于各项保障是否到位，保障能力直接影响到整体作战能力的发挥。

作战保障能力，是指为保证指挥决策和作战行动顺利进行而具备的各种作战保障能力。作战保障主要包括目标保障、机要保障、工程保障、战役伪装、气象水文保障、交通保障、战场管制和电磁频谱管理等内容。信息化条件下，作战保障的内容发生了较大变化。一方面，侦察情报已经由保障功能上升为作战功能，通信保障、测绘导航等保障已经作为指挥信息系统的组成部分，成为信息基础支撑能力的重要组成部分；另一方面，目标保障和电磁频谱管理成为新的内容，并在作战保障中起着越来越重要的作用。

后勤保障能力是指运用人力、物力、财力资源保障作战行动顺利实施的能力。信息化条件下，为适应军事力量在广阔的战场上进行多维一体联合作战的需要，后勤保障力量具备保障多维的联合能力和多层次保障的融合能力。信息化条件下，后勤保障能力的主要特点有两个。一是协调运用各种后勤保障力量，做到"三个结合"，即通用保障与专用保障紧密结合；建制内保障力量与加强保障力量紧密结合；军队保障力量与地方保障力量紧密结合。二是具备可视化精确保障能力，做到"跟得紧、供得上"。

　　装备保障能力，是指采取各种措施使武器装备处于良好技术状态，可随时遂行作战任务的能力。信息化条件下，装备保障的特点有三个。一是保障力量多元化。武器装备既有海、空军装备，也有陆军、火箭军装备，还有其他兵种专业的装备，有时还有地方支前装备，必须充分发挥各方向保障力量的整体合力，实施军民一体、诸军兵种一体的保障。二是保障空间立体化。由于高技术武器装备和信息系统的广泛应用，作战空间全纵深和立体多维，多元作战力量遍布陆、海、空、天、电的多维战场。要使参战装备得到有效保障，就要努力与作战整体局势相协调，将多种装备保障力量合成、多种保障专业合理重组，建立以保障区为支撑、各保障区互为依托、能够相互支援和补充的装备保障网络，最大限度地提高装备保障效益。三是保障方式动态化。随着高新技术的广泛应用，作战进程将明显加快，作战样式向多样化方向发展，装备保障力量受损和交通受阻的情况时有发生，战前拟制的装备保障计划不可能完全符合战场态势的变化，难以完全适应信息化条件下局部战争的要求。要想赢得战争的胜利，就要改变以往的固定保障方式，强调装备保障的动态性，固定保障与机动保障相结合，逐级保障与越级保障相结合。

1.4.2　作战能力生成途径

　　从作战能力生成的规律来看，作战能力生成一般需要经由如下途径：武器装备体系必须在合适的编制体制下，由作战人员通过一定的教育训练，掌握先进武器装备的使用要求，最终才能实现作战能力的生成，如图 1.4.1 所示。

图 1.4.1　作战能力生成途径构成

1. 发展武器装备

在其他条件相同的情况下,军队作战能力的强弱,将更加取决于武器装备的先进程度。不同的武器装备,由于技术性能不同,其作战功能各有差异,从而造成了军队作战能力的高低。一般说来,武器装备的技术、战术性能好,其作战能力就高,拥有先进武器装备的一方将具有较强的作战能力。武器装备发展史表明,从冷兵器时代到热兵器时代,再到机械化时代乃至当前的信息化条件下,武器装备的每一次重大发展,都带来了作战能力的巨大飞跃。特别是现代化条件下,武器装备所具有的射程远、精度高、威力大、速度快、智能化、隐形化等特点,使军队作战能力达到了前所未有的新水平。同时,武器装备对构成作战能力的其他要素,如军人素质、体制编制等,具有重要的影响和制约作用。武器装备的发展,需要能够熟练操作和使用的军事人员以及与之相适应的体制编制;否则,它将会成为作战能力生成和发展的桎梏。古今中外任何一支军队,无不把发展武器装备作为加强军队建设、提高作战能力的重要措施,作为生成和提高军队作战能力的重要途径。

武器装备与作战能力之间的关系如图 1.4.2 所示。武器装备或者武器装备系统通过互联互通形成武器装备体系,进而实现对不同类型的作战能力的支撑,最终实现使命任务的完成。

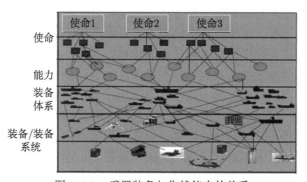

图 1.4.2 武器装备与作战能力的关系

2. 调整编制体制

体制编制是军队的组织形式,它不仅是一个国家政治、经济、科学技术水平、文化素养的综合反映,同时也是军队作战能力强弱的重要标志。在作战能力构成的三要素中,人和武器装备是相对稳定的要素,体制编制则是充满活力、不断发展的要素。人和武器装备,只有通过科学合理的体制编制,才能有机地组合起来,才能充分体现作为作战能力要素存在的意义。在人和武器装备既定的条件下,体制编制对军队作战能力的高低有着决定性的影响。同样数量、质量的人员和武器装备，由于体制编制、编组形式不同，发挥的作用就不同，其作战能力的强弱也不同。如果体制编制科学合理，组合形式好，就能最大限度地发挥人和武器装备的作用，提高整体作战能力。按照系统论的思想，结构决定功能，科学合理的、统一的编排组合，把人与武器有机地融为一体，不仅可以做到人尽其能，物尽其用，而且有利于指挥和管理；反之，就会影响军队管理和整体功能的发挥，使作战能力受到削弱。能否及时调整和建立科学合理的体制编制，将对作战能力的生成产生重大影响。

3. 深化教育训练

若要充分发挥作战能力构成基本要素在作战能力生成中的重要作用，特别是发挥人的作用，实现人与武器的最佳结合，从而生成强大的作战能力，就需经过一个教育训练的过程。教育训练效果好，形成作战能力就快、就强；反之，作战能力生成就慢、就弱。因此，教育训练是作战能力生成的主要途径和关键环节。

从作战能力生成的纵向角度看，作战能力生成是一个长期积累、"零存整取"的过程，没有长期不间断的严格训练，形成不了强大的作战能力。没有训练的军队，则不管人员怎么多、装备怎么精良、体制编制怎么先进，都只能是形式上的军队。只有通过严格的训练，每个人员都掌握好技术技能，能熟练地操作各种武器装备，达到人和武器装备之间的有机结合，这些物质要素才能成为战斗力"活"的细胞；只有通过严格的训练，使各类人员能在分工的岗位上各司其职，上下之间的信息能通达运行，左右之间的行动能和谐协调，军队才能真正发挥整体威力。军事教育的直接作用在于提高军队人员的素质，其中主要是提高政治觉悟和科学文化水平。军队的政治素质决定着他们的作战热情、献身精神、战斗意志，激励他们不怕牺牲、英勇顽强作战、刻苦认真训练，可以产生强大的作战能力。而通过科学文化教育，可以丰富军人所掌握的包括武器装备的科学原理和使用方法在内的科学文化知识，开阔他们的眼界，提高他们的智能水平，可以更迅速地提高他们的军事素养，从而推动战斗力水平的不断提高。因此，要实现作战能力诸要素作战潜能的有效发挥、促进作战能力的有机生成，就必须提高军队和人员的教育训练水平。

1.5　全书总体框架

针对武器装备科技知识的专业性与武器装备运用理论的综合性之间的矛盾，本书基于"主战武器是广义力量投射装备"的观点，提出并采用一种"四纵四横"的逻辑框架来组织相关内容，所谓"四纵"是指将武器装备系统划分为弹药、武器、平台和体系四个层次；所谓"四横"是指对每一个层次的装备按照概述、科技原理、装备实例、作战运用四个方面展开讨论。

　　按照广义力量投射的观点，本书将武器装备系统划分为四个层次的力量投射
(送) 系统。首先，弹药是对目标实施近距、直接毁伤的装备，即通常所称的战斗
部，如子弹或炮弹弹头、炸弹、地雷、核弹等；武器是将战斗部直接投射到目标
位置的装备，如枪炮、导弹等，其中信息作战武器是一种通过电磁波、网络或信
息系统等信息传播或处理手段对抗目标及其系统的新型武器；平台是具有装载武
器、弹药或其他装备，并能够在相应作战空间中机动或接近目标区域的装备，当
然，根据需要也可机动到距离目标射程之外实施规避等防御性动作，如陆上、海
上、空中和空间作战平台等；体系则是由上述弹药、武器和平台装备组成的具有
多种综合作战能力的集成系统，如航母战斗群、联合火力打击装备体系等。

　　针对上述各类装备，本书按照概述、科技原理、装备实例和作战运用四个方
面展开叙述，其中概述部分主要介绍装备的基本概念、组成、分类和发展历程等；
科技原理部分则选择直接决定或影响装备功能、效能和使用方式等方面的科学技
术知识；装备实例部分主要分析中外军典型装备现状、特点及其比较；作战运用
部分主要介绍装备的作战用途、使用方式和经典战例等，并力图结合科技原理进
行分析。

　　采用"四纵四横"这种具有"分解、组装"特点的武器装备系统课程内容划
分，在叙述和教学上有两个好处。首先，通过类似提取"公因子"的方法，将在
科学技术原理或关键技术方面具有共性和相关性的装备集中起来讲解，既可以减
少相似或相近内容的重复，也便于从专业视角充分剖析武器装备的科学技术内涵，
使读者能够更加深刻地理解武器装备的作用机理和运用方法，起到举一反三之效。
例如，理解了枪炮构造的基本原理后，就比较容易掌握装载在不同平台上的各种
枪炮的能力和运用。其次，在专业化地学习各种武器和平台的基础上，可以将相
关知识有机地综合起来理解和运用，从而增强对武器装备系统整体性、层次性和
动态性的认识。例如，在各种武器平台的介绍中，将主要讲解各种平台的结构和
运动原理，而对其装载的武器系统则只介绍性能和数量。因此，我们特别希望读
者能够在学习过程中，自主地根据需要将上述武器和平台在原理上"组装"起来，
经过这样一种综合，获得对作战平台的整体认识，对于装备体系也需要类似的理
解和思考，这是在本课程的学习中，需要读者特别注意的问题。

　　因此，本书将全部教学内容划分为四个知识单元。

　　单元一　武器装备系统概述。包括第 1 章，介绍了武器装备与武器装备系统
的基本概念、武器装备的产生、发展与分类，科学技术与装备的关系，以及未来
武器装备发展的基本趋势。

　　单元二　弹药与武器系统。包括第 2~5 章，详细描述了火炮与枪械、导弹武
器、常规弹药与核武器、电子对抗武器的技术原理、主要装备形态及系统，并对
它们的作战运用进行了重点剖析。

单元三 作战平台系统。包括第 6~10 章，从作战平台系统层面，结合不同类型装备战术运用样式，对陆上作战平台、空中作战平台、海上作战平台、空间军事 (作战) 平台、无人作战系统等作战平台的技术原理、典型系统以及作战运用进行阐述。

单元四 武器装备体系的作战运用。包括第 11~14 章，着重从武器装备体系的观点，分别介绍指挥信息系统装备、武器装备体系对抗效能评估的数学方法，以及武器装备体系的运用理论和运用实例。

图 1.5.1 为本书中各章的总体逻辑关系图。

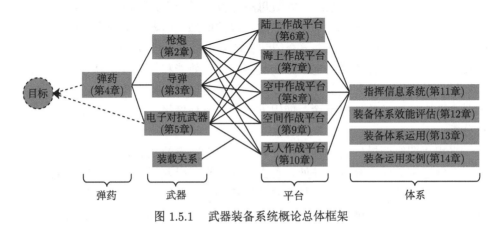

图 1.5.1   武器装备系统概论总体框架

限于篇幅和课时的原因，本书主要介绍了现代战斗装备和电子信息装备，对于在现代战争中越来越重要的 (作战、装备、后勤) 保障装备很少或基本没有涉及，希望读者在使用本书和未来继续学习时注意到这一点。

通过本书的学习，希望读者了解武器装备的发展历程及其与战争的关系，掌握典型现代武器装备的技术原理、使用特点，更加深刻地认识武器装备与人结合的重要性，认识武器装备作战效能的发挥主要依赖于人对它的正确掌握和使用。为在进一步的学习、工作中有效发挥武器装备的战斗作用，提高武器装备的作战效能，为赢得战争、保卫和平，打下良好的理论基础。

思 考 题

(1) 战争中武器装备与人的关系是什么？

(2) 推动武器装备发展的规律有哪些？

(3) 你认为哪一类武器装备有可能在不久的将来产生并发展，为什么？

(4) 从武器装备体系化发展的角度来看，需要作战人员掌握哪些知识与技能？

参 考 文 献

奥康奈尔. 2009. 兵器史：由兵器科技促成的西方历史. 卿劼, 金马, 译. 海口：海南出版社.

董子峰. 2003. 信息平台：战争中介系统的革命. 中国军事科学, 16(6)：111-119.

关永豪, 张华君. 2006. 美军一体化联合作战理论研究. 北京：解放军出版社.

匡兴华. 2011. 高技术武器装备与应用. 北京：解放军出版社.

李大光. 2000. 锻剑——20 世纪武器的进步与战争演变. 北京：西苑出版社.

李大光. 2002. 高技术作战平台的五大发展趋势. 现代军事, 3: 60-62.

卢俊等. 2005. 武器装备发展概述. 北京：军事科学出版社.

谭东风. 2009. 高技术武器装备系统概论. 长沙：国防科学技术大学出版社.

杨建军, 龙光正, 赵保军. 2009. 武器装备发展论证. 北京：国防工业出版社.

杨克巍, 赵青松, 谭跃进, 等. 2011. 体系需求工程技术与方法. 北京：科学出版社.

中国军事百科全书编审委员会. 1997. 中国军事百科全书 (军事技术 I、II). 北京：军事科学出版社.

Bousquet A. 2022. The Scientific Way of Warfare, Order and Chaos on the Battlefields of Modernity. 2nd ed. New York: Oxford University Press.

第 2 章　枪械与火炮

枪械与火炮都是利用火药燃气的能量或直接利用外界能源发射弹丸的身管射击武器。根据现代对枪械与火炮的定义，口径大于或等于 20mm 时称为火炮，小于 20mm 时称为枪械。一般枪械的弹丸没有装药，靠动能直接杀伤敌人；火炮的弹丸有装药，靠爆炸破片完成战术目的。此外，枪械一般采用肉眼直接瞄准，而曲射火炮依赖观瞄设备获取射击参数，过程也较为烦琐。本章主要简要介绍弹道学基本原理，枪械与火炮的基本类型、基本组成及其结构构造原理，典型装备及其作战应用。

2.1　枪械与火炮概述

2.1.1　枪械与火炮的发展

由于枪械和火炮都是基于相同原理的身管武器，火炮可认为是一支放大了的"枪"。两者经历了虽有差异但大致相同的发展历程。

1. 枪械与火炮的发展历程

枪械和火炮都是历史最悠久的武器装备。早在 13 世纪中叶，我国就出现了以黑火药发射子窠的竹管突火枪，这是世界上最早的管形射击武器。随后又发明了金属管形射击火器——火铳，到明代已在军队中大量装备。元代至顺三年(1332 年) 制造的青铜铸炮，炮口直径 105mm，是迄今为止已发现的中国古代最早的火炮。到 16 世纪明朝中期，制造的火炮已达数十种。

我国的火药和火器传入西方以后，枪械和火炮在欧洲开始发展。14 世纪，欧洲出现了枪管后端火门点火发射的火门枪，同时开始制造出发射石弹的火炮；15 世纪出现火绳枪；16 世纪出现燧发枪。燧发枪曾在欧洲各国的军队中使用了约 300 年。16 世纪末，欧洲出现了将子弹或金属碎片装在铁筒内制成的霰弹火药弹。随后，火炮的结构、火药装填以及弹丸等又有许多改进。17 世纪，欧洲大多数国家开始使用榴弹炮。

19 世纪以前的枪械都采用从枪口装弹的方式，即前装枪械。到 19 世纪中叶，采用金属弹壳的定装式枪弹技术逐渐成熟，后装枪开始取代前装枪。1884 年，英籍美国人 H. S. 马克沁发明了世界上第一台自动武器——马克沁机枪。此后的 30 年间，自动手枪、自动步枪、轻机枪和冲锋枪等现代枪械相继问世。与此同时，为减少枪种，出现了可以同时取代自动步枪、冲锋枪、卡宾枪等，且突击火力较强的突击步枪，其中以德国的 StG44 突击步枪和苏联的 AK47 自动步枪最为著名。从 20 世纪 50 年代末开始，美国和苏联相继发展小口径枪械，先后研制出 M16 和 AK74 自动步枪，并在此基础上进行了一系列改进，形成了 5.56mm 的 M16 和 5.45mm 的 AK74 两大小口径枪族，分别列装北大西洋公约组织 (北约) 和华沙条约组织 (华约) 部队，并且发展成为世界上大多数国家的标准制式装备。

19 世纪中叶以前，火炮一直是滑膛前装炮，19 世纪初，欧洲许多国家进行了线膛炮的试验。1846 年，意大利的 U. 卡瓦利发明了螺旋线膛炮，提高了火炮威力和射击精度，增大了火炮的射程。在线膛炮出现的同时，火炮实现了能从后方装填，发射速度明显提高。1897 年，法国人发明了反后坐装置，可以使火炮的重量大为减轻，并且可提高其射速。20 世纪初，先后出现了迫击炮、火箭炮、坦克炮、无后坐力炮、高射炮等。第二次世界大战后，火炮在射程、射速、威力和机动性等许多方面都有明显提高。随后，到 20 世纪中叶，枪械和火炮的各种技术都趋于成熟。

2. 枪械与火炮的发展趋势

未来的枪械和火炮技术将主要朝着以下几个方向发展：

(1) 探索新材料的使用，实现武器的轻量化，提高机动性。

(2) 探索新的工作原理和新型结构，增大武器的威力，如无壳弹枪系统、箭弹枪、双弹丸枪等。

(3) 增大射程，使其能打击敌纵深目标，以适应未来战争大纵深的特点。

(4) 提高射速，增大火力密度，在未来战场上更好地发挥火力奇袭的作用。

(5) 发展自行火炮，提高火炮的机动性。

(6) 射击指挥全面自动化，加快反应速度。现代枪炮，特别是火炮，正在发展成为一种从搜索目标、计算射击诸元直到进行射击的综合的完整系统。各国普遍装备了以计算机为中心的先进的射击指挥系统，这种系统除计算机外，还包括激光测距机、侦察雷达、初速测定雷达、测地器材和气象探测器等辅助器材，因而能迅速发现目标、精确计算射击诸元，即时地召唤火力和进行射击，实现了射击指挥自动化，大大提高了火炮的快速反应能力。

(7) 探索新能源枪炮，即新概念枪炮，如高压电能、声能或激光等发射的枪械、电磁炮、电热炮、液体发射药火炮、膨胀波火炮等。

总之，随着科学技术的发展，枪械和火炮的内涵也在不断发生变化。

2.1.2 枪械与火炮的分类

1. 枪械的分类

枪械有以下常用分类方法：

(1) 按用途分类。分为手枪、冲锋枪、步枪、机枪等，而每一种分类内还可以细分。

(2) 按自动化程度分类。分为非自动、半自动和全自动枪械三种。非自动枪械即装填和每次发射都由射手操纵的枪械；半自动枪械即能自动完成除发射以外的全部动作的枪械，再次发射时需射手重新操纵扳机，半自动枪械仅能单发；全自动枪械即全部发射动作都是自动完成的连发射击枪械。

现代枪械很少有非自动的。习惯上将全自动枪械和半自动枪械统归为自动武器。

(3) 按自动方式分类。枪械的自动方式是其利用能量完成自动循环动作的形式。按自动方式主要分为枪管后坐式、枪机后坐式和导气式三种。

2. 火炮的分类

火炮的分类方法很多，以下列举一些常用分类法，并给出其名称。

(1) 按军种分类。分为陆军炮、海军炮、空军炮。

(2) 按用途分类。分为地面压制火炮、坦克炮、反坦克炮、高射炮、海岸炮与要塞炮、舰炮、航空机关炮等。其中地面压制火炮还可细分为加农炮、榴弹炮、加农榴弹 (加榴) 炮、迫击炮、火箭炮等。

(3) 按口径分类。分为大口径炮、中口径炮、小口径炮。口径大小的划分标准随火炮的种类、不同国家以及不同历史时期火炮的技术水平而异。

(4) 按弹道特性分类。分为平射炮、曲射炮两种。其中弹道低伸、射程远、威力较大的如加农炮、坦克炮等称为平射炮，榴弹炮、迫击炮等弹道弯曲的火炮称为曲射炮。

(5) 按炮膛结构分类。分为滑膛炮、线膛炮、锥膛炮等。现代火炮多用线膛炮。

(6) 按运行方式分类。分为固定炮、牵引炮、自行炮、驮载炮、铁道炮等。自行炮具有良好的机动性，是现代火炮的重要发展趋势之一。

(7) 按操作方式分类。分为自动炮、半自动炮、非自动炮三种。现代火炮绝大多数为自动炮和半自动炮。

2.1.3 枪械与火炮的基本组成

1. 枪械与小口径自动炮的基本组成

枪械的基本组成可划分为自动机和辅助部件两大部分。

自动机是构成武器的主体和核心部分，包括身管、闭锁、供弹、退壳、击发、发射、保险、复进等主要机构。除此之外，有的枪械自动机还有加速或降速机构。主要机构的作用见后续内容。

枪械的辅助部件包括机匣、枪托、枪口装置、瞄准装置等零部件。导气式武器带有导气装置；轻、重机枪带有枪架；大口径机枪、小口径自动炮还带有高低机、方向机、平衡机等。机匣用于连接全枪各部件成一体，引导活动件前后运动，与闭锁机构配合闭锁枪膛；枪托是为了方便操作；枪口装置是安装在枪口上的特殊装置，包括制退器、助退器、减跳器、消焰器等；瞄准装置用于对不同距离的目标射击时，赋予枪身相应的射角和射向；导气装置是从枪口侧孔导出气体推动活塞，以保证活动件完成自动动作的装置。

图 2.1.1 是典型枪械的基本组成结构。

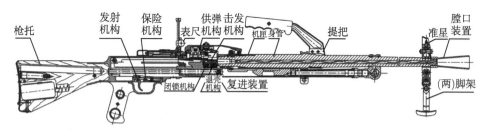

图 2.1.1　典型枪械基本组成图

2. 火炮的基本组成

火炮的基本组成包括炮身、反后坐装置、炮架、瞄准、运动等几大部分。图 2.1.2 为某型火炮的结构图，它代表典型火炮的一般结构构造。图 2.1.3 所示为火炮的一般结构组成及其相互关系。

(1) 炮身部分包括身管、炮闩系统、炮尾、炮口制退器等。身管是供火药燃烧和做功的容器，它赋予弹丸一定的飞行方向、初速和旋转速度，以保证弹丸在空中稳定飞行，准确地击中目标。炮闩系统、炮尾、炮口制退器的作用和原理见 2.4.1 节。

(2) 反后坐装置：主要由制退机和复进机组成。其工作原理见 2.4.2 节。

(3) 炮架部分：炮架是支撑炮身，赋予火炮不同使用状态的各种机构或装置的总称，通常包括四架 (摇架、上架、下架、大架) 和防盾等部件。防盾是保护炮手和火炮免遭弹片伤害的板状构件。四架通过反后坐装置与炮身连接在一起。其工作原理见 2.4.3 节。

(4) 瞄准部分：瞄准部分由瞄准装置、瞄准机 (方向机、高低机、平衡机) 等部件组成。瞄准装置由光学部分和机械部分组成，包括瞄准具、瞄准镜等；瞄准机工作原理见 2.4.3 节。

(5) 运动部分：火炮运动部分主要由车轮、缓冲器、车轮制动器等部件组成。

此外，坦克炮、自行火炮、高射炮等还有其特有的系统，如火控系统、通信系统、指挥系统、随动系统、底盘系统等。

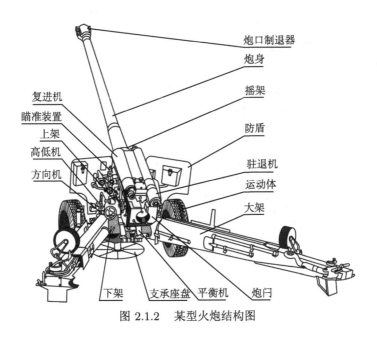

图 2.1.2　某型火炮结构图

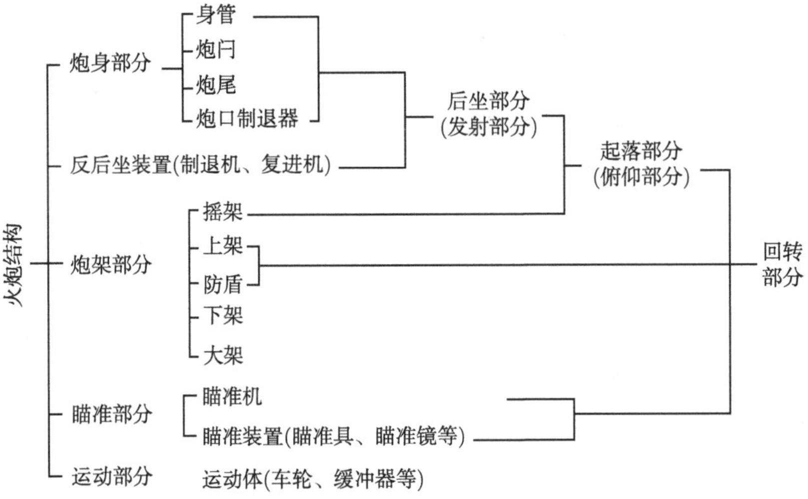

图 2.1.3　火炮一般结构组成及其相互关系

2.1.4 枪械与火炮自动机及工作循环

1. 自动机的概念

枪械与火炮中，参与和完成自动动作，以实现连发射击的各机构的总称称为自动机。它是武器的核心部分。通常，从工作原理上来讲，枪械自动机包括闭锁机构、供弹机构、退壳机构、击发机构、发射机构、保险机构、复进机构等。火炮自动机包括由身管、炮尾和炮口装置构成的炮身系统，由关闩、闭锁、击发、开闩、抽筒等机构组成的炮闩系统，供输弹机构，反后坐装置，发射机构，保险机构等。发射时，自动机中的各机构按规定的顺序协调配合，分别进行各自的动作，完成整个自动循环。

2. 枪械与火炮的工作循环

枪炮的一次发射全过程称为一个工作循环。枪械在每一次射击循环中，从扣动扳机后算起，按先后顺序一般要完成击发、开锁、后坐、退壳、输弹、复进、进弹、闭锁等八个动作。不同类型的枪械，其动作过程也会有所不同。

同样，火炮的一个工作循环一般也有八个动作，按先后顺序为：击发、后坐、复进、拨回击针、开闩开锁、抽筒、推弹进膛、关闩闭锁等。

枪械与火炮的工作循环如图 2.1.4 所示。

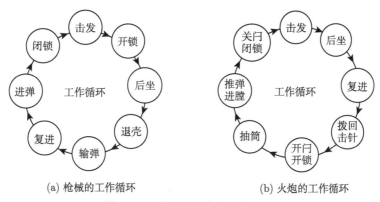

(a) 枪械的工作循环   (b) 火炮的工作循环

图 2.1.4 枪械与火炮的工作循环

2.2 枪械与火炮弹道学基本原理

2.2.1 内膛构造原理

1. 内膛基本结构

枪炮身管的内部空间及其内壁结构称为内膛，也可直接称为枪膛或炮膛。枪械和火炮的内膛结构基本相同，但名称有所不同，火炮一般由药室、坡膛和导向部组成，枪械对应的三个部分分别称为弹膛、坡膛和线膛，如图 2.2.1 所示。

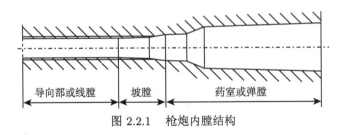

导向部或线膛　　　坡膛　　　　　　药室或弹膛

图 2.2.1　枪炮内膛结构

药室或弹膛的作用是容纳炮弹药筒或枪弹弹壳，保证在各种射击条件下都能顺利进弹和抽壳，射击时枪炮弹能正确定位，射击中能密闭火药气体，射击后弹壳或药筒不发生破裂。其中，炮弹的弹丸后方圆柱部一般有一个环，称为弹带，其材料多为紫铜及尼龙、铝合金等，其作用是在火药燃气的作用下嵌入膛线、密闭气体，使弹丸获得一定的初速和旋速。

坡膛是弹膛过渡到线膛或药室过渡到导向部的部分。其主要作用是：发射前确定弹带起始位置，限定药室或弹膛容积；发射时诱导弹丸正确地嵌入膛线，或引导弹丸进入导向部。

火炮身管内膛除药室和坡膛以外的导引弹丸运动的部分称为导向部。一般分为线膛和滑膛两种。现代火炮大多使用线膛导向部，只有坦克炮、反坦克炮等少数几种火炮为了提高射速而使用滑膛结构。

枪械内膛具有全深膛线部分称为线膛，线膛的作用是与火药气体相结合，赋予弹丸一定的初速和旋速。线膛对弹丸的运动至关重要。现代制式枪械几乎均采用线膛结构。

2. 膛线及其构造原理

1) 膛线结构及作用

膛线是在内膛导向部管壁上与身管轴线成一定倾斜角的若干条螺旋形的凸起和凹槽。其作用是赋予弹丸在出膛口时一定的旋转速度，以保证其在空中飞行的稳定性。

常用的膛线在内膛横剖面上的形状如图 2.2.2 所示。其横剖面轮廓近似于长方形，常称为矩形结构膛线。螺旋槽凸起的部分称为阳线，其宽度为 a，凹下的槽部称为阴线，其宽度为 b，阳线和阴线顶面的圆弧与内膛横剖面共圆心 O。阴线两侧平行于通过阴线中点的半径。一般阴线宽度比阳线宽度大，$b = (1.5 \sim 2.9)a$。阴线和阳线在半径方向上的差值称为膛线深，以 t 表示。为减小膛线根部的应力集中，便于射击后擦拭内膛，在阴线和阳线的交接处用圆角连接，圆角半径 $R =$

0.5t。阳线有一侧面与弹带上相应处紧贴，赋予弹丸一定的旋转力，此侧面称为膛线的导转侧。

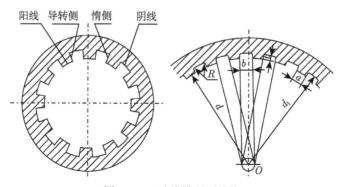

图 2.2.2　膛线横断面结构

在内膛横剖面上阳线 (或阴线) 的条数称为膛线数，用 n 表示。其中，枪械：$n = d/2$；火炮：$n=(3\sim5)d/10$，这里 d 是以 mm 为单位的口径。为便于膛线的加工与测量，通常火炮中将膛线数取为 4 的倍数，如 24 条、28 条和 32 条等；枪械中取为 2 的倍数，步枪的膛线多为 4 条，12.7mm、14.5mm 口径机枪的膛线为 8 条，57mm 高炮的膛线为 24 条。

2) 膛线缠度与缠角

如将内膛纵向展开成平面图，如图 2.2.3 所示。

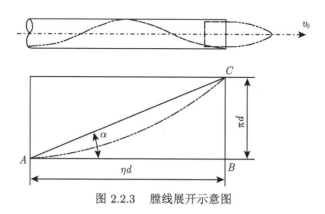

图 2.2.3　膛线展开示意图

缠度：膛线围绕内膛旋转一周，沿轴线方向前进的距离，称为膛线的缠距，用 L 表示。以口径的倍数表示的缠距称为缠度，用 η 表示，$\eta = \dfrac{L}{d}$ 或 $L = \eta d$。η 是量纲为 1 的量，其大小主要取决于弹丸在外弹道上飞行稳定性的要求。

缠角：将膛线展开后，膛线上某点的切线相对于内膛轴线的夹角 α 称为该点的缠角。缠角与缠度的关系式为

$$\tan\alpha = \frac{\pi d}{L} = \frac{\pi d}{\eta d} = \frac{\pi}{\eta} \tag{2.2.1}$$

3) 弹的旋速

弹在膛内的旋速为

$$\omega = \frac{2\pi}{\eta d}\cdot v \quad \text{或} \quad \omega = \frac{2\tan\alpha}{d}\cdot v \tag{2.2.2}$$

3. 膛线分类

根据缠角 α 沿内膛轴线变化规律的不同，膛线可分为等齐缠度膛线、渐速膛线和混合膛线三种。工程上常用等齐缠度膛线和渐速膛线。

(1) 等齐缠度膛线。线上任一点的缠角均相等的膛线，称为等齐缠度膛线。火炮中这种膛线多用于初速较大的加农炮和高射炮。其弹丸出膛口时所需的旋转角速度由较大的初速来补偿。枪械均采用等齐缠度膛线。

(2) 渐速膛线。膛线上任一点的缠角 α 是一个变量，起始部缠角很小，越接近枪炮口，缠角越大，这种膛线称为渐速膛线。渐速膛线常用于弹丸初速较小的火炮，如榴弹炮。因其身管较短，初速较小，弹丸旋速不大。为了获得较大的旋速以确保弹丸飞行的稳定性，采用渐速膛线，使其在膛口处有较大的缠角。

(3) 混合膛线。由等齐缠度膛线和渐速膛线组合而成的膛线，它兼备等齐缠度和渐速两种膛线的优点。膛线起始部采用渐速膛线，缠角可以很小，以便减小阳线导转侧压力，从而减小磨损和烧蚀；膛口部采用等齐缠度膛线，缠角加大，可保证弹丸所必需的转速，同时可改善膛口部膛线的受力状况。

2.2.2 枪炮弹膛内运动过程及其规律

枪炮弹发射的整个物理过程是火药的化学能迅速转变为热能，再继而变为弹丸、装药和武器后坐部分动能的能量转换过程。从底火药燃烧开始，到弹脱离膛口瞬间为止，为膛内发射过程，这一过程的时间极短，但所产生的各种现象却比较复杂，其运动规律可用图 2.2.4 表示。一般将发射过程划分为四个过程来分析讨论。

1. 点火过程

点火通常是利用机械作用使击针撞击药筒以引燃底火，底火药火焰进一步使底火中的点火药燃烧，并在瞬间燃尽，使膛内压力达到点火压力。点火药燃烧产

生高温高压气体，喷入装有发射药的药室内，使发射药在高温高压的作用下着火燃烧。点火压力用 p_B 表示。一般情况下，$p_B = 2 \sim 5 \text{MPa}$。

2. 挤进过程

发射药引燃后，燃烧生成大量火药气体，使膛内压力升高，并推动弹丸迫使弹带挤进膛线。其变形阻力随着挤入长度的增加而增大，弹带全部挤入膛线时的阻力值最大。此时，弹带上被切出与膛线相吻合的凹槽。弹丸继续向前运动，弹带不再产生塑性变形，阻力迅速下降。与最大阻力相对应的膛内火药燃气的平均压力称为挤进压力，用 p_0 表示。火炮的挤进压力 $p_0 = 25 \sim 40 \text{MPa}$；枪弹无弹带，靠整个枪弹圆柱表面挤入膛线，其挤进压力较高，$p_0 = 40 \sim 50 \text{MPa}$。

点火与挤进过程合起来，通常又称为发射过程的前期，前期火药的燃烧量约占总发射药量的 5‰。

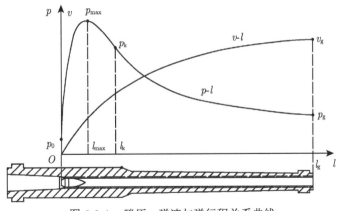

图 2.2.4 膛压、弹速与弹行程关系曲线

3. 膛内运动过程及其规律

按照膛内射击现象的内在规律和发展过程的特点，将膛内运动过程分为两个时期进行分析。从弹丸开始运动到火药燃烧结束瞬间为止，为第一时期。这是一段重要而复杂的时期。其基本特点是：火药燃烧生成大量燃气使膛压上升；而弹丸沿内膛轴线运动，使弹后空间增加，又使膛压下降。这两个互相联系又互相矛盾的因素直接影响着膛内压力的变化规律。一方面，弹丸从静止状态逐渐加速，弹后空间增值小，发射药在较小的容积中燃烧，燃气密度加大，使膛压变化率随燃烧时间不断增大，因而膛压急剧上升；另一方面，膛压增加，使弹丸加速运动，弹后空间不断增加，又使燃气密度减小。同时，由于燃气不断做功，其温度相应降低，这些因素都促使膛压下降。当发射药燃烧所生成的燃气量使膛压上升的作用

逐渐被使膛压下降的作用所抵消，即影响膛压的两个相反因素作用相等时，达到最大膛压，通常，最大膛压出现在弹丸行程为 2~7 倍口径处。此后，弹丸速度因压力做功而迅速增加，弹后空间猛增，燃气密度减小，膛压逐渐下降，直到发射药燃烧结束。

最大膛压是一个十分重要的弹道数据，直接影响火炮、枪械、弹丸与引信的设计、制造和使用，对身管与弹体强度、引信工作可靠性、弹丸内炸药应力值以及整个武器的机动性能都有直接的影响。现代枪炮中的最大膛压一般为 250~350MPa，高膛压火炮的最大膛压值可达 500~700MPa，但迫击炮和无坐力炮的最大膛压值较低。

在第一时期，无论是膛压上升阶段还是下降阶段，弹丸始终受火药气体压力的作用而做加速运动。

第二时期从火药燃烧结束瞬间开始，到弹底离开膛口瞬间为止。第二时期的特点是发射药已燃烧完毕，不再产生新的火药燃气。但膛内原有的高温高压燃气相当于在密闭容器内绝热膨胀做功，继续使弹丸加速运动，弹丸后空间仍在增大，膛压不断下降。当弹丸运动到膛口时，其速度达到膛内的最大值，称为膛口速度。现代火炮的膛口速度可高达 2000m/s 左右。

从前期到第二时期结束，统称为膛内时期。现代枪炮的膛内时期的时间一般都小于 0.01s，在极短的时间内要使弹丸速度由零增至所要求的膛口速度，其加速度很大。

4. 后效作用时期

从弹丸底离开膛口瞬间开始，到火药气体对弹丸的推力与弹丸所受到的空气阻力相平衡时为止，称为后效作用时期。后效作用时期开始时，燃气从膛口喷出，燃气速度大于弹丸的运动速度，继续作用于弹丸底部，推动弹丸加速前进，直到燃气的推力和空气的阻力相平衡。此时，弹丸的加速度为零，在膛口前弹丸的速度增至最大值。之后，燃气不断向四周扩散，其压力与速度大幅度下降，同时弹丸已远离膛口，燃气不能再对其起推动作用。不过，在整个后效作用时期中，膛内火药燃气压力自始至终对枪炮身作用，使其加速后坐，直到膛内压力降到 0.18MPa 左右。

初速和最大膛压值是枪炮内弹道性能的重要特征量，称为内弹道诸元。初速值直接影响到枪炮的射程、密集度和弹丸对目标的毁伤效能。

2.2.3　弹丸空中飞行的一般运动规律

弹丸运动到膛口时会获得一定的初速和动能，此后便脱离火药燃气的作用和身管的约束，而在重力和空气阻力作用下运动。阻力由弹与空气之间的相对运动而产生，它与空气的特性 (如温度、压力、黏性等) 有关，也与弹丸的特性 (如形状、大小) 以及空气与弹相对运动的速度有关。

空气阻力对弹丸的作用可归纳为两个主要方面：

(1) 消耗弹丸的能量，使其速度很快衰减，降低落点处的动能，减小射程。

(2) 改变弹丸的飞行姿态，使其在飞行途中做不规则的运动，进而更增大空气阻力，落点不能确定，同时也不能保证弹丸头部碰击目标，影响其对目标的毁伤作用。如图 2.2.5 所示。

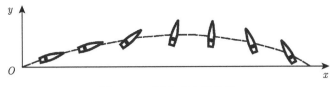

图 2.2.5　不稳定飞行弹图

由于弹与内壁存在间隙、弹的质量偏心误差以及内膛磨损等因素，弹丸在膛内运动过程中，弹轴与内膛轴线并不重合。当弹丸出膛口时，后效作用时期火药燃气对弹的作用也不均匀，因而使弹轴线与速度矢量 v(即弹道切线) 并不重合，再加上空气阻力合力的作用，造成弹在飞行中的不稳定，从而影响射程。因此，需研究弹在空中飞行的稳定原理，寻求合理的稳定措施，以提高射击密集度和最大限度地发挥弹丸作用。

目前一般采用两种弹稳定措施：一是给弹安装尾翼；二是使弹丸绕其纵轴高速旋转。由这两种方法，相应地产生了外弹道学中两种飞行稳定的理论：摆动理论与旋转理论。以下概述其基本思路与原理。

1. 旋转弹的飞行稳定性

1) 旋转稳定性

旋转弹的旋转稳定性基于陀螺稳定原理。弹丸在空中飞行时，一方面高速自转，另一方面绕弹道切线即速度矢量公转 (进动)，而弹轴本身在空间一面转圈，一面摆动，弹丸在空中就不再翻转，而是做有规律的飞行。弹轴与弹道切线间夹角呈周期性变化，而不是单调增大。这种飞行状态称为弹丸的陀螺稳定。如图 2.2.6 所示。

2) 追随稳定性

由于重力的作用，弹道在铅直平面内不断向下偏转，即实际弹道是弯曲的。为了使弹轴与弹道切线方向基本一致，也即要保证弹轴随弹道切线 v 的下降而向下转动。弹轴必须对 v 做追随运动，这种运动称为追随稳定性。

2. 尾翼弹丸飞行稳定性原理

保持弹丸飞行稳定性的另一措施是在弹丸后部安装尾翼。当弹轴与速度矢量不一致时，面积较大的弹后部尾翼能改变弹丸表面的压力分布，以致弹轴向弹道切线靠拢，从而保证弹丸稳定飞行。如图 2.2.7 所示。尾翼的合适大小为：保证在全弹道上合阻力作用中心始终处于尾翼与弹丸质心之间，这是使尾翼弹稳定飞行的必要条件。但尾翼过大的弹丸会使阻力增加，并使射弹散布增大。

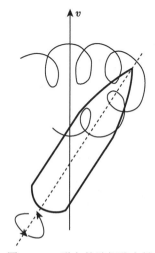

图 2.2.6　弹丸的陀螺稳定性

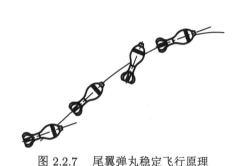

图 2.2.7　尾翼弹丸稳定飞行原理

2.3　枪械基本构造原理

2.3.1　枪械常用自动方式与枪膛开闭锁

1. 枪械常用的自动方式

自动方式是自动机利用动力源 (通常为火药燃气) 的能量完成自动循环的方法和形式。现代枪械基本的自动方式有：枪管后坐式、枪机后坐式、导气式三种。

1) 枪管后坐式

利用膛内火药燃气压力的作用，使活动机件和枪管共同后坐 (后退)，并完成一连串自动动作的自动方式，称为枪管后坐式，见图 2.3.1(a)。

枪管后坐式自动机的运动规律是：当弹丸在膛内运动时，枪机和枪管牢固地扣合在一起并共同后坐，当弹丸飞离枪膛，膛内火药气体压力降低后，枪管和枪机分离，完成开锁动作。其动作过程如下：

(1) 后坐。射击后,枪管和枪机共同后坐一段距离 (此距离称为开锁前的自由行程),然后开锁。开锁后,枪机靠惯性后坐并完成抽壳、抛壳、压缩复进簧或缓冲簧等动作。

(2) 复进。枪管后坐一段距离后,靠枪管复进簧推其复进到位;或停留在后方,等待枪机复进推其向前。枪机后坐到位后,在枪机复进簧的作用下复进,在复进过程中完成进弹、闭锁、击发发射等动作。

2) 枪机后坐式

利用膛内火药气体压力的作用,直接使枪机后坐完成一连串自动动作的自动方式,称为枪机后坐式,见图 2.3.1(b)。

枪机后坐式武器的动作过程是:射击后,火药气体压力通过弹壳直接作用于枪机,使枪机获得动能后坐到位。然后在复进簧的作用下枪机复进。枪机在前后运动过程中完成一连串自动动作。

枪机后坐式的特点是枪管保持不动,而枪机运动。枪膛虽被枪机关闭,但枪机与枪管没有牢固扣合,枪膛未被锁住。一旦膛内具有高压火药燃气作用,枪机即会向后产生位移。因此,其弹壳工作条件较差。

根据枪机和枪管的连接方式不同,枪机后坐式又分为自由枪机后坐式和半自由枪机后坐式两种形式。自由枪机后坐式的特点是射击时枪机和枪管没有任何扣合,仅依靠复进簧的抗力及大质量枪机的惯性作用,以延迟开锁并完成自动动作。这种自动方式适用于火药气体压力不大,弹壳较短的武器。在威力较小的手枪、冲锋枪中得到广泛应用。

半自由枪机后坐式是在自由枪机后坐式工作原理的基础上,利用结构上的某种约束以减缓开始时枪机后坐速度,达到延迟开锁的目的。射击时,枪机和枪管虽有扣合但不牢固,在膛底火药气体的压力下可自行打开枪膛。这种方式与自由枪机后坐式相比,适用于较大威力的枪械。

3) 导气式

利用导气箍从膛内导出部分火药气体进入气室,作用于活塞或枪机框上,使活动机件后坐完成自动动作的自动方式,称为导气式,见图 2.3.1(c)。导气式是目前使用最广泛的自动方式。

导气式枪械的一般工作原理是:枪管、枪机和机匣在射击瞬间牢固扣合。射击后,当弹丸在膛内运动至导气孔时,部分火药气体进入气室,作用于活塞并传动枪机框向后运动,或通过导气管直接作用于枪机框,使其向后运动。当弹丸飞离枪膛,膛内火药气体压力降低后,枪机框开始带动枪机运动打开枪膛,并完成自动动作。

除了上述三种基本的自动方式外,最近几十年发展起来的转管式、转膛式、链式、双管联动式等也常用于机枪和自动炮。它们的共同特点是发射速度高,如转管式机枪或自动炮射速高达 6000~10000rds/min。转管式和链式武器主要使用外部能源驱动，如电能、液压马达等。

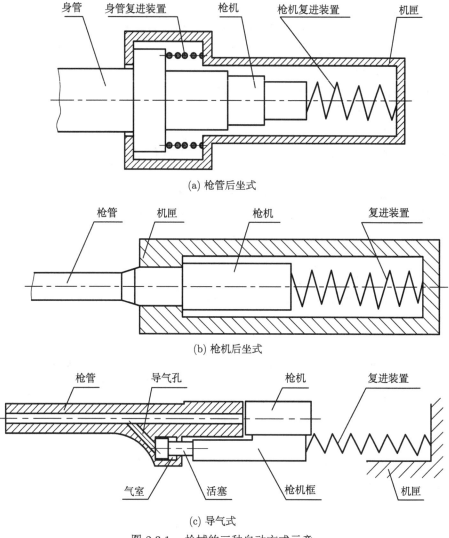

(a) 枪管后坐式

(b) 枪机后坐式

(c) 导气式

图 2.3.1　枪械的三种自动方式示意

2. 枪膛的开闭锁

打开和关闭并锁住枪膛称为枪膛的开闭锁。在射击时关闭并锁住弹膛，顶住弹壳，以防止弹壳断裂和火药气体向后泄出，保证射击威力和发射安全可靠。这一任务由闭锁机构完成。

现代枪械闭锁机构的主要构件有枪机、枪机框或机头、机体等。它们常相对于机匣做纵向运动。除了完成关闭弹膛的工作外，还带动其他机构完成开锁、退壳、压缩复进簧、使发射机构待发、供弹、击发等动作。

现代枪械实现闭锁枪膛的方法很多，因此典型闭锁机构的结构形式非常丰富。按照射击时枪管和枪机的连接性质不同，可分为惯性闭锁和刚性闭锁两大类闭锁机构。

1) 惯性闭锁

依靠枪机质量的惯性作用，或利用质量转移及增大阻力等原理来延迟开锁，达到闭锁作用的闭锁方式，称为惯性闭锁，是最简单的闭锁机构。射击时，枪机和枪管间没有扣合，或者虽有扣合但不牢固，射击后在膛底压力作用下枪机能自行开锁。与这种闭锁方式对应的自动方式主要是枪机后坐式。

2) 刚性闭锁

射击时身管和枪机牢固扣合，膛底压力不能使枪机自行开锁的闭锁方式，称为刚性闭锁。与刚性闭锁方式对应的自动方式主要是枪管后坐式和导气式。

刚性闭锁机构的基本原理就好比锁门，门是运动件，门框是不动件，当门闩一部分在门里，另一部分在门框里时，门就被锁住而不能打开；而当门闩全部进入门内时，门就可以打开。枪械的机匣是不动件，枪机组件是运动件，因此，用一机闩仿照门闩的运动，即可实现枪械的刚性闭锁。

刚性闭锁能保证枪弹威力较大的武器可靠工作，在枪械、自动炮上广泛使用。现代刚性闭锁在基本原理的基础上不断发展，形式变化多样，构成了丰富多彩、各具特性的闭锁机构体系。根据开、闭锁时零件的运动方式，大致可分为回转式、偏移式、摆动式和横动式等四类结构形式，而以回转式和偏移式两种结构形式最为常用。

回转式闭锁的机构有枪机回转式和机头回转式，应用极其广泛。枪机回转式闭锁机构用于导气式枪械，如 81 式、95 式枪族，美 M16 自动步枪闭锁机构等。机头回转式用于身管短后坐式枪械，如 14.5mm 系列高射机枪闭锁机构。这种闭锁机构设计精巧，闭锁刚度好，堪称经典之作。

偏移式闭锁机构有身管偏移式、枪机偏移式、卡铁偏移式等多种形式。尤以枪机偏移式和卡铁偏移式最为广泛，应用于大威力枪械。卡铁偏移式闭锁机构在导气式武器中得到广泛应用。它是依靠枪机框的扩张部使闭锁卡铁向两侧张开，进入闭锁卡槽实现闭锁。85 式 12.7mm 高射机枪闭锁机构如图 2.3.2 所示。开锁动作由膛底的低压和枪机框带动枪机体使闭锁卡铁自由收拢而完成。

身管　枪机　闭锁卡铁　枪机框

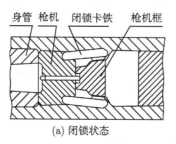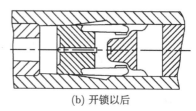

(a) 闭锁状态　　　　　　　　　　　(b) 开锁以后

图 2.3.2　卡铁偏移式闭锁机构

2.3.2　供弹与退壳

1. 供弹

供弹是把枪炮弹从容弹具中连续而有序地送进弹膛，由供弹机构完成。

枪械和自动炮的供弹包括输弹和进弹两个过程，输弹是将容弹具中的弹依次送到进弹口的过程，进弹是将进弹口的弹送进弹膛的过程。因此，供弹机构一般由容弹具、输弹机构、进弹机构三部分组成。其功能如下。

容弹具：用以承装枪弹。如弹匣、弹盘、弹链、弹链盒、弹链箱等。

输弹机构：用以将枪弹由容弹具中送到进 (或取) 弹口。

进弹机构：用以将进弹口的枪弹送入弹膛。

根据容弹具结构特点的不同，一般将供弹机构分为弹仓式供弹机构和弹链式供弹机构两大类。目前，手枪、步枪、冲锋枪等广泛采用弹仓供弹方式，而重机枪、高射机枪、航空自动武器、舰用自动武器、37mm 以下的自动炮等广泛采用弹链供弹方式。

1) 弹仓供弹机构

弹仓供弹机构是通过弹仓簧或托弹簧和托弹板等完成输弹动作；通过弹力和弹仓的进弹口把枪弹规正在预备进膛的位置；由枪机的推弹凸榫完成进弹动作。根据容弹具形状特点不同，可分为弹匣、弹盘、弹鼓三种类型，其中弹匣和弹鼓最为常用。

弹匣是最为常见的一种容弹具。其外形取决于枪弹结构及弹在弹匣内的排列，常见的有弧形弹匣、梯形弹匣和矩形弹匣等。

弹鼓是目前自动武器常用的一种弹仓供弹容弹具形式，其容弹量比弹匣大得多。枪炮弹轴线与弹鼓轴线呈平行排列，供弹时弹沿圆周呈螺旋移动。

2) 弹链供弹机构

弹链供弹容弹具即为弹链，它是利用弹链节具有的弹力，将枪炮弹紧紧抱住，在输弹机构作用下，弹链依次移动，使枪弹进入进弹口位置，以便进弹机构推弹入膛。

按组合形式一般分为不散弹链、可散弹链和组合弹链三种。不散弹链是由一定数量的金属链节用中间零件 (如螺旋钢丝、销轴等) 连接或互相搭挂而成的不可拆弹链。这种弹链便于携带、保管和回收，装弹较快，一般用于轻、重机枪及高射机枪、小口径自动炮等，如图 2.3.3 所示。可散弹链是由互相插接或搭挂的单个金属链节，靠所装枪炮弹临时组合在一起的弹链。弹退出后，弹链即自行散开。这种弹链的优点是能任意增加容弹量，容易排除空弹链，一般适用于排链空间受限制的航空武器和坦克武器上，如图 2.3.4 所示。组合弹链是由几段不散弹链首尾用散弹链的连接方式构成的弹链，射击后便自行分成几段不散弹链。这种弹链能满足机枪在各种配备条件下对容弹量的不同要求。

图 2.3.3　不散弹链

图 2.3.4　可散弹链

2. 退壳

退壳是将射击后的弹壳或将膛内因故未击发的枪弹从弹膛内抽出并抛出枪外的过程。通常包括抽壳和抛壳两个动作。将弹壳或枪弹从弹膛内抽出即为抽壳，抽壳动作由枪机上的抽壳钩完成，如图 2.3.5 所示。抽壳钩在抽壳钩簧力作用下，可以转动或移动，以便在推弹入膛时，钩部能顺利跳过弹壳底缘，并抱住弹壳，抛壳时弹壳又能顺利脱离。

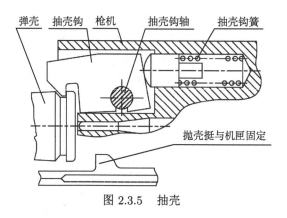

图 2.3.5　抽壳

将抽出后的弹壳或枪弹抛出枪外即为抛壳，抛壳动作由抛壳挺完成。最简单的抛壳挺结构形式是固定在机匣上的一处突起，在抽壳完毕的瞬间直接撞击弹壳底缘，与对面的抽壳钩的后拉力形成一个力偶，将弹壳抛出。如图 2.3.5 所示。

2.3.3　击发、发射与保险

击发是引燃火帽药或底火的动作；发射是控制击发时机的动作；保险是防止武器意外发射。这三大任务分别由击发机构、发射机构和保险机构完成。

1. 击发机构

击发机构通常由击针和击针簧、击锤和击锤簧等主要零件组成。根据击针所受外力作用的特点和能量来源不同，分为击针式击发机构和击锤式击发机构两类。

击针式击发机构利用击针簧或复进簧能量直接使击针向前撞击火帽或底火。图 2.3.6 所示为 77 式 7.62 手枪击发机构，击针能量由击针簧提供。击针装于套筒 (枪机) 内，发射后随套筒一起后坐。套筒复进时，击针被击发阻铁 (控制发射的重要零件) 扣住，击针簧被压缩，武器呈待发状态。

击锤式击发机构中，通过击锤撞击击针时将动能传给击针，击针以惯性向前撞击火帽或底火。击锤式击发机构又分为回转式和直动式两种。击锤回转式击发机构的击锤做回转运动撞击击针，击锤的能量主要来源于击锤簧，常用于单发武器或单连发武器中。在手枪、半自动步枪、自动步枪中被广泛采用，如 81 式 7.62 枪族的击发机构等。其工作原理简图如图 2.3.7 所示。

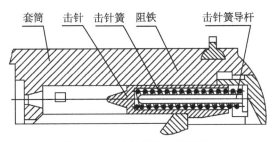

图 2.3.6 击针簧式击发机构

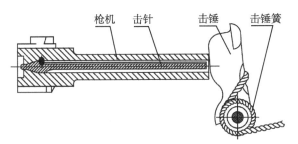

图 2.3.7 击锤回转式击发机构

击锤直动式击发机构的击锤做直线运动撞击击针。95 式 5.8 枪族的击锤能量来源于击锤簧。然而，现代机枪广泛采用以复进簧能量使击锤 (或击铁) 做直线运动，击锤与枪机框刚性连接，或者说由枪机框某处直接撞击击针。

2. 发射机构

发射机构通常由扳机和扳机簧、击发阻铁和阻铁簧等主要零件组成。当发射机构的击发阻铁扣住击针、击锤、枪机或枪机框时即成待发状态；扣动扳机，使击发阻铁解脱被扣件时，即形成发射。

发射机构种类繁多，形式变化也很大，根据武器的火力要求不同，有双动、单发、连发、单连发、点射等发射机构，以单发、连发和单连发发射机构最为常用。

连发发射机构通常由扳机控制击发阻铁运动，利用击发阻铁将枪机或枪机框等活动机件扣于后方呈待发状态。由于其具有结构简单、作用可靠、使用维修性好等优点，在现代机枪和小口径自动炮中得到广泛应用。

单发发射机构通常是利用击发阻铁将击发机构 (击针或击锤) 扣在后方呈待发状态。当推弹入膛，击发机构呈待发状态时，枪机已闭锁枪膛。发射一发枪弹后，先要在扣住扳机时由单发阻铁扣住击锤，实现停射，放开扳机后，击锤自动再次与击发阻铁扣合，呈待发状态。

单连发发射机构由单发和连发两个机构密切结合而成，便于射手根据战斗需要选用射击方式，在单发、连发两种状态进行切换。我国 81 式 7.62 枪族、95 式 5.8 枪族等发射机构均采用这种形式。

3. 保险机构

保险机构通常由保险机及簧、不到位保险机及簧等组成。为确保枪械使用安全可靠，通常同时设有防偶发保险机构和防早发保险机构。

防偶发保险机构是当机构处于保险位置时，发射机构和击发机构即处于不能工作的状态，现代枪械中广泛采用制动式防偶发保险机构。防早发保险机构又可分为不到位保险机构和不击发保险机构。不到位保险机构的作用是保证枪机前进到位并确实闭锁时，才能解脱击发机构，以免导致提前发火，造成武器损坏和影响射手安全。

不击发保险机构的作用是保证枪机前进到位但未确实闭锁时，击针不因惯性向前打燃火帽。如果击针惯性运动的能量很大，便可能撞燃火帽，导致武器零件的损坏和对射手产生危害。因此，必须采取措施，使枪机前进到位但未确实闭锁时，击针不应打燃火帽。主要措施是采用回针簧。

2.3.4　其他机构与装置

枪械除以上所述主要机构外，还有复进装置、瞄准装置、枪口装置、导气装置等。复进机构是在活动机件后坐时储存能量，后坐停止后立即释放能量，推动活动机件前进，完成推弹进膛和闭锁枪膛，实现下一循环的待发。现代枪械复进机构的主体是螺旋式弹簧，其工作原理已在闭锁机构中明确。瞄准、枪口、导气等装置请参见有关资料。

2.4　火炮基本构造原理

火炮中，口径较小、自动化程度高且炮闩做纵向运动的各种自动炮，其主要部分的工作原理与以上所述的枪械中的机枪，特别是高射机枪几无差异，本节主要简介炮闩做横向运动的半自动火炮。

2.4.1　炮身结构原理

炮身是火炮的重要组成部分之一，它通常由身管、炮尾、炮闩、连接环和炮口制退器五个部分组成。以下介绍炮闩、炮尾和炮口制退器。

1. 炮闩

炮闩系统是火炮的主体部分，相当于枪械的自动机。用以发射时闭锁炮膛、完成击发动作、发射后抽出药筒、重新装填下一发炮弹的火力系统部件。现代火炮炮闩主要由开闭锁装置、击发装置、抽筒装置组成。现役火炮中炮闩按照开闭锁原理，一般可分为楔式炮闩和螺式炮闩两大类。基本结构分述于下。

1) 楔式炮闩结构原理

图 2.4.1 是一种普通半自动楔式炮闩，图中虚线部分表示炮尾，实线部分为炮闩系统各组成部分。该炮闩由闭锁装置、击发装置、抽筒装置、保险装置、半自动装置和复拨器等组成。这类炮闩广泛用于加农炮、榴弹炮、加榴炮等地面半自动火炮。

(1) 开闭锁装置。主要构件是楔形闩体。装填前，用手操纵闩柄，通过曲臂轴转动，曲臂带动闩体在炮尾闩室中向下移开炮膛；装填时，药筒底缘带动抽筒子向前解脱对闩体的限制，闩体借簧力作用向上关闭炮膛。

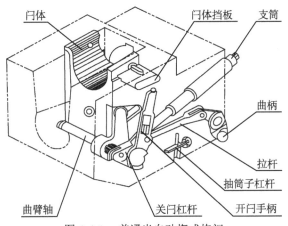

图 2.4.1 普通半自动楔式炮闩

闩体后切面有一前倾角 (一般为 $50' \sim 2°$)。闩体上升的同时略向前移，关闩到位，闩体前端面即紧贴药筒底面，使发射时炮膛内火药气体不能后泄。另外，闩体上与曲臂滑轮配合的沟槽，以一定形状保证闩体在发射受力下不能自动开闩，从而达到确实闭锁。

(2) 半自动装置。辅助闭锁装置实现自动开关炮闩，由自动开闩机构和关闭机构组成。炮身复进到一定位置时，开闩机构的曲柄与固定于摇架后方的自动开闩板相遇，迫使曲柄转动，传动曲臂而开闩；同时压缩关闭机构内的关闭弹簧储存关闩能量；装填后弹簧伸张、传动曲臂带动闩体向上关闭炮膛。

(3) 抽筒装置。楔式炮闩多用双枝抽筒子。装填时药筒底缘压住抽筒子爪部，开闩时由闩体上挂臂冲击抽筒子下部使抽筒子有力而迅速地向后转动，其爪部由猛力将药筒抛出炮尾外，同时其钩部与闩体上挂臂配合将闩体固定于开启状态。

(4) 击发装置。一般由击发机和发射机组成。击发机装在闩体内部，借弹簧伸张推动击针向前击发底火。开闩时击针被拨回压缩弹簧而呈待发状态。发射机一般安装在摇架防危钣上。按压发射握把，通过零件传动使击针解脱而进行击发。

(5) 保险装置。保证在开闩过程及关闩未到位时，使击发装置不能击发，避免发生事故。其保险零件 (保险杠杆或保险子) 在上述期间卡住击发机零件，使之不能击发，只有待确实关闩到位后才解脱其限制作用。

(6) 复拨器。一般安装在防危钣上。为杠杆组合结构，与击针拨动件接触。遇到击发后炮弹不发火时，不用开闩，只需扳动其转把，即可拨回击针，以便再次击发，可以防止迟发火时，人工误开闩而发生事故。

2) 螺式炮闩结构原理

螺式炮闩结构如图 2.4.2 所示，其与楔式炮闩的主要区别多在闭锁装置的开关和闩体闭锁炮膛的结构上。闩体为弧形圆柱断隔螺体。闩体的转动由闩柄带动诱导杆传动。打开炮闩时，闩体先在炮尾闩室内转动 90°，闩体断隔螺与闩室断隔螺脱开，然后由锁扉带闩体转移出闩室。关闩时动作相反。关闩到位时，闩体与闩室的断隔螺完全啮合，达到确实闭锁炮膛。炮闩闭锁由断隔螺纹升角大小保证，另外，关闩到位时，闩柄握把齿与锁扉齿吻合，保证发射时闩体不能自动打开。

螺式炮闩靠圆柱形闩体上的外螺纹直接与炮尾闩室内的螺纹连接。由于完整螺纹与炮尾结合，闩体旋入或旋出炮尾闩室时，动作复杂且费时，因此，现代螺式炮闩均采用断隔螺纹。将闩体外螺纹沿纵轴方向对称切去若干部分，被切后的光滑部分将螺纹隔断，若剩余的螺纹部分所对的圆心角为 30°、60° 或 90°，则闩体进入炮尾的闩室后只需旋转 30°、60° 或 90° 就能与闩室对应的断隔螺纹啮合以进行闭锁，十分方便。

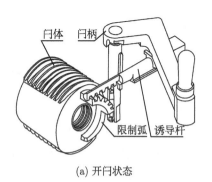
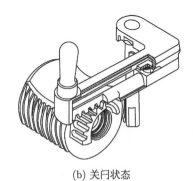

(a) 开闩状态　　　　　　　　　　　　　　　　　(b) 关闩状态

图 2.4.2　螺式炮闩

2. 炮尾

炮尾与炮闩是构成火炮火力系统的两个核心部件，炮闩结构依火炮的要求和总体布置而定，而炮尾结构又是相应于炮闩结构而定的。

炮尾是连接炮闩和身管并容纳部分炮闩机构、射击时承受和传递炮闩所受作用力的零件。其作用有三点：①容纳闩体，射击时闭锁炮膛；②固定反后坐装置；③ 增大后坐部分的重量和保证起落部分的重心位置。

目前，常用的闩体有楔式炮闩与螺式炮闩两种，与之相对应的炮尾是楔式炮尾与螺式炮尾，它们分别与楔式炮闩、螺式炮闩相配合共同闭锁炮膛，炮尾结构图如图 2.4.3 所示。

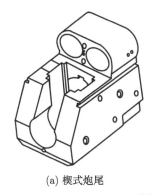 

(a) 楔式炮尾   (b) 螺式炮尾

图 2.4.3　炮尾

炮尾与身管的连接方式有固定式、螺纹连接式和连接筒连接式三大类。固定式的炮尾与身管做成一体；螺纹连接式是利用螺纹与身管连接；连接筒连接式是炮尾与身管采用一个带锯齿形外螺纹的短连接筒将两者连接。

3. 炮口制退器

炮口制退器用于减小后效期中火药燃气对后坐部分的冲量。通过控制后效期火药燃气的速度和方向，以动量传递的方式使炮膛合力的冲量减小，以达到减小后坐动能，从而减小炮架受力的目的。按作用原理有冲击式和反冲式两种主要形式。

冲击式炮口制退器的制退室内径 D_k 比火炮口径 d 大得多，$D_k/d>$ 1.3。弹丸出膛口后，身管内的高压火药燃气流入制退室，突然膨胀为高速气流，其中大部分冲击前反射面而赋予炮身向前的冲量，形成制退力，然后经侧孔排出；只有小部分气流经中央弹孔喷出。为进一步利用这部分气流的能量，在前方再增加制退器，从而形成双室或多室炮口制退器。

反冲式炮口制退器制退室较小，$1 \leqslant D_k/d < 1.3$。高压火药燃气在制退室膨

胀较小，压力仍很高，大部分燃气经侧向扩张喷孔突然膨胀，以高速向后喷出，形成反推力，使身管向前；少量燃气自中央弹孔流出。

2.4.2　反后坐装置原理

反后坐装置是现代火炮上一个非常重要的部件。其需要完成以下任务：①消耗后坐部分的后坐能量，将后坐运动限制在一定行程上；②在后坐结束时，立即使后坐部分自动回复到射前位置，并在任何射角下保持这一位置，以待继续射击；③控制后坐部分的复进运动，使复进平稳无冲击。

反后坐装置的主要部件是复进机和制退机。其工作原理图如图 2.4.4 所示。

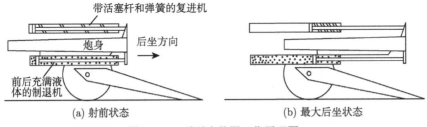

图 2.4.4　反后坐装置工作原理图

1. 复进机

复进机需完成以下两项主要任务：①发射时，储存部分后坐能量，以便在后坐终了时使炮身复进到射前位置，保证下一个发射循环顺利进行；②平时保持炮身于待发位置，在射角大于零时，若无外力作用，炮身不致自行下滑。

复进机实际上就是一个弹性储能装置，其工作原理比较简单，即在炮身后坐时压缩弹性介质而储能，在复进时弹性介质释放能量，推动炮身复进到位。

根据储能介质不同，复进机可分为弹簧式、液体气压式、气压式、火药燃气式等几种典型结构。其中以弹簧式和液体气压式应用最多。前者多见于中小口径自动炮，后者常用于各种口径地面火炮。

2. 制退机

制退机又称驻退机。它是在火炮发射过程中，产生一定的阻力用于消耗后坐能量，将后坐运动限制在规定的长度内，并控制后坐和复进运动的规律。现代火炮的制退机大多采用以液体作为介质的液压式制退机。

液压式制退机的工作原理如图 2.4.5 所示。假定筒内充满密度不变、不可压缩、无黏滞性而连续流动的理想液体，发射时，制退杆随后坐部分以速度 V 向后运动，活塞压迫工作腔 I 内的液体经由流液孔以高速射流喷入非工作腔 II 内，产生涡流。作用在制退杆活塞上压力的合力称为制退机液压阻力，以 ϕ 表示。

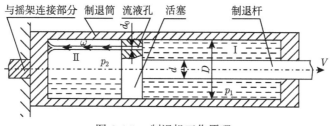

图 2.4.5　制退机工作原理

制退机即是利用液压阻力 ϕ 做功，而消耗后坐能量，起到缓冲作用。与复进机不同，制退机没有贮能介质，只是将后坐部分的动能转化为液体的动能，以高速射流冲击筒壁和流体而产生涡流，转化为热能。同时，运动期间的摩擦功也转变为热能，使制退液温度升高，最终散发至空气中。

2.4.3　火炮架体工作原理

火炮架体的作用是支撑炮身、赋予炮身一定的射向、承受射击时的作用力和保证射击稳定性，并作为射击和运动时全炮的支架。火炮架体主要包括摇架、上架、下架、大架和瞄准机构等构件和机构，其上还安装有其他各种机构和装置，如半自动装置、瞄准具、行军缓冲器、减振器和刹车等。因此，其在整个火炮系统中起着非常重要的作用。

1. 摇架、上架、下架与大架

摇架的作用是支撑后坐部分，使炮身在后坐与复进时有正确的运动方向。

摇架连接炮身、反后坐装置、平衡机、高低机和活动防盾等部件。摇架上一般有供炮身做直线往复运动的导向部分，有支持起落部分做俯仰运动的回转轴 (耳轴)，有驱动做俯仰运动的传动机构和安装支臂等部件。有时，在摇架上还安装有瞄准具、半自动炮闩的开闩装置或自动机构。

摇架与炮身、反坐装置和其他有关机构或部件共同组成起落部分，绕耳轴做回转运动，它是起落部分的主体。按照结构特点可分为框形摇架、筒形摇架和混合型摇架三类。

上架支承起落部分，为火炮回转部分的基础。在方向机的操控下，围绕立轴或基轴回转，以赋予火炮方位角。上架上通常有支架、耳轴孔、立轴或立轴室和多个支臂等。上架上的支臂用以连接高低机、方向机、平衡机和防盾等部件。

下架支承着回转部分，连接着运动体和大架，是整个炮架的基础。其必须具有如下基本结构：①供回转部分转动的立轴室或立轴；②与大架连接的架头轴或连接耳；③容纳行军缓冲装置或车轴的空间和有关的支座等。下架的结构形式取决于它与上架、大架、运动体的连接方式。下架有三种基本形式：长箱形下架、碟形下架和扁平箱形下架。

大架在发射时支撑火炮，以保证射击静止性和稳定性，在火炮行军时构成运动体的一部分，起牵引火炮的作用。可分为单脚式、开脚式和多脚式三种。早期的火炮多为单脚式；现代最常见的地面火炮多为开脚式；高射炮为多脚式；现代一些地面火炮也采用多脚式大架，其目的是将火炮的方向射界增大至 360°。大架一般由板状或管状材料焊接而成，尾部有驻锄。

2. 瞄准机

火炮在发射前必须进行瞄准，使弹丸的平均弹道通过预定目标。瞄准机就是完成瞄准的操作装置，按照瞄准具或指挥仪所解算出的弹道诸元，赋予身管一定的高低射角和水平方位角。

瞄准机主要由方向机和高低机构成。方向机用来赋予身管轴线的水平射向。高低机用来赋予身管轴线的高低射向。此外，使瞄准操作能够顺利进行的装置是平衡机。

1) 方向机的工作原理

方向机是驱动火炮回转部分、赋予炮身一定方位角的传动机构。安装在回转部分与下架之间，一端与上架相连，另一端固定在下架上。方向机有螺杆式、齿弧式和齿圈式等多种。其中螺杆式和齿弧式方向机最常用。

2) 高低机的工作原理

高低机是驱动火炮起落部分，赋予炮身俯仰角的传动机构，安装在起落部分与上架之间，一端与摇架相连，另一端固定在上架上。高低机可分为齿弧式、螺母丝杠式和液压式等多种形式。而以齿弧式和液压式较为常用。

3) 平衡机的工作原理

平衡机是用来产生一个平衡力和形成一个对耳轴的力矩以均衡起落部分重力对耳轴的力矩，使操作炮身俯仰或动力传动时平稳轻便的机构。

现代火炮威力日益提高，炮身不断增长。为保证火炮射击稳定性，减小后坐阻力，需要尽量降低火线高，增大后坐长。同时为避免大射角时炮尾后坐碰地，以及便于装填炮弹和安装其他机构等，需将炮耳轴向炮尾靠近，从而引起质心前移。这使得增加炮身射角十分费力，以致人力不能胜任。

为避免上述情况，在耳轴前方或后方对起落部分外加一个推力或拉力，形成对耳轴的平衡力，以保证操作高低机时平稳轻便。提供平衡力一般有配重平衡和平衡机平衡两种方式。

配重平衡是在炮耳轴后方的炮尾或摇架上附加适量的金属配重，以使火炮前后达到平衡。这种方式广泛用在坦克炮、自行火炮和舰炮中。其缺点是使起落部分质量增加。

平衡机平衡是以专门设计的平衡装置所产生的拉力或推力来提供平衡力矩的。与配重平衡相比,平衡机结构紧凑,质量小。目前广泛应用于各类火炮。其缺点是结构较复杂。

平衡机一端铰接于上架或托架上,另一端直接或通过挠性件(如链条、钢缆等)与摇架连接。射角发生变化时,平衡机作用在起落部分平衡力的大小及方向应接近重力矩的变化规律。

平衡机种类较多。通常按弹性元件、作用力方向和结构功能进行分类。目前广泛使用弹簧式平衡机和气压式平衡机。

火炮除了以上主要部分外,还有运行部分。火炮运行部分是牵引炮或自行炮运行机构和承载机构的总称。牵引式高射炮的运行部分称为炮车;自行炮和车载炮的运行部分称为车体或底盘;牵引式地面火炮的运行部分常称为运动体。运动体主要由车轮、车轴、行军缓冲器、减振器、刹车装置等部件组成,这些部件与火炮的下架、大架连接并且与牵引车配合拉运全炮。其具体结构由火炮种类、口径大小来确定。运行部分的许多构件同车辆中的构件,本节限于篇幅,不作介绍,读者可参阅火炮有关书籍。

2.5　枪械与火炮典型装备

2.5.1　枪械典型装备

1. 步枪与枪族

步枪是步兵最早使用、装备数量最多、使用面最广的射击武器,是步兵的基本装备。按自动化程度可分为非自动步枪、半自动步枪和全自动步枪。按作战性能可分为普通步枪、突击步枪、骑枪和狙击步枪。按枪弹又可分为大威力枪弹步枪(反坦克步枪或反器材步枪)、中间枪弹步枪和小口径步枪。

现代步枪的主要特点:①自动方式大多采用导气式,兼有多种其他的自动方式。②兼备单发、连发、单连发和 3 发点射等多种发射方式。③一般可发射枪榴弹或利用枪挂榴弹发射器发射榴弹,具有面杀伤和反装甲能力。④采用弹仓式供弹机构,弹匣容弹量 5～30 发,或采用弹鼓供弹。⑤初速大,一般为 700～1000m/s;战斗射速高,半自动步枪为 35～40rds/min,自动步枪为 80～100rds/min,能够形成密集的火力。⑥全枪长度一般在 1000mm 左右,空枪质量一般为 3～4kg,便于携带和操作使用。⑦使用寿命长。半自动步枪一般至少为 6000 发;自动步枪不低于 10000～15000 发。

枪族是使用同一枪弹,采用相同的结构型式,主要零部件可以通用,但战术功能不同的几种枪的总称。枪族有下列两种型式。

(1) 通用化型式：结构相同，变更少量零件可组成步枪、短步枪、折叠步枪和轻机枪等。

(2) 系列化型式：在现有枪族基础上更换少量连接件与发射机构等，可装在步兵战车、坦克、舰艇、飞机上使用。

枪族化的优点是设计周期短，研制、生产成本低，便于工厂大量生产，战时便于弹药的后勤供应、战场上的应急组配，减少备份件的需求量，便于训练和操作，射手容易掌握族内各枪的操作使用和维修保养，显著缩短培训的时间。

2. 手枪与冲锋枪

手枪是一种单手握持瞄准射击或本能射击的短身管枪械，主要装备部队指挥员、特种兵和公安保卫人员，用以杀伤 50m 近程内的有生目标。按使用对象可分为军用手枪、警用手枪和运动用手枪；按用途可分为自卫手枪、战斗手枪 (大威力手枪和冲锋手枪) 和特种手枪 (微声手枪、各种隐形手枪)；按结构可分为自动手枪、左轮手枪和气动手枪等。目前，世界各国装备的手枪多以半自动手枪为主，自动手枪虽能提高火力，但枪口跳动严重、连发精度太差，至今未被广泛应用。

手枪的主要性能特点：①质量、体积小。军用手枪满装枪弹的总质量一般在 1kg 左右，警用手枪在 800g 左右，便于随身携带。②弹匣供弹，自动手枪弹匣容量较大，一般为 6~12 发，多的可达 20 发。③多采用单发射击，战斗射速为 30~40rds/min。少数手枪 (如冲锋手枪) 采用连发射击方式时，战斗射速高达 120rds/min 左右。④结构简单紧凑，操作方便，易于大批量生产，成本低。

冲锋枪是单兵双手握持发射手枪弹的轻型全自动枪械，主要以猛烈的火力杀伤近距离以内的有生目标。双手握持射击是冲锋枪与手枪的根本区别，而发射手枪弹则是它与自动步枪的主要区别。冲锋枪实际上是一种介于手枪和机枪之间的枪械，初速大多为 270~500m/s，有效射程一般为 100~200m。

冲锋枪的主要特点：①短小轻便，采用短枪管，枪托通常可以伸缩或折叠，便于在有限空间内操作和突然开火。现代冲锋枪打开枪托时全枪长 550~750mm，枪托折叠后全枪长 450~650mm；普通冲锋枪全枪质量一般为 3kg 左右，轻型、微型冲锋枪一般在 2kg 以下。②火力猛，大多数冲锋枪采用 30~40 发容弹量的直弹匣或弧形弹匣供弹，少数采用 50~100 发螺旋式弹匣或 70~100 发弹鼓供弹。战斗射速单发时约为 40rds/min，连发时为 100~120rds/min。③为简化结构、冷却枪管和防止枪弹自燃，绝大多数冲锋枪采用自由枪机后坐式工作原理，开膛待发。④结构简单，造价低，便于大量生产。

3. 机枪与榴弹发射器

机枪是配有专用枪架，能实施连发射击的典型自动武器。按结构特点可分为轻机枪、重机枪、通用机枪和大口径机枪；按装备用途可分为野战机枪 (含高射机枪)、车载机枪 (含坦克机枪)、航空机枪和舰艇机枪等。现代机枪的结构有如下特点。①一般为连发射击，轻机枪以短点射为主，所用弹药通常与步枪所用弹药相同；重机枪以长点射为主，一般采用大威力枪弹，以保证在 800m 距离上有足够的侵彻杀伤能力；大口径机枪常采用穿甲、燃烧、曳光等组合作用的弹丸，以增大弹丸对目标的作用效果。②自动方式大多采用导气式，少数采用枪管短后坐式或半自由枪机式。③闭锁机构有枪机回转式、枪机偏移式、卡铁偏移式等。④轻机枪大多采用弹匣、弹鼓、弹盘供弹，少数采用弹链供弹；重机枪和大口径机枪均采用弹链供弹。⑤其击发机构一般为利用复进簧能量击发的击锤直动式。⑥一般均同时设有防偶发保险机构和防早发保险机构。⑦枪管管壁均较厚，且采用耐热、耐磨又能提高枪管寿命的高级优质合金钢制造。为提高冷却效果，通常在枪管上加工出散热槽。枪管与机匣的连接采用可拆卸式，以便于战斗间隙更换枪管。

机枪枪架有三脚式、轮架式和轮式等。现代战争要求枪架应以平射为主，兼顾高射。

榴弹发射器是一种采用枪械原理发射小型榴弹的短身管武器，其外形和结构大多像步枪和机枪，通常称为榴弹机枪。其体积小、火力猛，有较强的面杀伤威力和一定的破甲能力，主要用于毁伤开阔地带和掩蔽工事内的有生目标及轻型装甲目标，为步兵提供火力支援。口径一般为 20~60mm。

榴弹发射器按使用方式，可分为单兵榴弹发射器、多兵榴弹发射器和车 (机) 载榴弹发射器。单兵榴弹发射器可单独机动使用；多兵榴弹发射器采用两脚架或三脚架，由几个士兵共同操作；车 (机) 载榴弹发射器须装在车辆、舰艇、直升机上的专用架座上使用。按发射方式，榴弹发射器可分为单发榴弹发射器、半自动榴弹发射器和自动榴弹发射器三种。榴弹发射器具有如下几个特点：①集枪炮的低伸弹道和迫击炮的弯曲弹道于一体，可对山丘等掩蔽物后的目标进行超越射击，也可对近距离目标进行直接射击；②一般采用弹链或弹鼓供弹；③弹种较多，主要有杀伤弹、杀伤破甲弹、榴霰弹、发烟弹、照明弹、信号弹、教练弹等。

4. 典型枪械

1) 美国 M16 式 5.56mm 枪族

美国 M16 式 5.56mm 枪族举世闻名，它是第一种小口径自动步枪，于 20 世纪 60 年代初正式装备美军。该枪在发展过程中曾依次命名为 AR-15、M16、M16A1、M16A2 自动步枪等。主要枪族成员有 M16A1 自动步枪 (图 2.5.1)、M16A2 自动步枪 (图 2.5.2)、M16A2 突击步枪和 M16A2 轻机枪等。

M16 枪族：采用导气式自动方式；枪机回转式闭锁机构；步枪用弹匣供弹，轻机枪用弹鼓供弹；退壳机构采用顶壳式弹性抛壳；击发机构采用带击锤簧的击锤回转式；发射机构为单、连发型；设有手动防偶发保险，利用闭锁后的自由行程实现防早发保险。

图 2.5.1　美 M16A1 自动步枪

图 2.5.2　美 M16A2 自动步枪

2) 苏联 AK-74 枪族

苏联 AK-74 步枪是苏联著名轻武器设计专家卡拉什尼科夫设计的，是世界上最著名、使用最广泛的武器。除作为苏军的制式装备外，也装备华约各国及许多第三世界国家军队。主要枪族成员包括标准型、现代化改进型 AK-74M、空降部队折叠枪托型 AKS-74(图 2.5.3)、冲锋枪型 AKS-74U(图 2.5.4) 以及采用重枪管型 RPK-74 轻机枪等。

图 2.5.3　　AK-74

图 2.5.4　　AKS-74U

AK-74 枪族：采用导气式自动方式；枪机回转式闭锁机构；采用弹匣供弹；退壳机构采用顶壳式弹性抛壳；击发机构采用带击锤簧的击锤回转式；发射机构为单、连发型。

3) 中国 95 式枪族

95 式步枪于 1989 年提出研制指标要求，于 1995 年设计定型。该枪于 1997 年作为中国人民解放军驻港部队的配用武器首次露面，是中国陆军现役主力装备之一。主要枪族成员包括步枪 (图 2.5.5)、班用机枪 (图 2.5.6) 和短突击步枪。

图 2.5.5　95 式步枪

图 2.5.6　95 式班用机枪

95 式枪族为无托结构，导气式自动方式，机头回转式闭锁，平移击锤击发机，可单、连发射击，供弹具有 30 发塑料弹匣和 75 发快装弹鼓两种，机械瞄准具为觇孔式照门。

2.5.2　火炮典型装备

1. 地面压制火炮

地面压制火炮是火炮中的重型火器。按其弹道性能可分为如下几种类型：

(1) 加农炮，又称平射炮。弹道低伸，初速大，一般在 700m/s 以上，射角小，最大不超过 45°，射程远。其结构特点是炮身长 (多在 40 倍口径以上)，全炮重量大。

(2) 榴弹炮。弹道比较弯曲。与加农炮相比，其初速较小，一般在 350~650m/s，射角较大，最大可达 65°，射程较小，多使用变装药。结构上炮身稍短，全炮重量也稍轻。表 2.5.1 为我国典型枪械和世界著名现代枪械及其主要性能指标。

表 2.5.1　我国典型枪械和世界著名现代枪械及其主要性能指标

枪械名称	口径/mm	弹丸初速/(m/s)	理论射速/(rds/min)	有效射程/m	全枪长/m	全枪质量/kg	制造国
QSZ92 式手枪	9	350	战斗射速 45	50	0.188	0.76	中国
M1935 式勃朗宁手枪	9	335	战斗射速 50	50	0.197	0.99	美国
M1911A1 式柯尔特手枪	11.43	253	战斗射速 50	30	0.216	1.13	美国
M9 式手枪	9	375		50	0.217	1.145	以色列
Desert Eagle 沙漠之鹰手枪	12.7	402		200	0.270	1.99	美国
M14 式自动步枪	7.62	853	750	550	1.117	3.88	美国
斯太尔 AUG 步枪	5.56	970	650	400	0.79	3.6	奥地利
QJZ97 式自动步枪	5.56		650	400	0.755	3.32	中国
03 式自动步枪	5.8	930	650~700	400~500	0.95	3.5	中国
FAMAS 突击步枪	5.56	960	900~1000	400	0.757	3.61	法国
FNFAL 突击步枪	7.62	840	750	550	1.05	6	比利时
QBU88 式狙击步枪	5.8	910		800	0.92	4.2	中国
乌齐冲锋枪	9	390	600	200	0.64	3.7	以色列
MP5 冲锋枪	9	400	800	200	0.68	2.45	德国
P90 单兵自卫武器	5.7	850	900	150	0.5	3.2	比利时
布希曼型冲锋枪	9		450	150	0.276	2.9	英国
85 式轻型冲锋枪	7.62	500	800	200	0.682	1.95	中国
M249 式轻机枪	5.56	915	750	1100	1.04	6.85	美国
M60 式通用机枪	7.62	860	550~650	1000	1.1	10.5	美国
勃朗宁 M2 重机枪	12.7	930	450~600	1800	1.651	38	美国
M134 型 6 管速射机枪	7.62	961	6000	3500	1.653	58	美国
Minimi 轻机枪	5.56	925	1000	1000	1.04	6.85	比利时
加特林机枪	7.62	869	6000	1000	0.9	26	美国
马克沁重机枪	11.43	366	600	1000	—	27.2	美国
QJG 式高射机枪	14.5	1250	600	2000	—	—	中国
W85 高射机枪	12.7	1150	600	1600	2.05	39.5	中国
QJZ89 式重机枪	12.7	800~1150	450~600	1500	1.92	26	中国
QJY89 式通用机枪	5.8	895	750	1000	1.335	11.8	中国
QLZ87 式自动榴弹发射器	35	190	480	1750	1.258	28.3	中国

续表

枪械名称		口径/mm	弹丸初速/(m/s)	理论射速/(rds/min)	有效射程/m	全枪长/m	全枪质量/kg	制造国
AK74 式枪族	AK74 步枪	5.45	900	650	400	0.93	3.6	俄罗斯
	RPK74 轻机枪		960	600	1350	1.06	5.15	
	AKS74U 突击步枪		735	600~1000	200	0.73	2.71	
M16 式枪族	M16A1 步枪	5.56	990	700~930	400	0.965	3.2	美国
	M16A2 步枪		948	700~900	800	1.0	3.4	
	M16A2 突击步枪		795	700~900	600	0.68	2.59	
	M16A2 轻机枪		948	600~750	800	1.0	3.8	
95 式班用枪族	轻机枪	5.8	970	600	600	0.84	3.95	中国
	步枪		920	650	400	0.743	3.3	
81 式班用枪族	轻机枪	7.62	735	700	600	1.004	5.15	中国
	步枪		720	700	400	0.995	3.5	

(3) 加榴炮。弹道可以比较低伸，也可以比较弯曲，靠改变射角和装药量来改变弹道性能，其初速和射程都可在一定范围内变化，火力机动性较好。其结构特点和所完成的战斗任务均介于加农炮与榴弹炮两者之间，并兼具两者特性。

(4) 迫击炮，又称曲射炮。弹道最弯曲。初速小 (350m/s 以下)、射角大 ($45° \sim 85°$)，射程小。也使用多种变装药。结构特点是外形小，炮身短，结构简单，全炮重量轻。

(5) 迫榴炮，弹道兼有迫击炮和榴弹炮的弹道特点，同时具有直瞄射击和间瞄射击的能力，既能直接给予敌方火力杀伤，也能对隐藏在建筑物或掩体后面的敌人造成杀伤，可用于发射多种类型的弹药。

图 2.5.7 为加农炮、榴弹炮、迫击炮三种典型火炮的弹道性能示意图。

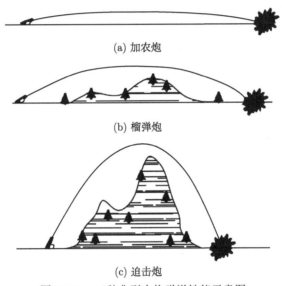

(a) 加农炮

(b) 榴弹炮

(c) 迫击炮

图 2.5.7　三种典型火炮弹道性能示意图

(6) 火箭炮，其弹道属于特种弹道，前段较直，后段弯曲，利用火药气体向后喷射产生前进动力。火箭炮能发射弹径较大的火箭弹，它的发射速度快，火力猛，突袭性好。火箭炮不属于身管类武器，火箭弹依靠自身发动机的推力飞行，不需要有能够承受巨大膛压的笨重炮身和炮闩，也没有后坐装置，但射弹散布大，因而多用于对目标实施面积射打击。

2. 坦克炮与反坦克炮

坦克炮是一种安装在坦克上的加农炮，是按坦克特殊要求所制成的火炮，是坦克的主要武器。分为滑膛式和线膛式两类，为了尽量提高射弹初速，现代坦克炮多以滑膛式为主。坦克炮具有方向射界大、发射速度快、命中精度高、穿甲威力强和火力机动性好等特点。在坦克上多装在可以 360° 回转的装甲炮塔内，以获得最大的防护，与观瞄火控设备、自动装弹机和炮塔回转机构组成坦克的武器系统。弹道特性与加农炮一致，多用于直瞄射击，弹道平直。主要发射穿甲弹、高爆弹，攻击对方的坦克、装甲车辆和为步兵提供火力支援。坦克炮的俯仰角一般仅有 20°~30°，不能像榴弹炮和迫击炮那样进行大仰角发射，但方向射界大，可 360° 旋转发射。由于受坦克车内空间的限制，坦克炮所带的弹药基数较少，一般为 40~50 发。

反坦克炮主要用于打击坦克和其他装甲目标。炮身长，初速大，直射距离远，发射速度快，穿甲效力强，大多属加农炮或无坐力炮类型。与坦克炮一样，反坦克炮的弹道弧度很小，一般对目标进行直接瞄准和射击，是重要的地面直瞄反坦克武器。反坦克炮配用的弹种有破甲弹、穿甲弹和碎甲弹等。反坦克炮按炮膛结构分为滑膛式和线膛式；按机动方式分为牵引式和自行式，轻型反坦克炮还可用飞机空运。

3. 舰炮与航炮

舰炮是装备在舰艇上用于射击水面、空中和岸上目标的海军炮，是舰艇的必备武器之一。按口径区分，有大、中、小口径舰炮；按炮管数区分，有单管、双管和多管联装舰炮；按防护结构区分，有炮塔舰炮、护板舰炮和敞开式舰炮；按自动化程度区分，有全自动舰炮、半自动舰炮和非自动舰炮；按射击对象区分，有平射舰炮和高平两用舰炮。

舰炮具有一般火炮的共性，但其特定的工作环境也使现代舰炮武器系统具有下述几方面的特点：

(1) 供弹与装填系统自动化程度高。舰船能源充足，空间大，承载能力强，因此，舰炮弹药储量大，供弹与装填过程都可实现自动化。通常，小口径舰炮一般多为弹链供弹方式。用于反导系统的小口径舰炮多为长弹链式。

(2) 火控系统完备。现代舰炮火控系统绝大多数都实现了瞄准、装填、射击指挥自动化，而且具有雷达、激光、红外、电视跟踪等多种配置和工作方式。在性能上，不仅可全天候工作，而且一般都具有对多种目标实施自动瞄准与跟踪射击的能力。近程舰炮反导系统的火控系统与火力系统的一体化，更使舰炮系统具有较高的快速反应能力。

(3) 许多部件结构与工作特性有别于一般火炮。舰炮射速高，持续射击时间长，因此炮管常有较完备的冷却系统以防过热。舰炮常见的冷却系统是敞开式海水冷却。海水进入炮管外部的冷却筒升温，再经出口排出。

(4) 舰船起落摇摆不定，随机因素多，不适于采用平衡机，通常采用配重平衡。

因此，起落部分质心在耳轴部位，对耳轴保持自然平衡。

(5) 为获得较高的发射速度，并使炮塔结构紧凑，舰炮多采用短后坐式制退机，后坐行程一般较短。

航炮的全称是航空机关炮，是一种安装在飞机上、符合空中作战要求的小口径自动炮。它广泛装备在现代各类作战飞机上，其口径一般较小。按工作原理可分为滑动机心单管炮、转膛式航炮、转管式航炮、链式航炮等。其中，滑动机心式航炮结构简单，工作可靠，但射速较低；转膛式、转管式航炮由于多个发射系统同时工作，因此能较大幅度地提高射速，缺点是结构复杂；链式航炮结构简单、工作可靠，但须由电机驱动。

4. 高射炮

高射炮是一种主要用于从地面对空中目标射击，以掩护地面部队战斗行动以及城市、工厂、机关、桥梁等重要目标、设施免受空袭武器攻击的中小口径火炮，是现代陆军防空火力系统的重要组成部分。其主要优点是初速大、射速高、抗干扰能力强、机动灵活、造价低廉等。现代小口径高射炮的性能结构特点主要有如下几点：①口径以 30~40mm 最多，尤其是新研制的高射炮，30~35mm 口径高射炮约占 1/2；②采用多管联装，且以双管居多；③自动机技术不断提高，使各种小口径高射炮具有较高的发射速度；④火炮的运行方式由牵引式向自行式不断发展；⑤火控系统大量采用光学、雷达、光电等先进技术，使火炮具有较高的反应速度，能在短时间内对多方向、多批次目标实施连续射击。

高射炮系统除了炮闩 (自动机)、反后坐装置、瞄准机、瞄准具、炮架等几大部分结构以外，还有随动系统。高射炮的随动系统是该种火炮特有的部件，用来使火炮按指挥仪计算的诸元 (目标未来方位角、射角) 进行自动、半自动或手摇对针瞄准。它包括测量装置 (受信仪)、放大装置、执行装置、显示装置、半自动瞄准装置、射角限制器、电笛、电铃、电击发装置、回转接触装置和照明装置，由装在炮上的各种电气元件、仪表、电机和电缆等组成。

此外，为了提高机动性，近年来世界各国的火炮均向着自行火炮发展。自行火炮有关内容见 6.3 节。

5. 典型火炮

表 2.5.2 列出了世界各国目前在役的著名火炮及其主要性能指标。

表 2.5.2　世界各国目前在役的著名火炮及其主要性能指标

火炮名称	口径/mm	初速/(m/s)	最大射速/(rds/min)	最大射程/km	炮班人数/人	战斗全重/t	制造国
AS90 自行榴弹炮	155	827	6	24.7(榴弹)32(底排弹)	5	45	英国
2S3 自行榴弹炮	152	670	4	18.5	—	27	俄罗斯
PzH 2000 自行榴弹炮	155	945	8	30(榴弹)40(远程弹)	5	55.3	德国
M109(A6) 自行榴弹炮	155	827	4	24(榴弹)30(增程弹)	4	32	美国
DANA 自行榴弹炮	152	693	5	17.1	5	29.25	捷克斯洛伐克
2C19(2S19) 自行榴弹炮	152	810	8	24.7(榴弹)30(增程弹)	7	42.5	俄罗斯
"十字军战士" 自行火炮	155		12	40(榴弹)50(增程弹)	3	55	美国
M107 自行火炮	175	912	1.5	34	5	29	美国
AS-90 式自行火炮	155		6	24.7(榴弹)30(增程弹)	5	45	英国
PLL01 加农榴弹炮	155	903	4~5	30(底凹弹)39	5	12	中国
PLZ45 型自行加农榴弹炮	155	903	4~5	39	5	32	中国
M198 榴弹炮	155	563.9	4	22.6(榴弹)30.5(增程弹)	11	7.165	美国
JI-30 榴弹炮	122	690	7~8	15.4(榴弹)21.9(增程弹)	11	3.21	俄罗斯
2S5 自行加农炮	152	942	4	27(榴弹)38~40(增程弹)	8	30	俄罗斯
30-1 航炮	30	780	>850	—	—	0.0665	中国
OTO76 紧凑型舰炮	76	808	45	16	5	—	意大利
MK45-1 型舰炮	127	807	16~20	23	6	22	俄罗斯
AK130 双管舰炮	130	950	80	29.5	—	35	俄罗斯
"猎豹" 双管自行高射炮	35	1175(榴弹)1385(穿甲弹)	1100	4	3	48	德国
"厄利空" GDF 双管高射炮	35	1175	1100	4		—	瑞士
MO-120-RT-61 线膛迫击炮	120	240	20	8.1(旋转榴弹)13(增程弹)	6	0.565	法国
M120 迫击炮	120	—	19~20	7.2	1	0.322	美国
M252 迫击炮	81	250	30	5.66		0.0365	英国
L16 迫击炮	81	750	15	5.85	3	0.0367	美国
M224 迫击炮	60	237.7	30	3.5	2	0.021	美国
BM-30(旋风) 火箭炮	300	—	12 发/38s	90	4	43.7	俄罗斯
WS-2 火箭炮	400	—		200		—	中国
M270 多管火箭炮	227	—	12 发/50s	32(子母弹)40(布雷弹)	3	25.2	美国

2.6 枪械与火炮的作战运用

2.6.1 枪械的作战运用

1. 步枪与枪族的作战运用

步枪为单兵肩射的长管武器，主要用于杀伤暴露的有生力量，也可用刺刀或枪托格斗。

狙击步枪作为步兵狙击手使用的远射程、高精度、大威力步枪和步兵分队的主要自动武器，用以支援步兵战斗，以火力杀伤 800~1000m 距离暴露的和隐蔽的小起伏地形后面集结的或单个重要的有生目标，如敌指挥员、观察员、飞机枪手等，以及压制或消灭敌人的火力点。狙击步枪多数使用大威力步枪弹，其射手通常是由经过专门训练的优秀射手担任，配有光学瞄准镜、夜视瞄准镜等。

反器材步枪用于专门对付 800~1000m 距离的装甲目标、机枪、火炮、土木工事及永久性火力点。

突击步枪作为一种连发射击的步枪，能形成猛烈的火力，打击敌集群力量。

2. 手枪与冲锋枪的作战运用

现代军用手枪主要有自卫手枪和冲锋手枪两种。自卫手枪射程一般为 50m，弹匣容量 8~15 发，发射方式为单发。冲锋手枪即战斗手枪，采用全自动方式，一般配有分离式枪托，弹匣容量 10~20 发，平时可当冲锋枪使用，有效射程可达 100~150m。

手枪是短兵相接的武器，因此必须具有首发命中而使敌人顷刻间丧失战斗力的功能，才能起到保卫自己和突然袭击敌人的作用。考虑到目标有时装备轻型防护装置 (如避弹衣等)，则要求现代手枪在有效射程内，具有击穿防护层后进行杀伤的能力。

现代冲锋枪通常装备于步兵、空降兵、水兵、装甲兵、侦察兵、炮兵、摩步兵、空军、海军及警卫部队等，很适用于冲锋、反冲锋，以及丛林战、城市巷战、战壕战等短兵相接的战斗，在 200m 内具有良好的作战效能。

冲锋枪在现代军警作战中占有相当重要的地位，目前已成为枪族的重要成员之一。作为特种部队的主要作战武器之一和警察部队的主要作战兵器，微声冲锋枪是侦察分队使用的特种武器，以隐蔽的火力杀伤 200m 内的敌有生目标。

3. 机枪与榴弹发射器的作战运用

1) 机枪的作战应用

为满足连续射击的稳定需要，机枪通常备有两脚架，并可安装在三脚架或固定枪座上。主要发射步枪或更大口径 (12.7mm/14.5mm) 的枪弹，能快速连续射击，以扫射为主要攻击方式，透过密集火网压制对方火力点，掩护己方进攻。除攻击有生目标之外，也可射击其他无装甲防护或薄装甲防护的目标。

轻机枪在第一次世界大战中确立了其战术地位。主要目的是为步兵单位提供 500m 内的火力支援，用以杀伤中、近距离的敌集团有生目标或单个重要有生目标，有效射程一般为 600~800m。其弹药一般与步兵班中的步枪共通，可采用卧射、跪射、立射或挟枪扫射的射击方式。轻机枪配两脚架，重量轻，机动性好，是步兵班的主要火力骨干，能装备于步兵班在各种条件下作战。一个步兵班中一般配备 1~2 挺，并可由单兵携带作战。

重机枪是枪械发展史上出现最早的自动武器，它是步兵分队的主要武器。用以支援步兵战斗，杀伤 1000m 内的中距离暴露的和隐蔽在小起伏地形后面集结的或单个重要的有生目标，以及压制或消灭敌人的火力点，封锁敌交通要道，射击低空的飞机和伞兵，摧毁薄装甲防护的目标和车辆。重机枪一般配有稳固的枪架，可实施固定、间隙、超越和散布等各种方式射击，有效射程一般为 1000m；改装高射专用脚架后可以射击低空飞行的空中目标，即成为防空机枪，对空可射击距离 500m。重机枪在 300m 内可射击敌人轻型装甲目标，火力持续时间长，威力较大。重机枪一般装备到营一级，可以分解搬运，一般为 2 人制或 3 人制组成机枪小组，部分型号为了达到提高连续射击能力，可以改装为 2 联装、4 联装等形式。

通用机枪的火力接近重机枪，机动性接近轻机枪，可对 800m 以内的地面目标和 500m 以内的低空目标射击，是轻、重机枪的一个新的发展分支；同时配有枪架和两脚架，使用统一的弹药，使机枪担负起轻、重机枪的双重任务，使用两脚架时即作为轻机枪用，使用三脚架时便作为重机枪使用。有的通用机枪分别配备轻型枪管、重型枪管、大弹链箱、小弹链箱等。通用机枪一般装备到连一级以作为步兵连的火力支援，多数以 2 人制组成机枪小组，可以提供 1200m 内的火力支援，也可以作为坦克、装甲车、步兵战车、直升机、小型船艇的辅助武器。

大口径机枪为口径在 12mm 以上的机枪，主要用于射击敌轻型装甲目标、火力点、集团目标和低空的敌机等，因此装备范围较广，在步兵、炮兵、坦克部队、防空部队、海军等均有装备。大口径机枪用于对地面目标射击时，其有效射程为 800~1000m，用于对空射击时，其有效射程为 1600~2000m；配有稳固的枪架，火力猛，威力大，重量也大；需采用马驮、车载或牵引等搬运方式。其中，12.7mm 高射机枪配属于步兵营，为营用防空武器，以高射为主，也可平射，对空可射击敌直升机、伞兵等；对地面或水上可射击轻型装甲车辆、船舶，摧毁、压制敌火力点，封锁敌交通要道。14.5mm 高射机枪是步兵团或海防、边防、山地守备分队的防空武器，用于射击斜距离在 2000m 以内，航速在 300m/s 左右的低空目标；射击 1000m 以内的地面或水上轻型装甲目标；压制火力点，封锁敌交通要道等。

2) 榴弹发射器的作战应用

榴弹发射器为步枪提供了面杀伤、摧毁轻型装甲和工事的能力。榴弹发射器可配用杀伤弹、杀伤破甲弹、榴霰弹以及发烟、照明、信号、教练弹等。榴弹一般配触发引信，也有的配反跳或非触发引信。如配触发引信的美国 M433 式杀伤破甲弹，垂直破甲 50mm 以上，杀伤破片约 300 个，密集杀伤半径可达 8m 以上。

单发榴弹发射器一般与步枪结合，也可单独使用。自动榴弹发射器作为一种独立的轻型自动武器，其应用前景较各种枪械更为广泛，意义也更为重要。目前已有利用弹射原理、能抵地曲射、微声、无光、无烟，并能联装齐射的新型榴弹发射器问世。

2.6.2 火炮的作战运用

1. 典型地面压制火炮的作战运用

地面压制火炮主要用于对地面目标作战，是炮兵的主要装备，即在野战条件下，作为地面战场火力打击的骨干、联合作战中综合火力的主体、登岛作战火力支援和直接对抗的主力、山地作战火力的主力等，作战中主要用于：①杀伤和歼灭敌人有生力量；②压制敌炮兵火力，消灭敌人各种作战技术武器；③击毁敌人坦克、自行火炮和装甲战斗车辆；④摧毁敌方指挥机关、观察所、雷达站、通信枢纽和交通枢纽等重要设施；⑤摧毁敌方各种防御工事和军事目标，破坏敌前沿各种军事防御设施；⑥扫荡雷场，为机械化部队扫清障碍，为进攻部队开辟通路；⑦封锁或破坏敌交通运输命脉、水上航道、桥梁、渡口和机场等重要目标；⑧袭击和歼灭敌人水上目标及登陆上陆工具；⑨执行迷盲、照明和宣传等特殊任务。

对于具体炮种，加农炮弹道低伸，适宜于对付敌人的活动目标和远距离目标；榴弹炮弹道较弯曲，多用于杀伤敌人的有生力量和射击较隐蔽的目标；迫击炮弹道弯曲，并能分解载运，可以在前沿作战，适用于对付敌人隐蔽的反斜面目标，完成榴弹炮所不能完成的任务。

2. 中远程火箭炮的作战运用

火箭炮与火炮不同，一般由发射装置及火箭弹两部分组成。火箭炮的发射装置由起落架、高低方向瞄准机构、瞄准装置、火控电气系统和运载体等组成。火箭弹由制导舱 (制导弹)、战斗部、发动机及尾翼组成，是一种提供大面积瞬时密集火力的战术武器。

火箭炮的射程介于火炮与弹道导弹之间，主要完成摧毁、压制和遏制任务，它可实施对敌炮兵作战，压制敌防空武器，打击密集的机械化目标，并能向敌后续部队、轻型装备、目标探测系统、后勤中心，以及指挥、控制和通信系统实施遮断射击。大口径远程多管火箭炮还可以打击敌第二梯队、战术导弹发射阵地、敌前线机场等大纵深目标。中远程火箭炮的主要作战任务为：

(1) 加强和补充传统火力。多管火箭炮能在数十秒内对大面积目标实施饱和射击，瞬间形成强大火力，对破坏、压制和歼灭敌军有生力量和各种战术兵器，支援己方部队起着重要作用。火箭炮能够压制敌方的直射武器、间瞄武器和防空武器，并能加强身管火炮和战术空军的火力，还能代替身管火炮及战术空军完成许多任务。

(2) 实施特种作战。随着不同引信和不同战斗部在火箭弹上应用，火箭炮具有了特种作战的能力，可以实施远距离布雷、反集群装甲、设置烟幕屏障、设置假目标、引爆地雷开辟通路等任务。

(3) 纵深攻击，应急作战。为适应"大纵深、立体战"和"空地一体战"、"纵深攻击"的作战思想，俄罗斯 BM-30(旋风) 火箭炮和美 M270 多管火箭炮都能实施纵深攻击，打击第二梯队，完成战场遮断任务，打乱敌人部署，阻滞敌军行动。

现代战争战场态势瞬间万变，由于缺乏足够的时间和情报来组织计划火力，因此火力的应急使用和突击效果显得十分重要，现代中远程火箭炮发射速度和射击精度的进一步提高，将更好地满足应急作战的需求。

3. 坦克炮与反坦克炮的作战运用

坦克炮主要是对付坦克，用以弥补反坦克导弹的近距离死区，以在 $1\sim2km$ 的近距离格斗为主，再远的距离则由各种反坦克导弹去完成。反坦克炮的主要攻击目标是坦克和其他装甲目标。特别是自行反坦克炮，具有与作战坦克相似的火力和良好的机动性，价格比坦克便宜，重量比坦克轻，可为机动和快速反应部队提供强有力的反装甲火力。

4. 舰炮与航炮的作战运用

1) 舰炮的作战运用

舰炮作为海军传统型舰载武器，首要作战任务是海上水面火力支援、对岸轰击。具体包括：压制敌海岸防御阵地，摧毁敌海港舰群、军事通信与电子侦察设施，对两栖登陆及机动突防提供火力支援。中小口径舰炮主要用于对空、对海射击的高平两射。大口径舰炮主要用来攻击敌方的战列舰、巡洋舰和岸炮部队。

20 世纪 60 年代后，由于航空技术、导弹技术的发展以及舰载飞机、舰载导弹大量装备，舰炮的地位有所下降。然而，由于舰炮的强大穿甲爆破能力，在登陆前火力准备过程中，其作用还相当重要。

2) 航炮的作战运用

航炮具有重量轻、后坐力小、结构紧凑、自动化程度高、反应时间快、机动性能好、射速快、杀伤威力大等优点，特别适合于近程防空反导作战使用。近年来，由于飞机采取低空、超低空突防，加上导弹威胁的日益加剧，所以航炮成为一种最有效的拦截武器。现代航炮一般是雷达、指挥仪和火炮三位一体的紧凑型配置，自动化程度很高，反应时间只有 3～7s。若选用穿甲燃烧弹、穿甲弹和爆破弹等，可使航炮炮弹穿透 40～70mm 厚的装甲；若装上近炸引信和预制破片，还可使杀伤威力大大提高。

5. 高射炮的作战运用

在地空导弹出现以前，高射炮曾一度作为陆军防空的主要武器。随着地空导弹的大量装备，目前陆军防空炮兵均以防空导弹和高射炮混编使用，以使两类武器优势互补，充分发挥各自特点，并构成由远及近、由高及低的地面防空火力配系。

在使用性能方面，小口径高射炮由于机动灵活、火力猛、反应快等特点，很适于对付距离在 4000m 以内、高度在 3000m 以内的空中目标。特别是对付低空飞机，其防御效果优于地空导弹。因此，自 20 世纪 70 年代以来，小口径高射炮在世界各国有很大的发展，而中、大口径高射炮已逐渐被不同射程的地空导弹所取代。

高射炮在作战中往往不是彼此独立地使用某一门火炮，而是由多门高射炮为主体的火力系统，结合火力控制系统构成防空高射炮系统。其通常以连为单位。

高射炮火力系统除了高射炮外，还包括高炮电站、弹药，以及配套的维修工具、备附件及设备等。高炮火控系统由雷达、指挥仪、雷达电站，以及维修工具、备附件及设备组成。

思　考　题

(1) 何谓枪炮的一个工作循环？各包括哪些动作？

(2) 枪械与火炮各由哪些主要部分组成？

(3) 某 7.62mm 枪械的膛线为等齐缠度膛线，缠角为 5°42′，初速为 865m/s。试计算枪弹出膛口时的旋速。

(4) 简述旋转弹丸 (弹头) 的飞行稳定性原理以及尾翼弹丸的飞行稳定性原理。

(5) 常用的枪械自动方式有哪几种？各有什么特点？

(6) 简述身管后坐式和导气式枪械的工作原理。

(7) 简要说明什么是闭锁机构及其作用。

(8) 什么是惯性闭锁？什么是刚性闭锁？试举例说明。

(9) 分别论述弹仓供弹机构和弹链供弹机构的种类及其特点。

(10) 分析常用击发机构和发射机构的种类及其特点。

(11) 楔式炮闩系统的作用是什么？由哪几部分组成？

(12) 反后坐装置的作用是什么？由哪些典型部件组成？并简述这些部件的工作原理。

(13) 火炮组成中的三机、四架具体指什么？简述其各自的作用。

(14) 典型枪械装备有哪些类？典型火炮装备有哪些类？

(15) 简述 95 式枪族的主要技术指标。

(16) 简述步枪和典型地面压制火炮的作战运用。

参 考 文 献

《兵器工业科学技术辞典》编辑委员会. 1992. 兵器工业科学技术辞典——轻武器. 北京：国防工业出版社.

《步兵自动武器及弹药设计手册》编写组. 1977. 步兵自动武器及弹药设计手册 (中册). 北京：国防工业出版社.

曹红松，张亚，高跃飞. 2008. 兵器概论. 北京：国防工业出版社.

菲利普. 2010. 单兵武器. 隋俊杰，金连柱，译. 北京：中国市场出版社.

琚章锋，刘娟，刘慧玲. 2013. 国外炮兵压制武器装备发展态势分析. 火力与指挥控制, (38): 1-2,5.

秦健，陶玉山. 2009. 现代陆战兵器. 北京：星球地图出版社.

谈乐斌，张相炎，潘孝斌，等. 2005. 火炮概论. 北京：北京理工大学出版社.

唐译. 2008. 武器百科. 北京：中国戏剧出版社.

王洪光. 2003. 陆军武器装备. 北京：原子能出版社，航空工业出版社，兵器工业出版社.

王建成，王建平，戴步效，等. 2005. 简明军事科技发展史. 北京：国防工业出版社.

王靖君，赫信鹏. 1992. 火炮概论. 北京：兵器工业出版社.

杨军宁，王惠方. 2018. 火箭炮在现代各军兵种的应用及发展趋势. 火炮发射与控制学报, 39(1): 92-96.

易声耀，张竞. 2009. 自动武器原理与构造学. 北京：国防工业出版社.

第 3 章 导　　弹

导弹是携带燃料，依靠自身动力装置，由制导控制系统控制并导引弹头飞向目标的飞行器。导弹的作战任务是将战斗部导向目标或其附近，加以引爆并杀伤目标。

3.1　概　　述

3.1.1　导弹的概念及分类

按结构和飞行弹道特点，导弹可以分为弹道导弹和有翼导弹两大类。弹道导弹主要在稠密大气层以外飞行，依赖地球重力形成椭圆曲线弹道。有翼导弹主要在稠密大气层内飞行，利用弹翼和弹体产生的空气动力实现对飞行的控制；根据飞行的特点，有翼导弹又分为攻击静止或相对速度较低目标的飞航式导弹，和攻击移动目标的寻的式导弹。

按发射和作用方式，导弹还可以分为地对地 (面对面)、地对空 (面对空)、空对地 (空对面) 和空对空导弹等。按攻击的目标分，有洲际导弹、战术弹道导弹、防空导弹、反坦克导弹、反舰 (潜) 导弹、反雷达导弹、反弹道导弹、反卫星导弹等。

1. 弹道导弹

弹道导弹是一种从地面或海上发射，以火箭发动机为动力，沿预先设定的弹道飞行，将弹头投向地面 (水面) 预定目标的导弹。射程通常在 3000km 以上，打击敌后方战略目标的导弹称为战略弹道导弹，其中射程在 8000km 以上的称为洲际导弹；射程在 3000km 以下，打击敌方战术目标如机场、港口、部队集结地等的导弹称为战术弹道导弹。

2. 飞航式导弹

飞航式导弹主要有攻击地面目标的巡航导弹和攻击水面目标的反舰导弹。巡航导弹是依靠喷气发动机的推力和弹翼的气动升力，以近于恒速、等高度飞行的巡航状态在稠密大气层内飞行，自主攻击目标的导弹。反舰导弹是以喷气发动机或固体火箭发动机为动力装置，通过弹翼的气动升力掠海自控飞行，导引头自动搜索、捕捉目标，采用半穿甲爆破型战斗部攻击目标的导弹。

3. 寻的式导弹

寻的式导弹主要有攻击空中目标的地空导弹和空空导弹、攻击地面目标的空地导弹和反坦克导弹，以及攻击雷达目标的反辐射导弹等。地空导弹动力装置多为固体火箭发动机，战斗部多采用普通装药和复合引信起爆，按确定的导引规律飞向目标。空地导弹是指从航空器上发射攻击地 (水) 面目标的导弹。空地导弹与航空炸弹、航空火箭弹等武器相比，具有较高的目标毁伤概率，机动性强，隐蔽性好，能从敌方防空武器射程以外发射，可减少地面防空火力对导弹载机的威胁。反坦克导弹是指用于击毁坦克和其他装甲目标的导弹，新一代反坦克导弹具有智能化程度高、抗干扰能力强和发射后不管的特点。反辐射导弹是指利用敌方雷达的电磁辐射进行导引，从而摧毁敌方雷达及其载体的导弹，具有攻击频率覆盖宽、能待机攻击、可低空高速发射和杀伤力大的特点。

3.1.2 导弹武器的发展

导弹与火箭技术的发展密切相关。火箭技术用于军事最早出现在 12 世纪初叶的中国，并在 13 世纪传入阿拉伯地区及欧洲国家。19 世纪，火箭技术有了若干重大进步：燃料容器的纸壳改为金属壳，延长了燃烧的持续时间；火药推进剂的配方标准化；发现了自旋导向原理等。19 世纪 80 年代，瑞典工程师拉瓦尔发明了能够产生高速喷射气体的拉瓦尔喷管。1903 年，苏联火箭之父齐奥尔科夫斯基推导出单级火箭的理想速度公式，提出了制造大型液体火箭的设想和设计原理。1926 年，美国火箭专家 R. H. 戈达德试飞了第一枚无控液体火箭。1931 年，德国科学家赫尔曼·奥伯特领导的宇宙航行协会试验成功了欧洲的第一枚液体火箭。1932 年，德国军方意识到未来战争中火箭的巨大潜力，开始组织一批科学家和工程技术人员，集中力量秘密研制火箭武器。在冯·布劳恩等的领导下，1942 年底，分别研制成功采用空气喷气发动机作为动力装置的 V-1 飞航式有翼导弹和采用火箭发动机作动力装置的 V-2 弹道式导弹，并应用到空袭英国的实战中。第二次世界大战结束后，伴随近代力学、高能燃料、特种材料、自动控制、精密仪表和机械、电子技术和计算机技术的进步，火箭技术得到了迅速发展和广泛应用，逐步形成了可以攻击各类目标、采用多种推进和控制方式的战略和战术导弹。

战略弹道导弹由于其射程远、威力大、命中精度高、突防能力强的特点而备受各国重视。自第一枚洲际导弹于 1957 年在苏联诞生以来，战略弹道导弹发展大约经过了五代。第一代，采用中央芯级捆绑助推级技术，推进剂使用煤油和液氧；第二代，开始部署于 20 世纪 60 年代初，主要采用常温液体推进剂和井下发射技术；第三代，开始部署于 20 世纪 70 年代，大多采用固体推进剂或常温液体推进剂，携带分导式多弹头，具备打击多个目标的能力；第四代，20 世纪 70 年代后期开始研制，为固体机动式弹道导弹，命中精度提高到百米量级，具备了点打击能力；第五代，20 世纪 80 年代后开始研制，在突防装置、制导系统、命中精度方面都有大的提高，具有井下和机动等多种发射形式，性能更加优越，作战运用更加方便灵活。战略弹道导弹有陆地发射和潜艇水下发射两种方式。

早期的巡航导弹以 V-1 导弹为基础，体积大，飞行速度慢，机动性差，易被对方拦截，从 20 世纪 50 年代末开始陆续被淘汰。20 世纪 70 年代起，美国采用惯性–地形匹配制导系统、高效率的小型涡轮风扇发动机、威力较大的小型核弹头和微型计算机等新技术成果，研制了新一代的巡航导弹。其主要特点是：体积小，重量轻，便于隐蔽和机动发射；命中精度高，可打击导弹发射井一类的坚固目标，提高了毁伤目标的效能；导弹的雷达散射截面小，可在低空机动飞行，突防能力提高；既能在地面、空中发射，也能在水面、水下发射，攻击活动的和固定的各种点目标和面目标，是一种比较理想的多用途进攻性武器。

反舰导弹最早出现在 20 世纪 50 年代中期。1967 年 10 月 21 日，埃及使用"蚊子"级导弹快艇发射苏制"冥河"式舰对舰导弹，击沉了以色列"埃拉特"(Eilat) 号驱逐舰，证明了舰对舰导弹的有效性和战斗威力，加速了反舰导弹的发展。20 世纪 70 年代后，反舰导弹应用精确的惯性制导、微型数字计算机、频率捷变雷达、无线电高度表和高效率小型涡轮喷气发动机等新技术，使反舰导弹战术技术性能有显著提高。1982 年，英国与阿根廷间的马尔维纳斯群岛 (英称"福克兰群岛") 战争 (简称"马岛战争") 中，阿根廷的"超级军旗"战斗机发射法国制造的"飞鱼"空射反舰导弹，击沉了英国的"谢菲尔德"号驱逐舰，极大地提升了反舰导弹的名声。反舰导弹的主要发展趋势一方面体现在提高对抗环境中的生存能力，另一方面体现在开发大型超声速反舰导弹。

地空导弹的发展主要分为四代。第一代地空导弹是第二次世界大战之后美苏在掠取德国实物和技术资料的基础上，研究、仿制和试验的导弹。这一代导弹尺寸较大，机动性较差，只能固定发射，用于对付中高空目标，而对低空、超低空飞行的空中目标则显得过于笨拙。第二代地空导弹是 20 世纪 60 年代发展的，主要攻击采用低空、超低空突防战术的作战飞机。这一代地空导弹机动性能好，反应速度快，自动化程度较高，制导体制多样化，已基本形成高中低空、远中近程的全空域火力覆盖。第三代地空导弹是 20 世纪 70 年代发展的，这一代导弹几乎全是低空、近程防空导弹，其主要特点是不少国家参与了地空导弹的发展，尤其是一大批性能较好的单兵便携式导弹得以迅速发展。20 世纪 80 年代后，第四代地空导弹在发展低空导弹的基础上，重点发展能够对付飞行马赫数 2 左右且采用隐形技术而机动能力和低空突防能力较强的作战飞机，以及目标截面小、再入速度快的战术弹道导弹的型号。这一代导弹采用相控阵雷达和先进的微电子技术，使地空导弹系统能跟踪和攻击多目标，在命中精度和作战效能方面也有很大提高。

现代高超声速导弹，通常特指狭义上的高超声速导弹，即以对地打击为主要任务，主要在大气层内飞行，最大速度超过 5 马赫，可实施大幅度机动的导弹。俄罗斯研发的从飞机上发射的"匕首"导弹，可以达到 15 倍声速；从陆地上发射的"先锋"导弹，可以达到 20 倍声速；从海上发射的"锆石"导弹，也可以达到 7 倍以上声速。

3.1.3　导弹武器的作战性能指标

导弹武器系统战术技术指标的确定，与导弹武器系统的特点及其攻击目标的典型特性相关。例如，弹道导弹的特点是射程远，杀伤威力大，命中精度高，突防能力强等；防空导弹的特点是反应时间快，加速性高，机动性高，制导精度高，杀伤效率高，具有反突防能力等；巡航导弹特点是采用空气发动机，飞行高度低，射程远，命中精度高，突防能力强，造价低等。

1. 射程

射程是决定导弹武器性能的重要指标。弹道导弹和飞航导弹的射程用导弹发射点到目标点的地球表面大圆弧长衡量，一般分为最大标准射程和最小标准射程。最大标准射程和最小标准射程这两个指标决定了导弹作战使用区域和覆盖目标的范围。在选择最大标准射程时需要充分考虑导弹覆盖目标能力的需要，在选择最小标准射程时则需要考虑同其他型号导弹射程的衔接，从而实现合理的火力配置，形成导弹型号系列。寻的导弹的射程可用导弹发射位置和目标位置的地球表面投影点之间所形成的大圆弧长衡量；除此之外，对于攻击空中目标的导弹，其作战能力还用射高，即导弹能形成对目标有效攻击的最大飞行高度来衡量。

2. 威力

威力是导弹到达目标点并引爆战斗部时对所攻击目标的毁伤能力的度量。导弹的威力取决于导弹战斗部的装药和质量，以及弹头系统的复杂程度和技术水平。战斗部装药主要分为常规装药和核装药两种类型。导弹的威力用战斗部爆炸时所释放的能量衡量；对于核战斗部，其释放能量用与其相当的 TNT 炸药数量衡量，称为 TNT 当量。核战斗部的威力通常在数万吨到数千万吨 TNT 当量。常规战斗部的主要杀伤效应是爆炸时产生的弹片或超压；核战斗部的主要杀伤效应有冲击波、核辐射和热辐射等。

3. 精度

精度是导弹引爆战斗部时的位置与所攻击目标 (预定引爆位置) 之间偏差的度量，也称为命中精度。命中精度是决定导弹摧毁能力的重要因素之一，通常提高命中精度比提高威力更有效。导弹攻击目标时存在的偏差是随机的，因此需要用概率统计的方法进行描述。

对于弹道导弹的弹着点，命中精度可采用圆概率误差 (circle error probability, CEP) 表示。圆概率误差是指在稳定发射条件下向预定目标发射导弹时，以期望落点为圆心，导弹有 50% 的可能落在其中圆周内。

4. 可靠性

可靠性是指产品在规定条件下和规定时间内完成规定功能的能力。导弹的可靠性包括发射可靠性和飞行可靠性。发射可靠性是指导弹在规定的发射环境条件下和规定的发射准备时间内，按照预定的发射准备程序，完成发射准备任务，并能正常发射出去的概率。飞行可靠性是指导弹在规定的飞行环境条件下和规定的飞行时间内，按照预定的飞行程序正常工作，将有效载荷运送到达预定地区的概率。

5. 生存能力

生存能力主要是指导弹发射前的生存能力，即在导弹储存、运输、机动、发射前待命和检测的过程中，在遭到敌方先发制人的打击时，能够保证导弹不被摧毁，仍具有战斗效能的能力。提高导弹生存能力的途径有：导弹发射阵地加固、隐蔽机动发射、发射阵地分散配置和伪装、配置防空系统和反导防御系统等。

6. 突防能力

突防能力是指导弹发射后的飞行过程中，采取主动措施，突破敌方反 (弹道) 导弹防御体系的能力。目前，提高突防能力的方法大致可以分为多弹头、机动变轨、干扰 (有源和无源)、假弹头等几种。突防措施的效果与导弹的作战对抗对象和作战环境相关。

3.2 导弹主要技术原理

3.2.1 导弹的结构原理

1. 导弹基本组成

一般来说，导弹主要由弹体、动力装置、燃烧剂箱、氧化剂箱、涡轮泵装置、液体火箭发动机、飞行控制系统、弹头以及分离 (释放) 系统等组成，尾翼用于飞行控制系统，如图 3.2.1 所示。

1) 弹体

弹体是用来连接和安装动力装置、飞行控制系统、弹头 (战斗部)、分离系统、释放装置，以及其他各种部件、仪器、设备和组件，使它们成为一个完整的结构，并承受各种外力作用的壳体。

通常，一枚单级导弹的弹体由弹头、中部、尾部三部分构成；多级导弹的弹体由各级相应的弹体、级间过渡段以及助推器等组成。

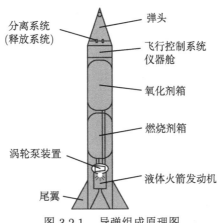

图 3.2.1 导弹组成原理图

2) 动力装置

动力装置是指在导弹上为保证导弹获得与作战距离 (射程) 相适应的飞行速度而直接提供飞行动力的装置。导弹的动力装置是以火箭发动机为主体的推进系统。火箭发动机不需要外界空气提供氧气，其自身既带有燃烧物质 (称为"燃烧剂")，又带有助燃性物质 (称为"氧化剂")，可以在大气层以外的真空环境里照常工作。根据燃料的性状，火箭发动机可以分为液体火箭发动机和固体火箭发动机两种类型。火箭发动机一般安装在弹体的尾段。如果是多级导弹，则导弹各级尾段都装有火箭发动机。

3) 飞行控制系统

飞行控制系统用于克服或减少导弹飞行内外因素影响导致的偏差，保证导弹按其预定轨道稳定飞行到达目标。飞行控制有自主式、遥控式和寻的式三种类型。在自主式飞行控制系统中，产生基本控制信号的仪表、装置和设备等全部装在导弹上，导弹在飞行过程中不需要从目标或地面信号发射点接收信息，可以完全"自主"地按预定轨道飞行，直至命中目标。遥控式飞行控制系统通过设置在地面或舰船上的探测装置感应目标，在地面形成飞行控制指令，并传输到导弹上。寻的式飞行控制系统的飞行控制指令通过安装在导弹上的导引系统计算生成，而目标信息的探测装置可以安装在导弹上，也可以安装在地面或舰船上。

4) 弹头

弹头是摧毁目标的装置，主要由壳体、装药和引爆装置组成，有时还带有突防装置。装药及其装量常称为战斗部，它是直接产生杀伤效果、打击或摧毁目标的主要部件。导弹可以携带一颗弹头，也可以携带多颗弹头。

5) 分离 (释放) 系统

在导弹飞行过程中，尤其是在弹道导弹飞行过程中，需要完成级与级、弹头与弹体之间的分离，以及子弹头与突防装置的释放工作。在进行分离 (释放) 之前，必须把各部分可靠地连接为一个整体；在分离 (释放) 时刻又必须迅速、可靠地完成分离 (释放) 动作，这就需要专门的装置，即分离 (释放) 系统。分离 (释放) 系统在弹上所占的位置，一般来说并不突出，然而该系统性能的好坏将直接影响导弹的飞行状态和命中精度。

6) 其他装置

为了完成作战任务，导弹不仅要装有火箭发动机、飞行控制系统、分离 (释放) 系统和战斗部，而且在每个系统内部以及系统与系统之间，还装有很多仪器和设备、电缆和管道等。对于射程远、速度高的多级导弹，所有上述装置全靠导弹的弹体结构组合成一个有机的整体。

2. 导弹的弹体结构

弹体结构的主要功用是将弹上各系统及其组件、零件组合成一个整体。弹体结构还具有以下几个基本功用：

(1) 保证导弹具有良好的气动外形。导弹在稠密大气层内高速飞行时将遇到极大的空气阻力，以及由此而引起的气动加热。为了减少弹体的气动阻力，降低气动加热对弹体的影响，一般将导弹的头部和弹身设计成平滑的流线型。

(2) 保证导弹内部具有足够的空间。通常，在弹体内部不仅要盛装推进剂及战斗部装药，还要安装各种仪器设备及其组件，这就需要弹体在保证承载能力条件下其内部留有足够容积的空间。导弹弹体的空间用其长度与直径的比值即弹体长细比表示。弹体长细比是依据导弹的飞行特性和总体要求等因素确定的。增加弹体长度可增大内部空间，但导弹的强度会下降；反之，增大弹体直径，虽然可以保证必要的弹体空间，但不利于导弹减少飞行阻力。导弹弹体长细比应取在适当范围之内。

(3) 承受各种状态下外载荷的作用。导弹的飞行过程，实际上是弹体处于力、热、振动等恶劣环境条件下工作的过程。导弹在运输、贮存、转载、起竖时，其吊装部位和支撑部位，都要受到较大的集中力的作用；在飞行过程中，弹体需要承受作用在弹体轴方向的力及垂直于弹体轴的横向力，外载荷作用极其复杂。弹体必须保证具有足够的刚度和强度。

(4) 提供弹体内部各系统仪器设备的工作条件。导弹作为一种攻击性的武器，它的作战使用条件和发射环境，总不是十分理想的。另外，导弹的发射阵地一般是敌方进行打击的重要目标。为此，弹体内部不仅要具有防日晒雨淋、防高温严寒、防沙尘盐雾等方面的能力，还必须具备防核辐射和抗核爆引起的强电磁脉冲作用等方面的能力。

3. 导弹的弹体结构型式

从原则上讲，为了保证弹体结构具有充分的可靠性，凡是受力大的部位可以做得坚固一些，而受力小的部位可以做得薄弱一些，对于那些受力很小的部位，一般只要能够维持弹体的外部形状即可。常见的导弹弹体所采用的结构包括以下几种。

1) 蒙皮骨架结构

蒙皮骨架结构，又称为"薄壁结构"，或称为"半硬壳式结构"，在导弹的某些部位，如尾段、尾翼、仪器舱段、过渡段等，得到较为普遍的应用。

通常，蒙皮骨架结构主要由桁条、隔框、蒙皮几个部分组成。其中，由许多桁条和若干隔框构成一个基本骨架，然后在骨架上再覆盖一层金属薄板。在桁条、隔板、蒙皮三者之间，可以用焊、铆、铰接等方法制成弹体相应的舱段 (图 3.2.2)。

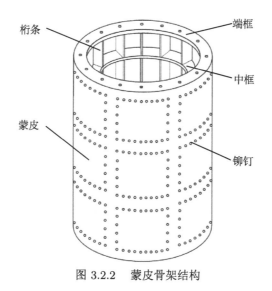

图 3.2.2　蒙皮骨架结构

2) 光筒式结构

光筒式结构，又称为"硬壳式结构"。这种结构一般由筒体壳段蒙皮和隔框，通过点焊而成 (图 3.2.3)。其特点是无纵向构件，结构比较简单，制造方便，焊点少，重量轻，表面质量好，弹体上所有载荷均由蒙皮承担，而隔框只起舱段连接或作为局部加强。正因为光筒式结构具有这些特点，所以它在弹体中段的贮箱或头部壳体等部位上得到了广泛的应用。

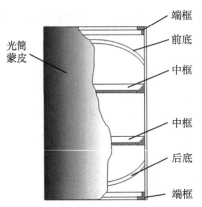

图 3.2.3　光筒式结构的贮箱

3) 整体式壁板结构

用铸造、锻造、化学铣切或机械加工铣切等方法，把骨架和蒙皮制成一个整体，然后焊接成圆筒形或其他形状的弹体，这就是所谓的"整体式壁板结构"(图 3.2.4)。

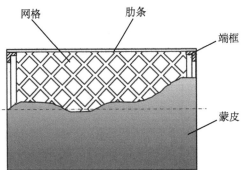

图 3.2.4　整体式壁板结构

整体式壁板结构，是为适应导弹高速飞行中发生局部气动载荷增大和结构强烈振动而采取的一种结构型式。它的优点是结构的强度和刚度较大，外形表面光滑 (无大量的铆钉)，有利于降低空气阻力的影响。另外，由于零件数量少，重量也较轻。

4) 蜂窝式结构和填料式结构

蜂窝式结构和填料式结构，统称为"夹层结构"。它是在整体式壁板结构的基础上发展起来的一种结构型式，也是目前导弹弹体采用的一种基本的结构型式。

蜂窝结构一般由两块面板和一块形状似蜂窝的夹芯，通过黏接或焊接而构成 (图 3.2.5)。

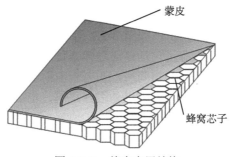

图 3.2.5 蜂窝夹层结构

蜂窝结构在同样载荷作用的情况下能够大大减轻结构重量。但是，这种结构承受集中载荷的能力较差，金属蜂窝易受腐蚀，使用性能尚不够稳定。

填料结构的型式和优点大体上与蜂窝式结构相似。只是它的夹芯一般是用泡沫塑料或其他绝热材料制成，加工制造更为简便。

5) 杆系结构

杆系结构，是用于多级导弹级间分离段的一种结构型式。它的构架只由端框和几根管形材料焊接而成，外表面没有蒙皮 (图 3.2.6)。

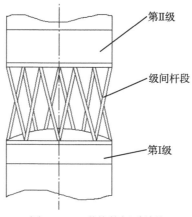

图 3.2.6 弹体的杆系结构

当导弹的级间采用热分离时，杆系结构有利于级间分离之前上一级导弹发动机燃气流的排出，保证级间分离准确、可靠；同时，采用杆系结构型式，有利于显著地减轻弹体的结构重量。

4. 导弹的布局结构

1) 弹道导弹布局结构

单级弹道导弹的弹体大体上由头部、前过渡段、中段、后过渡段及尾部等部件组合而成。导弹的头部即战斗部，其内部盛装战斗装药。导弹的中段一般作为燃料储箱，尾段安装火箭发动机，如图 3.2.7 所示。

多级导弹的弹体结构，除了包括单级导弹弹体结构的基本组成部分外，每级都有发动机舱段、推进剂箱段和箱间段，还有相应的各级级间段，在最上级安装仪器舱和战斗部。级间的过渡段，可以是敞开式的，也可以是封闭式的，这将随分离系统所采用的具体方案而定。

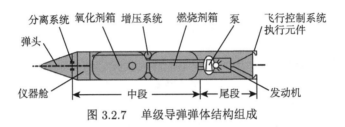

图 3.2.7　单级导弹弹体结构组成

导弹弹体内的大部分空间，为导弹发动机及其推进剂贮箱所占用。

2) 有翼导弹布局结构

有翼导弹的气动外形一般采用长细比相对较大的中部直线型弹翼平面布局，头部呈卵形，中段为圆柱体，尾部为截锥体，其后可串联一个固体助推器。有翼导弹攻击机动中的目标，需要时刻确定目标位置。因此，导弹的最前端为探测制导舱，探测制导设备因导弹的类型而不同。对于巡航导弹，内装地形匹配和惯性导航设备；对于地空导弹，内装探测雷达和末制导装置。制导舱后方为战斗部，可根据使命任务安装常规弹头和核弹头。紧靠战斗部舱段的是燃料箱段，燃料箱占有翼导弹弹体全长的 1/2 以上。导弹尾舱内装涡扇喷气发动机或火箭发动机，采用喷气发动机时安装有收放式进气斗，收放式进气斗的前端嵌装在燃料箱后部的弹体腹部，后端则与尾舱内的发动机进气口相连。弹体中部装有狭窄梯形折叠式直弹翼，平时弹翼折叠在弹体两侧的贮翼槽内，发射后靠弹簧机构展开。

3.2.2　导弹的推进原理

1. 导弹动力的产生

导弹之所以能够飞得高和飞得远，依靠的是为其提供飞行动力的火箭发动机。火箭发动机同航空发动机相比，主要不同在于其自身携带燃烧剂燃烧工作所需要的氧化剂。这样火箭发动机既可以在大气层内工作，又可以在大气层外及宇宙空间工作。

火箭发动机推动导弹飞行的动力称为火箭发动机的推力。火箭发动机产生推力的原理是，发动机工作时向后高速喷出气体而形成作用于火箭发动机本身的反作用力。火箭发动机可用的工作能源有化学能、电能、核能和太阳能等。目前广泛应用的是化学能火箭发动机，其工作原理是将化学能以热能的形式释放出来，再把热能转换成导弹的动能，推动导弹飞行。

火箭发动机不仅可以产生推力，而且还可以通过控制偏转或几台火箭发动机配合差动工作而形成操纵力矩，在飞行控制系统的作用下，使导弹的飞行姿态发生变化，以利于将其引导到预定飞行弹道。

2. 火箭发动机的性能指标

导弹射程的远近和投送重量 (指弹头) 的大小，在很大程度上取决于所采用的火箭发动机的工作性能的好坏。火箭发动机的性能指标概括起来主要有推力、比推力、总冲、比冲、推重比和工作时间等。

1) 推力

推力就是所有作用在火箭发动机推力室内外壁表面上的力的轴向合力，如图 3.2.8 所示。

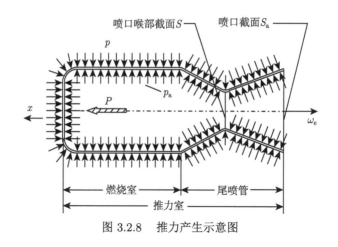

图 3.2.8 推力产生示意图

$$P = \dot{m}\omega + (p_a - p)S_a \qquad (3.2.1)$$

式中，$\dot{m}$ 为单位时间内推进剂消耗的质量；ω 为燃气喷气速度，即燃气喷出喷口截面时的速度；p_a 为燃烧室内燃气的压力；p 为外界大气压力；S_a 为喷口截面积。

推力是衡量火箭发动机性能的重要指标，推力越大，所能推动的火箭质量越大，能够投送的战斗部质量越大。显然，推进剂的质量流量 $\dot{m}$ 越大，所得的推力 P 也就越大；推力室喷口的燃气流速 ω_e 越大，所需的推进剂消耗量就越少。

2) 比推力

推力是衡量火箭发动机做功能力大小的指标，但它不能完全反映发动机性能的优劣，需要引入比推力这个指标。所谓比推力是指火箭发动机的推力与每秒所

消耗的推进剂的量之比，即

$$P_s = \frac{P}{\dot{m}g} = \frac{\text{推力(kg)}}{\text{推进剂的秒消耗量(kg/s)}} \tag{3.2.2}$$

显然，火箭发动机的比推力越大，产生相同推力所消耗的推进剂就越少，发动机的工作性能也就越好。

3) 总冲量

要衡量火箭发动机工作能力的大小，单说它具有多少推力或比推力是不够的，还需要考虑推力能够持续的时间。为此，需要引进总冲的概念。

总冲，也叫"总冲量"，是指发动机在总工作时间内产生推力的累积。火箭发动机的推力 P 在时间 t 内可能保持一个不变的常值，如图 3.2.9(a) 所示；也可能是随时间变化的，如图 3.2.9(b) 所示。发动机的总冲就是推力–时间曲线所包围的图形面积。

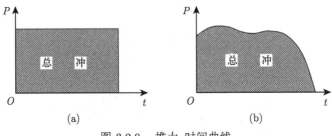

图 3.2.9   推力–时间曲线

显然，需要获得一定的总冲，可采取大推力短时间或小推力长时间工作的不同发动机方案。在火箭发动机及所用的推进剂确定之后，总冲量的大小便主要取决于推进剂的总重量的多少。

4) 比冲

所谓比冲指的是单位重量推进剂所获得的冲量，即总冲量除以推进剂的总重量 G。

$$I_s = \frac{I}{G} \left(\frac{\text{kg} \cdot \text{s}}{\text{kg}} \text{或s} \right) \tag{3.2.3}$$

因为总冲量 $I = P \cdot t$，推进剂的总重量 $G = \dot{G} \cdot t$，所以从式 (3.2.3) 可以推出

$$I_s = \frac{I}{G} = \frac{Pt}{\dot{G}t} = \frac{P}{\dot{m}g} = P_s \tag{3.2.4}$$

可以看出，比冲 I_s 和比推力 P_s 尽管各自所表示的意义不尽相同，但两者在

一定条件下的数值是完全相等的。为了准确起见，固体火箭发动机多用比冲的概念来衡量发动机工作性能的好坏，而液体火箭发动机多用比推力的概念。

5) 推重比

火箭发动机的推力与火箭发动机的重量之比，称为火箭发动机的"推力–重量比"，简称为"推重比"。推重比反映单位重量的火箭发动机结构重量 (净重) 所产生的推力。很明显，推重比越大，则火箭发动机的结构重量越轻，对导弹的飞行加速性就越好。因此，推重比是反映火箭发动机的重量特性和加速性的一个指标。

6) 工作时间

火箭发动机的工作时间，是一个反映发动机推力、总冲、加速性及其寿命等综合性能的指标。

导弹的起飞重量和所携带的推进剂总是有限的，而火箭发动机工作时所消耗的推进剂数量却相当大，因此，它不能像飞机和巡航导弹所用的空气喷气发动机那样长时间工作。另外，固体火箭发动机的推力室就是弹体结构的一个组成部分，工作时间增长时难以实现良好的冷却，所以固体发动机的工作时间又要比液体火箭发动机的工作时间短一些。

3. 液体火箭发动机原理

凡使用液体状态的推进剂，并将其燃烧释放的热能变为动能，从而直接产生反作用力的火箭发动机，都称为液体推进剂火箭发动机，简称液体火箭发动机。

液体火箭发动机结构组成包括推力室、推进剂贮存和输送系统、推进剂流量调节系统、推力室冷却系统等。有的液体火箭发动机还需要有点火控制系统。推力室及推进剂贮存输送系统是液体火箭发动机最基本的结构组成。

液体火箭发动机大多数采用双组元液体推进剂。这种发动机的氧化剂和燃烧剂分别贮存在导弹的两个贮箱内。发动机工作时，推进剂按照一定的流量比例进入推力室进行雾化、混合、燃烧，产生高温、高压、高速的燃气流，从而使导弹获得推力。

1) 推进剂输送系统

推进剂输送系统的作用是在液体火箭发动机工作过程中，保证推进剂从贮箱中按要求源源不断地输送到推力室进行燃烧。能否正常地向推力室输送推进剂，是决定液体火箭发动机工作好坏的一个重要环节。目前，常见的推进剂输送系统有挤压式和涡轮泵式两种。

A. 挤压式输送系统

挤压式输送系统的原理，是依靠高压气体向导弹推进剂贮箱内液面上施加压力，使推进剂受到挤压后经过管路、活门、喷嘴等，流入推力室的燃烧室进行混合、燃烧。

图 3.2.10 是挤压式输送系统的一个简单示意图。该系统的高压气源，一般由单个气瓶或多个气瓶内装 200~350 个标准大气压的压缩气体来提供。此外，还需有配套的活门、调节器、保险装置及管路、附件等。

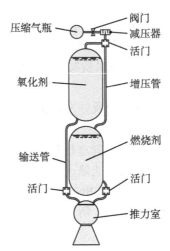

压缩气瓶　阀门　减压器　活门

氧化剂　增压管

燃烧剂

输送管

活门　活门

推力室

图 3.2.10　采用挤压式输送系统的火箭发动机示意图

挤压式输送系统的大致工作程序是：当启动火箭发动机时，该系统首先自动打开隔离阀门，接着高压气瓶内的气体进入减压器，到达推进剂贮箱的液面上。这样，推进剂受到挤压压力的作用，就可以流入推力室中燃烧。

挤压式输送系采用的高压气体，根据导弹所选用推进剂的特性，一般可用压缩空气、压缩氮气或压缩氦气等。其中，尤以氦气的使用最为理想。

B. 涡轮泵式输送系统

涡轮泵式输送系统是由涡轮带动离心泵将液体推进剂从贮箱中抽出，然后再把推进剂压送到推力室去燃烧。按其内部分工的不同，涡轮泵式输送系统可以分为主系统、副系统以及气压系统。主系统主要用于完成推进剂的输送任务，它由涡轮泵装置及相应的活门、管路等组成；副系统用于驱动涡轮高速旋转，并带动和控制泵的转速，它一般由蒸汽发生器或燃气发生器及相应的组件、管路等构成。气压系统用于对贮箱内的推进剂进行辅助性增压 (图 3.2.11)。

涡轮泵装置是由涡轮和离心泵构成的组合件，它一般安装在导弹的推进剂贮箱与火箭发动机推力室之间的管路上。涡轮泵装置上一般采用离心泵。当液体进入泵壳内的叶轮后被叶片带动旋转而产生离心力，沿着扩散形的涡旋流道向外流动；随着流速的减小，压力得到提高，使得在泵的出口处推进剂得到一定的输送压力和流量。

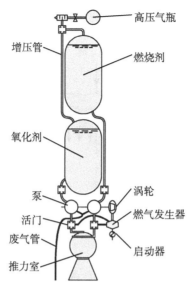

图 3.2.11 采用涡轮泵式输送系统的发动机示意图

辅助性增压系统的作用是，在涡轮泵转速很高时，提供泵抽吸推进剂所需的入口压力，以避免在泵的出口处出现气穴而造成推力室内燃烧不稳定，从而使整个涡轮泵式输送系统工作稳定可靠。辅助性增压系统的气源可用贮气瓶提供，也可利用推进剂的蒸汽进行自身增压。

涡轮泵式输送系统，可以通过涡轮转速的控制和一套自动调节元件，来调节火箭发动机的推力，并且使整个系统结构不需要耐受高压的作用，因而在大推力、长时间工作的火箭发动机中应用较多。

2) 发动机推力室

液体火箭发动机的基本功能是把推进剂的化学能变成燃烧产物的热能，再转换成燃气流的动能。这个能量转换过程都是在推力室内进行的。因此，推力室是火箭发动机的最重要的核心部件。

推力室的结构是相当紧凑的，它一般由喷注器、燃烧室和尾喷管组成一个整体 (图 3.2.12)。

A. 喷注器

喷注器安装在推力室顶部，作用是把推进剂喷入燃烧室，使之充分地雾化和均匀混合。常见的喷嘴按其作用原理大致可以分为直流式和离心式两类。直流式喷嘴是在推力室头部的平板上开各种小孔；它结构简单，但雾化、混合推进剂组元不够充分，尤其是对于黏性大的推进剂，喷射雾化的效果更差。离心式喷嘴的结构较复杂，推进剂进入喷嘴之后可以形成旋转运动，在离心力的作用下，液体能产生薄液膜而分裂成细微的液滴，喷射雾化、混合得比较充分。

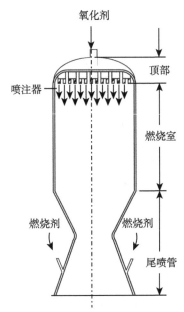

图 3.2.12　液体发动机推力室示意图

B. 燃烧室

燃烧室的基本作用是使从顶部喷入的、经雾化混合的推进剂充分燃烧，以便尽可能地把推进剂的化学能转变成热能。燃烧室的结构一般是由强度、刚度和耐热性均好的金属板料或管料，焊接成具有夹层的组合件。它的形状有球状、椭圆状、圆筒状和锥体状等几种。

火箭发动机燃烧室工作时，燃烧室内的燃气温度为 2200~3500℃；即使燃气从喷管口高速流出时温度有些下降，其在喷口处的温度仍有约 1000℃。

C. 尾喷管

尾喷管的作用是使燃气流得到加速，由每秒几十米增至每秒几千米，将燃气的热能转化为喷射燃气的动能，在尾喷管内产生直接反作用力，推动导弹飞行。燃气喷射的速度越高，导弹获得的推力也就越大。尾喷管是由收敛段和扩散段 (锥形或钟形) 组合而成的。收敛段的一端同燃烧室的后端是平滑相接的，因而它往往是燃烧室结构的一部分。扩散段用于将气流流速加速到高超声速。

3) 液体火箭发动机的简要工作过程

液体火箭发动机简要工作过程是：①挤压式推进剂输送系统是由挤压气体对推进剂贮箱进行增压 (约 3 个标准大气压)；对于涡轮泵式输送系统则是使副系统的火药筒通电点火，其产生的高温高压燃气驱动涡轮旋转，氧化剂泵和燃烧剂泵开始工作。②推进剂流入推力室顶部喷注器，经过喷嘴的雾化、混合，在燃烧室内产生燃烧反应，形成高温 (2200~3500℃)、高压 (20~100kg/cm²) 和一定流速的燃气流。③火箭发动机进入工作状态并达到额定推力，导弹受推力的作用起飞飞行。④当导弹加速到一定的速度和飞行到一定的高度，或所携带的推进剂接近用完时，先切断燃气发生器的推进剂供应，使涡轮停转。⑤关闭推进剂输送系统的主活门，切断推力室的推进剂供应通道；推力室熄火，火箭发动机便处于关机状态。

4) 液体火箭发动机特点

液体火箭发动机具有可随意启动与关机，推力大而且可调节，比推力高，工作时间较长，对环境温度敏感性小等优点；不足之处是它的结构一般较为复杂，相应的地面各项勤务处理多，所装备的导弹大多数机动性能差。固体火箭发动机虽然存在环境温度影响大等方面的缺点，但是它恰巧能够弥补液体火箭发动机的若干缺陷。尽管如此，液体火箭发动机仍然在弹道导弹和其他类型的导弹上得到广泛的应用。

4. 固体火箭发动机原理

固体火箭发动机和液体火箭发动机是按照它们各自所采用的推进剂的物理形态不同而加以区别的。固体火箭发动机使用的是氧化剂和燃烧剂事先混合在一起且形成固态的推进剂。

1) 固体火箭发动机主要结构

现代固体火箭发动机用途广泛，品种繁多。然而，就其结构的基本组成部分而言，一般都由燃烧室、喷管、药柱、点火装置四大部分组成，如图 3.2.13 所示。

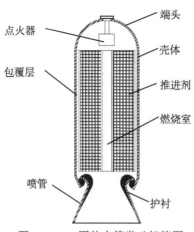

图 3.2.13　固体火箭发动机简图

A. 燃烧室

在固体火箭发动机中,燃烧室既是推进剂燃烧的地方,又是推进剂的贮存容器;装在导弹中时,燃烧室还是导弹弹体结构的重要组成部分。通常,燃烧室是一个薄壁圆筒形壳体。前、后底盖可采用冲压或铸造成形,中部筒段与后底之间常采用螺纹连接,形成除后底开口外的内部密封的空腔。

固体推进剂在燃烧室内燃烧速度要适应发动机的要求,试验表明,燃烧速度将随推进剂的初温、燃烧室内的压力和燃气流速的升高而增大。为此,必须合理选择推进剂、药柱形状和尺寸及其密度,保证火箭发动机性能稳定、可靠。

B. 喷管

固体火箭发动机的喷管,也是一种先收敛后扩散的超声速喷管。它可以用螺钉或螺栓直接固定在燃烧室的后底上,也可以活动铰接在后底上。喷管的制造材料,一般与推进剂燃烧室壳体所用的材料相同。

根据固体火箭发动机在导弹上的用途和所在的位置,喷管可以装一个或几个。单喷管的结构简单,工作可靠,推力损失小;而多喷管的结构复杂,尤其是当它的安装轴线偏离弹轴时,所引起的推力损失更加显著。但是,多喷管结构易实现对导弹飞行的操纵。

C. 药柱

药柱是固体火箭发动机工作的能源物质,按照一定的工艺方法和设计要求加工,装在燃烧室内。一般情况下,药柱点燃后就要全部烧尽。

根据所需的推力值、发动机工作时间、导弹的飞行特性等条件,药柱采用不同的形状和燃烧方式。药柱的燃烧面积越大,所产生的燃气流质量越多,经过喷管的流速越大,相应所得到的推力也就越大。

药柱的形状大体上可分为杆形药柱、管形药柱、星形内孔药柱、车轮形药柱等,如图 3.2.14 所示。药柱形状的选择,主要取决于单位时间内所需燃烧面积的大小,而燃烧面积是由具体的燃烧方式决定的。常见的药柱燃烧方式有端面燃烧、外表侧面燃烧、内表侧面燃烧、内外侧面同时燃烧等。

D. 点火装置

固体火箭发动机的点火装置实际上是一种电点火器,又叫烟火式点火器;它主要由电发火管、点火药、点火药盒,以及点火控制盒和电点火线路等部分组成。电发火管内装有用热敏火药制成的引火药和一对电桥丝,外部用塑料套管套住后放入点火药之中。当导弹的飞行控制系统发出"点火"信号时,在规定的时间内给电桥丝通电,并使电阻丝灼热。引火药受热而迅速燃烧,从而点燃点火药。

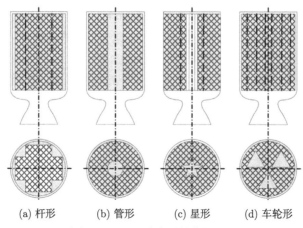

(a) 杆形	(b) 管形	(c) 星形	(d) 车轮形

图 3.2.14 几种典型的药柱形状

2) 固体发动机的工作过程

固体火箭发动机的工作过程是: ①由点火控制器给电点火器通入电流, 使电发火管的引火药点燃, 产生一定压力的燃气将点火药引燃, 随后, 药柱的燃烧表面便迅速开始燃烧。②大量高温、高压、高速的燃气流从喷管向外喷出, 由此形成反作用力推动导弹飞行。当推力超过导弹的起飞重量时, 导弹开始起飞。③固体火箭发动机按照预定的推力–时间曲线规律进行工作, 直到燃烧室内的药柱全部燃尽。

3) 固体火箭发动机的特点

固体火箭发动机和液体火箭发动机相比较, 在总体结构、操作使用、维护保养等方面, 均有若干显著的特点。

A. 在总体结构方面

固体火箭发动机的燃烧室就是导弹弹体的主要部分, 不需要推进剂输送系统、增压系统和推力室的冷却系统等, 因而结构简单、紧凑。同时, 也可以使相应的地面设备大为简化。

一般来说, 在射程大体相同的条件下, 固体火箭发动机所消耗的推进剂, 要比液体火箭发动机所消耗的推进剂少得多。这样, 有利于减轻导弹的起飞重量, 减小导弹的外形尺寸。

但是, 固体推进剂火箭发动机不能像液体火箭发动机那样可以随意多次启动; 其推力也不容易随机进行调节; 目前发动机比冲一般比较低 (未超过 300s); 燃烧室的冷却和活动喷管的密封技术要求较高。

B. 在操作使用方面

固体推进剂一般都是事先浇注在发动机燃烧室中, 或者已预制成专门形状的药柱, 所以, 在操作使用时不需要实施现场加注, 只要稍作检查或作必要的药柱装填即可, 有利于提高导弹的快速反应能力。此外, 固体火箭发动机整体性好, 一般的外形尺寸也不大, 方便导弹实施机动隐蔽。

固体火箭发动机突出的弱点, 主要是受外界环境温度的影响较大, 发动机工作时间也较短 (最长的工作时间约 300s)。这就对这种导弹的贮存、运输及发射等方面提出了一些特殊要求。

如果将固体火箭发动机用于弹道导弹中, 这种导弹在机动时因其结构重量较重而对路面要求更苛刻, 机动距离也受到一定的限制, 运输工具也更为复杂。

C. 在维护保养方面

无疑, 由于固体火箭发动机的结构较简单, 从而工作可靠性相对提高, 维护保养也方便了许多, 用于这方面的经费也可以减少。但是, 在贮存期间如果药柱变脆, 将直接影响导弹的发射成功率。这就要求导弹具有较高的贮存可靠性。

3.2.3　导弹的控制原理

导弹控制系统的作用是在已知导弹自身的位置和飞行状态, 且已经探测到目标的位置和运动状态的情况下, 解算出导弹的最佳飞行策略并控制导弹向目标飞行。不管是导弹的位置和状态, 还是目标的位置和状态, 都需要相应的传感器进行探测和感应。

1. 导弹位置的确定

导弹在飞行过程中, 如果在外力的作用下产生加速度或飞行姿态角的变化, 则导弹自身会产生与所受外力方向相反的 "惯性力"。显然, 如果能够测量出导弹的 "惯性力", 就可以计算得出导弹的加速度。而只要设法通过对加速度的测量和进行积分运算, 就可以得出导弹的飞行速度; 随之再对加速度进行第二次积分运算, 就可以得出导弹的飞行距离 (即射程)。

导弹的飞行加速度采用加速度表进行测量。

2. 导弹飞行姿态的确定

1) 陀螺仪的概念

陀螺在日常生活中比较常见, 如儿童玩具陀螺、电机的转子、飞机的螺旋桨、急速行驶中的自行车轮子等, 它们都有一个共同的特点: 在高速旋转时, 都能绕着某一个支点保持其轴向不变, 并且有很大的惯性。凡具有这种特点的物体, 从广义上来讲, 都可以称为 "陀螺"。

为了测量导弹的姿态及其变化, 利用陀螺的特性, 将高速旋转的转子安装在特制的环架或支承上, 使其不仅能绕其自转轴旋转, 而且还能绕其支架轴旋转。这种装置的总体就称为"陀螺仪"。按照转动的自由度,陀螺仪可分为单自由度和双自由度两种类型。

单自由度陀螺仪主要由转子、转子轴、内环、基座组成。转子借转子轴安装在内环的轴承上,内环安装在基座的轴承上 (图 3.2.15)。转子可绕自转轴旋转,而且可以和内环一起绕内环轴相对于基座旋转。转子有绕自转轴和内环轴两个转动自由度,而转子的自转轴只有绕内环轴相对于基座转动的单自由度。

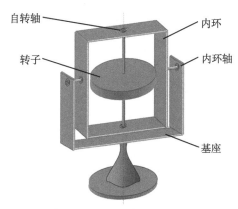

图 3.2.15 单自由度陀螺仪模型

双自由度陀螺仪即转子的自转轴相对于基座具有两个转动自由度的陀螺仪 (图 3.2.16),它主要由转子、内环、外环以及基座组成。同单自由度陀螺仪的结构相比,它多了一个外环和外环轴,因此,自转轴就多了一个转动自由度。

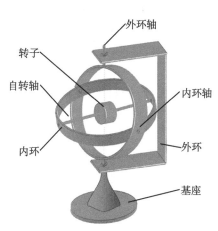

图 3.2.16 双自由度陀螺仪模型

2) 陀螺仪用于测量导弹飞行姿态

导弹在空间的运动有六个自由度，除了三个自由度的质心平移运动外，还有三个自由度的绕质心转动运动。导弹绕质心的运动通常用三个飞行姿态角 (俯仰角、偏航角和滚动角) 及其变化率来描述 (图 3.2.17)。

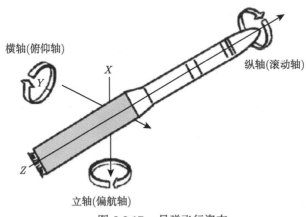

图 3.2.17　导弹飞行姿态

要利用陀螺仪的稳定性测出导弹的偏航角、滚动角和俯仰角，导弹上需要装置两个陀螺仪，用来测量和控制导弹惯性空间的角位置。它们分别称为垂直陀螺仪和水平陀螺仪，合称为"位置陀螺仪"。而要感受和测量导弹飞行姿态角的变化速率，导弹上就必须安装另外的测量仪器，最常用的是速率陀螺仪，这种陀螺仪是按照它的进动特性工作的。

A. 垂直陀螺仪

垂直陀螺仪 (图 3.2.18) 转子轴在导弹发射时与射击平面相垂直，它主要用来敏感、测量导弹的偏航角和滚动角。陀螺仪的外环轴与弹体的立轴平行，作为偏航角的测量轴；内环轴与弹体的纵轴平行，作为滚动角的测量轴。

B. 水平陀螺仪

水平陀螺仪 (图 3.2.19) 也是一种双自由度陀螺仪，它的转子轴同射击平面重合或平行，而且处于水平状态，外环轴则垂直于射击平面，是导弹的俯仰角的测量轴。

导弹在水平陀螺仪上装有程序机构，该机构用来按事先设计好的飞行方案程序产生程序俯仰角，然后通过电位计传感器，发出控制导弹在射击平面内俯仰转弯飞行的程序指令信号。

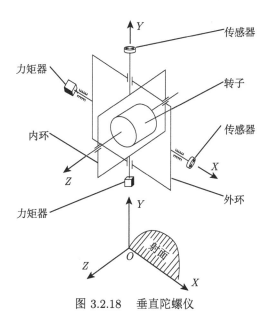

图 3.2.18 垂直陀螺仪

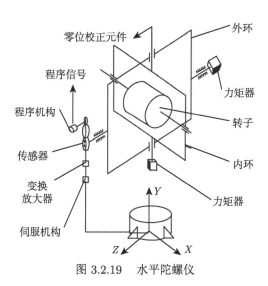

图 3.2.19 水平陀螺仪

3. 导弹飞行控制系统

导弹飞行控制系统的作用是保证以足够的精度把弹头送到预定的目标区，由制导系统和姿态稳定系统组成 (图 3.2.20)，分别完成导弹飞行弹道的控制 (即控制导弹的质心运动) 和飞行姿态的控制 (即控制导弹绕其质心的运动)。

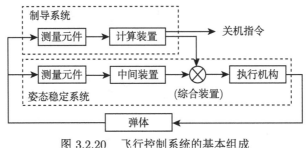

图 3.2.20 飞行控制系统的基本组成

制导系统能够根据打击目标的要求，形成控制导弹沿着预定弹道飞行所需的指令 (如关闭发动机的指令) 和控制信号，它的仪器设备大部分可以与姿态稳定系统共用。

姿态稳定系统的工作使导弹具有飞行的稳定性，是制导系统工作的基础和前提。它一般由测量元件、中间装置 (控制信号的变换、放大等) 和执行机构三部分构成。

一旦目标参数确定，导弹的飞行弹道就可以相应地计算出来。飞行控制系统的作用就在于控制导弹按照计算得出的弹道飞向目标。只要飞行控制系统能够正常发出控制指令，就可以完成整个弹道飞行控制的任务。但是，导弹在飞行时，要受到各种各样环境因素的影响和干扰，会或多或少地偏离预计的飞行弹道。这样，就需要根据飞行弹道的偏差量适时地修正导弹的飞行姿态。可见，导弹的飞行控制线路是一个反馈控制线路。导弹的飞行速度一般可达每秒数千米。它的姿态变化一经发生，就需在非常短促的时间内感应、测量出来，并由控制系统形成相应的控制指令。

在导弹的飞行控制系统中，陀螺仪是一个极其重要的核心部件。它不仅对控制系统的工作性能起着决定的作用，而且它的精度高低、可靠性好坏、寿命长短等指标，对导弹飞行的稳定性和命中精度有着重大的影响。

4. 导弹制导方式

导弹在打击目标的过程中需要依靠一套制导方式来飞向目标。简单地说，制导方式是处理所获取的信息，引导武器攻击目标的技术方法和手段，也常称为制导体制。常见的制导方式主要包括遥控制导、寻的制导、匹配制导、惯性制导、卫星制导和复合制导，其中惯性制导、匹配制导和卫星制导又都属于导航式制导，这种制导方式适用于打击固定目标。

1) 惯性制导

惯性制导是一种自主式的制导方式，是以自身或外部固定基准为依据，导弹在发射后不需要外界设备提供信息，独立自主地导引和控制导弹飞向目标的一种制导方式。它的基本依据是力学定律和运动学方程。

导弹利用陀螺仪和加速度计组成的惯性测量装置测量并计算导弹的位置、速度和姿态角等运动参数，与预定轨迹进行比较，进而形成制导指令。其特点是不需要外部任何信息就能根据导弹初始状态、飞行时间和引力场变化确定导弹的瞬时运动参数，因而不受外界干扰。这种制导方式须预先知道导弹本身和目标的位置，适用于攻击固定目标或已知其运动轨迹的目标。大部分地地、潜地弹道导弹多采用这种自主式的制导方式。

2) 遥控制导

遥控制导是由弹外的制导站测量并向导弹发出制导指令，由弹上执行装置操纵导弹飞向目标的制导方式。遥控制导方式可分为有线指令制导、无线电指令制导和驾束制导。有线指令制导系统通过光纤等线缆来传输制导指令，抗干扰能力强，但导弹的射程、飞行速度和使用场合等受连接线缆的限制；无线电指令制导通过无线电波传输制导指令，其优点是弹上设备简单，作用距离远，但容易被对方发现和干扰；驾束制导是在目标、导弹、照射源间形成三点一线关系来实现追踪过程，其优点是设备简单，但其需要外部照射源，且精度随射程增加而显著降低。

图 3.2.21 为雷达指令制导示意图，地面雷达发现并跟踪目标，导弹跟踪测量装置实时地测量导弹位置，指令形成装置综合两者的信息进行计算产生制导指令，并通过无线装置传送给导弹，引导导弹击中目标。

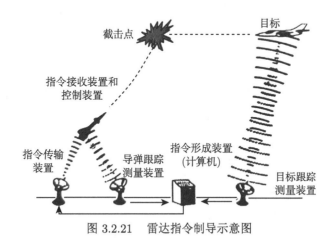

图 3.2.21　雷达指令制导示意图

图 3.2.22 为驾束制导示意图，地面雷达发现目标后，对目标进行自动跟踪，雷达波束时刻对准目标，同时控制导弹始终位于波束中心线附近，从而在目标–导弹–地面雷达间形成三点一线的瞄准关系，引导导弹击中目标。

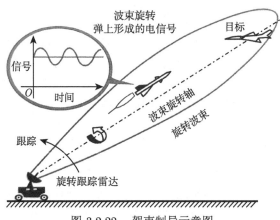

图 3.2.22　驾束制导示意图

一般地，遥控制导主要用于反坦克导弹、地空导弹、空地导弹和空空导弹等。

3) 寻的制导

寻的制导是由弹上的导引头探测接收目标的辐射或反射能量，自动形成制导指令，控制导弹飞向目标的制导方式。"寻的"一词中"的"的本义为"靶子"，也就是导弹攻击的目标，因此，"寻的"的含义就是寻找、追踪待攻击目标。按目标信息的来源，寻的制导可分为主动、半主动和被动制导三种方式。三种寻的制导方式的工作原理如图 3.2.23 所示。图中实线表示发射信号，虚线表示反射信号。从图可以看出，在主动寻的制导方式中，导弹接收的是其自身发射信号照射到目标后的回波；在半主动寻的制导方式中，导弹接收的是地面或其他地方制导站发射信号照射到目标后的回波；在被动寻的制导方式中，导弹接收的是目标所发出的信号。

主动寻的制导可实现"发射后不管"，缺点是受弹上发射功率的限制，作用距离有限，多用于复合制导的末制导，例如，法国的"飞鱼"反舰导弹就采用了末段雷达主动式寻的制导方式。

半主动寻的优点是弹上设备简单，缺点是依赖外界的照射源，其载体的活动受到限制，例如，美国的"霍克"地空导弹采用雷达半主动寻的制导，"海尔法"反坦克导弹、"铜斑蛇"制导炮弹和多数制导炸弹则采用激光半主动寻的制导。

被动寻的制导也具有"发射后不管"的特点，弹上设备比主动寻的系统简单，缺点是对目标辐射或反射特性有较大的依赖性，难以应付目标关机的情形。例如，中国的"前卫"一号便携式单兵防空导弹，采用的就是红外被动寻的制导方式。寻的制导多用于空空导弹、地空导弹和空地导弹。

4) 匹配制导

匹配制导是通过将导弹飞行路线下的典型地貌／地形特征图像与弹上存储的

基准图像作比较，按误差信号修正弹道，把导弹自动引向目标的制导方式。地面目标 (如港口、机场和城镇等) 有许多与地理位置密切相关的特征信息，如地形起伏、无线电波反射、微波辐射、红外辐射和地磁场强分布等。匹配制导就是基于地表特征与地理位置之间的这种对应关系。导弹上的图像装置沿飞行轨迹在预定空域内摄取实际地表特征图像 (称实时图)。在相关器内将实时图与预先储存在弹上存储器内的标准特征图 (称基准图或参考图) 进行匹配 (配准)，由此确定导弹实际飞行位置与标准位置的偏差。弹载计算机根据这种偏差按预存的制导程序进行实时运算和发出制导指令，最终引导导弹准确命中目标。

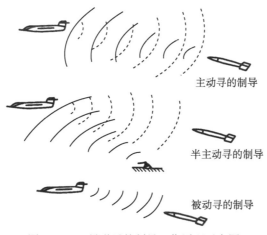

图 3.2.23　导弹寻的制导工作原理示意图

　　匹配制导按图像空间几何特征的不同分为一维、二维和三维匹配，或相应地称为线匹配、面匹配和立体匹配；按所用图像遥感装置的不同分为光学图像匹配、雷达图像匹配、微波辐射图像匹配；按图像信息提取方法的不同分为主动式图像匹配和被动式图像匹配。实际运用中，一般按图像信息特征将匹配制导分为地形匹配制导和地图匹配 (景象匹配) 制导两种。

　　如图 3.2.24 所示，地形匹配制导以地形轮廓线 (等高线) 为匹配特征，通常用雷达 (或激光) 高度表作为测量装置，把沿飞行轨迹测取的一条地形等高线剖面图 (实时图) 与预先储存在弹上的若干个地形匹配区的基准图在相关器内进行匹配。它可用于巡航导弹的全程制导和弹道导弹的中制导或末制导。地形匹配制导的优点是容易获得目标特征，基准源数据稳定，不受气象变化的影响。缺点是不宜在平原地区使用。

　　如图 3.2.25 所示，地图匹配 (景象匹配) 制导以区域地貌为特征，采用图像成像装置 (雷达式、微波辐射式、光学式) 摄取沿飞行轨迹或目标区附近的区域地图并与储存在导弹上的基准图匹配。地图匹配制导的优点是能在平原地区使用，但目标特征不易获得，基准源数据受气候和季节变化的影响，不够稳定。若采用光学传感器成像，景象还受一天内日照变化的影响和气象条件的限制。地图匹配制导精度比地形匹配高，但复杂程度也相应增加。美国"潘兴"Ⅱ型地地弹道导弹、部分型号的战斧巡航导弹等就采用了这类制导方式。

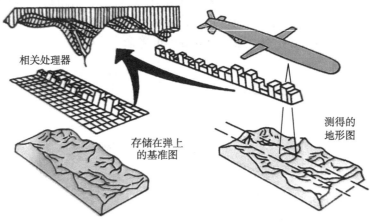

图 3.2.24　地形匹配制导原理图

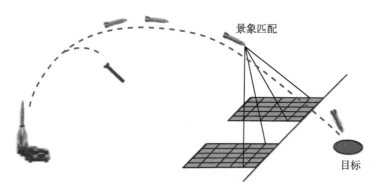

图 3.2.25　景象匹配工作示意图

5) 卫星制导

卫星制导是当代许多先进精确制导武器的主要制导方式之一。在制导武器发射前将侦察系统获得的目标位置信息装订在武器中，武器飞行中接收和处理分布于空间轨道上的多颗导航卫星所发射的信息，可以实时准确地确定自身的位置和速度，进而形成武器的制导指令。

美国的全球定位系统 (GPS) 已应用于巡航导弹、炸弹等精确制导武器，如

BGM-109C block 3 型巡航导弹，已用 GPS 接收机代替了原有的地形匹配制导。原采用空间定位精度 30m 的地形匹配系统，巡航导弹可达到 9m 的命中精度；而采用空间定位精度为 10m 左右的 GPS 系统后，可以使巡航导弹的命中精度提高到 3m。

当单纯用惯导的战术弹道导弹采用了"GPS +惯导"或"GLONASS(格洛纳斯，俄罗斯卫星定位系统) +惯导"制导方式后，可使其命中精度达到 20m 左右。"GPS +惯导"组合制导技术发挥了各自的优点，即可以利用 GPS 的长期稳定性与适中精度，来弥补"惯导"误差随工作时间的延长而增大的缺点，又可以利用"惯导"的短期高精度来弥补 GPS 接收机在受干扰时误差增大或遮挡时丢失信号等的缺点，使得整个组合制导系统结构简单、可靠性高，具有很高的效费比。

6) 复合制导

复合制导是在导弹飞行的初始段、中间段和末段，同时或先后采用两种以上的制导方式，其不同传感器之间有串联、并联、串并联等组合方式。单一的制导系统可能出现制导精度低、作用距离近、抗干扰能力弱、目标识别能力差或不能适应各飞行阶段要求等情况，采用复合制导可以发挥各种制导系统的优势，取长补短，互相搭配，而这正是复合制导技术的初衷。

组合方式依导弹类别、作战要求和攻击目标等不同而异。通常有"惯导 + 寻的"、"惯导 + 遥控"、"遥控 + 寻的"、"惯导 + 遥控 + 寻的"、"惯导 + 地形匹配"、"红外 + 毫米波"、"微波 + 毫米波"等复合制导系统等。另外，由于惯性制导方式频繁应用于初段和中段制导过程，因此"惯导 +XXX"的复合制导方式也为现代导弹广泛采用 (图 3.2.26)。

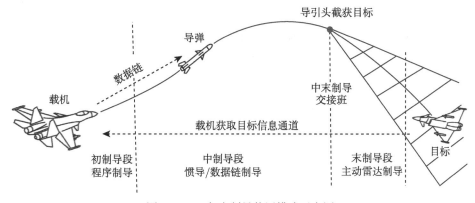

图 3.2.26 复合制导使用模式示意图

5. 导弹的操纵原理

所谓导弹飞行的操纵性，就是改变导弹原来飞行状态的能力，以及对此反应的快慢程度。导弹飞行操纵性的实质是改变作用在导弹上力的大小和方向。

一般来说，作用于导弹上的力有推力、重力和空气动力。重力的大小是不能任意控制的，所以在飞行过程中能够加以控制的只有推力和空气动力。对于在大气层内飞行的有翼导弹，可以通过控制能够转动的翼或舵来改变导弹所受的空气动力。而对于主要在稠密大气层外飞行的弹道导弹，更多地采用控制推力的方式实现对导弹的操纵，常用的方式有燃气舵、摇摆发动机、摇摆喷管、二次喷射技术、微推力发动机和旋转弯管形喷管等。

1) 燃气舵

燃气舵是一种安装在火箭发动机喷管口燃气流中的舵面，根据需要产生偏转角，改变燃气流的流动方向。燃气流对舵面的作用力将绕导弹重心形成操纵力矩，使导弹改变飞行方向。燃气舵的优点是结构简单，操纵方便；缺点是阻力较大，燃气舵位于燃气流之中，使发动机的推力减小。

2) 摇摆发动机

摇摆火箭发动机是应用液体推进剂的火箭发动机所采取的一种操纵方式。

通常，这种发动机装在导弹尾段的万向支架的铰链轴承上，可以产生摇摆动作。在发动机工作时，推进剂可以通过特殊的软管从贮箱内输送到推力室。这样，既可以产生推力，又可以通过发动机偏转一个角度，产生使导弹绕重心转动的操纵力矩，从而改变导弹的飞行方向。

3) 摇摆喷管

采用固体火箭发动机的导弹，其发动机不能摇摆，因此往往采用摆动喷管的方式操纵导弹。

摇摆喷管的显著特点是推力室不偏转，而只转动其喷管的方向。这样，在结构上就要求推力室与喷管之间用活动的关节相连。只要使喷管产生偏转，燃气流的方向就会相应地发生改变，在导弹上形成一个绕重心偏转的力矩。

4) 二次喷射技术

二次喷射技术是在火箭发动机和其喷管均不产生摆动的情况下，利用气体或液体向推力室喷管处喷射，改变燃气流方向，以产生控制力矩的一种技术。

采用二次喷射技术，其优点是发动机在结构上不需要有特殊的活动关节及相应的密封件，缺点是必须有盛装喷射气体或液体的容器，使导弹的结构加重。

5) 微推力发动机

在导弹的主发动机停止工作时，为使导弹稳定在预定弹道上或进行变轨飞行，往往把推力很小的所谓"微推力发动机"安装在弹上的适当位置。只要启动这种发动机，就可以随时调整和操纵导弹改变姿态和飞行方向。

6) 旋转弯管形喷管

在导弹的头部或其尾部安装辅助发动机、压缩气体容器等。在导弹飞行过程中，其控制力矩可以由两对弯管喷管或几个侧向喷管来产生。

侧向喷管和微推力发动机，一般是以脉冲方式工作的。为了达到一定的操纵力矩，它们所消耗的推进剂或压缩气体量比较大；但是它们不需要依赖主发动机就能独立地产生操纵力。

除了上述六种操纵方式外，还有喷气气流偏转器、延伸喷管等。它们的共同特点是都利用燃气动力操纵，在高空的飞行条件下有较大的适应范围。但是，若要使导弹生产滚动，则需要由几个喷管和微推力发动机相结合进行差动。

3.2.4 导弹的飞行原理

1. 高速飞行的几个特点

导弹在大气中高速飞行时，会出现不同于低速飞行的一些特殊现象。例如，当导弹低速飞行时，空气阻力与速度 V 的平方成正比；当导弹飞行速度接近于声速时，阻力不再是与 V^2 成正比，而是变成大约与 V^5 成正比。下面介绍一些与导弹高速飞行有关的概念。

1) 马赫数

马赫数 (Ma) 是为了说明气体流动速度高低的一个常用的衡量标准，指气流速度 (或导弹的飞行速度)V 与当地声速 a 的比值。声速 a 的数值随空气的温度发生变化，其关系式为

$$a = 20.05\sqrt{T} \tag{3.2.5}$$

式中，T 为空气的温度 (K)。在海平面上当气温为 15℃ 时，声音的传播速度 $a=340.3\text{m/s}$。

通常，$Ma \leqslant 0.4$ 为低速气流，$0.4 < Ma < 0.8$ 为亚声速气流；$0.8 < Ma < 1.3$ 为跨声速区；$1.3 < Ma < 5$ 为超声速区；$Ma \geqslant 5$ 为高超声速。导弹的飞行速度一般可达 $Ma=6\sim7$，而弹道导弹的速度可达 $Ma=26\sim27$。

2) 拉瓦尔效应

高速气流的流动速度 V 与流管截面积 S 之间的关系满足下列方程：

$$\frac{\mathrm{d}S}{S} = (Ma^2 - 1)\frac{\mathrm{d}V}{V} \tag{3.2.6}$$

式中，Ma 为气体流动的马赫数；$\mathrm{d}S$ 为流管截面积 S 的变化量；$\mathrm{d}V$ 为气体流速 V 的变化量。

很明显，倘若式 (3.2.6) 中的 $Ma>1$，则 Ma^2-1 是正值，dS 与 dV 同号，表明流管截面增大时流速增高；而其截面积缩小时则流速降低。这正好与低速气流的特性相反。火箭发动机的喷管，正是依据这一特性而采取先收缩后扩大的形状，使得燃气在整个喷管中始终加速喷出。

3) 驻点参数

当导弹在大气中高速飞行时，空气流到弹头的顶点处，流动的气体就会在该处完全停滞下来。这一停滞点称为驻点 (图 3.2.27)。所谓驻点参数指的是驻点的气流温度 T_0、压力 p_0、密度 ρ_0 等参数。它们与低速气流的相应参数不同。对于空气，驻点参数和自由流参数之间的关系，只与马赫数 Ma 有关，温度关系由下式表示：

$$T_0 = T(1 + 0.2Ma^2) \tag{3.2.7}$$

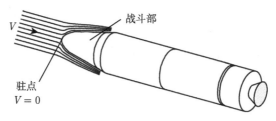

图 3.2.27　流动气体驻点

由式 (3.2.7) 可见，驻点的温度 T_0 随着飞行速度 (或气流速度) 的马赫数 Ma 增大而急剧升高。这是因为气流的动能在驻点已完全变成热能。

此外，在驻点处气流的压力 p_0、密度 ρ_0 也都会显著升高，可以用下列公式表示：

$$p_0 = p(1 + 0.2Ma^2)^{3.5} \tag{3.2.8}$$

$$\rho_0 = \rho(1 + 0.25Ma^2)^{2.5} \tag{3.2.9}$$

4) 激波

导弹在大气层内飞行，它本身就是一个扰动源。当导弹飞行速度低于声速时，由于扰动波按声速传播，所以扰动波将永远跑在扰动源的前面 (图 3.2.28(a))。

当导弹的飞行速度等于声速时，扰动波的传播速度与扰动源的速度相同，就出现无数多个扰动波在弹头前端叠加，形成单独的波面的现象。这个波面，就是被扰动与未被扰动的空气分界面 (图 3.2.28(b))。

当导弹的飞行速度超过声速时，形成的扰动波来不及"闪开"，就被导弹的头部突然地压缩起来，产生一种压缩波。这个波面 (扰动锥) 就是被扰动与未被扰动空气的分界面。所谓"激波"指的就是这个分界面 (图 3.2.28(c))。激波是一个受到强烈压缩的空气薄层，其厚度为 $10^{-4} \sim 10^{-3}$mm。

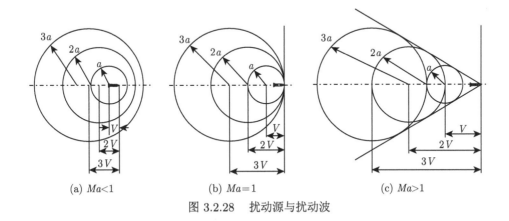

(a) $Ma<1$ (b) $Ma=1$ (c) $Ma>1$

图 3.2.28   扰动源与扰动波

当出现激波时，那里的空气压力、密度、温度等数值将大大增加，直接影响导弹的飞行。因此，在导弹上，尤其是在它的头部要采取相应的技术措施。

5) 气动力加热

导弹在超高速飞行时，由于流过其表面的气流猛烈受压，动能大部分转化为热能，同时，导弹与气流之间发生黏性摩擦也产生部分热能，从而使导弹受热，这种现象称为"气动力加热"。超高速飞行产生的导弹表面气动加热的最高温度可用驻点温度计算公式 (3.2.7) 计算。

气动加热产生的驻点温度 T_0 随导弹飞行速度的增大而急速增高；同时，T_0 与飞行高度有关，因为高度越低，空气的密度越大，气动力加热也就越严重。例如，射程为 3000km 的弹道式导弹，它在穿越大气层起飞、爬高时，受到的气动力加热的温度为数百摄氏度，而接近目标再入大气层时，其弹头驻点温度可达数千摄氏度。为此，弹头的防热问题，就成为一个突出的问题。

2. 导弹飞行的稳定性

导弹的飞行运动，如同其他物体的运动一样，也是在受到力的作用时才改变其运动速度和方向。根据牛顿定律，一个物体如果在几个力同时作用下处于平衡状态，那么这个物体不会产生加 (减) 速运动；只有在几个力的作用下受力不平衡时，物体才能沿着合力的方向进行加 (减) 速运动。

　　导弹飞行运动的稳定性，是靠弹体结构设计和飞行控制系统的工作两方面来实现的。

　　1) 作用在导弹上的力和力矩

　　导弹在飞行过程中主要受到推力 P、重力 G、空气动力 R 三种力的作用。这些力作用的大小和方向的不同，将决定不同的飞行运动轨迹 (图 3.2.29)。

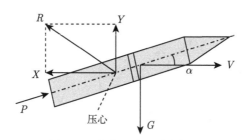

图 3.2.29　作用在导弹上的力

　　A. 推力

　　导弹飞行运动所需要的推力，是由火箭发动机提供的。推力的作用方向，总是同发动机喷出的燃气流方向相反，通常沿弹轴方向。推进导弹的能源和工质，都来自导弹的内部，不需要任何外界物体的作用。这种不需外界物体作用而使导弹飞行的运动，称为直接反作用运动。

　　B. 重力

　　在不考虑地球自转的条件下，重力是地球与导弹之间的引力。它同地球引力的加速度 g 的方向一致，重力加速度 g 将随着导弹飞行高度的增加而不断减小；而且，地球并非是一个圆球体，也非均质，重力加速度随纬度的增高而加大。因此，对于远程弹道导弹，其值要实地测量计算求取，以修正它对射程偏差和方向偏差的影响。导弹的质量 m，在弹道导弹主动段飞行时是个变量，而在被动段飞行时弹头受到的引力可认为是个常量。

　　C. 空气动力

　　通常，空气动力的作用点在导弹的纵轴上。空气动力合力和导弹纵轴相交的点，称为导弹的压力中心 (简称“压心”)。弹道导弹是一种轴对称的旋转体，而且大部分时间在稀薄大气中或大气层以外的空间飞行，所以空气动力对它的飞行稳定性影响比较小。

　　D. 作用在导弹上的力矩

　　作用在导弹上的力矩，指的是导弹上的作用力对导弹重心所取的力矩。

　　在一般情况下，推力 P 和重力 G 都通过导弹的重心。因此，这两个力对于导弹的重心取力矩，其数值均为零。若推力不通过重心，那么它对于导弹的重心取力矩值应该是推力和重心至推力线之间垂直距离的乘积。作用在导弹上的空气动力 R,是作用在压力中心的;压力中心一般不与导弹的重心相重合,这样,导弹上就会产生空气动力矩。在力矩的作用下,导弹的飞行姿态将发生变化。

2) 导弹飞行稳定性的控制

在整个飞行过程中,导弹将受到多种干扰因素的影响。如导弹本身的不对称性、火箭发动机推力偏离重心、外界气象条件等,这些都会引起导弹偏离预定的飞行弹道,甚至不能飞往目标。

通过控制系统,采取一些必要的措施,尽量缩小这些因素对导弹稳定飞行的影响是可能的。但最好是依靠导弹自身的条件,尽量消耗少的能量,使其恢复到受干扰前的预定飞行状态。如果导弹具有这种性能,那么它的飞行运动就是一种稳定运动,或者说它具飞行的稳定性。相反,当作用在导弹上的干扰消失之后,导弹的飞行运动轨迹仍越来越偏离预定的飞行弹道,这种运动就是一种不稳定的飞行运动,或称它为导弹的"动不稳定性"(图 3.2.30)。

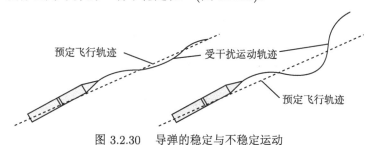

图 3.2.30 导弹的稳定与不稳定运动

一般来说,保持导弹飞行的稳定性包括两个方面含义:一方面是在导弹飞行控制系统仪器参与工作情况下的"导弹飞行稳定性",另一方面是控制系统不参与工作的"弹体稳定性"。

为了保证弹体受到偶然因素干扰时具有足够的稳定性,通常,在弹体结构设计时设法使其压力中心位于弹体的重心之后。这样,导弹就可以产生飞行稳定所必需的力矩。

考察图 3.2.31 所示的导弹,当导弹以一定的冲角 α 做直线飞行运动时,遇到偶然因素的干扰作用,使弹头向上仰起一个角度,即冲角增量 $\Delta\alpha$。因为冲角增量 $\Delta\alpha$ 的存在,作用在压心上的升力也随之有一个升力增量 ΔY。在这种情况下,导弹的弹体便出现一个升力增量 ΔY 对重心的升力矩增量 ΔM_y。而此时导弹压心位于重心后方,力矩 ΔM_y 的作用使弹头下沉,直到恢复原来的冲角 α 的飞行状态,这样就起到了稳定导弹飞行的作用。

如果导弹的压力中心处于它的重心之前,那么,由干扰因素的作用而引起的冲角增量 $\Delta\alpha$,同样使导弹的升力有一个增量 ΔY。在这个升力增量的作用下,必

然有升力矩增量 ΔM_y。这个升力增量不再对导弹的飞行起稳定的作用,相反,它将使导弹的冲角增量 $\Delta\alpha$ 继续增大。这样,进而又使力矩增量 ΔM_y 变得更大。很明显,当出现这种情况之后,即使干扰因素对导弹的作用已经完全消失,而导弹却再也不能回到未受干扰时的预定飞行状态。这就是导弹的动不稳定飞行,是应该设法加以避免的 (图 3.2.32)。

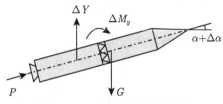

图 3.2.31　弹体稳定飞行状态

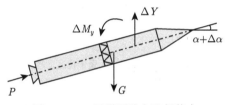

图 3.2.32　导弹不稳定飞行状态

3. 弹道导弹的飞行弹道

弹道导弹的飞行弹道,一般按发动机工作与否而分为两大段,即主动段 (发动机工作) 与被动段 (发动机不工作)。根据显著不同的弹道特点,在主动段内一般又分为垂直上升段、转弯飞行段 (程控飞行段) 和发动机关机段 (瞄准飞行段);在被动段内又分为自由飞行段 (无空气动力飞行段) 和再入段 (再入大气层段)。整个弹道的分段组成如图 3.2.33 所示。

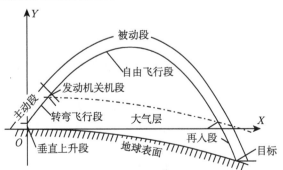

图 3.2.33　弹道导弹的飞行弹道

1) 主动段弹道

主动段内作用在导弹上的力和力矩有：重力、发动机推力、空气动力，以及与它们相对应的力矩。主动段的飞行时间一般在几十秒到几百秒的范围内。

A. 垂直上升段

由于弹道导弹的推重比 (即发动机推力与起飞重量之比) 不是太大，难以实现倾斜发射，一般都是从发射台上垂直起飞。发动机启动后，导弹缓缓上升；推力在瞬间达到额定值，导弹的速度迅速增加。4~10s 后，导弹在制导系统的控制下 (通过舵面偏转或摆动发动机的摆动) 开始转弯，进入转弯飞行段。

B. 转弯飞行段 (程控飞行段)

导弹偏离垂直飞行状态而向目标方向缓慢倾转，形成一段弧形弹道。导弹的弹道倾角从 90° 不断减小，直到达到预定值 (约 40°)。随后导弹保持固定的弹道倾角飞行，直到发动机关机。

C. 发动机关机段

在导弹达到满足射程要求的速度 (称为主动段终点速度) 时，发动机关机。有时在该段之内先进行一次预关机，稍后再完成全关机。这样可避免突然关机引起导弹受震，可使弹道更趋平稳。

主动段的终点速度一般可达每秒数千米，而飞行高度可达数百千米，弹道倾角一般在 40° ~43° 的范围内。随着射程的增大，关机点的弹道倾角逐渐减小。

2) 被动段弹道

弹道导弹的被动段是射程的主体段，分为自由飞行段和再入段。

A. 自由飞行段

该段处在接近于真空的稀薄大气层内，空气动力可忽略，故称为自由飞行段，也可称为真空飞行段或稀薄大气层飞行段。在此段内，作用在导弹上的力只有重力。根据地球重力场内的能量守恒定理可以推导出，弹道导弹的弹道是一个以地心为焦点之一的椭圆。椭圆弹道的形状，要取决于弹道导弹主动段终点的运动参数。

B. 再入段

再入段就是导弹或导弹的弹头从接近真空重新进入稠密大气层的飞行阶段。自由段和再入段的界限是人为确定的。大气对导弹弹头产生影响的高度为 80~100km，通常取 80km 作为再入段的起点。再入段的特点是，导弹弹头以高速进入稠密大气层，受到剧烈的空气动力作用，弹头过载很大，使得再入段飞行弹道的参数非常复杂，同时弹头表面也显著地被加热。

4. 寻的导弹的导引飞行

寻的导弹通常按照一定的导引规律攻击运动中的目标。导引规律就是通过建立描述导弹和目标之间相对运动的动力学方程，按照设定的导弹接近目标方法，解算导弹的运动规律。根据动力学原理，导引规律的解算仅考虑导弹与目标的相对位置，因此可以将导弹与目标视为质点，且两者的空间相对运动可以分解为三个相互垂直平面内运动的叠加。

　　考虑导弹和目标在铅垂面内的相对运动。导弹位于 M 点，速度为 v_M；目标位于 T 点，速度为 v_T。导弹与目标的连线 MT 称为目标视线，目标视线与 x 轴的夹角 θ 称为目标视线角，如图 3.2.34 所示。σ_M 为导弹速度倾角，σ_T 为目标航向角；η_M 和 η_T 分别为导弹速度前置角和目标速度前置角。

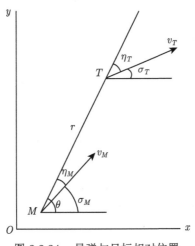

图 3.2.34　导弹与目标相对位置

　　寻的导弹常用的导引规律有：追踪法、平行接近法、比例导引法、三点法和前置角法等。

　　1) 追踪法

　　追踪法是指导弹在追击目标的过程中，其速度向量 v_M 始终指向目标。此时导引规律为 $\eta_M = 0$。假设目标做等速水平直线运动，即 $\sigma_T = 0$，同时导弹也做等速运动。显然要想使导弹直接命中目标，就必须保证导弹的速度必须大于目标的速度，即 $v_M > v_T$。追踪法的最大优点是技术实现容易，缺点是导弹近距离攻击目标时弹道弯曲很严重。

　　2) 平行接近法

　　平行接近法就是指导弹在接近目标的过程中，目标视线在空间始终保持平行。假设目标做等速水平直线运动，导弹做等速运动，此时由于 v_M、v_T、η_T 都是常数，故有 $\eta_M =$ 常数。这就意味着导弹在做等速直线运动，其弹道是一条直线。这正是平行接近法的一个突出优点。但该方法要求的目标视线始终保持平行，对导弹制导控制系统要求十分严格，设计困难极大，因此应用受到限制。

3) 比例导引法

比例导引法是指导弹在接近目标的过程中，使导弹速度向量 v_M 的转动角速度正比于目标视线的运动角速度。它是介于追踪法和平行接近法之间的一种导引方法。若令导弹速度向量的初始前置角为零，则可得到 $\eta_M = 0$，这就是追踪法的导引规律。可以说，比例导引法是由追踪法演变而来的一种弹道较为平直的准追踪法。若令目标视线角 $\theta = 0$，这就成了平行接近法。

4) 三点法

三点法是指导弹在飞向目标的过程中，设法使导弹始终处于制导站与目标的连线上，也称重合法。而从制导站角度看，目标的影像始终被导弹覆盖，又称目标覆盖法。

三点法导引系统中的制导站既可以是固定的，如地空导弹制导站、岸舰导弹制导站等，也可以是活动的，如空空、空地、空舰导弹的机载制导系统等；制导方式既可以是波束制导，也可以是无线电指令制导。三点法的缺点是弹道弯曲较严重，需用法向加速度也较大，特别是地空导弹迎击低空高速飞机时，这一缺点尤其突出，而且限制了导弹的攻击区。但由于它技术可行性大，抗电子干扰能力也较强，故目前仍被沿用。

5) 前置角法

前置角法是对三点法弹道弯曲较大的一种改善。前置角法是指导弹飞向目标的过程中保持导弹处在制导站和目标连线的前方某一位置，即制导站和导弹之间的连线超前制导站和目标连线一个角度。

前置角法的弹道比较平直是其突出优点，但为实现该法所需测量的参数较多，这就要求导引系统的抗电子干扰能力较强。

3.2.5 导弹的拦截与突防原理

1. 导弹防御系统组成和作战原理

1) 导弹防御系统组成

导弹防御系统主要由探测预警系统、目标跟踪指示系统、拦截导弹、导弹发射装置、导弹制导系统和指挥控制系统组成。探测预警系统负责发现导弹的发射并为目标跟踪指示系统提供预警信息；目标跟踪指示系统负责跟踪、识别目标并精确测量目标的轨迹；导弹发射装置是负责拦截导弹测试、发射操作的设施；导弹制导系统负责跟踪目标并引导拦截导弹飞向目标；指挥控制系统负责组织火力单元、分配目标、进行拦截决策和评估拦截效果。

2) 拦截导弹制导方式

防空导弹的制导控制系统，按照制导体制不同，通常可分为波束制导体制 (或称第一类遥控)、指令制导体制 (或称第二类遥控)、TVM(track via missile，经由导弹) 制导体制 (或称第三类遥控)、寻的制导体制和复合制导体制。为了完成某些特殊任务，根据需要，防空导弹的初始飞行段也可以采用其他类型的制导体制，如自主式制导体制等。

2. 导弹的突防

突防能力是导弹重要的作战性能指标。导弹的杀伤能力再强，如果不具备突防能力，就不具有实战能力。增加突防能力主要有两种方案：一是躲避式突防；二是直接突防。采用躲避敌方防御系统拦截的方案，要求导弹系统有选择攻击目标和选择攻击弹道的灵活性；而直接突防方案，需要采用一些辅助突防装置或措施。

1) 直接突防

直接突防方案的主要思想是：弹头不单独飞行，而是与多个子弹头或故意释放的其他目标伴随飞行，并采取某些措施对防御系统进行干扰，削弱敌方的防御能力，造成进攻弹头的突防。直接突防的主要手段有以下几种。

A. 助推器碎片

导弹的末级助推器在把再入体推入惯性弹道后与再入体分离，但它一直紧紧地跟随再入体到达目标附近。一般情况下，末级助推器进入大气层就会解体成碎片，但可以有意地控制助推器在再入之前解体。有些助推器碎片的雷达反射面积可能与再入体本身的差不多，甚至更大。因此，可以增加防御雷达鉴别碎片和再入体的难度。

B. 诱饵

采用专门设计的、在防御雷达上能基本模拟再入飞行器反射特性的诱饵。外形和再入体相同的气球是一种简单、廉价的诱饵，它可以用薄塑料制成，表面包覆金属箔、金属条或金属丝网。一个弹头可以带多个这种气球并在导弹上升到大气层外后充气释放。气球诱饵在进入大气层后的减速要比助推器碎片快，而且在进入大气层时会烧毁。

C. 多弹头

多弹头能分别制导到同一目标区内的不同地点，分别攻击多个远离的目标，这就是分导式多弹头的思想。多弹头装在一个母舱内，在它与火箭末级分离后，助推控制系统执行一系列机动功能，把多个弹头分别投放到所需的弹道上。

D. 雷达干扰

雷达干扰是一种专门针对防御系统雷达的突防手段，目的是降低其在防御系统中的效用。干扰在雷达显示屏上或在计算机中表现为信号多余。干扰信号可能为数不多，但很像真目标；也可能是大量的信号，使雷达和计算机的处理能力趋于饱和。

雷达干扰采用的技术多种多样，有有源干扰，也有无源干扰。有源干扰辐射电磁能干扰波, 包括杂波干扰及应答式干扰; 无源干扰不辐射电磁能, 只是反射或吸收电磁能, 包括金属干扰丝、诱饵和减小雷达有效反射面积 (隐身) 等措施。

2) 躲避式突防

躲避式突防就是用多变的弹道来躲避敌方的防御, 使敌方的防御失效或不得不防御更多的目标。采用躲避式突防措施需要导弹弹头在再入过程中具有很高的飞行机动能力。

机动式弹头就是指弹头能借助其制导与控制装置, 改变弹头预设的弹道, 以躲避反导武器的拦截。若弹头携带末寻的装置, 仍可大大提高命中精度。因此, 机动弹头与分导式多弹头的主要区别是弹头本身带有动力、制导与控制系统, 能做机动变轨飞行, 并能对飞行过程中的误差进行修正, 因而具有更强的突防能力和更高的命中精度。但是, 机动弹头比分导式多弹头技术更复杂, 难度更大。

3.3 典型装备与系统

3.3.1 弹道式导弹

1. 典型洲际导弹——"白杨"-M 导弹

"白杨"-M 导弹是俄罗斯于 1997 年研制成功的新一代洲际弹道导弹, 导弹长 (带战斗部时)22.7m, 直径 1.95m, 导弹发射质量 47200kg, 投掷重 1200kg, 飞行距离将近 20000km, 弹头爆炸当量约为 550kt, 圆概率偏差 60m(图 3.3.1)。

图 3.3.1 "白杨"-M 导弹

"白杨"-M 导弹采用机动末制导弹头, 其工作流程为: 弹头飞行到 120km 高度时, 雷达天线开始工作, 利用打击目标附近 (最大距离约 100 km) 特征显著的地形、地貌 (如河流、湖泊、桥梁、铁塔等) 实现目标地图匹配。目标匹配完成后, 以高压气瓶为动力源的控制系统对弹头进行调姿和位置修正, 然后抛掉弹上雷达天线及高压气瓶, 此时弹头位于飞行高度约 90 km 的再入点。弹头再入后可直接飞向目标, 也可进行突防机动飞行。不进行突防机动时, 弹头的命中精度为 CEP≤60m, 进行突防机动时, 弹头命中精度为 CEP≤100m。其主要特点如下:

(1) 采用高压气瓶、液压作为动筒改变弹头质心位置，产生机动飞行的控制力和控制力矩，实现弹头的位置修正，弹头尾部还装有 8 个用于调姿的径向喷管，既有利于保持弹头良好的空气动力外形，又避免了空气舵方式所带来的许多问题。

(2) 采用在大气层外进行目标特征匹配的雷达地图匹配制导技术。这种方法不仅避免了弹头高速再入大气层后形成"黑障区"对地图匹配造成的影响，保证了精度，而且还避免了在大气层内进行地图匹配所需的弹头拉平减速，提高了弹头的突防能力。

(3) 可以根据弹头打击区域反导系统防御能力的强弱，预先装定机动程序调整机动范围的大小。弹头最大机动范围是在标准弹道中心直径 5 km 范围内，可进行纵向机动和侧向机动，从而提高导弹的反拦截性能。

2. 典型战术弹道导弹——"潘兴"Ⅱ导弹

"潘兴"Ⅱ导弹是美国研制的第三代中程战术弹道导弹，1985 年装备部队。该导弹采用惯性制导和雷达地形匹配末制导两套系统，命中精度约 30m。主要攻击目标是导弹基地、飞机场、海军基地、指挥和控制中心、交通枢纽等。这种导弹的主要优点是精度较高，射程较远，并可机动发射 (图 3.3.2)。

图 3.3.2 "潘兴"Ⅱ导弹

"潘兴"Ⅱ导弹弹长 10m，弹径 1.0m，发射质量 7260kg。射程 160~1800km；采用核弹头，威力为 5~50kt TNT 当量。动力装置为两级固体火箭发动机，发动机燃烧室由复合材料制成，重量较轻。喷管咽部由石墨材料制成，喷管出口由碳酚醛材料制成，喷管可以摆动，除产生推力外，还承担导弹俯仰和偏航运动的控制。一级底部装有四个空气舵，两个固定，两个可活动。固定舵保证导弹的稳定性，活动舵控制滚转运动。第二级没有空气舵，在它工作时，滚转运动由再入器的空气舵控制，俯仰和偏航靠摆动喷管控制。

导弹再入器主要包括三部分，即制导–控制舱、战斗部和雷达舱。制导–控制舱主要装有惯性制导系统、弹上计算机、预存目标参考图像的存储器和相关设备，还装有再入器空气舵的控制系统和俯仰、偏航喷口的控制系统，用来控制再入器姿态。再入器进入末段飞行的第一个动作是在惯性制导控制下调整飞行速度，以便能够以合适的冲击速度击中目标。调整速度通过抬起头部进行一段水平飞行来实现。末段最显著的特征是雷达区域相关制导系统开始工作。在 15km 高度上，再入器抛开头部的防护罩，雷达天线开始扫描。雷达不断从地面取回目标图像，并与预先存入制导系统的目标区域参考图像进行比较，确定位置误差，发出适当的指令给舵面控制系统，修正弹道，使弹头准确地击中目标。

3.3.2 飞航式导弹

1. 典型巡航导弹——"战斧"导弹

"战斧"巡航导弹是美国通用动力公司于 1970 年研制的远程全天候亚声速巡航飞行的导弹。1990 年开始在美国海军装备。自 1991 年海湾战争起，美军在历次局部战争中都将"战斧"巡航导弹作为攻击地方目标的主要武器 (图 3.3.3)。

图 3.3.3 "战斧"巡航导弹

"战斧"导弹弹长 6.25m，弹径 0.52m，翼展 2.67m。导弹发射重量 1440kg，战斗部重量 450kg。导弹壳体呈圆筒状，其首部带拱形整流罩，弹翼位于机身中央部位，稳定翼位于尾部，壳体用坚固的铝合金、石墨环氧塑料等材料制成，弹身和稳定翼均有隐蔽层，以防被雷达发现。导弹发射之后，由固体火箭发动机推进，末端制导阶段由小型涡轮风扇发动机推进，完成导弹的最后飞行，射程可达 2500km。从发射到转入巡航状态时间约 60s，海上可在 7~15m 高度飞行，陆地可在 60m 以下高度飞行。

"战斧"导弹在发射之前需要拟定详细的任务计划。首先由卫星拍摄目标附近方圆数千米的地形/地理影像资料，然后规划"战斧"导弹的飞行路径 (由于其巡航速度较低，很容易被防空炮击落，所以必须低空贴地飞行，利用地形躲避雷达，并且设定曲折迂回的弹道)，编辑成任务计划然后输入"战斧"导弹的影像比对系统中。在海面上飞行时,"战斧"导弹以惯性导航系统维持航向。进入陆地后,"战斧"导弹的影像比对系统会判断飞行路径的地形轮廓是否与数据库中卫星影像符合,然后逐渐修正航道,朝目标前进。"战斧"导弹的导引系统可预先输入 15 个不同目标,在导弹升空后可视情况选择默认目标攻击,指挥所也能利用数据链引导战术型"战斧"攻击不在默认之内的新目标,大幅增加了作战使用弹性。

2. 典型反舰导弹——"飞鱼"导弹

"飞鱼"反舰导弹是由法国研制的,拥有舰射、潜射、空射等多种不同的发射方式,是可以接近声速在接近水面 5m 的高度掠海飞行的反舰导弹 (图 3.3.4)。"飞鱼"导弹 1979 年研制成功,1981 年开始服役。1982 年在英国和阿根廷的马尔维纳斯群岛战争中,阿根廷的"超级军旗"式攻击机发射的"飞鱼"导弹击沉英国当时最先进的"谢菲尔德"号驱逐舰,使"飞鱼"导弹名声大噪。

图 3.3.4   "飞鱼"反舰导弹

"飞鱼"导弹弹长 4.7m,弹径 34.8cm,翼展 1.1m。导弹发射重量 670kg,战斗部重量 165kg,采用固体火箭发动机推进,射程 40~70km。导弹发射前需要借助载弹平台发现并锁定目标,发射准备时间 60s,主要工作包括输入目标距离、速度和航向等信息,并预热导引头磁通管,确定雷达开机时刻和搜索角度、导弹掠海飞行高度等。导弹起飞阶段需 2s 进入 30~70m 的最高飞行高度,然后进入巡航阶段,在惯性制导系统的引导下维持 9~15m 高度接近目标,当飞行到距离预定目标 12~15km 距离时,弹上雷达开机工作并搜索目标,同时导弹飞行高度降至 8m 以下,在海情许可时,飞行高度可以降至 2.5m,直至撞击目标。

3.3.3 寻的式导弹

1. 典型的空空导弹——"响尾蛇"导弹

"响尾蛇"导弹是世界上第一种红外制导空对空导弹,1955 年开始装备美国空军。"响尾蛇"弹长 2.87m,弹径 0.127m,射程 18.53km,最大飞行速度 850m/s,

质量为 75~89kg，最大有效射程迎头攻击不大于 12km，尾追攻击约 7km。新一代"响尾蛇"导弹弹长 2.94m，弹径 0.156m，弹重 85kg，最大飞行速度 2.2 倍声速，战斗部重 13.9kg，杀伤半径 6~8km，射程 15km(图 3.3.5)。1982 年马尔维纳斯群岛战争中，英军 10 架"海鹞"式战斗机发射 27 枚"响尾蛇"导弹，击落了 24 架阿根廷飞机。

图 3.3.5   "响尾蛇"空空导弹

"响尾蛇"导弹采用鸭式气动布局，舵面与弹翼前后呈 X-X 形配置；全弹由制导控制舱、引信与战斗部、动力装置、弹翼和舵面所组成；采用红外寻的制导，普通装药的破片杀伤战斗部，用来摧毁目标。导弹挂在战斗机机翼下，由驾驶员通过机载火控雷达和攻击计算机操纵导弹的发射与攻击。巡航条件下载机电源通过发射装置给导弹供电；启动座舱中的制冷开关，在最佳温度范围内给红外探测器连续制冷。进入空战状态时，驾驶员启动导弹发射电路。当识别、显示出目标时，位元标器电锁打开，开始跟踪目标；连续跟踪锁定目标后，准备发射导弹。导弹按预定发射程序发射，当导弹飞离载机达到安全距离时，引信解除保险。

2. 典型防空导弹系统

1) PAC-2 防空导弹系统

"爱国者"反战术导弹系统 (patriot anti-tactical missile capability，PAC-2) 是由美国雷神 (Raytheon) 公司研制的具有一定反导能力的中高空地对空导弹武器系统 (图 3.3.6)。PAC-2 于 1987 年 11 月研制成功，1989 年装备部队。1991 年美军在海湾战争中用它成功地拦截了伊拉克发射的"飞毛腿"导弹，引起世人的关注。

PAC-2 系统主要由 PAC-2 导弹及其发射车、AN/MPQ-53 多功能相控阵雷达、AN/MSQ-104 交战与火力控制站和其他支援设备等组成。每个火力单元有一部雷达、一个交战与火力控制站和 8 辆导弹发射车 (每辆发射车上带 4 枚 PAC-2 导弹)。

PAC-2 导弹采用 1 台固体火箭发动机，弹体长 5.2m，弹径 410mm，尾部有 4

片活动的尾翼。导弹发射质量 914kg，带有一个 90kg 的高爆破片杀伤战斗部，单个破片的质量为 45.6g，采用 M818E2 无线电脉冲多普勒近炸引信。引信有双锥波束，窄波束用于对付飞行速度较快的导弹目标；宽波束用于对付飞行速度较慢的飞机目标。PAC-2 导弹沿用"爱国者"基本型导弹的制导体制。主要改进"爱国者"系统地面制导设备软件，为相控阵雷达增加高仰角对导弹的搜索屏，最大仰角从 45° 提高到 90°，能够拦截和跟踪大俯冲角来袭的战术弹道导弹；为系统增加对飞机、弹道导弹拦截的转换控制；增加弹道导弹落点坐标的计算；采用逆轨道拦截方式，对来袭目标进行迎头拦截。导弹装在四联装发射架上，发射架装在一辆 M-901 车上，拖车由一辆牵引车牵引。PAC-2 导弹拦截战术弹道导弹的距离为 10~20km，拦截高度约为 5km。

图 3.3.6 "爱国者"防空导弹

2) S-300V 防空导弹系统

S-300V(俄文 C-300B) 为苏联研制的反导弹、反飞机兼备的机动野战型防空导弹系统。1987 年研制成功，是目前世界上部署最广泛的防空导弹系统之一(图 3.3.7)。

S-300V 防空导弹系统包括目标搜索指示和防空导弹火力单元两部分。目标搜索指示部分主要包括：一部 9S15 环形搜索雷达、一部 9S19 扇形搜索雷达和一个 9S457-1 指挥控制站。导弹火力单元部分最多可包括 4 套火力单元，每套火力单元的战斗装备包括：一个 9S32 多通道制导跟踪雷达站，照射发射车 ≤6 辆、发射装填车 ≤6 辆。

S-300V 导弹系统有 9M82(1 型) 和 9M83(2 型) 两种型号导弹，两种导弹采用相同的 Ⅱ 级，只是助推器不同。导弹采用无翼正常式气动布局，弹体为一产生升力的锥体，锥度小于 10°，尾部带 4 片气动控制舵面和 4 片固定小尾翼。两型导弹动力装置均为固体助推器加固体火箭发动机。

S-300V 导弹可在照射发射车或在发射装填车上四联 (二联) 装垂直发射。导弹采用复合制导体制，初始段采用程序控制，导弹从垂直状态的发射筒内靠燃气弹射出筒，在 50~80m 高度时 I 级尾部的冲量发动机点火，使弹体在给定的前置平面内偏转到俯仰角为 70° 后助推器点火，助推器工作时导弹无控飞行，但稳定系统工作。中制导段用惯性制导加指令修正，按最优弹道和比例导引规律制导弹飞行。末段采用半主动寻的制导，按比例导引规律制导导弹飞行。战斗部采用预制破片定向杀伤式战斗部，采用无线电引信。战斗部总质量为 150kg。

图 3.3.7　S-300V 防空导弹

3.4　作 战 运 用

导弹随着飞行方式和作战使用目的的不同有很多种类，每种导弹的作战运用方式都有所不同。这里分别以弹道导弹、巡航导弹和防空导弹为典型，介绍弹道式导弹、飞航式导弹和寻的式导弹的作战运用形式。

3.4.1　弹道导弹作战运用

1. 弹道导弹作战特点

1) 家族大

不论是战略弹道导弹，还是战术弹道导弹，都已经成为高技术战争中的主战武器，已由单一型号发展为近程、中程、远程和洲际导弹并存的导弹大家族，而且可以装载核弹头、常规弹头等多种类型的战斗部，远距离攻击目标。

2) 身材小

弹道导弹过去大量采用液体燃料推进剂，导弹普遍体积庞大。目前弹道导弹普遍采用固体燃料、推进剂新技术，使导弹武器普遍"瘦身"，具有体积小、射程远的明显特征。

3) 威力强

弹道导弹武器威力的提高,不仅体现在战斗部,而且体现在指挥控制能力、快速反应能力、导弹突防能力、生存防护能力和综合保障能力的全面跃升,真正实现了隐蔽实施作战准备、突然发起火力打击、快速实施波次转换。

4) 精度高

弹道导弹采用惯性制导方式,可以远距离精确打击目标。弹道导弹的发展已经形成核常兼备、射程衔接,能够全天候、全方位打击多种类目标的武器装备系列。

5) 机动快

新型弹道导弹多数采用车载发射方式,拉起来就可以跑,到达预定地点后,竖起架子就可以打。不论是崇山峻岭还是大漠戈壁,导弹发射车皆可全道路机动、全地域发射、全方位控制、全天候突击。

2. 弹道导弹军事意义

战略弹道导弹射程远、造价高,一般携带威力巨大的核弹头。战略弹道导弹的用途在于:战略核威慑,进攻时给予敌方以毁灭性打击,遭到敌方核打击时进行报复。

战略弹道导弹攻击的敌方目标主要包括以下几类:军队和武器装备集结地、政治经济中心、工业设施。一般战术弹道导弹的打击目标主要是:大型军事单位,包括军营、兵站、兵工厂、部队临时集结地等;大型桥梁、车站、码头、机场 (机库)、大型仓库群 (粮食、石油)、电站等。

3. 弹道导弹典型战例

1) 弹道导弹在 20 世纪 80 年代两伊战争中的应用

1988 年 2 月 29 日至 4 月 21 日,旷日持久的两伊战场上爆发了长达 52 天的导弹"袭城战",它是继 1944 年 9 月德国 V-2 导弹对伦敦实施人类史上第一次大规模导弹"袭城战"之后,又一次使用弹道导弹进行的大规模"袭城战",也是第二次世界大战后在局部战争中动用弹道导弹数量最多、持续时间最长、作战效果最大、影响最为深远的一次。萨达姆时期的伊拉克主要进口苏联武器装备,军队建设也与苏军类似,因此,特别重视导弹武器,包括陆军导弹系统的苏军建设特点,被伊拉克军队充分借鉴,师或师以上部队都装备了导弹系统,主要是 9K72型,北约名为"飞毛腿 B"。

导弹"袭城战"的直接起因是 1988 年 2 月 27 日,伊拉克出动空军袭击了伊朗首都德黑兰郊区的一座炼油厂,爆炸巨响震天,油厂浓烟滚滚,伊朗损失严重。为了报复,2 月 29 日伊朗向伊拉克首都巴格达发射了 2 枚"飞毛腿 B"导弹。早有准备的伊拉克立即以其人之道还治其人之身,从当天开始到 3 月 8 日的 9 天时间,就向伊朗发射了 50 枚"飞毛腿 B"导弹,至 4 月 21 日共发射了 189 枚,有 40 座伊朗城市被炸，死亡 1700 多人，伤 8200 多人，数千幢楼房和建筑物被毁。伊拉克实施打击的重点是伊朗首都德黑兰和圣城库姆，其次是纵深的大中城市。蒙受了巨大损失的伊朗，维系战争的决心迅速动摇，加上其他一些原因，伊拉克实现了以炸求和的目的，导致长达 8 年之久的两伊战争终于在 1988 年 8 月 20 日正式宣布结束。在"袭城战"期间，虽然伊朗也向伊拉克发射了 77 枚"飞毛腿 B"导弹，但其战果和影响则大为逊色。

2) 弹道导弹在 1991 年海湾战争中的应用

1991 年海湾战争"沙漠风暴"行动期间，伊拉克装备的苏制武器装备和美国武器装备进行大规模直接对抗，伊军虽然战败，但其"飞毛腿"系列移动式战役战术导弹系统却让美军吃尽了苦头。

海湾战争爆发前，伊军做好了充分的准备，计划积极发射"飞毛腿"导弹反击美军。伊军发射导弹不仅使用移动式发射装置，还在能保障击中敌境目标的地区大量使用固定式发射平台。战前，美军非常重视伊军"飞毛腿"导弹威胁，制订了详细的猎杀计划。据美军侦察得到的情报，伊军大约拥有 800 枚各型"飞毛腿"导弹，不过，未得到"阿巴斯"型导弹是否已装备使用的准确情报。战争打响当天，盟军就夺取了制空权，前几天内，伊军所有固定发射平台全部遭到袭击，其中 12 处被彻底摧毁，13 处遭到严重破坏。但盟军空中力量却未能完全阻止伊军"飞毛腿"导弹的发射。伊军通常在夜间发射导弹，美军战机被迫使用红外和其他设备，搜索移动式导弹发射系统，共发现 42 次发射，只及时轰炸了 8 次，效果也不理想。可以说，美国空军猎杀"飞毛腿"的行动是失败的，战机战斗使用效率 (成功完成任务与起飞架次的比例) 较低。

海湾战争期间，伊军共发射 88 枚导弹，大部分是在战争初期，其中开战第一周发射数量占到了 40%，移动式系统主要在两个地区灵活使用，西部地区主要攻击目标是以色列，南部地区主要攻击目标是盟军地面部队、卡塔尔和巴林。巴格达附近也有一些发射装置，机动使用。由于"飞毛腿"导弹命中精度不高，误差较大，盟军的损失不大。仅有一次，伊军导弹击中了位于沙特阿拉伯首都利雅得的一座兵营，直接造成了 1 名以色列人以及 28 名美国士兵的死亡。针对"飞毛腿"导弹的搜索耗用了联盟空军大约三分之一的力量。战后，美军总结经验教训，认为移动式战术和战役战术导弹系统是空中行动的最重要目标之一，至今仍在坚持这一观点，主要原因是此类武器在失去制空权的情况下也能进行有效反击或摧毁远处目标。即使现代杀伤兵器发展迅速，但在伊拉克这样的中东国家复杂地形和气候条件下，仍无法有效压制移动式导弹系统的战斗使用。

3.4.2 巡航导弹作战运用

1. 巡航导弹作战特点

在未来的信息化战争中，巡航导弹将成为一种用途极其广泛，打击目标类别众多、执行战略威慑、纵深打击、进攻性防御、战场支援等多种战略、战役、战术和战斗任务的精确制导武器。巡航导弹可以携带核、生物、化学和多种类型的常规战斗部，从空中、海面、水下和陆地多种平台上发射打击目标。巡航导弹的主要作战特点如下。

1) 机动性能好

巡航导弹体积小、质量轻，具有机动灵活的多种发射平台，可方便地装备部署在飞机、舰艇和车载平台上，整个系统容易运输、易于隐蔽。导弹发射后可利用地形和低空飞行降低被探测搜索雷达发现的概率，按照预先规划的不断进行水平机动的飞行弹道躲避地面防空火力的威胁。

2) 制导精度高

巡航导弹采用惯性制导、地形匹配、数字景象匹配等制导方式，再辅以全球定位技术，可以保证命中精度在 10m 以内，不受上千千米射程的影响。

3) 突防能力强

巡航导弹采用隐身技术和复合材料，使其自身的雷达散射面积减小到 $0.01m^2$。采用涡轮风扇发动机，其尾部火焰温度低，采用降低辐射的措施，使红外辐射减弱，红外探测系统难以发现。超低空飞行，使得地面海面杂波的影响会降低雷达的探测与识别概率。巡航导弹弹上自主控制、导航与制导设备装有抗干扰的全球定位系统接收机和高度集成化的电子干扰设备，压制和干扰防空系统的电磁辐射源，提高突防能力。

2. 巡航导弹军事意义

1) 适合攻击高价值目标

巡航导弹的使用极其广泛。它是对严密设防的战略目标实施突然性打击、夺取战争主动权的有效武器，可打击战略战术目标和海上活动目标，如指挥中心、通信中心、导弹基地、核与生化武器设施、防空阵地、装甲车辆集群、机场、铁路枢纽、桥梁、水库、港口等，还可打击后勤补给线、水面舰艇、航空母舰编队、海上钻井平台等。采用侵彻弹头时，可以摧毁加固目标。

2) 提高作战的效费比

巡航导弹采用模块化、通用化设计，可根据不同的使命任务更换战斗部；使用方便，对运输要求不高，便于更新维护；自成系列，可一弹多用，适应不同作战环境下的作战需求。巡航导弹寿命周期费用低，其造价仅相当于同样射程弹道导弹造价的 1/6~1/5；与飞机相比，造价至少低一个量级。

3. 巡航导弹典型战例

"战斧"导弹能实施远距离精确打击,指挥和操作人员只需坐在舰 (艇) 的指挥舱里,按下电钮便可打击遥远的目标,不像飞机投弹那样有被击落的危险,因此具有极高的军事效益。

1991 年 1 月 17 日,海湾战争"沙漠风暴"行动开始的当天,位于波斯湾和红海的美海军大型战舰共发射了大约 100 枚"战斧"巡航导弹,击中了伊拉克在巴格达的政府大楼、国际机场、雷达站、导弹基地、生化武器工厂等战略要地和设施。在 38 天空袭作战中,美国共发射 288 枚"战斧"巡航导弹,执行 4 大项战略战术空袭任务,攻击了 12 类目标中的 8 类目标,在 84 个战略目标中有 50 个 (占 60%) 分配给它执行;它是这场战争中唯一的一种不分昼夜、不受气候条件变化影响的进攻武器。

2000 年 3 月 24 日,以美国为首的北约空袭南联盟,也是以海军舰艇和空军战略轰炸机发射巡航导弹开始的。当地时间 24 日 19 时许,美海军"提康德罗加"级导弹巡洋舰"菲律宾海"号首先发射了第一枚"战斧"导弹,紧接着包括美海军导弹驱逐舰"冈萨雷斯"号,驱逐舰"索恩"号、"尼科尔斯"号,核动力攻击潜艇"诺福克"号、"迈阿密"号,以及英国海军核动力攻击潜艇"辉煌"号等其他 6 艘舰艇连续发射,导弹飞行大约 1h 后突袭了数十个机场、防空阵地和指挥通信中心。当天美、英海军舰艇和美空军的 B-52 轰炸机共发射了 100 多枚巡航导弹。据美军称,开战头两天,舰载"战斧"巡航导弹攻击了 90% 的目标。截至 5 月底,美海军共有 13 艘舰艇,其中包括 3 艘"提康德罗加"级导弹巡洋舰、2 艘"阿利·伯克"级导弹驱逐舰、3 艘"斯普鲁恩斯"级驱逐舰和 5 艘"洛杉矶"级核动力攻击潜艇发射了 500 多枚"战斧"巡航导弹,加上英国海军 1 艘核潜艇和美空军战略轰炸机发射的巡航导弹,总数已达 2000 多枚,实施了有史以来最大规模的导弹战,攻击了南联盟大量固定的军事和民用目标。不过,巡航导弹由于飞行高度低、速度慢,再加上南联盟都是复杂的山区地形,必须经常变换飞行高度,速度更慢,易被南联盟军队雷达和肉眼发现后用高炮拦截。开战头两天就被南联盟军队用高炮击落了十多枚"战斧"导弹,至 5 月底共被击落 180 多枚各类巡航导弹。

3.4.3 防空导弹作战运用

1. 防空导弹作战特点

防空导弹作战可以分成目标发现和识别、目标分配和拦截决策、拦截导弹发射与交战三个过程,分别简称为探测、控制和交战。

1) 目标发现和识别过程

(1) 搜索：搜索是用一个传感器对一个规定的空间进行观察。搜索分为扫描搜索和连续搜索。扫描搜索是按顺序对局部搜索空域的观察直到覆盖整个空域。连续搜索是将搜索随时集中在整个搜索空域。连续搜索空域一般小于扫描搜索空域。

(2) 探测：探测是感知一个感兴趣的远距离物体时发生的事件，所关心的是获取具有特定可靠度的探测距离。特定可靠度称为探测概率。

(3) 截获：截获是指在几次扫描期间里或连续观察数秒的时间范围内对新目标的重复探测。探测是提供有限信息的一次事件，截获与探测密切相关。

(4) 非精确跟踪和初始状态估算：非精确跟踪传感器分为测量距离的雷达和不测量距离的电子监视测量系统、红外系统和目视系统。目标的状态就是相对已知坐标的位置和速度分量。对目标状态的了解有助于识别目标和判断它的意图。

(5) 识别：识别是数据的截获和判读，并随后做出决策的过程。

2) 目标分配与拦截决策

(1) 跟踪传感器和武器的分配：分配是一个协调的过程，其目的是使跟踪传感器和武器与已经确定位置并识别为威胁的目标一一对应。分配根据威胁等级而定。威胁等级就是把多个威胁分配给各种武器进行交战的排序。

(2) 标识：标识是使用一个传感器的信息对准目标方向上的另一个传感器的过程，目的是使第二个被标识的传感器能快速地发现并捕获目标。

(3) 精确跟踪：精确跟踪过程是指产生精确的用于控制武器瞄准和制导的目标状态数据的过程。

(4) 火力控制和武器瞄准：火力控制是确定武器瞄准方向，以便使导弹发射后能够命中目标的过程。瞄准指令也称发射指令，它由将发射的导弹的方位角和俯仰角组成。

3) 拦截导弹发射与交战

(1) 发射：导弹的发射是以其发生时间为特征的一次事件。

(2) 制导：防空导弹有 2 个或 3 个制导阶段。发射阶段通常力求使导弹沿弹轴方向加速，在此阶段是无制导的，但为抵消在低速飞行时弹道下降的趋势，可能有加速度指令；指令制导也称中段制导，要求对目标和导弹同时跟踪，由地面产生和发出控制指令；寻的制导使用导弹上的寻的器，也称末制导，此阶段中寻的器跟踪目标，控制指令是由寻的器的跟踪速度产生的。

(3) 引信装定和爆炸：爆炸是在拦截情况下引信探测目标和起爆弹头时发生的事件，使用触发引信和近炸引信。近炸引信一般在目标探测和起爆之间有一段时间延迟，使破片命中目标结构的概率达到最大。

(4) 杀伤评估：杀伤评估是目标遭到拦截后确定目标实际上是否达到足够的破坏程度而进行的过程。

2. 防空导弹军事意义

1) 城市防空

城市防空是针对敌人对城市的空袭而采取的抗击、反击和防护行动。城市是经济增长的中心、商品流通的枢纽、人力资源的集散地,战时受敌空袭的威胁也越来越大,城市防空关系到人民生存、社会稳定和国家的发展。

2) 要地防空

要地防空是指保卫政治经济中心、首脑机关、军事要地、重要工程、工业基地和交通枢纽等国家重要目标安全的防空。要地防空要求有重点地进行环形、纵深、多层防空兵力配备,构成远中近程、高中低空、点线面体相结合的火力配系,采取外层截击、中间会攻、内层阻歼、层层抗击的手段,将敌空袭兵器消灭于要地之外。

3) 野战防空

野战防空是部队在野战条件下进行集结时,为保卫作战集群的作战行动安全所进行的有组织的防空斗争。野战防空的要点是:集中主要兵力,保卫重点目标;尽力延伸兵力,扩大防空范围;适时机动兵力,及早击毁目标;协同作战行动,实施作战掩护;严密防护措施,减少空袭损失。

3. 防空导弹典型战例

1959 年 10 月 7 月,驻守在北京通县 (现为通州区) 张家湾机场的中国人民解放军空军地空导弹部队二营的 6 个导弹发射架寒光闪烁,警惕地指向远方的天空。12 时 04 分,三枚"萨姆-2"(SA-2) 导弹一枚接着一枚,喷吐着耀眼的火焰,直插云霄。须臾,东南方向的天空上,火光三闪,并传来了轻微的爆炸声。一架被击中的国民党空军的 RB-57D 飞机坠毁在通县东南 18km 的庄稼地里。这是世界防空史上第一次用地空导弹击落飞机的战例。继首次击落 RB-57D 之后,人民解放军地空导弹部队又陆续击落 U-2 型侦察机等 5 架,为地空导弹的战史书写了光彩的一笔。在我军后续的作战实践中,依据战场情况灵活使用了 SA-2 导弹,将其作战用途由固定阵地防空拓展为了"游击"打击袭扰敌机,并取得了辉煌的战例,详见第 14 章。

SA-2 导弹是苏联研制的第一代地空导弹,1959 年刚刚服役,其射程 54km,射高 34km,在当时是打击中高空飞机最理想的武器。越南战争期间,美军出动 B-52 等作战飞机进行数万架次狂轰滥炸,为了打击美军飞机,越南装备了近 30 个营的前苏制"萨姆"第一、二代地空导弹。据不完全统计,在 1964 年 8 月至 1968 年 11 月,美军就损失了 915 架飞机,其中 94.8%是被 SA-2 等地空导弹击落的。1972 年 12 月 18~30 日,美军对越南实施地毯式轰炸,结果有 32 架 B-52 轰炸机被击落,其中有 29 架又是 SA-2 所为!第四次中东战争中,以色列开始采取低空、近程突防的空袭战术，迫使埃及、叙利亚等国采取弹炮结合、全空域拦截。仅埃及就在苏伊士运河西岸正面 90km、纵深 30km 的地域中，配置了 62 个地空导弹营，200 具 SA-7 导弹和 3000 多门高炮，形成了一道道防空火力网。在历时 18 天的战争中，以色列有 114 架飞机被击落，70% 是地面防空武器所为。其中，SA-6 击落 41 架，SA-6 和高炮一起击落 3 架，SA-7 击落 3 架，SA-7 和高炮一起共击落 3 架。这次战争中还发生了"一石三鸟"的奇闻：以色列在战争中共发射 22 枚"霍克"地空导弹，结果却击落了 25 架飞机。在 1982 年的马尔维纳斯群岛海战中有 37 架阿根廷飞机被英国地空或舰空导弹击落。1991 年海湾战争中，伊拉克向沙特阿拉伯、以色列和巴林先后发射了 80 余枚"飞毛腿 B"战术弹道导弹，结果有 60 多枚被拦截。"爱国者"地空导弹以大战"飞毛腿"而闻名于世，也创下一个世界纪录：地空导弹第一次击落战术弹道导弹。

思　考　题

(1) 巡航导弹和防空导弹通常并不是将装药放置在导弹弹体的最前端，为什么？

(2) 战术弹道导弹通常采用固体火箭发动机，而非液体火箭发动机，为什么？

(3) 导弹的姿态变化可以通过陀螺仪的什么特性来敏感度量，为什么？

(4) 在导弹设计中，因为推进剂选取的原因，导弹弹体的重心可能会位于弹体的压心后方，为保证导弹有良好的弹体稳定性，可以考虑采用什么措施？

(5) 根据齐奥尔科夫斯基公式，弹道导弹飞行速度是按级数累加的，那么是不是弹道导弹的级数越多越好？为什么？

(6) 弹道导弹一般采取垂直发射，经程序转弯后再以某一倾斜角度上升飞行。是否可以采用导弹一直垂直上升的方式或采用倾斜发射的方式？为什么？

(7) 反导导弹是否一定要比所拦截目标的飞行速度快？为什么？

(8) 某超声速反舰导弹在温度为 15℃ 的海平面飞行，若已知此时导弹弹头顶点的气流温度为 500K，试计算该点的大气压力和密度。(海平面大气压力为 101325Pa，大气密度为 1.2250kg/m³)

参 考 文 献

邓召庭. 2006. 船舶概论. 北京：人民交通出版社.

付强, 何峻, 等. 2014. 精确制导武器技术应用向导. 北京：国防工业出版社.

过崇伟, 郑时镜, 郭振华. 2002. 有翼导弹系统分析与设计. 北京：北京航空航天大学出版社.

黄纬禄. 2006. 弹道导弹总体与控制入门. 北京：中国宇航出版社.

钱学森. 2006. 导弹概论. 北京：中国宇航出版社.

谭东风. 2009. 高技术武器装备系统概论. 长沙：国防科技大学出版社.

文仲辉. 1989. 导弹系统分析与设计. 北京：北京理工大学出版社.

杨建军. 2008. 地空导弹武器系统概论. 北京：国防工业出版社.

于剑桥, 文仲辉, 梅跃松, 等. 2010. 战术导弹总体设计. 北京：北京航空航天大学出版社.

赵承庆, 姜毅. 1996. 火箭导弹武器系统概论. 北京：北京理工大学出版社.

赵育善, 吴斌. 2000. 导弹引论. 西安：西北工业大学出版社.

朱一凡, 杨峰, 梅珊, 2007. 导弹武器系统工程. 长沙：国防科技大学出版社.

第 4 章 武 器 弹 药

武器通常由毁伤元素和将毁伤元素投送至目标的工具构成。具体而言，武器的发射装置或运载工具将弹药投送至既定的作战目标区，弹药在目标区预定位置解体、爆炸、发生作用，从而毁伤目标，完成具体的战斗使命。弹药作为武器的核心，是完成作战任务的最终手段。本章介绍武器弹药及其毁伤效应，介绍常规武器、核武器、化学生物武器的基本概念、典型分类、科技原理和典型军事应用。

4.1 武器弹药概述

4.1.1 武器弹药的基本分类

弹药通常指含有金属或非金属壳体，装有火药、炸药或其他装填物，能对目标起毁伤作用或完成其他作战任务 (如电子对抗、信息采集、心理战、照明等) 的军械物品。广义上弹药包括枪弹、炮弹、手榴弹、枪榴弹、航空炸弹、火箭弹、导弹、鱼雷、深水炸弹、水雷、地雷、爆破器材等。狭义上弹药包括壳体、装填物、引信等部分。本章所描述的弹药主要指狭义上的弹药。

按装填物类型可将弹药分为常规弹药、核弹药、化学弹药、生物弹药四种。

常规弹药——装有非生、化、核填料的弹药总称。一般以火炸药、烟火剂为主体装填物，还可能含各类预制毁伤元素。

核弹药——装有核装料，引爆后能自持进行原子核裂变或聚变反应，瞬时释放巨大能量，如原子弹、氢弹、中子弹等。

化学弹药——装填化学战剂，专门用来毁伤有生目标。战剂借助爆炸、加热或其他手段，形成弥散性液滴、蒸气或气溶胶等，黏附于地面、水中，悬浮于空气中，经生物接触染毒致病或死亡。

生物弹药——装填生物战剂，如致病微生物毒素或其他生物活性物质，用以毁伤人、畜，破坏农作物，并能引发疾病大规模传播。

生化核弹药或生化核武器，由于其毁伤区域广阔，环境污染严重，又被划为"大规模杀伤破坏性武器"一类，其使用受到国际舆论的广泛谴责。为此，国际社会先后签订了一系列国际条约，限制这类武器的试验、扩散、部署和使用。

4.1.2 武器弹药的发展历程

武器弹药的发展历经了古代弹药、近代弹药和现代弹药三个时期。

1. 古代弹药

公元 9 世纪初，中国发明黑火药。10 世纪，黑火药开始应用于军事，作为发射药、燃烧或爆炸装药等，在武器和弹药发展史上起着划时代的作用。13 世纪初，中国发明爆炸武器"震天雷"，13 世纪末制成发射弹丸的金属管火器。13 世纪，黑火药及火器技术传到欧洲。15 世纪以后，弹药在欧洲有了较大发展。16 世纪下半叶，出现在球形铸铁壳内装填炸药的爆破弹，后来称为榴弹。18 世纪初，出现了利用滑膛炮发射、装填炸药的球形杀伤弹和爆破弹。19 世纪初，英国人研制出第一种预制破片杀伤炮弹。1846 年，研制了线膛炮发射的长形旋转稳定炮弹，增大了射程、火力密集度和爆炸威力。1868 年，英国人发明了鱼雷。

2. 近代弹药

近代弹药一般是指 20 世纪初至第二次世界大战结束这一阶段的弹药。19 世纪末至 20 世纪初先后发明无烟火药和硝化棉、苦味酸、TNT 等猛炸药并应用于军事，是弹药发展史上的一个里程碑。无烟火药使火炮的射程几乎增大 1 倍，猛炸药代替黑火药装填于各种弹药，使爆炸威力大大提高。第一次世界大战期间，深水炸弹开始用于对潜作战，化学弹药开始用于战场。随着飞机、坦克投入使用，航空弹药和反坦克弹药得到发展。第二次世界大战期间，各种火炮弹药迅速发展，出现反坦克威力更强的次口径高速穿甲弹和基于聚能效应的破甲弹。航弹的品种大量增加，除了爆破杀伤弹以外，还有反坦克炸弹、燃烧弹、照明弹等。防步兵地雷、防坦克地雷以及鱼雷、水雷等性能得到了提高，分别在陆战、海战中大量使用。第二次世界大战后期，制导弹药开始用于战争，除了德国的 V-1 飞航式导弹和 V-2 弹道导弹以外，德国、英国和美国还研制并使用了声自导鱼雷、无线电制导炸弹。受技术水平所限，早期制导弹药的制导系统比较简单，命中精度低。

3. 现代弹药

现代弹药一般是指第二次世界大战结束以后的弹药。第二次世界大战结束后，电子技术、光电子技术、火箭技术和新材料等高新技术的发展，成为弹药发展的推动力。制导弹药，特别是 20 世纪 70 年代以来各种精确制导弹药迅速发展并在局部战争中使用，是这个时期弹药发展的一个显著特点。精确制导弹药除了命中精度高的各种导弹外，还有制导炸弹、制导炮弹、制导子弹药和有制导的地雷、鱼雷、水雷等。与此同时，弹药增程技术、子母弹技术和新型战斗部技术也得到了相应发展，出现了一系列新型弹药和威力更大、杀伤力更强的新型战斗部。

弹药和目标是一对互相对立而又紧密联系的矛盾统一体。不同目标有着不同的功能及防护特性，必须采用不同的弹药对其进行最有效的毁伤。目标的多样性决定了弹药的多样性。弹药毁伤效率的提高，迫使目标抗弹性能不断改善；而目标的发展与新型目标的出现，又反过来促进弹药的不断发展与新型弹药的产生。

4.2   常规弹药

4.2.1   常规弹药的基本概念

1. 常规弹药基本组成

战斗部是弹药毁伤目标或完成预定战斗使命的核心部分。某些弹药 (如一般地雷、水雷) 仅由战斗部单独构成，典型的战斗部由壳体、装填物和引信组成。典型弹药的结构组成如图 4.2.1 所示。

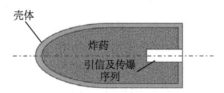

图 4.2.1   典型弹药的结构组成图

1) 壳体

壳体用来容纳装填物并连接引信，使战斗部组成一个整体结构，壳体起支撑体和连接体作用。战斗部壳体可以是导弹外壳的一部分，成为导弹的承力构件之一。另外，在装药爆炸后，壳体破裂可形成能摧毁目标的高速金属破片或其他形式的毁伤元素。

2) 装填物

装填物是战斗部摧毁目标用的能源。其作用是将本身储藏的化学能量通过化学反应释放出来，形成破坏各种不同目标的毁伤元素。例如，常规弹药在引爆后通过化学反应释放出能量，驱动产生金属射流、破片、冲击波等毁伤元素。

3) 引信

引信是能感受环境和目标信息，从安全状态转换到待发状态，适时启动控制弹药发挥最佳作用的一种装置。其作用是使战斗部按预定的最恰当时间和地点起爆，以达到最大程度的破坏。引信的种类按作用原理可分为触发引信和非触发引信。随着信息技术、光电技术的发展，先进的引信系统不断涌现，为战斗部高效毁伤提供了更丰富和有效的技术支撑。

(1) 触发引信靠碰撞产生的信号引爆战斗部，主要包括机械式触发引信、电触发引信、压电引信等。机械触发引信常用于各类炮弹、火箭弹、航空炸弹及导弹；

电触发引信利用电流通过时引发电雷管，主要应用于破甲弹、攻坚弹等；压电引信是利用压电晶体在碰撞压力作用下产生的高压电流将电雷管引爆。

(2) 非触发引信不靠碰撞引爆，而是受传媒信号的作用引爆战斗部。根据传媒信号不同可分为光、无线电引信等。无线电引信是指利用无线电波感应目标的近炸引信。红外引信是指依据目标本身的红外辐射特性工作的光近炸引信，优点是不易受外界电磁场和静电场影响，抗干扰能力强，缺点是易受恶劣气象条件的影响，对目标红外辐射的依赖性较大。激光引信是利用激光束探测目标的光引信，具有全向探测目标的能力和良好的距离截止特性，激光引信对电磁干扰不敏感，广泛配用于反辐射导弹、空空导弹、地空导弹、反坦克导弹等。

(3) 先进的引信系统主要包括灵巧引信、硬目标引信、多方位定向引信、弹道修正引信、末端修正引信等。对指挥所、通信中心和舰船等有间隔的多层硬目标，配用可编程触发引信，利用可编程起爆控制技术识别战斗部穿透目标的层数，并在穿透预先设定的层数后爆炸，以获得对多层目标特定部位的最佳毁伤效果。弹道修正引信是指测量载体空间坐标或姿态，对其飞行弹道进行修正，同时具有传统引信功能的引信，配用于榴弹炮、迫击炮、火箭炮等地面火炮弹药，特别是增程弹药上，用以提高对远距离目标的毁伤概率。

2. 常规弹药的分类

弹药类型繁多，作用原理和威力性能差别巨大。从几克的子弹至数吨的航空炸弹，从几十米射程的手榴弹到上万千米的洲际导弹，从装填几十克 TNT 的枪榴弹直至数吨 TNT 当量巨型炸弹，均是弹药大家族的成员。弹药可以按多种方式进行分类。

1) 按投射运载方式分类

按照弹药系统的投射运载方式，可将弹药分为四个基本类型。

射击式弹药——从各种身管武器发射的弹药，包括枪弹、炮弹、榴弹发射器用弹。其特点是初速大、射击精度高、经济性好，为战场上应用最广泛的弹药，适用于各军兵种。

自推式弹药——这类弹药自带推进系统，包括火箭弹、导弹、鱼雷等。由于发射时过载较小，发射装置对弹药限制因素少，使自推式弹药可具有各种结构形式，易于实现制导，具有广泛的战略战术用途。

投掷式弹药——包括从飞机上投放的航空炸弹，人力投掷的手榴弹，利用膛口压力或子弹冲击力抛射的枪榴弹等。这类弹药靠外界提供的投掷力或赋予的速度实现飞行运动。

布设式弹药——包括地雷、水雷等，采用人工或专用设备、工具将之布设于要道、港口、海域航道等预定地区，构成雷场。

上述按投射运载方式区分的四类弹药属于基本类型。随着现代弹药的迅速发展和功能增多，某些弹药常有跨越基本类型的混合特征，如火箭增程弹、火箭或炮射布雷弹等。

2) 按用途分类

按弹药使用用途，可将弹药分为主用弹药、专用弹药、辅用弹药三种类型。

主用弹药——战场上对目标起毁伤作用的战斗弹药。爆破弹、破片弹、穿甲弹、破甲弹、燃烧弹、子母弹等是使用最广的常规主用弹药。

专用弹药——为完成某种特定战场目的而使用的特种弹药。如照明弹、发烟弹、宣传弹、电视侦察弹、战场监视弹、干扰弹等均属此类。

辅用弹药——用于部队演习、训练、靶场试验或进行教学目的的非战斗用弹。

4.2.2 常规弹药的毁伤原理

常规弹药毁伤效应是指常规战斗部在终点与目标发生撞击、爆炸作用，利用自身的动能或爆炸能 (或其产生的毁伤元素) 对目标实施力学的、化学的、热力效应的破坏，使之暂时或永久地、局部或全部丧失正常功能，失去作战能力。常规弹药基本毁伤效应主要包括爆炸冲击毁伤效应、破片毁伤效应、破甲毁伤效应、穿甲毁伤效应等。

1. 爆炸冲击毁伤效应

爆炸冲击毁伤效应是指弹丸或战斗部爆炸产生的爆轰产物和冲击波对目标产生的破坏作用，是常规武器最基本的毁伤效应之一，多用于摧毁地面有生力量、轻装甲、建筑物和水面舰船等目标。爆轰产物和冲击波是毁伤目标的主要元素，其中爆轰产物是高温高压气体 (温度 3000~5000K，压力 20~40GPa，初始膨胀速度 1500m/s)，主要用于毁伤近区目标。冲击波是一个压力、密度、温度等物理参数发生突变的高速运动界面，当冲击波以很高的压力作用在目标上时，给目标施加很大的冲量和超压，使目标遭受不同程度的破坏，主要用于毁伤较远区目标。根据弹药爆炸时周围介质的不同，将爆炸冲击毁伤效应分为空中爆炸、水中爆炸和岩土中爆炸三种。

1) 空中爆炸效应

战斗部在空气中爆炸时，其周围空气介质直接受到高温、高压的爆轰产物作用。由于空气介质的初始压力和密度都很低，所以有稀疏波从分界面向爆轰产物内传播，稀疏波到达之处，压力迅速下降，产物向外膨胀飞散。另外，界面处的爆炸产物以极高的速度向四周飞散，强烈压缩邻层空气介质，使其压力、密度和温度突跃升高，形成空气冲击波。空气冲击波携带了 60%~70% 的炸药能量，图 4.2.2 是爆炸空气冲击波的形成和压力分布示意图。

对目标的破坏作用是通过冲击波阵面的超压峰值和比冲量来实现的，其破坏程度与冲击波强弱 (超压峰值和比冲量大小) 以及目标易损性相关。图 4.2.3 是冲击波经过空间某点的 p-t 关系示意图。图中，p_0 是爆炸点处的大气压力，p_m 是冲击波阵面的最大压力；Δp_m 为 p_m 与 p_0 之差，即超压峰值；t_+ 是正压区持续时间，又称正压持续时间。当目标遭受冲击波作用时，如果冲击波正压持续时间大于目标本身的振动周期，则目标的破坏由冲击波阵面的超压引起。当冲击波正压持续时间小于目标本身的振动周期时，目标的破坏由冲击波作用于目标的比冲量决定。因冲击波作用于目标是一个瞬时加载的过程，所以比冲量作为破坏目标的衡量标准会更合理。正压区压力在持续时间内的积分称为比冲量，用符号 I 表示。Δp_m、t_+ 和 I 是冲击波破坏作用的三个主要参数。

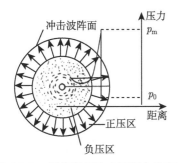
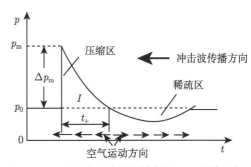

图 4.2.2　爆炸空气冲击波压力分布图　　图 4.2.3　冲击波经过空间某点的 p-t 关系示意图

炸药在地面爆炸时，由于地面的阻挡，空气冲击波只向一半无限空间传播，地面对冲击波的反射作用使能量向一个方向增强。当装药在混凝土、岩土类的刚性地面爆炸时，发生全反射，相当于两倍的装药在无限空间爆炸的效应。当装药在普通土壤地面爆炸时，地面土壤受到高温高压爆轰产物的作用发生变形、破坏，甚至被抛掷到空中形成一个炸坑，将消耗一部分能量。因此，在这种情况下，地面能量反射系数小于 2，等效药量一般取为 1.7~1.8。

2) 水中爆炸效应

炸药在无限、均匀和静止的水中爆炸时，首先在水中形成冲击波。由于水的密度远大于空气的密度，所以水中冲击波的初始压力比空气冲击波的初始压力要大得多。爆炸空气冲击波的初始压力一般在 60~130MPa，而水中冲击波的初始压力却在 10GPa 以上。

由于水是液态介质，爆轰产物与介质之间存在较清晰的界面，于是冲击波形成并离开界面以后，爆轰产物在水中以气泡的形式继续膨胀，推动周围的水沿径向向外流动。随着气泡的膨胀，压力不断下降，当压力降到周围介质的初始压力时，由于水流的惯性作用，气泡的膨胀并不停止而作"过度"膨胀，一直膨胀到最大半径。这时，气泡内的压力低于周围介质的静水压力，周围的水开始反向运动，即向中心聚合，同时压缩气泡。同样，由于聚合水流惯性运动的结果，气泡被"过度"压缩，其内部压力又高于周围介质的静水压力，直到气泡压力高到能阻止气泡被压缩，从而达到新的平衡。至此，气泡第一次膨胀和压缩的脉动过程结束。但是，由于气泡内的压力高于周围介质静压力，气泡开始第二次膨胀和压缩。这个过程称为气泡脉动过程。水的密度大、惯性大，水中爆炸比空气中爆炸的气泡脉动次数要多，有时可达 10 次以上。

气泡脉动时，水中将形成稀疏波和压力 (缩) 波。稀疏波的产生相应于气泡半径最大的情况，而压力波则与气泡最小半径相对应。通常气泡第一次脉动时所形成的压力波——二次压力波具有实际意义。许多研究表明，二次压力波的最大压力不超过冲击波阵面压力的 10%~20%。但是，它的持续时间远超过冲击波的持续时间，因此它的作用冲量可与冲击波相比拟，其破坏作用不容忽视。至于其他后续压力波的作用一般可忽略。总之，炸药在水中爆炸的基本现象是形成水中冲击波、气泡脉动和二次压力波。

图 4.2.4 是水中爆炸形成的冲击波结构示意图，其中，p_m 为冲击波阵面峰值压力，波后压力呈指数衰减，T_0 为第一次气泡波的脉动周期。炸药在水中爆炸时，可以利用传感器测到距爆点不同距离处的峰值压力 p_m 及 $p\text{-}t$ 曲线，气泡波第一次脉动的周期 T_0，然后通过测试的 $p\text{-}t$ 波形导出压力指数衰减的时间常数 θ。时间常数 θ 通常表示从峰值压力 p_m 衰减到 $p_m/e(e{=}2.718)$ 所用的时间。装药在无限水介质中爆炸时，气泡脉动引起的二次压力波的峰值一般不超过冲击波峰值的 20%，但其持续时间远大于冲击波持续时间，故两者比冲量比较接近。

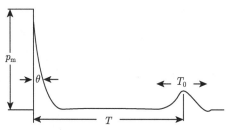

图 4.2.4　水中爆炸形成的冲击波结构图

3) 岩土中爆炸效应

战斗部在无限均匀岩土中爆炸时产生的破坏效应如图 4.2.5 所示。装药爆炸形成的爆轰产物压力达到几十万个标准大气压，而最坚固的岩土抗压强度仅为数十兆帕，因此直接与炸药接触的岩土受到强烈的压缩，结构完全破坏，颗粒被压碎。整个岩土受爆轰产物挤压发生径向运动，形成一个空腔，称为爆腔。爆腔的体积约为装药体积的几十倍或几百倍，爆腔的尺寸取决于岩土的性质和炸药的种类。与爆腔相邻接的是强烈压碎区，在此区域内原岩土结构全被破坏和压碎。随着与爆炸中心距离的增大，爆轰产物的能量将传给更多的介质，爆炸在介质内形成的压缩应力波幅度迅速下降。当压缩波应力值小于岩土的动态抗压强度时，岩土不再被压坏和压碎，基本上保持原有的结构。

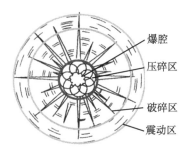

图 4.2.5　装药在无限均匀岩土介质中爆炸

装药在有限岩土介质中爆炸是指有岩土和空气的界面影响的爆炸情况。装药在有限岩土中爆炸时，根据装药埋设深度的不同而呈现程度不同的爆破现象，典型的有松动爆破和抛掷爆破，如图 4.2.6 所示。

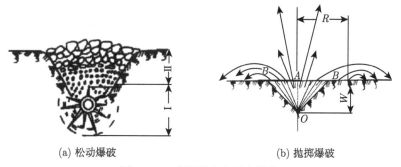

(a) 松动爆破　　　　　　　　　　(b) 抛掷爆破

图 4.2.6　有限岩土介质中爆炸

4) 爆炸冲击毁伤效应对比分析

炸药在不同介质中爆炸时，产生的毁伤元素都是爆轰产物和冲击波，但由于爆轰产物作用的周围介质不同，爆炸冲击效应有所不同。空中爆炸时，空气冲击波以冲击波超压和比冲量破坏目标。水中爆炸时，主要利用水中冲击波、气泡脉动和二次压力波破坏目标。岩土中爆炸时，形成爆腔、压碎区、破坏区和震动区等不同破坏程度的分区。一般认为，炸药在空中和水中爆炸时主要依靠冲击波作用，在岩土中爆炸时主要靠局部破坏效应造成对目标的毁伤。

2. 破片毁伤效应

破片毁伤效应是指弹丸或战斗部装药爆炸产生具有一定质量和空间分布的破片，并利用破片的动能撞击目标产生击穿、引燃、引爆等效应，主要用于攻击空中、地面和水上具有轻型装甲防护的目标及有生力量，如飞机、导弹、地面武器、舰船和人员等。

1) 破片形成原理

自然破片战斗部装药起爆后壳体的膨胀情况如图 4.2.7 所示。破片形成过程可以分为四步。先是壳体膨胀；当膨胀变形超过材料强度时，壳体开始裂口；接着壳体外表面的裂口开始向内表面发展成裂缝；爆轰产物从裂缝中流出造成大量爆轰产物飞出。随后爆轰产物冲出并伴随着破片飞出，同时气体产物开始消散。这时战斗部壳体已经膨胀达到其初始直径的 1.5~1.6 倍。

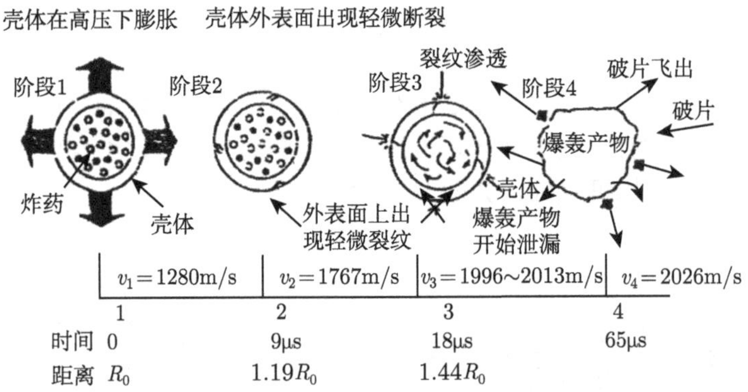

图 4.2.7　破片形成过程示意图

2) 破片威力性能参数

对于破片毁伤效应，威力性能参数主要有破片速度参数、破片飞散参数。

A. 破片速度

战斗部壳体在装药的爆炸作用下成为破片，破片获得能量后达到的最大飞行速度就是破片的初速。此后，由于空气的阻力，破片在飞行过程中速度逐渐下降。破片静态初速的计算公式是在一定的假设条件下，根据壳体运动学方程和能量守恒定律导出的。

B. 破片飞散特性

破片飞散特性参数中主要包括破片飞散角和方向角。破片飞散角是指战斗部爆炸后，在战斗部轴线平面内，以质心为顶点所作的包含有效破片 90% 的锥角，以导弹战斗部为例，如图 4.2.8 所示，其中 (b) 叠加了导弹的牵引速度 v_m，φ_1 和 φ_2 分别为破片飞散方向与导弹轴线的夹角，破片飞散角 $\Omega_v = \varphi_2 - \varphi_1$。常用 Ω

表示破片静态飞散角，Ω_v 表示动态飞散角，一般静态飞散角要大于动态飞散角。破片方向角是指破片飞散角内破片分布中线 (即在其两边各含有 45％的有效破片的分界线) 与通过战斗部质心的赤道平面所夹之角，如图 4.2.9 所示。常用 φ_0 表示静态方向角，φ_{0v} 表示动态方向角。

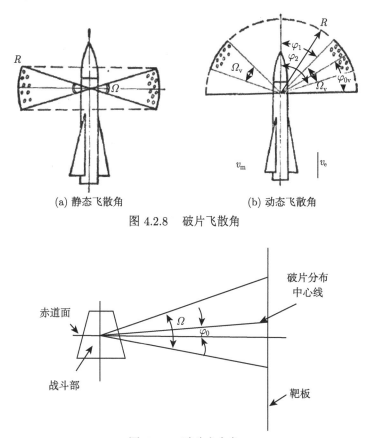

(a) 静态飞散角   (b) 动态飞散角

图 4.2.8   破片飞散角

图 4.2.9   破片方向角

3. 动能侵彻毁伤

1) 动能侵彻原理

动能侵彻效应是利用弹丸的撞击侵彻作用穿透目标，并利用残余弹体、弹体破片或炸药的爆炸作用毁伤装甲后面的有生力量和设施。整个作用过程包含侵彻作用、杀伤作用或爆破作用。弹靶相互作用过程中主要有三种情况：侵彻、贯穿和跳飞。当高速弹丸碰撞靶板时，侵入靶板而没有穿透的现象称为侵彻；完全穿透靶板的现象称为贯穿；弹体未能穿透靶板，又未能嵌埋在靶板内部，而是被靶板反弹回去的现象称为跳飞，三种情况如图 4.2.10 所示。

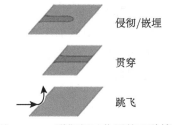

图 4.2.10   弹靶相互作用的三种情况

2) 侵彻和贯穿现象

A. 侵彻现象

由于弹速的不同,弹丸对无限厚靶板的碰撞侵彻可能出现如图 4.2.11 所示的四种类型的情况。在中速情况下,弹坑与侵彻体形状一致性好,其横截面和弹丸的横截面相近。在高速时,弹坑纵向剖面呈不规则的锥形或钟形,其口部直径大于弹丸直径。超高速碰撞时出现了杯形弹坑。对应不同的碰撞速度,材料的响应特性不同,材料在中低速度撞击下表现出强度效应,高速碰撞下呈流体响应特性。

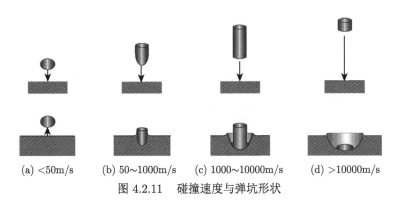

(a) <50m/s   (b) 50~1000m/s   (c) 1000~10000m/s   (d) >10000m/s

图 4.2.11   碰撞速度与弹坑形状

B. 贯穿现象

靶板的贯穿破坏可表现为多种形式,如图 4.2.12 所示。其中,(a) 为冲塞型,(b) 为花瓣型,(c) 为延性扩孔,(d) 为破碎型,(e) 为崩落型。

上述现象属基本型,实际出现的可能是几种形式的综合。例如,杆式穿甲弹在大法向角下对钢甲的破坏形态,除了撞击表面出现破坏弹坑之外,弹、靶将产生边破碎边穿甲的现象,最后产生冲塞型穿甲,如图 4.2.13 所示。

C. 超高速碰撞现象

超高速碰撞是指碰撞所产生的冲击压力远大于弹丸和靶的强度,弹丸和靶材料在碰撞过程最初阶段的形态类似于可压缩流体。在极高的超高速碰撞速度 (>12km/s) 下,撞击区的能量沉积速度很快,以致发生气化爆炸现象。

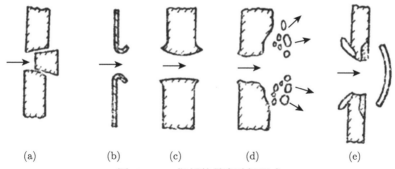

(a)   (b)   (c)   (d)   (e)

图 4.2.12   靶板的贯穿破坏形式

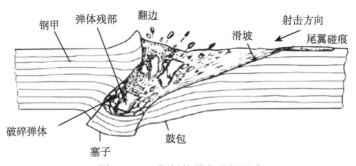

图 4.2.13   靶板的贯穿破坏形式

超高速弹丸撞击薄板时的试验结果如图 4.2.14 所示。当弹丸撞击薄板时,弹体中反向冲击波和板中冲击波在传播到各自的背面时,各自反射一稀疏波。在入射波和稀疏波的共同作用下,弹体和靶板碎裂,形成固体颗粒。当碰撞速度足够高时,部分固体材料出现熔融甚至气化。除一小部分反向喷出外,大部分弹体颗粒与靶板颗粒一起以"碎片云"的形式向前抛出。在上述过程中,靶板孔壁不断地沿径向向外扩展,但扩展速率随时间迅速减小,在孔径大约达到几倍弹径时,孔壁扩展过程停止。

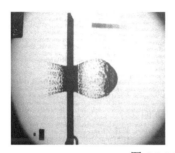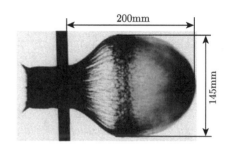

图 4.2.14   超高速碰撞试验结果

4. 聚能破甲效应

1) 射流形成过程

破甲毁伤效应是指利用聚能装药结构爆炸产生高速金属射流、爆炸成型弹丸、聚能长杆射弹来侵彻毁伤目标，主要用于毁伤坦克、自行火炮、装甲运输车、步兵车、水面舰艇等装甲目标。

在装药的一端有轴对称或平面对称的凹陷，从凹陷的对面端引爆炸药后，由于爆轰产物近似地沿凹陷表面法线方向飞出、汇集，在凹陷对称轴 (面) 的一定位置上出现能量集中现象。这种装药称为聚能装药，其能量集中的现象称为聚能效应。为了加强这种能量集中效应，在装药凹陷内衬以金属套，爆炸后由金属衬套产生高速射流，使能量集中的程度进一步提高。这种金属衬套称为药型罩。

射流形成过程如图 4.2.15 所示，其中 (a) 为聚能装药的初始形状，图中把药型罩分成四个部分，称为罩微元，以不同的剖面线区别开。(b) 表示爆轰波阵面到达罩微元 2 的末端时，各罩微元在爆炸产物的作用下，先后依次向对称轴运动。其中，微元 2 正在向轴线闭合运动，微元 3 有一部分正在轴线处碰撞，微元 4 已经在轴线处完成碰撞。微元 4 碰撞后，分成射流和杆两部分 (此时尚未分开)，由于两部分速度相差很大 (相差 10 倍)，很快就分离开来。微元 3 正好接踵而来，填补微元 4 让出来的位置，而且在那里发生碰撞。这样就出现了罩微元不断闭合、不断碰撞、不断形成射流和杆的连续过程。(c) 表示药型罩的变形过程已经完成，这时药型罩变成射流和杆两大部分。各微元排列的次序，就杆来说，与罩微元爆炸前是一致的，就射流来说，则是倒过来的。

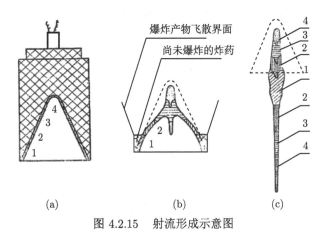

图 4.2.15　射流形成示意图

射流和杆体存在速度差的原因是，微元向轴线闭合运动时，由于同样的金属质量收缩到直径较小的区域，所以罩壁必然要增厚。这样，罩内表面的速度必然要大于外表面的速度，在轴线处碰撞时，罩内壁部分得到极高的速度成为射流，外壁部分则速度大为降低，成为杵体。

2) 射流破甲过程

铜射流对钢靶的破甲过程示意图如图 4.2.16 所示。射流与靶板发生碰撞，由于碰撞速度超过了钢和铜中的声速，自碰撞点开始向靶板和射流中分别传入冲击波，同时在碰撞点产生很高的压力，能达到 200 万个标准大气压，温度可升高到热力学温度 5000K。由于射流直径很小，稀疏波迅速传入，使得传入射流中的冲击波不能深入射流很远。射流与靶板碰撞后，速度降低，但不为零，而是等于靶板碰撞点处当地的质点速度，也就是碰撞点的运动速度，称为破甲速度。碰撞后的射流并没有消耗全部能量，剩余的部分能量虽不能进一步破甲，却能扩大孔径。此部分射流在后续射流的推动下，向四周扩张，最终附着在孔壁上。

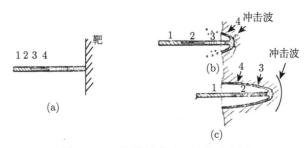

图 4.2.16　聚能射流破甲过程示意图

金属射流对靶板的侵彻过程大致可以分为如下三个阶段。

开坑阶段——射流侵彻破甲的开始阶段。射流头部撞击静止靶板时，碰撞点的高压和所产生的冲击波使靶板自由面崩裂，并使靶板和射流残渣飞溅，而且在靶板中形成一个高温、高压、高应变率的三高区域。此阶段仅占孔深很小一部分。

准定常侵彻阶段——射流对三高区状态的靶板进行侵彻穿孔。侵彻破甲的大部分破孔深度是在此阶段形成的。此阶段中冲击压力不是很高，射流能量变化缓慢，破甲参数和破孔的直径变化不大，基本上与破甲时间无关，故称准定常阶段。

终止阶段——首先，射流速度已相当低，靶板强度的作用越来越明显，不能忽略；其次，由于射流速度降低，不仅破甲速度减小，而且扩孔能力也下降了，后续射流推不开前面已经释放能量的射流残渣，影响了破甲的进行；最后，射流在破甲的后期出现失稳，从而影响破甲性能。当射流速度低于所谓"临界速度"时，已不能继续侵彻穿孔，而是堆积在坑底，使破甲过程结束。如果射流尾部速度大于临界速度，也可能因射流消耗完毕而终止破甲。

4.2.3　常规弹药系统与典型装备

攻击不同种类的目标，应选用相适用的战斗部类型。下面列举几类典型装备。

1. 爆破战斗部

爆破战斗部是一种通过炸药爆炸形成的高温、高压、高速膨胀的爆轰产物及冲击波，对目标产生结构性破坏的战斗部。它适于攻击各类结构、轻装甲、有生力量等目标。爆破战斗部的典型结构如图 4.2.17 所示，主要由壳体、高能炸药、传爆序列组成。爆破战斗部按照对目标作用状态的不同可分成内爆式和外爆式两种。

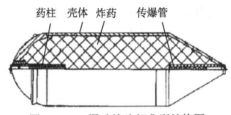

药柱　壳体　炸药　传爆管

图 4.2.17　爆破战斗部典型结构图

内爆式战斗部是指进入目标内部后才爆炸的爆破战斗部，如打击建筑物的侵彻爆破弹，破坏地下指挥所的钻地弹和打击舰船目标的半穿甲弹等的战斗部。内爆式战斗部对目标产生由内向外的爆破性破坏，可能同时涉及多种介质中的爆炸毁伤效应。显然，装备内爆式战斗部的导弹必须直接命中目标。

外爆式战斗部是指在目标附近爆炸的爆破式战斗部，它对目标产生由外向内的挤压性破坏，主要涉及空中爆炸效应。与内爆式相比，它对导弹的制导精度要求可以降低，但其脱靶距离应不大于战斗部冲击波的破坏半径。外爆式战斗部的外形和结构与内爆式战斗部相似，但有两处差别较大：一是战斗部的强度仅需要满足导弹飞行过程的受载条件，其壳体可以较薄，主要功能是作为装药的容器；二是必须采用非触发引信，如近炸引信。

内爆式战斗部由于进入目标内部爆炸，所以炸药能量的利用比较充分。外爆式的情况则不同，当脱靶距离超过约 10 倍装药半径时，爆轰产物已不起作用，仅靠冲击波破坏目标，炸药能量的利用率较低。在其他条件相同的前提下，要对目标造成相同程度的破坏，需要的外爆装药量是内爆装药量的 3~4 倍。

典型爆破战斗部装备如图 4.2.18 所示，"宝石路"系列激光制导炸弹、MK80系列炸弹等的战斗部大多数为爆破战斗部。

云爆弹是以燃料空气炸药在空气中爆炸产生的超压获得大面积杀伤和破坏效果的武器，其由装填高可燃物质的容器和定时起爆装置构成战斗部。云爆弹的作用原理是，当云爆弹被投放到目标上空一定高度时，进行第一次起爆，装有燃料和定时起爆装置的战斗部被抛撒开；将弹体内的化学燃料抛撒到空中，在抛撒过程中，燃料迅速弥散成雾状小液滴并与周围空气充分混合，形成由挥发性气体、液体或悬浮固体颗粒物组成的气溶胶状云团；当云团在距地面一定高度时被引爆剂引爆激发爆轰。由于燃料散布到空中形成云雾状态，云雾爆轰后形成蘑菇状烟云，并产生高温、高压和大面积冲击波，形成大范围的强冲击波以及高温、缺氧，对目标造成毁伤。燃料空气弹可用于对付无防护人员和轻型掩体内人员，清理雷场和开辟直升机降落场地等军事目的。

(a) MK80系列炸弹　　　　　　　　　(b) "宝石路"激光制导炸弹

图 4.2.18　典型爆破战斗部装备

温压弹是利用高温和高压造成杀伤效果的弹药，装填的是温压炸药。温压炸药由高能炸药和铝、镁、钛、锆、硼、硅等多种物质粉末混合而成，这些粉末在爆轰作用下被加热引燃，可释放出大量能量。温压炸药采用了同样的燃料空气炸药爆炸原理，都是通过药剂和空气混合生成能够爆炸的云雾；爆炸时都形成强冲击波，对人员、工事、装备可造成严重杀伤，都能将空气中的氧气燃烧掉，造成爆点区暂时缺氧。不同之处是温压弹采用固体炸药，而且爆炸物中含有氧化剂，当固体药剂呈颗粒状在空气中散开后，形成的爆炸杀伤力比云爆弹更强。

典型的云爆弹有美国的"炸弹之王"、"炸弹之母"，俄罗斯的"炸弹之父"等，如图 4.2.19 所示，其中，"炸弹之王"为 7t TNT 当量，"炸弹之母"为 11t TNT 当量，"炸弹之父"为 44t TNT 当量。

(a) "炸弹之王"(BLU-82/B)　　　(b) "炸弹之母"(MOAB)　　　(c) "炸弹之父"

图 4.2.19　典型云爆弹装备

2. 破片战斗部

破片战斗部通过爆炸使壳体产生大量破片，或通过其他方式抛射大量预制毁伤元素，穿透并毁伤防护性能较低的目标，如有生力量、轻装甲车辆、飞机、导弹等。破片战斗部的结构形式决定了破片形成的机制和破片性能。传统的破片战斗部可分为自然破片战斗部、半预制破片战斗部和预制破片战斗部，如图 4.2.20 所示。

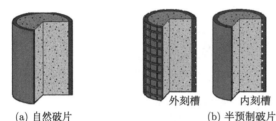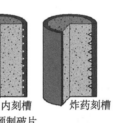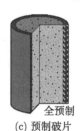

(a) 自然破片　　　　　　　　(b) 半预制破片　　　　　　　　(c) 预制破片

图 4.2.20　典型破片战斗部类型

1) 自然破片战斗部

自然破片战斗部的壳体通常是等壁厚的圆柱形钢壳，在环向和轴向都没有预设的薄弱环节。战斗部爆炸后，所形成的破片数量和质量与装药性能、装填质量比、壳体材料性能和热处理工艺、起爆方式等有关。提高自然破片战斗部威力性能的主要途径是选择性能优良的壳体材料并与装药相匹配，以提高速度和质量都符合要求的破片的比例。

与半预制和预制破片战斗部相比，自然破片数量不够稳定，破片质量散布较大，特别是破片形状很不规则，速度衰减快。因此，这种战斗部的破片能量散布很大。破片能量过小往往不能对目标造成杀伤效应，而能量过大则意味着破片总数的减少或破片密度的降低，因而这种战斗部的破片特性是不理想的。但是有许多直接命中目标的便携式防空导弹采用了自然破片战斗部，如苏联的"萨姆-7"等。

2) 半预制破片战斗部

半预制破片战斗部是破片战斗部应用最广泛的形式之一。它采用各种较为有效的方法来控制破片形状和尺寸，避免产生过大和过小的破片，因而减少了壳体质量的损失，显著地改善了战斗部的杀伤性能。根据不同的半预制技术途径，可以将战斗部分为刻槽式、聚能衬套式和叠环式等多种结构形式，如图 4.2.21 所示。

A. 刻槽式

刻槽式破片战斗部是在一定厚度的壳体上，按规定的方向和尺寸加工出相互交叉的沟槽，沟槽之间形成菱形、正方形、矩形或平行四边形的小块。战斗部装药爆炸后，壳体在爆炸产物的作用下膨胀，并按刻槽造成的薄弱环节破裂，形成较规则的破片。根据破片数量的需要，刻槽式战斗部的壳体可以是单层，也可以是多层，如图 4.2.21(a) 所示。

B. 聚能衬套式

药柱上的槽由特制的带聚能槽的衬套来保证，而不是真正在药柱上刻槽。战斗部的外壳是无缝钢管，衬套由塑料或硅橡胶制成，其上带有特定尺寸的楔形槽。衬套与外壳的内壁紧密相贴，用注装法装药后，装药表面就形成楔形槽，构成聚能装药结构。装药爆炸时，楔形槽产生聚能效应，将壳体切割成所设计的破片，如图 4.2.21(b) 所示。

C. 叠环式

战斗部壳体由钢环叠加而成，环与环之间点焊。通常在圆周上均匀分布三个焊点，整个壳体的焊点形成三条等间隔的螺旋线。装药爆炸后，钢环沿环向膨胀并断裂成长度不太一致的条状破片，对目标造成切割式破坏。钢环可以是单层或双层。钢环的截面形式和尺寸根据毁伤目标所需的破片形状和质量而定，如图 4.2.21(c) 所示。

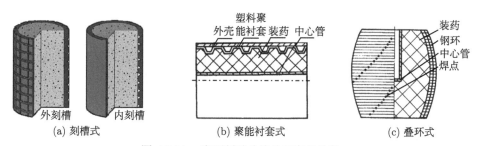

图 4.2.21　半预制破片战斗部实现途径

3) 预制破片战斗部

预制破片战斗部的破片按需要的形状和尺寸，用规定的材料预先制造好，再用黏结剂黏结在装药外的内衬上。内衬可以是薄铝筒、薄钢筒或玻璃钢筒，破片层外面有一外套。球形破片则可直接装入外套和内衬之间，其间隙用环氧树脂或其他适当材料填满。在各种破片战斗部中，质量比相同的情况下，预制式结构的破片速度是最低的，比刻槽式低 10%～15%。预制破片战斗部的破片类型可以为球形、立方体、圆柱体等。

3. 动能侵彻战斗部

动能战斗部 (又称穿甲战斗部和侵彻战斗部) 主要借助弹体的高动能或高的断面比动能穿透各类装甲、混凝土结构，用来攻击如坦克类的重装甲目标和防御工事、地下指挥所等硬目标。用于攻击装甲目标的动能战斗部称为穿甲战斗部，用于攻击混凝土类硬目标的动能战斗部称为钻地弹，用于反导和反卫的动能战斗部称为动能拦截器。

1) 穿甲战斗部结构类型

就穿甲弹而言，在装甲与反装甲相互抗衡的发展过程中，穿甲弹的发展已经历了四代：第一代是适口径的普通穿甲弹，第二代是次口径超速穿甲弹，第三代是旋转稳定脱壳穿甲弹，第四代是尾翼稳定脱壳穿甲弹 (也称为杆式穿甲弹)。目前通过采用高密度钨 (或贫铀) 合金制作弹体，使穿甲弹的穿甲威力和后效作用大幅度提高。在大、中口径火炮上主要发展了钨 (或贫铀) 合金杆式穿甲弹。在小口径线膛炮上除保留普通穿甲弹外，主要发展了钨、贫铀合金旋转稳定脱壳穿甲弹，而且正向着威力更大的尾翼稳定杆式穿甲弹发展。

尾翼稳定脱壳穿甲弹通常称为杆式穿甲弹，其典型结构如图 4.2.22 所示。穿甲弹由飞行部分和脱落部分组成；飞行部分一般有风帽、穿甲头部、弹体、尾翼、曳光管等；脱落部分一般有弹托、弹带、密封件、紧固件等。装药部分一般有发射药、药筒、点传火管、尾翼药包 (筒)、缓蚀衬里、紧塞具等。杆式穿甲弹的存速能力强，着靶比动能大，其脱壳过程如图 4.2.23 所示。

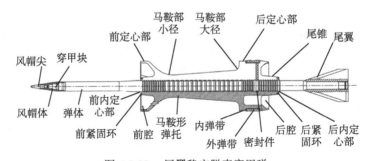

图 4.2.22　尾翼稳定脱壳穿甲弹

图 4.2.23　尾翼稳定脱壳穿甲弹脱壳过程 (后附彩图)

2) 钻地弹

钻地弹通常是利用弹体动能对目标的侵彻效能及引信的适时起爆功能来毁伤目标的战斗部。从空中投放后俯冲攻击飞机掩体、混凝土工事、跑道、桥梁和地下深层掩体等坚固目标。钻地弹主要由载体 (运载工具) 和侵彻战斗部组成，根据钻地弹头的不同，可分为单一动能型侵彻战斗部和复合型侵彻战斗部。

单一动能型侵彻战斗部利用弹丸飞行时的动能，撞击、钻入掩体内部，引爆弹头内的高爆炸药毁伤目标，一般由加固的侵彻头和壳体、高能装药及引信组成。典型的单一动能侵彻，如美国 GBU-28 激光制导炸弹、美国 MOP 巨型钻地弹、欧洲导弹集团 MBDA 公司新型钻地弹 CMP、美国的小直径炸弹 SDB 等。其中小直径炸弹 SDB 的结构如图 4.2.24 所示。

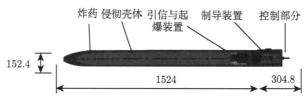

图 4.2.24　小直径炸弹 SDB 结构剖面图 (单位：mm)

复合型侵彻战斗部一般由前置聚能装药、主侵彻体、引信和外壳等组成，主侵彻体内装有高能量、低敏感度炸药，引信在最佳炸高上起爆前置聚能装药，经一定延期后引爆随进主侵彻体装药，毁伤目标与动能侵彻型战斗部相比，减少了战斗部的质量，增加了弹着角范围 (0° ~ 70°)，更适用于加装在末端低速飞行的巡航导弹上，但要求引信提供可靠性更高的指令，其作战原理如图 4.2.25 所示。

图 4.2.25　复合侵彻战斗部作战原理图 (后附彩图)

复合侵彻战斗部的典型装备，如德国的"米菲斯特"、英国的"布诺奇"，如图 4.2.26 所示。前级的聚能装药结构均能侵彻 2.4~5.1m 的混凝土。

(a)　"米菲斯特"

(b)　"布诺奇"

图 4.2.26　复合侵彻战斗部的典型装备

4. 破甲战斗部

破甲战斗部是指利用聚能装药结构爆炸产生高速金属射流、爆炸成型弹丸、聚能长杆射弹来侵彻毁伤目标的战斗部，主要用于毁伤坦克、自行火炮、装甲运输车以及水面舰艇等装甲目标。根据毁伤元素划分，聚能破甲战斗部一般有聚能射流、爆炸成形弹丸、聚能杆式侵彻体等战斗部。

1) 聚能射流破甲战斗部

目前世界各国仍以聚能破甲弹作为主要反坦克弹种，用于正面攻击坦克前装甲。同时，聚能装药也用于地雷，以击毁坦克侧甲和底甲。在反舰艇和反飞行目标方面，聚能破甲弹也大有作为。

采用聚能破甲战斗部典型结构如图 4.2.27 所示。用于反坦克的聚能破甲战斗部，必须与目标直接碰撞，由触发引信引爆。炸高不大，仅为装药直径或药型罩罩底直径的几倍，作战时由战斗部的风帽高度来保证所需的炸高。主要靠聚能射流的作用来摧毁目标，射流方向与导弹纵轴重合。

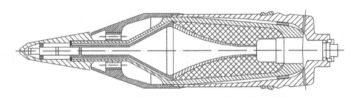

图 4.2.27　法国 105mmG 破甲弹结构示意图

2) 爆炸成形弹丸战斗部

一般的聚能破甲弹在炸药爆炸后，将形成高速射流和杵体，射流破甲威力对炸高很敏感。由于射流速度梯度很大，在运动过程中被拉长甚至断裂，射流稳定性受到影响。炸高的大小直接影响了射流的侵彻性能。作为一种改进途径，采用大锥角药型罩、球缺形药型罩等聚能装药，在爆轰波作用下罩压垮、翻转和闭合形成高速弹体，无射流和杵体的区别，整个质量几乎全部可用于侵彻目标。这种方式形成的高速弹体称为爆炸成形弹丸 (explosively formed projectile, EFP)，或自锻破片。图 4.2.28 给出了爆炸成型弹丸战斗部结构原理图及形成的射弹形状。

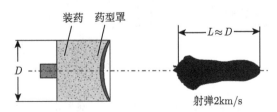

图 4.2.28　爆炸成型弹丸战斗部结构原理图及形成的射弹形状

根据爆炸成形弹丸形成过程的不同，可将其分为翻转弹和杆体弹两种类型。翻转弹是由药型罩被压垮时翻转形成的 EFP，按照翻转程度的不同，翻转弹还可分为柱形翻转弹和碟形翻转弹两种。杆体弹是由药型罩向前压垮形成的射流和杆体的综合体，与普通聚能装药药型罩的变形过程类似。

3) 聚能杆式侵彻体战斗部

聚能杆式侵彻体，国外称 JPC(jetting projectile charge)，采用新型起爆传爆系统、装药结构及高密度的重金属合金药型罩，通过改善药型罩的结构形状，产生高速杆式弹丸。聚能杆式侵彻体装药结构主要由药型罩、壳体、主装药、VESF(波形调整器) 板、辅助装药、雷管等组成，如图 4.2.29 所示。

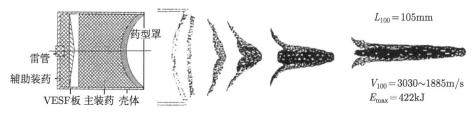

图 4.2.29　JPC 装药结构示意图

聚能杆式侵彻体战斗部集破甲战斗部、EFP 战斗部以及穿甲弹的优点于一身，可用于反坦克武器系统，摧毁反应装甲和陶瓷装甲，也可作为串联战斗部的前级装药，为后级装药开辟侵彻通道。该侵彻体具有比 EFP 更高的速度，在 3~5km/s；其形状类似穿甲弹的外形，在一定的距离内能够稳定飞行；具有很强的侵彻能力，一般穿深在 3~5 倍装药口径，侵彻孔径一般可达装药口径的 45% 左右。

射流、EFP 和 JPC 的有关数据对比如表 4.2.1 所示 (表中 d 为装药口径)。从表中可以看出，尽管 JPC 装药形成的聚能杆式侵彻体不能像 EFP 那样在 1000 倍装药口径的距离上保持全程稳定飞行，但由于聚能杆式侵彻体所具有的高初速、大质量和相对大的比动能，它在 50 倍装药口径距离上能够保持稳定飞行并对目标实施有效打击。

表 4.2.1　三种装药结构有关数据对比

	$V_0/(km/s)$	有效作用距离	侵彻深度	侵彻孔径	药型罩利用率
聚能射流	5.0~8.0	$(3\sim8)d$	$(5\sim10)d$	$(0.2\sim0.3)d$	10%~30%
EFP 装药	1.7~2.5	$1000d$	$(0.7\sim1)d$	$0.8d$	100%
JPC 装药	3.0~5.0	$50d$	$>4d$	$0.45d$	80%

5. 综合毁伤效应战斗部

为提高综合毁伤能力，实现一弹打击多种目标和低成本、通用化、系列化要求，要求武器具有复合毁伤效应，主要有串联毁伤战斗部、多模毁伤战斗部和综合效应毁伤效应战斗部。

1) 串联毁伤战斗部

反应装甲的防护原理是当弹体或射流撞击到反应装甲上时，装甲夹层内的炸药被引爆，利用钢板以及爆炸产物对来袭弹体或射流产生横向作用，使弹体发生偏转甚至使弹体或射流断裂，从而降低对主甲板的侵彻能力，可以使传统的射流破甲能力下降 70% 以上。为了有效地对付以爆炸反应装甲为代表的新一代先进的装甲技术，发展了串联战斗部技术。典型的串联战斗部结构及其对反应装甲攻击过程如图 4.2.30 所示，它通过两级聚能装药、二次起爆、两股射流依次作用的方式，可以有效地对付反应装甲和复合装甲。典型串联毁伤战斗部有我国 "红箭" -9A，德国 MILAN 等。

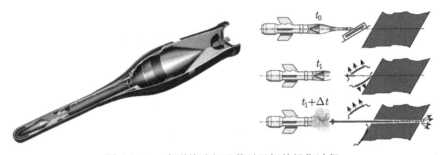

图 4.2.30   串联战斗部及其对目标的毁伤过程

2) 多模毁伤战斗部

未来战场要求武器系统能适应信息化、精确化、多功能化的趋势，要求弹药能对付战场中出现的多种目标。多模和综合效应战斗部可使弹药实现一弹多用，适时摧毁战场中出现的多类目标，成为目前战斗部技术发展的一个重要方向。多模技术是指根据目标类型而自适应选择不同作用模式的技术，与功能单一的战斗部相比，多模式战斗部采用了独特的结构设计，并结合多种方式的起爆控制，可针对不同类型的目标形成优化的毁伤元素。它通过将弹载传感器探测、识别并分类目标的信息与攻击信息相结合，通过弹载计算机选择算法确定最有效的战斗部输出信号，使战斗部以最佳模式起爆，从而有效地对付所选定的目标。典型的多模攻击示意如图 4.2.31 所示，它可以分别实现射流、射弹和爆破效应，从而对装甲目标、城市混凝土结构和地下防御工事等目标进行多种模式的攻击。美国 LOCCAS 低成本巡飞弹采用多模毁伤技术，可实现针对轻装甲、重装甲、坦克顶装甲的三模攻击。

3) 综合效应毁伤战斗部

综合效应毁伤战斗部是指能综合集成多种毁伤元素或机制 (如破甲、破片、侵彻等) 对目标实施毁伤的一种新型战斗部，在起爆后可以同时生成两种或两种以

图 4.2.31 多模战斗部及其对目标的毁伤模式

上不同的毁伤元素，攻击不同类型的目标。主从射弹战斗部是具有综合毁伤效应的典型代表，如图 4.2.32 所示，其中，主射弹可打击重型坦克和装甲车辆，分散的从射弹具有大范围的侵彻能力，可打击防护能力较弱的人员、轻型装甲车辆和砖墙目标，实现对目标的综合毁伤效应。典型的武器装备为 BLU-108 传感器引爆子弹药。

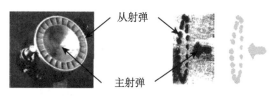

图 4.2.32 综合效应毁伤战斗部

6. 子母战斗部

能够产生子母弹综合毁伤效应的战斗部称为子母式战斗部，子母战斗部一般由母弹和子弹、子弹抛射系统、障碍物排除装置等组成，其子弹可以是杀伤弹、爆破弹、破甲弹或其他弹种。子母弹毁伤效应是母弹中各个子弹毁伤效应的综合，它可以是爆炸冲击、破片、破甲等多种效应的组合，主要用于毁伤集群坦克、装甲车辆、机场跑道等多种目标。子母战斗部的使用增大了战斗部的杀伤面积，提高了毁伤效率。

子母弹按控制方式主要分为集束式多弹头、分导式多弹头、机动式多弹头等几种类型。集束式子母弹的子弹既没有制导装置，也不能做机动飞行，但可按预定弹道在目标区上空被同时释放出来，用于袭击面目标；分导式子母弹通过一枚火箭携带几个子弹分别瞄准几个目标，或沿不同的再入轨道到达同一目标，母弹有制导装置，而子弹无制导装置；机动式多弹头子母弹的母弹和子弹都有制导装置，母弹和子弹都能做机动飞行。

集束式子母弹毁伤原理是当母弹飞抵目标区上空时解爆母弹，将子弹全部抛撒出来，并按一定的规律分布在空间，在子弹引信的作用下发生爆炸，以冲击波、射流、破片等毁伤元素毁伤目标，图 4.2.33 为子母弹作用过程示意图。

图 4.2.33　典型子母弹毁伤目标作用过程示意图 (后附彩图)

4.2.4　典型常规弹药作战运用

一定类型的战斗部适于攻击一定类型的目标，使用的战斗部要与目标有效地匹配才能充分发挥其破坏效能。例如，摧毁重装甲目标，需要利用破甲弹或穿甲弹；杀伤轻装甲目标和有生力量宜用杀伤爆破战斗部；摧毁机场跑道宜用侵彻爆破战斗部。若是选错了武器弹药，则会降低作战效能，甚至没有毁伤效果。例如，利用破片战斗部毁伤建筑物、工事、桥梁等目标，基本无效；利用破甲战斗部毁伤有生力量，大材小用等。

有生力量——主要包括作战人员。战场上的有生力量是最为脆弱的目标。为了提高这类目标的防护性能，某些作战人员装备了头盔及防弹服等。对付这类目标的主要毁伤手段为爆炸冲击毁伤和破片侵彻毁伤。

轻装甲目标——主要包括各类飞机、导弹、防空雷达、导弹发射架、轻装甲车辆等，这类目标的防护能力相对较弱。对付这类目标的主要毁伤手段为爆炸冲击毁伤和破片侵彻毁伤。

装甲车辆——包括各类坦克、步兵战车、自行火炮、各类水面舰艇、航母和潜艇等。这类目标特点是抗弹能力强、机动能力强、对抗性强。对付这类目标的主要毁伤手段为聚能破甲毁伤和动能侵彻毁伤。

建筑物——包括各类仓库、机库、防御工事、掩体、指挥所、桥梁及其他军用建筑物等。其坚固程度、大小及距实战前沿的位置差别很大。对付这类目标的主要毁伤手段为侵彻爆炸毁伤和爆炸冲击毁伤。

集群目标——主要包括集群坦克、飞机、航母群、机场跑道等。对付这类目标的主要毁伤手段为子母弹毁伤。

信息节点目标——主要有卫星、雷达预警系统、电子侦察、国家电网等目标。对付这类目标的主要毁伤手段有动能武器、电磁脉冲弹、激光武器、碳纤维弹等，对付雷达的反辐射弹药主要是破片弹。

下面从爆炸冲击毁伤、破片侵彻毁伤、侵彻爆炸毁伤的破坏作用方面着手,分析弹药系统的作战应用,并提出相应的防护措施。

1. 爆炸冲击毁伤及其运用

装药在空气中爆炸能使周围目标 (如建筑物、军事装备和人员等) 产生不同程度的破坏和损伤。离爆炸中心小于 $(10\sim15)r_0$ $(r_0$ 为装药半径) 时, 目标受到爆轰产物和冲击波的同时作用, 而超过上述距离时, 只受到空气冲击波的破坏作用。

当目标与装药有一定距离时, 其破坏作用的计算由结构本身振动周期 T 和冲击波正压持续时间 t_+ 确定。如果 $t_+ \ll T$, 则目标的破坏作用取决于冲击波冲量; 反之, 若 $t_+ \gg T$, 则目标的破坏作用取决于冲击波峰值压力。通常, 大药量爆炸时, 正压持续时间比较长, 主要考虑峰值压力作用。目标与炸药距离较近时, 由于正压持续时间很短, 通常用冲量破坏来计算。空气冲击波超压对人员的杀伤作用是: 引起血管破裂致使皮下或内脏出血; 内脏器官破裂, 特别是肝脾等器官破裂和肺脏撕裂; 肌纤维撕裂等。空气冲击波超压对暴露人员的损伤程度见表 4.2.2。空气冲击波对掩体内人员的杀伤作用要小得多, 例如, 掩蔽在堑壕内, 杀伤半径为暴露时的 2/3; 掩蔽在掩蔽所和避弹所内, 杀伤半径仅为暴露时的 1/3。

表 4.2.2   冲击波超压对人员的损伤

冲击波超压/MPa	损伤程度
0.02~0.03	轻微 (轻微的挫伤)
0.03~0.05	中等 (听觉器官损伤、中等挫伤、骨折等)
0.05~0.1	严重 (内脏严重挫伤、可引起死亡)
>0.1	极严重 (可能大部分人死亡)

2. 破片杀伤及其运用

破片对有生目标的损伤, 就其本质而言, 主要是对活组织的一种机械破坏作用。破片的动能主要消耗在贯穿机体组织及对伤道周围组织的损伤上。由解剖学可知, 狗与人相比在骨骼、肌肉、血管、神经等方面, 尽管存在着不少差别, 但在组织结构上仍有许多相近之处。因此, 可以通过对狗的杀伤机理研究, 近似地了解破片的实际作用原理和结果。

破片对狗的致伤所需能量, 由于进入机体部位不同, 各种组织对破片的抗力不同, 差别甚大。因此, 分析破片能量与杀伤效果的关系, 必须根据伤情与性质合理地加以分类。一般分为软组织伤、脏器伤和骨折。表 4.2.3 给出了造成狗当场死亡所需的动能和比动能。

破片对轻装甲防护目标的毁伤主要包括: 击穿要害部件造成机械损伤, 对应破片的击穿概率; 引燃油箱造成起火, 对应破片的引燃概率; 引爆弹药仓造成爆炸破坏, 对应破片的引爆概率。

表 4.2.3　造成狗当场死亡的动能和比动能

破片形状及质量	动能/J	比动能/(J/cm^2)
0.5g(方形)	20.2	106
1.0g(球形)	33.2	104
1.0g(方形)	36.6	108
5.0g(方形)	99.0	111

3. 穿甲侵彻效应及其运用

穿甲战斗部的威力参数首先以穿甲能力来表征。为考核穿甲弹的穿甲威力,一般把实际目标转化为一定厚度和一定倾斜角的均质材料的等效靶。对等效靶的击穿厚度和穿透一定厚度等效靶所需的侵彻速度成为考核侵彻能力的威力参数。这对应了两个方面的侵彻极限概念,一是侵彻极限厚度,另一个是侵彻极限速度。对于无限厚靶还可以用侵彻深度来表示。

1) 侵彻极限厚度

通过侵彻极限厚度来表征弹的侵彻能力或靶板的抗侵彻能力,可以用在规定距离 (如 2000m,5000m,不同的国家有不同的规范) 处,以不小于 90%(或 50%) 的穿透率,在一定法向角下斜侵彻能穿透均质靶板的厚度来表示,表示形式为 δ/β,其中,δ 为靶板厚度,β 为靶板法向角。例如,按北约标准,150mm/60° 表示穿甲能力为可以穿透 2000m 远处斜置 60° 的 150mm 厚的均质钢靶。

2) 侵彻极限速度

弹丸侵彻贯穿靶体的能力或靶体抵抗弹丸侵彻贯穿的能力,可以用弹道极限,即侵彻极限速度来表示。弹道极限是指弹丸以规定的着靶姿态正好贯穿给定靶体的撞击速度。通常认为弹道极限是以下两种速度的平均值:一是弹丸侵入靶体但不贯穿靶体的最高速度;二是弹丸完全贯穿靶体的最低速度。对于给定质量和特性的弹丸,其弹道极限实际反映了在规定条件下弹丸贯穿靶体所需的最小动能。当撞击速度高于弹道极限时,弹丸贯穿靶体后的速度称为剩余速度。目前采用的弹道极限定义有三种:美国陆军弹道极限标准、"防御"弹道极限标准和海军弹道极限标准,如图 4.2.34 所示。陆军标准规定的弹道极限指弹丸能在装甲中穿出一个通孔,但板后不要求有飞散破片所需的最低撞击速度,即弹尖刚好能侵彻到靶板背面所需的撞击速度。"防御"标准规定的弹道极限指弹丸穿透装甲,且在靶后产生具有一定速度的破片所需的最低撞击速度,或能使弹头穿出而弹头底平面刚好到达板背面所需的撞击速度。海军标准规定的弹道极限指弹丸完全穿过装甲后落在靶后方不远处所需的撞击速度。

4. 新概念毁伤效应及其运用

信息节点目标主要是指挥控制中心、雷达预警系统、电子侦察、国家电网等目标,除了钻地武器通过侵爆和反辐射弹药通过破片杀伤实现硬毁伤之外,对付这类目标还可以采用动能武器、电磁脉冲弹、激光武器、碳纤维弹等新概念武器实现功能毁伤，详细内容可参见第 5 章。

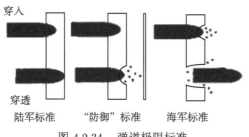

图 4.2.34 弹道极限标准

4.3 核 武 器

4.3.1 核武器的基本概念

1. 核武器定义

核武器 (nuclear weapon) 是利用原子核裂变或聚变释放出的核能实施大规模、大面积毁伤的武器。核武器自诞生以来，在作战中只使用过两次 (1945 年，在日本的广岛和长崎)，但是因为其巨大的威力，核武器对人类的政治、军事活动以及国家间的外交关系都带来了重要的影响。进入 21 世纪以来，人类所面临的战争形态是核威慑条件下的高技术局部战争，核武器仍将是战争中不可忽视的终极力量。所以，了解核武器原理、毁伤效应及其典型装备具有重要的现实意义。

2. 核武器分类

根据核武器爆炸能量来源的不同，一般把核武器分成原子弹和氢弹两大类型。除这两大类型，还存在其他具有特殊性能的核武器，将其也归为一个大类型。

1) 原子弹

原子弹主要的爆炸能量来源于重原子核 (如铀、钚等) 的裂变链式反应。这是最早被制造出的核武器，并在第二次世界大战末得到实战应用。

2) 氢弹

氢弹主要的爆炸能量来源于轻原子核 (如氘、氚等) 的聚变反应。由于实现轻核聚变通常需要很高的温度，核聚变反应有时也被称为热核反应，氢弹也被称为热核武器。从技术上讲，实际上没有纯粹的仅利用核聚变反应的核武器，都需要使用核裂变反应的能量来加热聚变燃料，从而触发核聚变反应。所以严格地讲，氢弹是核裂变–核聚变混合型的核武器。

3) 其他特种核武器

这类核武器通过特殊的设计，对核爆时产生的某种元素进行加强 (如冲击波、X 射线、核电磁脉冲、核辐射)，以达到特殊的毁伤目的。这类核武器有中子弹、增强 X 射线弹、冲击波弹等。

4.3.2 核武器的毁伤原理

1. 核物理原理

1) 原子与原子核

物质由不同原子组成，原子由原子核与核外电子组成。电子带负电荷，原子核带与之等量的正电荷，原子呈电中性。原子的尺寸很小，直径在 $2 \sim 3$ Å$(1$Å $= 1 \times 10^{-10}$m$)$。与原子尺寸相比，原子核更小，但原子的大部分质量集中在原子核。原子结构如图 4.3.1 所示。

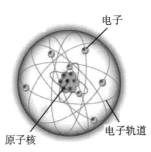

图 4.3.1　原子结构示意图

原子核由质子和中子组成，质子和中子统称为核子。原子核中的质子数就是原子核的电荷数，也是化学元素周期表中的原子序数，记作 Z，不同的原子序数对应不同的元素。原子核中的质子数加中子数，即核子总数，称为原子核的质量数，记作 A。

一种元素常可能有好几种同位素 (isotope) 存在。同位素是原子序数相同而原子量不同的原子，因此同位素原子核的电荷数相同但是质量数不同。常见的有氢 (hydrogen) 原子的同位素 $^1_1$H(氕)、$^2_1$D(氘) 和 $^3_1$T(氚)，以及铀 (uranium) 原子的同位素 $^{234}_{92}$U、$^{235}_{92}$U 和 $^{238}_{92}$U(元素符号左下角是原子序数 Z，左上角是原子核质量数 A)。氢和铀的同位素都是制造核武器的重要原料。

2) 原子核的质量亏损与平均结合能

对于一个原子核 ^A_ZX(X 代表任一元素)，实验发现，原子核的静止质量小于 Z 个质子和 $A - Z$ 个中子的静止质量之和，这个差值称为质量亏损 (mass defect)。质量亏损的原因是 Z 个质子和 $A - Z$ 个中子聚合成原子核 ^A_ZX 时释放了一部分的能量，而这部分能量和一部分的质量相对应，因而也释放了一部分的质量。Z

个质子和 $A - Z$ 个中子聚合成原子核 $_Z^A\mathrm{X}$ 时所释放的能量称为原子核 $_Z^A\mathrm{X}$ 的结合能，记为 ΔE，根据爱因斯坦的质能关系式，结合能满足下式：

$$\Delta E = \Delta mc^2 \tag{4.3.1}$$

式中，Δm 为质量亏损；c 为真空中的光速 ($c = 2.9979 \times 10^8\mathrm{m/s}$)。通常质量亏损 Δm 是很小的值，但是由于 c 是一个大量，因此原子核的结合能是一个巨大的能量。

在应用中，常用到的是原子核平均结合能的概念，即 $\Delta E/A$，代表 A 个核子聚合成原子核时每个核子平均释放的能量。根据实验测量，可以获得原子核平均结合能随质量数的变化规律，如图 4.3.2 所示。从图中看出，轻核平均结合能较小；大多数中等核平均结合能较大，并近似与质量数 A 成正比；重核平均结合能又较小。这个特性非常重要，因为它揭示了获得核能的途径——轻核聚变和重核裂变。轻核 (如氢及其同位素) 的平均结合能小，也就是说，聚合成轻核时每一核子释放的能量少，当轻核聚变合成一个较重的核时，后者的平均结合能较大，意味着在聚变合成过程中，每一核子需要再释放一部分能量。同理，一个重核 (如铀、钚及其同位素) 裂变成两个中等核时，同样也会释放出能量。原子核聚变和裂变所释放的能量就是核武器巨大能量的源泉。所以核武器的基本类型可分为核裂变型武器 (原子弹) 与核聚变型武器 (如氢弹) 两大类。

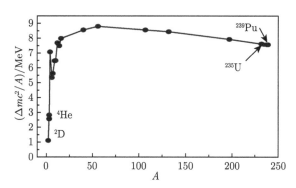

图 4.3.2 原子核平均结合能随质量数的变化曲线

2. 核裂变原理

1) 核裂变反应

核裂变是核反应的一种。当某些重原子 (如铀和钚) 同位素的原子核受到中子轰击并捕获中子时，核裂变反应就可能发生，这些同位素也称为易裂变材料或者核材料。实际上也存在原子核自发裂变的现象，本书不讨论这个问题。由于这些重原子同位素本身不太稳定，捕获中子时，中子的能量将使这些同位素的原子核分裂成两个质量大致相等的较轻的原子核 (称为产物或碎片)，同时产生中子，释放出能量。图 4.3.3 说明了这个过程。以 $_{92}^{235}$U 为例，其核裂变反应方程式如下：

$$_{92}^{235}\text{U} +_{0}^{1}\text{n} \longrightarrow \text{X} + \text{Y} + 2.5_{0}^{1}\text{n}+ \sim 200\text{MeV} \tag{4.3.2}$$

式中，$_{0}^{1}\text{n}$ 代表中子；由于多次反应下 $_{92}^{235}$U 裂变产生的碎片可能是 $_{38}^{95}$Sr(锶) 和 $_{54}^{139}$Xe (氙)，也可能是其他碎片，所以式右边的碎片用 X、Y 表示。同样，多次反应下 $_{92}^{235}$U 裂变产生的中子数量有变化，式 (4.3.2) 右边的 2.5_{0}^{1}n 表示的是产生的平均中子数。$_{92}^{235}$U 裂变反应释放的平均能量在 200MeV 左右，这个能量比原子的化学反应能 (eV 量级) 要大得多。经测算，1g 铀完全裂变所释放的能量相当于2.5t 煤燃烧产生的热量。

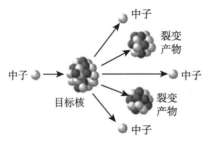

图 4.3.3　核裂变反应示意图

2) 链式反应与临界条件

从理论上讲，一个核裂变反应所放出的中子又可以使其他原子核发生裂变，这个核裂变又再放出中子，中子又导致新的核裂变，于是形成了链式反应，如图 4.3.4 所示。链式反应使得参与反应的原子核数量在很短的时间内 (0.1~ 1μs 量级) 呈指数增长，其结果是一系列核裂变所释放的能量在有限空间内急剧累积，最后导致巨大的爆炸发生。核裂变型的核武器就是基于这个原理。

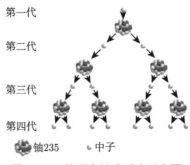

图 4.3.4　核裂变链式反应示意图

实际上，链式反应的发生是需要条件的，这个条件就是参与下一代核裂变的中子总数 $N^{(n+1)}$ 要大于本代参与核裂变的中子总数 $N^{(n)}$，否则链式反应就不能自持。称 $N^{(n+1)} = N^{(n)}$ 为临界条件，如果 $N^{(n+1)} < N^{(n)}$ 就称核材料处于次临界状态，如果 $N^{(n+1)} > N^{(n)}$ 就称核材料处于超临界状态。核裂变型核武器研制的一个重要工作就是想办法使核装料 (武器中的核材料) 达到超临界状态。

在工程上，导致 $N^{(n+1)} < N^{(n)}$ (即参与反应的中子数减少) 主要有以下两个原因：①核裂变反应产生的中子可能被核材料中杂质原子核捕获，从而被消耗；②中子从核材料边界泄漏而造成损耗。所以要解决这个问题，进而使核材料达到超临界状态，要做到：①采用纯净无杂质的核材料 (如超浓缩铀，其中铀的同位素 $^{235}_{92}\mathrm{U}$ 达到 90% 以上，也称为武器级的铀材料)；②增大核材料块体的质量 (即增大体积，减少边界表面积，使中子泄漏减少) 或密度，使核材料块体达到并超过临界质量 (临界条件所对应的质量)。做到以上两点，就可实现核裂变链式反应进而导致核爆炸。

值得一提的是，核电站与核动力舰艇上的核反应堆也是利用了核裂变链式反应所释放的能量，不同之处在于核反应堆中的核材料被添加了减速剂 (含轻核的材料)，使得链式反应中产生中子的数量受到控制，从而使核裂变能量缓慢释放，实现人工控制的核裂变能的利用。

3. 核聚变原理

当某些氢原子同位素 (如氘 ($^2_1\mathrm{D}$) 和氚 ($^3_1\mathrm{T}$)) 的原子核在一定条件下聚合在一起，形成一个较重的原子核 (如氦 ($^4_2\mathrm{He}$) 或者其同位素 $^3_2\mathrm{He}$)，同时释放出中子和能量，这就是核聚变反应。典型的核聚变反应有 $^2_1\mathrm{D}$-$^2_1\mathrm{D}$ 聚变和 $^2_1\mathrm{D}$-$^3_1\mathrm{T}$ 聚变，其反应方程式为

$$^2_1\mathrm{D} + ^2_1\mathrm{D} \longrightarrow \begin{cases} ^3_2\mathrm{He} + ^1_0\mathrm{n} + 3.27\mathrm{MeV} \\[2mm] ^3_1\mathrm{T} + ^1_1\mathrm{H} + 4.04\mathrm{MeV} \end{cases} \tag{4.3.3}$$

$$^2_1\mathrm{D} + ^3_1\mathrm{T} \longrightarrow ^4_2\mathrm{He} + ^1_0\mathrm{n} + 17.58\mathrm{MeV} \tag{4.3.4}$$

其中，式 (4.3.3) 代表的就是太阳 (及其他恒星) 内部发生的核聚变反应，反应释放的能量是太阳能量的来源。核聚变型核武器则主要使用的是式 (4.3.4) 所代表的核聚变反应，图 4.3.5 是其反应过程示意图。

要实现 $^2_1\mathrm{D}$-$^3_1\mathrm{T}$ 聚变反应，需要将 $^2_1\mathrm{D}$、$^3_1\mathrm{T}$ 加热到很高的温度 ($10^8\mathrm{K}$ 以上)，在这种温度下已经被电离的 $^2_1\mathrm{D}$、$^3_1\mathrm{T}$ 离子 (原子核) 剧烈运动，当 $^2_1\mathrm{D}$、$^3_1\mathrm{T}$ 的密度达到一定的要求，同时能够维持一定的约束时间时，$^2_1\mathrm{D}$-$^3_1\mathrm{T}$ 聚变反应就能够发生。由于需要很高的温度，所以核聚变反应也称为热核反应，利用核聚变反应实现核爆炸的核武器也称为热核武器。

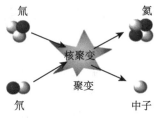

图 4.3.5　核聚变反应示意图

在核武器中实现核聚变反应也有两个要解决的技术问题: ①提供很高的温度, 使 $^2_1\mathrm{D}$-$^3_1\mathrm{T}$ 发生聚变反应; ②供给足够的 $^3_1\mathrm{T}$ 原料。第二个问题是因为 $^3_1\mathrm{T}$ 具有放射性, 存在自发衰变现象而不稳定, 所以在自然界中没有天然 $^3_1\mathrm{T}$ 存在, 需要人工制造产生, 而且不便于存储和使用。

对于第一个问题, 在工程上可利用核裂变反应的能量来提供核聚变反应所需要的高温, 这也就是两级或多级核爆的核武器设计方案, 本章稍后再详细讨论。第二个问题可以采用氘和锂的化合物 LiD(lithium deuteride, 氘化锂) 来解决。LiD 很稳定, 便于存储和运输, 同时由于锂原子在中子轰击下有如下反应:

$$^6_3\mathrm{Li} + {}^1_0\mathrm{n} \longrightarrow {}^4_2\mathrm{He} + {}^3_1\mathrm{T} + 5\mathrm{MeV} \tag{4.3.5}$$

所以 LiD 能够产生 $^3_1\mathrm{T}$, 这就解决了 $^3_1\mathrm{T}$ 的原料供给问题。

4.3.3　核武器结构

1. 原子弹

使由重原子核构成的核裂变材料实现自持的裂变链式反应 (简称链式反应), 是研制原子弹的关键。在物理上, 当核裂变材料能够实现自持的链式反应时, 称核裂变材料达到了超临界条件或超临界状态。根据使核裂变材料达到超临界条件方法的不同, 可以把原子弹分成枪式原子弹和内爆式原子弹两个亚类。除这两个亚类之外, 还有一类原子弹不但使用了裂变反应的能量, 还使用了聚变反应的能量, 但聚变反应能量不是其主要的爆炸能量, 它的作用仅是使得裂变反应加剧, 这一亚类的原子弹通常称为助爆式的原子弹。

1) 枪式原子弹

枪式核裂变型核武器主要采用的核装料是铀 235($^{235}_{92}\mathrm{U}$), 它是通过利用常规炸药的能量, 将一块核装料高速发射到另一块中, 从而使核装料迅速达到超临界条件, 与此同时中子源释放出中子, 触发核裂变链式反应的产生, 实现核爆炸, 其典型结构如图 4.3.6 所示。其效率约为 1.5%, 即其核装料在爆炸解体前有 1.5% 的质量参与了核裂变反应。1945 年, 美国在日本广岛投射的原子弹 (绰号"小男孩") 就是这类核武器的典型代表, 其当量达 14.5 kt(即相当于 14500t TNT 炸药的能量)。但是要说明,在现代核武器设计中,枪式核裂变这种方案已经很少采用了。

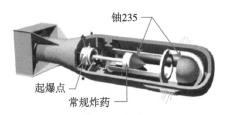

图 4.3.6 枪式核裂变型核武器结构示意图

2) 内爆式原子弹

内爆式原子弹主要采用的核装料是钚 239($^{239}_{94}$ Pu),它是通过常规炸药聚心爆轰的方式,将次临界状态的核装料压缩到高密度状态,以此达到核裂变链式反应所需的超临界条件,从而实现核爆,其典型结构如图 4.3.7 所示,其效率为 17%。1945 年,美国在日本长崎投放的原子弹 (绰号"胖子") 就是这类核武器的典型代表,它有 23 kt 当量。

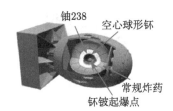

图 4.3.7 内爆式核裂变型核武器结构图

3) 助爆式原子弹

在这类核武器中,核聚变反应产生的能量并不是核爆能量的主要部分。它依靠内爆式的核裂变反应产生高温,可以触发核装料中心位置氘-氚混合气体的核聚变反应发生,但是核聚变反应的主要作用仅是提供反应后产生的高能量中子流,利用高能中子流可以使已经处于超临界状态的核装料的核裂变链式反应加剧,以达到充分利用核装料和提高核爆当量的目的。核聚变增强式的核裂变型核武器在1951 年 5 月首次进行试验,爆炸当量达到 45.5 kt。

2. 氢弹

氢弹一般都具有两级起爆式结构 (又称为 Teller-Ulam 结构),Teller-Ulam 结构的核武器是现代大当量核武器的主流。

典型的 Teller-Ulam 结构如图 4.3.8 所示,其核心是采用了两级起爆结构。第一级是球形内爆式核裂变起爆装置 (原子弹),位于图上部。第二级是柱状的核聚变燃料箱，内填充氘化锂 (LiD)，中心还有一个由核裂变材料 (钚 239 或铀 235) 制成的芯，位于图下半部分。两级起爆结构封装在由重金属 (如铅) 制成的容器中，容器中的其他空间填充聚苯乙烯泡沫。Teller-Ulam 结构在起爆时，第一级结构首先爆炸，然后再触发第二级结构内发生核聚变反应，释放出巨大能量，形成大当量的核爆炸。

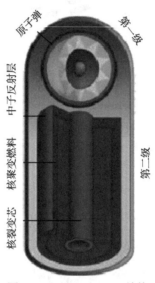

图 4.3.8   Teller-Ulam 结构

整个爆炸过程如图 4.3.9 所示，图 4.3.9(a) 是起爆前的状态；图 4.3.9(b) 中，第一级核裂变爆炸装置起爆，通过一定设计可以使核裂变核爆 80% 以上的能量以 X 射线 (也包括部分 γ 射线) 的形式辐射出来；由于容器壳体由重金属制成，X 射线不能辐射到外部，只能在容器内部多次反射，如图 4.3.9(c) 所示；在高能 X 射线的辐照下，容器内部的聚苯乙烯迅速升温并气化电离，同时具有极高的压力，于是开始对第二级结构中的柱形核聚变燃料箱进行聚心压缩，使 LiD 达到很高的密度，如图 4.3.9(d) 所示；这时，核聚变燃料箱内的核裂变芯也达到了超临界状态并发生核裂变链式反应，放出中子和能量，在中子轰击下，LiD 生成氚，而核裂变反应能量使 LiD 达到很高温度，在高温下，氚和 LiD 中的氘发生核聚变反应迅速释放出巨大能量，最终实现核爆炸，如图 4.3.9(e) 所示。

两级起爆 Teller-Ulam 结构的技术验证弹 (概念弹) 首次在 1951 年 5 月进行了试验，达到了 225 kt 的当量，1952 年 11 月，首次进行了原型弹试验，达到了 10.4 Mt 的当量，爆炸当量比普通核裂变型核武器增加了 2~3 个数量级。需要说明的是，根据两级起爆的 Teller-Ulam 结构原理，还可以扩展到三级 (第三级又是核裂变反应，起爆过程为核裂变–核聚变–核裂变) 或更多级，理论上可以达到非常大的爆炸当量。迄今为止，试验过的最大当量的核武器是苏联的"超级炸弹"，爆炸当量达 60 Mt(也有说接近 100 Mt)，它就采用了三级起爆结构。

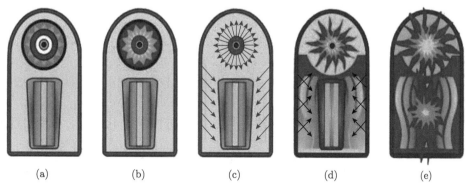

(a)   (b)   (c)   (d)   (e)

图 4.3.9　典型 Teller-Ulam 结构起爆过程示意图 (后附彩图)

3. 其他特种核武器装备

中子弹是一种小型的核聚变型核武器，在这种武器中，通过一定设计，使核聚变反应所产生的高能中子能够尽量辐射出来，主要利用中子的辐射对目标进行毁伤。由于中子不带电荷，具有更强的穿透能力，一般能防护 γ 射线的材料通常不足以防护中子流。因为只有水和电解质才能吸收中子，而生物体中含大量水分，所以中子流对生物产生的伤害比 γ 射线更大，所以中子弹能达到杀伤有生力量而不毁伤装备的目的。但事实上中子弹爆炸产生的热辐射和冲击波还是很强的，仍旧可以对各种装备造成毁伤，所谓"杀人不毁物"只是相对其他热核武器而言的。

钴核弹是在弹壳使用钴元素，核聚变反应释放的中子会令钴 59 变成钴 60，后者是一种会长期 (约 5 年内) 辐射强烈射线的同位素，所以能实现长时间的强辐射污染。除了使用钴外，也可使用金造成数天污染，或用锌及钽造成数月的污染。不过由于三级起爆核武器的核裂变–聚变–核裂变反应也能部分达到同一目的，所以已知的有核国家没有承认生产过钴核弹。

4.3.4　核武器作战运用与防护

1. 核武器毁伤效应概述

1) 核爆炸的发展过程

从核爆炸的发展过程理解核爆炸的毁伤效应。下面以 20kt 当量的核爆为例，按时间顺序介绍其发展过程。

(1) $t \approx 10^{-7}$s，核反应过程，向外发射瞬发 γ 射线和中子，瞬发 γ 射线将在空气中激励形成核电磁脉冲；

(2) $t \approx 10^{-6}$s，弹体燃烧到约 10^{6}K，形成 X 射线火球，继续发射 γ 射线和中子；

(3) $t = (1 \sim 2) \times 10^{-2}$s，这个时间内可看到强烈闪光，核电磁脉冲基本结束，继续发射 γ 射线和中子，火球发出光辐射，爆炸能量形成的高压将激发形成空气中的冲击波，冲击波开始脱离火球向四周传播；

(4) $t \approx 0.2$s，火球直径最大，瞬发中子结束，继续发射 γ 射线和光辐射，冲击波传播到约 0.25km 处；

(5) $t \approx 2$s，火球熄灭，光辐射结束，γ 射线已较弱，冲击波传播到约 1.2km 处；

(6) $t = 10 \sim 15$s，早期核辐射结束，10s 时冲击波传到 4km 处，强度接近声波，毁伤能力消失；

(7) $t = 7 \sim 8$min，蘑菇云达到稳定，这个时间以后，蘑菇云将逐渐飘移、消散。

2) 核爆炸的能量分配

从核爆炸的发展过程可知，核武器的毁伤元素主要有热辐射 (光辐射)、冲击波、核电磁脉冲、早期核辐射和放射性沾染 (剩余核辐射)，这几种毁伤元素导致不同的毁伤效应。其中热辐射 (光辐射)、冲击波、核电磁脉冲、早期核辐射在核爆后几秒或几分钟内发生，称为瞬时毁伤元素，一般产生瞬时毁伤效应，而放射性沾染则形成较长期的毁伤效应。

以核裂变型核武器原子弹为例，采用空爆方式，其毁伤元素的能量分配如图 4.3.10 所示。普通核爆的核电磁脉冲所占能量比例很小，在 1% 以下。对核聚变型核武器氢弹，放射性沾染 (剩余核辐射) 的能量相对很小，早期核辐射能量所占比例不变，冲击波和热辐射 (光辐射) 所占能量比例增加到 95%。对其他核爆方式，各毁伤元素所占能量比例将有所不同，部分数据可参考表 4.3.1。

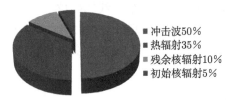

图 4.3.10　核爆毁伤元素能量分配

表 4.3.1　不同核爆方式下毁伤元素的能量分配

核爆方式	冲击波	热辐射 (光辐射)	早期核辐射
高空核爆	25%	60%~70%	5%
超高空核爆	15%	70%~80%	5%
空间 (太空) 核爆	5%	70%~80%	5%

2. 打击地面/水面战略目标

地面战略目标主要包括重要城市、港口、战略弹道导弹发射井、地下工事、首脑工程等。其中城市、港口目标称为面目标。由于面目标的抗冲击波能力较弱，对于核武器，通常称之为软目标。发射井、地下工事常称为点目标，这类目标通常具有抗冲击波设计，因此也称之为硬目标。利用核武器打击软目标和硬目标时需要选择恰当的核武器威力和爆炸方式。

打击城市目标，通常采用空爆方式，这样可以充分利用核爆炸的各种毁伤元素，以摧毁城市和地面不太坚固的目标 (工业厂房、住宅、城市交通工具等)，同时形成城市火灾，并大面积地杀伤敌方的有生力量。1945 年，美国对日本的广岛、长崎的打击采用空中核爆方式，使广岛和长崎成为一片废墟。

在打击港口、水面、水下目标时，可以采用水面和水下核爆的方式，能够有效摧毁船只、舰艇、码头和港口等各项设施。

而对于点目标 (硬目标)，当目标处于地面时，地面爆炸是最佳的爆炸方式。对于地下目标，如地下指挥中心、导弹发射井等，采用浅地下爆炸方式更为有效。近期，美国发展的核钻地弹，就是进行浅地下战术核爆炸的重要装备。

3. 反导、反卫的运用

1) 核拦截反导

核拦截技术是指在敌方战略弹道导弹来袭时，从地面发射携带核弹头的拦截导弹，在高空引爆核弹头，依靠核弹头的巨大威力摧毁来袭导弹，从而实现对弹道导弹的防御。

核拦截技术应用了空间核爆的毁伤机理。空间核爆通常是指超高空核爆 (爆心高度在 80km 以上)。与大气层内的核爆不同，在这个高度上空气非常稀薄，此时核爆炸不会产生冲击波 (或者冲击波能量很小)，而 X 射线、早期核辐射则是空间核爆产生的主要毁伤元素，其中 X 射线能量占到了核爆总能量的 70% 左右，可以在一定范围内对弹道导弹弹头实施硬毁伤破坏。由于空间目标大多采用轻质材料和复合材料，壳体厚度大多在 1～2cm，所以核爆产生 X 射线除了毁伤其壳体，还能够穿透壳体熔化其内部电路元件的引脚、焊点等部位，最终破坏其内部电子器件，造成功能性毁伤。

2) 空间核爆反卫

核武器还能用于未来空间作战行动。设想一定数量的搭载核弹头导弹有针对性地攻击近地轨道卫星系统，必然会导致近地轨道卫星系统遭受毁灭性打击。

空间核爆，除了前述的 X 射线毁伤效应外，还有早期核辐射的毁伤效应，而且后者的作用范围更广。与大气层中核爆的早期核辐射受到空气的强烈削弱不同，在 80km 以上的高空，空气稀薄，早期核辐射反而成为核爆产生的杀伤破坏范围最大、对空间目标最具威胁性的毁伤元素。早期核辐射会产生非常复杂的物理效应 (主要是各种电磁和核辐射效应)，对目标的毁伤破坏机制复杂，这里只进行简单的介绍。

核爆的早期核辐射主要包括 γ 射线辐射、中子辐射等。飞行中的弹道导弹弹头、卫星等目标中的电子系统 (如固体器件、计算机系统、控制系统和电源系统等)，对于 γ 射线的累积辐射剂量、中子辐射通量是非常敏感的，对于造成瞬态效应的 γ 射线辐射剂量则更为敏感。虽然大多数的空间飞行器的电子系统已经设计了一定的辐射容限，但是空间核爆产生的核辐射远远超过了这个容限，对空间飞行器是致命的威胁。

空间核爆的早期核辐射还可能导致一些地球物理效应，如形成人为极光、人为辐射带、扰动地磁等，这都会影响空间目标的飞行安全。例如，空间核爆释放出的高能电子容易被地球磁场捕获，在地磁两极间形成人为的辐射带，被捕获的电子总数可达 10^{26} 个之巨，辐射带的高度可达 4 倍地球半径左右，如图 4.3.11 所示，其中 a 为地球半径，$a = 6.4 \times 10^6 \mathrm{m}$。由于电子在高空运动与其他粒子的碰撞概率极小，所以人为辐射带可以持续很长时间，达数周、数月之久，对空间飞行器带来长期影响。

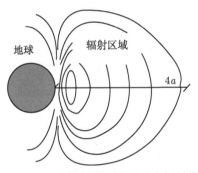

图 4.3.11　空间核爆形成的人为辐射带

4. 核武器防护的基本技能

1) 对光辐射的防护

遮：任何不透明的物体对光辐射都有阻挡作用，因此利用任何物体进行遮蔽，都可以避免光辐射的直接伤害。核爆炸时，处于掩盖工事内或地下室中的人员、物体，可以完全避免光辐射的危害。在建筑物内，人、物体只要离开窗口，就可避免光辐射直接照射。任何物体的阴影区都能保护在其遮蔽区内的人员避免或减轻光辐射的伤害。

避：闪光是光辐射的第一阶段能量释放形式，约有 99% 的光辐射能量是这个阶段释放出来的，它可造成人员的皮肤烧伤、视网膜烧伤和物体着火。因此，在发现耀眼的核爆炸闪光后，立即采取防护动作，避开光辐射的直接照射，迅速完成隐蔽动作就可以减轻或防止光辐射烧伤。防护时要重点注意对眼睛、呼吸道、皮肤的防护。

通常情况下，人眼在受到强光刺激后，本能闭眼大约需要 0.15s，靠条件反射闭眼，可以部分地保护眼睛不受或减轻光辐射伤害。但在闭眼之后，千万不要出于好奇，再睁眼去看火球，这样眼睛仍然会受到伤害。核爆火球发生可持续几十秒，保持 1min 的闭眼时间是每个人都能做到的。如附近无物体可遮蔽光辐射，及时卧倒，增大光辐射对人体的入射角，也能减轻光辐射的直接烧伤。对呼吸道的保护，主要是防止吸入热空气。在感受到热空气袭来时，最好能及时闭嘴，暂时屏住呼吸。对皮肤的防护，如能来得及，最好用浅色衣物将暴露的皮肤遮盖起来。

埋：采取措施使物体表面受到覆盖的保护，免受光辐射直接照射。如用黄泥、白石灰、防火漆、防雨帆布、玻璃纤维聚氯乙烯盖布等将物体预先盖起来。

消：落实消防措施，要求在爆前重视清除易燃物等防火措施，在爆后及时消灭引燃，全力扑灭明火。

2) 对冲击波的防护

冲击波的传播速度比光辐射慢得多，闪光之后要经过一段时间才能到达不同的距离处，因此，看到闪光后立即隐蔽就可能避免或减轻冲击波引起的损伤。

卧倒：在开阔地带，当人背向爆心卧倒时，成人的受风面积约为站立时的 1/7，儿童的受风面积约为站立时的 1/5。且卧倒时，人体重心降低，减少了被冲击波抛射造成损伤的可能。如果突然发现闪光，身边无任何可利用的地形地物，这时应立即迅速背向爆心就地卧倒，千万不能再到处跑着去找掩蔽地，或想跑向较远的地下工事，避免受到更严重的杀伤。

利用地形地物屏蔽：地形地物对冲击波有屏蔽作用，使其背 (坡) 面的超压和动压通常要小于相应距离平坦地面上的数值，但在迎坡面，超压反而增强，不仅起不到防护作用，反而加重伤害。因此，可组织人员利用土堆、花坛、墙根等，沿墙线迅速卧倒。有条件时，可利用地下室、地下过街道、隧道和人防工事防护。

避免间接伤害：在城市和各种大型居民地的建设中，应重视对建筑物的加固。在战时，门窗玻璃用纸条或胶带贴成"米"字形，以防止被冲击波打碎后到处飞散；注意固定好不稳定的物体；对于砖瓦等易飞散物品要及时清除，以防形成抛射物伤人。

快速采取防护措施：人不论到矮墙、沟渠，还是掩体，至少需要 0.5~1s 的时间 (以田径运动员百米冲刺的速度计)，而冲击波以超声速向外传播，当你感觉到爆炸时，所剩的防护时间极其有限，因此，此时人员应采取的行动是立即就地卧倒，不要再考虑找到地形地物。

3) 对早期核辐射的防护

看到闪光后，在 1～2s 内能利用地形地物进行屏蔽，至少可使人员免受约 50%的早期核辐射 γ 照射量。γ 射线和中子通过任何介质时，其辐射的强度都不同程度地减弱。因此，对于早期核辐射的防护，最有效的措施是在核爆前进入人防工事，其次是尽快利用地形地物进行屏蔽。另外，也可用药物进行防护。目前，我国能预防和治疗核辐射损伤的药物为硫辛酸二乙胺基乙酯，它能修补细胞，效果较好。

4) 对核电磁脉冲的防护

核电磁脉冲主要是对电气、电子设备有较大的破坏作用，一般不会对人体有什么伤害。对它的防护措施与防雷击、防大气干扰相似，多采用电子屏蔽的方法进行防护。

5) 对放射性沾染的防护

放射性沾染通过三种途径作用于人体：γ 射线全身照射 (外照射)，皮肤严重沾染后受到 β 射线损伤 (皮肤沾染)，放射性物质随食物、饮水和空气进入人体造成损伤 (内照射)。

当爆炸发生后，一旦察觉有落下灰沉降，及时采取防护措施，如穿上防护服装或雨披、斗篷，戴口罩，防止落下灰粒子直接沾染在皮肤上，减少受照剂量。

要正确辨识沾染区标志，选择最佳路线撤离沾染区。撤离前或进入沾染区前，注意把领口、袖口和裤管口扎紧，戴上口罩，采取简单防护措施。在沾染区内，不要在地上坐、卧，避免接触沾染物体。尽量不在沾染区内吃东西或喝水。如果必须饮食，最好吃沾染区外带入的食品，食品包装要密封，外面用塑料袋或塑料纸包好，而且在食用时应不让包装外的尘土沾染食品。在食用前，应漱口、洗手，防止尘土食入。对沾染区内的食品应进行检查，没有沾染才能食用。人员在沾染区内活动时，应采取呼吸道防护，防止吸入沾染空气。最好用简易防护口罩。如无口罩，也可用手帕、毛巾甚至布条类物品捂住口鼻。

4.4 生化武器

4.4.1 生化武器的基本概念

1. 化学武器定义及化学战剂分类

1) 化学武器定义

装有化学战剂的炮弹、炸弹、火箭弹、导弹、地雷、布 (喷) 洒器等，统称为化学武器。现代战争中使用毒物杀伤对方有生力量、牵制和扰乱对方军事行动的有毒物质统称为化学战剂，它一般都具有很强的毒性，此外还有中毒途径多、杀伤范围广、作用迅速、持续时间长、影响因素多等特点。

2) 化学战剂分类

化学战剂种类很多，按作用持续时间可分为暂时性毒剂和持久性毒剂；按照基本杀伤类型可分为致死性毒剂和非致死性毒剂；按毒害发作快慢可分为速效性毒剂和缓效性毒剂；通常按照其毒理作用和临床症状进行分类，将其分为神经性毒剂、糜烂性毒剂、窒息性毒剂、全身中毒性毒剂、失能性毒剂和刺激性毒剂等；按腐蚀目标材质可分为超级腐蚀剂、材料脆化剂、超级黏结剂、黏性泡沫剂、超级润滑剂等。

2. 生物武器定义及生物战剂分类

1) 生物武器定义

生物武器是生物战剂及施放它的武器、器材总称，是一种大规模杀伤破坏性武器。生物战剂是指在战争中使人、畜致病，毁伤农作物的微生物及其毒素。生物武器经历了三代：第一代以细菌、昆虫方式投送；第二代以气溶胶方式施放；第三代是基因武器。可用作生物战剂的致病微生物一般具备下列条件：致病力强，传染性大，能大量生产，所致疾病较难防治，储存、运输和施放后比较稳定。

2) 生物战剂分类

生物战剂的类别主要有以下三种划分方法：

(1) 按对人员的危害程度，生物战剂分为失能性战剂和致死性战剂。失能性战剂是使人员暂时丧失战斗力，死亡率低于 10%。例如，布鲁氏杆菌、委内瑞拉马脑炎病毒、Q 热立克次体等。致死性战剂的死亡率高于 10% (一般为 50%~90%)，例如，炭疽杆菌、霍乱弧菌、野兔热杆菌、伤寒杆菌、鼠疫杆菌、天花病毒、黄热病毒、东方马脑炎病毒、西方马脑炎病毒、肉毒杆菌毒素等。

(2) 根据所致疾病有无传染性，生物战剂分为传染性战剂 (如鼠疫、天花、流感、霍乱等) 和非传染性战剂 (如土拉杆菌、肉毒毒素等) 两类。传染性战剂多用于敌后方战略目标，非传染性战剂可用于攻击敌方战役、战术目标。

(3) 根据生物战剂微生物的形态及其病理特征，传统的生物战剂是指细菌、病毒、真菌、毒素、衣原体、立克次体等。

4.4.2 生化武器的毁伤原理

1. 传统生物毒剂

1) 神经性毒剂

神经性毒剂是破坏神经系统正常功能的毒剂，这类毒剂主要通过呼吸道吸入或皮肤吸收引起中毒。其中毒症状是胸闷、缩瞳、流涎、多汗、呼吸困难、抽筋等，严重时，如不及时救治，可迅速死亡。

神经性毒剂主要是有机磷酸酯衍生物，该类毒剂毒性强、中毒途径多、作用迅速、杀伤力强、危害持续时间长，是最主要的一类军用毒剂。中毒后主要引起中枢神经系统、植物性神经系统、呼吸系统及血液循环系统的功能障碍。病理变化可见皮肤、黏膜及内脏充血、出血及水肿，脑膜及脑实质充血，神经细胞坏死等改变。敌敌畏、马拉硫磷等许多剧毒有机磷农药，其作用机制及毒理性质与神经性毒剂相同，但毒性较低。

2) 糜烂性毒剂

糜烂性毒剂主要有芥子气 (mustard gas)、氮芥、路易氏毒剂和光气肟等。该类毒剂性质稳定，作用持久，战斗使用时主要为液滴态，其蒸气或雾可造成中毒。中毒后主要引起皮肤糜烂，亦损伤眼、呼吸道、消化道及伤口等，被机体吸收后可破坏肌体组织细胞，引起严重的全身中毒，造成呼吸道黏膜坏死性炎症、皮肤糜烂、眼睛刺痛畏光甚至失明等。这类毒剂渗透力强，中毒后需长期治疗才能痊愈。

这类毒剂中最重要的是芥子气。芥子气液滴态时主要经皮肤吸收，蒸气态可经呼吸道吸入，中毒后主要损伤局部，但也可引起严重的全身损伤。芥子气除直接引起接触部位的损伤使之发生糜烂外，还能通过完整的皮肤和黏膜侵入体内，引起全身广泛的变化。

3) 窒息性毒剂

窒息性毒剂是指损害呼吸器官，引起急性中毒性肺气肿而造成窒息的一类毒剂。其主要是具有损伤肺部组织作用的化合物，通过破坏组织引起肺水肿，从而降低血液摄取氧的能力，造成机体缺氧以致窒息死亡，其对眼、鼻、喉也有一定刺激作用。

窒息性毒剂的典型代表物是光气和双光气。另外，硫化氢、氯气等有毒气体也可引起急性窒息性中毒。

4) 全身中毒性毒剂

全身中毒性毒剂又称血液性毒剂，是一类破坏人体组织细胞氧化功能，引起全身组织急性缺氧的毒剂，主要代表物有氢氰酸 (HCN)、氯化氢等。通过呼吸道吸入引起中毒。其中毒症状有口舌麻木、呼吸困难、皮肤鲜红、强烈抽筋等，严重时能引起死亡。

全身中毒性毒剂主要抑制人体细胞和组织内的呼吸酶，造成全身性组织缺氧。例如，吸入氢氰酸后立即出现昏迷、痉挛、呼吸困难，严重又未救治者将迅速死亡。氢氰酸是氰化氢的水溶液，有苦杏仁味，可与水及有机物混溶，战争使用状态为蒸气状，主要通过呼吸道吸入中毒，其症状表现为恶心呕吐、头痛抽风、瞳孔散大、呼吸困难等，重者可迅速死亡。

5) 刺激性毒剂

刺激性毒剂是一类刺激眼睛和上呼吸道的毒剂。凡是刺激眼睛或鼻咽黏膜，引起眼睛剧痛并大量流泪或引起不断咳嗽、喷嚏而使人员暂时性地失去正常活动能力的毒物称为刺激性毒剂。它主要通过呼吸道吸入和接触引起中毒，中毒症状是眼睛疼痛、流泪、喷嚏、咳嗽等。刺激性毒剂作用迅速强烈，但通常无致死的危险。刺激性毒剂除刺激眼、鼻、咽外，常伴随着刺激皮肤，引起皮肤剧烈疼痛。当人员脱离与毒物的接触后，刺激症状会慢慢地自行消失，不留后遗症状。

根据中毒症状不同，刺激性毒剂又可分成催泪剂与喷嚏剂。现在各国列入军事装备与警用装备的刺激性毒剂主要有苯氯乙酮 (CN)、西埃斯 (CS)、亚当氏气、西阿尔 (CR) 等。催泪性毒剂主要有苯氯乙酮、西埃斯；喷嚏性毒剂主要有亚当氏气。

6) 失能性毒剂

失能性毒剂是一类暂时使人的思维和运动机能发生障碍从而丧失战斗力的化学毒剂。它们通常不引起死亡，不造成永久性伤害。失能性毒剂可通过吸入或口服中毒而引起失能。有些用解毒药即可恢复正常，有些不用解毒药隔一定时间后也能恢复正常。主要代表物是 1962 年美国研制的毕兹 (BZ)。

BZ 属于精神失能剂，这类毒剂能使正常人员暂时产生精神失常，即所谓拟精神病。BZ 中毒症状与阿托品中毒类似。中毒症状是精神错乱，头痛幻觉，思维减慢，反应呆痴，瞳孔散大，嗜睡，体温、血压失调，出现听觉、视觉障碍等，一般不会引起死亡。其躯体性症状表现为瞳孔扩大、唾液与汗腺分泌减少、支气管舒张、胃肠蠕动变慢，同时心跳加速、血压上升、体温升高。但作为 BZ 的特点，主要还不是这些躯体中毒症状，而应该是精神性症状，即影响了中枢神经系统中的正常功能，这就出现了注意力减退、近期记忆力减退、判断力减退、思维迟缓、反应迟钝、嗜睡、木僵、无力、定向障碍、行动不稳，甚至摔倒在地。有时却相反地出现兴奋状态，躁动不安、幻视幻听、胡言乱语，在情绪上也能出现激动或恐惧。

2. 传统生物武器原理

1) 细菌

细菌的大小一般约在微米 (μm) 量级，按其形态可分为球菌、杆菌和弧菌三种，如图 4.4.1 所示。球菌呈圆球状，也有肾脏或矛头状。根据细菌分裂后排列的情况，又可分为双球菌、链球菌、葡萄球菌。杆菌呈杆状，有单个的，也有成双或链状排列的。各种杆菌的长度和宽度比例与大小均不一致，有的菌体粗短、两端钝圆，称为球杆菌；有的两端平截呈方形，如炭疽杆菌；也有一端膨大呈棒状，如白喉杆菌。弧菌菌体弯曲呈弧状，如霍乱弧菌。细菌是一种单细胞生物，其基本构造与一般植物细胞相似，有细胞壁、细胞膜、细胞质、细胞核、空泡和细胞内颗粒，如图 4.4.2 所示。

肺炎双球菌、炭疽杆菌、产气荚膜杆菌及流感杆菌等，在机体内 (或在含有丰富蛋白质的培养基内) 可自菌体分泌一种黏性物质，围绕在胞壁周围，称为荚膜。

荚膜能保护细菌免受白细胞的吞噬，便于细菌在体内侵袭和扩散，故属于细菌的毒力因素之一。

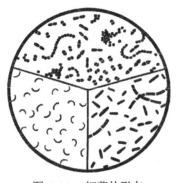

图 4.4.1   细菌的形态

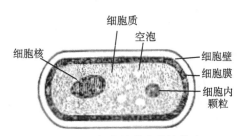

图 4.4.2   细菌的基本结构模式

2) 病毒

病毒是已知最小的生物，是传统生物战剂中种类最多的一类，常见能感染人的病毒包括黄热病毒、东部马脑炎病毒、委内瑞拉马脑炎病毒、西部马脑炎病毒、阿根廷出血热病毒、天花病毒、登革病毒、立夫特山谷热病毒、马尔堡病毒、齐孔贡雅病毒、肝炎病毒、森林脑炎病毒、裂谷热病毒、拉沙病毒等。

人类的急性传染病中，有许多是由病毒引起的。据统计，病毒病患者占传染病的 70%～80%。病毒可分为动物病毒、植物病毒和细菌病毒（即噬菌体）三类，对人类有致病性的病毒属于动物病毒。

3) 毒素

毒素是动、植物和微生物产生的有毒化学物质，毒素战剂又称为生物-化学战剂。例如，A 型肉毒毒素、B 型葡萄球菌肠毒素。毒素是致病细菌或真菌分泌的一种有毒而无生命的物质，它与细菌和真菌的致病作用有直接关系，通常有外毒素和内毒素之分。外毒素为蛋白质，一般不耐热，加热至 60～80° 时，10～30min 便会被破坏。内毒素则存在于细菌的胞壁中，通常在细菌死亡溶解后才放出。

毒素的特点是毒性强，但没有传染性。毒害作用取决于毒素的类型、剂量和侵入途径等。

4) 立克次体

立克次体是原核细胞型微生物，其大小和生理特点介于细菌与病毒之间。它们有与细菌一样的细胞壁和其他相似的结构，含有的酶系统不如细菌完全，故其存活要求近似于病毒，需要活细胞培养才能生长繁殖。目前发现的立克次体共有 40 多种，对人类有致病性的有十多种，例如，Q 热立克次体、立氏立克次体、普氏立克次体。

Q 热是一种急性传染病,常见症状为发烧,与其他热性传染病难以区别。其感染途径常通过气溶胶经呼吸道感染而进入血循环,产生全身性感染,部分患者形成肺炎、肝炎或心内膜炎而转为慢性迁延性疾病。特效药为四环素族药物和氯霉素。Q 热立克次体 (又名贝氏立克次体) 是 Q 热的病原体,其个体较小 ($0.2\sim1.0\mu m$),常通过气溶胶直接传播感染。Q 热立克次体易于大量生产,稳定性好,不易诊断检验,疫苗副作用大,可致局部肉芽肿、肝坏死等,而且可以人工产生继发性疫源地,其病死率低,为 1% 以下,为失能性生物战剂。

5) 衣原体

衣原体是一类介于细菌和病毒之间的、在细胞内寄生的原核细胞型微生物。衣原体广泛寄生于人和动物,仅少数致病,常见疾病沙眼即是衣原体所为。鹦鹉热 (鸟疫) 衣原体是一种致死性的生物战剂。

鹦鹉热衣原体被认为是理想的生物战剂之一。其特点是:感染剂量小,传染性强,少量病原体就可使密集人群发病;病程发展快,重症可以致死,轻症恢复相当缓慢;该病原体免疫原性不强,即使应用一般疫苗,人群免疫水平也不高,仍易再发生感染。部队中若有感染鹦鹉热衣原体的军鸽、战马及警犬,不经检疫使用,特别在战争时间饲养条件较差时,就有可能引起人群感染,影响战斗力。日军在第二次世界大战中曾释放有感染性的信鸽,引起苏军官兵及鸽群发生感染。

6) 真菌

真菌是有完整细胞核并有核膜而无叶绿素的一类菌藻植物,少数以单细胞存在,大多数是由分枝的或不分枝的丝状体组成的多细胞生物,比细菌大几倍至几十倍。例如,粗球孢子菌、荚膜组织胞浆菌。

真菌种类繁多,分布广泛,大多数对人无害或有利,它们与人类关系十分密切,具有分解或合成多种有机物的能力,是地球上有机物质循环不可缺少的角色。使人致病的真菌不到 100 种,其大部分可引起皮肤、指甲、毛发或皮下组织的慢性病变,可能作为生物战剂的有粗球孢子菌和荚膜组织胞浆菌。农作物的传染病 80%~90% 由真菌引起,故真菌是破坏农作物的主要生物战剂。1951~1959 年,美军至少进行过 31 次用真菌战剂毁伤水稻和小麦的试验,结果证明,每公顷只需喷 3g 稻瘟真菌即可使 50%~90% 的作物感染。

4.4.3 生化武器结构

1. 化学武器基本结构

化学武器是指各种化学弹药和毒剂布洒器。化学弹药是指战斗部内主要装填毒剂 (或二元化学武器前体) 的弹药,主要有化学炮弹、化学航弹、化学手榴弹、化学枪榴弹、化学地雷、化学火箭弹和导弹的化学弹头等。典型的化学武器结构如图 4.4.3 所示。化学武器按毒剂分散方式可分为以下三种基本类型：

(1) 爆炸型化学武器 (explosive chemical weapon) 是利用毒剂弹内的炸药爆炸时产生的能量，将毒剂分散为雾状或液滴状战斗状态，主要有化学炮弹、航弹、火箭弹、地雷等，可装填的毒剂有沙林、氢氰酸、梭曼、芥子气、胶状毒剂维埃克斯等，以及西埃斯、苯氯乙酮等固体刺激剂。

(2) 热分散型化学武器 (heating disperse chemical weapon) 借烟火剂、火药的化学反应产生的热源或高速热气流使毒剂蒸发、升华，形成毒烟 (气溶胶)、毒雾。主要有装填固体毒剂的手榴弹、炮弹毒烟罐、毒烟手榴弹，以及装填液体毒剂的毒雾航弹等，装填的毒剂有失能剂毕兹和西埃斯、苯氯乙酮等刺激剂。

(3) 布撒型化学武器 (sprinkling chemical weapon) 利用高压气流将容器内的固体粉末毒剂、低挥发度液态毒剂喷出，使空气、地面和武器装备染毒。主要有毒烟罐、气溶胶发生器、布毒车、航空布洒器和喷洒型弹药等，可以布撒芥子气、胶黏梭曼和维埃克斯等毒剂，形成大面积污染。

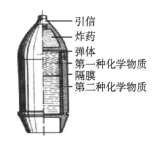

| (a) 化学炮弹 | (b) 化学武器航空炸弹 | (c) 二元化学炮弹 |

图 4.4.3　几种典型的化学武器结构

20 世纪 60 年代以来，国际上陆续研制了沙林、维埃克斯等神经性毒剂的二元化学炮弹、航空炸弹等。它是将两种以上可以生成毒剂的无毒或低毒的化学物质——毒剂前体，分别装在弹体中由隔膜隔开的容器内，在投射过程中隔膜破裂，化学物质靠弹体旋转或搅拌装置的作用相互混合，迅速发生化学反应，生成毒剂。二元化学武器在生产、装填、储存和运输等方面均较安全，能减少管理费用，避免渗漏危险和销毁处理的麻烦，毒剂前体可由民用工厂生产。

2. 生物武器基本结构

生物武器由生物战剂与载体结合构成，生物战剂能使目标生物 (人、动物和植物) 致病，载体是运输投送生物战剂的工具。生物武器载体可分为战斗部、气溶胶、媒介物等形式。

(1) 战斗部型生物武器。指特制的生物武器战斗部，容纳生物战剂用于战场发射，包括炮弹、航弹、导弹等。

(2) 气溶胶型生物武器。指生物战剂分散成微小的粒子悬浮空中，形成微粒和空气的混合体，它能随风飘移，污染空气、地面、食物，并能渗入无防护设施的工事，人员吸入即能致病，气溶胶可通过容器、发生器以及飞机、导弹等载体进行。

(3) 媒介物型生物武器。指昆虫、动物和杂物被生物战剂感染或污染后，以各种形式将病原体传给人员，使人致病，媒介物也可通过航弹等载体运输投送。

4.4.4 生化武器作战运用与防护

1. 化学武器作战运用与防护

化学武器虽然杀伤力大，破坏力强，但由于使用时受气候、地形、战情等的影响，其具有很大的局限性。化学武器的防护措施主要有探测通报、破坏摧毁、防护、消毒、急救。

探测通报：采用各种现代化探测手段，弄清敌方化学袭击的情况，了解气象、地形等，并及时通报。

破坏摧毁：采用各种手段，破坏敌方的化学武器和设施等。

防护：根据军用毒剂的作用特点和中毒途径，防护的基本原理是设法把人体与毒剂隔绝，同时保证人员能呼吸到清洁的空气，如构筑化学工事、器材防护 (戴防毒面具、穿防毒衣) 等。

消毒：主要是对沾染神经性毒剂和糜烂性毒剂的人、水、粮食、环境等进行消毒处理。

急救：针对不同类型毒剂的中毒者及中毒情况，采用相应的急救药品和器材进行现场救护，并及时送医院治疗。

2. 生物武器作战运用与防护

1) 生物武器的作战运用

A. 生物战剂的使用方法

施放生物战剂气溶胶——生物战剂分散成微小粒子悬浮在空气中，这种微粒和空气的混合体称为气溶胶。它能随风飘移，污染空气、地面、食物，并能渗入无密闭设施的人防工程，人员吸入即可致病。直接施放生物战剂气溶胶是最基本的使用方式。它可从空中直接布洒，也可把喷洒器投至地面喷放，还可人工投放。

投放带菌昆虫、动物和其他媒介物——昆虫、动物和杂物被生物战剂感染或污染后，用炸弹等多种方式投放到被袭击地域，它们便可将病原体传给人类，使其致病。

其他方法——用生物战剂污染水源、食物、通风管道，遗弃带菌物品、尸体或遣返俘虏等，间接使人感染疾病。

B. 生物战剂侵入人体的途径

(1) 吸入。生物战剂污染的空气可以通过呼吸道吸入人体，感染致病，如鼠疫、天花等。

(2) 误食。食用被生物战剂污染的水、食物而得病，如霍乱等。

(3) 接触带菌物品。生物战剂可直接经皮肤、黏膜、伤口进入人体，如炭疽杆菌等。

(4) 被带菌昆虫叮咬。被带有生物战剂的昆虫叮咬而致病。

2) 生物战的防护

A. 单兵防护装具

三防服是具有防核武器、防化学武器、防生物武器的综合性能的作战服，它由上衣、裤子、护目镜和防毒面具等部分组成。目前广泛使用的是活性炭技术，以此制成的布料其抗生化攻击性能良好，但为了取得所需的防护效果，活性炭的需求量往往比较大，这就导致制成的防化服笨重厚实，穿着不适。开发中的新材料使用的是渗透性隔膜技术。

B. 集体防护器材与系统

集体防护器材是军队和居民集体用以防止毒剂、生物战剂和放射性灰尘伤害的各种器材的统称。其包括设置在各种掩蔽部、地下建筑、帐篷、车辆、飞机和舰艇舱室内的气密设备和供给清洁空气的设施。

现代三防掩蔽部、战斗车辆、飞机和舰艇舱室，在设计制造时都采取了气密措施，人员出入口的门带有密封胶条，进出气口装有密闭阀门。在安装有集体防护器材的工事、车、船和飞机等的里面，人员无须使用个人防护器材。

思　考　题

(1) 弹药系统的组成有哪些？各有什么作用？

(2) 炸药按用途分有哪几大类？代表物质是什么？

(3) 简要描述装药在空气中爆炸的基本现象。

(4) 简要描述装药在水中爆炸的基本现象。

(5) 破片战斗部的结构型式决定了破片形成的机制，传统的破片战斗部可以分成哪几类？

(6) 侵彻弹道极限指的是什么？目前常用的弹道极限是哪三种？它们之间有什么不同？

(7) 简要描述射流形成过程，射流有哪些特点？

(8) 简要描述射流破甲现象。

(9) 核裂变与核聚变型核武器的基本原理是什么？相互之间有什么重要区别和联系？

(10) 什么是两级起爆式核聚变型核武器？

(11) 核武器爆炸主要有哪些毁伤效应？

(12) 说明核武器爆炸的冲击波效应与常规炸药爆炸形成的冲击波效应的区别。

(13) 简述核武器毁伤效应的应用情况。

参 考 文 献

解放军总装备部电子信息基础部. 2003. 核武器装备// 现代武器装备知识丛书. 北京：原子能出版社，航空工业出版社，兵器工业出版社.

李向东, 钱建平, 曹兵. 2004. 弹药概论. 北京：国防工业出版社.

刘云波. 1979. 原子武器防护知识. 北京：原子能出版社.

卢芳云, 李翔宇, 林玉亮. 2009. 战斗部结构与原理. 北京：科学出版社.

美国陆军装备部. 1988. 终点弹道学原理. 王维和, 李惠昌, 译. 北京：国防工业出版社.

沈萍, 陈向东. 2006. 微生物学. 北京: 高等教育出版社.

隋树元, 王树山. 2000. 终点效应学. 北京：国防工业出版社.

王坚, 李路翔. 1993. 核武器效应及防护. 北京：北京理工大学出版社.

王志军, 尹建平. 2005. 弹药学. 北京：北京理工大学出版社.

吴文健, 王建方. 2007. 军事生物技术概论. 长沙: 国防科技大学出版社.

张国伟. 2006. 终点效应及其应用. 北京：国防工业出版社.

赵文宣. 1989. 终点弹道学. 北京：兵器工业出版社.

Glasstone S, Dolan P J. 1977. The Effects of Nuclear Weapons. United States Department of Defense, Energy Research and Development Administration.

第 5 章　信息对抗武器装备

前面章节讨论的枪炮、导弹武器和弹药等，遂行的是对战场空间的物质力量投送。而遂行信息力量的投送、实施信息对抗等作战活动的武器装备则可纳入信息对抗武器装备范畴。这类武器装备包含可实施探测的电子侦察装备，实施打击破坏的干扰装备、反辐射武器和定向能武器，实施计算机网络攻击的网络武器等。

5.1　信息对抗武器装备概述

5.1.1　信息对抗武器的概念及分类

1. 信息对抗武器的概念

按照军语，信息对抗是围绕信息获取、传输、处理、利用，在网络电磁空间采取的对抗措施及其行动的统称。其目的是在网络电磁空间干扰、破坏敌方信息和信息系统，影响削弱敌方信息获取、传输、处理、利用和决策能力，保证己方信息系统稳定运行、信息安全和正确决策。信息对抗主要包括电子对抗、网络对抗和心理对抗。

电子对抗又称电子战，是使用电磁能、定向能和声能等技术手段，控制电磁频谱，削弱、破坏敌方电子信息设备、系统、网络及相关武器系统或人员的作战效能，同时保护己方电子信息设备、系统、网络及相关武器系统或人员的作战效能正常发挥的作战行动。电子对抗主要分为电子 (对抗) 侦察、电子进攻、电子防御。

网络对抗又称网络战，是为破坏敌方网络系统和网络信息，削弱其使用效能，保护己方网络系统和网络信息实施的作战行动。网络对抗可分为网络攻击、网络防护和网络侦察。

信息对抗武器指在网络电磁空间中，以探测、削弱、破坏和摧毁敌方信息及信息系统使用，并保护己方信息和信息系统安全与使用的各种武器装备的统称。这里重点讨论电子对抗和网络对抗的武器装备。

2. 电子对抗武器的分类

电子对抗武器可以从杀伤效果、作战功能、作用对象等不同角度进行分类。

1) 按杀伤效果区分

按杀伤效果，信息对抗武器可分为非杀伤性武器装备、软杀伤武器装备和硬杀伤性武器。

非杀伤性武器是指对敌方目标本身不具有直接杀伤、摧毁、破坏和干扰作用，但可支援、保障己方作战力量和作战武器系统对敌实施作战行动的电子对抗武器装备。非杀伤性电子对抗武器主要包括电子侦察装备、告警装备和测向装备等。

软杀伤武器装备是指对敌方目标实体不具有直接的杀伤、摧毁和破坏作用，而对其功能起干扰、削弱和抑制作用的信息对抗武器。其作战对象是敌方的信息作战武器与系统以及信息化武器。软杀伤电子对抗武器装备主要包括有源、无源和专用电子干扰武器、光电干扰武器、其他干扰性武器。

硬杀伤电子对抗武器是指对敌方目标及其功能具有直接杀伤、摧毁、破坏作用的信息对抗武器。其作战目标既包括敌方的信息性目标，也包括非信息性目标及人员。硬杀伤电子对抗武器主要包括反辐射武器和高功率定向能武器等。

2) 按作战功能和目的区分

如果按作战功能和目的不同进行划分，电子对抗武器装备可分为电子对抗侦察、电子进攻和电子防御装备。

电子侦察装备主要对敌方雷达、无线电通信、导航、遥测遥控设备、武器制导系统、电子干扰设备、敌我识别装置以及光电设备等发出的电磁信号进行搜索、截获、识别、定位和分析，确定这些设备或系统的类型、所在位置及其各种技术参数，为己方部队提供电子报警、实施电子干扰和其他军事行动提供依据。

电子攻击装备是对敌方使用的电磁波进行干扰和欺骗，削弱或破坏敌方电子装备的效能，甚至彻底摧毁的武器装备统称。常用的电子攻击装备有电子干扰、电子伪装、隐身和硬摧毁等武器装备。

电子防护装备是保障己方作战指挥和武器运用不受敌方电子攻击影响的装备统称。电子防护装备主要包括电子抗干扰、电磁加固、频率分配、信号保密、反隐身和其他电子防护等装备与设备。

3) 按照作用对象区分

按照电子对抗作用对象区分，电子对抗武器装备可分为雷达对抗、通信对抗、光电对抗、水声对抗以及其他对抗等武器装备。

3. 网络对抗武器装备的分类

按照作战目的区分，网络对抗武器装备可分为网络侦察、网络进攻和网络防护等。

网络侦察装备分为主动式网络侦察装备和被动式网络侦察装备。主动式网络侦察装备主要采用各种踩点和扫描技术进行侦察。被动式网络侦察装备主要包括无线电窃听、网络数据嗅探等进行网络侦察。

网络攻击装备指利用敌方网络系统的安全缺陷，窃取、修改、伪造或破坏信息，以及降低、破坏网络使用效能的装备统称。如病毒攻击、入侵系统、拒绝服务攻击和物理攻击等装备。

网络防护装备为保护己方信息网络系统正常工作、信息数据安全有效的装备统称。网络防护装备主要包括网络隔离、访问控制、入侵检测、病毒防护和攻击源追踪等装备。

5.1.2　信息作战武器发展

1. 电子对抗装备

1904 年 2 月爆发的日俄战争，被认为是第一次敌对双方都使用无线电进行通信联络的战争。战争初期，俄军通过火花发射机干扰日军射击校准信号，成功躲避日军袭击。在第一次世界大战期间，电子对抗已经有了广泛的应用。无线电技术逐步运用于军事斗争，并出现了一些与之匹配的战法战术。这一时期只是利用无线电收、发信机进行单一的通信对抗。

第二次世界大战中，英、美、苏、德等国纷纷投入大量的人力、物力、财力研制无线电对抗设备。由此，电子对抗逐步从单一的通信对抗发展为导航对抗、雷达对抗和通信对抗等多种电子战形式，同时也陆续研制出一些专用的电子战装备，如无线电侦察测向和干扰设备、雷达侦察设备、有源雷达干扰设备、无源箔条干扰器材、专用电子战飞机等。20 世纪 50 年代中期出现第一代红外告警设备，如美国的 AN/ALR-21 红外告警器，它能自动报警并自动控制释放红外诱饵干扰。

在 20 世纪 60~70 年代越南战争和 1967 年、1973 年的两次中东战争中，电子对抗异常激烈，促进了电子对抗装备的全面发展。在越南战争初期，美军飞机的战损率一度高达 14%。血的教训让美军加速更新、生产电子对抗装备。1967 年初，美军所有作战飞机加装了电子对抗装备，新研制的"百舌鸟"反辐射导弹、"野鼬鼠"反雷达飞机等武器装备相继应用于实战。20 世纪 70 年代中期以后，由于电子技术的迅速发展，新一代的电子对抗装备广泛采用军用电子计算机、微处理机及数字技术，提高了在密集、复杂电磁环境中对信号的分选、信息处理能力和自动化程度；大量生产和装备了多功能、自适应的电子对抗系统，电子对抗装备的种类、数量大大增加。同期新型的光电对抗装备不断出现。第二代红外告警设备出现在 20 世纪 60 年代到 70 年代中期，具有多目标搜索、跟踪和记忆能力，并可适时配合红外干扰弹和红外干扰机使用，达到告警和干扰自动交联。第三代红外告警设备出现在 20 世纪 70 年代中后期到 80 年代末。这代产品具有全方位告警能力，可完成对群目标的搜索、跟踪和定位，自动引导干扰系统工作。随着雷达隐身技术与反辐射武器技术的不断进步，单一告警手段难以满足作战需求，光电综合告警装备受到重视。20 世纪 80 年代末，美国研制带有激光告警和紫外告警功能的光电综合告警装备。

1991 年海湾战争以后，电子对抗装备发展进入综合化、系统化、模块化、智能化的新阶段。机载、舰载综合电子对抗系统和区域综合电子对抗系统已经开始装备，光电对抗装备和水声对抗装备迅速发展，反辐射无人机、新一代精确高速反辐射导弹装备部队，电磁脉冲炸弹和微波武器已进入试用阶段。1992年，美国投产第一种激光告警装备 AN/AVR-2，已经广泛用于直升机和水面舰艇。

进入21世纪，各国都开始实施军事转型。期间美空军加快了对 E-10 系列电子侦察机、RC-135"联合铆钉"侦察机和 RQ-4A"全球鹰"、MQ-1"捕食者"无人侦察机等机载电子侦察系统的研制和改进，以满足现代战场对侦察监视的远距离、宽频带、高分辨率、多类型目标识别和跟踪等功能要求。改进后的 EA-18G"咆哮者"舰载电子战飞机通过采用跟踪–瞄准式干扰系统，可以集聚干扰能量，对160km 外的雷达实施精确干扰，还可以避免影响己方雷达、通信系统的正常使用。在 2003 年伊拉克战争中，美军用电磁脉冲弹空袭伊拉克国家电视台，造成其转播信号中断。21世纪初，美国、俄罗斯、英国、澳大利亚、瑞典等国家都积极开展高功率微波武器的研究。

2009年，美海军启动下一代干扰机 AN/ALQ-249 NGJ 研制，用于对抗越来越先进的敌方搜索、跟踪和火控雷达及通信系统，阻止敌方在战时有效使用电磁频谱。2019年交付第一套 AN/ALQ-249 NGJ。

2019年5月，洛克希德·马丁公司计划向美海军交付首批 AN/ALQ-248 先进舷外电子战 (AOEW) 系统。AN/ALQ-248 是首个综合了电子战、电磁频谱、传感、探测和电子攻击的系统，执行防区内干扰任务，深度融合杀伤链，实现在敌人发现前就打击目标。

目前，美军多型电子战飞机装载有 AGM-88"哈姆"高速反辐射导弹，在侦察到目标后能够迅速发射导弹予以摧毁，实现了侦察攻击一体化。

基于数据链路技术的快速发展，美陆军研发网络化的电子战系统，"狼群"系统就是其中的典型。该系统是一个地基、近距离、分布式的自组网电子侦察与电子对抗系统，采用干扰机联网技术在战术层内攻击敌方的雷达和通信网。

2. 网络对抗装备

20世纪90年代，网络对抗装备开始加速发展。特别是21世纪后，网络对抗装备在是实战中成功应用。"震网"(Stuxnet) 病毒是全球首个对能源基础设施，如核电站、电网等进行定向攻击的高端"蠕虫"病毒。美军的"爱因斯坦"计划用于监测针对政府网络的入侵行为，保护政府网络系统安全。"爱因斯坦"进行了三期，提供入侵监测系统、蠕虫检测、钓鱼、IP 欺骗、僵尸网络、DDoS、中间人攻击以及恶意代码插入攻击等功能。

"舒特"系统是信息侦察、信息干扰、网电和电子攻击一体化攻击系统，共有五代系统。美空军对多型电子战飞机加装了"舒特"网络电子攻击系统。该系统能够侵入敌防空雷达系统和通信系统，通过植入假目标或错误编码等方式，对敌防空雷达系统实施欺骗。

2017 年 5 月初，席卷各国的"想哭" (Wanna Cry) 勒索病毒软件成为继"熊猫烧香"以来全球影响力最大的电脑病毒之一。

目前，各国都在积极开展基于人工智能等技术的信息对抗装备改造和研制。

5.2　电子对抗装备

5.2.1　电子对抗关键技术原理

电子对抗技术原理有一定相似性，由于篇幅有限，这里介绍电子对抗主要的技术原理。

1. 电子对抗侦察原理

电子对抗侦察用于获取战略、战术电磁情报，它是实施电子攻击和电子防护的基础和前提，并为指挥员提供战场态势分析所需的情报支援。

1) 雷达侦察原理

雷达侦察系统主要通过搜索、截获、分析和识别敌方雷达发射的信号，获取敌方雷达的工作频率、脉冲宽度、天线方向图和扫描方式，以及雷达的位置、类型等。

雷达侦察系统组成如图 5.2.1 所示。天线和接收机主要完成雷达信号的截获和信号变换功能，处理器、控制器和显示器等完成信号的分析、识别、显示和记录等功能。

雷达侦察系统与雷达 (系统) 的工作原理不同。雷达侦察系统侦察对象是雷达信号，它自己不发射电磁信号，只是接收正在工作的雷达发射信号，并通过处理这些信号确定雷达的参数、方向和位置。

根据侦察任务的不同，雷达侦察分为雷达告警、雷达情报侦察和测向定位。

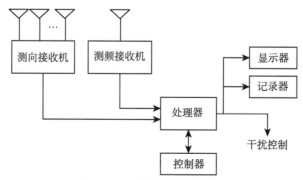

图 5.2.1　雷达侦察系统组成

雷达告警侦察系统通过识别与威胁关联的雷达信号并实时发出告警。雷达情报侦察系统主要是发现敌方的雷达目标。在测向定位侦察中，单侦察站或系统只能测向。多站协同工作，通过三角交叉定位或双曲线交叉定位才能完成定位功能。

2) 通信侦察原理

通信侦察指使用电子侦察测向设备，对敌无线电通信设备所发射的通信信号进行搜索截获，测量分析和测向定位，以获取信号频率、电平、通信方式、调制样式和电台位置等参数，并进行判别，以确定信号的属性。

通信侦察系统组成如图 5.2.2 所示。

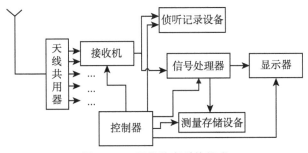

图 5.2.2   通信侦察系统组成

通信侦察的一般过程如下：

(1) 信号搜索截获。

采用侦察接收设备，在侦察频段上从低频端到高频端，按照信道间隔 (如 25 千兆)，按顺序逐个信道进行搜索。当搜索到某信道发现有通信信号时，进行记录。

(2) 信号测量分析。

用接收机测量的敌方通信信号的技术参数，分析其工作方式和技术参数，并记录信号出现和消失的时间，以掌握敌方电台活动情况。

(3) 信号侦听。

采用侦听接收机对敌方通信信号侦听。当侦听接收机调到某一通信信道时，通过对信号解调，收听敌方通信信息，了解敌方通信信息内容。

(4) 信号识别判断。

通过通信侦察和识别，识别各电台、通信网的属性，进而判断作战单元如指挥所的地理位置、行动部署等。

3) 光电侦察告警原理

光电侦察告警是利用光电告警系统对敌方光电设备发射或发射的光波信号进行搜索、截获、定位和识别，并迅速判断威胁程度，及时提供情报和发出告警。光电侦察告警分为可见光告警、红外告警、激光察告警、紫外告警等。下面以红外侦察告警为例说明光电侦察告警的基本原理。

红外告警系统是利用目标自身红外辐射特性进行被动告警，红外告警工作原理如图 5.2.3 所示。

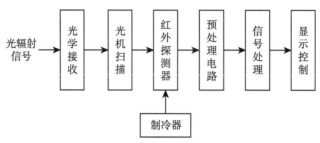

图 5.2.3   红外告警工作原理

红外告警系统收集光辐射信号，将光辐射信号转换为电信号，并对得到的电信号进行处理，发出告警信息或直接启动对抗措施。

由于红外告警系统接收到的红外辐射中，包含目标的辐射信息以及环境中其他辐射信息，红外告警系统必须能够准确辨别，以实现可靠的告警。特别是在导弹告警中，可以根据导弹特定的速度、加速度特征，导弹在不同时间段上红外辐射特性不同等特征，将导弹与其他红外辐射源分开。

2. 电子干扰原理

1) 电磁干扰原理

电磁干扰的基本原理就是制造电磁干扰信号，使得干扰信号与目标信号同时进入敌方电子设备的接收机。当干扰信号足够强时，敌方接收机无法从接收到的信号中提取有用信息或目标信息。

电子干扰的效果与干扰机、目标和敌方接收电子设备密切相关。这里以雷达干扰为例说明。敌方雷达、目标和干扰机之间的空间关系如图 5.2.4 所示。雷达发现目标与接收到的信号强度有关。通常雷达在跟踪目标时，雷达天线主瓣指向目标，目标反射或发射信号从天线主瓣进入雷达。干扰机为压制雷达将干扰机天

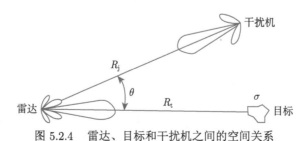

图 5.2.4   雷达、目标和干扰机之间的空间关系

线的主瓣指向雷达。由于干扰机与目标位置不同，因此一般干扰信号从雷达天线旁瓣进入雷达。当进入雷达的干扰信号足够强时，雷达难以准确发现目标，达到电子干扰的目的。

按照干扰能量的来源，电磁干扰可分为有源电磁干扰和无源电磁干扰。

A. 有源电磁干扰

有源电磁干扰也称积极干扰或主动干扰，即主动发射或转发电磁能量，扰乱或欺骗敌方接收设备，使其不能正常获得信息或被欺骗。

有源干扰按其作用性质分成压制性干扰和欺骗性干扰两类。压制性干扰即使用大功率的干扰设备对敌方电子信息设备施放强大的电磁干扰，用类似噪声的干扰信号遮盖或淹没目标信号。

根据干扰信号的频谱宽度不同，压制性干扰又分为瞄准式干扰、阻塞式干扰、半瞄准式干扰及扫频式干扰等方式。

瞄准式干扰指干扰载频 (中心频率) 与信号载频相符，干扰和信号的频谱宽度基本相同，这种干扰功率利用率高，针对性强，干扰效果好。瞄准式干扰一般需要频率引导设备，且同一时间只能干扰一个频带上的信号，要求较高的引导精度和引导速度。

阻塞式干扰又称拦阻式干扰，其干扰频带较宽，能同时干扰在其频段覆盖范围内所有接收设备。阻塞式干扰的优点是实现干扰快、能同时压制频带内多个信号，引导设备简单，甚至不需要引导设备。缺点是干扰功率分散、利用率低，所需发射功率比瞄准式大得多，而且施放阻塞式干扰时，落入干扰频带内的己方信号也将受到干扰。在发射机发射功率相同的条件下，由于阻塞式干扰频谱比较宽，单位频带内的噪声干扰功率比较小，因此进入接收机的干扰功率比瞄准式干扰小得多。例如，瞄准式干扰的频谱宽度为 10MHz，宽带阻塞式干扰的干扰频谱为 500MHz。那么同一台干扰机发射宽带阻塞式干扰时进入到雷达接收机的干扰功率比瞄准式干扰时小 50 倍。阻塞式干扰与瞄准式干扰示意如图 5.2.5 所示。其中多点瞄准式干扰针对多部雷达分别进行瞄准式干扰。

欺骗性干扰利用干扰设备发射或转发与敌方目标反射或辐射信号相同或相似的假信号，使敌方测定的目标并非真实目标，达到以假乱真的目的。常用的欺骗式干扰包括角度欺骗、距离欺骗和速度欺骗。

B. 无源电磁干扰

无源干扰也叫消极干扰，即干扰器材本身不发射电磁波，而是靠反射和吸收敌方发射的电磁波来干扰其工作。电磁无源干扰设备主要分为箔条弹和角反射器。

箔条主要是指具有一定长度和频率响应特性，能强烈反射电磁波，用金属或镀敷金属的介质制成的细丝、箔片、条带的总称，常用的效费比较高的箔条材料是镀铝玻璃丝和铝箔。

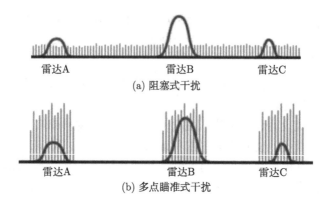

　　(a) 阻塞式干扰

　　(b) 多点瞄准式干扰

图 5.2.5　阻塞式干扰与瞄准式干扰示意

　　箔条干扰的实质是在交变电磁场的作用下，箔条上感应交变电流。根据电磁辐射理论，产生的交变电流要辐射电磁波，即产生二次辐射，形成强大的辐射信号达到干扰雷达的目的。箔条在空间大量随机分布，所产生的散射对雷达造成干扰，其特性类似噪声，遮盖目标回波。图 5.2.6 显示箔条云欺骗导弹的过程。

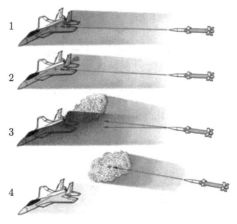

图 5.2.6　箔条云欺骗导弹的过程

　　角反射器是一种普遍使用的无源干扰器材，能将各个方向来的雷达波沿原方向反射回去，如图 5.2.7 所示。角反射器一般是由三个互相垂直相交的金属平面构成的反射体，可以在一定角度范围内将入射的电磁波经过三次反射，按原方向反射回去。因而，较小的角反射器具有较大雷达反射面积。

　　角反射器其优点是结构简单，产生的雷达反射截面大，回波强，主要用于伪装，也可以掩护空中、水面、地面目标。

　　无源干扰也分压制性干扰和欺骗性干扰。例如，在空中大量投掷箔条，形成宽千米、长数十千米的干扰走廊，使得在雷达接收机的分辨单元中，箔条产生的回波远大于目标的回波功率，达到掩盖目标信号的压制式干扰效果。如果在平台上投放箔条进行自卫，则箔条迅速散开成箔条云，形成比目标大的回波。当目标与箔条云相对运动后，跟踪雷达会从跟踪目标转向跟踪箔条云，达到欺骗式干扰效果，如图 5.2.6 所示。

图 5.2.7　角反射器

2) 光电干扰原理

光电干扰是在光电侦察探测的基础上利用光电技术和光电器材，压制、欺骗和扰乱对方光电设备，使其不能正常工作或完全失效。光电干扰也分为有源干扰和无源干扰两大类。光电有源干扰包括红外干扰、激光欺骗干扰、红外诱饵干扰等。光电无源干扰包括假目标、烟幕干扰、伪装和隐身等。

A. 有源光电干扰

有源光电干扰是采用强光束或干扰信号，直接进入敌方光电传感设备，使之失去正常工作的能力。有源光电干扰既可使用像激光那样的相干光波，也可使用照明弹、灯光、陶瓷加热体等所发生的不相干辐射波实施干扰。有源光电干扰工作方式也可分为压制性干扰和欺骗干扰。

光电压制性干扰的主要方法有激光压制性干扰和红外压制性干扰。激光压制性干扰就是采用激光束对敌方武器系统的激光传感器进行照射，使其产生光饱和而失效。图 5.2.8 为激光干扰系统组成及干扰原理示意图，强激光器产生相应干扰激光，照射到发射板，由发射板反射到敌方武器，发射板受系统控制可扫描改变方向。红外压制性干扰即采用强烈的红外线光源向敌方红外自动寻的制导武器发射强大的红外线脉冲，使寻的器的信号处理功能发生混乱，丧失对目标的跟踪攻击能力。

有源光干扰还可以直接照射作战人员，如飞行员，使得作战人员出现眩晕，失去战斗力。

光电欺骗性干扰的主要手段有回答式干扰、诱饵式干扰和光斑干扰等。光电回答式干扰与雷达回答式干扰类似，当收到敌光波信号后，发射一个或数个经过虚假信息调制的信号应答，从而使敌光电设备收到错误信息。

红外诱饵是对抗红外制导导弹的有效手段之一。红外诱饵弹通过辐射强大的红外能量，制造一个与所要保护的目标相同的红外辐射源，诱骗敌方红外制导武器脱离真目标。红外诱饵又称红外干扰弹、红外曳光弹。

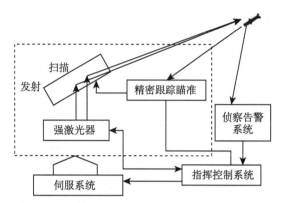

图 5.2.8　激光干扰系统组成及干扰原理示意图

红外诱饵弹可分为烟火型红外诱饵弹、复合型红外诱饵弹和燃料型红外诱饵弹。红外诱饵弹大多数为投掷式，燃烧时能产生 $1\sim6\mu m$ 波段强烈的红外辐射，正在红外寻的装置工作的 $1\sim3\mu m$ 和 $3\sim5\mu m$ 波段范围内，其有效辐射强度是被保护目标的红外辐射的至少 3 倍。图 5.2.9 为红外诱饵弹燃烧示意图，图中诱饵弹从左上角向右下角运动。

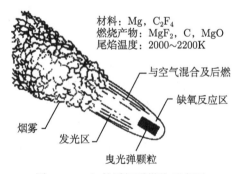

图 5.2.9　红外诱饵弹燃烧示意图

B. 无源光电干扰

无源光电干扰是利用本身并不产生光辐射的干扰物，反射或吸收敌光电信号来达到干扰敌光电系统的目的。无源干扰的效果比较好，方法简单，技术上容易实现。它主要实施欺骗性干扰，其干扰方式可分为涂料伪装、烟幕遮蔽、箔条诱骗及热量抑制等。

涂料伪装即在被掩护目标上涂以吸收性较强的涂料，使目标光电回波信号十分微弱，从而使敌光电系统无法有效探测目标或无法引导武器对目标进行攻击。

烟幕遮蔽即利用烟雾对红外和可见光的影响，在目标遇到光电威胁时，立即施放烟幕、喷射水雾或撒布化学气溶胶，隔断目标与武器，使敌光学制导武器无法命中目标。

烟幕弹的原理是通过发烟剂化学反应在空气中造成大范围的化学烟雾,如黄磷、四氯化硅和四氯化锡等都可充当发烟剂。当烟幕弹被发射到目标区域时,引信引爆炸药管里的炸药,弹壳体炸开,将发烟剂抛散到空气中。例如,黄磷一遇到空气就立刻自行燃烧,进一步与空气中的水蒸气反应生成偏磷酸和磷酸,这些酸液滴与未反应的白色颗粒状 P_2O_5 悬浮在空气中,不断地生出滚滚的浓烟雾来,"烟"由固体颗粒组成,"雾"由小液滴组成。同理,四氯化硅和四氯化锡等物质也极易水解,它们在空气中形成酸雾。

光箔条诱骗也是一种常用的光电无源干扰,即投放涂有发热涂料的金属箔条或镀膜箔条,在空中形成"热云"和激光"反射云团",因这些箔条可以强烈地反射光电系统发射的红外线和激光束,所以可以引诱跟踪的红外制导和激光制导导弹。

3. 硬杀伤原理

1) 反辐射攻击原理

反辐射攻击的核心部件是被动式雷达导引头 (PRS)。PRS 截获敌方目标雷达信号并实时检测出导弹与目标雷达的角度信息,输送给控制系统。图 5.2.10 为某型号导引头结构示意图,其四单元的微波天线和相应的波束形成器形成四波束,产生方位差和俯仰差。接收机将四波束敏感信号经过检测和处理,形成方位和俯仰角信号,形成指令控制信号送给控制系统。信号分选装置完成在复杂电磁环境中的信号分选并确定要攻击的目标。

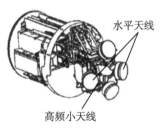

水平天线

高频小天线

图 5.2.10　某型号导引头结构

反辐射导弹和反辐射无人机都配装被动雷达导引头。

2) 射频武器原理

射频武器包括高功率微波 (HPM) 武器和电磁脉冲 (EMP) 武器,它们都是靠定向辐射电磁波来进行攻击的,对目标实施软硬破坏,即干扰或烧毁电子元器件,使它们不能正常工作甚至破损。

射频武器中的高功率微波武器可干扰或烧毁敌方电子设备及杀伤作战人员,而电磁脉冲武器主要对电子设备和仪器有效,对人员伤害有限。

　　高功率微波武器利用高功率电磁波与物体或系统相互作用所产生的电效应、热效应和生物效应对目标造成杀伤破坏。电效应指微波在目标金属表面或金属导线上产生感应电流或电压，并由此对目标及其电子系统产生的破坏效应；热效应指微波对目标体加热并导致温升而引起的破坏效应；而生物效应则指微波与生物体相互作用而产生的一系列复杂效应。

　　射频武器的毁伤能力取决于两个因素：一是将武器的峰值功率和辐射持续时间最大化；另一个是它的爆炸高度。通过改变爆炸高度，可以在毁伤半径和毁伤范围内的电磁场密度之间进行折中。对于给定尺寸的炸弹，可以通过牺牲武器毁伤范围来取得对目标的毁伤效果。

　　3) 激光武器原理

　　激光武器也称为高能激光武器或激光炮。激光武器主要由高能激光器、精密伺服跟踪瞄准分系统和光束控制发射分系统等组成。高能激光器是高能激光武器的核心，是产生杀伤破坏作用的关键部分，迄今研制的高能激光器主要有 CO_2 激光器、化学激光器、自由电子激光器 (FEL) 和二极管泵浦的固体激光器 (DPSSL)。

　　激光武器的毁伤机理是使目标构成材料的特性和状态发生变化，如温升、膨胀、熔融、气化、飞散、击穿和破裂等，其毁伤作用主要为热作用破坏、力学破坏和辐射破坏。

　　热作用破坏。试验数据显示，当激光功率密度为 $10^3 \sim 10^6 \mathrm{W/cm}^2$ 时，材料局部区域的温度会升高到熔化温度。如果激光功率密度达到 $10^6 \sim 10^8 \mathrm{W/cm}^2$，吸收激光能量的材料就可能经历一系列过程达到气化，当激光强度超过气化阈值时，激光照射将使目标材料持续气化，这个过程称为激光热烧蚀。当激光强度足够高、气化很强烈时，将发生材料蒸气高速喷出时把部分凝聚态颗粒或液滴一起冲刷出去的现象，从而在材料上造成凹坑甚至穿孔。导弹、飞机和卫星的壳体材料一般都是熔点在 1500° 左右的金属材料，功率 2~3MW 的强激光只要在其表面某固定部位辐照 3~5s，就容易被烧蚀熔融、气化，使内部的燃料燃烧爆炸。

　　力学破坏。当激光功率密度达到 $10^8 \sim 10^{10} \mathrm{W/cm}^2$ 时，目标材料不仅发生气化，而且蒸气会通过自由电子的逆轫致辐射和光致电离两种机制吸收激光能量并导致蒸气分子电离，形成等离子体。等离子体会进一步吸收激光能量并迅速膨胀，形成等离子体的激光支持吸收波，直至最后等离子体熄灭。发生气化时，气化的物质高速喷出将对材料表面产生反冲压力，对于足够强的入射激光，等离子体会以超声速膨胀，就可能在目标材料中产生某些力学破坏效应，如层裂和剪切断裂等。

　　辐射破坏。目标材料因激光照射气化而产生等离子体，等离子体能够辐射紫外线和 X 射线，对目标材料造成损伤。紫外线的主要破坏作用是激光致盲。X 射线在光谱中能量最高，可从几十兆电子伏特到几百兆电子伏特，具有极强的穿透能力, 它可使感光材料曝光, 作用时间较长时可使物质电离改变其电学性质, 也可以对材料产生光解作用使其发生暂时性或永久性色泽变化, 对固体材料造成剥落、破裂等物理损伤, 尤其对各类卫星的威胁最为严重。

4. 隐身原理

隐身技术指在一定探测环境中控制、降低各种武器装备的可探测性特征信号, 使其在一定范围内难以被发现、识别和攻击的技术。当前隐身方法主要是通过降低目标的雷达反射截面积和红外特征, 使敌方探测设备难以发现或降低其探测能力。隐身方式包括外形隐身、材料隐身和红外隐身等。

1) 外形隐身

电磁波的散射与散射体的几何形状密切相关。例如, 投影面积相同的方形和球形体, 方形的雷达反射截面积比球形体大 4 个数量级。外形隐身的基本原理就是合理设计目标的外形以减小雷达反射截面积。

外形隐身主要通过设计目标的表面和边缘, 使其强散射的方向偏离雷达照射波的方向。例如, 飞机的气动外形设计和布局对雷达隐身性能有很大影响。

2) 材料隐身

使用隐身材料是雷达隐身的重要手段。隐身材料主要有雷达吸波材料和雷达透波材料。雷达透波材料能够透过电磁波, 降低电磁波的反射。

雷达吸波材料隐身的工作原理分为三类:

(1) 电磁波照射到目标表面材料时, 材料产生电导损耗、高频介质损耗和磁滞损耗等, 使电磁能转化为热能散发;

(2) 将电磁波能量分散到目标表面的各部分, 减少雷达接收天线方向上散射的电磁能;

(3) 使电磁波在材料表面的反射波进入材料后与在材料底层的反射波叠加发生干涉, 相互抵消。

隐身材料可以涂抹在目标表面 (涂料型材料), 也可以用于制造目标壳体和构件 (结构型材料)。涂料性隐身材料主要是各种铁氧材料。结构型材料以非金属为基体, 填充吸波材料形成既能减弱电磁波的散射又能承受一定载荷的结构复合材料。

3) 红外隐身

红外隐身通过以下三种方式实现。

(1) 改变红外辐射波段。

改变红外辐射波段的手段为采用可变红外辐射波长的异型喷管, 如使得飞机的红外辐射波段处于红外探测器的波段之外。在燃料中加入特殊的添加剂来改变红外波长。

(2) 降低红外辐射的强度。

通过降低目标红外辐射与环境辐射的热对比度，使敌方红外探测器接收不到足够的能量，降低被发现、跟踪的概率。如可以通过降低目标辐射温度和采用涂料等方式实现。

(3) 调整红外辐射的方向。

通过结构上的改变，调整红外辐射的方向，降低红外探测器接收的辐射能量。

5.2.2　电子对抗典型装备

1. 电子侦察装备

1) 电子侦察飞机

飞机飞行海拔高，接收信号范围广，电子侦察实施可灵活控制，因此电子侦察飞机很早就成为电子侦察的重要手段。目前，典型的电子侦察飞机包括美空军的 RC-135V/W "联合铆钉"和美海军的 EP-3E"白羊座"。RC-135V/W 电子侦察飞机上装有 AN/ASD-1 电子情报侦察装备 AN/ASR-5 自动侦察装备、AN/USD-7 电子侦察监视装备和 ES-400 自动雷达辐射源定位系统等。其中 ES-400 定位系统能快速自动搜索地面雷达，并识别出其类型和测定其位置；能在几秒钟内环视搜索敌方防空导弹、高炮的部署，查清敌方雷达所用的频率、测出目标的坐标，为 AN/AGM-88 高速反辐射导弹指示目标。

美国海军 EP-3E 情报侦察飞机上装有 AN/ALR-76、AN/ALR-78 和 AN/ALR-81(V) 等情报支援侦察装备。其中 AN/ALR-76 的工作频率是 0.5~18GHz，采用 8 副螺旋天线，两部高灵敏度接收机和比幅单脉冲测向技术，可在密集信号环境中判别、跟踪、分类、定位和报告雷达辐射源的特征；能截获连续波、多频、均匀可调以及可脉间随机重调等新型雷达信号。它除了提供告警外，还可利用告警信号控制无源雷达干扰投放系统投放干扰物。AN/ALR-76 告警器如图 5.2.11 所示。

图 5.2.11　AN/ALR-76 告警器

2) 电子侦察船

舰载电子侦察的历史由来已久，1962 年，美海军电子侦察船"玛拉"号在加勒比海截获到古巴不寻常的雷达信号，从而引发"古巴导弹危机"。典型的舰载电子战支援侦察系统是美海军 AN/SLQ-32(V)2 系统。AN/SLQ-32(V)2 系统的主要功能是对付各种雷达制导反舰导弹以及目标指示和导弹发射等支援雷达，用于监视电磁环境、雷达情报收集、威胁告警和启动无源干扰发射系统，保护舰艇安全。系统可适应每秒 100 万脉冲的密集信号环境，能处理重频捷变、重频参差等复杂信号；能识别出威胁雷达的类型、功用及工作状态并立即将有关信息送往终端，向操作员提供告警及启动无源干扰发射系统。

3) 电子侦察卫星

电子侦察卫星是用于侦收敌方电子设备的电磁辐射信号以获取情报的人造地球卫星。电子侦察卫星侦察范围广、速度快、效率高，且不受国界和天气条件的限制，可对敌方进行长时间、大范围的连续侦察监视，获取时效性很强的军事情报，是现代军事侦察不可缺少的重要手段。

美国的"大酒瓶"卫星是第三代地球同步轨道电子侦察卫星。它的覆盖范围包括俄罗斯、中东、非洲和整个欧洲地区。每颗卫星有两部大型抛物面天线，可截获更多更微弱的电信号。其中一部用于截获很宽无线电频率范围内的信号，另一部用于将所截获到的信号转发给地面站。

"水星"、"顾问"、"命运三女神"和"号角"是第四代电子侦察卫星。"水星"是美国空军的静止轨道电子侦察卫星，主要用于截获通信情报。它不但能侦听到低功率手机的通信信号，还可以收集导弹试验时的遥测、遥控信号，以及雷达信号等通信电子信号。"命运三女神"是低轨道电子侦察卫星，用于侦察雷达等电子设备无线电信号。它运行在高度 454km、倾角 63.4° 的圆轨道，工作时 3 颗卫星为一组，组内各星保持约 50km 的距离，星间可相互进行光通信，用 4 组星就可以完成全球无缝隙监视。

目前美军正在加紧研制第五代新型电子侦察卫星。

4) 雷达威胁告警器

告警装备通常安装在飞机、舰艇等平台上，提供威胁逼近告警。例如，美国 ALR-46 和 ALR-69 告警器广泛用于空军的作战飞机，ALR-45 和 ALR-67 用于海军的作战飞机，海空军通用的基本使用型是 ALR-74 和 ALR-56C/M。

美国的 AN/ALQ-153 是典型有源导弹逼近告警系统，采用脉冲多普勒雷达体制，有很好的测距和测角精度，并能从复杂的地物杂波背景中分离出运动目标。系统能计算来袭导弹的到达时间，并精确控制载机上的有源干扰机和无源干扰箔条/红外诱饵弹投放器以实施对抗。其他还有 ALQ-156A、ALQ-154 和 ALQ-199 等有源告警器。

5) 光电告警装备

机载激光告警装备 AN/AVR-2 目前已广泛装备美军及其他国家的各种直升机。它能够探测低空防御系统的激光测距机、激光目标指示器和激光驾束制导武器的激光威胁，并提供告警。该激光告警接收机可与 AN/APR-39 雷达告警接收机配套使用，对激光威胁源进行截获，供定位和识别，为陆军、舰队以及海军直升机提供雷达/激光威胁的综合告警。

美国的 AN/AAR-44 机载红外告警装备 (图 5.2.12)，能连续对半球空域进行边搜索边跟踪，探测导弹的发射。它能及时向飞行员提供导弹的方位，并自动控制干扰装备。AN/AAR-44 采用扫描透镜型传感器，具有对付多种威胁的能力，对抗的目标主要是 SA-7、SA-9 和类似美国 "红眼睛" 的红外制导导弹。该系统的特点是自动向飞行员告警和提出对抗指令建议，连续地边搜索边跟踪处理，有对付多威胁的能力和选择对抗方案的能力。该系统具有多种鉴别模式以对付阳光辐射以及地面和水面反射，有效地消除虚警。

图 5.2.12   AN/AAR-44 机载红外告警装备

美国 AN/AAR-60 紫外告警器是目前世界上体积最小、性能最好的告警器之一。系统采用面阵探测器。它不仅能指示目标来袭方向，还能估算其距离。告警时间约 0.5s，指向精度 1°，告警距离约 5km，如图 5.2.13 所示。

图 5.2.13   装载于直升机上的 AN/AAR-60 紫外告警装备

2. 干扰装备

干扰装备依其干扰种类、装载方式、工作模式、对象特性等的不同,有很多不同的形态与系统。例如,陆基干扰装备主要有固定式电子干扰站、车载式电子干扰机、携带式电子干扰机等,海上则主要是舰载干扰装备,空中是机载干扰装备。

1) 电子干扰装备

美军地面雷达电子战系统主要有 AN/MSQ-103"队组"电子战支援系统、AN/TSQ-l09 地面雷达电子战侦察系统、AN/ULQ-14 地面雷达电子战系统等。

美军地面通信电子战系统主要有 AN/TSQ-112、AN/TSQ-114A "开路先锋"甚高频通信侦察测向系统,AN/TLQ-17/17A 地面通信干扰系统。图 5.2.14 是美军 AN/MLQ-34 车载通信干扰系统,它机动性好,能快速展开和撤收,工作频率 20~200MHz,干扰功率 300~4000W,可同时干扰 3~4 个频率信号,装备陆军师属电子战部队。

图 5.2.14　美军 AN/MLQ-34 地面雷达电子战系统

美国海军巡洋舰上主要装备 AN/SLQ-32(V)3 电子战系统和 MK36 无源干扰发射系统。航母装备 AN/SLQ-29 电子战系统,它由 AN/WLR-8(V) 电子监视接收系统和 SLQ-17 大功率干扰机组成。驱逐舰、导弹护卫舰均装备 AN/SLQ-32(V)2 电子战系统以及 MK36 无源干扰发射系统。

机载 AN/ALQ-99 电子干扰系统是美国海军的 EA-6B "徘徊者"电子干扰飞机上装备的机载战术噪声干扰系统,该系统由 5 个外挂吊舱组成,5 个外挂吊舱可以单独使用或更换其他组件以覆盖所需的指定频段。该系统可以根据战区环境和作战要求,选择瞄准式干扰、双频干扰、扫频干扰和噪声干扰等多种干扰方式。

美国空军的电子战系统广泛采用吊舱的形式,在战斗机挂上电子战吊舱充当电子战飞机。吊舱型号主要有 AN/ALQ-101 电子干扰吊舱、AN/ALQ-108 电子干扰吊舱、AN/ALQ-119 电子干扰系统、AN/ALQ-131 电子干扰吊舱、AN/ALQ-

164 欺骗式干扰吊舱、AN/ALQ-167 电子干扰系统和 AN/ALQ-184 电子干扰吊舱等。

AN/ALQ-184 电子干扰吊舱主要干扰地空导弹、雷达制导火控系统和机载拦截武器。它是对 ALQ-119V 的改进，采用了相控阵/多波束干扰技术，一部干扰机可同时干扰几十部雷达。AN/ALQ-184V 干扰吊舱的有效干扰频率范围可以覆盖 1~18GHz，干扰带宽则能达到 1GHz。图 5.2.15 为 AN/ALQ-184 电子干扰吊舱。

图 5.2.15　机翼下的 AN/ALQ-184 电子干扰吊舱

2) 电子干扰弹

电子干扰弹主要用于战术目的的投射式电子干扰弹药，主要有通信干扰弹和雷达干扰弹。

通信干扰弹是通过安装在弹丸上的干扰装置施放电子干扰信号，破坏或切断敌人无线电通信联络。它由火炮、火箭、导弹等运载工具发射，有的采用子母弹形式。弹丸内装有一个或多个一次性使用的宽频带通信干扰机。干扰弹被发射到目标区上空后，逐个抛撒出干扰机，干扰机通过降落伞缓慢降落或以一定速度直接落地至既定深度，然后各自展开天线，分别实施悬浮式空中干扰和落地式干扰。

美国的 XM867 式 155mm 通信干扰弹，内装 6 部电子干扰机。这种干扰机属于宽频带阻塞式干扰发射机，频率覆盖范围 2~1000MHz。干扰弹用 155mm 口径火炮发射，最大射程 17.7km。每部干扰机有一个消旋翼片和一根飘带。母弹到达目标区上空约 1000m 高度时，6 部干扰机依次抛出，借消旋翼片和飘带作用垂直下降，以 40m/s 的速度着地，钻地 25~75mm 深，随即天线沿地面展开，几秒后启动干扰机对敌指挥通信实施阻塞式干扰。

美国的 XM982 式 155mm 远程子母弹，内装有 4 个电子干扰器，构成远程通信干扰弹。干扰器上安装有降落伞，离开母弹后降落伞展开，使干扰器飘到目标区上方，实施悬浮干扰并将传感器信息发回到手提式地面显示器上。

3) 箔条弹

箔条弹是一种在弹膛内装有大量箔条以干扰雷达信号的信息弹药。图 5.2.16 为箔条和箔条弹。

 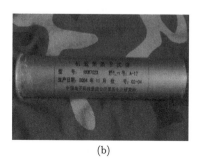

(a)   (b)

图 5.2.16　箔条 (a) 和箔条弹 (b)

箔条弹最主要的投放方式是飞机。金属箔条大量投放在空中、占有一定空域 (有一定长度、宽度、厚度) 而形成干扰走廊，以掩护飞机、舰艇和地面武器突防。可单机铺设，也可多机铺设。可用外挂吊舱，也可用机内投放设备。例如，美国空军 AN/ALE-43 箔条切割机可采用常规箔条和特制箔片混合投放，增加箔条在脉冲分辨单元内的密度，在超宽频带进行有效的掩护。图 5.2.17 为舰艇上装备的箔条弹发射装置及发射干扰弹的情景。

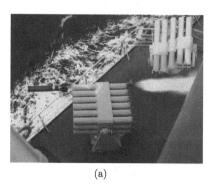 

(a)   (b)

图 5.2.17　舰艇箔条弹发射装置 (a) 及发射干扰弹的情景 (b)

4) 光电干扰装备

典型的光电干扰装备的主要指标如表 5.2.1 所示。

红外干扰机能发出经过调制精确编码的红外脉冲。例如，机载的红外干扰机多采用 0.4~1.5μm 的非相干光源，主要有以下三种：

(1) 强光灯型，如铯灯、氙弧灯和蓝宝石灯等。例如，AN/ALQ-204 "斗牛士"

(Matador) 干扰机已装备美国总统专机、英国王室座机和其他国家的首脑/要人专机上。它采用脉冲调制灯、复合干扰码。基本系统包括能够同步工作的多部发射机和控制器单元，每部发射机具有 4~12kW 的红外辐射能力。

表 5.2.1　典型光电干扰系统的主要指标

装备	主要指标			
	装载平台	作战目标	干扰波段 (或波长)/μm	干扰距离
红外干扰机	机载	红外导弹	1~3	数千米
红外定向干扰	机载	对抗红外成像制	3~5	数千米
激光欺骗干扰	车载、舰载或地面固定	激光制导导弹	1.06	数千米 ~ 十几千米
激光攻击侦察装备	车载或地面固定	电视、红外成像、激光制导引头光电	1.06,10.6	数千米 ~ 十几千米
		卫星	1.06,10.6	几百千米
红外诱饵	机载、舰载	红外导弹	1 ~14	—
光电假目标	多用于地面	光电侦察和制导	全光波段	—
烟幕干扰	车载或舰载	光电侦察和制导	可见光到长波红外	—

(2) 加热型，是由电加热或燃油加热红外辐射元件而产生所需的红外辐射。在载机电源功率有限的情况下，采用燃油加热可大大降低电力消耗。例如，美军的 AN/ALQ-144 具有一个被高效调制系统环绕的圆柱形电加热陶瓷红外辐射源，安装在发动机排气管前上部，以全向干扰红外导弹。它能非常精确地模拟载机发动机排气的红外光谱，可有效干扰 6 种红外制导的地空、空空导弹。

(3) 燃油型，当目标受威胁时，由发动机喷出一团燃油，延时一段时间后发出与发动机类似的红外能量。这种方法介于红外干扰机与红外诱饵之间，所以也有人称这种方法为红外诱饵。

5) 红外干扰弹

红外干扰弹结构简单，成本低廉，可以多载多投，是红外对抗中的重要技术手段，具有很高的效费比。红外干扰弹能快速形成高强度红外辐射源，它必须在离开导弹寻的器视场前点燃并达到超过目标辐射强度的程度。

例如，美军 F-22 "猛禽" 战斗机 7 个电子战子系统之一的对抗控制器和投放器单元，主要投放 MJU-7 和 MJU-10 标准红外干扰弹，专门为 F-22 研制的 MJU-39 和 MJU-40 红外干扰弹，以及 RR-170 和 RR-180 箔条弹。

6) 烟幕弹

烟幕弹主要由引信、弹壳、发烟剂和炸药管组成，配装在坦克、装甲车以及舰艇上，也有专门的烟幕弹车。图 5.2.18 为烟幕弹炮车和坦克烟幕弹。

现代坦克战中，实施火力攻击的前提是获取对方坦克的距离信息。自 20 世纪 60 年代中期以来，激光测距机在坦克上得以广泛应用 (测距精度为 ±5m)，使坦克火炮的命中概率从不足 50% 提高到 80% 以上。当今世界上各种先进的主战坦克几乎都无一例外地加装了烟幕发射装置。例如，美军 M1 坦克和英军 "挑战者" 坦克炮塔两侧装有烟幕投掷筒，M1 坦克还装备了一套利用发动机排气的热烟幕装置。

(a)   (b)

图 5.2.18　烟幕弹炮车 (a) 和坦克炮塔旁的烟幕弹 (b)(后附彩图)

现代烟幕弹不仅可以隐蔽目标物理外形，而且烟雾还有隔断红外激光和微波的功能，达到隐身的目的。

3. 光电进攻装备

对空中作战平台的光电进攻以大功率激光系统为主，例如，美国研制的机载 "罗盘锤" 高级光学干扰吊舱和机载 "贵冠王子" 光电对抗武器系统，可侦察敌方光电装置的光学探测系统，并发射强激光致盲敌作战平台光电装置的光电传感器。

另外，美国正在研制高能激光武器系统，并准备加装在 C -130 大型运输机上。该系统可摧毁包括来袭导弹在内的敌武器装备，引爆敌来袭导弹的战斗部，烧穿来袭导弹导引头的整流罩以及敌作战飞机的燃料舱。

陆基作战平台和海上作战平台的光电进攻模式基本相同，主要有以下 3 种模式。

1) 将敌作战飞机或来袭导弹直接摧毁的高能激光武器系统。例如，美国研制的舰载高能激光武器系统（HELWS），采用 40 万瓦的氟化氘激光器，可以攻击高度从几米到 15km、以任何速度或加速度来袭的各类目标。

2) 致盲或致眩敌方作战平台光电装置的光电传感器。例如，美国车载 AN/VLQ-7 "虹鱼" 激光干扰系统，可破坏 8 km 远处的光电传感器；美国陆军在车载 AN/VLQ-7 "虹鱼" 激光干扰系统的基础上，研制了 "美洲虎" 车载激光致盲武器和 "骑马侍从" 车载激光致盲武器；英国的 "考文垂" 号驱逐舰等舰艇装备了激光干扰系统，在英阿马岛战争中，使得阿根廷飞行员造成短暂致盲。

3) 致眩干扰的激光弹药，即采用炮射方式将激光弹药发射到敌方阵地，激光弹药爆炸后产生的强烈闪光，使敌作战平台光电装置的光电传感器丧失探测能力。

例如，美国陆军研制的 40 mm "闪光" 炮弹以及美国海军的 127 mm 炮射激光弹药都属于此类。

4. 硬杀伤武器

1) 反辐射导弹

美国反辐射导弹型号众多，代表性的有 "百舌鸟" (SHRIKE)AGM-45、标准反辐射导弹 (HARM)AGM-78、"哈姆" 高速反辐射导弹 AGM-88 和先进反辐射导弹 (AARGM) 等。

俄罗斯的 AS-11 和 AS-17 是两种独具特色的反辐射导弹。AS-11 "凯尔特" 是一种大型固体燃料反辐射导弹，可对付相控阵雷达，最大射程为 160km。AS-17 导弹射程最大可达 200 km，战斗部装药 90kg，既可以攻击 "爱国者" 相控阵雷达，又可以攻击 E-3A 等预警机。AS-17 装上改进型导引头后，还可作为反舰导弹使用。

2) 反辐射无人机

典型的反辐射无人机有以色列的 "哈比"、美国的 "勇敢者"、德国的 "达尔" 和南非的 "云雀"。

"哈比" 无人机是以色列研制的一种多用途无人攻击机。翼展长 2.1m，机身长 2.6 m，高 0.35 m，发射质量 125kg，由火箭助推器发射。最高飞 3048 m，能以 1829 m 高度飞行 1500km，巡航速度 167~194 km/h，俯冲速度 482km/h。

"哈比" 无人机由木材和铝材做成，表面使用了复合材料，成本低、性能高。其雷达导引头可搜寻 2~18GHz 的电磁辐射源，能感知前方和下方 ±30° 范围内的雷达辐射信号。战斗部装有 6kg 烈性炸药，可将地面雷达摧毁，精确度误差 5m。

"哈比" 无人机作战系统由 "哈比" 无人机和地面发射平台组成，一个基本火力单元包括 54 架无人机、1 辆地面控制车、3 辆发射车和辅助设备。每辆发射车装有 9 个发射装置，发射箱按照三层三排布置，每个发射箱可装 2 架无人机，因此一辆发射车装载 18 架无人机。图 5.2.19 为 "哈比" 无人机和其装载车。

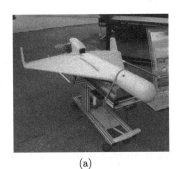 

(a)   (b)

图 5.2.19   "哈比" 无人机 (a) 和其装载车 (b)

3) 石墨炸弹

石墨炸弹因其对供电系统的强大破坏力而又被称为断电炸弹。1999 年，北约在科索沃战争中就使用型号为 BLU-114/B 的石墨炸弹，破坏了南联盟的供电系统，造成了巨大破坏，石墨炸弹也因此名声大噪，引起世界各国广泛重视。图 5.2.20 为 BLU-114/B 型石墨炸弹实物图。

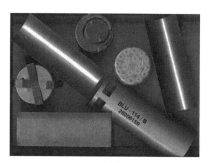

图 5.2.20 石墨炸弹实物图 (后附彩图)

石墨炸弹在目标上空炸开后，释放出 100~200 个易拉罐大小的罐体，罐体上的小降落伞使其减速并保持垂直。而后每个罐内的爆炸装置起爆把小罐底部炸开，使里面的石墨纤维线团散开，这些石墨细丝像乌云一样随风飘动，附着到变压器、输电线等高压设备上，造成短路，从而造成供电中断。石墨炸弹主要以电厂、变电站、配电站等供电设施为打击目标，通过破坏供电系统而破坏以电为能源的信息系统及信息作战武器装备。

4) 电磁脉冲武器

美国通过 Ballboa 计划研制电磁脉冲弹头，该弹头在 1GHz 频率下可产生几千焦耳的能量，能量转换效率达 20%。美国空军研制和试验一种能安装在空射巡航导弹上的电磁脉冲弹，采用类似于闪光灯后面的圆盘反射器天线，把输出功率波束聚焦在导弹约 30° 的幅域内，以便把微波波束集中在约 300m 远的目标上。

美国已拥有电磁脉冲炸弹和巡航导弹携载的电磁脉冲弹药，在近年来的局部战争中试验性使用。1991 年海湾战争"沙漠风暴"行动开始的第一天，美国海军就向伊拉克发射了带有电磁脉冲弹头的"战斧"巡航导弹，使伊军防空体系和指挥控制中心的电子系统受到严重干扰和部分破坏。1999 年，在北约对南联盟的轰炸中，美军又使用了电磁脉冲炸弹，干扰并轻度毁损了南军的指挥和通信系统。2003 年，在伊拉克作战行动中，美军战机用 BLU-82 电磁脉冲炸弹袭击了伊拉克国家电视台，造成电视台长时间不能正常工作。图 5.2.21 是美国开发的 Mk84 型电磁脉冲炸弹结构图。

5) 激光武器

"战术高能激光器"(THEL) 是美国和以色列联合研制的, 以高能氟化氘化学激光器为基础, 用于对付战术火箭之类目标的硬杀伤化学激光武器。激光器功率为 40kW, 发射孔径为 0.7m, 能对付 10km 内的战术飞行目标。

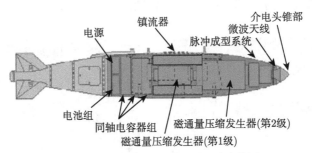

图 5.2.21　Mk84 型电磁脉冲炸弹结构图

美国的机载激光武器 (ABL) 计划, 采用氧碘化学激光器 (COLL), 功率为兆瓦级, 单发激光持续时间可达数秒, 跟踪发射望远镜为 15m。激光武器系统安装在改装的"波音"747-400F 运输机上, 目标是拦截处在助推段的弹道导弹, 作战距离达 400km。2005 年, ABL 完成了组装并进行了拦截模拟的"飞毛腿"导弹试验。近年又提出把机载激光武器与机载或天基中继镜相结合的计划, 就是先把强激光从飞机上发射到中继镜上, 再经瞄准发射到目标上, 从而大大地增加作战距离。图 5.2.22 为 ABL 内部布局剖注图。

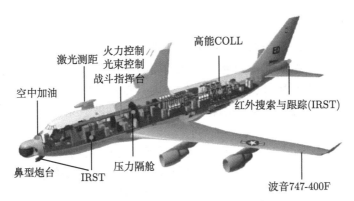

图 5.2.22　ABL 内部布局剖注图

美军研制的自由电子激光 (FEL) 武器, 2005 年 7 月达到 25kW, 目前, 美国海军正在努力提高该激光器系统的功率, 计划在 2020 年前作为舰载导弹防御系统部署于下一代的 DD(X) 驱逐舰以及 CVN-21 航空母舰。

5.2.3 电子对抗装备的作战运用

1. 电子侦察装备的作战运用

1) 雷达侦察装备

雷达侦察设备有以下主要运用。

(1) 发现雷达信号活动规律。

随着雷达侦察装备的处理功能增强，用户可以从信号活动的规律推断军事活动的背景和趋势，从而使雷达侦察设备和后继的情报分析处理设备成为军事情报重要来源。

(2) 测量雷达信号的技术参数。

要想确定敌方辐射源是什么样的雷达、可以用什么办法对付、它的技术状态有无变化时，就需要测量雷达的技术参数。雷达侦察可以测量载波频率、脉冲重复周期、脉宽、天线波束宽度。

(3) 确定雷达辐射源的物理位置。

已知雷达的物理位置信息，可以用硬摧毁的办法消灭相应的雷达。

(4) 为雷达对抗提供技术支援。

雷达侦察设备可向雷达干扰装备提供最快速和最直接的技术支援，实时预报，以便有效地实施干扰，甚至通过对雷达信号消失或变化的监控，实时地反馈干扰是否有效的信息。

2) 雷达告警装备

雷达告警装备是指用于截获、分析、识别敌方雷达信号，实时判断其威胁程度并及时告警的电子对抗设备，雷达告警设备目前被广泛使用。因此，它的应用大多是战术性的，作用距离相对较近，一般只能保护一个平台或是一个小的区域。除告警外，设备还被用来指示：出现的威胁是什么种类的，威胁出现在什么方向上，威胁大概有多远或离真正的威胁到来可能还有多长时间。

当一个平台上存在多个电子对抗设备时，雷达告警设备可以引导同一平台上的侦察设备尽快地截获信号，或者是同一平台上的干扰设备尽快地跟踪被干扰对象或施放干扰弹。目前与雷达告警设备交联最密切的是同一平台上的雷达干扰机。

3) 通信侦察装备

通信侦察的主要用途是获取敌人的战术和技术情报。战术情报是直接监听敌人的 (模拟) 通信，获取信息内容，如通信网络的组成、电台配置情况、相互联络关系和联络特征等与作战直接有关的情报。这些情报主要用于了解敌方的作战行动或意图，为战场指挥员提供决策依据。

技术情报是通过测量信号的参数，分析、识别目标的特征，得到其工作频率、工作种类、调制方式、信号电平、传输速率、方位及网台属性、通信体制、细微特征等情报。这些情报主要用于为测向和干扰设备提供支援，包括频率引导和干扰样式引导，并为通信对抗效能评估提供客观依据。

在得到上述两方面情报后，再通过融合、分析、判断和综合，就可以得到对敌方的整体认识，这才是通信情报。通信情报的主要作用是：了解敌方的兵力部署；掌握敌方的作战意图；有效分类和识别目标；监视敌方无线电辐射等。

2. 干扰装备的作战运用

1) 雷达干扰

雷达干扰按作战使用方式分为自卫干扰和支援干扰。自卫干扰是目标自身携带干扰设备和干扰器材施放干扰掩护自己，可采用欺骗干扰或遮盖干扰，自卫干扰是现代作战飞机、舰艇、地面重要目标等必备的干扰手段。支援干扰通常是由专用的运载平台 (如电子战飞机) 携带干扰设备或器材，对敌方雷达进行干扰，掩护己方的作战行动，保障作战兵力、兵器的安全。支援干扰又可分为远距离支援干扰、近距离支援干扰和随队支援干扰等战术。

远距离支援干扰 (SOJ) 指干扰机远离雷达和目标，通过辐射强干扰信号掩护目标。图 5.2.23 为远距离支援干扰示意图，通过干扰压缩雷达探测范围，以形成一个干扰走廊掩护目标。

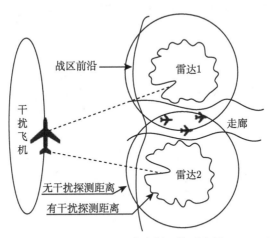

图 5.2.23　远距离支援干扰示意图

近距离支援干扰 (SFJ) 指干扰机到雷达的距离领先于目标，通过辐射干扰信号掩护后续目标。由于距离领先，干扰机可获得宝贵的预先引导时间，使干扰信号频率对准雷达频率。距离越近，进入雷达接收机的干扰能量也越强。由于自身安全难以保障，所以 SFJ 主要由投掷式干扰机和无人飞行器担任。

随队支援干扰 (ESJ) 指干扰机位于目标附近，通过辐射强干扰信号掩护目标。它的干扰信号是从雷达天线的主瓣 (ESJ 与目标不能分辨时) 或旁瓣 (ESJ 与目标可分辨时) 进入接收机的。掩护运动目标的 ESJ 具有同目标一样的机动能力。空袭作战中的 ESJ 往往略微领先于其他飞机,在一定的作战距离上还同时实施无源干扰。出于自身安全的考虑,进入危险区域时的 ESJ 常由无人驾驶飞行器担任。

另外,实际作战时,进行攻击的一方往往将各种干扰设备、干扰方式、有源无源结合使用,这样可增大干扰范围,提高干扰强度,给对方更彻底的干扰压制。图 5.2.24 给出了一种综合支援干扰的示意图:多架远距离支援干扰机位于火力射程以外的空域实施远距离、长时间、大区域有源干扰,同时散布箔条和投掷式干扰机形成干扰走廊进行无源干扰,掩护攻击编队突防。同时一侧,伴动干扰机对防空雷达实施欺骗性电子干扰。攻击编队在随队式干扰机的掩护下再从干扰走廊中突防,在火力区还可实施自卫干扰。

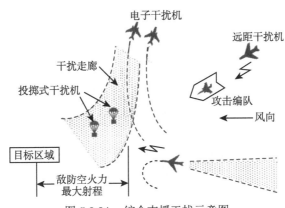

图 5.2.24 综合支援干扰示意图

2) 通信干扰

通信干扰的作战运用有压制、破坏、阻滞和欺骗等形式。

(1) 通信压制。如果干扰信号功率足够强,敌方通信信号被干扰信号淹没,通信接收机可能完全被干扰压制,在给定时间内收不到任何有用信号或者只能收到零星的极少量有用信号,在通信接收终端所得到的有用信息量近似等于零。

(2) 通信破坏。通过施放干扰,敌方通信接收机虽然没有被完全压制,或者通信网没有被完全阻断,但其在还原信息的过程中产生了大量的错误,信息量减少,通信效能降低。

(3) 通信阻滞。干扰使通信信道容量减小,信号的传输速率降低,传送一定的信息量所花费的时间延长,干扰所造成的信息传输延误和阻滞使得接收终端不能及时获取信息,造成战机的贻误。

(4) 通信欺骗。巧妙地利用敌方通信信道工作的间隙，发射与敌方通信信号特征和技术参数相同，甚至携带虚伪信息的假信号，用以迷惑、误导和欺骗敌方。

3) 激光欺骗干扰的作战运用

图 5.2.25 为激光欺骗性干扰作战运用过程示意图，系统的工作过程是：位于目标区的激光告警设备对来袭的激光指示信号进行截获，激光干扰机产生相关的干扰信号，照射在漫反射假目标上，其光强度超过真目标强度，干扰光区的作用范围大于制导光区作用范围，即形成激光欺骗干扰信号，从而诱骗激光制导武器偏离方向。

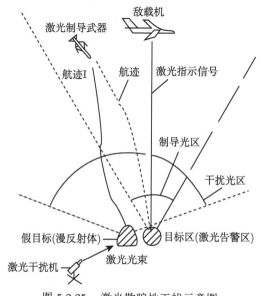

图 5.2.25　激光欺骗性干扰示意图

4) 红外干扰弹的作战运用

红外干扰弹广泛地应用于飞机、舰船的自卫，主要对付敌方全向红外寻的导弹和双色红外制导导弹。红外干扰弹有三种战术作战运用方法，即诱骗、分散和淡化。

(1) 诱骗，其主要目的是使红外导弹脱靶。这时，红外干扰弹的辐射特征能被导弹的红外导引头所探测，而优先跟踪诱饵，造成脱靶。在正确使用的情况下，一枚红外干扰弹就能有效对抗红外导弹。

(2) 分散，主要目的是在未被跟踪之前，投放红外干扰弹，使装有红外寻的器来袭导弹跟踪红外干扰弹。

(3) 淡化，通常用来对抗红外成像制导导弹，这种制导系统能跟踪和观测几个潜在的目标，所以往往要用几个诱饵对抗一枚导弹。

红外干扰弹投放设备的种类很多，大多数红外干扰弹的投放设备是和箔条弹共同使用，两弹同时装备，以对付不同种类的导弹。

如果飞机上装备红外报警设备，那么当其发现导弹来袭时便可以按照规定投放红外干扰弹。在没有红外报警设备或报警设备不可靠的情况下，为了安全起见，一旦进入攻击状态或者进入敌防御区域，为了对付敌方发射的红外导弹，飞机以近似等于红外干扰弹燃烧持续时间的时间间隔连续投放红外干扰弹，预防敌红外导弹的拦截与跟踪。图 5.2.26 为 F-15 发射红外干扰弹的场景。

图 5.2.26　F-15 发射红外干扰弹的场景

红外干扰弹在军舰和装甲车等平台上的战术使用与机载红外干扰弹的战术使用有许多相似之处。

箔条弹使用方式有两种：一种是在一定空域中大量投掷，形成宽数千米、长数十千米的干扰走廊，以掩护战斗机群通过；另一种是飞机或舰船自卫时投放箔条，箔条快速散开，形成比目标大很多的回波，目标本身机动运动，使得雷达不跟踪目标而跟踪箔条。

3. 硬杀伤武器的作战应用

1) 反辐射导弹的作战运用

反辐射导弹 (anti-radiation missile, ARM) 的典型作战运用是由机载发射对地攻击。当 ARM 载机飞临战场后，载机上的探测设备检测到敌雷达电磁波照射，并且判断雷达已进入 ARM 射程时，则可发射导弹。导弹发射后进入巡航状态，这时为便于 ARM 的导引头定位，载机将继续跟进一段距离，然后立即飞离战区以防受到攻击。

根据载机的性能、防空火力的配置、防空雷达阵地的地貌特征和 ARM 的制导方式，ARM 的主要攻击模式有如下几种：

(1) 载机平飞发射。载机可在远离目标雷达以外发射 ARM，当发动机启动后进入自控状态飞行，水平飞行一段时间，离目标几千米时，俯冲攻击目标雷达。

(2) 载机俯冲发射。载机确定目标后，使 ARM 的天线以 45° 左右的波束宽度对准目标，然后俯冲发射导弹，之后机动脱离，导弹则按直线飞向目标。

(3) 载机跃升发射。载机超低或低空进入，当离目标几千米时跃升发射，为了捕获目标波束，导弹按程序爬升一段距离，然后飞向目标。

2) 反辐射无人机作战运用

典型的反辐射无人机的作战是由十余架或几十架的无人机群体作战，造成对敌方雷达网的压制态势。作战过程一般分为地面参数装载、发射并按编程航线飞行、目标搜索和俯冲攻击，如图 5.2.27 所示。

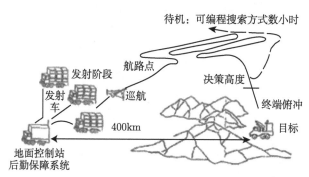

图 5.2.27　典型的反辐射无人机系统与作战方式图

(1) 地面参数装载。根据预先侦察或其他方式发现并确定攻击目标后，任务规划系统对导引头装载本次作战目标的相关参数——雷达数据 (含威胁等级、载频、脉冲宽带、脉冲重复周期以及特殊体制雷达的参数变化范围等)；同时对导航控制系统装订目标区坐标参数以及巡航路线参数等。

(2) 发射并按编程航线飞行。无人机发射后，导航控制系统根据发射前装载的目标区坐标参数及巡航参数进行自主导航，按预定编程航线控制无人机飞行，直至到达目标区前沿。

(3) 目标搜索。无人机到达预定目标区前沿后，按编程搜索航线进行徘徊巡航飞行，同时导引头开始对目标进行搜索，根据加载的目标数据确认攻击目标，当获得的信号特征同装载的攻击目标特征相符时，确定攻击目标已截获，目标锁定后，控制无人机进入俯冲攻击。

(4) 俯冲攻击。导引头锁定目标后，无人机控制系统根据导引头输出的方位、俯仰数据，控制无人机俯冲对目标进行攻击。俯冲时如逢雷达关机，而无人机高度在最低要求点之上，则以俯冲速度将无人机上拉，回到距雷达一定距离处，绕雷达站盘旋飞行，重新进行目标搜索。如果俯冲时检测到雷达关机，而无人机生存时间接近极限或高度超过可以拉起的最低要求，则无人机向雷达关机前的侦察方位俯冲，到达地面时起爆。

3) 高功率微波武器的作战运用

根据所需功率的等级和作战任务的不同，高功率微波 (high-power microwave, HPM) 武器可用于多种战术任务中：一是用于攻击有生力量；二是用于攻击隐形目标；三是用于攻击海上目标和地下设施、防空反导等战术任务；四是用于战略打击。HPM 武器作为连续性武器使用时，一般配置在固定的地点，也可根据作战需要搭载在飞机、舰艇、航天器等多种载体上，可以连续发射多个，以一定的频率重复使用。从作战运用方式上主要分为进攻性 HPM 武器和防御性 HPM 武器。

进攻性 HPM 武器分为机载型和精确制导型两类，主要是以飞行器作为 HPM 系统的搭载平台，包括无人机、滑翔弹等。无人作战飞机可携带能重复使用的 HPM 系统，具有可深入敌方、无人员伤亡、可重复使用等特点，是定向能武器技术和无人机的巧妙结合。精确制导型 HPM 武器可将 HPM 系统安装在精确制导武器上来实施攻击。与常规精确制导武器相比，具有更大的损伤范围。防御性 HPM 武器分为飞机、航天器、舰船、地面设施防卫武器等。在目前以导弹攻击和空袭为主要攻击手段的局部战争中，HPM 防御武器通过破坏导弹的制导系统或飞机的导航系统，使其失去精确打击的能力，从而保护主要的军事设施。当微波功率足够高时，甚至可以直接摧毁来袭飞机和导弹。

4) 激光武器的作战运用

激光武器利用高能激光束摧毁飞机、导弹、卫星等目标或使之失效。激光束不仅应直接命中目标，而且还要在目标上停留一段时间，以便积累足够的能量，使目标破坏。按能量高低可分为三类：低能量的激光能迷惑敌方，阻止敌方有效利用传感器；稍高能量的激光能破坏或摧毁敌方观察系统的光学和探测装备；更高能量的激光则将造成敌方武器结构破坏。

5.3 网络武器

5.3.1 网络攻击原理

计算机网络攻击定义为：利用敌方计算机网络系统的安全缺陷，为窃取、修改、伪造或破坏信息，以及降低、破坏网络使用效能而采取的各种措施和行动。

由于计算机网络的设计一开始主要强调的是信息的开放与共享，因此在安全方面难免存在漏洞。计算机网络存在的安全漏洞包括：拓扑结构上存在的安全漏洞、硬件本身存在的安全漏洞、网络协议固有的安全漏洞、操作系统和系统软件潜在的安全漏洞、网络管理存在的安全漏洞等，这些漏洞构成了网络遭受攻击的安全隐患。

对计算机系统进行攻击和非法访问的入侵者被称为"黑客"。网络攻击的主要形式有身份窃取、网络欺骗、拒绝服务、利用漏洞以及恶意程序攻击等。

1. 身份窃取攻击

在计算机系统中，合法使用者的身份是由用户名及其口令来标识的，因此身份窃取攻击即通过窃取系统的有效用户名 (也称账号) 及其口令，来冒充某用户获得对系统控制权的攻击。身份窃取的方法有信号截击、嗅探 (sniffing)、网络监听、账号文件窃取等，获得后再辅以口令破解技术获取用户身份。

1) 信号截击

攻击者往往采用在通信链路中途截击的方法，获取登录过程中在网络中传输的用户账号和密码。有些登录协议根本就没有采用任何加密或身份认证技术，用户账号和密码信息都是以明文格式传输的；有些虽采用了加密措施，但加密方法可能是采用了别人的 (如开发工具提供的)；有些用户安全意识不强，口令设置属弱口令等。

2) 嗅探

嗅探的目的是利用计算机的网络接口截获其他计算机的数据报文。借助网络分析仪攻击者可以嗅探网络上的通信信息。嗅探程序可用来收集登录信息，收集访问规律，以及分析传输中的数据等。

3) 监听

使用网络监听工具可以监视网络的状态、数据流动情况以及网络上传输的信息。

4) 利用漏洞或植入"特洛伊木马"窃取

利用漏洞或前期植入目标主机的"特洛伊木马"窃取保存在目标主机中的账号文件。

2. 网络欺骗攻击

欺骗可发生在传输控制协议/互联网协议 (TCP/IP) 系统的所有层次上，物理层、数据链路层、IP 层、传输层及应用层都容易受到影响。如果低层受到损害，则应用层的所有协议都处在危险之中。下面是一些欺骗手段。

1) 硬件地址欺骗

许多网络接口卡是可配置的，允许主机软件为其标识一个源地址，而该地址可与制造商分配的地址完全不同，这种可配置特性可被用来进行源地址欺骗。

2) ARP 欺骗

地址转换协议 (ARP) 是以太网及某些网 (如令牌环网) 将硬件地址与 IP 地址相关联的协议的一部分，其映射存储在缓存中。网段上的主机接收到 ARP 请求包后,将请求包中的源 IP 和源物理地址/网卡地址 (media access control address,MAC 地址),取出并刷新缓存;同时接收到 ARP 响应时,也会刷新缓存。但 ARP 本身不携带任何状态信息, 当主机收到 ARP 数据包时,不会进行任何的认证就刷新缓存,利用这一点可以实现 ARP 欺骗,造成 ARP 缓存中的地址映射是错误的, 达到欺骗效果。

3) 路由欺骗

路由欺骗是指通过伪造或修改路由表来误发非本地报文以达到攻击目的的攻击方法。它通常有基于网间报文控制协议 (internet control message protocol,ICMP) 的路由欺骗,基于路由信息协议 (routing information protocol,RIP) 的路由欺骗,基于源路径的欺骗等。

4) DNS 欺骗

域名服务器 (DNS) 完成 IP 地址到域名之间的相互转换。从 DNS 返回的响应一般为因特网上所有的主机信任。若攻击者控制了一个 DNS,就可以欺骗一个客户机使其连接到一个非法的服务器上去。攻击者也可在服务器验证一个可信任的客户机域名的 IP 地址时欺骗服务器。

5) 信息篡改攻击

信息篡改攻击就是在网络信道检测的基础上,通过对所获目标信息的格式、长度等属性进行分析,掌握规律,再以同样的方式将信息篡改并注入信道,从而达到攻击的目的。

3. 拒绝服务攻击

拒绝服务 (DoS) 攻击就是一个用户占用了太多的服务资源,使其他用户没有资源可用,则其服务请求只能被拒绝。网络对拒绝服务攻击的抵抗力很有限,攻击者将阻止合法的用户使用网络和服务。

1) 服务过载

当向一台计算机中的服务守护进程发送大量的服务请求时,就可能发生服务过载。这些请求潮水般地到来,使得计算机十分忙碌地处理它们,以至于无暇处理其他任务。并且,由于没有足够的空间来存放这些请求,许多新到来的请求将被丢弃。如果攻击的是一个基于 TCP 的服务,那么这些请求包还会被重发,结果更加重了网络的负担。

2) 消息流

消息流发生于用户向网络上的一台目标主机发送大量的数据包,来延缓目标主机的处理速度,阻止它处理正常的任务。这些请求可能是请求文件服务、要求登录或者仅是简单的要求响应包 (如因特网包探索器 (packet internet groper,PING))。这些数据包加重了目标主机的处理器负载,使目标主机消耗大量的资源来响应这些请求。

3) 分布式拒绝服务

分布式拒绝服务 (DDoS) 技术把拒绝服务又向前发展了一步。DoS 攻击需要攻击者人工操作，而 DDoS 则将这种攻击行为自动化。攻击者首先控制多个主控端，主控端是一台已经被黑客入侵并完全控制的运行特定攻击程序的系统主机 (也称为肉机)，然后再由主控端主机去控制多个攻击端。每个攻击端也是一台已被入侵并运行特定程序的系统主机，攻击端的程序由主控端的攻击程序来控制。这样就会形成一股拒绝服务的洪流冲击网络，并使其因过载而崩溃。DDoS 过程可以分为以下三个步骤：

(1) 入侵并控制大量主机从而获取控制权;

(2) 在这些被入侵的主机中安装 DoS 攻击程序;

(3) 利用这些被控制的主机对攻击目标发起 DoS 攻击。

4. 利用漏洞攻击

利用漏洞攻击就是利用存在于网络操作系统、协议软件和网络应用软件中的程序设计漏洞实施的系统攻击。

1) 缓冲区溢出攻击

缓冲区溢出是一个在各种操作系统、应用软件中广泛存在的非常普遍、非常危险的漏洞。缓冲区溢出的原理是，向一个有限的缓冲区中写入了过长的数据后，它可以带来两种后果：一是过长的数据覆盖了相邻的存储单元，引起程序运行失败；二是利用这种漏洞可以执行任意指令，甚至可以取得系统特权。缓冲区溢出是程序设计或编写错误所带来的 bug(漏洞)。

2) 端口扫描

扫描器是一种自动检测远程或本地主机安全性弱点的程序，分为端口扫描器和漏洞扫描器。扫描器并不是一个直接的攻击网络漏洞的程序，它仅能帮助发现目标机的某些内在的弱点，而这些弱点可能是破坏目标机安全的关键，所以许多网络入侵是从扫描开始的。

端口扫描器通过选用远程 TCP/IP 不同的端口的服务，并记录目标给予的回答，可以不留痕迹地发现远程服务器的各种 TCP 端口的分配及提供的服务和其他各种有用的信息，从而能够间接地了解到远程主机所存在的安全漏洞。漏洞扫描器更为直接，它检查扫描目标中可能包含的大量已知的漏洞，并报告给扫描者。

5. 恶意程序攻击

恶意程序攻击是指利用恶意编制并伺机植入的有害程序破坏对方计算机及网络系统，主要包括计算机病毒、"特洛伊木马"、逻辑炸弹等。这些有害程序一般通过移动介质、终端、网络和人工植入等途径进入计算机网络系统。

病毒攻击是指利用计算机病毒入侵对方计算机及其网络系统，破坏计算机系统的硬件、软件和数据信息，造成其系统不能正常工作甚至瘫痪。病毒的危害非常严重，病毒的种类繁多，传播速度越来越快，攻击的威力也越来越大。

"特洛伊木马"程序是隐藏在操作系统或正常合法程序中的一段非法程序，它完成系统或用户不知道、不希望的功能。这些由"特洛伊木马"程序提供的、未经授权的功能，往往是有害的或破坏性的。"特洛伊木马"程序虽然破坏力很大，但程序本身不能自我复制，这是与普通病毒的一点区别。

逻辑炸弹是在满足特定条件时按某种方式运行，对目标系统实施破坏的恶意计算机程序。其中，在特定时间发作的逻辑炸弹又称为时间炸弹。

5.3.2 网络进攻武器

网络武器通常是指根据网络进攻原理而编制产生的用于网络进攻的逻辑武器。下面以恶意程序为例列出一些网络武器类型，如图 5.3.1 所示。

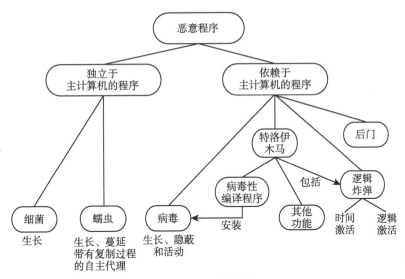

图 5.3.1 恶意程序

(1) "细菌"(bacteria)。"细菌"是一种独立的可自我复制的代理程序。可以在一台机器里进行多次自我复制，从而增占存储空间和处理时间。这种几何式增长夺取资源的特点使之能够拒绝对合法用户的服务。"细菌"程序与病毒不同的是，它不需要依附于主计算机的程序。

(2) 蠕虫 (worst)。蠕虫也是独立的可进行自我复制的代理程序。蠕虫可以在网络上从一台计算机向另一台进行扩散，以一台计算机为起点，向其他主计算机蔓延，建立通信链路，并将蠕虫传递到新的计算机上。蠕虫可以像"细菌"一样在网络上呈几何方式增长，同时消耗资源，从而达到拒绝服务的目的。

(3) 病毒 (virus)。病毒是一种需要依附于 (或隐藏在) 主计算机程序中的非独立的、可自我复制的代理程序。这种程序一旦进入了干净的系统就依附于主计算机程序上，但病毒只有在其目标程序运行时才能起作用，病毒一旦执行，就会感染 (将其自身的拷贝插入) 其他主程序。

(4) 特洛伊木马 (Trojan horse)。特洛伊木马是一段精心编写的程序，是特指隐藏在正常程序中的一段具有特殊功能的恶意代码，即隐藏在一个合法程序中的非法程序，简称木马程序或木马，并不传染。木马程序一般分为客户端和服务器两部分，被攻击者是服务器端。与传说中的木马一样，它们会在用户毫不知情的情况下悄悄地进入用户的计算机，进而反客为主，窃取机密数据，甚至控制系统。

(5) 逻辑炸弹 (bomb)。逻辑炸弹由时间或者逻辑条件激活后可以实施欺骗、干扰或破坏功能。

(6) 后门 (backdoor)。这个 "门" 中安装的逻辑只有攻击者知道、会使用，它提供了隐蔽的信息信道和系统访问权，故也称隐蔽通道。设计者一方可以通过这个通道窃取用户的资料或投放攻击性程序。

5.3.3 网络武器的作战运用

网络攻防对抗的实施过程模型如图 5.3.2 所示。攻击方运用网络侦察手段探测目标的攻击突破口，然后利用信息收集手段分析挖掘目标的脆弱点，利用渗透入侵手段，实施多种攻击，直至达到对对方网络的破坏与控制，以进一步增大攻击效果与影响。防御方采取多种安全防护技术手段，加强对系统补漏固强，最大可能地封堵己方网络漏洞，利用各种网络安全预警技术保护系统，降低系统脆弱性，动态实时监测分析各种攻击事件，并对已受到的攻击快速作出响应，在最短的时间内恢复系统，最大限度地减少对己方网络的影响。

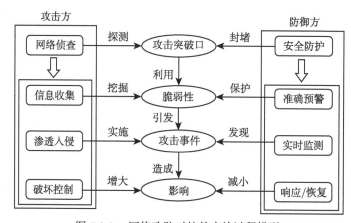

图 5.3.2 网络攻防对抗的实施过程模型

作为攻击者，网络攻击的实施过程从时间流程上讲一般可分为三个阶段：攻击准备，攻击实施和攻击善后。其攻击步骤、攻击技术和攻击手段等如表 5.3.1 所示。

表 5.3.1 网络攻击流程及其技术实现

阶段	攻击步骤	攻击目的描述	攻击技术	主要攻击手段
攻击准备	(1) 信息收集锁定目标	搜集目标系统的相关信息，确定攻击目标和攻击目的	目标信息收集技术	物理闯入、社会工程学、网络命令或工具
	(2) 探测目标弱点挖掘	挖掘目标系统存在的系统漏洞、操作系统、开放端口、开放服务等	目标弱点挖掘技术	端口扫描器、漏洞扫描器、嗅探器
攻击实施	(3) 获取权限侵入目标	获得目标主机的某种权限，窃取密码，侵入目标主机，隐藏身份	目标权限获取技术	会话劫持、口令破解、身份欺骗、跳板攻击
	(4) 提升权限控制破坏	获取目标主机的管理员权限或目标网络访问控制权限，破坏目标系统正常服务，窃取、篡改目标主机信息	攻击身份欺骗技术各类网络攻击技术	病毒、蠕虫、木马、后门攻击，逻辑炸弹、拒绝服务
攻击善后	(5) 创建后门巩固扩展	便于渗透扩展，再次入侵，继续发动攻击，巩固控制	木马程序攻击技术	木马、后门攻击，建立隐蔽通道
	(6) 掩饰踪迹逃避取证	消除痕迹，隐藏攻击行为，获取对目标的长期控制能力	攻击行为隐藏技术	篡改日志，停用审计，修改检测标志

思 考 题

(1) 简述信息对抗武器概念和分类。

(2) 简述电子侦察中雷达侦察的原理。

(3) 简述主要隐身方式及其基本原理。

(4) 有源干扰与无源干扰的区别是什么？

(5) 无源光电干扰有哪些措施和手段？

(6) 谈谈怎样对陆战车辆进行侦察感知，都有哪些方法和手段？

(7) 谈谈雷达与反辐射导弹的对抗。

(8) 怎样有效地实施无线电干扰？

(9) 简述电磁脉冲弹的工作原理。

(10) 谈谈反辐射无人机的作战运用。

(11) 阐述高功率微波武器的杀伤效应。

(12) 网络攻击模式分哪 6 个步骤？

(13) 网络攻击有哪些形式？谈谈木马与病毒的区别。

参 考 文 献

陈三堰，沈阳. 2006. 网络攻防技术与实践. 北京：科学出版社.

褚慕信，许创杰. 1997. 信息武器与信息战争. 北京：长城出版社.

戴长华，等. 2013. 信息作战导论. 长沙：国防科技大学出版社.

刁鸣. 2005. 雷达对抗技术. 哈尔滨：哈尔滨工程大学出版社.

付钰，吴晓平，陈泽茂，等. 2016. 信息对抗理论与方法. 武汉：武汉大学出版社.

龚耀寰，李军，熊万安. 2007. 信息时代的信息对抗. 成都：电子科技大学出版社.

李辉光. 2004. 美军信息作战与信息化建设. 北京：军事科学出版社.

李云霞，蒙文，马丽华，等. 2009. 光电对抗原理与应用. 西安：西安电子科技大学出版社.

栗苹. 2008. 信息对抗技术. 北京：清华大学出版社.

凌永顺，万晓援. 2004. 武器装备的信息化. 北京：解放军出版社.

刘升俭. 2008. 网络对抗技术. 长沙：国防科技大学出版社.

沈涛. 2015. 光电对抗原理. 西安：西北工业大学出版社.

童志鹏. 2003. 电子战和信息战技术与装备. 北京：原子能出版社.

熊群力. 2010. 综合电子战. 北京：国防工业出版社.

张伟. 2009. 电子对抗装备. 北京：航空工业出版社.

赵惠昌，张淑宁. 2010. 电子对抗理论与方法. 北京：电子工业出版社.

郑连清，汪胜荣，周生炳，等. 2005. 信息对抗原理与方法. 北京：清华大学出版社.

周一宇，安玮，郭富成，等. 2014. 电子对抗原理与技术. 北京：电子工业出版社.

第 6 章　陆上作战平台

陆战装备是实施各种地面军事行动的武器及作战保障器材的统称。陆上作战平台又叫陆战平台或陆战机动平台，是指各种陆战装备中，具有运载功能并可作为火器依托的载体部分，如坦克、步兵战车、直升机等装备中除火器之外的部分。

6.1　陆上作战平台概述

6.1.1　陆上作战平台发展概况

两千多年以前，就有了陆地上作战的军队及其相应的武器装备。商、周时期，主要是车战，战车是最早的陆战平台，乘员有明确的分工与协调。冷兵器时代，军队装备的大型攻城器械，如用于破坏城墙、城门的搭车，攻守兼备的石炮 (抛石机) 等，都属于陆战平台的原型。

19 世纪末，出现了几种将机枪装在机动车辆上的机枪火力车，是将火力、机动性、防护力汇于一身的初步尝试。20 世纪初叶，出现了装有武器的装甲汽车。1906 年，人们已经研制出具有旋转炮塔的全装甲车辆。内燃机问世以后，履带式拖拉机得到迅速发展。第一次世界大战一开始，就被用于战场上牵引重型火炮。机枪的出现，形成了对步兵和骑兵的严重威胁。人们就想到了把火器装在车辆上，再装上防护铠甲，保护自己，消灭敌人，出现了五花八门的装甲车辆。这些车辆多数被实战淘汰。

1915 年，英国海军为突破德军绵延千里的阵地防线，制成了世界上第一辆坦克。"厚装甲、带火炮、靠履带推进越野"成为坦克的标志。坦克在第一次世界大战中一炮打响，名声大振，引起各国的重视。法国人为了使笨重的牵引式炮具有更好的机动性，能够在各种地形条件下迅速地转移阵地，在一辆坦克底盘上安装了一门野战炮，使其具有机动越野性能，于 1917 年发明了自行火炮。这种自行火炮无防护装甲，只适用于对步兵的火力支援。世界上第一门具有装甲防护的炮塔式自行火炮是由德国人制造的，其目的是作为反坦克的武器，能够跑得和敌人的坦克一样快，才能有效地与坦克进行对抗。1939 年 9 月，德国占领捷克斯洛伐克，获得了大量性能优越的捷克造 47mm 反坦克炮。德国人把这种炮安装在 T1 型坦克底盘上，制造出世界上第一种自行反坦克炮，在实战中效果显著，称为"强击炮"。继德国之后，苏联、英国、美国等国也研制发展了与德国相似的"强击炮"。经过不断的改进与发展，现代自行火炮已成为最重要的火力支援装备之一。由于自行火炮的火力强，机动性能和防护性能好，有逐渐取代牵引式火炮的趋势。

机械化运载和发射平台改变了军事行动的方式，把作战装备的运动从人背马驮变为机械动力运载。陆军也从单一步兵发展为步、炮、装甲等多兵种合成的军队。陆战平台的发展，使现代战争的立体性、合成性和体系对抗性不断增强；使军队的组织编制发生了变化，机械化师、摩托化步兵师、合成旅等高度机动化战术兵团相继出现；进攻战斗由平面进攻发展到全方位立体进攻；防御战斗由正面线性防御发展到全方位立体纵深防御；战术侦察由人力侦察为主发展到技术侦察为主；集中兵力由主要集中人力发展为主要集中火力；战斗部队由密集配置发展为纵深、梯次、疏开配置。

世界上第一架可操作的直升机是德国的福克在 1936 年研制成功的。这架代号为 FW61 的直升机可以完成悬停、转弯、前飞、后飞和侧飞等复杂的技术动作。1944 年，德国人首先在 Fa223 "风筝"型直升机上安装了单管机枪，并在战争中作为一种有效的自卫手段来使用。法国人在侵略阿尔及利亚的战争中取得了直升机攻击地面目标、支援地面作战的成功经验。1961 年 12 月，美陆军的两个运输直升机连被派往越南战场，并在首次参战中就取得了重大战果。1962 年，美军成立陆军航空兵第一空中骑兵师。这是世界上第一支成建制的新型的陆军部队，标示着一个新的陆军兵种的诞生。这支部队成立不久，即开赴越南战场，在实战中证实了武装直升机的作用和陆军航空兵存在的价值。由于今天直升机已经不局限在陆战中使用，所以直升机具体原理及装备将在第 8 章"空中作战平台"中介绍。

1980 年以来，陆战平台进入了信息化时期。地面部队在以摩托化(机械化)为主的基础上向装甲化、自行化和空中机动化的方向发展。特别是各种信息系统融入各类武器装备之中，实现了信息共享和联网协同。智能化、无人化平台不断出现，使作战效率出现了质的变化。对作战人员的要求也发生了根本性变化：不仅要体能充沛，而且要掌握和驾驭各种现代化武器装备。步兵正在由携带单兵武器的战士，向配备各种信息装备和战斗装备、防护装备的数字化士兵转变。陆战平台在传统装备的基础上，融入了能够进行精确火力打击的火控系统，能够提供目标信息的传感系统，以及具有足够的信息处理和联网能力的信息系统。

6.1.2　陆上作战平台的组成与分类

陆上作战平台由动力、传动、行动、操纵等部分组成，有些还具有防护、信息和特种技术装备。

动力部分为平台运动提供能源，包括汽车等使用的往复活塞式内燃机、坦克等使用的燃气轮机、直升机等使用的涡轮轴发动机等。传动部分把动力部分产生的功率和运动传递到推进系统和有关装备，一般具有改变转速和扭矩、改变运动方式 (平动、转动)、改变运动方向与位置、进行动力分配等功能。推进部分用于推进平台前进。地面推进系统有轮式、履带式等推进方式；水面推进方式有划水、螺旋桨、喷水推进等形式；空中推进有喷气式、螺旋桨式、旋翼式等推进方式。操纵部分用于控制平台的运动和装备的工作，通常包括启动、速度控制、方向控制、转向、制动和其他所载技术装备的运动控制。

有些平台还具有防护系统和特种技术装备。防护系统用于保护平台和乘员，可分为装甲防护和其他防护。特种技术装备有很多，如火炮、导弹、桥梁、布雷装备、洗消装备、给水装备等。

陆上作战平台有多种分类方法。根据兵种分类，可分为炮兵用自行火炮和地面发射战术导弹等；防空兵用自行高炮和防空导弹等；装甲兵用坦克、步兵战车、装甲输送车、两栖突击车、装甲侦察车和指挥车，以及其他履带或轮式装甲保障车辆等；陆军航空兵用武装直升机和其他军用直升机；工程兵用舟桥、建筑、伪装、给水和工程维护等装备。

根据用途分类，可分为作战平台、保障平台和指挥平台；按行动特性分类，可分为地面车辆、直升机、巡逻艇等。

军用车辆是军队编配的各种汽车、牵引车和摩托车的统称，本书中指不具备防护装甲的车辆。军用车辆包括轮式车辆和履带式车辆。特种车指装有专用设备，具有特种功能和用途的车辆，分为通用特种车和专用特种车。通用特种车适用于各军兵种，如消防车、救护车等；专用特种车适用于某一军兵种，如舟桥车、防化洗消车等。工程车是特种车的一种，如挖壕车、架桥车、布雷车、筑路工程车、修理工程车等。军用车辆要能满足所载装备的要求，能适应战场环境，越野性能好。所谓越野能力是指能够在质量很差的路面或者根本没有道路的地面上行驶的能力。

通常把具有防护装甲的军用车辆称为装甲车辆。坦克是装甲车辆中的一种，是直射火力强大、越野性能优良、机动性能灵活、防护装甲坚固的履带式装甲战斗车辆。由于坦克在陆军主战装备中特别重要，出现较早，性能突出，通常单独列出作为一类。在本书中，把包含坦克在内的装甲车辆称为坦克装甲车辆，或装甲装备。装甲车辆指不包含坦克的其他装甲车辆。坦克装甲车辆按用途大致可分为装甲战斗车辆、牵引运载车辆、运输车辆和特种车辆四种。装甲战斗车辆指装有武器系统，以作战为主的坦克装甲车辆。装甲保障车辆指装有专用设备和装置，用来保障装甲机械化部队执行任务或完成其他作战保障任务的装甲车辆。用来运输导弹、坦克这类特长、特重的武器装备的车辆称为运载车。

6.2　陆上作战平台技术原理

本节介绍陆上作战平台各个组成部分的技术原理。

6.2.1　发动机

发动机是把燃料的化学能转化为机动平台所需的机械能的部件。虽然有极个别车辆以电池等作为动力源，但陆战机动平台的动力源通常都是消耗燃油的发动机，包括往复活塞式内燃机、燃气轮机和涡轮轴发动机等。

1. 活塞式内燃机

活塞式内燃机包括活塞式汽油机、柴油机和其他燃料发动机，通常简称为内燃机。陆战平台使用最多的是柴油发动机。四冲程活塞式内燃机的工作原理在大学物理中已有论述，如图 6.2.1 所示，每个活塞的运动分为进气、压缩、做功、排气四个冲程，由连杆和曲轴把活塞的往复直线运动变为曲轴的旋转运动。单缸发动机的基本结构如图 6.2.2 所示。

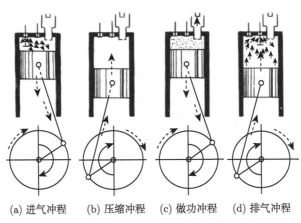

(a) 进气冲程　　(b) 压缩冲程　　(c) 做功冲程　　(d) 排气冲程

图 6.2.1　四冲程活塞式内燃机工作原理

气缸内孔的直径称为缸径；活塞顶离曲轴中心最远处称为上止点，此时活塞顶部的气缸容积称为燃烧室容积；活塞顶离曲轴中心最近处称为下止点，此时活塞顶部的气缸容积称为气缸总容积；上、下止点间的距离称为活塞行程，从一个止点运动到另一止点的过程称为冲程；气缸总容积减去燃烧室容积，也就是活塞从上止点到下止点所扫过的容积，称为气缸工作容积；发动机全部气缸工作容积的总和称为发动机排量；气缸总容积与燃烧室容积之比称为压缩比。现代汽油发动机压缩比一般为 6~11，柴油发动机压缩比一般为 16~22。压缩比越大，在压缩终了时混合气的压力和温度便越高，效率越高。但过大的压缩比会引起爆燃，增加振动、噪声和油耗，降低输出功率，这种情况不允许出现。一个气缸从上次燃烧到下次燃烧所经历的过程称为工作循环，一个工作循环通常包含四个或两个冲程。

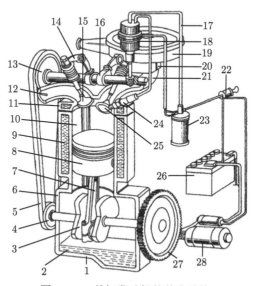

图 6.2.2　单缸发动机的基本结构

1-油底壳；2-机油；3-曲轴；4-带轮；5-同步带；6-曲轴箱；7-连杆；8-活塞；9-水套；10-气缸；11-气缸盖；12-排气管；13-同步带轮；14-摇臂；15-排气门；16-凸轮轴；17-高压线；18-分电器；19-空气滤清器；20-化油器；21-进气管；22-点火开关；23-点火线圈；24-火花塞；25-进气门；26-蓄电池；27-飞轮；28-启动电机

　　为提高进入气缸中的空气密度以增加进气量，达到增加功率的目的，可对进入气缸前的空气进行压缩，称为增压。未进行增压的称为自然进气。空气经压缩后温度升高，密度降低，影响增压效果，可对压缩后的空气进行冷却，称为"中冷"。

　　发动机对外输出的转矩 (或称扭矩) 称为有效转矩，用 T_e 表示；发动机对外输出的功率称为有效功率，用 P_e 表示；以发动机转速为横坐标，以有效转矩 (图 6.2.3 上部四根一组的曲线，坐标值在左侧)、有效功率 (下部一组，坐标值在右侧) 为纵坐标绘制出的曲线，称为发动机的速度特性曲线；发动机的转速及对应的输出的功率称为工况；发动机在某一转速下所输出的实际功率，与该转速下所能输出的最大功率之比，称为负荷；节气门 (俗称油门) 全开测得的速度特性称为外特性 (图 6.2.3 中的两根实线)，部分开启时测得的速度特性称为部分负荷特性。不对外输出功率，发动机能够维持稳定运转的最低转速称为怠速，即"空转时的转速"，这种工况称为怠速工况。

　　功率等于转矩乘以转速，当功率一定时，转速越高，转矩就越小；功率也等于驱动力乘以平动速率，当发动机动功率一定时，车速越快，所能提供的驱动力越小。

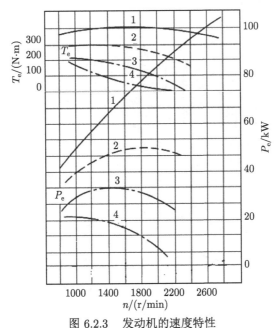

图 6.2.3   发动机的速度特性

1-外特性；2～4-节气门开度分别为 75%，50%，25% 时的部分速度特性

2. 地面燃气轮机

地面燃气轮机是用于舰船和车辆的涡轮机 (又称叶轮机)，简称燃气轮机。涡轮通常由静止的导向叶片和转动的工作叶轮组成。从燃烧室来的高压燃气，先经过静止的导向叶片以适当的角度冲击旋转的工作叶轮，迫使叶轮高速旋转，并通过与叶轮连接在一起的旋转轴输出机械功率。与活塞式内燃机相比，虽然燃气轮机有燃油消耗率高、耗气量大、怠速运转困难、空气滤清器体积大、研制成本高和系列化难度大等缺点，但是它具有结构简单、质量轻、体积小、启动快、振动小、好保养等许多优点。用于车辆时，其速度特性优于活塞发动机。结构上不需要散热器，对燃料要求低，故越来越引起人们的重视。地面车辆用燃气轮机的技术来源于航空涡轮发动机，技术水平高，优势明显，美国、俄罗斯两国已率先将其用于主战坦克和某些重型车辆上。

图 6.2.4 为三轴燃气轮机工作过程示意图。空气经低压压气机 1 压缩后进入冷却器 2 冷却，冷却后的压缩空气经高压压气机 3 进一步提高压力 (美国 AGT-1500 燃气轮机的压力为 1.47MPa)，再经过回热器 4 加热后进入燃烧室 5 与燃烧室内喷出的燃油混合燃烧，燃烧后的高温气体先后经过高压涡轮 6、动

力涡轮 10、低压涡轮 11 膨胀做功，膨胀后较高温度的废气经回热器 4 加热进入燃烧室前的高压空气后排出机外。低压涡轮 11 用于带动低压压气机 1，高压涡轮 6 用于带动高压压气机 3，动力涡轮 10 用于驱动车辆行走。为了提高燃气轮机的功率，高温燃气在推动高压涡轮 6 做功后，在补燃室 7 内再次喷射一次燃油燃烧，提高进入动力涡轮 10 的燃气温度，增大动力涡轮的输出功率。冷却器 2 的作用是冷却进入高压压气机的空气，增大空气密度，有利于提高燃气轮机的效率。

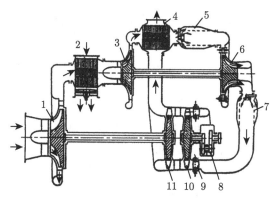

图 6.2.4　燃气轮机原理图

1-低压压气机；2-冷却器；3-高压压气机；4-回热器；5-燃烧室；6-高压涡轮；7-补燃室；8-减速器；9-可调导向叶片；10-动力涡轮；11-低压涡轮

回热器 4 的作用，是利用从涡轮排出的温度较高的废气，加热进入燃烧室 5 前的空气，降低燃气轮机的燃油消耗率。

所谓三轴式燃气轮机是指由三个涡轮 (高压、低压、动力) 带动三个不同转速的旋转轴输出机械功率的燃气轮机。

6.2.2　轮式车辆底盘

轮式车辆底盘由传动系、行驶系、转向系和制动系四部分组成。底盘作用是支承、安装车辆发动机及其各部件、总成，形成车辆的整体造型，传递发动机的动力并推动车辆运动，保证车辆正常行驶。通俗地说，使车辆能够正常行驶的部件，就是底盘和发动机。图 6.2.5 是发动机前置 (即发动机处于车辆前部) 后轮驱动汽车的底盘结构。

1. 传动系

发动机所产生的动力靠传动系传递到驱动车轮。传动系具有减速、变速、倒车、中断动力、轮间差速和轴间差速等功能，与发动机配合工作，保证车辆在各种工况条件下的正常行驶。

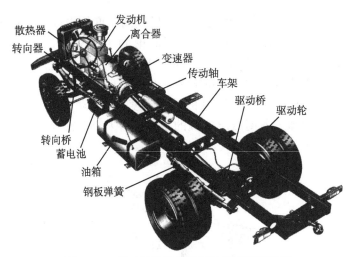

图 6.2.5　发动机前置后轮驱动汽车底盘结构

传动系按能量传递方式的不同, 可划分为机械式传动、液力式传动、电力调速式等。机械式传动, 传动全部通过机械机构实现, 传动灵活性和可控性差, 需要频繁换挡。传动系一般都包含机械传动部分。如果传动链中含有传递全部功率的液力部件, 就叫液力式传动, 其特点是效率低, 但传动可控性能好, 对路面的适应能力强。电力调速式效率高, 性能好、易控制, 但目前体积大、加速性能差。

1) 齿轮传动原理

机械传动包含齿轮传动、带传动、链传动、摩擦传动等, 最常用的为齿轮传动。齿轮传动可分为定轴式机械传动和回转轮系传动。

在定轴式机械传动中, 各个齿轮的回转轴线在传动过程中保持相对静止。如果主动齿轮的转速为 n_1, 齿数为 Z_1; 被动齿轮的转速为 n_2, 齿数为 Z_2, 则称 $n_1/n_2 = Z_2/Z_1$ 为传动比。当 n_1, Z_1, Z_2 确定后, n_2 也就确定了。车辆换挡, 就是在发动机转速 n_1 不变的情况下, 通过改变主动轴与被动轴间传递功率的一对齿轮间的 Z_2/Z_1, 来改变车轮的转速 n_2, 达到改变车辆行驶速度的目的。

回转轮系传动中, 各个齿轮轴心线在传动过程中有相对运动, 以行星式传动最为常见。行星传动与定轴传动相比, 具有结构紧凑、重量轻、便于自动控制的优点, 适用于主战坦克、大功率传动装置和自动变速车辆。

行星传动的基本组成是行星排, 它由太阳轮、行星架 (又叫系杆)、内齿圈和行星轮组成, 如图 6.2.6 所示。太阳轮、行星架和内齿圈三者中任意确定两个的转速后, 第三者的转速也就确定了。当固定太阳轮、行星架和内齿圈三者中的任何一个相对于机架 (大地) 不动时, 其他两个就可以一个做主动轮, 另一个做从动轮, 组成定比传动。

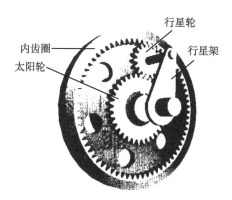

图 6.2.6　　行星齿轮传动

设 n_1、Z_1 分别为太阳齿轮的转速和齿数，n_2、Z_2 分别为内齿圈的转速和齿数 (内齿圈与太阳轮的地位是相同的，可以把内齿圈也做成中心轮，把两个连接在一起的齿轮作为行星轮)，n_3 为行星齿轮架的转速，令 $a = Z_2/Z_1$，则

$$n_1 + a \cdot n_2 - (1 + a) \cdot n_3 = 0 \tag{6.2.1}$$

当作为传动装置时，一个为输入，一个为输出，第三个等于 0 (制动)，输入轴的转速就可以决定输出轴的转速；或者第三者与输入或输出闭锁 (离合器结合) 在一起，即与输入或输出的转速相同，即可得到不同的转速。由于行星传动可以通过制动或闭锁改变输出转速，故易于实现自动变速。大部分车辆自动变速器 (如自动挡轿车) 都采用行星齿轮自动变速器。

当作为转向装置时，n_1，n_2，n_3 中一个作为直驶功率输入，一个作为转向功率输入，第三个作为带动驱动轮的驱动输出。

2) 轮式车辆传动系的一般组成

传动系一般由离合器、变速器、万向传动装置、主减速器、差速器和半轴等组成，有的还有液力变矩器和轴间差速器。图 6.2.7 为发动机前置后轮驱动汽车机械式传动系的一般组成，图中各部件的示意符号的含义可参看有关书籍。如理解困难，可把它们看成一个一个的黑箱，仅用于了解它们在车辆上的安装位置和所起作用，不必了解其机械结构。

(1) 离合器位于发动机和变速箱之间，在车辆行驶过程中，驾驶员可根据需要踩下或松开离合器踏板，使发动机与变速箱暂时分离或逐渐接合。

(2) 液力变矩器：高性能的军用车辆都装有液力变矩器，它是装在发动机与变速器之间的传动元件，通过油液动能传递能量。它比离合器的功能强，传动具有柔性，能自动适应行驶阻力的变化，可实现不中断动力的换挡。突然起停车时，发动机不会熄火。

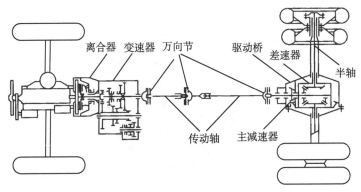

图 6.2.7　普通汽车传动系统

车辆传动通常用三元件综合式液力变矩器，它由泵轮、涡轮、导轮、闭锁离合器等组成。其工作原理可形象描述为：发动机带动泵轮旋转，泵轮叶片带动液体运动，液体经导轮调节后驱动涡轮旋转，涡轮再驱动车辆前进。简单说，类似于"风扇吹动风扇转"。为提高效率，在换挡后正常行驶时，泵轮、涡轮由闭锁离合器闭锁成为机械传动。自动挡车辆和很多越野车辆都安装有液力变矩器，它不仅降低了对驾驶员技术的要求，减轻了其劳动强度，而且有利于车辆的平稳行驶。

(3) 变速器 (图 6.2.8)：其作用是通过改变传动比，改变传动到车轮的转速和扭矩，满足起步、加速、行驶以及适应各种道路条件的需要。变速器一般分为手动变速器 (MT)、自动变速器 (AT)、手自一体变速器、无级式变速器等。手动变速器一般都装有同步器。这是因为换挡后由于主动和被动齿轮的圆周线速度不同，不能马上啮合，否则会打坏齿轮或发生冲撞。同步器通过摩擦使两者线速度基本相同后，再使齿轮啮合，实现平稳换挡。由于需要改变主动轴的转速，所以手动挡车辆换挡时必须断开离合器；由于减挡 (高速换低速) 需要增加主动轴转速，所以无同步器的变速器要"减挡空加油"。

(4) 传动轴：由于变速器和车体固定在一起,主减速器和车桥固定在一起,车辆行驶过程中车桥和车体间持续存在相对运动，故传动轴要能自动调节方向和长度。

(5) 主减速器 (图 6.2.9)：主减速器是车辆传动系中减小转速、增大扭矩的主要部件。车辆正常行驶时，发动机的转速通常在 2000~3000r/min，如果将这么高的转速只靠变速箱来降低下来，那么变速箱内齿轮副的传动比则需很大，而齿轮副的传动比越大，两齿轮的半径比也越大，换句话说，也就是变速箱的尺寸会越大。另外，转速下降，而扭矩必然增加 (功率等于扭矩乘以角速度)，也就加大了变速箱与变速箱后面传动机构的传动扭矩。所以，在动力向左右驱动轮分流的差速器之前设置一个主减速器，可使主减速器前面的传动部件所传递的扭矩减小，达到减小减轻结构的目的。

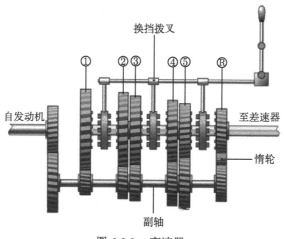

图 6.2.8 变速器

(6) 差速器 (图 6.2.9)：驱动桥两侧的驱动轮若用一根整轴刚性连接驱动，则两轮只能以相同的角速度旋转。这样，当车辆转向行驶时，由于外侧车轮要比内侧车轮移过的距离大，将使外侧车轮在滚动的同时产生滑拖，而内侧车轮在滚动的同时产生滑转。即使是车辆直线行驶，也会因路面不平或虽然路面平直但轮胎滚动半径不等 (轮胎制造误差、磨损不同、受载不均或气压不等) 而引起车轮的滑动。车轮滑动时不仅加剧轮胎磨损、增加功率和燃料消耗，还会使车辆转向困难、制动性能变差。为使车轮尽可能不发生滑动，在结构上必须保证各车轮能以不同的角速度转动。通常从动车轮用轴承支承在车轴上，所以能以任何角速度旋转，能自动适应行驶转速变化的需求。而驱动车轮分别与两根半轴刚性连接，在两根半轴之间装有差速器，实现两个车轮能以不同的转速旋转。这种差速器又称为轮间差速器。

现代车辆上的差速器通常按其工作特性分为齿轮式差速器和防滑差速器两大类。齿轮式差速器平均分配扭矩给左右驱动轮，转向时由于内侧车轮阻力增大而减速，外侧车轮加速，转速之和不变。这种差速器转矩均分特性能满足车辆在良好路面上正常行驶。但当车辆在坏路上行驶时，却严重影响通过能力。例如，当车辆的一个驱动轮陷入泥泞路面时，虽然另一驱动轮在良好路面上，车辆却往往不能前进 (俗称打滑)。此时在泥泞路面上的驱动轮原地滑转，在良好路面上的车轮静止不动。这是因为在泥泞路面上的车轮与路面之间的附着力较小，路面只能提供较小的反作用力矩；尽管另一驱动轮与良好路面间的附着力较大，但因平均分配转矩的特点，这一驱动轮也只能分到与滑转驱动轮相同的转矩，以致驱动力不足以克服行驶阻力，车辆不能前进，而动力则消耗在滑转驱动轮上。此时加大油门不仅不能使车辆前进，反而浪费燃油，加速机件磨损，尤其加剧轮胎磨损。有效的解决办法是：挖掉滑转驱动轮下的稀泥或在此轮下垫干土、碎石、树枝、干草等，提高其附着力。为提高车辆在坏路上的通过能力，某些越野车辆及高级轿车上装置防滑差速器。防滑差速器的特点是，当一侧驱动轮在坏路上滑转时，能使大部分甚至全部转矩传给在良好路面上的驱动轮，以充分利用这一驱动轮的附着力来产生足够的驱动力，使车辆顺利起步或继续行驶。

图 6.2.9　主减速器、差速器和半轴

(7) 分动器：多轴驱动的越野车辆，为使各驱动桥能以不同角速度旋转，以消除各桥上驱动轮的滑动，通常在两驱动桥之间装有轴间差速器，称为分动器。分动器有一个输入轴连接于变速器的输出，有两个或更多的输出轴连接于各个驱动桥。四轮驱动的分动器可分为分时分动器、全时分动器和适时分动器。分时分动器高速挡无轴间差速机构，低速挡时由驾驶员决定采用四轮驱动还是两轮驱动，通过手动操作进行变换。全时分动器具有轴间差动机构，一直保持四轮驱动，全自动地进行扭矩和转速分配，能适合所有路面，但油耗较高。适时分动器在良好路面为两轮驱动，路面不好时自动切换到四轮驱动，既有全时分动器适应能力强、操作简单的特点，又有分时分动器油耗低的优势，还避免了对驾驶员技术水平的过高要求。图 6.2.10 为 4×4 越野汽车传动系统示意图。

(8) 半轴 (图 6.2.9)：半轴是差速器与驱动轮之间传递扭矩的实心轴，其内端一般通过花键与半轴齿轮连接，外端与轮毂连接。现代车辆常用的半轴，根据其支承型式不同，有全浮式和半浮式两种。全浮式半轴只传递转矩，不承受任何反力和弯矩，因而广泛应用于各类车辆上。全浮式半轴易于拆装，只需拧下半轴突缘上的螺栓即可抽出半轴，而车轮与桥壳仍然能支撑车辆，从而给车辆维护带来方便。半浮式半轴既传递扭矩又承受全部反力和弯矩。它的支承结构简单、成本低，因而被广泛用于反力弯矩较小的各类轿车上，但这种半轴支承拆取麻烦。

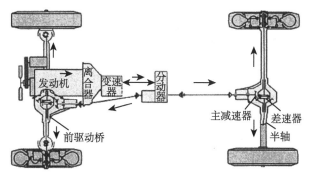

图 6.2.10　4×4 越野汽车传动系统示意图

2. 行驶系

车辆的车架、车桥、车轮和悬架等组成了行驶系 (图 6.2.11)。行驶系的功用是：①接受传动系的动力，通过驱动轮与路面的作用产生牵引力，使车辆正常行驶；②承受车辆的总重量和地面的反力；③缓和不平路面对车身造成的冲击，衰减车辆行驶中的振动，保持行驶的平顺性；④与转向系配合，保证车辆操纵稳定性。

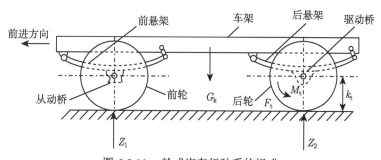

图 6.2.11　轮式汽车行驶系的组成

路面能够提供给车轮的最大可能的摩擦力称为附着力；车辆行驶时的阻力由滚动阻力、空气阻力、加速阻力和上坡阻力组成，称为行驶阻力；由发动机驱动车轮旋转之力称为驱动力。路面能够提供给车辆的推动力由驱动力和附着力两者中的较小者决定：驱动力小于附着力时，车辆正常行驶，推动力等于驱动力；驱动力大于附着力时，车轮打滑。

(1) 车架。车架支承车身，承受车辆载荷，固定车辆大部分部件和总成。在轿车、客车等车辆中，有时车架和车身做成一体。

(2) 车桥。车桥传递车架与车轮之间的各个方向的作用力和作用力矩,车辆的支撑和驱动靠车桥完成。车桥根据悬架的不同可以分为整体式和断开式,根据所起的作用分为转向桥、驱动桥、转向驱动桥、支持桥等。转向桥利用转向节的摆动使车轮偏转一定的角度以实现车辆的转向,驱动桥向车轮提供转矩,支持桥又叫被动桥或从动桥。如果车桥数多于两个,则需要有一套协调机构对各个车桥的负载进行均衡,图 6.2.12 就是一个实例。

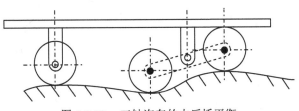

图 6.2.12   三轴汽车的中后桥平衡

(3) 悬架。车架与车轮之间不能刚性连接,它们之间的缓冲机构称为悬架。悬架的作用是承载、缓冲、减振,通常由弹性元件、减振器、导向机构、横向稳定器等组成。弹簧可采用钢板弹簧、螺旋弹簧、扭杆弹簧、空气弹簧、油气弹簧、橡胶弹簧等,一般由传统习惯和车辆用途决定。图 6.2.13 所示为悬架示意图。

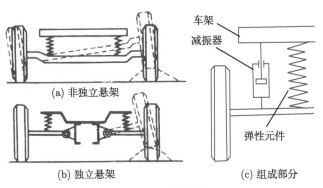

(a) 非独立悬架

(b) 独立悬架   (c) 组成部分

图 6.2.13   车辆悬架

(4) 车轮。车轮由轮毂、轮辋和轮辐组成。轮胎安装于车轮之上。根据用途的不同,车轮和轮胎有多种结构形式。

3. 转向系

根据驾驶员的操作改变车辆行驶方向的机构,称为转向系。

要保证车辆在转向时各车轮都是纯滚动而不发生侧向滑动,不仅各轮的转速要不相同,而且各个车轮轴心线在地面的投影应相交于一点,如图 6.2.14 的 O 点所示。

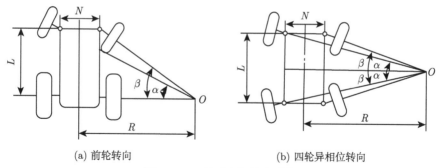

(a) 前轮转向   (b) 四轮异相位转向

图 6.2.14 轮式车辆转向过程

转向机构的设计, 应在常用的转向半径内尽量达到这个要求。图 6.2.15 是后轮驱动汽车常用的前轮转向桥组成示意图。方向盘转动时, 通过转向节臂推动左转向节带动左前轮扭转一个角度; 左前轮扭转时, 通过梯形臂和横拉杆带动右转向节扭转一个适当的 (与左转向节不同的) 角度, 在车轴不动的情况下实现转向, 而且左右轮的转角不同, 近似地达到图 6.2.14 的要求。

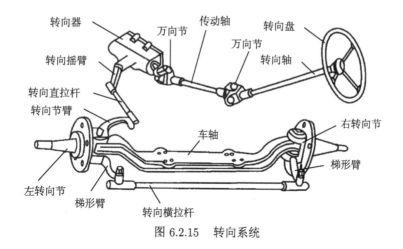

图 6.2.15 转向系统

转向驱动桥与转向桥的区别就是前者的车轴是空心的, 横梁变成了桥壳, 转向节变成了转向节壳体, 因为里面多了根驱动轴。这根驱动轴被位于桥壳中间的差速器一分为二, 变成了两根半轴。为了适应转向时旋转轴方向的变化, 驱动轴要用万向节驱动轮毂。

转向系可分为两类: 一类是机械转向系, 它以驾驶员的体力作为转向能源, 所有的传动系统都是机械传动; 另一类是动力转向, 它将动力源的动力作为主要转向能源, 由驾驶员通过转向操纵装置控制转向运动, 由动力能源对驾驶员的操纵进行加力驱动。除轻型车辆外, 现代大部分军用车辆都采用动力转向。

4. 制动系

车辆上使车辆承受与其运动趋势方向相反的外界力的专门装置称为制动系统。其作用是：使行驶中的车辆按照驾驶员的要求进行强制减速甚至停车；使已停驶的车辆在各种道路条件下 (包括在坡道上) 稳定驻车；使下坡行驶的车辆速度保持稳定。对车辆起制动作用的只能是作用在车辆上且方向与车辆行驶方向相反的外力，用于控制这个作用力大小的一系列专门装置称为制动系。

1) 分类

(1) 按制动系统的作用，可分为行车制动系统、驻车制动系统、应急制动系统及辅助制动系统等。用以使行驶中的车辆降低速度甚至停车的制动系统称为行车制动系统；用以使已停驶的车辆驻留原地不动的制动系统称为驻车制动系统；在行车制动系统失效的情况下，保证车辆仍能实现减速或停车的制动系统称为应急制动系统；在行车过程中，辅助行车制动系统降低车速或保持车速稳定，但不能将车辆紧急制动到停止的制动系统称为辅助制动系统。上述各制动系统中，行车制动系统和驻车制动系统是每种车辆都必须具备的。

(2) 按制动能源的形式，制动系统可分为人力制动系统、动力制动系统和伺服制动系统等。以驾驶员的肌体作为唯一制动能源的制动系统称为人力制动系统；完全靠由发动机的动力转化而成的气压或液压形式的能量进行制动的系统称为动力制动系统；兼用人力和发动机动力进行制动的制动系统称为伺服制动系统或助力制动系统。

(3) 按制动能量的传输方式，制动系统可分为机械式、液压式、气压式、电磁式、液阻式等。同时采用两种以上能量传递方式的制动系称为组合式制动系统。

2) 制动原理

制动系统的一般工作原理是，利用与车身 (或车架) 相连的非旋转元件和与车轮 (或传动轴) 相连的旋转元件之间的相互摩擦阻力 (也可采用液体阻力) 来阻止车轮的转动或转动趋势。制动力的大小，由可能提供的阻力矩与车轮和路面间的附着力矩两者中较小的一个决定。当摩擦阻力小于车轮与路面间的附着力时，制动力的大小由摩擦阻力决定。制动力不可能超过车轮与路面间的附着力，当制动力等于附着力时，车轮抱死。若后轮抱死，可能发生甩尾；若前轮抱死则丧失转向能力，极易造成严重的交通事故。为了达到最佳制动效果，应使各轮的制动力相互平衡。

车轮抱死后，周向附着力有所降低，侧向附着力急剧降低，使车辆发生横向滑移，这是一种十分危险的情况。为了防止车轮抱死，现代车辆都采用了防抱死装置 (ABS)。

5. 车辆行驶电子控制系统

车辆行驶电子控制系统用于保证车辆行驶的安全可靠，如 TCS/ASR(循迹控制系统，又叫驱动力控制系统)。TCS/ASR 的作用是控制车辆起步、加速、转向过程中的驱动轮滑移率 (10%~20%)，动态地调整驱动轮的驱动扭矩，实现最佳驱动力控制。又如 ESP(行车动态稳定系统)，ESP 在行车过程中任何时刻都能维持车辆处于最佳的安全状态。ESP 系统包括转向传感器、车轮传感器、摇摆速度传感器、横向加速度传感器等，控制单元通过对这些传感器的数据进行分析来判断车辆的运行状态，进而控制每个车轮的刹车压力、驱动扭矩、转向状态等行驶参数，达到安全、稳定、可靠行驶的目的。

6.2.3 履带式车辆底盘

习惯上，把履带式车辆能够独立正常行驶的最小构成部分称为底盘，一般认为包括发动机、车体和推进系统。车体指容纳、连接、安装各种人员设备的刚性部分，本节不论述。履带式车辆的陆上推进系统是本节的主要内容。

不但能在陆上行驶，而且能够自主浮渡的车辆称为两栖车辆。两栖车辆装备有水上推进系统。水上推进系统是在陆上推进系统的基础上增加了一路水上驱动传动线路，有划水式、螺旋桨式和喷水式三种。划水式行驶原理是利用装甲车辆的履带或轮胎划水，驱动车辆前进。其行驶速度最低，最高也不超过 7km/h。履带划水的最突出的优点是共用了陆上行驶机构，不占用车内空间，简化了车辆结构。螺旋桨式行驶原理是水上传动带动螺旋桨旋转，螺旋桨叶片排水产生反作用力使车辆行驶，改变螺旋桨旋转方向和方向舵角度可实现倒驶和转向。螺旋桨行驶航速可达 7~12km/h。喷水式行驶原理是水上传动系统带动水泵，吸入水流由喷管向后喷出，产生推力使车辆行驶。其特点是驱动效率较高，水上操纵性好，浅水区机动性好，但所占车内空间较大。喷水行驶航速可达 8~13km/h。喷水推进装置可以全部安装在车内，无车外暴露件，与螺旋桨相比较易于安装，对陆上性能无影响。因此，近代两栖装甲车辆广泛采用喷水推进。水上转向利用安装在喷口处的水门和倒车水道实现，当关闭一侧喷水推进器的水门时，该推进器喷出的水流从该侧的倒车水道向侧前方喷出，从而实现转向。两个水门全都关闭时，则车辆倒车行驶。

1. 传动装置

图 6.2.16 为某型坦克的传动装置的俯视轮廓图。发动机的输出经弹性联轴节进入传动箱，传动箱输出经主离合器到变速箱，变速箱的输出经行星转向机和侧减速器后，再到驱动轮驱动车辆前进。

弹性联轴节的作用是缓冲和减振。传动箱 (又叫前传动) 的作用是提高转速、降低转矩，启动电机的输入也由传动箱进入。转向机使两侧驱动轮的转速发生变化实现转向。

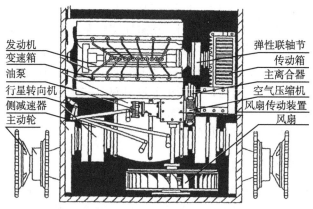

发动机
变速箱
油泵
行星转向机
侧减速器
主动轮

弹性联轴节
传动箱
主离合器
空气压缩机
风扇传动装置
风扇

图 6.2.16　某型坦克的传动装置

传动装置还有驱动空气压缩机、风扇、油泵、发电机等其他装置的功能。在水陆两栖车辆中，有水上推进的动力输出；在工程保障车辆上，有作业装置的动力输出等。现代履带式车辆的变速箱中一般都包含同步器，新型车辆还有液力变矩器。

根据变速功率和转向功率的传递方式，传动装置可分为单功率流传动和双功率流传动。如果变速机构和转向机构串联传递功率，就叫单功率流传动，其转向性能较差。如果变速机构和转向机构并联传递功率，变速分路和转向分路各自独立，就叫双功率流传动，其转向性能较好。

以下介绍履带式车辆传动装置中与轮式车辆传动系差别较大的几个部分。

1) 转向机构

单流机械传动转向机构直驶性能和转向性能互不相关，规定转向半径数目少，操纵性能差；双流机械传动转向机构直驶性能和转向性能相互配合，每挡都有几个规定转向半径，转向半径数目多，操纵性能较好。机械式转向机构转向是有级的，故转向时"走一走，扭一扭"。

有级转向性能不好，操作困难，方向不好判断，对驾驶员的技术要求很高。各国学者不断进行无级转向技术研究。由于技术的进步，大功率、高压、高转速、大流量的液压泵–液压马达传动系统日趋成熟，体积重量指标也能为履带式车辆所接受。到 20 世纪 80 年代，西方国家主要坦克上普遍采用了液压无级转向技术。在车辆任一排挡下需转向时，操纵变量泵的变量机构，向正向或负向转动，实现向左或向右转向，转向半径随变量机构的位置作无级变化。直驶时放在零位，当变量泵的变量机构变量率在 −1，0，+1 内变化时，变量泵转速不变，但液体流量从负方向最大变到正方向最大。而液压马达的转速正比于输入流量，也从负向最大变到正向最大。其输出连接到行星机构的太阳轮，改变了两侧履带的转速，实现了驾驶员可控的无级转向。在动力排挡为空挡时，可以获得绕坦克几何中心的转向，此时全部功率由液压马达传递。

2) 操纵装置

履带式车辆操纵装置的作用是控制推进系统各部件，实现行驶的各种功能。其功能包括发动机操纵、主离合器操纵、变速箱换挡操纵、转向操纵和其他辅助机构操纵等。

A. 机械式操纵装置

机械式操纵装置指由机械元件，如拉杆、杠杆、凸轮、弹簧等组成的操纵装置。

机械式操纵装置有直接作用式和助力式两种。助力式操纵装置常用于主离合器、转向机和制动器操纵，因这些部件所需操纵力很大 (旧式坦克无助力装置，常需要驾驶员奋力双手操作)，因此通常采用弹簧助力。被操纵部件的最大操纵力由弹簧的弹性变形力抵消一部分，就可减小驾驶员操纵时的最大操纵力。

B. 液压式操纵装置

由于机械操纵机构布置困难，操作费力，传动笨重，因此用油管代替机械件进行传动，形成液压式操纵装置。液压式操纵装置常应用于离合器或制动器的操纵中。为保证被操纵件工作特性 (动作强度和速度)，通常设计成随动结构，被操纵部件随操纵手柄的位移或力而变化。所谓随动结构，是指操作员只用很小的力操作信号拾取部件 (通常为液压阀或电位计等)，这些部件把信号传递给液力或电力驱动元件，再由驱动元件使动作部件运动到操作员希望的位置上。其由于被操纵件与操作装置无机械联系，却能跟随其运动而得名。

C. 电液式操纵装置

把部分油管用导线代替，形成电液式操纵装置。其原理为：人控制电信号，电信号控制液力装置，液力装置控制被操纵部件。电液操纵装置用导线代替了机械传动装置或油管，布置简单方便。

3) 制动器

履带式车辆的制动器的制动能量随着车重的增加和车速的提高而急剧增加 ($0.5mv^2 + mgh$)，主战坦克在最大车速 65km/h 时制动功率达 550kW。这些能量全部通过摩擦变为热能，如何散发成了一个大问题。因此现代综合传动中增加了液力制动器，它由两个带叶片的工作轮组成，其中一个工作轮固定在箱体上不转动，另一个随驱动轮转动。调节充油量，就可改变制动力矩大小。在制动过程中，其制动扭矩为液力制动器和机械制动器制动扭矩之和。液力制动在高速阶段起主要作用，在低速阶段基本不起作用。

2. 履带行动装置

履带式行动装置总体方案，分为无托带轮和有托带轮两种型式。前者如苏联T54 坦克，采用较大直径的负重轮。后者如德国"豹"式坦克，采用较小直径的负重轮和有托带轮的履带行动装置。图 6.2.17 为无托带轮的某坦克的行动装置。

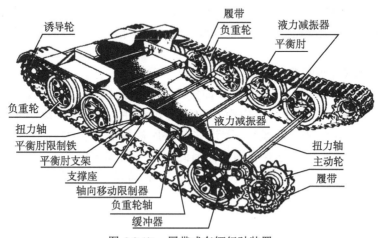

图 6.2.17　履带式车辆行驶装置

主动轮布置在车首还是车尾，主要由车辆的使用要求和动力传动装置在车上的布置所决定。主动轮后置能减轻上支履带以及诱导轮和张紧装置的载荷，常为主战坦克采用。车首轮轴心距地垂直高度表征车辆超越垂直墙高度，一般大于 0.75 m。车首、车尾轮轴心与车体重心间的水平距离中，较小的一个表征车辆静力越壕宽度。前后负重轮轴心水平距离称为履带着地长。履带单位着地面积支承的车重称为履带着地单位压力，它与履带行驶阻力和附着性能直接相关。

履带行动装置的主要部件如下：

(1) 履带。履带着地面有金属和橡胶两种方式，早期坦克的履带板用金属着地面，上有较高的履刺，能嵌入地面提高附着性能，但履刺进出土壤会产生行驶阻力，转向时履刺在地面滑动会产生转向阻力。图 6.2.18 为履带板和履带销，很多履带板经履带销连接成一个环形，就形成了履带。

为避免金属履刺损伤路面，美国首先使用了着地面挂胶的履带板，随后又发展为可更换的着地胶块。

履带板之间的铰链多用敞开式金属铰链和橡胶金属铰链。第二次世界大战中的坦克履带铰链多用敞开式金属铰链，水和泥、沙能直接进入铰链中，使铰链严重磨损，履带节距增大，履带晃动和噪声加大，行驶效率降低。第二次世界大战后开始使用橡胶金属铰链，其履带销包裹有橡胶套，橡胶套填满了履带板上的销孔与履带销间的缝隙，防止泥水杂物进入；当两个履带板相对转动时，只是橡胶扭动，金属与金属之间并不发生相对滑动。为防止履带脱带，履带滚道一侧有诱导齿。

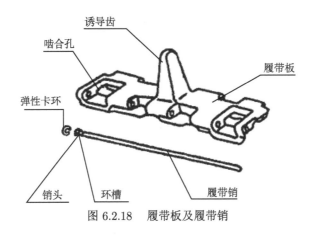

图 6.2.18　履带板及履带销

(2) 主动轮。主动轮 (又叫驱动轮，图 6.2.19) 的轮盘和轮毂制成一体，轮盘上有排除泥土和积雪的孔，轮毂中有花键孔，用以将主动轮安装在侧传动的输出轴上。履带与主动轮啮合有板齿式和板孔式两种。现代装甲履带车辆都用板孔啮合，即履带板为孔，主动轮为齿。

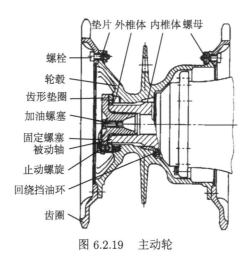

图 6.2.19　主动轮

(3) 负重轮。负重轮用于支撑车体重量，有单排、双排两种。单排负重轮的轮毂、轮盘和轮圈焊成封闭的鼓形结构，可增加排水量，提高浮力，多用于两栖轻型车辆。双排负重轮轮毂用轻合金锻造。轮盘与轮圈合成一体，用轻合金锻造或用钢板冲压而成。对称的两个轮盘用螺栓与轮毂组装成一体。

(4) 托带轮。托带轮用于支托上支履带，减小履带悬垂量和晃动幅度，减小脱带的可能性。图 6.2.17 所示装置为无托带轮结构。

(5) 诱导轮与履带张紧装置。诱导轮安装于车首或车尾两侧，处于和主动轮相反的一端。诱导轮用来支撑和诱导履带，保证履带的正确运动。张紧装置用于调整履带松紧。诱导轮多安装在与车体连接的曲臂上，由张紧装置转动曲臂改变诱导轮相对车体的位置。安装履带时，先将断开的履带连成圈，再转动曲臂使履带张紧，履带圈张大量约为一个履带节距。为补偿铰链磨损节距增大，履带圈要继续张大至少一个节距，才能去掉一块履带板，故张紧装置总调节量应不小于两个履带节距。

(6) 悬挂装置。悬挂装置是车体与车轮之间的连接装置，所起作用与轮式车辆的悬架相同。悬挂装置由弹性元件、阻尼减振器和连接机构组成，其作用是把车体连接到车轮上。悬挂装置必须满足以下性能要求：行驶平稳，保持乘员工作效能；有足够的设计动行程，避免悬挂“击穿”(车轮刚性碰撞车体称悬挂装置“击穿”，乘员很不舒适)；相对动载荷小，贴地性能好。悬挂装置中设置有负重轮行程限制器，以保证弹性元件不被变形破坏。

普通车辆所采用的螺旋弹簧、碟片弹簧、叠片弹簧悬挂都不适宜于装甲车辆。现代装甲车辆一般采用扭杆弹簧悬挂。扭杆弹簧为细长杆，重量轻，在车底板上横向安装，有利于总体布置，几乎成为现代履带式装甲车辆悬挂中仅有的金属弹性元件。为保证扭杆弹簧受纯扭转，它的一端装在平衡肘导管里，由导管承受弯矩，另一端与车体的支架相连。图 6.2.20 为扭杆弹簧示意图，图 6.2.21 为某型坦克的悬挂装置。

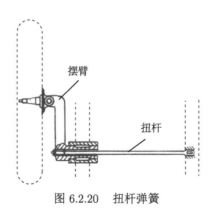

图 6.2.20　扭杆弹簧

液–气弹簧作为弹性元件的悬挂装置称为液–气悬挂，由于其具备调节车辆姿态的功能,具有一定优势。例如,调节车体的俯仰,能增加自行火炮的高低角,扩大火炮射击范围;多管自行高炮车体调平后,将悬挂闭锁,能提高射击精度,等等。

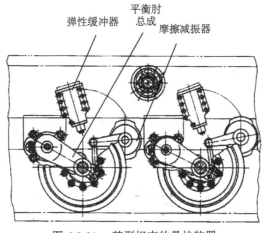

图 6.2.21 某型坦克的悬挂装置

车体振动的动能要靠减振器消耗,才能使车辆平稳行驶。减振器要稳定地产生需要的阻尼力,有效散热,控制温升。常用的有机械摩擦式和液压式两大类。

3. 两种底盘的主要区别

(1) 行动装置不同。轮式车辆靠车轮驱动车辆运动,结构简单;履带式车辆靠履带驱动车辆运动,结构复杂。轮式推进系统重量轻、造价低、车速高、最大行程大、使用寿命长、维修保养方便;不足之处是越野通过能力、承载能力和防护能力不如履带式车辆,一般适用于轻型装甲输送车、救护车、侦察车、指挥车等。履带式推进系统突出的优点是履带对地面单位面积压力小,越野通过性好,克服障碍能力强。可以配置强大火力和坚实厚重装甲,能承载较大的重量,可安装大功率发动机和传动装置,使机动性得到充分发挥。这是轮式推进系统所无法达到的。履带式推进系统如果采用大功率柴油机或燃气轮机、综合式液力机械传动、液力无级转向等技术,可以使机动性得到进一步提高。履带式推进系统使用寿命较低,造价高,主要应用于越野性能要求高的车辆,如推土机、主战坦克、步兵战车、装甲输送车、自行火炮等。

(2) 转向原理不同。轮式车辆靠转向系改变转向车轮的转轴方位,机械装置自动改变驱动车轮的转速来实现转向,转向灵活,转向轨迹只受转向盘转角控制,可控性好,可在空挡滑行中进行转向。履带式车辆由驾驶员通过转向机构直接控制两主动轮的转速差,转向机构复杂,灵活性差,转向轨迹不仅与转向操作有关,还与路面状态有关,可控性差,一般不能在空挡滑行中进行转向。

6.2.4　车辆防护系统

1. 防护系统概述

装甲车辆的防护系统，是装甲车辆上用于保护乘员及设备免遭或降低敌方武器损伤的所有装置的总称。坦克诞生之初，其防护系统仅包括装甲防护一项内容。随后为了减少坦克发动机经常起火造成的损失，又在坦克内增设了灭火器。为了使坦克能在核条件下作战，坦克上又安装了三防装置。第三次中东战争以后，坦克上用于防护的设备和技术不断增加，例如，迷彩涂料、隐身涂料、复合装甲、自动灭火抑爆装置、烟幕装置、红外干扰装置、反坦克导弹拦截装置等。这些用于坦克防护的新装置、新技术的出现，极大地提高了坦克的战场生存力。

在现代高技术战争的战场上，装甲车辆会受到各种各样的威胁。这些威胁按方位划分有来自顶部、前部、后部、侧部、底部各个方向；按弹药种类划分则有穿甲弹、破甲弹、碎甲弹、航空炸弹、反坦克子母弹、精确制导炮弹、榴弹、反坦克导弹、反坦克火箭筒、反坦克地雷等。

装甲车辆可采取的防护措施有：减少被发现的概率，减少被命中的概率，减少装甲被击穿的概率，减少弹药产生“二次效应”的概率，安装三防装置等。现代坦克的防护就是按上述五个方面采取防护措施的。轻型装甲车辆由于作战使用要求不同，其防护性能与坦克比有一定差别，通常根据任务要求加以配置。

2. 装甲防护技术

最早的装甲就是盔甲、盾牌、护心镜等。20 世纪初期，坦克装甲的厚度不超过 12mm。随着火炮技术的发展和穿甲弹的使用，到了 20 世纪 30 年代，装甲厚度达到了 60~80mm。第二次世界大战中，炮塔装甲厚度达到 150mm，车体装甲厚度也达到 100mm。第二次世界大战以后，装甲的质和量也得到改善，除了提高钢装甲的合金化水平和冶金质量外，炮塔钢装甲的厚度推向 200mm，重型装甲厚度达到 270mm。20 世纪 60 年代末，装甲防护出现了新的转机，陶瓷、玻璃钢等防弹材料的应用，掀起了世界性的复合装甲研制的热浪。著名的英国乔巴姆复合装甲采用陶瓷夹层材料，大幅度提高了抗弹性能。然后，苏联、美国、德国、法国等国家迅速发展间隙复合装甲，并且在新一代坦克上广泛应用。这些成就标志着装甲防护不再以单纯增加厚度去适应火力的增强，而是开辟了新的技术途径。各种夹层和结构的应用，使复合装甲进入发展的鼎盛时期。在依靠复合装甲技术提高防弹性能的努力进展不大时，出现了反应装甲。

从具体的防护材料和技术来区分，可以把装甲分成钢装甲、铝装甲、钛装甲、贫铀装甲、复合装甲、反应装甲、披挂装甲等。

1) 均质装甲

均质装甲是指化学成分、金相组织和机械性能等在装甲截面上基本一致的装甲。钢装甲是装甲车辆中应用最广泛的材料。铝装甲在轻型车辆上应用较多，而钛装甲还没有得到独立应用。

钢装甲：高硬度钢装甲板主要用来对抗枪弹，在轻型战车上得到广泛应用。中低硬度的中厚度和厚装甲板用来对抗炮弹。轧制装甲比铸造装甲性能好，所以先进装甲车辆的车体都是用轧制钢装甲板焊接而成。对于外形特殊，厚度不均匀的炮塔或装甲结构件也可能采用铸造装甲。钢装甲在装甲车辆上的布置角度也是改变抗弹性能的因素，增加装甲在弹道方向的抗弹厚度，习惯上称为角度效应。

铝合金装甲：重量轻是铝合金装甲的优势，在轻型战车上应用较多。铝装甲不能用常规电弧焊接方法焊接，只能用氩气保护的特种工艺焊接，在一定程度上限制了铝装甲的大量应用。此外，铝装甲材料在核辐射时产生的感生辐射衰减速度极快，所以核爆炸后乘员就可以很快进入铝装甲车辆内行动，这是钢装甲车辆望尘莫及的。为减轻重量，一般的空降装甲装备都采用铝装甲。

钛合金具有密度小、强度大、综合性能良好、价格昂贵的特点。钛合金材料目前在航空航天技术领域得到了广泛应用，在装甲车辆的复合装甲单元结构中也得到了局部应用。其密度大约是 $4.6g/cm^3$，只有钢的 60%，但强度却和高强度钢装甲的强度相近。在防护性能相同时，它可以比钢装甲减重 40%。钛合金的高成本和特种焊接工艺阻碍了它的广泛应用，目前主要用于直升机等航空装备上。随着科学技术的进步和制造技术的发展，钛合金装甲也有可能得到广泛应用。

2) 复合装甲

由几层不同材料构成的装甲称为复合装甲 (图 6.2.22)。复合装甲大幅度提高了抗破甲和抗穿甲能力，把碎甲弹送进了坟墓。到目前为止，所有现代坦克的正面防护都无一例外地安装了复合装甲。复合装甲的夹层材料采用特殊的非金属材料，如抗弹陶瓷、有机和无机纤维增强材料等。复合装甲的夹层是由多层多元材料组合而成的。

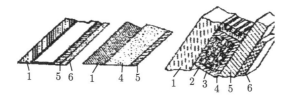

图 6.2.22 复合装甲

1-基本装甲钢；2-铝装甲；3-陶瓷；4-聚合物填料；5-背板；6-内衬层

双硬度装甲是复合装甲的元老。装甲的表面越硬，防弹性能越好，但是硬必然带来了脆，容易使装甲背面产生崩落，这些崩落的碎片将直接危及乘员和仪器设备的安全。为了强化装甲外部表面，又要保持背面的韧性，人们制造了外硬里韧的复合装甲。由于陶瓷的硬度比钢大得多，所以在装甲表面贴上陶瓷是经常采用的方法。

夹层复合装甲是内涵十分丰富的复合装甲，由于陶瓷材料和高强度纤维材料的特殊性能，夹层复合材料首先选用这些材料。通常把陶瓷复合材料和高强度纤维材料复合使用，进一步提高抗破甲性能。在复合装甲内设置间隙，形成对射流的干扰，提高抗穿破甲综合性能。

贫铀装甲是采用贫铀合金作为夹层的复合装甲。"贫铀"是提取放射性铀 235 后，以剩余的放射性很弱的铀 238 为合金材料制成的铀合金。由于放射性同位素已经大部分被提取，放射性很弱，所以叫"贫铀"。由于贫铀合金的特性是硬度高、塑性好、波阻抗大、密度大，所以抗穿甲和抗破甲的综合性能好。美国在海湾战争和伊拉克战争中动用的坦克就采用了贫铀装甲，其正面防穿甲水平达到 600mm 的轧制钢装甲的水平。贫铀装甲对于减薄装甲结构效果明显，但残留的微量放射，给使用带来了一定困难。

3) 反应装甲

爆炸式反应装甲是在两层薄装甲板层间装上相对安全的钝感装药。当射流引爆炸药时，干扰了射流的运动方向，降低了其穿透能力。反应装甲的夹层炸药是一种特种炸药，23mm 以下弹丸攻击不能引爆，2m 外爆炸的榴弹不能引爆，电弧焊、气割不会燃烧。薄装甲板的反应装甲只能防破甲弹，对于穿甲弹的防护效果不明显。因此把两层装甲板的厚度增加，同时调整好炸药的冲击感度，保证一定撞击能量以上的大口径穿甲弹才能引爆的反应装甲，称为"双防"反应装甲。"双防"反应装甲指既可以防破甲弹，也可以防穿甲弹的装甲。

4) 响应装甲

动态物理响应装甲与爆炸式反应装甲相比较，外形结构没有多大区别，其核心部分在于夹层材料，把炸药换成了非爆炸性的惰性材料，经常用的有橡胶、高强度抗冲击复合材料等。惰性材料在射流作用下，也能突然膨胀，但对主装甲的破坏要小得多。

3. 特种防护技术

1) 伪装与隐身防护技术

伪装防护技术是指装甲车辆上采取的隐蔽自己和欺骗、迷惑敌方的技术措施。伪装防护技术过去通常包括烟幕、伪装涂层和遮障等。由于现代烟幕释放装置不仅可释放普通烟幕，还可释放防红外、激光、雷达波的烟幕，不仅可以干扰敌方侦察，还可对反坦克导弹进行干扰，所以现在通常把烟幕装置放在综合防御系统之内。

在未来战场上，搜索、捕捉军事装备的手段，已从简单的可见光望远镜发展到全天候、远距离、直接或间接发现目标的电子光学探测器。因此，未来装甲车辆和军事装备应采取措施，降低其辐射特征，以及反射声、可见光、电磁、热、红外、激光、雷达波的特性，成为难以被发现的低可察性目标。

2) 综合防御技术

综合防御技术是指安装在装甲车辆和军事装备上，对威胁进行探测、跟踪、分析和判断，在必要时确定并采取最佳对抗措施，同时向乘员告警的技术。

综合防御技术系统主要包括激光、红外、雷达波辐射告警、激光压制观瞄、激光干扰、红外干扰、烟幕释放、反坦克导弹拦截等技术装置，是一个以计算机为基础的智能化信息处理系统。它能够接收多个不同的威胁传感器的信号，不仅在必要时向乘员告警，而且还能对威胁进行分析和判断，自动地启动最合适的对抗方法与手段，实现智能化防护。

3) 二次效应防护技术

装甲被击穿后，或被碎甲弹崩落后，产生大量的弹体碎片和装甲碎片。这些碎片沿以弹孔出口中心为顶点的椭圆锥向外射出，能量大者可穿透其飞行路径上的机件和乘员，造成车内的燃烧与毁伤。破片若击中车内弹药，可引起弹药的燃烧和爆炸，造成车毁人亡。碎片造成的机件毁坏和乘员损伤，以及车内起火和弹药爆炸，统称为二次效应。二次效应防护技术实际上是指为减少装甲被击穿后的损伤而采取的措施。这些措施有以下几种。

装甲衬层。装甲衬层是装在战斗室内的一种柔性的黏合或缝合的纤维织物。衬层的主要作用是减少破片的数量，降低破片的速度。同时还可起到隔热、降噪的作用。在衬层中加入防辐射的材料，还可起到防中子、防 γ 射线的作用。这种衬层称为多功能衬层。

动力舱自动灭火装置。自动灭火装置通常由火焰探测器、控制盒及灭火瓶组成。当探测器探测到火焰信号后，即把信号传递至控制机构，控制机构发信号打开灭火瓶自动进行灭火。

战斗室自动灭火抑爆装置。战斗室内既有机件，又有乘员。因此抑爆过程不能超过 150 ms。

车内实行隔舱化。把动力舱与战斗室隔开，把战斗室的备用弹药用隔舱隔离，并预设裂点，以便当压力达到一定限度时从该处爆开排出压力。

防止车内起火的措施有多种，例如，采用自封油箱，当油箱被击穿出现小孔时可自行闭合，防止油料外泄。采用防爆油箱，在油箱内装上网状塑料或铝网，防止油箱爆炸。在燃油中加入抗雾剂，使其油雾不易被点燃。采用不易燃的液压油等。

4) 三防技术

装甲车辆的三防装置，是用以保护装甲车辆内的机件和乘员免遭或减轻核、生物、化学武器杀伤的一种集体防护装置，通常采用超压形式，即车内气压高于车外气压。

6.2.5　武器系统

武器系统的功能是压制、消灭敌人战场工事、武器装备和有生力量。武器系统多种多样，本节仅以坦克炮为例进行说明。

1. 炮塔和坦克炮

坦克外观的主体是车体和炮塔。炮塔安装在车体上部中央的一个大圆孔中。装好后，炮塔可在车体上做 360° 旋转，赋予火炮圆周方向的射界。战斗室乘员的座椅都固定在炮塔内，随同炮塔一起旋转。炮塔前部中央安装有坦克炮，侧旁有并列机枪。坦克炮通过摇架的耳轴吊挂在炮塔上。操纵高低机，可使火炮身管轴线围绕摇架耳轴旋转，改变火炮的俯仰角。炮塔顶部通常有两个出入门，其中一个叫车长指挥塔，另一个叫炮塔门，可操纵高射机枪。

炮塔座圈是炮塔和车体的连接件，它由上座圈和下座圈及滚珠等组成。上座圈与炮塔相连接，下座圈与车体相连接。在上座圈的内表面和下座圈的外表面上，各有一道环形圆弧槽，形成滚珠的滚道。上下座圈及滚珠形成一个很大的滚动轴承，使上座圈在水平方向相对下座圈能任意旋转。座圈与炮塔及车体的接合处有密封垫。炮塔固定器可在一定方位上将炮塔和车体固定为一体，这时驱动炮塔旋转的机械结构必须脱开。下座圈的内表面上制有内齿，形成一个很大的内齿圈，该内齿圈与坦克炮方向机的外齿轮啮合。坦克炮的方向机与炮塔连接为一体，当手摇或炮塔电动机驱动方向机齿轮旋转时，就可带动炮塔转动。为指示火炮相对于车体的方位角，在下座圈的内表面上，还制有方向分划刻度。

坦克炮通常为加农炮，由炮身、热护套、炮闩、摇架、防危板、发射装置、反后坐装置、高低机、平衡机等部件组成。现代坦克炮还包含有自动装弹机。图 6.2.23 为某典型坦克炮。

坦克炮身管上一般安装有抽气装置，可抽出发射后残留在炮膛内、药筒内的火药气体，减少有害气体对车内乘员的伤害，还能防止炮尾焰的形成。抽气装置的工作原理如图 6.2.24 所示。抽气装置由身管中部的几个气孔和贮气筒等组成，弹丸发射时，一部分气体经气孔向贮气筒充气；弹丸发射后，贮气筒内的气体经气孔向炮口喷出，形成低压将膛内和战斗室内的有害气体抽出。

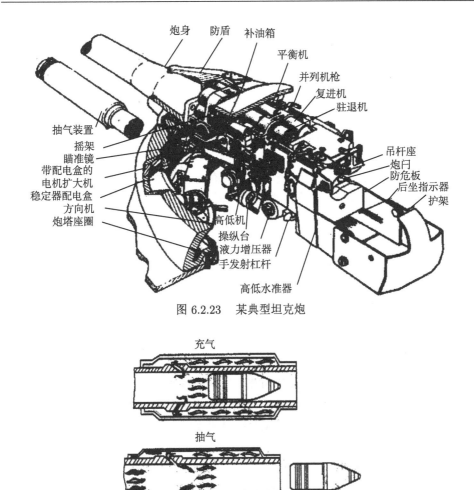

图 6.2.23 某典型坦克炮

充气

抽气

图 6.2.24 坦克炮抽气装置的工作原理

2. 火控系统

1) 火控系统的组成与作用

火控系统是用于搜索、发现目标，操纵武器进行跟踪、瞄准和发射弹药的自动化或半自动化装置。现代战争对火控系统的主要要求是：满足武器系统的要求；抢先于敌发现各个方位的目标；对目标进行停止和行进间的射击；首发命中目标；能夜战；适应各种大气环境；适应各种野战环境等。

现代坦克的火控系统由观瞄装置、火炮的操作和稳定系统 (炮控系统)、火控计算机和传感器系统等三个分系统组成，它们互相联系，是一个以火控计算机为中心的综合控制系统。

由于坦克炮的攻击距离远 (装甲目标 2000m 左右, 非装甲目标 4000m 左右), 弹丸重, 因此必须采用观瞄装置和火控系统才能实现有效的攻击。如果没有观瞄装置, 则相当于裸眼看 2m 外的针眼; 如果没有火控系统, 则相当于在行驶的汽车上向 10m 外的啤酒瓶中丢黄豆。

由于重力、距离、风速、目标运动等因素的影响, 在瞄准目标后, 要赋予火炮一定的射角和方向瞄准角。火控系统的任务, 就是求出这两个角度, 并使火炮身管轴线稳定到这个方位上。

为了准确命中目标, 火控系统一般都配有各种传感器, 如重力加速度、距离、目标角速度、炮耳轴倾斜、横风、弹种、气温、气压、炮膛磨损、药温等。这些因素都会影响弹丸运行, 火控系统要根据实际情况, 计算出射角和方向瞄准角, 保证准确击中目标。射角和方向瞄准角是相对于大地坐标系的, 还要换算到载体坐标系, 变换为相应机械机构的运动角度。这种计算炮身指向并进行坐标变换的过程, 称为"装表"。计算的依据是射表, 射表是为决定射击诸元、指挥射击提供所需数据的一种表册, 主要内容有弹道基本诸元、修正诸元、散布诸元、基础技术诸元、标准射击条件和有关附表等。

2) 观瞄装置

观瞄装置是火控系统的重要组成部分。观瞄装置通常为昼、夜、测距的三合一结构。观瞄装置按用途分类可分为观察镜和瞄准镜, 观察镜主要用于观察和搜索目标, 瞄准镜主要用于瞄准、跟踪目标; 按使用对象分类可分为驾驶员用、炮长用、车长用; 按使用条件分类可分为昼用和夜用。图 6.2.25 为某坦克的炮长镜简化结构图。由于装甲车辆具有防护外壳, 故其光学观瞄系统都是通过一系列棱镜和反射镜进行的。

驾驶员一般只配置昼、夜观察镜。

现代坦克的瞄准镜在满足基本光学性能的同时, 还要能独立稳定, 以适应行进间射击活动目标的要求; 要具有激光测距、夜间瞄准、自动搜索与跟踪目标的功能。瞄准线的稳定, 是通过陀螺稳定反射镜实现的。用电视图像、热图像代替目前的观察镜, 瞄准镜实现观、瞄、测、跟踪、提供图像信号等一体化功能, 是观瞄装置的发展方向。

3) 火控系统的发展概况

第二次世界大战末期, 国外装备的第一代坦克火控系统只配备一个简单的光学的 A 字形密位分划。如果知道目标的大小, 就可以利用密位分划 (密位在瞄准镜分化镜上的弧长) 计算出目标距离并装定瞄准角。密位是角度单位, 在中国和俄罗斯等国家的装备中, 360° 等于 6000 密位, 1 密位等于 0.06°, 约等于 0.001rad。

20 世纪 50 年代, 国外装备的坦克火控系统是在原光学瞄准镜的基础上增配了光学测距仪, 提高了测距能力。在这种条件下, 坦克只能停止或短停间射击固定目标。对运动目标射击时，只能靠炮手通过瞄准镜，根据目标大小估算其相对运动角速度，人为设置提前量来进行。当时坦克只能在白天进行战斗。

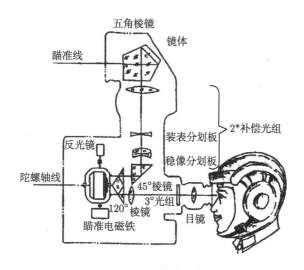

图 6.2.25 炮长镜简化结构图

20 世纪 60 年代，国外装备的坦克火控系统配备了主动红外夜视瞄准镜，使夜间进行战斗成为可能；配用了弹道修正传感器，如横风、耳轴倾斜、目标角速度传感器等；配备了火炮水平向稳定器和测距机；完善了装甲车辆火控系统的功能，提高了坦克对运动目标射击的命中概率。

主动红外夜视瞄准镜利用红外线发射灯将红外线射向目标，通过目标反射的红外线进行观察和瞄准，极易暴露自己，现代坦克已不再使用。目前通常使用微光夜视仪或被动红外成像仪。微光夜视仪把目标反射的微弱光线放大几个数量级，可在微弱星光下清楚观瞄目标，但不能在全黑阴夜使用。被动红外成像仪把目标发出的红外线转换为目标图像，故适用于任何天候。

20 世纪 70 年代以来，世界各国都非常重视坦克火控系统的现代化，并在理论上提出了新火控系统的总体结构、火控原理和瞄准控制方式。激光测距技术的出现和发展，车长和炮长瞄准镜的独立稳定和火控计算机的进步，不仅提高了坦克的首发命中率，而且也使得坦克具有了行进间射击运动目标的能力。

所谓稳定系统是指保持被稳定的装置，在惯性空间相对静止的一种系统。一般由陀螺仪确定惯性空间，由某种机构保持被稳定装置对陀螺仪的相对静止，也就是对大地的相对静止。武器要在运动中进行有效射击，必须由稳定装置稳定后才能实现。车长瞄准镜的独立稳定，是指车长的瞄准镜采用独立的稳定系统，而不是利用炮身的稳定系统。

4) 火控系统的工作原理及射击过程

火控系统的主要作用就是控制火炮射击姿态和射击时机。即当发现并瞄准目标后，首先根据实际情况，计算出射角和方向瞄准角，有时还要换算到载体坐标系，然后控制火炮运动到能准确击中目标的位置，并协助射手完成射击过程。

最早的火炮由人力调炮。后来加入电力或液力的驱动装置进行助力，称为随动系统。为保持火炮稳定，为垂直向加入稳定系统，称为单向稳定。再加入水平向稳定系统，称为双向稳定。这类装置有时称为炮控系统。

在瞄准镜内增加光点注入式自动装表系统，为炮控系统增加弹道计算机、目标角速度传感器 (垂直向和水平向) 及火炮耳轴倾斜传感器、夜视观瞄仪器、激光测距机等设备后，就叫简易式火控系统。如果火炮的稳定和瞄准镜的稳定，通过各自独立的稳定系统分别进行，就叫指挥仪式火控系统。

图 6.2.26 为反坦克武器在静止状态攻击坦克时的命中概率示意图，水平轴是距离，反映了各种武器的固有特性。

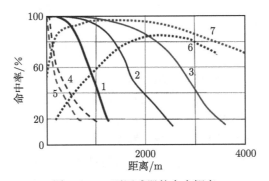

图 6.2.26　不同武器的命中概率

1-坦克炮无火控；2-坦克炮有火控；3-坦克炮指挥仪火控；4-无后坐力炮；5-反坦克火箭筒；6-第一代反坦克导弹；
7-第二代反坦克导弹

A. 扰动式火控系统

扰动式火控系统的射击过程如图 6.2.27 所示。射手通过操纵火炮，带动瞄准视线 (由物镜焦点与分化镜十字线交点决定) 转动，通过瞄准镜的视场搜索和识别目标，使十字线压住选定目标，此时射线与瞄准线重合 (图 6.2.27(a))。进行弹种选择，按下激光发射按钮，控制瞄准线稳定地跟踪目标 0.5~2s，此时目标在水平向及垂直向的运动信息将自动地输入火控计算机，出现瞄准光点 (图 6.2.27(b))，松开激光按钮时，发射激光并测出距离。火控计算机根据目标的各种信息 (距离和速度) 及各传感器所提供的信息，按选定的弹种进行求解弹道，并计算出高低瞄准角和方向瞄准角及其相应的提前量，再按照其负值移动光点到相应位置 (图 6.2.27 (c))。射手通过转动火炮带动瞄准视线 (由物镜焦点与光点决定) 转动，使光点压住目标，此时射线就转动到了相应的位置上，然后实施射击 (图 6.2.27(d))。

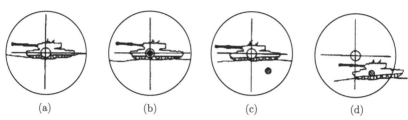

图 6.2.27 扰动式火控系统瞄准射击过程示意图

(a) 炮长用十字线压住目标，即捕捉目标并开始跟踪；(b) 十字线对准目标，开始计算射击角并出现瞄准线光点 (称为装表)；(c) 计算机计算出高低和方位射击提前角，并控制光点作相应偏移；(d) 炮长用手控装置驱动火炮，使光点重新对准目标，并实施射击

在扰动式火控系统中，瞄准镜与火炮刚性连接，瞄准视线的转动靠火炮转动实现，瞄准镜的稳定靠火炮稳定系统实现，故转动困难，稳定精度不高，难于精确瞄准，在运动中不可能实现有效射击。由于在瞄准过程中出现光点，所以属于光点注入式火控系统的一种。由于瞄准指标 (光点) 在瞄准过程中会自动偏离 (扰动) 目标，需要手动调炮偏移回来，这一过程称为扰动，故称为扰动式火控系统。

B. 非扰动式火控系统

如果在光点偏移时，由火控系统同时控制火炮轴线 (同时也带动瞄准镜) 朝相反方向偏移，使得光点和目标之间无相对运动，这样光点就能始终压住目标，而看不出扰动过程。装表完成后火炮身管轴线已运动到需要的指向上，即可实施射击。这种系统称为非扰动式火控系统。由于在非扰动式火控系统中，瞄准镜依然和火炮刚性连接在一起，只是把手动消除扰动的过程变成自动消除扰动的过程，所以也不能在运动中攻击目标。由于射手观察不到火炮是否调好，所以当火炮运动到需要的位置时，火控系统要能够以某种标志提示射手火炮已经到位。只有这个标志出现后，射手才能实施射击。

C. 指挥仪式火控系统

为提高行进间射击的精度，现代坦克特别是新研制的大部分火控系统都配用了指挥仪式火控系统。指挥仪式瞄准控制方式的基本特点是瞄准镜与火炮分开安装，火炮和瞄准镜分别独立稳定。瞄准时只转动瞄准镜而不是转动火炮，稳定时只稳定反射镜而不是稳定火炮，火炮的转动和稳定由另外一套系统完成，故称"瞄准镜独立稳定"。当射手操纵瞄准镜运动时，由火控系统控制火炮轴线跟随瞄准线运动。火控计算机所算出的方位和高低瞄准角，只送给火炮驱动装置，使火炮调转到需要的方位上，而瞄准视线始终保持跟踪目标。由于转动一个瞄准镜比转动一个火炮容易很多，稳定一个质量很轻的瞄准镜的精度，比稳定一个笨重火炮的精度要高很多，反应速度也要快很多，所以瞄准精度可以大幅度提高。指挥仪式坦克火控系统通常配有火炮重合装置 (也称"射击门"装置)。当火炮调转到了需要的位置上时，该装置向射手显示火炮已经到位，可以实施射击。其射击条件为：①装定完成；②击发按钮按下；③火炮射线已运动到了理想位置 (实际为与理想位置的误差在规定范围内) 都已经保证。由于人的反应速度有限，如果不用计算机控制第三个条件，则进行有效的行进间射击是不可能的，所以指挥仪式火控系统可以在停止间或行进间射击固定或运动目标。

具有这种功能的指挥仪式火控系统称为基本型指挥仪式火控系统。

如果为车长装备了独立使用的观瞄系统，车长在发现目标后 (猎)，由电子信息系统把目标交给炮长观瞄系统去攻击 (歼)，就叫指挥仪–猎歼式火控系统。当车长发现和识别目标后，用控制按钮给炮长指示目标 (此时系统调转炮长主瞄准镜的瞄准线与车长瞄准镜的瞄准线平行)，炮长跟踪、瞄准目标后，完成装表，即可实施射击。这种系统中车长还能剥夺炮长的射击权力而自己直接攻击目标，称为车长超越射击。此时火炮射线跟随车长瞄准镜，这种系统中火炮既能跟随车长瞄准镜，又能跟随炮长瞄准镜。正常情况下，火炮跟随炮长瞄准镜运动。这种系统通常有独立的三套稳定系统，一套稳定火炮，一套稳定炮长瞄准镜，一套稳定车长瞄准镜。

如果火控系统还具有自动跟踪目标的功能，就称为自动跟踪指挥仪–猎歼式火控系统。最先进的火控系统还具有多目标自动跟踪、敌我识别、接受其他系统的方位指示等功能。此外还有大闭环式火控系统，这种系统在火炮攻击目标时，由计算机对攻击情况进行分析判断，如果第一发没有击中目标，火控系统能够根据偏差情况自动进行修正，以确保下一发炮弹准确命中目标。

火控系统用于保证击中目标，是否能对目标造成损坏或击毁目标，取决于武器的威力。不仅坦克有火控系统，任何在运动载体上的枪炮都应有火控系统。火控系统越好，命中概率越高。

6.2.6　电气与信息系统

电气系统，是电源装置、除通信系统外的其他用电设备、检测仪表和辅助器件的总称。

现代武器装备的运动件的驱动，正在由液压方式向电驱动方式发展。由于用电设备越来越多，所以现代陆上作战机动平台的发电设备的功率越来越大，用电控制越来越复杂。装甲车辆的电磁兼容性是一个十分重要的问题。电磁兼容性，是指多个系统同时工作时，不因相互的电磁干扰而产生故障的特性，即"我不干扰别人，我也不怕别人干扰"。在新型、复杂的高新技术装备中，电磁兼容问题越来越重要。电磁兼容有问题时，由于出现故障的时间和部位无法预料，出现故障后无法人为控制，令使用人员心惊胆战，手足无措。故电磁兼容性比系统先进性更为重要。

电子信息系统指多个平台及其指挥系统构成的信息网络。

机动平台电子信息系统是军事电子信息系统的重要组成部分，通常包括装备与指挥系统的信息交换，与其他装备的信息交换，自己本身的信息收集与交换等。车辆综合电子系统是每台装甲车辆上所有电子设备的总称，它将车内原有的电子、电气系统和新增的指挥、控制、计算机、情报监视、侦察等设备或子系统综合成一个大系统，形成一个分布式计算机网络。该系统以单车为基点实现指挥自动化，并通过车际信息系统与上级电子信息系统相连，实现车内、车际信息共享。它通过数字化的交互设备实现了良好的人机信息交换。

车辆通信系统是车辆综合电子系统的组成部分，车辆综合电子系统是车辆电子信息系统的组成部分。

6.3 典型陆上作战平台

陆上作战机动武器平台的形态取决于对其技术战术的要求，这些要求主要有：

(1) 武器威力指标。

(2) 机动性指标，包括火力机动性，如调炮速度、操炮速度、捕捉和跟踪目标的能力、火控反应时间、方向射界、高低射界、行军与战斗转换时间等；运动机动性指标，如车辆的行驶速度、牵引速度、行驶距离、爬坡能力、越障能力、转弯半径以及外形要求等，以及直升机的飞行速度、爬升能力、转向能力等。

(3) 防护性能指标，如防弹能力、抗弹能力、防穿甲能力、防破甲能力、防火防爆能力、三防能力、电磁兼容能力、隐蔽能力以及炮手安全性等。

(4) 使用性能指标，如瞄准方式、瞄准速度，操作方便性、操作力的大小、装填性能、驾驶员的舒适性、乘员的舒适性、适应环境气候的能力、自检自测能力等。

(5) 维修性能指标，如保养性能、维修性能、排除故障的能力、维修时间、无故障间隔时间、修复故障的时间、更换大型部件的方便和工艺性等。

(6) 可靠性指标，如故障率、火炮寿命、行驶寿命、火控工作寿命、降级使用性能、撤退能力等。

(7) 环境要求指标，如使用温度、气压、湿度、日照强度、淋雨、高温高湿、风沙、冲击、震动等。

(8) 重量形状要求指标，如武器系统全重，战斗全重，备件重量、长度、宽度、高度等。

(9) 对相关配套方面的要求，如与配套作战使用的其他装备的协调要求，牵引火炮对牵引车的要求，自行瞄准火炮对指挥车、侦察车的要求，协同作战的坦克对装甲车辆的要求等。

(10) 经济性方面的要求, 如三化要求 (通用化、系列化、组合化, 简称三化)、经费要求、性价比等。不仅要考虑产品研制的投入, 更要考虑产品列装费用和使用费用。

6.3.1　军用车辆

军用车辆指军队编配的各种汽车、牵引车和摩托车的统称, 本书中指无装甲防护的军车。

1. 军用车辆的分类

按编配用途, 分为载重车、牵引车、特种车、指挥车和乘座车等。其中汽车按使用条件, 又分为越野汽车和非越野汽车。

越野汽车是能在各类地面行驶的全轮驱动汽车, 主要用以牵引或运载武器装备, 输送人员物资等。越野车一般都为全轮驱动, 装有特殊轮胎, 在破损泄气后仍能照常行驶。通常采用 "防爆油箱", 油箱中弹后, 不会爆炸和引起火灾; 多为柴油发动机, 安全性能好; 适应性强, 在严寒地区和炎热地区能够正常工作; 行驶速度高, 爬坡能力强。

载重车也称载货车、运输车、卡车, 是用以载运物资和人员的车辆。我国的载重越野车分为 0.5t、1.5t、3.5t、5t、7t、12t 六个基型车, 常用的特种车 HY(汉阳) 系列有 4×2、4×4、6×4、6×6、8×8、10×8 等驱动形式, 正在加强型谱系列化、重型化, 注重机动性、适应性、通用性、经济性等方面的工作。

用来运输导弹、坦克这类特长、特重的武器装备的汽车称为运载车。这些武器装备一般装载在专用挂车或半挂车 (也称为拖车) 上, 前面用 6 轮以上全轮驱动的拖车头牵引。为提高越野能力, 挂车的车轮有时也是驱动轮。所谓半挂车, 就是拖车头充当挂车的前轮。坦克虽然能自主行驶, 但很多国家为了节约坦克的行驶里程, 保证在长途行军后能立即投入战斗, 也为坦克专门配备了运载车, 称为坦克运载车。

有些火炮和其他武器装备, 本身虽然都装有轮子, 但没有动力, 自己动不了, 需要用汽车拖着走。牵引车就是为牵引这类武器装备专门设计的汽车, 通常都为全轮驱动。

指挥车是专门用于指挥人员乘坐和进行指挥作业的车辆, 通常装有野战通信设备和指挥器材; 乘座车是专门用以载运人员及其行装的汽车, 包括轿车 (卧车)、大客车和中小型旅行车等; 特种车是装有专用设备, 具有特种功能和用途的车辆, 分为通用特种车和专用特种车; 通用特种车适用于各军兵种, 如消防车、救护车等; 专用特种车适用于某一军兵种, 如舟桥车、防化洗消车等。

救护车通常配有输氧、输液等急救设备和药品、器械等, 用于抢救伤员。多种医疗专用车可以组成野战流动医院, 包括手术车、化验车、药剂车等。如果将各类装备安装在军用方舱中，就称为集装箱式的流动医院。

野战炊事车在行军途中就可以完成许多烹调前的准备工作。车停下来后，很短时间便可供应饭菜。一个连队配备一辆野战炊事车，就可满足全连的生活需要。

修理车装备有各种工具、设备，用于修理各种武器装备，如坦克修理工程车、火炮修理工程车、雷达修理工程车等。抢救车一般有防护装甲和起重装置，能将较重、较大的坦克或火炮拖走，牵引到安全地带或营区进行修理。

2. 代表性军用车辆

1) 中国"勇士"战地越野车

中国"勇士"战地越野车 (图 6.3.1) 是由北京吉普汽车有限公司生产的 0.5t/0.75t 级越野车。"勇士"具有全天候、全路面越野的能力，驾驶员视野开阔，最小离地间隙 235mm。2600mm 轴距的车型，越野装载质量和越野牵引质量均为 500kg，最小转弯直径为 12m；2800mm 轴距的车型，越野装载质量和越野牵引质量均为 750kg，最小转弯直径为 13m。涉水深度 0.6m，采取辅助装置时可达 0.8m；最大行驶侧坡 40%，接近角 42.0°，离去角 33.0°，纵向通过角 29.0° (2800mm 轴距的车型为 26.0°)，垂直越障高度 0.35m，越壕宽度 0.55m。

图 6.3.1　"勇士"越野车

整车前部设置防撞杆和两个拖钩，并可选装电动绞盘，后部也装设了牵引装置。当车辆陷入泥地等恶劣境况时，可利用绞盘实现自救和互救。车架上有六个系留环，能满足运输系留、起吊、牵引与被牵引的需求。

2) 美国高机动性多用途轮式车辆 (军用"悍马" (HMMWV)，图 6.3.2)

"悍马"离地距离高，铝合金车身，四轮全独立悬挂，配有可行驶间进行的中央充、放气系统，具有防滑差速器和可锁分动器，配备泄气保用轮胎 (泄气后仍可以 50km/h 的速度行驶 50km)，能在近 1m 深的水中行驶，堪称越野之王。1990~1991 年，海湾战争期间，"悍马"承担了人员和物资的运输、通信中继和火炮牵引等多项任务，以其优异的机动性、越野性、可靠性和耐久性，以及各式武器承载上的安装适应能力，声名大噪，一战成名。

图 6.3.2　美国高机动性多用途轮式车辆 (军用 "悍马")

3) 俄罗斯 "野马" 系列多用途军车

卡玛斯 (KAMAZ) 野马系列载重卡车应用范围广泛，军事和民用领域都有涉猎。卡玛斯野马系列载重卡车可分为两轴、三轴或四轴配置，载重从 4t 到 20t 不等。有载重为 4t 级 4×4 型，6t 级 6×6 型，8t 级的 6×4 型，10t 级 8×8 型，14t 级 8×8 型及其相关的改进衍生车型。

KAMAZ-43101 军用卡车是它们的典型代表。该车载重 7t，适用于各种道路和地形。其极端使用条件为：环境空气温度为 −45~+50℃，25℃ 下的相对湿度 98%，含尘量 1.5g/cm³，风速 20m/s，海拔 4000m，并能越过 4655m 高的山隘。驾驶室位于发动机上方，所有传动装置均配备密封系统，涉水深 1.5m。图 6.3.3 为卡玛斯公司生产的主战坦克运载车。

图 6.3.3　卡玛斯公司生产的主战坦克运载车

4) 地空导弹系统

以"红旗"-7 地空导弹 (图 6.3.4) 为例进行说明。"红旗"-7 地空导弹武器系统由导弹、四联装发射架、4×4 装甲越野车底盘和指挥控制站 (包括搜索指挥系统和发射制导系统,装在一辆方舱型拖车上) 等组成。"红旗"-7 地空导弹武器系统的支援装备主要包括电子维护车、标杆拖车、机械维修车、电子备件车、运弹车、导弹测试车、导弹测试控制车、电源车和吊车等,主要用于对武器系统的检测、维修、供电和对导弹的运输、测试等。

图 6.3.4　"红旗"-7 地空导弹

6.3.2　坦克

1. 装甲装备概述

1) 装甲装备的分类及用途

一个坦克 (装甲) 师或机械化步兵师装备的各类装甲装备约有 20 多种,1400 多辆。各个国家按照其装备体制、性能特点和历史习惯对这些装备进行了分类。按用途可分为装甲战斗装备和装甲保障装备两大类。按行走装置结构可分为履带式装甲装备和轮式装甲装备。

我国装甲装备的分类如下:

(1) 装甲战斗装备,指装有武器系统,以作战为主的装甲车辆。包括突击战斗车辆,如坦克、步兵战车、装甲人员输送车;火力支援车辆,如自行迫击炮、自行 (加农) 榴弹炮、自行反坦克炮、自行火箭炮、自行高射炮、反坦克导弹发射车、防空导弹发射车;战斗支援车辆,如装甲侦察车、装甲指挥车、装甲电子对抗车、装甲雷达车、装甲情报处理车、装甲密钥管理车等。

(2) 装甲保障装备,指装有专用设备和装置,用来保障装甲机械化部队执行任务或完成其他作战保障任务的装甲车辆。包括工程保障车辆,如装甲架桥车、装甲扫雷车、装甲布雷车、装甲工程作业车;技术保障车辆,如装甲抢救车、装甲抢修车、装甲保养工程车、装甲洗消车;后勤保障车辆,如装甲救护车、装甲供弹车、装甲补给车等。

俄罗斯将装甲装备分为装甲坦克战斗车辆、炮兵战斗车辆、防空战斗车辆和导弹部队战斗车辆、工程保障车辆、技术保障车辆、炮兵保障车辆、防化车辆和后勤保障车辆等。北约军队装甲装备分为主战装甲战斗车辆、装甲战斗支援车辆、特殊用途装甲车辆、装甲兵器运输车、两栖装甲车辆等五种。两栖装甲车辆指既能在陆地行动，也能在水面"自身浮渡"行动的车辆。

2) 装甲装备的组成

通常认为，装甲装备由"火力、推进、防护"三大系统和"通信、电气"两大设备组成。

(1) 火力系统，包括火炮、机枪、高射机枪、导弹和为乘员配备的自卫武器等，以及为使用武器配备的火力控制系统与观瞄装置。

(2) 推进系统，包括动力装置、传动及其操纵装置、行动装置和两栖车辆的水上推进装置。

(3) 防护系统，包括装甲防护、伪装与隐身、三防 (核、化学、生物)、综合防御和二次效应防护。

(4) 电子信息系统，其中车内部分称为车辆综合电子系统。传统车辆只有通信设备，现代车辆才扩充为综合电子系统，车际间联网后发展为电子信息系统。

(5) 电气系统，也叫电气设备，包括电源装置、用电设备、辅助器件、检测仪表和全车电路等。

(6) 其他特种设备和装置，包括各种专用辅助设备和装置，如潜渡装置、浮渡设备、扫雷装置、绞盘、随车工具、备品、附件等。

3) 装甲装备的性能评价指标

装甲装备的性能是指其使用特性和功能的总和。一般指以下几个方面。

(1) 火力性能，包括武器威力、打击精度、火力机动性等。

(2) 机动性能，包括行驶速度、转向能力、越野通过性、持续行驶能力、运输适应性等。

(3) 防护性能，包括装甲防护能力、伪装能力、三防能力、防后效能力、预警能力和主动防护能力。

(4) 观察、通信和电子信息能力指标。

(5) 可靠性、可维修性和耐久性指标等。

火力、机动和防护能力称为装备的三大性能。各种性能之间的关系是对立的统一关系。例如，为提高防护性能，就得增加装甲厚度，装甲厚度的增加会降低机动性能；增加弹药可增强火力，却必须以降低防护性能或机动性为代价；火力强大可先敌开火，增加了自己的生存机会，等于提高了防护性能；坚实的防护装甲使敌方难以攻破，可最终消灭敌人，相当于增强了火力。总而言之，各种性能要综合平衡，权衡得失，以取得消灭敌人、保护自己的最好的技战术效果为目的。

4) 坦克的技术特征

坦克被称为"陆战之王"。坦克是陆军装备中技术最复杂、最能反映当代科学技术成果、涉及面最广的机动作战平台，是地面作战的主要突击兵器。第二次世界大战以后生产的，目前正在服役的坦克按技术水平分为三代，其技术特征如表 6.3.1 所示。表中 20 世纪 50 年代指 1950 年前后。

表 6.3.1　三代坦克技术特征

项目	年代	火力特征	机动性特征	防护力特征	典型坦克
第一代	20 世纪 50 年代	100mm 线膛炮筒 易火控主动红外夜 视静打静	功率 500kW 速度 40km/h 行程 300km	均质装甲半圆 炮塔 200mm （等效钢板）	苏 T54/55 美 M48 英 "百人队长" 中国 59 式
第二代	20 世纪 60 年代	110mm 线膛炮自 动火控红外夜视 静打动	功率 500kW 速度 50km/h 行程 500km	均质装甲 改善外形 300～500mm	苏 T62 美 M60A1 德 "豹" 1 中国 88 式 （96 式）
第三代	20 世纪 80 年代	120mm 滑膛炮数 字火控微光夜视 动打动	功率 1100kW 速度 50km/h 行程 500km	复合装甲 优化外形 500～800mm	苏 T80/T90 美 M1A2 德 "豹" 2 中国 99 式

5) 坦克的整体结构

典型坦克的外形如图 6.3.5 所示。

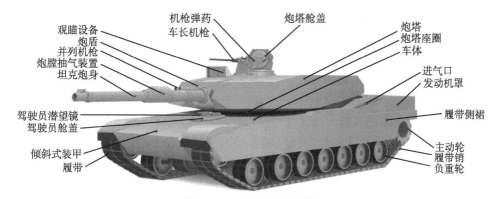

图 6.3.5　典型坦克外形图

　　从物理结构看，车体和炮塔是坦克的主要组成部分。它们是由装甲材料构成的坚固壳体。坦克乘员和一些机构、装置布置在这个壳体内，因而可以得到保护。坦克的壳体内一般分为三个舱室：驾驶室、战斗室和动力传动室。驾驶室一般位于车体前部，室内配置有各种操纵装置和检测仪表，它的上部是驾驶窗，供驾驶员出入。战斗室是由车体中部和炮塔的内部空间组成的，供驾驶员以外的乘员进行活动，并在此配置坦克武器、火控装置和电气、通信和信息设备等。战斗室内的乘员和部分装置随着炮塔一同旋转，乘员包括车长、炮长 (一炮手)、炮手 (装填手) 等三人，配有自动装弹机时只有车长和炮长。战斗室与动力室用隔板相隔，与驾驶室相通。车内乘员在炮塔处于一定位置和按照一定的动作次序可以交换位置。车底一般有应急门。动力传动室一般位于车体后部，也有少数位于车体的前部，室内装有发动机及其辅助系统、传动装置等。

　　2. 先进坦克简介

　　1) 美国 M1 坦克

　　首辆 M1 于 1981 年开始服役。1984 年升级后定名为 M1A1，1990 年升级为 M1A2。M1 坦克具备优异的防弹外形，炮塔和车体用钢板焊接而成，各部分的装甲厚度不等，最厚达 125mm，最薄为 12.5mm。M1 在正面部分装有先进的乔巴姆装甲。自 1988 年 6 月开始，新生产的 M1A1 在车体前部加装贫铀装甲。在海湾战争中，参战的 M1A1 坦克多数换装了贫铀装甲，实战效果非常成功。M1 坦克采用了隔舱措施，将车内弹药和乘员舱用隔板分隔开，能有效避免二次效应对乘员的伤害。M1 坦克采用了指挥仪式坦克火控系统，光学主瞄准镜独立稳定，火炮/炮塔电液驱动，并随动于主瞄准镜。该火控系统使 M1 坦克具有在行进间进行射击的能力。M1 坦克是世界首次采用燃气轮机作为主动力的坦克。发动机采用的是 AGT-1500 燃气轮机，输出功率是 1103kW(1500hp)。坦克每侧有 7 个铝制负重轮、1 个诱导轮、1 个主动轮和 2 个无轮缘托带轮，采用 T156 型双销挂胶履带。M1 坦克的越野速度和加速性能非常优秀，最大时速达 72km，从 0 至 32km/h 加速时间只需 7s。M1 坦克有 4 个前进挡和 2 个倒挡，可实现连续转向和空挡原位转向。制动器为多片摩擦式，工作制动时用液压操纵，紧急制动时用机械操纵。

　　驾驶员使用"T"形操纵杆驾驶车辆，杆上装有油门控制装置和自动变速箱控制装置及车内通话装置。

　　升级后的 M1A1 的主要特征是装备了由美国特许生产的德国莱茵金属公司的 Rh120 式 120mm 滑膛炮。M1A1 还增装了集体三防装置，换装了新型车长显示器、新主动轮和 T158 型履带。

　　M1A2 型 (图 6.3.6) 是 M1 系列的改进型，改进项目众多，主要包括改进火控系统、提高生存能力、大量采用车辆电子装置和提高机动性等四大项。M1A2 SEP(system enhancement plan，系统增强计划) 是 M1A2 的改进型号，改进了火控系统和信息系统。M1 TUSK 是为适应城市作战的改进型号，防护更全面。顶部安装了遥控自动武器站，可由乘员在炮塔装甲的保护下进行操作，视野更开阔，射角更大，配备了钢珠扩散弹。

M1A2坦克

性能数据：
车长：9.828m
车宽：3.66m
车高：2.438m
战斗车重：63.1t
乘员：4人
最大速度：67.6km/h
最大行程：424km
越壕宽：2.74m
主要武器装备：120mm主炮、12.7mm机枪、7.62mm机枪

图 6.3.6　M1A2 "艾布拉姆斯" 主战坦克

M1 装甲架桥车。剪式车桥由三节组成。可跨越宽达 30.49m 的壕沟，车桥重约 5t，采用了高强度铝合金和复合材料，载重可达 63.5t。M1 抢救车采用了 M1A1 底盘，车重 60.8t，速度 64.36km/h；车上装有吊臂，可旋转 270°，仰角 70°，起吊高度 8.54m；主绞盘拉力 622kN，钢绳长 97.5m。此外还有 M1 扫雷车等多种变形车。

2) 德国 "豹" 2 坦克

1977 年，联邦德国选定克劳斯·玛菲公司为主承包商并签订了批量生产 "豹" 2 坦克的合同，1979 年装备部队。德国对 "豹" 2 坦克不断进行升级，提高其性能指标。除德国以外，还有其他一些国家装备使用了 "豹" 2 主战坦克 (图 6.3.7)。目前的最新型号为 "豹" 2A6。"豹" 2 坦克的变型车包括坦克架桥车、装甲抢救车、训练驾驶坦克等。

性能数据：
车长：9.97m
车宽：3.74m
车高：2.64m
战斗车重：59.7t
乘员：4人
最大功率：1500 hp
最大公路速度：72km/h
最大行程：500km
爬坡能力：30%
主要武器装备：120m滑膛炮、7.26m机枪

"豹" 式主战坦克透视图

图 6.3.7　德国 "豹" 2 主战坦克

"豹" 2 主战坦克 (A4 型) 全重 55t, 乘员 4 人。车体和炮塔均采用间隙复合装甲。炮塔外轮廓低矮, 防弹性好, 并用气密隔板将弹药与战斗舱隔离。该坦克采用集体防护式三防通风装置。第五批生产的 "豹" 2 坦克开始安装英国格莱维诺乘员舱灭火抑爆装置。

"豹" 2 坦克安装莱茵金属公司研制的 120mm 滑膛炮, 装有热护套和抽气装置, 炮管采用自紧工艺制造, 内膛表面经镀铬硬化处理。坦克弹药基数为 42 发, 配用尾翼稳定脱壳穿甲弹和多用途破甲弹两种弹药。火控系统采用指挥仪式火控系统, 具有很高的行进间对运动目标的射击命中率。车长、炮长配有独立的瞄准镜, 包括激光测距仪和热成像装置, 都具有稳定装置。

"豹" 2 坦克装有 MTU 公司的 MB873Ka-501 型发动机, 功率为 1103kW (1500hp)。传动装置采用伦克公司 HSWL345 型液力机械传动装置。行动装置采用扭杆悬挂, 车体每侧有 7 个负重轮、4 个托带轮、1 个后置主动轮、1 个前置诱导轮和 1 个履带调节器。

"豹" 2 PSO (peace support operations, 维和行动) 是专门设计用于都市巷战的维和反恐作战的型号, 防护更全面, 用遥控武器站取代机枪, 改良了侦察和观瞄系统, 配备有推土铲和非致命型子弹, 近战监视用多角度摄影机和探照灯等, 大大增强了在城市中的生存性能和火力范围。

3) 俄罗斯 T90 坦克

火炮为 1 门 125mm 滑膛炮, 配有 4 枚激光制导炮射反坦克导弹, 可用车内的自动装填机装填, 最大有效射程 5000m, 最大穿甲厚度约 750mm。T90 采用复合装甲, 在主装甲外还可加装爆炸反应装甲。T90 安装有光电干扰系统。该光电干扰系统可以自动方式工作, 发射烟幕弹, 使激光测距仪或激光指示器失效; 也可以半自动方式工作, 由车长决定是否发射烟幕弹。T90 坦克上采用的是 3D17 型烟幕弹, 该弹形成烟幕的时间约 3s, 烟幕持续时间为 20s。这套光电干扰系统能连续工作 6h, 能有效地对付诸如美国 "陶" 式、"龙" 式、"海尔法"、"小牛" 等导弹和激光制导炮弹, 使西方国家大多数反坦克导弹的命中概率降低 75%~80%。

4) 中国 ZTZ99 式坦克

ZTZ99 式坦克 (图 6.3.8) 是我国自行研制的新一代主战坦克, 配有穿甲弹、破甲弹和杀伤爆破弹, 可自动装弹或人工装弹; 配有猎-歼指挥仪式火控系统, 具有行进间射击运动目标的能力, 车长可超越射击; 配有热像仪、压制观瞄装置、多功能烟幕弹发射器等光电对抗系统; 采用了大功率涡轮增压中冷柴油机; 炮塔正面和车体首部都装有可更换的复合装甲, 并可披挂反应装甲; 安装有自动灭火抑爆装置、集体三防装置。

车长：9.68m
车宽：3.50m
车高：2.49m
战斗全重：50t
乘员：3人
最大功率：1200 hp
最大车速：62km/h
最大行程：500km
主要武器：125mm滑膛炮、
　　　　　并列机枪和高射机枪
其他：自动装弹机

图 6.3.8　中国 ZTZ99 式坦克

6.3.3　装甲车辆

1. 常见装甲车辆及其代表性型号

常见装甲车辆及其代表性型号见表 6.3.2。

2. 主要类别装甲车功能简介

1) 装甲输送车

装甲输送车 (装甲运兵车) 是有乘载室的轻型装甲车辆，主要用于战场上输送步兵，也可输送物资器材 (图 6.3.9)。它具有高度机动性、一定的防护力和火力，必要时可用于战斗。装甲输送车分履带式和轮式两种，在机械化步兵部队中，装备到步兵班。

图 6.3.9　装甲输送车

多数装甲输送车的战斗全重 6~16t，车长 4.5~7.5m，车宽 2.2~3m，车高 1.9~2.5m，乘员 2~3 人，载员 8~13 人，最大爬坡度 25°~35°，最大侧倾行驶坡度 15°~30°。履带式装甲输送车陆上最大时速 55~70km，最大行程 300~500km。轮式装甲输送车陆上最大时速可达 100km，最大行程可达 1000km。履带式装甲输送车越壕宽约 2m，过垂直墙高 0.5~1m。多数装甲输送车可水上行驶，用履带或轮胎划水，最大时速 5km 左右；装有螺旋桨或喷水式推进装置的，最大时速可达 10km。乘员座椅有安全带，可以自动翻起，无人乘坐时可以形成较大的储物空间。

表 6.3.2　常见装甲车辆及其代表性型号

	特点	主要用途	代表性型号
装甲输送车	高机动性、一定的火力和防护力，一般为两栖	输送人员和物资	美 M113 装甲输送车
步兵战车	高机动性、较强的火力和一定的防护力，多数两栖	协同坦克作战或独立遂行任务	美 M2 步兵战车，俄 BMP-3 步兵战车
装甲指挥车	配有多种信息系统和作战指挥系统	作战指挥	中 81 式履带装甲指挥车
装甲侦察车	配有侦察装备和一定的火力	侦察或独立作战	美 M3 履带装甲侦察车
装甲架桥车	配有车辙桥及其架设和撤收设备	快速架桥	法 AMX-30 装甲架桥车
装甲扫雷车	配有扫雷装备	在雷场开辟通路	挪威 AMCV 装甲扫雷车
装甲布雷车	配有布雷装备	布设雷场	中 GBL120 履带自动布雷车
装甲抢救车	配有抢修、牵引、清障装备	抢修、救援其他车辆	瑞士 ENTP PZ65 装甲抢救车
装甲救护车	配有医疗装备	救护、运送伤员	德"鼬鼠"2 装甲救护车
装甲补给车	配有专用方舱和装卸设备	补给作战物资	中 ZHB94 履带式装甲补给车
装甲供弹车	配有专用贮弹和供弹装备	为坦克和自行火炮补充弹药	韩 K10 装甲自动供弹车
自行火炮	一定的机动性、强大的火力、较弱的防护力。可分为加农、榴弹、加榴、迫击、无后坐力、反坦克、火箭、高射等多种自行火炮	遂行各种火炮的作战任务	俄 2S7 式 203mm 加农炮，美 M109 式 155mm 榴弹炮，俄 2S4 式 240mm 迫击炮，俄 BM30 式 300mm 火箭炮，德"猎豹"30mm 双管高炮
导弹发射车	配有整套防空或反坦克导弹发射系统	运载和发射导弹	中"红箭"8 反坦克导弹发射车

我国 85 履带式装甲输送车战斗全重 13.6t，乘员 2 人，载员 13 人，最大公路时速 65km，履带划水，最高水上航速 6km/h，主要武器为一挺 12.7mm 机枪。

我国 92A 外贸型轮式装甲输送车战斗全重 12.5t，乘员 3 人，载员 9 人，最大公路时速 85km，最高水上航速 6 km/h，主要武器为一门 25mm 机关炮和一挺 12.7mm 机枪。

2) 步兵战车

以能够运载步兵协同主战坦克机动作战为目的的装甲车辆称为步兵战车。其机动性至少与主战坦克相当，火力和防护性能较装甲输送车增强 (图 6.3.10)。它比坦克重量轻，火力弱，防护差，两侧有供步兵作战用的射击孔。除了有能乘车作战的乘员外，还有能离车作战的载员。后部能开门，并以车门作为人员上下车的阶梯。步兵战车通常都具有旋转炮塔，一般编配至装甲部队的班；而装甲输送车主要编配于机械化部队，一般不具备炮塔。

图 6.3.10 步兵战车

步兵战车的出现，使步兵既能乘车作战，又能下车战斗，且步兵战车下车战斗时乘员可利用车载的各种武器进行火力支援，从而大大增强了步兵的作战能力。步兵战车分履带式和轮式两种，除底盘不同外，总体布置和其他结构基本相同。履带式步兵战车越野性能好，生存力较强，是现装备的主要车型。轮式步兵战车造价低，耗油少，有的国家已少量装备部队。

步兵战车的乘员一般为车长、驾驶员和炮手 3 人，载员为 1 个班，共 6~8 人，战斗全重，轻型的为 13~15t，重型的为 22~30t。车内布置大都是驾驶舱和动力舱在前，战斗舱居中，载员舱在后。炮塔有单人和双人两种。采用单人炮塔的炮手在炮塔内随炮塔运动，有中国的 86 式和俄罗斯的 БМП-1 等。由于车长不在炮塔内而位于车体前部，所以观察受到影响。采用双人炮塔的有联邦德国的"黄鼠狼"、美国的 M2 和俄罗斯的 БМП-2 等，由于车长的位置在炮塔内，所以观察条件较好，并能超越炮手操纵武器射击。此外，步兵战车也可根据需要选配装有不同武器的炮塔。

车载武器由火炮、反坦克导弹和并列机枪等组成，和步兵携带的各种轻便武器一起，构成一个既能对付地面目标又能对付低空目标，既能对付软目标又能对付硬目标的远、中、近程相结合的火力体系。

动力装置大都采用水冷柴油机，功率为 200~400kW，传动装置以液力机械传动居多，也有采用机械传动的。悬挂装置多系扭杆式。公路最大速度，履带式为 65~82km/h，轮式为 85~105km/h。多数具有浮渡能力，借助履带划水或喷水推进器在水中行驶。

防护性能要求车体正面和炮塔前部能防轻型炮弹，车体和炮塔两侧能防枪弹和炮弹破片，而装甲人员输送车的车体正面一般只能防枪弹和炮弹破片。除装甲防护外，车上还有烟幕施放装置和三防装置，有的还有自动灭火抑爆装置。

各国利用步兵战车的底盘发展各种变型车。步兵战车的变型车主要包括各种类型的侦察车、自行迫击炮、自行高炮、自行多管火箭炮、自行反坦克炮、导弹发射车，以及其他各种工程、技术和后勤保障车辆等，形成比较完整的车族。

我国根据陆军机械化的需要，于 20 世纪 70 年代末开始研制步兵战车。86 式 (WZ501) 履带式步兵战车已批量生产并装备部队，并有少量产品出口。目前最先进的步兵战车有 03 式空降步兵战车、05 式两栖步兵战车等。

3) 自行火炮

自行火炮 (图 6.3.11) 是同车辆底盘构成一体、自身能运动的火炮，编配于装甲部队和机械化部队。自行火炮越野性能好，进出阵地快，多数有装甲防护，战场生存力强，有些还可浮渡。自行火炮的使用，更有利于不间断地实施火力支援，使炮兵和装甲兵、机械化步兵的战斗协同更加紧密。

图 6.3.11　自行火炮

从外观看，自行加农炮与坦克区别不大，故俄罗斯等国家统计时对坦克和自行加农炮不加区分。但实际应用上它们有如下区别：坦克炮塔可 360° 旋转，自行火炮的炮塔则只能旋转一定的角度；坦克炮是直瞄武器，自行火炮有些是间瞄武器；坦克炮一般是加农炮，而自行火炮则有加农炮、榴弹炮、迫击炮、高炮等；坦克的炮塔一般是在车体的前部，而自行火炮的炮塔一般在车体的后部；坦克的火炮一般可以行进间射击，而自行火炮一般不能行进间射击；坦克是一线突击的主战车辆，而自行火炮是二线火力压制和火力支援车辆；坦克防护力强，而自行火炮的火力强；坦克一般是车自为战，必要时才集中射击，而自行火炮一般是集火压制，很少单炮发射。

自行高炮是自行炮中的贵族。一辆自行高炮的价格，往往相当于两辆主战坦克的价格，它是将火力、指挥控制、电源供给和自主行动结合在一起的高射炮。世界上现装备的自行高炮有二十多种。

自行火箭炮是倾泻钢雨的战神，美国 1 辆 M270 发射 M26 弹时，一次齐射可以打出 7726 枚子弹，像"天女散花"一样撒布到 6 个足球场大小的面积上，顿时一片火海。自行迫击炮的结构相对较简单，造价较低廉，各国研制的自行迫击炮有多种。在第二次世界大战期间，自行反坦克炮 (坦克歼击车) 是自行火炮的主流,但目前已退居一隅。从总体上看,自行反坦克炮穿甲威力强大,战斗全重较轻,机动性较好,装甲防护力一般,采购价格较低。综合这些特点,自行反坦克炮在装甲战车家族中,存在一定的生存空间。

4) 工程装备

工程车是具有专门用途的车辆。如挖壕车 (图 6.3.12)、布雷车 (图 6.3.13)、架桥车 (图 6.3.14)、路面器材 (图 6.3.15)、筑路工程车、修理工程车等。例如,挖壕车 1h 能挖掘 1m 宽、2m 深的交通壕 300 多米,挖掘 5~6m 宽、2m 深的防坦克壕 100 多米。自动布雷车 1h 可布雷 400~500 个。又如,某火箭布雷车装有 30 个发射管,共携带地雷 720 枚,1min 内就可将这些地雷布撒到离布雷车 3000~5000m 远的指定地带。筑路工程车是越野性能好的特种汽车,它能随部队行动,其前部和后部都可以随时换用不同的筑路工具,如推土铲、平路铲、压实辊、洒水罐等,能进行多种不同筑路工程作业。架桥车能在几十分钟内架设或撤收跨度在 20m 左右的车辙桥,舟桥部队能在 1h 内架设一座 300m 长、通行 60t 重型装备的浮桥。工程车大体可分为重装甲工程车、轻装甲工程车和非装甲工程车三类。

图 6.3.12 挖壕车

重装甲工程车一般采用主战坦克底盘,大体具有与坦克相当的防护能力和机动性,用于伴随和支援第一梯队坦克的战斗。轻装甲工程车情况不一,有的采用轻型坦克底盘,有的采用轮式或履带式装甲车底盘,有的采用专门设计的底盘。非装甲工程车多数是履带式或轮式推土车,又多从民用履带推土机或轮式车辆发展而成。有的有装甲驾驶舱,如中国 82 式履带军用推土机、联邦德国的 ZD3000 轮式推土车等。

目前的工程车作业能力都有提高,一方面是使一种作业装置具有多种作业方式;另一方面是工程车上配备两种以上作业装置,使之向多功能方向发展。例如,美国的 M9 装甲工程车既可推土,又可装卸货物,COV 车上的扫雷犁 / 推土铲既可推土,又可扫雷;"獾" 式工程车的铲斗用于挖土,铲斗臂用于起吊;NMP 车不仅可在陆上和水上侦察, 还可在地面上探雷。

图 6.3.13　布雷车

图 6.3.14　架桥车

图 6.3.15　路面器材

6.4　陆上作战平台运用

陆上作战平台是构成陆上战斗力的最基本单元, 主要在陆地遂行作战任务。未来陆上战斗力的生长点不仅取决于陆上作战平台 (武器装备) 技术的进步, 而且也取决于陆上作战平台的兵种编成与运用, 后者甚至更为重要。在有效编制状态下的人员, 使用合理编配的武器装备, 在正确的指挥控制下, 采取正确的作战行动, 才能取得最大的作战效果。各种作战平台和武器装备, 都有其在战争行动中的作战原则。例如, 炮兵要 "灵活编组、集中使用、适时机动"; 防空兵要 "纵深配置、重点突出、注重协同"；陆战航空兵要"掌握时机、合理编组、注重保障"；工程兵要"注重分工、重点保障、留有预备"等。

6.4.1 陆上作战平台运用的一般原则

1. 集中打击

作战地域中陆上作战平台的数量是衡量集中程度的主要标志。现代战争中的陆战平台应隐蔽配置，动态集中，在需要的时机、地点、方向和功能上实现突然集中打击，得手后还可迅速散开。集中既指时间、地域、空间上的集中，也指目标逻辑关系上的集中，还指各种火力的集中。例如，装备分散，打击地点集中；地域分散，逻辑作用集中 (如防空系统、指挥系统)；空间上分散，时间上集中等。

2. 联合使用

当陆上战斗平台、支援平台、保障平台以及其他各种不同能力的平台一起使用并相辅相成时，即可产生强大的战斗力。例如，步兵与坦克兵编成合成战斗队；在冲击过程中炮兵压制敌方火力以及集中全部反坦克火力对付敌装甲车辆；侦察直升机为攻击直升机标定目标；未来信息化战场，基于信息系统的体系作战成为主要作战模式，必须根据陆上作战平台各自的专业特性和战斗特长，合理编组，联合使用，做到扬长避短，功能互补，才能充分发挥各种陆上作战平台的最大作战效能。

3. 充分准备

"凡事预则立，不预则废"，作战更是如此。不打无把握之仗、不打无准备之仗，这是历代军事家都非常重视和特别强调的。充分准备，是最大限度发挥陆上作战平台战术技术性能的基础。例如海湾战争中，由于沙漠环境中风沙卷起的沙粒的影响，美军 M1 坦克每行驶 15~25km 就不得不停下来更换一次发动机的沙尘过滤器。为此，在伊拉克战争前，美军研制了一种可安装在坦克的发动机上的"脉冲喷射自动空气净化器"沙尘自动过滤系统。这种系统可以保持发动机在遭遇沙尘暴天气时行进数百千米而不会被堵塞，保证了作战行动的顺利进行。充分准备，包括筹划物质准备，使兵力、兵器、装备、器材等保持在最好的作战状态；力求在数量和质量上都能优于敌人；同时还要筹划好油料、弹药、给养和武器装备的储备、供给与补充，筹划好技术保障器材。

4. 因地制宜

陆上作战平台在设计时就已考虑到了各种战场环境的影响，但战场环境的复杂性与武器系统的适应性之间永远存在着差距。平原地形便于各种武器装备的机动、展开和采取多路开进方式，因而适应坦克、步兵战车等快速机动作战力量的使用。山地机动困难，不便于机动作战平台的展开，但便于隐蔽机动、穿插、迂回、渗透等多种机动样式的灵活运用。山地反斜面和遮蔽物后的目标，直瞄火器无法发挥作用，可使用曲射火器间瞄射击进行攻击。高原地形开阔，起伏不大，便于机动，但由于空气稀薄，机动速度受到影响。山岳丛林地通视条件差，发现和捕捉目标困难，难以判明弹着点和攻击效果。未来作战无论是单个陆上作战平台还是陆上作战平台群队，都应充分考虑地形以及气象条件对陆上作战平台的影响，因地制宜，扬长避短，充分发挥其应有的作战效能。

6.4.2　装甲装备的使用原则

1. 集中使用原则

在怎样运用坦克装甲车辆问题上，曾经出现过许多军事理论，提出过许多观点。以坦克为例，由于指导思想不同，历史上曾出现过各种性能相异的坦克。其中一些采用落后的或片面的指导思想，在战争中带来了灾难；另一些采用客观的正确的指导思想，则取得了巨大的作战效果。

例如，第二次世界大战期间，德国将坦克和航空部队作为其"闪电战"的核心，力图抢在敌人展开火力和支援之前，以迅雷不及掩耳之势插入纵深，使敌方来不及组织有效的抵抗，几周就占领一个中等大小的国家。为此，其坦克的装甲轻、火力弱，沿公路能高速前进，但不适于与敌坦克对抗。德国创建的诸兵种合成装甲部队，对各种配套装甲车辆的发展和装甲兵的运用，曾产生巨大的影响。

现代坦克以敌坦克为主要作战对象，应坚持单炮塔原则和集中加强一门主要武器的思想。集中使用的坦克可以互相配合作战，不求每辆坦克同时向四周作战。集中使用坦克装甲车辆并不是密度越大越好，在现代战场条件下战术密度趋于下降。集中也是突然快速地集中，在极短时间内投入战斗。完成战斗任务后，又迅速分散战斗队形，以免遭受集中损失。

2. 进攻原则

进攻是战斗的主要手段。坦克主要用于突然而快速灵活的进攻行动。只有在适当地点、适当时机，出敌不意地发动进攻，压倒和击溃敌人，才能以最小的代价和最短的时间取得最大的战果。坦克装甲车辆具备三大性能高度结合的特点，因而最适于宽正面、大纵深地机动突击进攻。

坦克装甲车辆可以用于防御，但要用"反突击""反冲击"才能更好地打击敌人。坦克也能作为机动的"发射平台"使用。坦克不宜于死守阵地，防御时最好是进攻中的防御，才能充分发挥坦克装甲车辆的积极作用。

3. 协同原则

协同原则指坦克和各兵(军)种协同作战。所谓协同指在目的、时间、地点三方面取得作战与行动的配合，各自扬长避短，造成无懈可击的整体优势和更有效的作战效能。除军兵种协同外，装备编配、装备的弹药基数 (即单车一次携带的炮弹、枪弹等弹药额定数量) 和弹种配备也是十分重要的问题。

在第四次中东战争中，以色列第 190 装甲旅 (一说为 190 装甲营) 具有极强的战斗力，配合步兵作战威慑力很大，所到之处攻无不克，被公认是以色列军队的"王牌"。全旅装备有 120 辆当时世界上最先进的美制 M60 坦克，旅长阿萨夫·亚古里以勇猛善战著称。埃及第 2 步兵师师长阿布·萨德知道 190 装甲旅难攻难破，如有步兵的配合，更是难以战胜。他欲擒故纵，诱使 190 装甲旅轻敌冒进，把强兵变为骄兵、躁兵，把有步兵、炮兵支援的不可一世的强敌变成孤立无援之敌。埃军布置好伏击阵地后，做出落荒而逃的姿态撤退，诱使以军不顾一切全力追击。远离步兵和炮兵，亚古里将所属官兵和 80 余辆坦克带入了埃军的伏击圈。顿时，埃军的反坦克火器向 190 装甲旅的坦克吐出了火舌，而亚古里的装甲部队成行军状态排在一条柏油公路上，一辆辆排开的坦克就好像是被摆在射击场上的靶标，前进、后撤的道路都被堵死，离开公路就是反坦克雷场。190 装甲旅全军覆没。

随着武器和技术装备的发展，战场情况和作战对象越来越复杂。坦克作为一种武器系统不可能设计得功能齐全，面面俱到，故坦克装甲车辆必须广泛地和火炮、工程、后勤、侦察、防化、通信、防空和航空等装备协同使用。

6.4.3 陆军突击部队装备作战运用特点

在一体化联合作战力量体系中，陆军突击部队是构成一体化联合作战力量体系的基本集团要素，起着重心依托、体系支撑战局控制等重要作用。面向未来陆军突击部队执行任务中遇到的作战对手多元、作战方式多样、作战空间多维等特征，当前各国陆军突击部队强调以"编配组合"的作战方式进行联合使用，其组成结构在于将诸兵种要素高效掌控、组合使用；其作战运用与中国明朝戚家军"鸳鸯阵"有相似之处；其作战使命可实现信息作战、低空作战、超低空作战、防空作战，以及维护海洋利益等作战任务的完成。与传统的陆军部队相比，现阶段陆军突击部队集多功能化、模块化、小型化等诸多优势为一体，可根据实时变化的使命需求和战场态势，合理进行兵力部署或火力选择，使其有效形成一个高度集成的体系，极大凸显了体系支撑和联合制胜等观念。

当前陆军突击部队的装备平台组成主要具有四个特点：

(1) **小编配大支援**。联合作战体系下装备体系的小配属大支援格局基本形成，陆军突击装备体系进行模块化编组即可遂行任务。

(2) **战斗编配平战一体化**。陆军突击装备体系按建制平时模块化编组形成，战时可以模块化的建制力量抽组编成临时装备体系，以更好地适应当前的使命任务。

(3) **装备编配组合分散**。未来作战环境更加复杂，作战空间将由过去几平方千米朝向几十甚至上百平方千米拓展，装备将呈现出非线式多维星点式分布状态。

(4) 数字化跨域融合。以新一代信息技术为支持，以数字化技术联网，实现路基突击部队装备的通用化，实现与空中、海上、太空、网电以及作战保障等各域作战力量的指挥、控制、通信一体化，从而使作战部队高度协调，实现作战跨域融合。

6.4.4   陆军突击部队作战案例——伊拉克战争-法奥战役

2003 年 3 月，伊拉克战争爆发，在战争发生之前，美军中央司令部将伊拉克东南部沿海地区法奥半岛上的炼油和运输设施认定为"须首先夺取的目标"，并将其重要程度划为"与杀死萨达姆同等"。武装占领法奥半岛，以最小的毁伤保护石油和天然气设施，既是英美联军推翻萨达姆政权的战略选择，也是联军开辟南部战线、攻占伊拉克全境的战术选择。法奥会战作为伊拉克战争中第一次常规地面部队的行动，是一场典型的以陆上突击部队为主的联合作战。

陆上突击。2003 年 3 月 20 日 22 时，突击行动先由预警机和雷达进行侦察预警，给出敌军阵地和重要军事设施具体坐标；其次在 AC-130 "幽灵"飞机的航炮火力掩护下，美军 FA-18 "超级大黄蜂"战斗机投掷了联合直接攻击弹药，对预先标定的敌军目标进行了短促而密集的空袭，第 40 突击队按预定计划在 3 个战略目标点实施空降登陆，建立初始阵地。一小时后，第 42 突击队乘美军陆战队直升机实施第二轮空中突击，先由"眼镜蛇"直升机扫荡登陆地点，随后在法奥北部登陆，保护第 40 突击队的侧翼安全并摧毁威胁石油设施的伊拉克炮兵部队。受环境能见度影响，美军 CH-46 "海上骑士"直升机不适合进行兵力运输，旅司令部迅速调整使用英军"支奴干"和"美洲豹"直升机进行兵力运输。同时，岸边气垫船工兵部队与轻型装甲车协作进行战场推进，尽管作战环境在作战过程中不断发生变化，但此次战役共俘虏伊军 230 人，美英联军无一人伤亡，极大凸显了联合作战中部队相互配合的灵活性。

特种作战偷袭。正面战斗的同时，美军特种部队借助大型直升机同时向法奥炼油厂的 5 个关键位置投放了不同的小组，每个小组有 20 名"海豹"特种部队的突击队员。20 多架不同类型的战机在头顶盘旋联合作战帮助他们取胜。电子干扰机从高空切断了伊拉克的无线电传输，侦察飞机识别敌军集中的地方并把坐标转送给 AC-130 "幽灵"式武装运输攻击机，A-10 攻击机向伊拉克军用车辆发动攻击，英国飞机向伊拉克的高射炮发射专门的精确制导炸弹，最后这 100 名突击队员在各类精确武器的配合下完成了作战任务。

法奥战役横跨陆军、空军、海军等多个作战空间，参战部队是以美军第 15 陆战远征部队和英军第 3 突击旅为首的美英联军部队，此次战役主要由美军实施总体指挥，英军部队实施主体行动。在数字化、信息化技术的发展下，此次战役美军使用军用卫星的能力提高了 75%，国防信息系统网通信带宽提高了 10 倍，作战指挥中心数据交换能力提高了 100 倍，充分显现了高度的信息技术优势。下面从三个方面具体阐述数字化的体现。

(1) 以具体的数字化装备改造来说，美军 B-52 战略轰炸机是服役近 50 年的旧式飞机，但经过不断的数字化改造，提高了自动导航、定位和通信能力，具备发射巡航导弹等精确制导武器的能力。又如 M1A2 主战坦克，是在海湾战争时的主战坦克 M1A1 基础上，经数字化改造而成。如增加了先进的火控计算机、热成像观瞄仪，定位导航装备、故障自动诊断和报告系统等；数字化程度达 90%，结果使获取目标信息时间缩短 45%，目标定位精度提高 32%。

(2) 以数字化作战能力来说，美军在侦察部队发现伊军炮兵发射导弹后，及时变更了最近战机的作战任务，半小时内将伊导弹发射车摧毁。从中可以看出伊战中美军动态作战规划能力已经得到了大幅提高。

(3) 以支援地面部队向前推进来说，美军从低空到高空都有不同的飞机提供信息保障：在低空，也就是美军地面部队的前方及侧翼，有"捕食者"无人机随时提供美军地面部队前方 10km 处的伊拉克军队的动向；在中空，有 E-8C "联合星"飞机提供美军地面部队前方几十千米处至 100km 处的伊拉克军队的动向；在高空，有 U-2、RC-135 等侦察机随时提供伊军整个战场形势的情况。

思 考 题

(1) 常见陆军武器装备的机动平台有哪些？常见的军用车辆有哪些？

(2) 说明活塞式内燃机的基本结构。

(3) 燃气轮机与柴油机应用在坦克上各有什么优缺点？

(4) 说明涡轮轴发动机的结构。

(5) 轮式车辆底盘由哪几部分构成？传动系由哪几部分组成？如何实现转向？

(6) 说明液力变矩器的作用。

(7) 防抱死装置的作用是什么？

(8) 履带式车辆底盘由哪几部分构成？行动装置由哪几部分组成？悬挂装置的作用是什么？操纵装置有哪几种？

(9) 车辆防护系统如何分类？如何实施二次效应防护？

(10) 坦克火控系统有哪些技术指标？

(11) 火控系统的作用是什么？简述指挥仪式火控系统的工作过程。

(12) 坦克由哪些部分组成？

(13) 装甲车辆水上推进系统有哪几种？各有什么特点。

(14) 说明几种典型坦克的性能特点，说明几种装甲车辆和直升机的用途。

(15) 说明战术指导思想对陆军武器装备作战效能的影响。

(16) 论述陆上作战平台在近代现代战争中的运用。

参 考 文 献

蔡兆麟. 2004. 能源与动力装置基础. 北京: 中国电力出版社.

靳建峰. 2010. 外军两栖装甲车辆现状及发展研究. 国防科技, 6: 27-32.

李育锡. 2010. 汽车概论. 北京: 机械工业出版社.

刘增禄. 2009. 陆战机动平台概论. 北京: 国防工业出版社.

闫清东, 张连第, 赵毓芹, 等. 2006. 坦克构造与设计 (上, 下册). 北京: 北京理工大学出版社.

张德和, 龙东. 2005. "空中轻骑" 的未来之路. 现代军事, 10: 43-45.

张京明, 江浩斌. 2008. 汽车工程概论. 北京: 北京大学出版社.

张晓峰, 肖亚辉. 2009. 大地雄风: 陆军及其武器装备. 北京: 世界图书出版公司.

郑慕侨, 冯崇植, 蓝祖佑, 等. 2003. 坦克装甲车辆. 北京: 北京理工大学出版社.

第 7 章　海上作战平台

古罗马哲学家西塞罗曾说过："谁控制了海洋，谁就控制了世界。"几百年来，葡萄牙、西班牙、荷兰、英国乃至今天的美国在世界上的优势力量都是以海权为基础的，而海权的维护依靠的是强大的海上力量。海上作战平台主要是指遂行海上战斗、封锁、护航、登陆及对陆攻击等海上作战行动的武器平台，主要包括各类水面舰艇、潜艇及航空母舰等。本章以海上作战平台的技术原理与关键技术为主线，对海上作战涉及的相关知识 (如水声探测、航海导航) 和特有武器 (如水雷、鱼雷)，也会适当介绍。

7.1　概　　述

7.1.1　海上作战平台的发展简史

1. 桨帆时代

早期，海上贸易由于受到海盗的频繁掠夺，海军逐步发展起来，当时的海军并没有专门的军舰，以商船代之。这时的海军与现代意义的海军相去甚远，只是陆军的附庸，作用仅限于近岸搏斗、运送部队和补给物资。随着海上贸易的发展，为了更好地保护贸易，开始设计专门的船来保护海上商船，逐步发展了两种不同的船体：一种是宽船体，主要用来装载货物，主要的动力是帆；另一种是长体船或称桨帆战船，专门用于作战。引入这种战船设计的被认为是腓尼基人。这种桨帆战船与典型的商船相比，船身更长、更窄，速度更快。

古希腊人特别是雅典人对腓尼基人的帆船做了进一步改进，并且使海军具备了当时在海上战斗最熟练和最完善的技术。雅典人改进后的帆船称为三层桨帆船，这种战船船身又窄又长，因桨在船的两边各排列成三组而得名 (图 7.1.1)。船首吃水线处有一突出约 10ft (约 3m) 的金属冲角，以备冲撞之用。为了提高船的速度和机动性，雅典人不惜降低船的适航性和舒适性，减少货物容量和最大航程。一般船上配有 202 名桨手，上层 64 人，中、下层各 54 人，后备桨手 30 人。划桨时按统一口令合着节拍一致行动，舵手掌握航向。为了避免三层桨相互撞击，各层桨伸出的船舷孔保持一定的大小，以制约其上下活动的幅度。船上两个桅杆都安装了风帆，作为辅助动力，但在作战时只划桨驱动。三层桨帆船主要的战斗部位是位于船首突出的金属冲角。冲角如果插进敌船的舷侧，必然给敌船造成致命的创伤。

图 7.1.1　桨帆战舰和战舰冲角

当时的海战主要有三种战法：一是冲角撞击，即利用船只自身重量和划桨获得的速度，用船艏巨大的包青铜冲角撞击敌船，使其舷破沉没；二是侧舷切桨，即沿敌船一侧紧紧擦过，将其一侧船桨齐刷刷切掉，从而使其失去一侧动力，只能原地打转，然后将其撞沉或擒获；三是接舷战斗，即两船接舷，士兵跳帮登上敌船，与敌展开白刃格斗，夺取敌船。因此，古希腊人船上往往装载着登陆部队，这些部队通常配备有矛、剑、弓、标枪等冷兵器。

三层桨帆船代表了当时海军最先进的装备技术，其在作战中的先进性不可低估。在此后大约两千年的时间里，这种吃水浅的战船始终是西方世界的主要作战船型，撞击和跳帮也一直是海军作战的基本战术。此外，在海战中，还常使用火攻战术，即向敌船投掷易燃的液体（所谓的"希腊火"），有时还使用火箭。不过火攻的方法并不可靠，因为交战双方的距离很近，火势可能会殃及自身。直到公元 15 世纪，葡萄牙、西班牙冲出地中海，离开近海水域，开始向大西洋和印度洋的海外扩张和征战，这种状况才有所改变。

2. 风帆时代

1650~1850 年，战舰设计的基本要素并没有发生改变，但工艺、技术上有了较大进步。船舶由木材制成，由麻绳或者粗索控制风帆进行驱动。大型战舰一般采用三桅装置，每根桅上挂上横帆。小型舰艇的驱动装置的样式比较多，有单桅、双桅或者三桅，并在舰艏和舰艉挂横帆。每一种装置各有其优点，或者可以节省人力，或者可以适应特殊的环境。此时舰船的火炮都是前膛滑膛炮，一般由青铜或者生铁铸成。炮弹主要有葡萄弹、链弹和杠弹等，主要依靠速度和炮弹的机械机构对船体、桅杆和索具等进行撞击破坏。带有天然纤维缆绳的锻铁锚则是最常见的系锚工具。

最大型的战舰用于执行"线式战术"（图 7.1.2），因此被恰如其分地称为"一线战舰"（ship of the line），通常我们使用其简称"战列舰"（battleship）。这些战舰火力强大，船身坚固，在大舰队和分舰队中很有用武之地。随着时间的推移，线式战术中主力战舰的底线也不断上升。18 世纪 50 年代，50 门火炮成为战列舰火力的底线，到 18 世纪 80 年代，最小的战列舰有 64 门火炮。1805 年以后，这个数量增加到 74 门，而到了 1830 年，装备了 80 门最大口径火炮的战列舰成为舰队的基础。

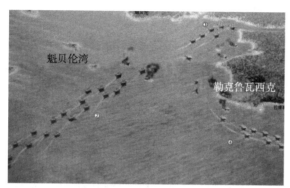

图 7.1.2　1759 年的魁贝伦湾战役的"线式战术"

速度极快的小型舰船被用来进行海上侦察或者海上破交战。到了 18 世纪 50 年代中期，这些小型舰船发展成为典型的单甲板战舰——"三帆快舰"。这种战舰往往用于小型的远洋舰船辅助、海岸炮舰、海防舰等。

3. 铁甲舰时代

19 世纪 50 年代至 20 世纪初，人类进入了"铁甲舰时代"，这一时代的主要进步体现在舰体的设计和构造、动力系统以及所装备的武器三个方面，将风帆时代的木头、风帆和球状弹丸的组合演进到了钢铁、蒸汽机和现代炮弹的组合。

铁甲舰时代舰壳设计的第一个进步是在战舰的木制舰壳外包覆铸铁装甲板。这种包覆使得风帆时代的球状弹丸不能对其造成任何损伤。随着这项技术的发展，舰壳所包覆的装甲厚度不断增加，撞角也因此得到了复兴，其原因是随着舰船装甲厚度的增加和舰船动力的增强，撞角具有更大的破坏力。

在动力方面，蒸汽机逐步成为战舰的主要动力。尽管蒸汽与风帆动力共存过很长一段时间，且许多人认为蒸汽仅能作为风帆战舰的辅助动力，但在长期的实践中，随着蒸汽锅炉的不断改进，蒸汽动力的稳定性和燃烧效率逐步提高，舰长和海军指挥官们在航行中越来越依赖蒸汽机。到 1900 年，舰船已经普遍采用全蒸汽动力系统。

在火力上，一个重要的技术进步是出现了炮塔战舰。炮塔战舰的设计概念是把战舰的主炮或多门火炮安装在一个转台上，可以通过旋转向任一方向开火，且膛线和后膛炮的设计大大提高了火炮射击的精度，此时的火炮越来越多地安装在铁制炮架上，增加了火炮的抗震性和耐用性。弹药除了传统的实心弹以外，还出现了三种开花弹：简单的内装黑火药的开花弹、装有定时引信和铁弹丸的榴霰弹，以及被称为马丁弹的纵火弹。在炮弹的破坏力增强的同时，鱼雷和水雷也相继出现，使得海上作战空间开始从水面扩展至水下。

4. 多兵种时代

20 世纪初，随着舰船技术的不断发展，1905 年第一艘超级战列舰"无畏"号下水，开创了"巨舰大炮"时代，并在第一次世界大战前达到了高潮。这一时期潜艇也逐步进入各国海军的战斗序列，并开始发挥作用。第一次世界大战期间，海上作战突破了水面作战，向水下发展，潜艇的角色更加凸显。1910 年 11 月 14 日，随着尤金·伊利从美国军舰"伯明翰"号的临时甲板飞向天空，海军航空兵登上了历史舞台，并在战争的推动下得到了迅猛发展，进而推动了航空母舰的诞生和发展。至此，海上作战平台已经形成了空中、水面和水下的三维同步发展的局面。第二次世界大战期间，航空母舰广泛运用，使制空权成为夺取海战胜利的决定因素，海上作战也从以巨舰大炮为主的水面作战的一维空间发展到了以航空母舰为中心的空中、水面和水下的三维空间，出现了潜艇战、反潜战、海空机动战、海上袭击战和战略性登陆作战等一系列新的作战样式。

第二次世界大战结束后，美国和苏联之间规模空前的军备竞赛带动了其他一些国家军备的发展，致使这一时期的武器装备得到了进一步的发展，新式武器不断出现，最突出的是核武器和核动力舰艇的产生。大型航空母舰也成为各军事强国的重要海上作战装备，导弹登上了海战的历史舞台。此外，由于电子技术的发展，海上作战平台的作战能力进一步增加，通信、雷达、水声等相关技术的进步，使得海上作战平台的信息能力、侦察探测能力得到了进一步加强。海上作战开始向以导弹战、电子战为中心的海上合同作战样式转变。

5. 网络中心时代

科学技术进步导致武器装备发展,武器装备的发展促使作战方式发生变化,从而产生新的作战理论。网络中心战理论的出现，就与 20 世纪末科学技术进步、武器装备发展和战争形态变化密切相关。1997 年 4 月，美国海军作战部长杰伊·约翰逊海军上将在美国海军学会年会上正式提出网络中心战理论，并称"网络中心战"是 200 年来军事领域最重要的变革。"网络中心战"这一术语从广义上描述，即综合运用一支完全或部分网络化的部队所能利用的战略、战术、技术、程序和编制，去创造决定性的作战优势。"网络中心战"的实质是通过成熟的网络化部队，提高信息共享程度、态势感知质量、协作和自我同步能力，在广阔空间实施高度同步的联合作战，极大地提高了完成作战任务的效率 (图 7.1.3)。

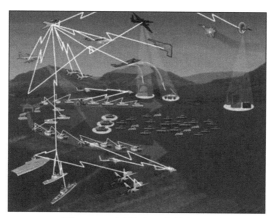

图 7.1.3　网络中心战构想图

进入 21 世纪后，海军武器装备得到了进一步的发展，呈现了信息化、智能化、一体化的发展趋势，远程攻击能力大大增强，精确打击程度空前提高，破坏杀伤威力成倍增长。主要表现为：一是舰艇、飞机在保留火炮、鱼雷的基础上，普遍配备了导弹武器，其作战威力增加了几十乃至上百倍；二是武器精度提高，威力增大，特别是导弹采用了信息处理技术后，逐步达到了智能化和灵巧化，卫星制导技术也在海上作战武器上得到应用；三是作战平台的多用途、隐形化，许多舰艇甚至舰载机都采用了反雷达的隐形设置，使得舰艇具备了更好的隐蔽性；四是指挥信息系统发展极为迅速，各种通信指挥手段迅速发展，海上作战不再以海上作战平台为中心，而是以网络为中心，作战形式逐步演化为体系作战，作战和指挥的实时性和有效性大大提高。

7.1.2　海上作战平台的类型

1. 水面舰艇

1) 驱护舰

从驱逐舰和护卫舰的发展历史来看，驱逐舰和护卫舰的区别正在逐步缩小，因此，本书将驱逐舰和护卫舰作为一类水面舰艇进行描述。驱护舰是以导弹、鱼雷、舰炮为主要武器，具有多种作战能力的中型水面战斗舰艇，也是海军舰队编成中的重要舰艇，主要用于攻击潜艇和水面舰船、舰船编队防空、反潜，以及护航、侦察、巡逻、警戒、布雷、袭击岸上目标、支援和掩护登陆等。现代驱逐舰的满载量一般在 4000t 左右，护卫舰的满载量通常较驱逐舰的小，一般在 2000t 左右。驱护舰的航速通常为 30~35kn（节，1kn = 1.852km/h），武器装备以导弹为主，并配载直升机。其使命任务可以分为对海型、防空型、反潜型和多用途型。对海型驱护舰通常装备有较强的舰舰导弹武器系统，主要用于对水面舰船和岸上目标的攻击；防空型驱护舰通常装备有较强的舰空导弹、舰炮武器系统，以及较先进的对空警戒和侦察设备，主要用于舰艇编队区域防空；反潜型驱护舰一般装备有较先进的对潜搜索设备和较强的反潜武器系统，主要用于舰艇编队反潜；多用途型驱护舰排水量较大，装备的武器种类较多，可用于对海、防空和反潜等，也可执行海上编队指挥任务。驱护舰不仅是航母战斗群、水面战斗群和商船队的主要护卫兵力，也是现代中等以下规模海军海上编队的核心兵力。

2) 扫雷舰艇

扫雷舰艇是使用扫雷具模拟舰艇声、磁等物理场或用机械切割锚雷雷索等手段搜索和排除水雷的反水雷舰艇，包括扫雷舰、扫雷艇等。按作战使命可以分为小型扫雷艇、沿海扫雷舰艇、远洋扫雷舰和扫雷母舰。扫雷母舰担负反水雷舰艇编队的指挥与后勤支援的任务，还可利用其携载直升机、遥控艇等进行扫雷作业，目前只有美国、日本、俄罗斯拥有这种舰。还有一种艇具合一的扫雷艇，由一艘主控艇和数艘遥控小艇组成，主控艇担负遥控和扫除锚雷的任务，遥控小艇则扫除音响水雷和感应水雷。扫雷舰艇的设计特点：一是自生的物理场 (磁、声、压力场) 较小，船体采用无磁或低磁材料，设置消磁装置，以及减振隔音设施；二是船体结构强度较高，抗沉性和抗震性能良好，以免水雷爆炸时损伤船体；三是动力系统要求高，需要较大的主机功率以便拖带扫雷具进行扫雷作业，还要求主机的调速性能好，与可调螺距螺旋桨相配，以适应各种海况下的航行与作业要求，并能抗冲击；四是需要足够的空间和甲板面积，以装备扫雷兵器及吊放设备；五是采用较精确的定位系统；六是某些设备应采取措施抗强磁干扰。扫雷带有一定的盲目性和被动性，无法排除有定时的非触发雷、水压和智能引信水雷，对定次高的非触发雷则需要反复清扫；扫雷作业时扫雷具布放复杂、费时。扫雷舰艇是反水雷作战中的主力装备。

3) 登陆舰艇

登陆舰艇也称两栖作战舰艇，是专门用于登陆作战舰艇的统称。它的主要任务是输送登陆兵、登陆工具、战斗车辆、武器装备和物资，实施由岸到岸或由舰到岸登陆、提供火力支援和指挥登陆编队作战等。登陆舰艇包括坦克登陆舰、船坞登陆舰、两栖船坞运输舰、两栖货船、两栖攻击舰、通用两栖攻击舰、两栖火力支援舰、两栖指挥舰和登陆艇等。同一般作战舰艇相比，登陆舰艇武器装备弱、航速较低，与普通客货船相比有许多共同之处，需要时可以经改装而互相代用。

4) 其他水面舰船

海军舰船装备类型复杂，除了驱护舰、扫雷舰艇、登陆舰艇外，还有多种水面舰船，如高性能舰船、辅助舰船等。所谓高性能舰船是指那些以现代流体力学为基础，采用多种高新技术，有别于常规单体排水船，具有航速高、耐波性好或其他高性能的特种新型舰船。其种类繁多，与其他各类舰船相比较，新思想新设计较多, 如水翼船、气垫船 (图 7.1.4)、地效翼船、高速双体船、小水面线双体船, 以及穿浪双体船、气垫双体船和水翼双体船等。辅助舰船的主要使命是为战斗舰艇提供各种支援的舰船, 是战斗舰艇不可缺少的保障力量, 主要包括后勤支援船、情报支援船、试验支援船和训练支援船等。

图 7.1.4　美海军 LCAC 气垫登陆船

2. 潜艇

1) 常规潜艇

常规动力潜艇简称常规潜艇, 是以柴油机、电动机或不依赖空气动力装置 (air independent propulsion, AIP) 为推进动力的潜艇。常规动力潜艇自 19 世纪末以来已经有百余年的历史, 其隐蔽性好、机动性好、突击能力强, 可以不依赖其他兵种的支援长期在海上活动, 进行独立作战, 具有很强的威胁性。但常规潜艇以往也存在航速较低, 通气管状态航行充电时易暴露自己, 自卫能力较差等缺点。随着高技术在常规潜艇上的应用, 其性能得到了进一步的提高。新型的 AIP 动力技术、减振降噪技术和隐身技术、多种新型传感器和数据综合处理技术、通信技术、飞航导弹技术等在常规潜艇上的应用, 使得常规潜艇的作战能力和生存能力大幅提高。潜艇的主要任务包括打击水面舰船、攻击潜艇、攻势布雷、侦察、输送登陆小分队、对陆攻击等, 也可参加编队作战。

2) 核动力潜艇

核潜艇由于采用了核动力装置, 工作时不需要氧气, 无须像常规潜艇那样浮出水面进行充电, 并采用了各种降噪措施, 不易暴露, 且在水下续航能力强, 可达 100 万 n mile (海里, 1n mile = 1852m) 以上, 潜航深度可达 900m, 使其具有很好的隐蔽性。核动力潜艇又可分为攻击型核潜艇和弹道导弹核潜艇。

攻击型核潜艇是以鱼雷、巡航导弹为主要武器, 用以攻击敌方潜艇和大中型水面舰船的核动力潜艇。攻击型核潜艇根据需要可携带多种鱼雷和导弹，多达五十余枚，一些巡航导弹攻击射程可达 3000km，能够出其不意地攻击敌舰船甚至近岸目标，已成为海上极具威慑力的作战平台。

弹道导弹核潜艇是以弹道导弹为主要武器的核动力潜艇，是"三位一体"(弹道导弹核潜艇、陆基洲际弹道导弹和战略轰炸机) 的战略核威慑兵力的中坚力量。潜基弹道导弹生命力强，突击威力大，具有打击硬目标的能力，已成为有效的"核报复力量"或"第二核打击力量"。弹道导弹核潜艇在各国海军战略中占有重要的地位，是现代海军兵力中的重要组成部分。

3. 航空母舰

航空母舰 (aircraft carrier，简称航母) 是以舰载机为主要武器并作为其海上活动基地的大型水面战斗舰艇。航母的出现，把海战的模式从平台推向了立体，实现了真正的视距外作战。航母经过百余年的发展，已成为舰机结合、攻守兼备、机动灵活、坚固难损、高技术密集的多维球型攻防体系。它不仅是一个战术武器单元，而且也是一个能抛射核弹的准战略威慑力量，是最具生命力的海上作战体系的核心，被视为综合国力的象征。在作战中，航母主要以航母战斗群的方式进行编队作战，主要用于攻击水面舰艇、潜艇和运输舰船，袭击海岸设施和陆上战略目标，夺取作战海区的制空权和制海权，支援登陆和抗登陆作战等。图 7.1.5 为法国"戴高乐"号航母。

图 7.1.5　法国"戴高乐"号航空母舰

7.1.3　海上作战的主要作战样式

1. 进攻海上兵力集团作战

进攻海上兵力集团作战是在海战场上对大型水面舰队为核心组成的海上兵力集团所进行的机动进攻作战。其任务是歼灭或削弱敌水面战斗舰艇为主的作战力量，改变战场态势，即通过作战来改变交战双方的海上兵力数量和质量对比，达到在一定时间和海域内，夺取制海权的目的。进攻海上兵力集团作战是海军最基本的任务，也是海军最具传统的作战样式之一。

2. 海上封锁作战

海上封锁作战是使用海上作战军团控制特定海区敌海上贸易和军事活动的一系列作战行动。其任务是控制特定海区或海上通道，隔绝或切断敌方对外海上联系，限制特定舰船进出，削弱敌作战能力和战争潜力。海上封锁作战是海上进攻作战的样式之一。

3. 海上保交作战

海上保交作战，即保卫海上交通线作战，是海军旨在保障海上交通线安全的作战。其任务是打击对方破交兵力，防御敌方对装卸港、中间港的袭击，掩护运输舰船在海上的航行，打破敌方对己方港口、航道的封锁等。海上保交作战是海上防御作战的一种作战样式。近年来，我海军索马里海上护航就是海上保交作战的实践运用。

4. 岛礁登陆作战

岛礁登陆作战是在统一的计划和指挥下，对敌海岸、岛礁实施的渡海进攻作战。其任务是突破敌海岸、岛礁防御体系，歼灭防御之敌，在敌海岸、岛礁建立滩头阵地，为而后的上陆作战创造条件。岛礁登陆作战可以海军兵力作为主要兵力，也可能是诸军兵种联合作战，是海上作战最复杂的一种作战样式。

5. 海军基地防御作战

海军基地防御作战是为了挫败敌人对海军基地的进攻，保证基地功能正常发挥所实施的防御作战。海军基地防御作战具有要塞坚守阵地的性质，其任务是抗击敌控制和海上突击，保卫基地驻屯兵力和重要设施的安全；打破敌海上封锁，保障海上机动兵力进出基地的行动自由和近岸海上交通线的畅通；阻止敌陆上攻占和海上登陆，粉碎敌夺占海军基地的企图。在现代局部战争中，反突击和反封锁是海军基地防御作战的主要任务。

6. 海上核反击作战

海上核反击作战是在国家遭敌核袭击后，按照最高统帅部的反击作战命令，使用海上核力量打击敌重要战略目标的进攻作战。其主要任务是打击敌政治、经济和军事中心等重要战略目标，实施核报复。其基本性质是先防御后反攻。

7.2   海上作战平台的原理与关键技术

7.2.1   水面船体运动原理

1. 船体的浮性

1) 船舶在静水中平衡的条件

船舶浮于静止的水面时，总体上受到两个力的作用，一个是重力，一个是浮力，重力作用力的中心是重心，浮力作用力的中心是浮心 (图 7.2.1)。根据阿基米德定律，浸在液体中的物体受到向上的浮力，浮力的大小等于物体排开的液体受到的重力。浸在水中的船体，其表面的每一部分都受到水压力的作用，这些压力都与船体的表面垂直，力的大小和水的深度成正比。但无论船体形状如何，水压力的水平分力都相互抵消，形成垂直向上的水压力。当船体静止时，浮力和重力在同一条直线上。

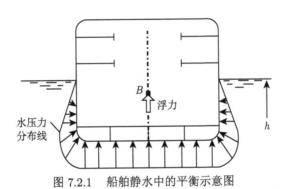

图 7.2.1   船舶静水中的平衡示意图

2) 重量和浮力变化时船体的平衡

在实际过程中，船体的总重量是发生变化的，船体通过上浮和下沉改变排水体积的大小来改变浮力，使船体受力达到新的平衡。当船体在波浪中航行时，船体浸水部分的体积和形状处于不断变化之中，使得重力和浮力的平衡不断被破坏，船体处于不断的上浮、下沉和摇摆运动中，形成了动态的平衡状态，船体在航行中几乎都处于这种状态中。

3) 储备浮力

船体依靠船体水密的外壳提供浮力。为了航行安全，船舶除了在设计水线以下有足够的排水体积提供浮力以平衡舰船的重量外，在满载水线以上的船体还要保留一定的水密体积。这部分水密体积保证船体意外增重、吃水增加时，可以提供补充浮力。这部分水密体积所具有的浮力称为储备浮力。

2. 船体的稳性

船体是漂浮于水中的物体，当船体在风浪等外力作用下发生倾斜时，重力与浮力会不在一条直线上。外力消失后，可能出现两种不同的情况：一种是重力与浮力产生的力矩使船体恢复平衡状态，船体处于稳定状态；另一种是重力与浮力产生的力矩使船体向倾斜的方向继续倾斜，导致船体倾覆，船舶处于不稳定状态。如图 7.2.2 所示，其中船的稳心是指船在正浮状态下和非正浮状态下两条浮力作用线的交点，从重心 G 和稳心 M 的位置来判断：重心 G 在稳心 M 之下，船体处于稳定平衡状态；重心 G 在稳心 M 之上，船体处于不稳定平衡状态。提高船体稳性的方法主要是降低舰船的重心或改变船体形状，提高横稳性。

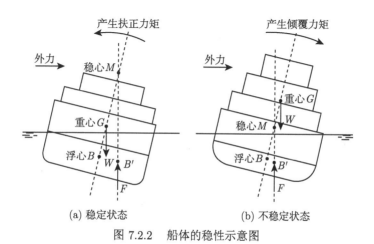

(a) 稳定状态　　　　　　　(b) 不稳定状态

图 7.2.2　船体的稳性示意图

3. 船体的抗沉性

舰船在海上的破损是不可避免的，船体的抗沉性是指在船体破损造成部分舱室进水后，舰船仍然能够浮于水面的能力。船舱破损进水后，如进水量不超过排水量的 10%~15%，则可用初稳性公式来计算船体破损后的浮态和稳态。有两种基本方法：一种是增加重量法，该方法把进入破损舱内的水当成增加的液体载荷来考虑，如图 7.2.3(a) 所示，把舱破损后进入舱内的水的重量 P 当成增加的重量，于是船的重心从 G 移到 G_1，排水量由 Δ 变为 $\Delta+P$；另一种是损失浮力法，此方法是把进入舱内的水当成舷外水来考虑，如图 7.2.3(b) 所示，当舱室破损进水后，把这一部分体积当成船体以外的一部分，因此破损后的船的重量和重心不变，但是排水体积发生变化，浮心由 B 移到 B_1，这时对应于破损前的水线 WL 的浮力减少了，所以称为损失浮力法。增加船体抗沉性的措施主要包括：加大储备浮力；对舰船的各舱室的大小进行限制；提高破舱后船体的稳定性等。

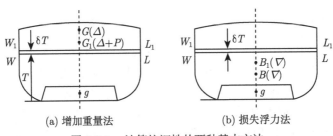

(a) 增加重量法　　　　　　　(b) 损失浮力法

图 7.2.3　计算抗沉性的两种基本方法

4. 船体的快速性

航速是直接影响舰艇战斗效能的重要因素，因此提高航速具有重要意义。其中，降低舰艇在海水中的阻力是提高船体快速性的有效措施之一。

1) 船体阻力

舰船在水中航行的阻力组成如图 7.2.4 所示。其中，空气阻力是指水上部分受到的阻力，水阻力是水下部分受到阻力的统称。船体水下的附属结构，如舵、支架、鳍等造成的阻力为附体阻力。主船体的水阻力称为裸体阻力，裸体阻力是舰船阻力的主要阻力，包括摩擦阻力、形状阻力和兴波阻力。摩擦阻力是由于水具备一定的黏性，船体在水中运动，因黏性而产生阻力，黏性越大阻力越大。

图 7.2.4　船舶阻力分解图

形状阻力也称涡旋阻力。船体向前运动时，船体周围产生涡旋，如图 7.2.5 所示，涡旋处的压力比水流未分离时的压力低，形成了对船体向后的"吸力"，由于这种"吸力"的大小取决于水中运动物体的形状，所以称其为形状阻力。

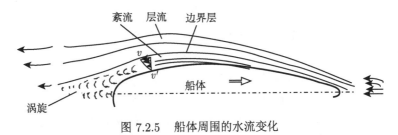

图 7.2.5　船体周围的水流变化

船在水中航行时，船体使周围的水压力发生变化，在水面形成了向外扩散传播的波浪，称为船行波，如图 7.2.6 所示。船行波的形成需要外部供给能量，这个能量来自行驶的船体，相当于船体做功产生的波浪，这就是航行中的兴波阻力。

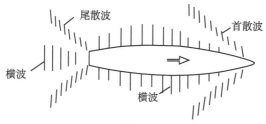

图 7.2.6　船航行的兴波阻力

降低船体阻力的措施主要有：减少船体水下湿表面积；减少船体表面的粗糙度；改变船体的形状和尺寸比。

2) 舰船推进

采用高效的推进器也是提高舰船速度的重要因素，舰船常用的推进器主要包括以下几种。

(1) 普通推进器。其工作过程是推进轴带动螺旋桨叶片旋转，使一部分水流产生向后的运动，从而传递给船体一个反作用力，就是船体前行的推力。

(2) 导管螺旋桨。在普通螺旋桨的外围加装了一个圆形套筒，从而减少损耗，提高推进效率。

(3) 360° 回转式螺旋桨。这类螺旋桨可以看成一个可以绕垂直轴作 360° 旋转的导管螺旋桨，其具备向水平面任何方向发出推力的能力，运用比较灵活。

(4) 可调螺距螺旋桨。即螺旋桨的螺距可以进行调整，从而产生不同大小的推力。

(5) 对转螺旋桨。即装在同一个轴上两个等速或不等速的普通螺旋桨，通过反向旋转减少层流旋转造成的能量损失，提高效率。

(6) 串联螺旋桨。同一轴上同速同向连接的两个螺旋桨，用于主机功率大但吃水受限的船体。

(7) 喷水推进器。又称泵喷推进，是依靠向后喷水产生反作用力。这种推进器具备操作性好、噪声低等优点，但推进效率较低。

(8) 空气螺旋桨。全浮式气垫船采用的推进器，即采用空气作为介质的螺旋桨。

5. 船体的耐波性

在复杂的海洋环境中，船体的运动有六个自由度，包括横摇、纵摇和垂荡三种运动。这些运动会对船体产生乘员环境恶化、倾覆危险程度提高、航行效率变低等影响。研究耐波性的目的就在于了解船在风浪中的运动规律，提高船体抵抗摇摆的能力。

1) 摇摆幅值和摇摆周期

减少横摇是改善耐波性应考虑的重点。表征周期性摇摆运动的参数是摇摆幅值和摇摆周期，即摇摆的最大摇摆角度和每一次摇摆所需要的时间。船体处于静水中，当造成初始摇摆的外力消失后，由于惯性作用产生的摇摆为自由摇摆，这时的周期为船体的固有摇摆周期，这是评价船体耐波性的重要指标。

2) 船体减摇装置

提高船体耐波性的减摇装置主要有以下几种：

(1) 舭龙骨。大多数船舶装有的被动减摇装置，是装于船体舭部的长条形结构，与该处的外板垂直 (图 7.2.7)。在船体横摇时，舭龙骨产生与横摇方向相反的水阻力，达到减摇的目的。

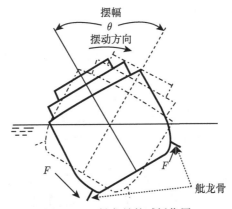

图 7.2.7　舭龙骨的减摇作用

(2) 减摇鳍。减摇鳍又称侧舵，是装在船的舭部的一对或两对可操纵的活动机翼，能够绕自身的轴转动 (图 7.2.8)。船摇摆时，通过控制机构自动改变鳍翼相对

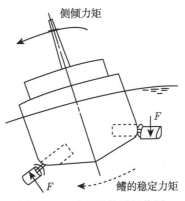

图 7.2.8　减摇鳍的减摇作用

水流的角度, 使左右两鳍都产生最大并与横摇方向相反的升力, 达到减摇的作用。

(3) 减摇水舱。减摇水舱是设在船的两舷左右连通的 U 形水舱。其原理是使水舱内的水在左右舱间的流动周期与船体在波浪中的摇摆周期相近且方向相反, 用水的重力产生的力矩抵消波浪造成的倾斜力矩, 以减少船的摇摆幅度 (图 7.2.9)。

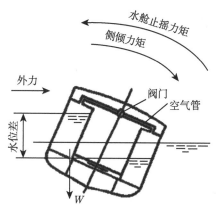

图 7.2.9　被动式减摇水舱

(4) 陀螺减摇装置。利用陀螺在快速转动情况下恢复到原来垂直位置的特性, 在船体上装有陀螺的减摇装置 (图 7.2.10)。陀螺的旋转体即转子重量很大, 绕垂直轴高速旋转, 垂直转轴固定在框架上, 框架本身可绕船体横剖面内的水平轴转动。在船体发生横向摇动时, 陀螺的转轴偏离垂直位置呈倾斜状态, 产生了恢复垂直状态的力矩, 抑制船体横摇。

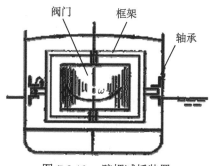

图 7.2.10　陀螺减摇装置

6. 船体的操纵性

船体的操纵性指船体按驾驶者的意图保持或改变运动状态的性能, 即船体能保持或改变航速、航向和位置的性能, 主要包括航向稳定性、回转性、转首性及跟从性、船停性能四个方面, 其中航向稳定性和回转性是最主要的。

1) 操纵性原理

A. 航向稳定性

航向稳定性是指船舶做直线航行的能力。船体由于水流、波浪和风的作用，会不断地偏离原定航线；为了纠正其航向，需要不断地转舵控制船体运动，其实际航行路线为曲线，这种曲线接近直线的程度就是其航行的稳定性。航行稳定性差，则转舵增加的航行阻力就大，航程增长，航速下降。

B. 回转性

回转性是船舶由直线航行进入曲线运动的能力，也是船舶能迅速灵活地改变其方向和位置的能力。船体在舵角不为零，并保持不变时，船体沿圆形轨迹运动。船体在最大舵角和全速航行做回转运动时的圆周直径称为稳定回转直径，它是衡量船舶回转性的指标，直径越小，回转性越好。船舶的转向过程分为三个阶段 (图 7.2.11)。

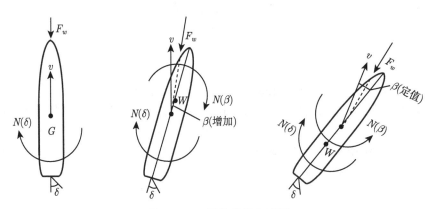

图 7.2.11　船舶的转向过程

第一：转舵阶段。

该阶段是指从转舵开始到转舵终止这段时间，持续时间 10~15s。船舶向一舷操舵后，保持或近乎保持其直进速度，同时开始进入基本上沿原航向前进而船尾外移的初始旋回阶段。在这一阶段中的运动特点是，船舶重心 G 基本上沿原航向滑进并有向操舵相反一舷的小量横移，而船尾出现明显的向操舵相反一舷的横移；与船尾出现明显外移的同时，船舶还将因舵力位置较船舶重心位置低而出现少量的向操舵一舷的横倾 (内倾)。因此，这一阶段也称为横移内倾阶段。

第二：发展阶段。

该阶段从转舵终止到船舶进入定常回转状态为止。操舵后，随着船舶横移速度与漂角的增大，船舶的运动速度矢量将逐渐偏离首尾面而向外转动，越来越明显的斜航运动将使船舶的旋回运动进入加速旋回阶段。在这一阶段中，由于船舶斜航运动产生的漂角水动力力矩 $N(\beta)$ 与舵力转船力距 $N(\delta)$ 相辅相成，使船舶产生较大的角加速度，但在初始阶段，船舶的转动速度还比较小；随着角速度的不断提高，船舶旋回的阻尼力距 $N(r)$ 不断增大，角加速度逐渐降低，从而使角速度的增加受到限制。另一方面，由于船舶斜航阻力增加、螺旋桨推进效率降低等，船舶降速明显。另外，随着船舶旋回角速度的增大，船舶由于受旋回离心惯性力 (距) 的作用，船舶的横倾由内倾转变为外倾。

总之，该阶段中船舶的运动特点是，船舶的横移速度和漂角逐渐增大，开始阶段船舶旋回的角速度较大，随着船舶角速度的不断提高，角加速度逐渐次降低，并逐渐向定常旋回阶段过渡；斜航中船舶降速也因漂角的增大而加剧；伴随内倾的消失，船舶将出现外倾角并逐次增大。

第三：定常回转阶段。

随着旋回阻尼力矩的增大，当船舶所受的舵力转船力矩 $N(\delta)$、漂角水动力转船力矩 $N(\beta)$ 和阻尼力矩 $N(r)$ 相平衡时，船舶的旋回角加速度变为零，船舶的旋回角速度达到最大值并稳定于该值，船舶将进入稳定旋回阶段。这一阶段的特点是，船舶的旋回角加速度为零，船舶旋回中的外倾角、横移速度、漂角、船舶的线速度趋于稳定并保持定值。船体在回转过程中船体重心三个阶段的轨迹曲线如图 7.2.12 所示。

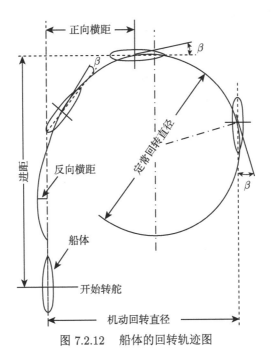

图 7.2.12　船体的回转轨迹图

由图 7.2.12 中可以看出，在转舵阶段，船舶重心的轨迹略呈 S 形；在发展阶段，回转运动很明显，其轨迹的曲率半径逐渐减小；在定常阶段，其轨迹为一个定圆。船舶的回转轨迹图能在相当程度上反映出船舶的回转性能，其主要特征参数如下：

(1) 定常回转直径 D。船舶做匀速圆周运动所具有的直径，它表征船舶在大角度回转时的性能。

(2) 机动回转直径 (又称战术回转直径)。船舶航向变化 180° 时与原方向之间的横向距离，为 D 的 0.9~1.2 倍。它是衡量船舶在有限宽度的航道内能否顺利进行回航的重要依据。

(3) 进距。船舶航向变化 90° 时重心前进的距离。单桨单舵船的进距为 D 的 0.6~1.2 倍，它表示船舶在航行中，发现前方有障碍物而转航避碰的最短有效距离。

(4) 正向横距 (又称正向横移)。船舶航行方向变化 90° 时重心横向移动的距离，为 D 的 0.5~0.6 倍。

(5) 反向横距：船舶回转过程中反向横移的最大距离，可达 0~0.1D。当避让操纵或在弯曲的狭窄航道航行时，必须考虑反向横距对操纵的影响。

2) 影响操纵性的因素

A. 船舶本身

船体的主尺度及几何形状，如船长、吃水、中纵剖面形状、上层建筑的大小和布置，都对操纵性有不同程度的影响。船上的重量分布也对船舶的操纵产生影响。此外，需要说明的是，航向稳定性和回转性是相互矛盾的。航向稳定性增加，船对外力反应迟钝，较难改变运动方向；回转性改善时，船对外力反应敏捷，其航行稳定性相对变差。所有这些因素都使得在确定船舶的尺度与布置时要根据船舶的功能进行综合考虑。

B. 操纵设备

船舶的操纵设备，广义上包括所有能迫使船舶按照驾驶人员意图稳定航行、进行回转或改变位置的一切设备和装置，如螺旋桨、舵等。这些设备性能的优劣也对船舶的操纵性产生影响。

7.2.2 水声探测原理

1. 水声传播的基本原理

选择水下探测的能源取决于三个重要因素：穿透距离、传播速度以及水中各物体的分辨能力。由于光在水中传播距离的限制以及电磁波在水中急剧衰减的缺点，选择声波作为传播能源是当前最为有效的水下探测方式。

1) 声波的传播损耗

海洋与其边界一起给声波传播形成了一个相当复杂的介质，对水下声音的传播施加了很多不同的影响，使声音在传播中延迟、失真和削弱。声波在海水中传播的主要损耗包括散布损耗和衰减损耗。

散布损耗：声音从声源以一个球面的形式传播出去，随着声能散布面积的逐步扩大，声能密度逐步减少造成的衰减。

衰减损耗：海水的黏度、热导率和离子的化学反应等对声音的吸收起了特殊作用导致的衰减；声音的传播在介质中引起压力波动，使声能部分转化为热能，而引起衰减；衰减的另一种形式是散射，这是当声音在水面碰到外来物体时声能被反射造成的，反射面包括边界、水泡、悬浮固体、有机粒子、海洋生物以及海洋层结构不均等。

2) 声速理论

介质内声波的传播是质点弹性振动的传递过程。声音在海水中的传播速度是由海水的密度与海水的弹性决定的。但由于海水是一个极不均匀的介质，声音在海水中的传播速度是发生变化的，这种变化是影响声音传输的最重要的特征之一。海洋中影响声速的三个主要因素是盐度、压力和温度。

3) 声线理论

声波把能量从一个质点传到另一个质点，通过这种方法声波得以传播。如果在这个波前选择一点，沿着能量传播方向从这一点画一条线，这条线就是声线，如图 7.2.13 所示。声线进入另一个介质或进入有着不同特征的同一介质时，在方向上和速度上会发生变化，且总是向声速更慢的区域弯曲。由于海水介质的不均匀性，声在其中传播时发生折射，声线偏离原来传播方向，形成声线的弯曲现象。不同季节和深度的海水中，声线的弯曲方向和程度存在差别。

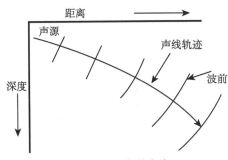

图 7.2.13　海洋声线

4) 多普勒效应

多普勒效应对于水声探测设备测量深潜目标的三维速度有重要的作用。多普勒效应的主要内容是：物体辐射的波长因为波源和观测者的相对运动而产生变化。当运动在波源前面时，波被压缩，波长变得较短，频率变得较高 (蓝移，blue shift)；当运动在波源后面时，会产生相反的效应，波长变得较长，频率变得较低 (红移，red shift)，如图 7.2.14 所示。波源的速度越高，所产生的效应越大。根据波红 (蓝)移的程度，可以计算出波源循着观测方向运动的速度。

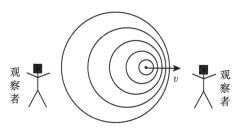

图 7.2.14   多普勒效应示意图

2. 水声探测设备基本类型及工作机理

声呐是利用水中声波对水下目标进行探测、定位和通信的电子设备，是水声探测应用最广泛、最重要的一种装置。声呐可按工作方式、装备对象、战术用途、基阵携带方式和技术特点等进行不同方式的分类。例如，按工作方式可分为主动声呐和被动声呐；按装备对象可分为水面舰艇声呐、潜艇声呐、航空声呐、便携式声呐和海岸声呐等。

1) 声呐的结构

声呐设备一般由基阵、电子机柜和辅助设备三部分组成。基阵是由若干个水声换能器按一定的几何形状和分布规律排列的阵列，其外形通常呈球形、柱形、平板形或先列形，有接收基阵、发射基阵或收发合一基阵之分 (图 7.2.15)。电子机

图 7.2.15   球形声呐基阵

柜一般有发射、接收、显示和控制等分级 (分系统)。辅助设备包括电源设备、连接电缆 (包括拖曳、吊放等专用电缆)、水下接线箱和增音机，与声呐基阵的传动控制相配套的升降、回转、俯仰、收放、拖曳、吊放、投放等配套装置以及声呐导流罩等。

2) 主动声呐

主动声呐技术是指声呐主动发射声波"照射"目标，而后接收水中目标反射的回波以测定目标的参数。主动声呐适用于探测冰山、暗礁、沉船、海深、鱼群、水雷和关闭了发动机的隐蔽的潜艇。

主动声呐的工作过程为：在控制系统的控制下，发射机的信号发生器产生电信号，经过转换驱动发射基阵，变换成声能并形成声波束向水中发射；转动发射基阵，使波束在一定范围扫描搜索目标。目标受到声波束照射后，产生回波并返回接收基阵，连同海洋噪声和混响由接收换能器转换成电信号，经过检测和处理，输入终端显示系统对目标及其参数进行显示鉴别和测定。主动声呐由对准回波的接收波束指向性轴测定目标方位；按发射时刻与回波到达基阵的时间差测得目标距离；从发射信号与回波信号的频率差 (多普勒频移) 测出目标的径向速度；有时主动声呐还可以测出目标所处的深度。

3) 被动声呐

被动声呐技术是指声呐被动接收舰船等水中目标产生的辐射噪声和水声设备发射的信号，以测定目标的位置和某些特性。被动声呐特别适用于不能发声暴露自己而又要探测敌舰活动的潜艇。

被动声呐的工作过程为：水中目标的噪声由接收基阵接收并转换为电信号，与波束形成网络相配合，形成单个或多个指向性波束并在空间旋转搜索，接收后的信号经宽带或窄带处理、放大，输入终端显示设备供声呐员听测和判别。

4) 水声换能器

水声换能器是把声能和电能进行相互转换的器件，是声呐基阵中发射和接收声波的声学系统的重要部件。其中把声能转换为电能的换能器称为接收器或水听器，把电能转换为声能的换能器称为发射器。有些声呐用同一只换能器来发射和接收声音，另一些则使用分开的发射器和水听器。

7.2.3 航海导航原理

在茫茫的大海上确定船舶的位置和航向等成为海上航行的基本条件，需要与在陆地上运用不同的方法。

1. 墨卡托海图

墨卡托海图是最常用的海图，其投影的基本原理 (图 7.2.16) 是：图中各经线和纬线分别是相互平行的直线，经线与纬线相互垂直，形成经、纬线垂直相交的直线图网络。由于图中经线是一组等间隔的平行直线，这就使所有纬圈伸展到与赤道一样长，而纬圈的实际长度是随纬度升高而变小的。因此，投影后纬度越高，纬线的伸长程度越大，即纬线比例尺越大。按照等角的要求，同一点的经线和纬线比例尺相等，所以经线也要作相同程度的伸长，也就是纬度的单位长度越大，这个特点称为纬度渐长。所以，墨卡托海图的图网属于正轴等角圆柱投影。

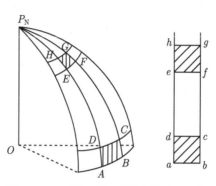

图 7.2.16　墨卡托海图形成原理示意图

2. 航迹推算

航迹推算是指航行中求取船位的基本方法，它是根据最基本的航海仪器 (罗经和计程仪) 指示的航向和航程，以及船舶操纵和风流等要素，在不借助外界导航物标的条件下，从已知的推算起始点开始，推出有一定精度的航迹和某一时刻的船位。

航迹推算包括两种方法：一是航迹绘算法，即海图作业法，是在海图上根据航行要素直接画出航迹和推算船位，是目前航行中最常用的工作方法；二是航迹计算法，是采取数学方法根据航行要素计算出航迹和推算出船位的数值，然后根据计算结果画到海图上去指导航行，这种方法是在某种特定情况下的补充方法。

3. 陆标定位基本原理

根据物体的已知位置和观测值，在海图上确定相应的舰位线；同时测得两条或两条以上舰位线，通过作图 (或计算) 求得其交点，该交点即观测时的舰位 (图 7.2.17)。通过该方法进行定位必须具备以下三个条件：

(1) 必须知道物标在图上的位置 (或坐标)，要对观测值经过必要的修正，求得准确的观测值，并能在海图上确定相应的舰位线；

(2) 必须测得成一定夹角的两条或两条以上的舰位线，并正确求得其交点或最可能舰位；

(3) 这些舰位线必须是同时或在同一地点测定的。

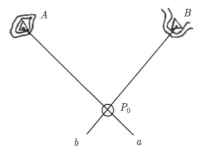

图 7.2.17　陆标定位示意图

4. 天文定位基本原理

天文定位是在某一时刻利用六分仪 (专用测角仪器) 观测某一天体的高度 (天体与水天线之间的夹角)，经过一系列计算求得一条天文船位圆。如果同时观测两个不同天体可得两个天文船位圆，两圆相交，靠近推算船位的交点就是天文船位，如图 7.2.18 所示。根据所测天体的高度和观测时间求天文船位线和船位的问题是天文航海解决的主要问题。

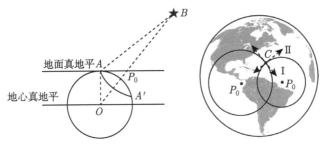

图 7.2.18　天文定位原理图

5. 雷达定位基本原理

雷达定位就是用雷达测出物标的距离和/或方位，在海图上作图求出自身的船位。要使船位准确必须做到：① 物标要认得准、选得合适；② 测量方法要正确；③ 测量数据要准；④ 测量速度要快。雷达图像由于种种原因与实际海面上看到的景象或海图上标志的形状是不一样的，甚至差别极大。因此，在利用雷达定位和导航前，必须先谨慎、认真地识别回波、辨认物标；然后根据其特点选择合适的物标；选择合适的测量方法及测量切点；准确地测量物标的方位或距离。

6. 无线电测向

无线电测向是通过测量无线电信号到来方向或其他特性来确定方位的方法。无线电测向通常使用垂直天线和环状天线。垂直天线是一种无方向性天线，其方向性图用极坐标表示则是一个圆形图。环状天线是一种方向性天线，用环状天线收听电台信号时，收听效果与环状天线平面与电波来向夹角的余弦成正比，当电波来向与环状天线平面平行时，其感应电动势最大；当电波来向与环状天线平面垂直时，其感应电动势最小或为零。

收信机对测向天线送来的感应电势进行放大解调等一系列处理，最后把所需信号送入指示器。目前，测向机一般采用耳机作为指示器，通过它将电信号还原成声音，依靠耳机中声音大小判断电台方向。

7. 现代航海导航

1) 惯性导航

利用陀螺仪和加速度表这两种惯性敏感器，通过测量运动载体加速度和角速度而实现的一种导航方法。惯性导航系统 (INS) 由惯性平台、电子控制和计算机等部分组成，实时连续测定载体位置、三维姿态 (航向、纵摇、横摇)、速度 (北向、东向和垂直速度) 等参数。惯性导航的特点是：自主式水上/水下导航、精度高、隐蔽性好、实时连续测量、功能全。

2) 卫星导航

利用导航卫星发射的无线电信号，求出运载体相对卫星的位置，再根据已知卫星相对地面的位置，计算并确定载体在地球上的位置。目前有美国的 GPS、俄罗斯的 GLONASS 和中国的北斗 (COMPASS) 三个成熟的系统，它们均由空间部分 (卫星)、地面监控部分和用户部分 (接收机) 等组成。卫星导航的特点是：全球、全天候、连续高精度三维定位和授时，并兼有测航迹和载体对地速度的功能。

3) 综合导航

综合导航是将运载体上的某些或全部导航设备的信息进行综合处理，以提高精度和可靠性，并使之具有综合多种功能的一种导航技术。它通常以 INS 和平台罗经 (SGC) 为主体，通过计算机和其他导航设备连接起来，并配以终端设备构成综合系统。如卫星/天文/惯性综合导航系统和 GPS/INS 组合系统。综合导航的特点是：综合利用、优势互补、提高精度、增强功能，以软件换取硬件难以达到的效果。

7.2.4　鱼雷

鱼雷是一种能自动推进并按预定的航向和深度航行，自动导向目标且在命中目标时能自动爆炸的水中兵器。鱼雷可以由水面舰艇、潜艇、飞机或火箭携带，用于攻击水中目标。鱼雷的基本系统包括战斗部、动力推进系统、制导系统及总体结构。

1. 总体结构

为了提高鱼雷速度，鱼雷外形一般为流线型，鱼雷头部为平头、蛋卵形，以减少流水阻力，尾部为收缩形的细长体，并在尾部壳体上装有鳍舵，以保证鱼雷运动的稳定性。雷鳍的结构一般为四片鳍十字形对称或呈 X 形布置，部分为六片或八片鳍。鳍舵可以操纵，用以改变鱼雷的运动方向。为了确保鱼雷内部仪表和装置的正常工作，壳体的连接处通常有密封结构；为确保鱼雷在水中运动时能够承受较大静水压力或投放入水的冲击力，鱼雷壳体及其吊挂系统应具有足够的强度和刚度，防止变形。此外，高空投放的鱼雷，还包括降落伞装置和缓冲头帽，用以控制鱼雷在空中下降的速度及入水姿态，避免鱼雷入水时冲击力过大而损坏鱼雷。入水后，降落伞装置和缓冲头帽会自动脱离鱼雷。鱼雷总体结构如图 7.2.19 所示。

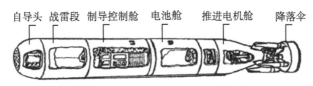

自导头　战雷段　制导控制舱　电池舱　推进电机舱　降落伞

图 7.2.19　某型鱼雷的总体结构图

2. 战雷段

所有鱼雷都具有一个装载炸药的舱段，称为战雷段。战雷段内装有炸药和引信，通常装在鱼雷的头部，因此也称为战雷头或战斗部。战雷段根据鱼雷尺寸不同装药量也不同，重型鱼雷通常装药量为 200~500kg，轻型反潜鱼雷的装药量为 40~50kg。

3. 动力推进系统

鱼雷的动力推进系统由动力装置及推进器组成。其动力装置包括两类：一类是依靠电能工作的电动力装置，其发动机是推进电动机；另一类是依靠热能工作的热动力装置，常用的热力发动机有活塞式发动机、涡轮发动机、火箭式发动机等。推进器是将动力装置的机械功转换为鱼雷前进推力的装置，常用的推进器有螺旋桨、泵喷推进器、导管螺旋桨、喷气推进器和喷水推进器等，奥托 (OTTO) 燃料是应用最广泛的鱼雷推进剂。

4. 制导系统

鱼雷的制导系统是控制系统与引导系统的总称，其任务是引导和控制鱼雷命中目标。目前鱼雷的制导系统分为自控系统、自导系统和线导遥控系统三类。

(1) 自控系统包括深度、方向和摇滚控制系统，它们产生控制信号用以控制鱼雷的横舵或直舵，操纵鱼雷按照预设的弹道运动，不需要鱼雷以外的设备系统工作。自控系统的特点是能够消除外界干扰修正弹道，但当鱼雷在预设弹道上未能相遇攻击目标时，则不能实施有效攻击。

(2) 自导系统是利用目标辐射或发射的某种能量对鱼雷产生控制信号，使鱼雷导向目标的系统。目前采取的大都是声信号自导鱼雷，其原理是将目标辐射或反射的声信号转换成电信号，再由接收机和指令装置对信号处理，判断目标真伪，然后输出控制信号操纵鱼雷导向目标。自导系统还有尾流自导系统，是通过检测舰艇或潜艇航行尾流所产生的声特征、温度特征、磁特征及光学特征等异常信息，将鱼雷导向目标的自导系统。自导系统的特点是命中率高，但易受干扰，且作用距离受限。

(3) 线导遥控系统是指发射鱼雷的舰艇通过导线对鱼雷进行遥测和控制，产生鱼雷引导信号的设备不是完全装在鱼雷体上，而是由艇上设备和雷上线导系统组成。艇上设备包括舰艇上的声呐、指挥系统、鱼雷发射显控台、传输导线；雷上线导系统主要由雷上线团和放线器及电子设备组成。线导鱼雷的主要特点是由导线传输指令，所以具有较好的抗干扰能力，而且具有发射迅速、捕捉目标概率高、机动灵活等特点。

7.2.5 水雷

水雷是一种布设在水中，用于封锁海区、航道，待机打击敌舰船或阻滞其行动，或用于破坏桥梁、码头、水中建筑物等设施的兵器。水雷比较典型的分类是按其在水中的状态分为锚雷、漂雷和沉底雷。

1. 锚雷的结构与原理

锚雷由雷体和雷锚两部分组成，两者之间用雷索连接 (图 7.2.20)。

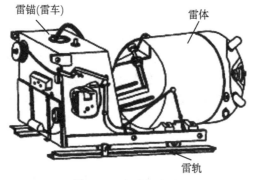

图 7.2.20 锚雷全貌

雷体是锚雷的主要部分,包括雷壳、炸药、发火装置、引信和保险装置等。雷壳用来装填火药,安装引信、发火装置和仪表等,壳内的空腔为雷体提供足够的剩余浮力,并具备一定的抗压能力;炸药是水雷中的装药;发火装置是引起水雷装药爆炸的装置,以本装置的爆炸引起主装药的爆炸;引信包括触发引信和非触发引信,触发引信包括电液触发、触线和撞发,非触发引信有声引信、磁引信、水压引信及其组合引信;辅助仪表包括用于保证水雷安全状态的保险装置、用于设定水雷引信启封和水雷自灭的定时装置,以及用于雷索自动断开或使水雷沉底失效的沉雷器等。

雷锚是一个带气箱的推车,平时用于鱼雷的放置、推放或布放。

2. 漂雷的结构与原理

漂雷是一种布设后漂浮于水面或水中设定深度,随流漂行的水雷。它的最大特点是不受布雷水深的限制,随波逐流,没有确定位置。漂雷与锚雷在构造上有许多共同之处,都装有炸药、引信、发火装置及容纳这些装置的雷体,以及保证安全的保险装置和能源电池等。漂雷根据在水中的漂浮状态分为水面漂雷、固定定深漂雷和自动定深漂雷。水面漂雷的雷体具有一定的正浮力而浮于水面;固定定深漂雷的雷体具有负浮力,而雷体上方用定深索与浮体相连;自动定深漂雷则具有"零浮力",在水下一定深度漂行。

3. 沉底雷的结构与原理

沉底雷是布放在水底的水雷。这种雷有较大的负浮力,入水后自动下沉,靠自身的重量定位于水底。一般来说,沉底雷都装有非触发引信,在特殊情况下,也可装触发引信 (如在沿岸浅水区,用于抗登陆)。

7.2.6 航母舰载机工作原理

一般来说,航空母舰本身并不具备太强的攻击能力,其攻击能力主要由舰载机提供的火力输出来实现。普通舰载机一般在 6 级风、4~5 级浪的海况下,仍能在航空母舰上起落,且能远在舰炮和战术导弹射程以外进行活动;借助母舰的续航力,可远离本国领土,进入各海洋活动。因此,可以把舰载机视为航空母舰的武备系统,其性能决定航母的战斗能力,载机数量越多者实力也相对越强。航母为了自身的安全,必须最低限度拥有和来袭敌机数量相当的战斗机。

舰载机由于其特殊而严苛的作战环境,在诸多设计上与陆基飞机截然不同。例如,在机身材料选择上,必须考虑机体长期置于甲板上具有腐蚀性盐雾、污染物和高温辐射等条件复杂的环境;在结构上,由于舰载机在长期的弹射起飞和拦阻降落过程中承受极大的纵向过载,其整体强度必须要比陆基飞机更优秀;还有气动技术上必须严格要求低进场速度、高升力、失速控制和迎角飞行能力等。此外，舰载机重心低、抗倾倒能力强；机体上有系留装置，可系留在母舰上；机翼大多可折叠，以便存放和搬运。

1. 航母舰载机的离舰与着舰

航空母舰攻击能力的实现离不开舰载机的离舰和着舰。按起落方式，舰载机可分为普通舰载机、垂直/短距起落舰载机和舰载直升机。

1) 航母舰载机的离舰

由于航母飞行甲板长度的限制，航母舰载机离舰需要解决的关键问题就是如何缩短起飞滑跑距离。航母舰载机的离舰方式主要有三种：滑跃起飞、弹射起飞和垂直起飞。滑跃起飞主要是借助航母艏部的上翘甲板强制性提高飞机迎角，并辅以舰载机上发动机的大推力合力升跃起飞；其造价便宜，易于实现，结构简单，但飞机燃料浪费大，起飞重量相对来说较小。弹射起飞依靠比自身动力大好几倍的外力缩短加速时间来帮助舰载机离舰起飞；其效率高，可以短时间出动大量飞机，而且起飞重量比较大，可以大幅度地节约飞机上的燃料，使得起飞的舰载机能够携带更多弹药和燃料。垂直起飞需要专门设计的垂直起降飞机才可以完成；其结构紧凑，占用甲板空间相对少，但舰载机需要消耗大量的燃料来完成离舰起飞。根据经济条件、技术能力以及舰载机种类的不同，各国在发展航空母舰时，采用了不尽相同的舰载机起飞方式。

2) 航母舰载机的着舰

相对于舰载机的离舰，舰载机的着舰对于飞行员具有更大的挑战性。着舰时飞行员需要从很远处发现航母，确认着舰装置的状态，与其他着舰机相互进行飞行状态的沟通，并随着航母的航行而时刻变动飞行航线。着舰过程根据与航母的距离可分为引导、待机、进场三个阶段。

着舰机从作战空域返回航母时，首先要接收来自预警机的有关所属航母的位置和周边空中交通状况的情报信息。在正常状态下着舰时，着舰机在离航母200n mile 远处接受航空飞行管制中心的航行管制和指挥。着舰机通过航空飞行管制中心获得离航母的距离、方位、高度、航母的航向，以及在周围飞行的其他舰载机的位置等情报。通过这些情报，着舰机可确认自己的正确位置，并利用导航计算机安全地接近航母。因为航母是时时刻刻移动的，因此驾驶员需要与航空飞行管制中心保持不间断的联系，不断修正航线，并且根据天气和能见度状况，以及舰载机的故障和燃料情况采用不同的着舰方式。

2. 蒸汽弹射器工作原理

已公开资料显示，目前在役蒸汽弹射器总质量接近 500t，每次弹射最大输出能量可达到 95MJ，最短工作周期为 45s，平均每次耗费近 700kg 蒸汽。美国的C-13 型蒸汽弹射器，可将 36.3t 重的舰载机以 185kn (即 339km/h) 的高速弹射出去。弹射器不但要有足够的输出功率，而且要把输出功率准确控制在飞机结构强度可以接受的范围之内。

蒸汽弹射器实际上就是一台动力冲程很长的往复式蒸汽机。高压蒸汽由舰船的推进锅炉产生，储存在弹射蓄压器内。蓄压器内蒸汽的输入和调压由蒸汽输入阀门控制。蒸汽弹射器结构如图 7.2.21 所示。

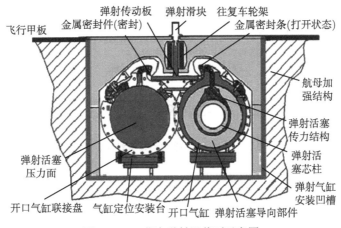

图 7.2.21　蒸汽弹射器截面示意图

弹射时，蓄压器内的蒸汽由弹射阀门释放到弹射气缸内，缸内压力上升推动活塞前进。弹射阀门的另外一个更重要的作用是控制蒸汽进入弹射气缸的流量变化，以此控制推力和弹射的加速度，以保证飞机结构不会超负荷。

飞机升空后，蒸汽排放阀打开，让气缸内蒸汽排出。同时，活塞和飞机牵引器被水刹器减速后停下，然后由归位系统拉回起跑点 (图 7.2.22)。

3. 电磁弹射器工作原理

与传统的蒸汽式弹射器相比，电磁弹射具有容积小、对舰上辅助系统要求低、效率高、重量轻、运行和维护费用低廉的好处，主要体现在：加速均匀且力量可控、具有很大的能量输出调节范围，以及能与滑跃式甲板巧妙融合。电磁弹射器主要由电源、强迫储能装置、导轨等组成。

电磁弹射器的心脏是一百多米长的直线感应电动机，它推动与飞机相连接的电枢，原理如图 7.2.23 所示。电磁弹射器所用电源在工作时负荷冲击性非常大，虽然有了储能装置，但由于要求弹射器在很短时间内起飞更多架次的飞机，所以对电磁弹射器的电源容量要求也比较大，一般容量在 5 万 ~8 万 kV·A。

强迫储能装置是电磁弹射器的核心部件，它不仅缓解了发电机的压力，同时在弹射器不工作时吸收发电机的能量，使发电机几乎不受冲击性负荷的影响。强迫储能装置原理不复杂，但实施起来很麻烦。早期美国使用的强迫储能装置是这样的：用一个交流发电机给一个交流电动机供电，这个电动机的转子同时拖动直流发电机和一个惯性特别大的自由转子 (上百吨) 一起旋转。弹射器工作时，在发电机看来是接近短路的电流会产生强大的制动力阻止发电机继续运行，此时由自由转子强大的储能强制拖动直流发电机运行，从而完成冲击性负荷过程。

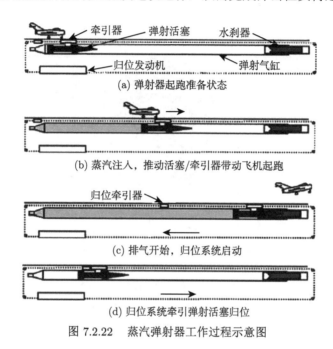

(a) 弹射器起跑准备状态

(b) 蒸汽注入，推动活塞/牵引器带动飞机起跑

(c) 排气开始，归位系统启动

(d) 归位系统牵引弹射活塞归位

图 7.2.22　蒸汽弹射器工作过程示意图

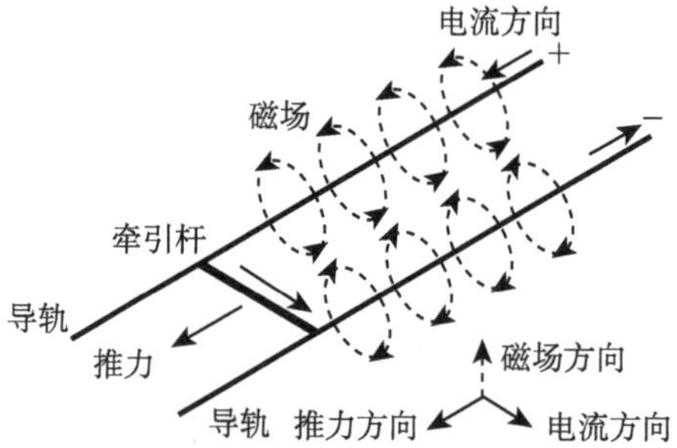

图 7.2.23　电磁弹射器原理示意图

电磁弹射器的导轨共有四个，上、下部各两个。每根导轨都非常长 (200m 以上)，安装在起飞甲板的下面。并且每根导轨内部均有超导体与其熔接，中间是高压冷却油。不仅如此，导轨与飞机牵引杆的接触面至导轨中心还有很多非常细的

小孔, 所以冷却油不仅是为超导体降温, 还有润滑的作用, 并且在运行时还能为飞机牵引杆降温。飞机牵引杆是在飞机前轮下与飞机前轮连为一体的装置, 可收缩并放置在飞机的腹腔内。

在起飞前, 飞机牵引杆伸出至上下导轨之间, 飞机发动机启动并开始运行。约 1s 时弹射器通电, 强大的电流从导轨经飞机牵引杆后再流回另一对导轨并形成回路, 牵引杆在强大的电磁力下被推动运行到高速 (未到起飞速度) 后电流被强制截止, 牵引杆不再受力, 但在飞机发动机的推力下达到起飞速度。

4. 助降装置原理

由于航母飞行甲板与机场相比过短和过窄, 所以飞机的着舰点和姿态必须非常准确, 这对刚刚执行了空中任务的舰载机飞行员是一个挑战。助降装置是引导飞机准确着舰的装置, 在总多助降系统中, 目前广泛使用的有菲涅耳透镜式光学助降系统。

1) 菲涅耳透镜式光学助降系统

这种助降系统可以为飞行员在空中提供一个光的下滑坡面, 它被设放在航空母舰飞行甲板中部靠左舷的一个稳定平台上, 以保证其光束不受航空母舰摇摆的影响 (图 7.2.24(a))。

美军从"福特"号开始采用第三代改进型菲涅耳透镜光学着舰系统 (IFLOLS)。IFLOLS 采用光纤光源, 投射的光束更清晰、锐度更高, 飞行员可以从更远的距离捕捉到助降镜光束, 另外还改进甲板运动补偿系统, 平台工作更加平稳可靠。

IFLOLS 由四组灯光组成 (图 7.2.24(b))。中央竖立的是包含 12 盏灯的下滑角指示灯, 依靠内部的菲涅耳透镜将三轴稳定的光源转变为 12 道近乎平行的光束, 上面 10 盏为黄色, 下面两盏为红色。菲涅耳透镜投射的光线指向性很强, 着舰飞行员将看到一个圆形的虚像, 俗称为"球", 飞机下滑角不同, 飞行员看到"球"的上下位置也不同。过去的系统是 5 个长方形的灯箱, IFLOLS 改为 12 盏圆灯, 下滑角指示划分更精细。

在助降镜两侧各有 10 盏水平安装的绿色基准灯, 组成一条水平线给飞行员提供参考基准。这条基线横穿下滑角指示灯的第 6、第 7 盏灯之间, 如果飞行员看到"球"落在这条线上, 说明飞机正好处于 3.5° 的正确下滑角上 (图 7.2.25)。每侧的基准灯还分为 2 组, 外侧 5 盏"固定灯"一直点亮, 内侧 5 盏"条件灯"在复飞灯点亮时将熄灭, 以引起飞行员注意。

"球"的位置高于基准线说明下滑角偏小, 触舰位置靠前; "球"的位置低于基准线说明下滑角偏大, 触舰位置靠后, 当"球"向下进入最后 2 个红区时将有撞击舰艉的危险, 需要拉起复飞。

在这两组灯之间还有 2 套用于传递命令的灯组。最顶上一排左右各两盏绿灯是切换灯，由一般都是老资格的舰载机飞行员出身的着舰引导员 (landing signal officer，LSO) 手动控制，用于在无线电静默时向飞行员传递信息：在进近开始阶段，切换灯闪烁 2~3s 表明"准许进近"，进近途中切换灯闪烁，指示飞行员加大发动机推力，点亮的时间越长，油门加得越大。

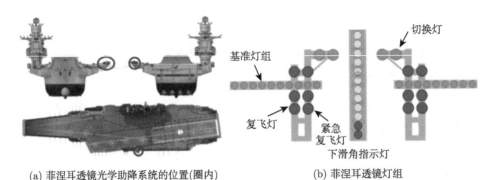

(a) 菲涅耳透镜光学助降系统的位置(圈内)　　　　　　(b) 菲涅耳透镜灯组

图 7.2.24　菲涅耳透镜光学助降系统的位置 (圈内) 及灯组 (后附彩图)

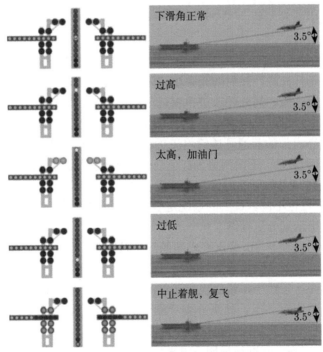

图 7.2.25　菲涅耳透镜光学助降系统示意图 (后附彩图)

　　左右垂直的两列各 3 盏红灯是复飞灯，其中内侧一列是紧急复飞灯，作用和外侧的一样，只是采用不同电源作为备份。一旦 LSO 确认飞机无法安全着舰，将按下手中的按钮，复飞灯先以最大亮度闪烁，然后亮度降低到预设水平保持常亮，飞行员看到后立刻中止着舰以最大推力拉起复飞，这是强制性命令。

2) 电子助降系统

光学助降系统主要的缺点就是在风雨或浓雾天时，灯光的作用距离将大大缩短。为解决上述问题，现代又出现了一种全天候电子助降系统。这个系统是依靠航空母舰上的精确跟踪雷达，测出飞机在降落中与航空母舰的相对位置和飞机的运动数据，再通过其他仪器测出航空母舰飞行甲板的运动情况。运用电子计算机将飞机实际下滑的坡面位置与所要求的正确的下滑位置进行比较，得出误差数据。然后，把这个误差通过无线电发射到飞机上，飞机上的自动驾驶系统可以根据误差信号进行自动调整，保持误差为零，以此确保飞机在预定的着舰点安全降落。

配备电子助降系统后，可以大大减少舰载机的降落间隔时间，使间隔时间缩短到 30s。即使在甲板纵摇 1.25°、横摇 5° 的摇摆状况下，飞机的落点误差仍可控制在纵向 ±13m、横向 ±3m 的范围内。而且，无论天气阴晴雨雪、雷电浓雾，舰载机都能安全无误地降落到甲板上。

5. 降落拦阻装置原理

航空母舰上装有吸收着舰飞机的前冲能量，以缩短其滑跑距离的装置，一般由拦阻索、阻拦网和缓冲器、控制系统等构成。

拦阻索用于飞机正常着舰，是用直径 3.5cm 的钢索，横拦于斜角飞行甲板上，与着舰方向垂直，两侧用弧形钢板支架撑起，高出飞行甲板约 10cm，每隔十几米设一道，共设 4~6 道。拦阻索的两端经过滑轮与甲板下的缓冲器相连，目前普遍采用工作平稳可靠、吸收能量大的液压缓冲器。飞机接近航母时放下拦阻钩，着舰后钩住拦阻索，通过若干动滑轮组降速后，拉动液压缓冲器活塞移动；活塞推动液体在管道内高速流动，产生的热能经过专门的冷却系统，达到吸收舰载机前冲能量的目的；同时，液体将压力传到空气活塞，压缩气体到空气压缩罐中进行储能；舰载机平稳、均衡地减速，滑行 50~95 m 后稳定停止。拦阻索和滑轮索的应变会使飞机往回滑动一下，飞机便可脱钩。控制系统控制压缩气体释放能量使拦阻索复位，准备拦阻下一架飞机。成批飞机连续着舰时，可以平均 30~40s 拦阻一架。

"福特"号航母采用了电磁拦阻装置取代液压拦阻装置。电磁拦阻装置从外表看与液压拦阻装置相似，内部工作机制却完全不同。虽然也同样有滑轮阻尼系统，但是已不再是压缩气缸，而是拖动卷筒并带动电机发电制动。电磁拦阻装置也需要与电磁弹射器的强迫储能装置类似的励磁电流控制装置，由于它的实时监测及可控性，所以不均衡过载远低于液压拦阻系统，对战机的损伤也小得多。不过，由于电磁拦阻装置的发电制动发出的电能被电阻白白消耗掉，所以节能方面不如液压系统。

应急着舰时使用拦阻网。当飞机尾钩损坏或因故障不能放下，又不能正常着舰复飞时，则需临时架设拦阻网将飞机兜拦在甲板上。现代拦阻网多由尼龙带制成，网高约 6.4m，宽度略大于拦阻索。一般设在最后一道拦阻索前方，两侧各设有一根悬挂拦阻网的支柱。平时支柱倒放在甲板槽内，网堆放在左舷侧，架网约需 2min 时间。拦阻网也配有相应的缓冲器。

7.3 典型海上作战平台

7.3.1 驱护舰系统

1. 驱护舰系统组成

1) 武备系统

A. 舰炮

舰炮是指装备在舰艇上用于射击水面、空中和岸上目标的海军火炮。舰炮大致属于加农炮的一种，其炮管长，弹道平伸。相对陆基火炮，整体结构更轻、紧凑、简单。尽管导弹的出现给舰炮带来了很大的冲击，但舰炮在现代海战中仍发挥重要作用，如近距离防空、抗饱和攻击、对岸火力支援、护渔护航、打击走私贩毒等。现代舰炮重点发展轻型中、小口径，全封闭、全自动舰炮；缩短反应时间；提高射击精度、发射率和弹丸初速；增大射程和弹丸威力。

B. 舰载导弹

舰载导弹是在舰艇上装备的用于攻击水面、水下、空中和地面目标的导弹的统称，是驱护舰的主要武器系统之一。其种类多、用途广、机动性好，适于在海洋、岛岸环境完成海军作战任务。然而，由于海军是一个综合性的战略军种，所以海军舰载导弹的种类很多，各类舰船上的导弹配备也不尽相同。舰载导弹主要包括巡航导弹、反舰导弹、反潜导弹 (也称火箭助飞鱼雷) 和舰空导弹。在现代海战中，无论哪种作战行动，导弹都已成为主要武器。

C. 舰载鱼雷

舰载鱼雷具有隐蔽性好、命中率高和摧毁力强等特点，是驱护舰攻击潜艇、水面舰艇以及其他水中目标的重要武器之一。在反潜作战中，反潜鱼雷具有航速高、航程远、机动性好、能大深度使用等特点，是最有效的反潜武器；在反舰作战中，尽管导弹的出现给反舰鱼雷的发展带来了冲击，但鱼雷也仍然是反舰的重要武器，通常被用于近距离的反舰作战，也可用于攻击敌港口、码头、船坞、水下工程等重要目标，或为登陆部队扫除岸滩障碍等。

D. 舰载直升机

驱护舰一般配载直升机，能够完成搜潜与反潜、反舰与护舰、海上搜索与救生、垂直登陆、补给与对岸火力支援、布雷与扫雷、火力引导与校正、早期预警、侦察与通信等任务，在现代战争中发挥着十分重要的作用。舰载直升机的优点是高速、机动、灵活，发现目标后能快速实施攻击；其起降对载机舰艇的航行姿态要求不高，且低空性能好，能够配合舰艇进行近程防御；机载武器多样，可执行多种任务。其缺点是易受不良天气和海况条件限制，自身防御能力弱，续航能力较短。随着技术的发展，夜视装备、电子干扰装备、舰载导弹等多种装备运用于直升机，直升机的生存能力和作战能力不断提高。此外，由于海军面临的任务多样，直升机也朝着多用途化的方向发展。

2) 动力系统

动力系统为舰船执行任务和进行活动提供所需的一切动力，由舰船实现能量转换、传递、分配和消耗的所有机械、设备以及系统组成，是舰船的"心脏"。目前，驱护舰的动力系统按照工作原理和机械设备类型，主要包括蒸汽动力系统、燃气轮机动力系统和柴油机动力系统，以及由上述动力组成的联合动力系统。

蒸汽轮机动力系统的特点是工作可靠、单机功率大，缺点是热效率低和冷态启动性能差，主要用于大型水面舰船。这种动力系统已经逐步被其他动力取代，目前主要应用于旧型号的驱护舰上。

舰艇柴油机动力系统具有热效率高、燃油消耗低、启动快、加速性能好、能正反转运行、空气耗量低的特点，但有单机功率偏小、振动较大、噪声较高等缺点。主要用于 3500t 以下的护卫舰。

燃气轮机动力系统的特点是机动性好、全负荷油耗低、结构紧凑、重量轻、辅机与系统简单、操纵方便、维修性好；其缺点是低负荷油耗高、进排气装置尺寸大，需要配备倒车齿轮或变距桨实现倒车。燃气轮机动力系统是目前驱护舰船中最常用的动力系统。

联合动力系统一般用于大、中型水面舰船，可以随着舰船的航行工况不同改变动力、推进器的组合和运行方式。其特点是能综合利用不同动力装置的优点，根据工况随时调整动力，性能提高，生命力强；缺点是机型增多、结构复杂，对控制系统要求高。

3) 观通系统

舰船的观察通信主要由探测与通信系统完成，辅助以信号灯、信号旗和手旗等。此外，舰船内部还有内通系统，用于舰船内部的通信。

探测系统是用于探测目标坐标、运动要素、属性、类型等有关参数的设备总称。主要有雷达 (包括对空雷达、对海警戒雷达、导航雷达、引导雷达、敌我识别雷达)、声呐、电子侦察仪、光学测距仪，以及红外、激光、电视等光电探测设备。

随着无线电通信技术的进步和发展，驱护舰用通信系统已经发展成为功能多样的综合通信系统，能接收处理甚低频、低频、中频、高频、甚高频、特高频以至超高频的无线电信息、舰艇内部通话信息或水下声波通信信息；能够对不同对象以不同输出功率进行近、中和远距离通信；能进行自动或半自动信息交换和分配，保证系统内部的信息畅通。

信号灯是用于灯光通信的专用灯，有信号探照灯、桅顶信号灯、三色信号灯和红外信号灯等，分别用于不同场合的信号灯通信，通常在夜间或其他通信设备不便于通信的场合使用；信号旗也称"通信旗"或"号旗"，是用悬挂的方式传递信息的旗帜，其通信距离较近，受目视距离影响大，夜间不能使用；手旗是用双手挥动的方式传递信息的旗子，通信距离较近，仅为 0.5~1.5n mile，夜间不能使用；内通系统主要包括舰用电话和广播系统，用于各部门之间传递信号或对整舰发布警报信号、作战命令、指示，以及对敌喊话等。

4) 电力系统

驱护舰是一个复杂的综合系统，密集配备了武器、通信设备、导航设备、推进装置和生活设施。特别是随着计算机和电子设备的广泛应用，对电力系统的要求越来越高，电力系统必须能够提供足够、符合质量要求的电力。驱护舰的电力系统主要包括电站、配电系统及自动控制和保护系统。其中，电站是电力系统的核心，由发电机组构成，产生的电能由配电系统对整船进行电力供应。控制系统则用于对舰船的电路实施控制，从而达到控制舰船的目的。保护系统则是为防止或限制电力系统故障的相关装置。

2. 典型驱护舰

如前所述，现今的驱逐舰和护卫舰在武器配备、作战用途上的区别正在逐步缩小，而吨位更大、作战能力更强的现代驱逐舰更是集成了各种尖端科技的武器系统。因此，本节以介绍典型的驱逐舰为主。

1) "阿利·伯克"级驱逐舰

美国的"阿利·伯克"级驱逐舰 (Arleigh Burke class destroyer) (图 7.3.1)，在世界海军中可谓是声名显赫。它是世界上第一艘装备"宙斯盾"系统并全面采用隐形设计的驱逐舰，武器装备、电子装备高度智能化，首次采用导弹垂直发射技术，具有对陆、对海、对空和反潜的全面作战能力，代表了美国海军驱逐舰的最高水平，堪称尖端之舰，是当代水面舰艇当之无愧的"代表作"。该级驱逐舰目前已发展了包括 Flight I/IA、Flight II 及 Flight IIA 等多种构型。

"阿利·伯克"级驱逐舰的使命是用于航母编队和其他机动编队的护航，突出编队的防空作战能力。该级舰装配的"宙斯盾"作战系统可同时高速搜索、跟踪处理几百批目标，并可同时导引 12 枚导弹拦截空中目标。舰首尾装备两组 MK41

导弹垂直发射系统，备弹 90~96 枚，并根据作战任务，混合装载 "标准" 舰空导弹、"战斧" 巡航导弹和垂直发射的 "阿斯洛克" 反潜导弹。结合多种电子战手段，使该级舰成为防空作战能力最强的驱逐舰，在气象杂波、海浪杂波以及电子干扰环境下，仍具有较强的适应能力和可靠性以及抗空中饱和攻击能力。

图 7.3.1 "阿利·伯克" 级驱逐舰 "柯蒂斯·威尔伯" 号

2) 055 型驱逐舰

055 型驱逐舰是中国已建造的最大最先进的一型导弹驱逐舰，具有强大的信息感知、防空反导和对海打击能力，是中国海军逐步跨向蓝水海军发展的重要里程碑。就整体性能而言，055 型驱逐舰已经超越了美国的 "阿利·伯克" 级驱逐舰。

055 型驱逐舰首舰 "南昌" 号于 2018 年 8 月 24 日下水，2020 年 1 月 12 日服役 (图 7.3.2)。据公开资料显示，该型驱逐舰采用隐身化设计，标准排水量超过 10000t，装备有新型防空、反导、反舰、反潜武器，具有强大的信息感知、防空反导和对海打击能力。舰首尾总计装备有 112 单元的通用垂直发射系统，可装填防空导弹、反潜导弹和巡航导弹，并实现了导弹的冷热共架发射，通用性较强。

图 7.3.2 055 型驱逐舰 "南昌" 号

除上述典型驱逐舰外，装配"宙斯盾"作战系统的日本"金刚"级导弹驱逐舰、欧洲整体性能最先进的英国 45 型"果敢"级驱逐舰、法意联合研制的"地平线"级驱逐舰、日本的"爱宕"级驱逐舰、韩国的"世宗大王"级驱逐舰、世界上第一种安装美制"宙斯盾"系统的护卫舰——西班牙的 F-100 级多用途护卫舰，都是当今世界上的先进战舰。

7.3.2　潜艇系统

1. 潜艇系统组成

1) 武备系统

A. 潜射鱼雷

鱼雷是潜艇的主要攻击武器，其主要特点是可以在水下一定深度发射，具备了较好的隐蔽性。随着鱼雷机动性的提高、自导性能的改善和破坏威力的加大，潜射鱼雷在反潜、反舰作战中发挥着越来越重要的作用。潜射鱼雷和其他载体发射的鱼雷的主要区别在于发射装置，鱼雷本身均可采用多型鱼雷。

B. 潜射导弹

导弹是现代潜艇装备的一种进攻性武器。潜艇装备导弹后成了海上隐蔽的导弹发射场，不易被发现，减少了发射阵地遭到破坏打击的可能性。由于导弹射程远、速度快、威力大、抗拦截能力强，所以潜艇能在较短的时间内和在比较远的距离上取得较大的打击效果，能够达到摧毁海上活动目标和岸上固定目标的目的。潜射导弹主要包括潜射弹道导弹和潜射巡航导弹。

2) 动力系统

A. 常规动力系统

常规动力潜艇的动力系统主要包括柴电动力系统和 AIP 动力系统。

柴电动力系统是常规潜艇普遍采用的单轴电力推进系统，在不同的工况下工作方式不同。水上航行或通气管状态航行时，柴油机带桨航行，或带动推进电机航行，也可同时向蓄电池充电；锚泊或停靠码头状态下充电时，柴油机脱开桨，带动推进电机按发电工况工作，同时向蓄电池组和各用电设备供电；水下航行时，由蓄电池向推进电机供电，使其带桨航行。

AIP 动力系统结构如图 7.3.3 所示，是指不需要外界空气而仅依靠潜艇储存的能源物质与氧化剂，并提供能量转换条件，完成能量转换，提供动力需求的系统。其特点是排污低、噪声低、运转平稳、效率高、辅助设备少，缺点是制造难度大、造价高。目前，潜艇上应用的 AIP 系统还不是提供艇上所有动力需求的全动力 AIP 系统，而是在原有动力的基础上加装了 AIP 系统，提供水下航行动力。

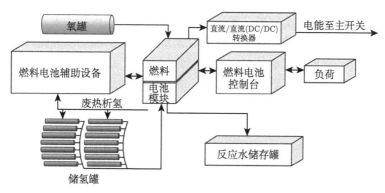

图 7.3.3　AIP 动力系统的基本构成

B. 核动力系统

核动力系统是以原子能裂变反应释放出来的巨大能量产生工质 (通常是蒸汽)，通过工质推动汽轮机工作的一种动力系统。与蒸汽轮机相比，相当于用核反应堆代替了蒸汽轮机的锅炉。核动力系统的特点鲜明：一是无须依赖空气；二是能量储备巨大，能够提供较大的功率和较长时间的续航力；三是重量和尺寸大，反应堆由于辐射、污染等，需要设置厚重的屏蔽物；四是核动力系统造价较高，且操作管理技术复杂。

3) 下潜、上浮与均衡系统

潜艇的下潜、上浮与均衡系统主要用于调整潜艇的航行和机动状态的系统。下潜与上浮系统主要用于调整潜艇的浮力，其工作过程如图 7.3.4 所示，均衡系统主要用于调整潜艇的纵倾平衡。下潜系统主要包括端部和舷侧主压载水舱、辅

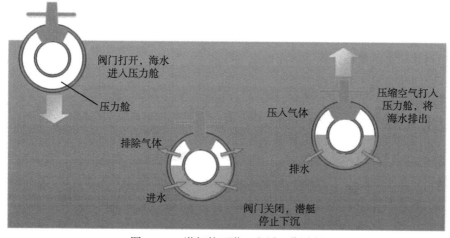

图 7.3.4　潜艇的下潜、上浮工作过程

助压载水舱及相关的辅助装置，其功能是通过对各载水舱的注水，完成潜艇的下潜；均衡系统主要包括调整水舱、纵倾平衡水舱和相关辅助装置构成，其功能是通过调整纵倾平衡水舱的水量来平衡潜艇纵倾姿态，以满足潜艇上浮和下潜的需要；上浮系统包括各种吹除管路和装置，其功能是通过高压空气吹除各载水舱内的水，以产生潜艇上浮需要的浮力。

4) 潜艇探测系统

潜艇的探测系统主要由潜望镜、雷达、声呐和无线电设备等组成。潜望镜通常可分为对海潜望镜、对空潜望镜和多用途潜望镜，主要功能是在潜艇潜望镜状态下航行时负责对海和对空的观察。潜艇用雷达主要有攻击雷达和侦察雷达两种。攻击雷达主要用于测定目标的方位和运动要素，侦察雷达是一种警戒性器材，用于发现周围舰艇和飞机的活动情况。声呐探测是潜艇水下活动时的主要探测手段，为适应不同条件下的声呐探测，通常潜艇携带多部声呐探测器，平时主要采用被动的方式进行声呐探测，只有在攻击或特殊需要时才采用主动声呐探测。潜艇无线电设备较多，以长波电台和拖曳天线为主。长波电台利用地面波通信，其优点是不受电离层影响、稳定性好、能够穿透一定深度的水层，主要用于岸上指挥机关对水下一定深度的潜艇进行指挥。拖曳电线是拖曳于潜艇后的水中或海面的无线电接收天线，用于增大潜艇收信时的潜航深度，提高潜艇的隐蔽性。

5) 其他潜艇辅助系统

由于潜艇的特殊构造，潜艇还包括其他特有的系统。通风、调节与净化系统的主要功能是为潜艇水下航行提供生活必要的氧气，同时消除一氧化碳、二氧化碳、氢气等废气，确保艇员的健康和安全，并调节艇内空气的温度和湿度，以增强艇内环境的舒适度；压缩空气系统主要用于提供潜艇运行所需要的压缩空气，其功能包括提供潜艇上浮排水时所需的高压空气、鱼雷和导弹发射所需要的高压以及在应急情况下所需要的其他用途；卫生系统是为确保潜艇内的卫生安全的系统，主要包括污水舱、残渣抛出装置和粪便储存容器等，其功能就是储存艇内的生活污水和生活垃圾，保证艇内的卫生和安全。

2. 典型潜艇

1) "俄亥俄"级战略核潜艇

美国的"俄亥俄"级核潜艇 (图 7.3.5) 是当代世界上威力最大的核潜艇，它是美国第四代弹道导弹核潜艇。由于艇上装备"三叉戟"弹道导弹，故又称"三叉戟"导弹核潜艇。"俄亥俄"级核潜艇外形近似于水滴形，其流体动力性能受到影响，水下航速不太高。艇体大部分是单壳体结构，耐压艇体分为四大舱：指挥舱、导弹舱、反应堆舱和主辅机舱。由于每个分舱都很大，所以不沉性已显得不重要，其生命力主要取决于隐蔽性、先敌发现目标的能力和自卫攻击能力。

图 7.3.5 "俄亥俄"级核潜艇及其导弹发射筒

该级艇采用一台反应堆、两台蒸汽轮机、齿轮传动和单轴推进的动力装置。反应堆更换核燃料周期十五年以上,续航力达一百万海里以上。该级艇装备 24 具导弹发射筒,总威力大,导弹齐射能力强,可在 10min 内将全部导弹发射出去。尤其是"三叉戟"Ⅱ型导弹的有效载荷大、精度高。艇首部装有 4 具 MK68 鱼雷发射管,可携带 12 枚 MK48 型多用途线导鱼雷。指挥火控系统采用 MK98-0 型导弹射击指挥仪,用于导弹的定目标发射、飞行监视,直至实施攻击。MK118-0 型鱼雷射击指挥系统,能同时捕获多个目标,控制鱼雷的发射。CCSMKⅡ和Ⅲ型作战数据系统,带有 AN/UYK43 和 UYK44 计算机,将导航、探测、射击指挥和控制、显示等各系统连在一起。

该级艇先进的隐身措施主要是声隐身,此外采取了消除红外特性、消磁以及减少废物排放等隐身措施。该级艇装备了先进的电子设备、惯性导航设备、静电陀螺监控机和卫星导航接收机,使艇的定位误差达到每 10 万 n mile 仅 0.4~0.7n mile、定位精度达到 40~50m。该级艇装备了 AN/BQQ-6 综合声呐系统,包括 8 部声呐,并采用先进计算机自动进行低频线状功率频谱检测和目标识别与分类。采用拖曳线列阵声呐,以被动方式探测敌方攻击型核潜艇,提高远程预警能力。由于装备了极低频通信接收机,可使艇上浮到距水面 9~15m 的阵位,把天线伸到靠近水面处接收指挥部的指令,免于被敌方发现。

2) 214 级常规潜艇

德国是世界上最早使用潜艇的国家之一,在世界潜艇发展史中占有重要的地位,其 U 型潜艇在两次世界大战中战功显赫、闻名于世。20 世纪末,德国采用 209 型潜艇的设计理念,融合了 212A 型潜艇的革新 AIP 技术,开发研制了出口型 214 型潜艇 (图 7.3.6)。

214 型潜艇使用现代化装备和高性能 AIP 系统,采用模块化设计建造技术,将武器系统、传感器和潜艇平台紧密结合成一体,适合完成各种使命任务,基本代表了目前常规动力潜艇的技术发展水平。由于提高了 AIP 性能,214 型潜艇水下活动时间可达 3 周以上。武器系统装备 8 具 533mm 鱼雷发射管,可发射 STN

"阿特拉斯"鱼雷和"鱼叉"反舰导弹,鱼雷与反舰导弹装载总数为 16 枚。214型潜艇装备的综合反鱼雷系统不仅可以进行自我保护,还可以对联合作战的水面舰艇提供保护。装备的 ISUS90 型综合作战系统,能够接收并分析所有输入信息,然后自动启动战斗程序。小排水量、卓越的隐身性能以及较高的有效负载,加之提高了的潜艇外壳刚体强度,使得其下潜深度达到 400m。因此,214 型潜艇能在浅海和深海满足当今各种作战需求。

图 7.3.6　214 型常规潜艇

此外,俄罗斯可发射先进鱼雷和巡航导弹的"阿穆尔"级潜艇及静音效果一流的"基洛"级潜艇,达到世界先进常规潜艇建造技术的日本"苍龙"级潜艇,有强大的攻击力的以色列"海豚"级潜艇,采用核动力潜艇设计和建造技术的法国"鲉鱼"级常规潜艇,世界上第一艘装备不依赖空气推进装置的瑞典"哥特兰"级潜艇,以及世界上最大的常规动力潜艇——澳大利亚的"科林斯"级等都是当今先进的常规潜艇。世界顶级核潜艇还有俄罗斯的"北风之神"级战略核潜艇、英国"前卫"级第二代战略核潜艇、法国"凯旋"级核潜艇以及世界上最大的潜艇——俄罗斯的"台风"级等。

中国海军高度重视潜艇力量建设,自 1954 年 6 月成立独立潜艇大队以来,中国已成为少数全面掌握如 AIP 系统、大功率超长波电台、量子通信系统、整体隔音瓦、潜射反舰导弹、海基战略洲际导弹等核心潜艇技术的国家,海军潜艇部队现已发展为拥有常规动力攻击潜艇、常规动力导弹潜艇、核动力攻击潜艇和核动力战略导弹潜艇等多种类型潜艇的强大水下突击力量,成为中国海军重要且最具威慑力量的兵种。

7.3.3　航空母舰系统

1. 航母系统组成

1) 主舰体

航空母舰的主舰体是指飞行甲板以下的舰体部分,是一个巨大的箱形结构,采用合理的方式将其分为若干层；每层再根据航空母舰的尺寸、作战使命、结构强度、刚度、防水抗沉、稳定性以及主要大型设备的布置等要求划分为诸多舱室(图 7.3.7)。

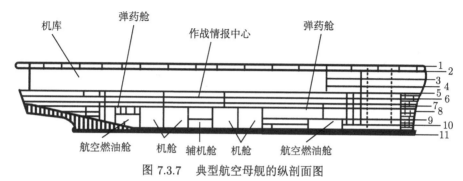

图 7.3.7　典型航空母舰的纵剖面图

1-飞行甲板; 2-顶楼甲板; 3-中楼甲板; 4-机库甲板; 5-甲板 2; 6-甲板 3; 7-甲板 4; 8-平台 1; 9-平台 2; 10-内底;

11-外底

航母主舰体一般垂直分为如下几层。顶楼甲板层是飞行甲板的下层，布设与飞行作业密切相关的重要舱室；中楼甲板层是机库甲板的上一层，布设海上补给、甲板机械以及和机库相关的一些舱室；机库甲板层是为舰载机服务的主要甲板层，提供舰载机的停放、维护保养以及相关的辅助系统；下层甲板层通常包括多层甲板，主要布设各种指挥与控制部位以及人员生活设施；底舱平台层通常包括一至两个平台，主要用于布设机舱、锅炉舱、辅机舱、水舱、油舱、弹药舱等。

主舰体的水平隔舱是采用横壁和纵壁将每层隔成若干个舱室。在纵向以水密横隔壁分为若干水密舱段，构成航母的主要水密舱段；在主要的水密舱段中，又用轻围壁纵横分隔，形成各种舱室。这些舱室包括军事负载空间、人员相关空间、平台负载空间和其他特殊空间等四大类。

2) 岛式上层建筑

航空母舰的岛式上层建筑位于飞行甲板的一侧，是现代航空母舰的重要特征。岛式上层建筑是航空母舰航行和飞行作业的指挥控制中心，也是对编队实施指挥和通信的主要部位，通常包括驾驶室和航海作业部位、舰载机起降作业指挥部位、武器系统探测观察设备、气象信息接收部位等。岛式上层建筑的最顶层通常布设各种天线和瞭望设备；上层布设需要观测海面和监视全舰状态的航空控制中心、航行指挥舰桥，以及需要监视舰载机起降状态的飞机起降管制所等；中层通常包括三层，主要布设武器和电子设备、指挥调度和通信设备等；下层靠近飞行甲板，布设经常需要到飞行甲板上进行活动、工作和联络的部位，如飞行甲板控制室、飞机常用部件储藏室、飞机维修值班室等。

3) 航空舱面设备

航母的航空舱面设备除了前面介绍过的起飞弹射器、助降器和降落拦阻装置之外，还包括飞行甲板、喷气偏流装置、(飞机) 升降机和弹药升降机等。图 7.3.8 为美国"尼米兹"级航母飞行甲板及主要舱面设备的示意图。

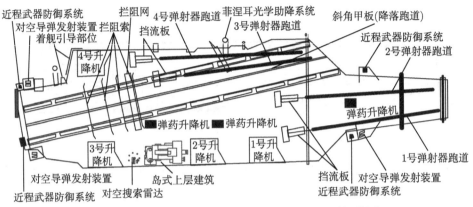

图 7.3.8　美国"尼米兹"级航母飞行甲板及主要舱面设备

航空母舰的飞行甲板通常由直通飞行甲板和斜角甲板组成，分别供飞机起飞和降落使用。直通飞行甲板在舰的前部，一般长 70~90m，上面装有弹射器，专供飞机起飞用。斜角甲板位于飞行甲板的一侧，与舰艇艏艉中心夹角 6°~13°，上面装有拦阻索，供飞机降落时用。

为了使弹射时飞机的气流不致伤害其后部的操作员、设备和停放的飞机，需要用一块挡板将高温燃气气流向舷外或向上引导，这就是偏流板或称挡流板 (图 7.3.9)。偏流板内装有海水冷却系统，以防止偏流板的温度过高，偏流板同时又是飞行甲板的一部分，其升起与回放由一套液压系统和机械系统来完成。

图 7.3.9　舰载机起飞偏流板

升降机是将飞机从机库甲板运送到飞行甲板或从降落区运回机库的升降装置。根据位置的不同,可分为舷内升降机或舷侧升降机两种。

2. 典型航空母舰

1) "尼米兹"级航空母舰

就航空母舰来说,当今世界,无论是数量还是作战能力,美国无疑是首屈一指。"尼米兹"级航空母舰 (Nimitz-class aircraft carrier) 是美国现役数目最多的一型核动力多用途大型航空母舰,共有 10 艘。以它为核心的战斗群通常由 4~6 艘巡洋舰、驱逐舰、潜艇和补给舰只构成。该级航母装备 4 座升降机、4 台蒸汽弹射器和 4 条拦阻索,可以每 20s 弹射出一架作战飞机。作战能力惊人,其舰载机所能控制的空域和海域可达上千千米,其自身一昼夜机动可达 500 n mile。它的舰载机可以 24h 不停顿地进行战斗巡逻,每天可出动 200 多架次的飞机。

该级航母的标准航空联队舰载机总数在 80 架左右,在紧急情况下的载机可达 100 架,主要包含:20 架 F-14 "雄猫" 战斗机,20 架 F/A-18 攻击机,4 架 EA-6B "徘徊者" 电子战飞机,16 架 A-6E "入侵者" 攻击机 (含 KA-6D 空中加油机),4 架 E-2C "鹰眼" 空中早期预警机,6 架 S-3A/B "北欧海盗" 反潜飞机直升机,8 架 SH-3G/H "海王" (已经退役,由 HH-60 取代) 或 HH-60 "海鹰" 直升机 (海湾战争时编制,现在 A-6E 和 F-14 已经退役,由 F/A-18E/F 取代,最近 EA-6B 也即将退役,由 EA-18G 取代)。舰载作战联队中的机型配备根据作战任务性质的不同也有所不同,可搭载不同用途的舰载飞机对敌方飞机、船只、潜艇和陆地目标发动攻击,并保护海上舰队。

"尼米兹"级航空母舰装有 2 座 A4W 密封水核反应堆,4 座 "海麻雀" 导弹发射架,3~4 座 "密集阵" 20mm 近程火炮武器系统,其电子设备为:对空为 SPS-49(V)5 和 SPS-48E(V) (三坐标) 雷达;对海为 SPS-67V 雷达;导航雷达为 LN-66;火控雷达为 MK-99。电子对抗为 4 座 MK-36 干扰箔条发射器和 SLQ-36 拖曳式鱼雷诱饵。采用完全封闭式飞行甲板,舰体两舷水下部分设有能承受 300kg 炸药爆炸的防鱼雷舱。舰内除设有多道纵隔壁外,还设有二十余道水密横隔舱和多道防火隔舱。为了防御半穿甲弹的攻击,舰甲板和舰体全部使用优质高强度合金钢。因此即使少量舱室被击中进水,航母仍能保持极强的生存力。图 7.3.10 为 "尼米兹"级航母 "杜鲁门" 号。

2) "福特"号航空母舰

"福特"号航空母舰作为美国第三代核动力航母 "福特"级的首舰,于 2005 年开始建造,2017 年 7 月 22 日正式进入美国海军服役,舰号 CVN-78 (图 7.3.11)。该舰采用了大量高新技术成果,包括新型核动力技术、电磁弹射技术、新型拦阻技术、双波段雷达技术、雷达隐身技术、红外隐身技术等。"福特"级航母计划在2058 年之前建造 10 艘，以全部取代目前的"尼米兹"级成为美国新海军的舰队核心，其后续 2 号舰"肯尼迪"号和 3 号舰"企业"号已分别于 2011 年和 2017 年开工建造。

图 7.3.10　　"尼米兹"级航母"杜鲁门"号

图 7.3.11　　"福特"级航母"福特"号

　　"福特"号航空母舰在船体外形、整体结构和舰载机数量上与现役的"尼米兹"级航母相差无几，舰长 332.8m，宽 78m，标准排水量 10.2 万 t，满载排水量11.2 万 t。全舰大量使用了相较于"尼米兹"级钢材更硬、更轻、更坚韧的高强度钢和高强度低合金钢等材料。进一步缩小了舰岛外形尺寸，并且布置在右舷更靠近舰尾位置，为停机区和保障区留出了更大作业空间。"福特"号航空母舰采用隐身化设计理念，从而有效降低本舰被敌方各类反舰导弹末制导头锁定的概率。该舰采用开放式体系结构设计理念，具备强大升级改造空间，有利于下一步安装电磁炮、激光武器、新体制雷达等新型武器装备和先进信息系统。

"福特"号航空母舰舰艏和斜角飞行甲板各设有 2 个弹射起飞点，分别安装了 2 套电磁弹射器和偏流板。该舰的典型搭载方案和舰载武器系统目前与"尼米兹"级相同，下一步，第四代 F-35C 舰载机将替代部分 F/A-18 舰载战斗机，第一款 MQ-25 舰载无人加油机也将上舰。

"福特"号航空母舰作为美国最新一代的核动力航母，集诸多先进技术成果于一体，体现了美国海军对重型航母在未来海上作战行动中的定位和期望，同时也进一步拉开了美国和世界其他国家在航空母舰研发制造方面的巨大差距。值得注意的是，"福特"号航空母舰大量采用先进技术而导致的问题也非常突出，据公开资料显示，电磁弹射器、先进飞机回收系统、雷达电子设备等均暴露出故障率高、稳定性差、性能指标达不到设计要求等问题，入役至今仍作为美国海军在东海岸唯一的训练航母使用，距离排除各类技术问题，完全形成远洋作战能力还有很长的路要走。

3）"山东"号航空母舰

"山东"号航空母舰作为中国第二艘航空母舰，也是真正意义上的首艘国产航母，完全自主设计自主建造，于 2017 年 4 月 26 日下水。该舰是"辽宁"号航母的改进型，但在上层建筑、防空武器、电子设备、舰载机配备等方面均由我国自行设计建造。

公开资料显示，"山东"号的动力系统采用蒸汽轮机和柴油发电机，最大航速可达 32kn，标准排水量达 60000t，舰岛位于飞行甲板右侧，舰岛上层建筑经过了改进，装有 S 波段相控阵雷达，尺寸相较于"辽宁"号航母舰岛缩小较多，相应增大了飞行作业甲板的面积，可搭载的舰载机数量增加，达到 24~30 架歼-15 战斗机。使用滑跃式起飞甲板，基本可实现满油满弹最大载荷情况下起飞，舰艇中部设有数道飞机降落阻拦索及 1 道应急阻拦网，歼-15 战斗机可在斜角飞行甲板进行降落。此外最多还可搭载 16 架直升机，包括搜救直升机、预警直升机、反潜直升机和运输直升机。前后各有一台甲板/机库升降机，可快速将舰载机提升到飞行甲板。武备方面，装配有 3 座 30mm 近防炮，3 座"海红旗"10 近程舰空弹道系统，两座反潜火箭深弹发射装置。图 7.3.12 为"山东"号航母。

目前，世界上共有八个国家拥有现役航空母舰 21 艘，其中美国 11 艘，包括 10 艘"尼米兹"级核动力航母和 1 艘"福特"级核动力航母。除美国外仅有的一艘核动力航母是法国的"戴高乐"号。在常规动力航母中除俄罗斯"库兹涅佐夫"号，我国"辽宁"号、"山东"号外，其他的都是轻、小型航母。

图 7.3.12　　"山东"号航空母舰

7.3.4　海上作战平台发展趋势

海上作战平台代表着海军主战装备的发展方向，根据未来作战样式和作战需求，各国海军在制定武器装备和关键技术发展规划时，强调海上作战平台良好的适航性、高度的机动性、极大的隐蔽性和多用途的适应性，注重发展在联合作战条件下近海作战所需的高精度、抗干扰、具备超视距打击能力的舰载武器系统。

航空母舰机动性强，攻击威力大，凭借舰载机能够有效遂行多种作战任务，在未来仍将是海上作战的主要力量。无论是意在全球称霸的超级大国，还是谋求区域控制权的地区性强国，或是志在保护本国海洋权益的沿海国家，都将继续保有和发展航空母舰。2017 年服役的美军新一代航空母舰"福特"号，通过改进飞行甲板、优化甲板及机库作业程序，采用全新的电磁弹射与拦阻器，大幅提升舰载机出动效率；此外，全寿命的新型核反应堆、短距/垂直起降的隐形舰载战斗机、激光炮等各种高能武器，甚至 X47B 无人攻击机的使用，使航母的作战能力得到了极大的提高。

驱护舰作为各国海军特别是中小国家海军水面战斗舰艇的骨干力量，仍然是海军重点发展的舰种之一，尤其是大型驱逐舰，由于其具备特有的制海、制空、反潜、对陆攻击的综合作战能力，受到海军强国的推崇。新一代驱护舰建造的主要方向是突出某一任务为主的多用途性，重视采用隐身技术和模块化设计。排水量和武备系统的增加，使新一代驱护舰能同时担负多种任务，攻击能力大幅度提高。另外，综合全电力推进技术也将首先在驱护舰上得到应用。全电力推进技术将水面舰船从传统的推进方式转变为电力推进，并将推进用电和全舰其他用电进行统一管理和综合利用，这样更加有利于舰船总体优化设计与布置，不仅能够提高舰船的可操纵性和生命力，大大降低舰船的辐射噪声等，而且可为强激光武器、高功率微波武器、电磁炮等需要巨大能源的新概念武器提供强大的电力。而隐身性能好、濒海战斗能力强、技术先进的近海战斗舰近些年来成为世界各个国家竞相发展的新宠,美国的濒海战斗舰是其中的典型代表。它追求的模块化建造、多用途化、优越的隐身性能、自动化、智能化,以及成为信息化战争中的信息和指挥控制节点,是未来海上作战平台的普遍技术追求,代表着未来的技术发展方向。

由于隐蔽性和能在三维空间机动这两大根本特点,潜艇仍然是海军独一无二、不可替代的一种作战平台。未来潜艇的主要发展趋势仍然是继续提高隐蔽性,采用新型的动力装置 (如 AIP) 及先进的噪声控制技术是未来潜艇噪声控制发展的方向。另外,各海军强国通过改进潜艇整体设计、采用先进的艇体材料、提高声呐探测能力,以及广泛运用先进的电子技术和设备等手段,不断提高潜艇的水下航行性能及水下探测、通信能力。为满足未来作战需要,潜艇装载武器也越来越多样化,防空导弹逐步装备潜艇,使潜艇具备对潜艇的"克星"——反潜飞机进行攻击的能力,从而提高潜艇的生存能力。未来潜艇将更加重视发展多功能扩展平台,满足多样化任务执行能力。多用途技术在美国"弗吉尼亚"级攻击型核潜艇上得到了充分发展,它可兼顾深海反潜及近海浅水域作战,担负反潜、情报搜集侦察,以及电子作战、反舰、特种作战、隐蔽布雷和支援航母战斗群等多种任务。

此外,海军无人平台的智能化发展受到越来越多的国家的重视。智能化的无人作战平台,如水下无人潜航器、舰载无人机等,通过搭载不同的任务模块,执行各种任务,具有智能化程度高、适应性强、隐蔽性好、效费比高等特点,可独自或协同在高威胁海区执行任务,减少载人平台和人员的危险性,对于提高海军作战能力具有倍增器的作用。

7.4 海上作战平台作战运用

7.4.1 反舰作战及装备运用

1. 反舰作战概念

反舰作战,也称水面作战,包括对水面舰艇以及呈现水面状态的潜艇的进攻和防御。基本要求是在敌方反舰导弹射程之外发现和消除敌方水面威胁。在进攻性反舰作战中,不但要消灭敌航行中的水面舰艇,还要积极主动地打击敌港口、基地、驻泊舰艇及反舰导弹发射场,从根本上消灭敌有生力量。反舰作战包括水面舰艇反舰、潜艇反舰和航空反舰。

2. 反舰作战中的装备运用

1) 水面舰艇反舰

由于超视距攻击已经成为对海作战的主要作战方式,所以水面舰艇反舰作战行动主要是导弹攻击,必要时可进行舰炮攻击。

导弹攻击是水面舰艇兵力遂行对海攻击战斗的基本样式，主要行动包括侦察引导、接敌展开、导弹攻击、效果评估、撤出战斗。侦察引导通常由水面舰艇编队内的其他舰艇或者直升机担负侦察引导任务，准确测定目标位置和运动要素，并对目标数据进行通报；接敌展开阶段，水面舰艇根据编队任务或攻击需要从待机点出航至攻击阵位；导弹攻击是舰艇从占领阵位到将导弹射击完毕的行动过程，在协同攻击过程中，一般以导弹飞临目标的时间为准，攻击单位需要计算导弹发射的实际时间 (导弹发射有 3~5min 的准备时间)；效果评估是导弹攻击的重要环节，通常由侦察兵力提供，也可由本舰进行雷达扫描判断或目力进行判断，攻击的效果是下一次行动的依据；撤出战斗是在导弹突击完毕后，迅速上报导弹使用情况，并与其他舰艇互相掩护，快速撤离作战海区。

在现代条件下，随着舰舰导弹普遍装备于主要水面舰艇，舰炮攻击主要完成以下战斗任务：一是在其他兵器突击后，以舰炮发展胜利；二是以舰炮火力毁伤敌无舰舰导弹的水面舰船；三是以舰炮火力压制敌舰炮火力。攻击行动中，要充分发挥舰艇的机动性，使舰艇火炮武器具备并保持最佳火力位置，在决定性的舰炮攻击中，一般不改变航向或以小舵角转向，以免影响舰炮射击的连续性和准确性。在完成任务或情况发展不利时，必须撤出战斗，并以最大机动速度将敌置于 180° 的舷角，迅速扩大距离，并尽可能使用火力阻击敌舰。

2) 潜艇反舰

潜艇自出现以来已经成为攻击水面舰船的重要兵力之一。潜艇对舰艇的攻击主要包括鱼雷攻击和导弹攻击。潜艇发现预定的攻击目标后，应立即判断对其攻击的可能性，能够实施攻击时，应迅速占领阵位，而后进行鱼雷攻击准备。对敌单舰可直接实施攻击；对敌编队进行攻击时，应选择编队前面的舰船或重要的舰船进行攻击，通常敌舷角在 50°~70° 时发射鱼雷较为适宜。鱼雷发射后，应根据情况进行连续攻击或撤出战斗。潜艇使用反舰导弹攻击海上目标，包括自主攻击和超视距攻击。自主攻击是潜艇依据自身的观测设备获取目标，解算诸元，完成弹道攻击；超视距攻击是潜艇依据侦察保障兵力提供的目标指示，解算诸元，完成攻击。潜艇在使用巡航导弹攻击舰船时，攻击方法比较灵活，攻击过程中，应根据目标类型、距离、侦察引导兵力的保障程度和潜艇搜索器材的使用方法等情况，选择自主攻击或超视距攻击。当潜艇雷弹混装时，通常按先弹后雷的原则进行攻击，特殊情况下，也可鱼雷先行攻击，利用导弹扩大战果。

3) 航空反舰

航空反舰是指海军航空兵突击飞机，在其他飞机的保障下，使用机载武器对海上活动的水面舰船进行突击的战斗行动。其作战运用的方法主要包括集中突击、连续突击、同时突击和空中游猎。集中突击是海军航空兵突击飞机集中对敌编队中的一艘或数艘舰船进行突击，由一波或多波次的攻击组成；连续突击是航空兵突击飞机在较长时间内，不间断地对敌舰船进行梯次攻击；同时突击是航空兵突击飞机分散对多个海上目标进行突击；空中游猎是航空兵突击飞机在敌舰船活动频繁且防御薄弱的海区，独立搜索并伺机突击敌舰船的行动。

　　航空反舰通常包括非制导武器攻击和制导武器攻击。采用非制导武器攻击时，其攻击方式包括：俯冲轰炸，即飞机沿大角度向下倾斜轨迹做直线加速飞行时进行投弹轰炸；下滑轰炸，即飞机沿较缓的向下倾斜轨迹做直线等速下滑飞行时进行的轰炸；水平轰炸，即飞机在水平直线、等速飞行时进行的轰炸；上仰轰炸，即飞机从低空、超低空不断增大仰角的垂直机动飞行中进行的轰炸。轰炸方式通常取决于反舰的任务、所携带的武器、敌防空力量薄弱以及飞行员的素质等因素。采用制导武器攻击中，若采用空舰导弹攻击，则在进入发射点前数分钟进行检查，并装定相关数据；而后在可能发现的距离上打开雷达进行搜索，选定目标后，实施展开，保持攻击飞行姿态；导弹满足发射条件后，进行发射；发射后，飞机返航。若采用反辐射导弹，则首先进行辐射源侦察，在雷达获得目标辐射源的信号后，对其数据进行处理；而后发射武器，导弹按预定程序飞行；武器引导头获得目标后自动跟踪，实施引爆。若使用电视制导炸弹攻击，则当飞行员利用机载雷达或光学设备发现识别目标后，控制炸弹的电视引导头对准目标，接通制导系统，满足发射条件后可实施投弹。若采用激光制导炸弹攻击，则当飞行员搜索发现目标后，操纵飞机对准目标；而后用激光照射器发射激光照射目标，并投掷激光炸弹；激光炸弹沿发射激光波飞向目标进行攻击；炸弹命中后飞机停止激光照射，照射激光的飞机可以是本机或其他保障飞机。

　　3. 典型战例：阿军击沉"谢菲尔德"号

　　1982 年 4 月，英阿马岛战争突然打响。同年 5 月 4 日，阿军"海王星"侦察机发现英军"谢菲尔德"号驱逐舰，便召唤 2 架"超级军旗"攻击机前去攻击。"超级军旗"采取距海面 50m 高度超低空飞行以躲避英军的雷达，在距英舰 46km 处突然升到 150m 仅用 30s 打开雷达锁定英舰，并发射 2 枚 AM-39"飞鱼"导弹，然后急转弯同时下降到 30m 返航。英军发现导弹来袭，舰长只来得及大叫一声："隐蔽！"就被一枚导弹击中，随即燃起大火，舰长只得下令弃舰，英军伤亡失踪 78人。6 天后，"谢菲尔德"号在拖回英国的途中沉没。英阿马岛战争中，阿军击沉"谢菲尔德"号驱逐舰的作战可以说是航空反舰的经典之作。

7.4.2　反潜作战及装备运用

　　1. 反潜作战概念

　　反潜作战是反潜兵力搜索、跟踪、攻击敌潜艇的作战行动。反潜作战的任务有两类：一是通过反潜兵力的搜索和识别确定敌潜艇的位置，并组织兵力实施攻击，其任务是歼灭敌潜艇；二是反潜兵力通过对可能有敌潜艇活动的海区进行搜索、警示和驱逐，迫使敌潜艇离开，保障在该海区我方舰艇免受袭击。

2. 反潜作战中的装备运用

1) 水面舰艇反潜

水面舰艇反潜是指水面舰艇兵力利用反潜装备搜索和攻击敌潜艇的战斗行动，是海军诸兵种合同反潜的重要组成部分。目前，具备反潜能力的水面舰艇主要有驱逐舰、护卫舰、猎潜艇和护卫艇。反潜主要武器为舰壳式声呐、拖曳式声呐、反潜自导鱼雷、火箭助飞鱼雷和舰艏 (艉) 深水炸弹等。部分水面舰艇可在舰载反潜直升机的协同下进行反潜，增强了单独或协同其他反潜兵力在中远海实施机动反潜的能力。水面舰艇反潜通常根据编队要求航渡至搜索区域开始进行反潜搜索，反潜搜索通常是编队统一行动。搜索过程中，发现可疑目标时应及时对目标进行识别，并报告上级，而后进行跟踪搜索，判断为敌潜艇后根据上级命令实施攻击。采用深弹攻击时，应尽快占领有利阵位，形成有利态势，为使用武器做好准备。实施攻击行动时，保持与潜艇接触，测定潜艇运动要素，进行正确的机动，占领位置后可进行投弹，并迅速判断攻击效果，恢复与潜艇的声呐接触，准备再次攻击。鱼雷对潜攻击是在可靠接触目标时进行的，首先接触目标的舰艇使用鱼雷，及时通报目标的信息，并担当引导任务，若舰艇失去目标接触，则应强行通过噪声覆盖区，恢复与潜艇的接触，并继续进行鱼雷攻击。

2) 潜艇反潜

由于潜艇具有隐蔽性好、受海况影响小、航速较低、作战半径大等特点，特别是潜艇性能和装备的飞速发展，因此反潜已经成为潜艇的重要作战任务之一。潜艇反潜作战使用的基本方法通常有阵地设伏、区域寻歼、引导反潜、伴随护航和先期驱潜。其中，阵地设伏是指潜艇在阵地内隐蔽待机搜索并攻击；区域寻歼是潜艇在范围较大的区域内进行搜索攻击；引导反潜是潜艇预先展开在待机区域，岸上指挥所组织兵力侦察敌潜艇，查明敌潜艇后，引导反潜潜艇进行攻击；伴随护航是潜艇为护航兵力提供的反潜警戒行动；先期驱潜是反潜潜艇在指定区域反潜，以掩护己方通过该区域的战斗行动。潜艇在反潜作战中的战斗行动主要包括搜索、识别、判情和攻击。潜艇根据作战任务，采取规则和不规则的方式进行搜索，发现目标后，进行识别和判断，判定目标后，应迅速对敌实施鱼雷攻击，并在敌潜艇运动方向上给予提前 10° 进行发射。若敌潜艇先发现我潜艇，并对我潜艇发射鱼雷时，则在条件允许的情况下，应首先向鱼雷来向发射一枚鱼雷，并采取规避措施，同时保持与敌潜艇的声呐接触，做好鱼雷发射的准备。

3) 航空反潜

航空反潜由于具有速度优势和良好的隐蔽性等突出特点，是未来反潜作战中一支非常重要的力量。海军航空兵在反潜作战中主要运用巡逻反潜、应召反潜和游猎反潜等基本方法。巡逻反潜指反潜飞机及时发现活动海区的潜艇，或在敌潜艇可能经过的海区进行的战斗，以保障我方重要目标免受攻击。应召反潜是反潜飞机在指定空域待命，获得敌潜艇活动情报后，按上级命令出动，至发现敌潜艇的空域进行的反潜战斗行动；游猎反潜是反潜飞机在规定的时间内对指定海区进行反潜搜索，以查明此海域是否有敌潜艇，并采取攻击的战斗行动。主要战斗行动包括对潜搜索和对潜攻击。在对潜搜索活动中，可采用机载雷达进行搜索，主要用以搜索或跟踪水面航行状态的潜艇，或半潜、通气管和潜望镜等状态下的潜艇；还可采用声呐浮标 (声呐浮标是由反潜飞机布放于潜艇可能存在的海区，并用无线电发送目标信息给反潜飞机的水声器材) 搜索，这种声呐浮标只能一次性使用，不可回收，且单个作用范围小，因此主要适合在短时间内对较大海区进行搜索，或在一定的时间内封锁潜艇的可能航道，或为重要目标担任反潜巡逻警戒时使用；也可采用吊放声呐 (可反复使用的对潜搜索器材) 进行搜索，通常由反潜直升机使用，包括主动声呐和被动声呐两种工作方式，其发现目标后，可在一定时间内跟踪敌潜艇，连续测定其位置和运动要素，主要用于反潜巡逻警戒任务或在较小的海区进行搜索。

3. 典型战例："冒险家"号击毁 U-864

围绕大西洋海上运输线的破交与保交护航战，史称大西洋海战，是第二次世界大战海战的重要组成部分。从 1939 年 9 月 1 日至 1945 年 5 月 8 日，历时 5 年 8 个月之久，主要是德国海军特别是潜艇部队破坏同盟国海上运输与同盟国保护海上运输的激烈斗争，其结果对于欧洲战场上的西欧战场、苏德战场，以及地中海和北非战场都具有重大影响，并直接影响到了战争的胜负。战争中，德军潜艇在远洋海域实施"狼群战术"，严重打击了同盟国的海上运输，并在一定程度威胁了同盟国的制海权，同盟国逐渐健全和完善护航船队体制，扩大护航海域，采取海空协同的立体反潜战术，逐渐扭转了不利态势。

严格地说，真正的潜艇击沉潜艇的战例应该是攻击者和被攻击者都在水下潜航。1945 年 2 月 5 日，英国潜艇"冒险家"号 (P-68) 正在挪威卑尔根湾以潜望镜深度游弋。这是一艘水下排水量 740t 的 V 级小型沿岸潜艇，水下航速 9 kn，装备 533mm 鱼雷发射管 4 具。忽然，声呐员发现 4.5km 外有目标。艇长拉乌德上尉用潜望镜多次视认同样以潜望镜深度潜航的敌潜艇后，用声呐追踪了 2h 40min。最后，"冒险家"号在 1.8km 距离齐射 4 枚鱼雷，击毁了德军 U-864 号远洋潜艇 (IXD2 型，水下排水量 1804t)。这是一次比较典型的潜艇反潜作战。

7.4.3　防空作战及装备运用

1. 防空作战概念

防空作战是对敌来袭的空中目标 (包括敌方飞机和导弹) 进行拦截，使己方部队、舰船等免受攻击的作战形式。防空作战的兵力通常包括水面舰艇和海军航空兵。

2. 防空作战中的装备运用

1) 水面舰艇防空

水面舰艇在防空作战中，通常与其他作战平台进行协同防空，因此，舰艇要根据编队防空的要求，保持好与其他舰艇之间的距离及队形中的位置，以便最大程度发挥武器效能。作战中，舰艇担负编队指挥所分配的观察扇面以及本舰圆周内的侦察预警。在受到空中攻击时，首先由航空兵进行远程防空；在远程防空未能达成的情况下，采用中程防空，主要采用中、远程航空导弹对突击来袭的敌机和反舰导弹进行抗击，其抗击的范围由中远程导弹的射程决定，目前这一区域在15~100km。中远程防空是水面舰艇防空的关键阶段，该阶段防空时间长，拦截效果好，但对一些超低空来袭目标拦截比较困难，需要近程抗击。近程防空是舰艇使用近程航空导弹武器系统和中小口径舰炮及定向能武器进行突击，力争将导弹摧毁于命中前，或将来袭敌机击落。在防空作战中，电子对抗也极为重要，通常以雷达对抗为主，对来袭兵力和反舰导弹实施电子侦察和电子干扰，以破坏敌雷达探测、跟踪和攻击行动，降低敌攻击效果和导弹攻击概率。通常对来袭兵力采用有源干扰的方式进行干扰，如干扰机；对来袭反舰导弹进行干扰则以无源干扰为主，如干扰弹等。

2) 舰载机防空

舰载机防空是指舰载飞机对空中目标搜索和攻击的战斗行动，其装备作战运用可参见空中作战平台的相关内容。

3. 典型战例：英舰拦截伊拉克反舰导弹

海湾战争中，英舰用"海标枪"式舰空导弹成功地拦截了伊拉克反舰导弹，创造了首次海上反导战例。1991 年 2 月 24 日，美战列舰"密苏里"号在美舰"贾勒特"号和英舰"格洛斯特"号的护航下，驶进距科威特海岸线 16km 以内海域，旨在为朝着海岸推进的多国地面部队提供舰炮火力支援。与此同时，位于科威特境内的伊拉克"蚕"式导弹发射场对多国部队的海上行动作出反应，向"密苏里"号及其护卫舰"贾勒特"号发射了 2 枚反舰导弹。第一枚导弹由于受到两舰发射的诱饵的干扰，落在了"密苏里"号和"贾勒特"号之间，而第二枚导弹则在离岸 34km 时被英舰"格洛斯特"号的雷达发现，该舰随即发射了 2 枚"海标枪"式舰空导弹将其击落。

"海标枪"是一种中远程、中高空舰载防空导弹武器系统，主要用于拦截高性能飞机和反舰导弹，也能攻击水面目标。1973 年装备部队，在 1982 年英阿马岛战争中，英海军用该导弹先后击落阿根廷 5 架飞机和 1 架直升机。

7.4.4 对岸作战及装备运用

1. 对岸作战原理

对岸攻击是指海上作战平台使用舰载武器对岸上目标进行攻击的战斗行动。由海对岸攻击已经成为海军作战的一项重要任务，将在未来作战中发挥重要作用，主要包括水面舰艇对岸攻击、潜艇对岸攻击和航空兵对岸突击。

2. 对岸作战中的装备运用

1) 水面舰艇对岸攻击

水面舰艇对岸攻击是支援登陆作战和濒海陆上部队作战的重要因素之一。随着舰载武器的发展，水面舰艇的攻击手段也在不断增加。目前，我海军水面舰艇对岸攻击兵力主要有驱护舰艇以及猎潜艇、登陆舰艇和火力支援舰等。驱护舰通常装有 130mm 或 100mm 口径的舰炮，载弹量大，且其对岸观测装置具备良好的观测能力，因此其具有较强的对岸攻击火力，能够攻击敌岸上火力点、掩体、装甲力量和重要工事；猎潜艇、护卫艇由于装备的火炮口径小，射击距离近，但射速较高，通常压制敌岸有生力量或无防护的火力点等；登陆舰艇通常装有数座小口径的火炮，其在输送登陆兵上岸的同时，可以对岸防兵力进行舰炮攻击；火力支援舰是专门用于对岸攻击的舰艇，装备有数座多管远程火箭炮和中口径舰炮，射程远、火力密集，但其射击精度较差，通常实施对岸压制性火力打击。水面舰艇对岸攻击中，根据舰艇机动方式不同，可分为航行攻击、抛锚攻击和漂泊攻击，具体根据任务要求、突击地域进行确定。

2) 潜艇对岸攻击

潜艇对敌岸上目标袭击时，通常运用潜射巡航导弹或弹道导弹对岸上目标进行攻击。由于导弹发射时对发射区的位置、地理、水文和气象条件，以及潜艇的发射深度、航速和潜艇姿态都有严格要求，为保证发射准确性，需要预设战场；并且对发射场有较高要求，通常选择敌情相对薄弱、海况适宜、便于指挥的海区。此外，由于潜艇对岸观察距离近、通信受限、防御能力相对薄弱，特别是潜载导弹射程较近时，潜艇容易受到敌反潜兵力的威胁，所以其战斗行动必须有可靠的保障。由于受导弹命中精度和威力等条件的制约，潜艇使用导弹攻击岸上目标一般是多发连续射击。弹道导弹潜艇攻击行动中，首先根据任务要求航渡到指定待机区域；进入待机区域后，应采取声呐和潜望镜等进行警戒，并利用可能机会进行测定和校正舰位，并做好装备的检查；在接收到发射命令后，合理安排航向航速，航渡至发射区，并根据发射条件确定发射点，而后进行导弹的发射；攻击结束后，进入预定撤离区域，航潜至大深度进行撤离。潜艇进行巡航导弹对岸攻击与弹道导弹攻击过程类似，仅在作战任务和袭击目标上存在差异，其主要任务是敌岸上战役性目标，袭击目标主要是大面积目标。由于巡航导弹威力小，但命中精度高，因此可选择点状软目标进行精确打击，此外，进行巡航导弹攻击的海区通常距离目标较近。

3) 航空兵对岸突击

随着海军战略转型及海军航空兵武器装备的发展，突击敌岸上目标已成为海军航空兵新时期的一项重要任务。其运用方法与航空反舰具有相似性，主要包括集中突击、连续突击、同时突击和空中游猎四种方式，通常多种方式结合运用，攻击方法也主要包括非制导武器和制导武器的攻击 (参见航空反舰)。

对岸作战的典型战例包括塔拉瓦岛登陆战役、硫黄岛登陆战役、冲绳岛登陆战役、诺曼底登陆战役等，其中，以诺曼底登陆战役最为知名，是目前为止世界上最大的一次海上登陆作战，牵涉接近三百万士兵渡过英吉利海峡前往法国诺曼底。

思　考　题

(1) 简述海上作战平台的发展阶段及其特点。

(2) 海上作战平台可以分为哪几种类型？各有什么作战应用特点？

(3) 简述海上作战的主要样式及其特点。

(4) 一般来说，可以从哪些方面来考察一艘舰艇的性能？

(5) 简述漂雷的几种类型及其各自的特点。

(6) 简述声呐的基本结构及其工作原理。

(7) 通常一艘驱逐舰应包括哪几个系统？各有什么功能？

(8) 简述航母上舰载机的起飞方式及各自特点。

(9) 简述航母蒸汽弹射器和电磁弹射器的工作原理及各自特点。

(10) 简述反舰作战的类型及其特点。

参 考 文 献

卜仁祥，赵月林，房希旺，等. 2013. 船舶操纵与避碰. 大连：大连海事大学出版社.

邓召庭. 2006. 船舶概论. 北京：人民交通出版社.

丁传明. 2008. 世界海军舰载武器集萃. 北京：国防大学出版社.

高欣，冯伟. 2022. 世界兵器解码. 潜艇篇. 北京：机械工业出版社.

韩爱国. 2007. 国外先进武器装备及关键技术. 西安：西北工业大学出版社.

韩鹏, 李玉才. 2007. 水中兵器概论 (水雷分册). 西安: 西北工业大学出版社.

洪碧光. 2016. 船舶操纵. 大连: 大连海事大学出版社.

贾超为, 戴静波. 2022. 世界兵器解码. 航空母舰篇. 北京: 机械工业出版社.

姜来根. 1998. 21 世纪海军舰船. 北京: 国防工业出版社.

刘雪梅. 2005. 船舶原理. 哈尔滨: 哈尔滨工程大学出版社.

曲喜贵, 雷雨. 2009. 现代海战兵器. 北京: 星球地图出版社.

石宏, 郑保华. 2022. 世界兵器解码. 驱逐舰篇. 北京: 机械工业出版社.

石秀华, 王晓娟. 2005. 水中兵器概论 (鱼雷分册). 西安: 西北工业大学出版社.

田坦. 2000. 声呐技术. 哈尔滨: 哈尔滨工程大学出版社.

熊仕涛. 2006. 船舶概论. 哈尔滨: 哈尔滨工程大学出版社.

许腾. 2004. 海军战术协同论. 北京: 海潮出版社.

曾凡明, 吴家明, 庞之洋. 2009. 舰船动力装置原理. 北京: 国防工业出版社.

张欣翼, 李自力. 1999. 世界海军武器装备. 长沙: 国防科技大学出版社.

中国船舶信息中心. 2001. 现代海军武器装备手册. 北京: 国防工业出版社.

Hill R. 2005. 铁甲舰时代的海上战争. 谢江萍, 译. 上海: 上海人民出版社.

Ireland B. 2005. 1914~1945 年的海上战争. 李雯, 刘慧娟, 译. 上海: 上海人民出版社.

Lambert A. 2005. 风帆时代的海上战争. 郑振清, 向静, 译. 上海: 上海人民出版社.

第 8 章　空中作战平台

空中作战平台主要是指用于保障空中作战 (包括空空作战、空对面作战和空对天作战等) 的飞行平台，或称为军用飞行平台。这类军用飞行平台主要飞行于大气层范围内，一般由机体、动力和机载设备三部分组成。

8.1　概　　述

8.1.1　空中作战平台

目前空中作战平台或军用飞行平台，比较常见的有固定翼飞机、旋翼直升机、飞艇和气球等，一般高度在 20km 以下范围内，以军用飞机为主。近期由于世界各国对临近空间飞行器的高度重视，但飞机又很难在 20~100km 的临近空间驻留，所以高空飞艇、高空气球以及高超声速飞行器成为了新兴军用飞行平台装备。

1. 军用飞机

军用飞机是直接参加战斗、保障战斗飞行和军事训练的飞机的总称，是空军的主要技术装备，主要包括战斗机 (又称歼击机)、轰炸机、歼击轰炸机、强击机 (又称攻击机)、军用运输机、侦察机、巡逻机、反潜机、预警机、空中加油机和电子干扰飞机等 (图 8.1.1)。军用飞机大量用于作战，使战争由平面发展到立体空

(a) 歼击机　　　　　　　　(b) 轰炸机

(c) 攻击机　　　　　　　　(d) 预警机

图 8.1.1　军用飞机

间, 对战略战术和军队组成等产生了重大影响。

2. 军用直升机

军用直升机是指用于执行军事任务的直升机。在对地攻击、反坦克作战、支援地面部队作战和支援舰艇部队作战, 以及提高部队机动性和后勤支援等方面具有重要作用。

虽然固定翼飞机在飞行高度、速度、重量等方面远超过直升机, 但在某些特定情况下的灵活性不足。直升机可以垂直起飞和降落, 可以悬停、倒飞, 贴地飞行, 可以利用地形地物在离地 10m 以下的高度 (通常为 3~5m) 隐蔽机动, 具有极高的战术灵活性。

大量使用直升机已是现代战争的重要特征之一, 直升机的突出作用是提高了机动作战能力。根据这一特点, 许多国家组建起以直升机为主要装备的陆军航空兵。海军的舰队、陆战队和大型舰艇也装备有直升机。美、法等国还利用直升机作为载机, 组建了快速反应部队。

军用直升机 (图 8.1.2) 分为武装直升机 (包括强击直升机、歼击直升机、反潜直升机等)、运输直升机 (包括起重直升机)、作战勤务直升机 (包括侦察直升机、电子战直升机、指挥直升机、通信直升机、布雷直升机、扫雷直升机、技术支援直升机、救护直升机等专用直升机和教练直升机) 三大类。

图 8.1.2　军用直升机

3. 飞艇与气球

飞艇与气球都是密度小于空气的航空器, 两者最大的区别在于飞艇具有推进和控制飞行状态的装置。飞艇由巨大的流线型艇体、位于艇体下面的吊舱、起稳定控制作用的尾面和推进装置组成。艇体的气囊内充以密度比空气小的浮升气体借以产生浮力使飞艇升空，吊舱供人员乘坐和装载货物，尾面用来控制和保持航向、俯仰的稳定。

飞艇获得的升力主要来自其内部充满的比空气密度小的气体，如氢气、氦气等。现代飞艇一般都使用安全性更好的氦气来提供升力，另外，飞艇上安装的发动机也可提供部分升力。发动机提供的动力主要用在飞艇水平移动以及艇载设备的供电上，所以飞艇相对于现代喷气飞机节能性能较好，而且对环境的破坏也较小。

从结构上看，飞艇一般可分为三种类型：硬式飞艇、半硬式飞艇和软式飞艇。硬式飞艇是由其内部骨架 (金属或木材等制成) 保持形状和刚性的飞艇，外表覆盖着蒙皮，骨架内部则装有许多为飞艇提供升力的充满气体的独立气囊。半硬式飞艇要保持其形状主要是通过气囊中的气体压力，其他部分也要依靠刚性骨架。

随着科技的发展，飞艇在军事领域重新得到了重视和新的应用。例如，高空预警飞艇是在高空执行预警侦察的专用飞艇，这种飞艇配有太阳能电池，能够长期飘浮于高空执行预警和侦察任务，由于飞行高度的关系，这种比空气密度小的飞行器可以避开暴风雪和狂风，长达数年模仿地球同步轨道卫星与地面保持相对固定的位置。美国大型高空飞艇项目 (HAA，图 8.1.3) 的主要作战任务就是长时间停留在美国大陆边缘地区的高空中，监视可能飞向北美大陆的弹道导弹、巡航导弹等目标。

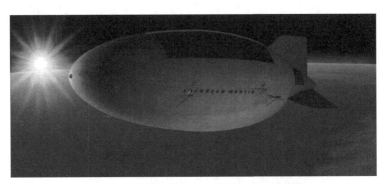

图 8.1.3　美国大型高空飞艇 (HAA) 想象图

气球是一种无动力浮空器，其系统构成主要包括球体、吊舱等，球体内充以浮升气体产生浮力。根据不同军事任务的需要，吊舱内可安装相应载荷，满足预警侦察、通信中继等任务。例如，美军 SkySat 通信中继气球系统 (图 8.1.4) 可以在几十千米的高度提供通信中继，解决地面部队处于陆地视距范围之外的通信难题。

图 8.1.4　美国 SkySat 通信中继气球

4. 高超声速飞行器

高超声速飞行器一般指飞行速度超过 5 马赫 (1 马赫 ≈ 340.3m/s)，以吸气式高超声速推进系统为动力的飞行器。它作为一种新概念空中作战平台，可以像飞机一样从传统的跑道上起飞和着陆，以高超声速在大气层外飞行，并可在极短的时间内向全球任何时间敏感目标或移动目标发起攻击，真正实现"发现即摧毁"。高超声速飞行器的飞行区域包括 20km 以下的大气层和 20~100km 的临近空间，采用脉冲爆震发动机 (pulsed detonation engine，PDE) 的高超声速飞行器，其飞行区域甚至可以扩展到 100km 以上的区域。

超高度、超声速和超机动的飞行特点使得高超声速飞行器具有诸多优势：

(1) 飞行速度快，作战范围广。高超声速飞行器的飞行速度可以达到 8~10 马赫，能够在 2h 之内抵达地球上任一点。目前，美国空军与洛克希德·马丁公司合作研制的一种代号为"隼"(Falcon) 的高超声速巡航飞行器，其航程高达 16668km，可从美国本土起飞和降落，并在 1~2h 内攻击全球范围的任何性质的目标，极大地拓展了战场空间。

(2) 隐蔽性好，探测难度大。高超声速飞行器一般体积较小，并可在几万米高空高速巡航，大多数雷达、预警机等侦察预警系统很难发现并精确跟踪。

(3) 突防能力、生存能力强。在具有良好隐蔽性的同时，高超声速飞行又使得对方拦截武器没有足够的反应时间和实施拦截的飞行速度，因此突防能力极强，能够达到出其不意的攻击效果。

(4) 打击目标能力强。高超声速飞行器飞行速度快，具有惊人动能，因此对深层坚固目标、时间敏感性目标等具有很强的打击能力。

8.1.2　军用飞机发展概况

自从第一架有人驾驶飞机 1903 年 12 月 17 日上天以来，航空发展历史已有一百多年，而飞机用于战争出现在 1910 年。飞机的发展大致可分为两个阶段：第一阶段为前五十年，主要是带活塞式发动机的螺旋桨飞机；第二阶段为 20 世纪 50 年代初至今，主要是带喷气式发动机的超声速飞机。

带活塞式发动机的螺旋桨飞机的发展大致又可分为三个时期。初期 (1903 年至 1914 年前后)，飞机的基本特点是外形粗糙，飞行速度很低。为了获取足够的升力以平衡飞机的重量并有一定的余量，机翼面积做得很大，并有大量的支柱、撑杆和张线，发动机和机组乘员全部暴露于空气之中。中期 (1914 年前后至 1930 年前后)，飞机最大速度由每小时 100 多千米提高到每小时 200 多千米，飞机外形和结构变化很大，张线已大量减少，发动机一般都装有环形的整流罩，轮轴也做成整流形的。后期 (至第二次世界大战结束) 是活塞式发动机飞机的完成时期。气动外形已经逐步完善，飞行速度及其他性能进一步提高，机翼面积减小很多，并完全放弃双翼机和三翼机方案，起落架可收放，采用活动座舱盖。

20 世纪 40 年代后期，随着涡轮喷气发动机的诞生，出现了高亚声速 (800~900km/h) 喷气式战斗机和轰炸机；20 世纪 50 年代初，出现了第一代超声速战斗机；20 世纪 60 年代初，飞行马赫数达到 2.0；20 世纪 60 年代中期，出现了突破“热障”的马赫数达到 3.0 的战斗机和轰炸机；20 世纪 70 年代，主动控制技术和推重比 8.0 级航空发动机导致一批高机动性战斗机的出现；20 世纪 80 年代，隐身技术的实用化导致隐身和准隐身战斗机、轰炸机的出现。在机载武器方面，空对空导弹由 20 世纪 50 年代的射程为数千米的红外导弹，发展到目前复合制导的精度高、机动性好、抗干扰强，以及具有多目标攻击和发射后不管、射程在 60km 以上的先进中程空对空导弹。在机载火控雷达方面，由 20 世纪 50 年代初的简单的雷达测距器，发展到目前用于进行全面火力控制的多功能相控阵雷达，不但可用于全方位的空战火力控制，而且可用于空对地作战。

战斗机是军用飞机中最重要的类型。随着技术的进步，使用喷气式发动机的超声速战斗机也在不断升级换代。从 20 世纪 50 年代出现第一代超声速战斗机开始到现在，带喷气式发动机的超声速飞机已经发展到第四代。

1. 第一代超声速战斗机

第一代超声速战斗机出现在 1953 年左右，代表机型有美国的 F-86、F-100 和苏联的米格-15 (图 8.1.5)、米格-17。

第一代超声速战斗机最大飞行马赫数为 1.3 左右，属于低超声速范畴。气动外形方面为了减少激波阻力，多采用后掠机翼及细长机身。动力装置为带有加力燃烧室的涡轮喷气发动机。飞机推重比 (飞机所装动力装置的推力与飞机重量之比) 较小，多数在 0.6 左右。因此，飞机的基本飞行性能及机动性能较差。机载武器为航炮、火箭及第一代空空导弹。作战以航炮为主，并配有光学/机电式瞄准具。机载雷达为第一代雷达。

图 8.1.5　米格-15 战斗机

2. 第二代超声速战斗机

第二代超声速战斗机出现于 20 世纪 60 年代。代表机型有美国的 F-104、F-4 (图 8.1.6)；苏联的米格-21、米格-23；法国的"幻影"Ⅲ 及瑞典的 Saab-37 等。

图 8.1.6　F-4 战斗机

第二代超声速战斗机最大飞行马赫数发展到 2.0 ～ 2.5，仍然强调飞行速度和飞行高度，飞机机动性能改善不多。气动外形方面，机翼特征为大后掠角的后掠翼、三角翼、变后掠翼，个别飞机采用了小展弦比平直翼。为了适应超声速飞行，翼型普遍采用尖前缘薄翼型。动力装置仍以带加力燃烧室的涡轮喷气发动机为主，但推力增大，飞机推重比提高。机载武器以近距红外导弹和第二代中距雷达制导的导弹为主，并配有航炮。开始配备具有拦射能力的火控系统。机载雷达属第二代雷达，代表型雷达有 AN/APQ-72、AN/APQ-120。

3. 第三代超声速战斗机

第三代超声速战斗机出现于 20 世纪 70 年代中期。代表机型有美国的 F-14、F-15、F-16；苏联的米格-29、苏-27 (图 8.1.7)、米格-31；法国的"幻影"-2000；中国的歼-10 等。

图 8.1.7   苏-27 战斗机

第三代超声速战斗机最大飞行马赫数仍为 2.0 左右，与第二代超声速战斗机相比，升限没有什么变化，但其他主要性能指标，如爬升率、盘旋半径、稳定和瞬时盘旋角速度、加速性等都有大幅度提高，突出了中低空、亚跨声速的机动性，即所谓格斗性能。气动布局方面广泛采用了边条机翼、机动襟翼和翼身融合等先进技术。动力装置改用带加力的涡轮风扇发动机。飞机翼载 (飞机重量比机翼面积) 低，推重比高 (往往超过 1)。普遍采用电传操纵系统 (FBWS) 和主动控制技术中的放宽静稳定性技术。机载武器配备速射航炮和第三代中程导弹和近距格斗导弹，并装有全方位、全高度、全天候的火控系统。机载雷达为脉冲多普勒雷达。

4. 第四代超声速战斗机

第四代超声速战斗机以隐身、超声速巡航、超机动性、高度综合的航电系统等为主要技术特征，其代表机型为美国的 F-22 (图 8.1.8)、F-35、中国的歼-20。另外，俄罗斯的 T-50，法国的"阵风"(Rafale)，英国、德国、意大利和西班牙联合研制的 EFA (欧洲战斗机)，以及瑞典的 JAS39 也具有四代机的大部分特征。

图 8.1.8   F-22 战斗机

第四代超声速战斗机在总体上突出了雷达、红外与射频综合隐身性能。在气动布局方面，除第三代已经采用的边条翼、翼身融合，近距耦合鸭式布局外，还可能采用前掠翼，以及综合考虑减少雷达散射截面积 (RCS) 的外形隐身设计。机体结构大量采用复合材料 (可能达到机体结构的 30%～50%)。动力装置采用低涵道比 (0.1～0.2) 涡扇发动机或变循环 (变几何) 发动机。在发动机的调节上，采用全功能数字式电子控制系统 (即所谓电调)，并采用了二元喷管 (尾喷管为长方形，可改变推力方向和减少红外辐射)。发动机的推重比达到 10。主动控制技术比第三代飞机有所发展，除继续使用放宽静稳定性技术外，直接力控制得到实际应用。机载雷达采用多功能相控阵雷达。

据专家预测，到 2030 年后，美国将出现第五代超声速战斗机，第五代超声速战斗机的主要特征是高隐身、高智能和高能武器，俄罗斯以及亚欧部分国家也在研究和跟踪第五代超声速战斗机的核心技术。

8.1.3　军用飞机基本组成与分类

1. 飞机的基本组成及其功用

常规布局飞机的主要组成部分包括机身、机翼、增升装置、尾翼、起落装置、动力装置、操纵系统及机载设备等，军用飞机还有武器和火控系统，如图 8.1.9 所示。

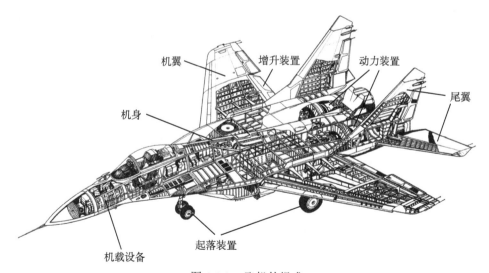

图 8.1.9　飞机的组成

1) 机身

机身用于乘坐人员，装载设备、货物、武器弹药、动力装置和燃料。机翼、操纵系统、尾翼、起落装置等也装在机身上。

2) 机翼

机翼是产生升力，支持飞机在空中完成各种飞行动作的重要部件。根据平面形状可分为矩形机翼、梯形机翼、后掠机翼和三角机翼，此外还有边条机翼和前掠机翼等。

机翼上通常装有副翼和增升装置。副翼是专门用于横向操纵的操纵面，一般装于机翼的外侧后部；考虑到副翼弹性扭转变形问题，有的高速飞机的副翼由机翼外侧移向靠近机身的内侧；有的把副翼做成内、外两块，低速时使用外侧副翼，高速时使用内侧副翼。它们被分别称为正常副翼、内侧副翼和混合副翼。在一些无尾的三角翼飞机上，副翼有时可兼作纵向操纵的升降舵，称为升降副翼。

3) 增升装置

增升装置主要用于提高飞机低速飞行时的升力，特别是提高飞机起飞、着陆时的升力，减小着陆速度，缩短起飞、着陆的滑跑距离。常见的增升装置是各类襟翼，主要有后缘襟翼、前缘缝翼、前缘襟翼和吹气襟翼等。在一些先进的作战飞机上，为了提高亚声速飞行时的机动能力，机翼上还装有随飞行状态变化而偏转的、由前缘和后缘襟翼联动组成的机动襟翼。襟翼的主要气动性能贡献是增大机翼弯度，延缓气流分离，从而使飞机最大升力系数和临界迎角增大。

4) 起落装置

起落装置用于保障飞机起飞和降落、在地面 (水面) 上停放和滑行中支撑飞机。起落装置包括起落架、机翼增升装置、起飞加速装置和着陆 (着舰) 减速装置。舰载飞机还装有着陆 (着舰) 拦阻钩。起落架在飞行中一般可以收起，以保证飞机具有干净的外形。

5) 动力装置

动力装置主要用于提供飞机飞行所需的推力 (或拉力)，由航空发动机以及保障发动机工作的各种装置和系统组成。这些装置和系统主要包括进气装置、排气装置 (喷管)、启动装置、操纵系统、燃油系统、滑油系统、灭火设备、发动机固定装置和推力方向控制系统等。目前军用飞机最常用的发动机是涡轮喷气发动机、涡轮风扇发动机和涡轮螺旋桨发动机。活塞式发动机只用于一些轻型飞机。

6) 尾翼

尾翼包括水平尾翼和垂直尾翼。水平尾翼又包括水平安定面和升降舵。现代超声速飞机广泛采用水平安定面和升降舵合为一体的全动水平尾翼。水平尾翼的作用是使飞机具有所需的俯仰稳定性，保持和改变飞机的俯仰姿态。有的飞机的全动尾翼是差动型的，当需要时，这种差动型水平尾翼的左、右翼面可反向转动起副翼作用，以提高飞机的横向操纵能力。垂直尾翼一般由垂直安定面和方向舵组成，其主要功能是保证飞机具有一定的方向稳定性，提供方向平衡和操纵能力。

7) 操纵系统

飞机飞行操纵系统是根据飞行员的要求，传递操纵信号，偏转舵面，使飞机完成预定飞行动作的机械/电气系统。飞机飞行操纵系统是飞机的主要系统之一，它的工作性能是否良好，在很大程度上影响着飞机的性能和品质。

根据操纵信号的来源，通常把飞机飞行操纵系统分两大类：一类是人工飞行操纵系统，其操作信号由飞行员发出；另一类是自动飞行控制系统，其控制信号由系统本身自动产生。

8) 机载武器和火控系统

机载武器系统由武器弹药、装挂发射装置和火力控制系统组成。武器弹药用来直接杀伤和破坏敌方空中、地面和水面 (水下) 的各种目标；装挂发射装置用来把武器弹药装挂在飞机上，并确保其正常工作和投射；火力控制系统用来搜索、识别、跟踪和瞄准目标，控制弹药的投射方向、时机和密度，使其命中目标。

9) 导航系统

导航就是引导飞机沿预定的航线飞向预定目标或地点。为了圆满完成导航任务，除了要正确选取导航方案之外，还要有一套高可靠性和适当精度的导航设备。导航系统就是由这些导航设备组成的系统，在一定的飞行条件和环境下，能够准确测得并恰当处理各导航要素 (如位置坐标、飞行速度、目标方位和距离等)，给出适当精度的定位信息，实现对飞机的正确引导。飞机导航系统按其工作原理的不同，可以分为无线电导航系统、惯性导航系统、天文导航系统、组合导航系统和目视导航设备等。

2. 飞机的分类

一般来说，飞机按用途主要可分为两大类：军用飞机和民用飞机。军用飞机较注重飞行性能或作战效能，而民用飞机则较重视使用性能或经济效益。这里主要介绍军用飞机。

(1) 军用飞机按其用途不同，可以细分为执行歼灭空中敌机和飞航式兵器任务的歼击机；用于突击敌人战术和浅近战术纵深内军事目标的强击机；用于对敌方地面、水面和水下目标进行轰炸的轰炸机；用于搜索和攻击敌方潜艇的反潜机；用于从空中获取情报的侦察机；用于运送军事人员、武器装备和其他军用物资的运输机；以及预警机、电子对抗机和空中加油机等特种飞机。

(2) 可以按构造进行分类：根据机翼的数目，飞机可分为单翼机和双翼机；根据机翼的位置，飞机可分为上单翼、中单翼和下单翼飞机；按机翼的平面形状，分为平直翼飞机、后掠翼飞机、前掠翼飞机和三角翼飞机；根据水平尾翼的位置和有无水平尾翼，可分为正常布局飞机 (水平尾翼在机翼之后)、鸭翼飞机 (水平尾翼在机翼的前面) 和无尾飞机 (没有水平尾翼或垂直尾翼，或两者都没有)；根据垂直尾翼的数目和形状, 分为单垂尾、双垂尾、三立尾和 V 形尾翼飞机。

(3) 按照推进装置的类型, 飞机可分为螺旋桨飞机和喷气式飞机; 按发动机的数目分为单发动机飞机、双发动机飞机和多发动机飞机。

(4) 按着陆场所分为陆上飞机、雪上 (冰上) 飞机、水上飞机和舰载飞机。由于着陆场所不同, 这些飞机的起落装置具有明显的区别: 陆上飞机一般使用机轮起落, 雪 (冰) 上飞机采用滑橇起落, 水上飞机则使用船身或浮筒, 而舰载飞机则装有拦阻钩。

(5) 按飞行速度分为亚声速飞机、跨声速飞机和超声速飞机。

8.1.4   空中作战样式

按照作战主体空间, 空中作战样式可分为空对空作战、空对面作战和空对天作战。

1. 空对空作战

空对空作战是交战双方以各种航空武器装备在空中进行的作战行动。空对空作战是夺取制空权的传统方法之一。在高技术空天战场环境下, 空对空作战仍占据重要地位。

空对空作战既有超视距空战, 又有近距空战; 既有导弹攻击, 又有航炮格斗, 还可能使用机载激光武器。空战方式呈现出以导弹为主、弹炮结合, 实施全天候、全方位、多距离和多目标攻击的多样化发展趋势。新一代战斗机和远距空空导弹的出现, 使超视距攻击成为现代空战的重要形式。现代中/远距空空导弹, 综合采用了惯性制导、雷达制导、红外制导和 GPS 制导等方式, 基本具备了 "发射后不管" 和攻击高机动目标的能力。当然, 在许多情况下, 如双方实力相当的大规模空战, 或者作战平台都具备了隐身性能等, 近距空战和使用航炮攻击的空战方式还会出现。航炮采用综合火力控制系统, 实现前半球攻击, 射速和杀伤威力将进一步提高。

2. 空对面作战

空对面作战是指运用航空武器装备通过突击敌指挥/控制/通信系统、航空航天基地和阵地等, 将敌大量的重要军事目标消灭在地面和海上; 另一方面获取敌军事情报, 为己方地 (海) 面作战部队提供信息支援和火力支援的作战、支援行动。

从空中作战发展趋势看, 在空军高度机动能力、纵深打击能力、全天候作战能力、远程突击能力、强大电子战能力和猛烈杀伤能力等作战能力不断增强的情况下, 通过进行独立的空中进攻作战, 制敌于地面和海上, 迅速实现战略目标, 将成为 21 世纪空中作战的重要特征。

3. 空对天作战

空对天作战是利用各种作战飞机和空天飞机携带反航天器武器，升空到一定高度和空域，然后向太空发射或利用各种反航天器的导弹、激光、动能武器等，破坏、摧毁敌方卫星和其他太空目标的作战行动。

空对天作战具有机动能力强、反应速度快、作战时间短、作战灵活等特点，且消耗代价小，但也有一定的局限性。由于受空中作战平台机动能力、机载太空武器技术和大气层的限制，空对天作战通常用于对部署在较低轨道上的太空目标进行打击。

8.2　空中作战平台的主要技术原理

本节主要介绍与固定翼飞机和旋翼直升机相关的技术原理。

8.2.1　飞机飞行原理

1. 飞机的空气动力特性

飞机之所以能飞，是由于装在飞机上的发动机转动螺旋桨产生拉力或直接向后喷气产生推力，使飞机增速前进。而飞机机翼在飞机前行时，空气流过机翼，产生空气动力升力 Y。当飞行速度达到一定值时，升力 Y 超过飞机重力 G，飞机就升空飞行。飞机在增速时还要通过发动机产生的拉力或推力 p 来克服气流对飞机的阻力 Q。飞机飞行中的受力如图 8.2.1 所示。

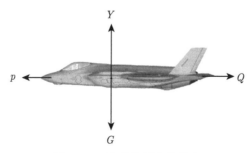

图 8.2.1　飞机飞行中的受力

飞机在空中等速平飞需要满足以下条件：

$$\begin{cases} Y = G \\ p = Q \end{cases} \qquad (8.2.1)$$

2. 升力的产生原理

1) 伯努利定理

伯努利定理是能量守恒定理在气体流动中的应用，描述气体在流动过程中压力与流速之间的关系。它是研究气流特性和在飞行器上产生气动力的物理原因及其变化规律的基本定理之一。

气体流动速度与压力之间的关系，可用图 8.2.2 的试验结果来说明。当管道中的气体静止时，管道各个截面上的气体压力相同，均为当地大气压力，所以测压玻璃管中压力指示剂的液面高度一致，如图 8.2.2(a) 所示。当气体稳定、连续地流过试验管道时，根据气体质量连续方程，流过各个截面上的质量流量应该相同。如果不考虑大气密度的变化，则在试验管道各截面处的气流速度应当随截面积的变化而变化：截面积大的地方流速小，截面积小的地方流速大。通过试验发现，不仅各截面上的气流速度不同，而且气体的压力也各不同。观察测压管中指示剂的液面高度就可以发现：液面的高度普遍升高 (说明试验管道中的压力普遍降低)，但是不同截面处的升高量不同，管径小的地方指示剂液面上升得多，管径大的地方指示剂液面上升得少，如图 8.2.2(b) 所示。这一事实表明：流速大的地方，气体的压力小；流速小的地方，气体的压力大。气体压力随流速而变化的这一关系，就是伯努利定理的基本内容。

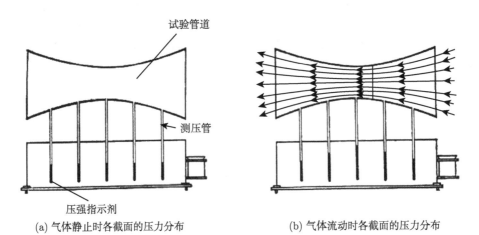

(a) 气体静止时各截面的压力分布　　　　　　　　(b) 气体流动时各截面的压力分布

图 8.2.2　流速与压力的关系

对于不可压缩的均质流体，在不考虑地球引力场中势能变化的条件下，伯努利定理可以使用以下方程表示：

$$\frac{1}{2}\rho v^2 + p = 常数 \tag{8.2.2}$$

式中，ρ 是流体密度；v 是流体的流动速度；p 是流体所受的压强。

2) 升力的产生

现代飞机轻者几吨，重者有几百吨，它们能在空中自由飞行，主要是由于它们在空中与空气做相对运动产生的空气动力的作用。所谓空气动力是指物体与空气相对运动相互作用产生的空气对物体的作用力。支持飞机在空中飞行的升力是空气动力的一个分力。飞机升力主要由机翼产生。

当飞机在空中以速度 V 飞行时，它与静止空气之间就产生了相对运动。根据运动的相对性原理，飞机机翼 (连同飞机一起) 被看成静止时，空气将以飞机运动的速度 V 反向流过机翼。为了了解飞行中空气流过机翼表面的情况，可以先看一下气流流过翼剖面的情况。如图 8.2.3 所示，翼剖面前缘点和后缘点之间的连线称为翼弦，翼弦与相对气流速度方向之间的夹角 α 称为迎角。图 8.2.3 中带箭头的细线代表气流的轨线，在稳定流动的情况下称为流线。气流在相邻流线之间流动就好像在一个管子内流动一样，因此由这些相邻流线组成的假想管子就称为流管。流线从前方流向翼剖面时，在翼剖面的前面分成两股，一股沿上表面向后流动，一股沿下表面向后流动。在迎角 α 为正时，上表面附近的流线先变密，流管变细，然后再逐渐变稀、变粗，恢复原状；流经下表面附近的流线先变稀，流管变粗，然后再逐渐变密、变细，恢复原状。由气体的连续性特点和伯努利定理可知，这时机翼上表面附近的气流速度必然加快、压强必然降低，而流经机翼下表面附近的气流速度必然减慢、压强必然增大，从而使机翼上、下表面出现压强差 (图 8.2.4)。上、下表面压强差产生的对机翼作用力，再加上机翼表面与气流相对运动产生的指向后方的摩擦力，就形成了总空气动力 R。总空气动力 R 可以分解为两个分力：一个垂直于相对气流流动速度 V 的分力，起着举起飞机的作用，称为升力或举力；另一个平行于相对气流流动速度 V，起着阻止飞机前飞的作用，称为阻力。

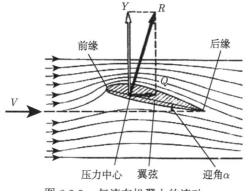

图 8.2.3　气流在机翼上的流动

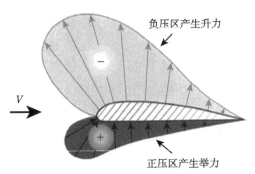

图 8.2.4　机翼上的压力分布

3) 升力的影响因素

根据库塔–茹科夫斯基升力定理，在定常理想、不可压流中，直匀流流过任意截面形状翼型的升力为

$$Y = \rho v_\infty \times \Gamma \tag{8.2.3}$$

所以对给定密度 ρ 和速度值 v_∞，只要确定了给定迎角和几何外形翼型的环量值 Γ，根据升力定理即可求出作用在翼型上的升力，其中环量 Γ 是指气流流过机翼后，可以模拟机翼气动效果的一个当量值，其值可以根据库塔–茹科夫斯基条件确定。

从库塔–茹科夫斯基升力定理可以看出，影响飞机升力的基本因素有：机翼在气流中的相对位置 (迎角)、气流的速度 (飞行速度) 和空气密度、飞机机翼的形状和面积等。

在飞行速度等其他条件相同的情况下，得到最大升力的迎角，称为临界迎角，如图 8.2.5 所示。在小于临界迎角的范围内增大迎角，升力增大；超过临界迎角后，增大迎角，升力反而减小。这是因为，迎角增大时，在机翼上表面前部，流线更为弯曲，流管变细，流速加快，压力降低；而在机翼下表面，气流受到阻挡，流管变粗，流速减慢，压力增大，所以此时升力增大。但是迎角增大的同时，由于机翼上表面最低压力点的压力降低，机翼后缘部分的压力比最低压力点的压力大得更多，所以在机翼上表面后部的附面层中，空气向前倒流的趋势增强，气流分离点向前移动，涡流区扩大，会破坏空气的平顺流动，从而使升力降低。在中、小迎角，增大迎角时，分离点前移缓慢，涡流区只占机翼后部不大的一段范围，对机翼表面空气的平顺流动影响不大，升力增加的效果起主要作用。因此，在小于临界迎角的范围内，迎角增大，升力是增大的。到临界迎角，升力达到最大。超过临界迎角后，迎角再增大，则分离点迅速前移，涡流区迅速扩大，严重破坏空气的平顺流动，机翼上表面前段，流管变粗，流速减慢，吸力降低。从分离点到机翼后缘的涡流区内，压力大致相同，比大气压力稍小。在靠近后缘的一段范围内, 吸力虽稍有增加, 但很有限, 补偿不了前段吸力的降低。所以, 超过临界迎角以后, 迎角再增大, 升力反而会突然减小, 导致飞机的飞行高度快速降低, 造成失速, 因此临界迎角也称为失速迎角。

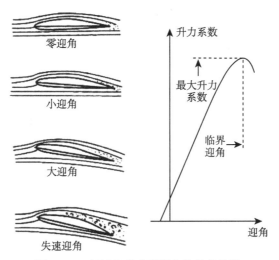

图 8.2.5 气流和升力系数与迎角的关系

飞行速度越大, 升力越大, 升力与飞行速度的平方成正比。空气密度越大, 升力也越大, 升力与空气密度成正比。飞行速度增大, 为什么升力会随之增大呢? 因为在相同迎角下, 机翼周围的流管形状基本上是不随飞行速度而变的。飞行速度增加越多, 机翼上表面的气流速度将增大越多, 压力降低得也越多; 与此同时, 机翼下表面的气流速度减小得越多, 压力也增大越多。于是, 机翼上、下表面的压力差相应增大, 升力也相应增大。值得注意的是, 飞机的飞行阻力与升力一样, 也随飞行速度和空气密度的变化而变化, 且变化规律与升力相同。

机翼面积和形状对升力的影响很大, 升力与机翼面积的大小成正比。改变机翼的切面形状, 也会改变机翼的升力。

4) 机翼

机翼几何参数包括机翼平面形状参数和其他机翼参数。图 8.2.6 给出了描述机翼几何外形的基本几何参数定义。其他机翼参数主要有安装角、扭转角, 上 (下) 反角和机翼相对于机身的垂直位置等。安装角是翼根弦与水平线的夹角, 扭转角是翼尖弦与翼根弦之间的夹角, 上 (下) 反角是机翼与水平线的夹角。

翼型也称为翼剖面, 是机翼和尾翼成形的重要组成部分, 其直接影响到飞机的性能和飞行品质。例如, 对于低亚声速飞机, 为了提高升力系数, 翼型形状为圆头尖尾形; 对于高亚声速飞机, 为了提高阻力发散马赫数采用超临界翼型, 其特点是前缘丰满、上翼面平坦、后缘向下凹; 对于超声速飞机, 为了减小激波阻力,一般选用相对厚度在 5% 以下,弯度小的尖头、尖尾形翼型,如图 8.2.7 所示。

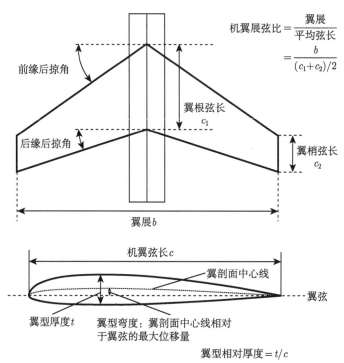

$$\text{机翼展弦比} = \frac{\text{翼展}}{\text{平均弦长}}$$
$$= \frac{b}{(c_1+c_2)/2}$$

翼型相对厚度 $= t/c$

图 8.2.6   机翼几何外形基本概念

(a) 低亚声速翼型   (b) 高亚声速超临界翼型   (c) 高速翼型

图 8.2.7   飞机的翼型

按照机翼俯视平面形状的不同,机翼可以分为平直翼、后掠/前掠翼、三角翼等三种基本类型,如图 8.2.8 所示。其中,平直翼适用于低速飞机,其他类型适用于高速飞机。

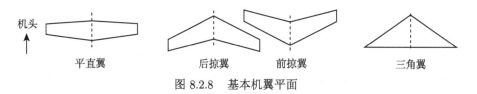

平直翼   后掠翼   前掠翼   三角翼

图 8.2.8   基本机翼平面

如果把机翼的前、后缘做成可活动的舵面,则其可改变机翼剖面弯度和机翼面积，增加飞机升力，改善飞机飞行性能。这种可增加飞机升力的活动舵面称为增升装置或襟翼。襟翼一般分为前缘襟翼和后缘襟翼，如图 8.2.9 所示。

(a) 前缘襟翼　　　　　(b) 后缘襟翼

图 8.2.9　基本的襟翼

3. 飞机的气动布局

飞机的气动布局通常是指飞机不同的气动力承力面的安排形式。全机气动特性取决于各承力面之间的相互位置以及相对尺寸和形状。机翼是主承力面，它是产生升力的主要部件，前翼、平尾、垂尾等是辅助承力面，主要保证飞机的安定性和操纵性。自喷气式战斗机出现以来，飞机的气动布局已经有了多种形式，主要有常规布局、鸭式布局、无尾布局、三翼面布局、飞翼布局、变后掠翼布局、前掠翼布局、隐身布局和随控布局等。这些气动布局都有各自的特点、特殊性和优缺点。

1) 常规布局

常规布局是指将飞机的水平尾翼和垂直尾翼都放在机翼后面、飞机尾部的气动布局形式。这种布局飞机的机翼，不管是平直翼、后掠翼还是三角翼都是产生升力的重要部件，并普遍采用前三点式的起落架。常规布局是现代飞机经常采用的气动布局，又称为正常式布局。

后来研究发现，如果在机翼前缘靠近机身两侧处各增加一片大后掠角的"机翼"，可以改善飞机大迎角飞行状态的气动特性，使升力增加，诱导阻力减小，延缓跨声速时波阻的增加，减小超声速时的波阻，但同时产生使飞机上仰的力矩，容易使飞机不稳定。增加的这部分"机翼"就是边条，边条连同基本翼构成的复合机翼称为边条翼。第三代以后的飞机大都采用这种常规布局加边条翼的形式，如美国的 F-16、F/A-18、F/A-22，俄罗斯的米格-29、苏-27 (图 8.2.10) 等。采用这种布局的战斗机，增强了飞机在近距格斗时大迎角状态的机动性和大过载机动飞行的能力。

2) 鸭式布局

鸭式布局是指将操纵面放在机翼之前的气动布局形式，这种布局可以得到较长的力臂，因而有较好的操纵性。根据鸭翼距机翼的相对位置，鸭式布局可以分为远距鸭式布局和近距鸭式布局两种形式，如图 8.2.11 所示。

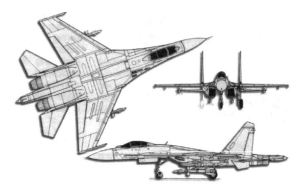

图 8.2.10 苏-27 三视图

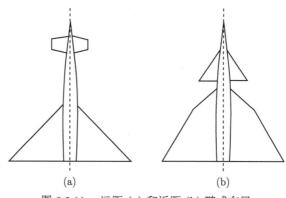

图 8.2.11 远距 (a) 和近距 (b) 鸭式布局

　　早期的螺旋桨飞机，由于发动机、螺旋桨和飞行员都在飞机的前部，飞机重心靠前，采用鸭翼容易失速，将它作为纵向平衡和操纵的主要操纵面是不利的，因此适合采用常规布局。随着飞机进入超声速飞行，机翼采用大后掠角引起飞机气动中心后移，同时由于发动机功率增大引起发动机重量增加，军用飞机发动机安装在机身后部使飞机的重心越来越靠后，平尾力臂不断减小，这就需要增大平尾面积，所以导致重心后移和增加平尾面积的恶性循环，鸭式布局重新引起人们的重视。鸭翼配合大后掠角三角翼使得飞机高低速性能均得到有效提升。

　　与常规布局的飞机相比，鸭式布局的飞机受力形式大不相同。对于静稳定的飞机，重心在气动中心之前，平尾的平衡力方向向下，对于全机起着降低升力的作用；而鸭式布局的飞机则相反，鸭翼的平衡力向上，提高了全机的升力，如图 8.2.12 所示。在大迎角飞行时，鸭翼的气动收益会得到充分的展示。例如，采用鸭式布局的歼-10 飞机在大迎角起飞时，最短 250m 的起飞距离说明，鸭翼的气动收益是极其显著的。

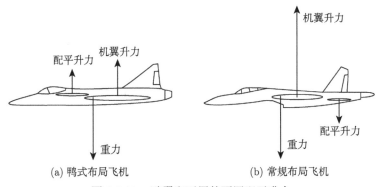

(a) 鸭式布局飞机   (b) 常规布局飞机

图 8.2.12 鸭翼和平尾的不同配平升力

而近距鸭式布局则进一步利用鸭翼和机翼前缘分离旋涡的有利相互干扰作用 (图 8.2.13)，使旋涡系更加稳定，推迟旋涡的分裂，这样就提高了大迎角时的升力并减小了阻力，对提高飞机的机动性有很大好处。

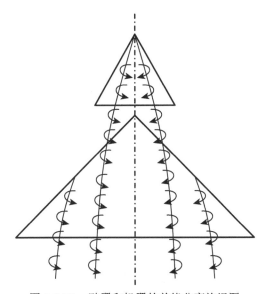

图 8.2.13 鸭翼和机翼的前缘分离旋涡图

3) 无尾布局

常规布局的飞机都有水平尾翼和垂直尾翼，它们是保证飞机稳定飞行和方向操纵的部件，但也是飞机沉重的累赘。由于尾段离飞机重心远，所以它们对全机结构重量的影响举足轻重，尾部质量减小 1kg，相当于其他部件质量减小 2kg，所以如果能够去掉平尾和垂尾，那么飞机的重量可以减小很多。同时，尾段又是难以隐蔽的雷达反射源，所以没有了"尾巴"，飞机的固有隐身特性可以上一个新台阶。

那么，用什么来代替飞机的"尾巴"呢？一是在飞机上设计新的操纵面；二是通过机载计算机和电 (光) 传操纵系统对所有操纵面进行瞬态联动，来模拟平尾和垂尾的作用；三是利用发动机可转动喷口的转向推力对飞机进行辅助操纵。

通过对多种常规布局、鸭式布局和无尾布局飞机方案的研究发现，无尾布局飞机的重量最轻，结构和制造也相对简单，从而成本和价格较低；机动飞行性能中的稳态盘旋性能和加减速性能也最好。但这种气动布局也有不少缺点，如飞机的纵向操纵和配平仅靠机翼后缘的升降舵来实现，由于力臂较短，操纵效率不高；同时限制飞机的起飞着陆性能，特别是着陆性能，而且改进余地不大。

一般来说，无尾布局飞机可以分为无平尾、无平尾/垂尾两种情况。例如，美国的 F-102、F-106，法国的"幻影"Ⅲ 和"幻影"-2000D (图 8.2.14) 均为无平尾布局飞机；美国的 SR-71、X-45 等为无平尾和垂尾布局的飞机。

图 8.2.14　　"幻影"-2000D 三视图

4) 三翼面布局

在常规布局飞机主翼前机身两侧增加一对鸭翼的布局称为三翼面布局。三翼面布局综合常规布局和鸭式布局的优点，经过仔细设计，有可能得到更好的气动特性，特别是操纵和配平特性。俄罗斯在苏-27 上加小鸭翼改为舰载型苏-33，在苏-27 上加大鸭翼改成苏-35 (图 8.2.15)，机动性得到更大提高。

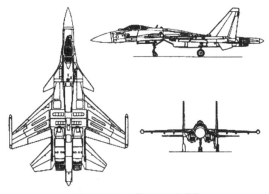

图 8.2.15　苏-35 三视图

三翼面布局除了保持鸭式布局利用旋涡空气动力带来的优点外，还有一个重要的潜在优势，那就是它比较容易实现主动控制技术中的直接力控制，从而达到对飞机飞行轨迹的精确控制。

三翼面布局飞机在气动载荷分配上也更加合理。在进行过载机动时，三翼面布局飞机的机翼载荷较小，全机载荷分配更为均匀合理，因而可以降低飞机对结构强度的要求，减小飞机结构重量，提高飞机的飞行性能，如图 8.2.16 所示。

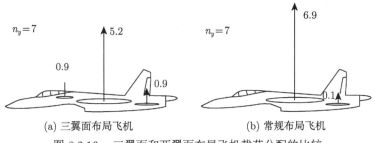

(a) 三翼面布局飞机　　　　　　　　　　(b) 常规布局飞机

图 8.2.16　三翼面和两翼面布局飞机载荷分配的比较

三翼面布局飞机由于增加了一个前翼操纵自由度，它与机翼的前、后缘襟翼以及水平尾翼结合在一起进行直接控制，可以减小配平阻力，还可以提高大迎角时操纵面的操纵效率，保证飞机大迎角时有足够的下俯恢复力矩，改善飞机大迎角气动特性，提高最大升力，提高大迎角时的机动性和操纵性。

5) 飞翼布局

飞翼布局的飞机的特点是只有机翼，一无机身，二无机尾。从机体内部看，内部空间得到了最大的利用，如翼、身融合部位空间被充分利用，各种机载设备埋装在机体内，有利于飞机隐身。

从气动外形看，翼身融为一体，整架飞机是一个升力面，可以大大增加升力；

翼、身光滑连接，没有明显的分界面，可大幅度降低干扰阻力和诱导阻力。

如美国的 B-2 隐身轰炸机 (图 8.2.17)，两侧机翼的外段是整体油箱，起落架舱、发动机舱和武器舱从外到内依次排开，沿着展向布置紧凑合理，这不仅有利于增加飞机结构强度和减小结构重量，而且有利于承受高机动产生的过载。

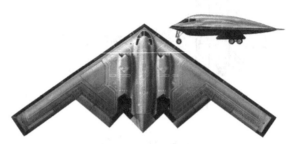

图 8.2.17   B-2 飞机

总之，飞翼布局可大大增升减阻，减小重量和翼载，同时大大减小雷达反射截面积，增强其隐身性。但是飞翼布局的飞机机动性差、操纵效率低，目前这种布局只适用于轰炸机。

6) 变后掠翼布局

后掠角在飞行中可以改变的机翼称为变后掠翼。应用变后掠翼布局的作战飞机有美国的 F-111、F-14 (图 8.2.18)、B-1B，英国的 "狂风"，俄罗斯的米格-23 和 "逆火" 等。

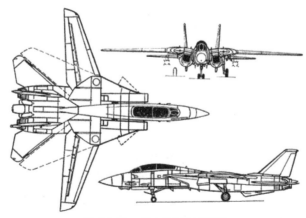

图 8.2.18   F-14 飞机三视图

一般变后掠翼的内翼是固定的，外翼用铰链轴同内翼连接，通过液压助力器操纵外翼前后转动，以改变外翼段的后掠角和整个机翼的展弦比。亚声速时转向小后掠角、大展弦比机翼，其升力和升阻比明显增加，起降和巡航性能明显改善；超声速时转向小后掠角、小展弦比机翼，其波阻小，超声速性能良好。

变后掠翼布局飞机也有它的缺点。一是机翼后掠时，气动中心后移，重心也后移，但前者移动量大，飞机的平衡不易保证；二是转动机构结构和操纵系统复杂，带来较大的重量增加，不适合轻型飞机使用。目前这种布局形式已很少采用。

7) 隐身布局

在保证飞机基本气动特性的前提下，为了实现飞机的隐身而改变飞机外形，从而产生的新的气动布局称为隐身布局。隐身布局的典型代表是美国的隐身战斗轰炸机 F-117 (图 8.2.19)、隐身轰炸机 B-2 和 F/A-22 等。

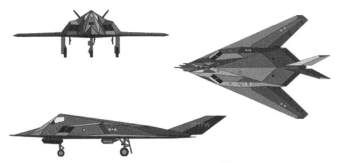

图 8.2.19　F-117 飞机三视图

飞机隐身布局设计相关的基本准则有：减小飞机的尺寸和部件，例如，去掉平尾，将平尾和垂尾合并成燕形尾翼，甚至将尾翼完全取消并将机翼和机身融合成飞翼布局；排除镜面反射，避免采用大的平面和大的凸状弯曲面；消除角反射器效应，对机身/机翼、机身/尾翼、机身/进气道、平尾/垂尾等结合处，应以圆弧整流，采用倾斜的双垂尾，武器系统安装在飞机内部；利用部件相互遮挡，例如，采用背部进气道，可以用机身和机翼遮挡进气道向下的强散射，从而减小全机的雷达反射截面积；形成少量反射波束，将飞机的所有边缘设计为少数几个平行方向，使所有边缘的雷达反射波集中形成少数几个固定方向的反射波束，其他方向的反射波很弱；消除强散射源，进气道采用进气口斜切及 S 形，有效地减小进气道的雷达反射截面积；减弱或消除弱散射源，机身上的口盖、舵面的缝隙、台阶、铆钉等都是弱散射源，一般应采取锯齿状设计等措施。

4. 飞机飞行性能

飞机的基本飞行状态是等速直线平飞，但是飞机在整个飞行过程中需要完成多种飞行动作，如图 8.2.20 所示。飞机的飞行性能主要包括基本飞行性能和机动飞行性能两大类。

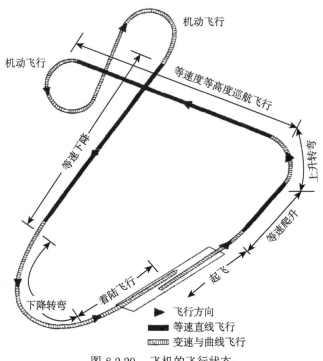

图 8.2.20   飞机的飞行状态

1) 基本飞行性能

飞机的基本飞行性能是指飞机做定常 (加速度为零) 或准定常直线运动时的性能，主要描述飞机能够飞多快、多慢、多远、多高等。

A. 最大平飞速度

飞机做水平直线飞行称为平飞。飞机如果平飞，其升力必须等于重力。发动机推力大于飞行阻力时，飞机做水平加速直线飞行；当发动机的推力不足以克服随速度而增大的飞行阻力时，就无法使飞机的速度继续提高，这时发动机的推力就等于飞行阻力，从理论上讲，此时飞机的飞行速度就是该型飞机的最大平飞速度。因此，最大平飞速度是指发动机推力达到最大时飞机所能达到的最大平飞速度。

由于发动机的推力是随飞行高度而变化的，所以飞机的最大平飞速度也随飞机的飞行高度而改变，在不同高度上的最大平飞速度是不同的。一般所说的飞机的最大平飞速度是指飞机在各个不同高度上的最大平飞速度中的最大值，只有在这个高度上才能达到，在其他高度上的最大平飞速度都低于这个值。

近代飞机，特别是作战飞机，其推力一般都大于飞机重量。这时，飞机的最大平飞速度不仅取决于发动机，还与飞机的结构强度和稳定性有关。当飞机飞行速度过大时，相对气流的动压很大，特别是中低空高速飞行时，巨大的动压可能会使飞机的结构受到破坏，因此要限制飞机的最大速度。飞机在中高空飞行时，由发动机推力决定的最大平飞速度很大，而此时环境温度较低、声速较小，所以马赫数较大，飞机的稳定性会变得很差，以至于不能正常飞行，结果也是要限制最大平飞速度，不过这时通常以限制最大飞行马赫数的形式给出。

B. 最小平飞速度

最小平飞速度是指使飞机不至于失速的最小飞行速度，其大小取决于飞机的最大升力系数 $C_{y,\mathrm{max}}$。与最大平飞速度相反，最小平飞速度越小越好。减小最小平飞速度，飞机的起飞和着陆距离就会大大缩短，所需要的机场跑道就比较短。在中高空，飞机的最小平飞速度受发动机推力限制，在低空条件下则主要受飞机临界迎角的限制。因为随着平飞速度的减小，为了产生足以平衡飞机质量的升力，必须增大迎角。当迎角超过临界迎角时，伴随着附面层分离，不仅阻力急剧增大，而且升力会迅速减小，有可能使飞机进入失速状态而坠毁，因此最小平飞速度也要受到一定的限制。当然，如果发动机的推力大于飞机的质量，则飞机的最小平飞速度可以相当小，甚至在某些状态下可以为零，如有些作战飞机，其最小平飞速度可以为零，这时飞机可以垂直向上飞行，甚至机头朝上、机尾向下垂直向下可控坠落，即"尾冲"。

与最大平飞速度一样，最小平飞速度也随飞行高度而变化，图 8.2.21 给出了飞机最大平飞速度和最小平飞速度随高度变化的典型情况，即飞机平飞的速度–高度范围，一般称为平飞包线。

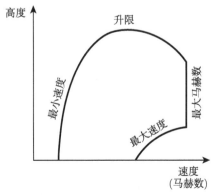

图 8.2.21 飞机平飞的速度–高度范围

C. 升限与上升率

升限分为静升限和动升限。静升限一般是指飞机能保持平飞的最大高度，如图 8.2.21 中的包线在纵轴最高点所对应的高度。在静升限上平飞时，发动机推力

(拉力) 等于飞行阻力。超过静升限后继续增加高度时，由于发动机推力不足以平衡飞行阻力，飞机无法保持平飞，但这并不是说飞行高度不能超过静升限。驾驶员可以在静升限附近的高度上拉起飞机进入跃升，用动能换取势能，使飞机减速爬高到静升限以上的高度。在保持飞机稳定性、操纵性良好的情况下，用这种办法飞机能够上升到的最大高度，称为动升限。

升限高固然是飞机的一个重要性能，但是代表飞机爬升性能的"爬升速度"对战斗机来说往往更重要。"爬升速度"又叫上升率，指飞机在做等速直线飞行的情况下，每秒内上升的最大高度。这时飞机靠发动机推力和飞行阻力之差来取得高度。现代飞机的发动机推力往往很大，因此爬升速度比较大。

D. 巡航速度

巡航速度指发动机消耗燃油量最小时飞机的飞行速度。飞机长时间飞行时，一般都会保持在这个速度，以最大限度地节省燃料，增大航程。巡航速度大于最小平飞速度，小于最大平飞速度。

E. 航程与续航性能

飞机能飞多远及能飞多长时间属于航程和续航时间问题，也叫飞机的续航性能。在飞行中飞机续航性能的好坏，不仅关系到是否节省燃料，而且直接影响到飞机的远程作战能力和持久作战能力。作为飞机续航性能指标的航程是指飞机在平静的大气中，起飞后中途不加油、沿预定的航线飞行，耗尽全部可用燃料量所能飞过的水平距离 (包括起飞爬升和下滑飞行中飞过的水平距离)。实际上，飞机上所装的燃料量不能全部用于飞行，其中一部分要用于发动机地面试车、滑行、下滑和着陆等，一部分由于油箱和供油系统的结构限制而无法使用。另外，还要留出一定比例 (一般为总燃料量的 5%~10%) 作为备用燃料量，以应付航向保持不准和风影响等情况的需要。飞机携带的总燃料量扣去这些部分之后称为可用燃料量。由飞机、发动机的飞行状态和可用燃料量决定的飞行距离才是实际的航程。轰炸机和运输机的航程是设计中最主要的性能要求。飞机的续航时间是指飞机从起飞爬升到安全高度起，直至着陆下滑到起落航线高度为止所经过的时间。飞机的航程和续航时间与飞机所携带的总燃料量有关。在总重一定的情况下，减小结构质量，增加飞机载油量，都可以增大航程。因此在飞机上安装可投掉的副油箱或进行空中加油，可以使飞机航程和续航时间大大延长。

F. 作战半径

为了更好地反映飞机远程作战的能力，除了航程的概念外，作战飞机还经常使用"作战半径"的概念。所谓作战半径是指飞机从机场或航母起飞，到目标上空完成指定任务后返回原起飞机场或航母所能达到的最远距离。

2) 机动飞行性能

飞机的机动飞行性能指飞机在运动参数随时间变化的非定常运动中的性能，

主要描述飞机改变其飞行速度、高度和方向的能力。飞机的机动飞行能力通常采用典型的铅垂面和水平面内的机动动作来衡量。

A. 机动飞行时的过载

作用在飞机上的气动力和发动机推力的合力与飞机重量之比，称为飞机的过载，过载是一个矢量。由于气动力和推力的合力是驾驶员可控制的，也称为可操纵力。过载表征可操纵力的大小和方向，而驾驶员就是通过该力的大小和方向来实现各种机动动作的，因此可以利用过载来描述飞机的机动性。一般情况下，过载在飞机坐标轴的三个方向均有分量，其中法向过载影响最大。法向过载是指竖直垂直于飞机纵轴 (从机头贯穿机身到机尾的轴) 方向的过载，即图 8.2.22 中 y 方向 (升力方向) 的过载，可以用飞机上所有外力的合力所产生的法向加速度与标准重力加速度的比值来表示，也可以近似用飞机的升力与重力之比来表示。飞机平飞时，由于升力等于重力，所以法向过载为 1。

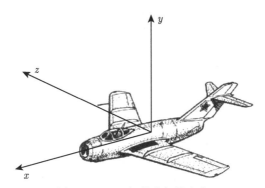

图 8.2.22 飞机的坐标轴方向

无论在铅垂面内还是在水平面内飞行，给定飞行速度情况下，法向过载越大，转弯速率就越大，转弯半径则越小，机动性就越强。但是此时作用在飞机上的载荷也很大，飞机结构的强度、控制仪表的正常工作和人的生理机能等将失控或受到破坏。为此，对法向过载有一定的限制。对于战斗机，在正常装载下飞机的最大法向过载通常受人的生理条件限制。一般情况下，驾驶员坐态姿势正确，在 5~10s 内能承受过载为 8；在 20~30s 内能承受的过载则降为 5，对于轰炸机等大型飞机，飞机最大法向过载受结构强度限制，在 2.5~3.5。

B. 铅垂面内的机动性能

铅垂面内的机动飞行是指飞机的对称平面始终与飞行速度矢量所在的铅垂面相重合的飞行。在铅垂面内的典型机动动作有平飞加速和减速、跃升、俯冲和筋斗，如图 8.2.23 所示。

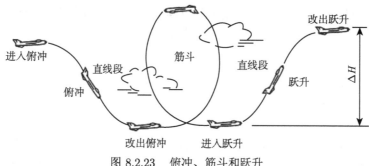

图 8.2.23   俯冲、筋斗和跃升

a. 平飞加减速

平飞加减速性能反映了飞机改变速度大小的能力。现代飞机的最大速度不断提高，平飞速度范围日益扩大，加减速幅度也随之增大，因此对飞机的速度机动性能也提出了更高的要求。

衡量平飞加速（或减速）的指标常用从一个平飞速度加速（或减速）到另一个平飞速度所需时间来表示。对于亚声速飞机，采用 $0.7V_{max}$ 加速到 $0.97V_{max}$ 的时间作为加速性指标；由 V_{max} 减速到 $0.7V_{max}$ 的时间作为减速性指标。对于超声速飞机，采用亚声速飞行时的常用马赫数和最大使用马赫数之间的加减速时间作为加减速性能指标。

b. 跃升与俯冲

跃升机动可以分为进入跃升、跃升直线段和改出跃升三个阶段。跃升是将飞机的动能转变为势能，迅速取得高度优势的一种机动飞行。在给定初始高度和初始速度下，飞机所能获得的高度增量越大，完成跃升所需时间越短，则它的跃升性能越好。

俯冲机动是飞机用势能换取动能，迅速降低高度增加速度的机动飞行。利用俯冲可以实施追击、攻击地面目标或进行俯冲轰炸等。对于俯冲性能的要求是：一方面要求有较好的直线俯冲加速性；另一方面要求改出俯冲时不应有太大的高度损失。

c. 筋斗

筋斗是指飞机在铅垂平面内做轨迹近似椭圆、航迹方向改变 360° 的机动飞行。筋斗大致由跃升、倒飞、俯冲等基本动作组成，是衡量飞机机动性能的一种指标。完成一个筋斗所需的时间越短，机动性越好。

C. 水平面内的机动性能

飞机在水平平面内的机动性能着重反映飞机的方向机动性。最常见的机动动作是盘旋，即飞机在水平平面连续转弯不小于 360° 的机动飞行。小于 360°，则称为"转弯"。

盘旋可分为定常盘旋和非定常盘旋。前者的运动参数，如飞行速度、迎角、倾斜角以及盘旋半径等都不随时间而改变，是一种匀速圆周运动；后者的运动参数中有一个或数个随时间而改变。盘旋时飞机可以带侧滑或不带侧滑，无侧滑的定常盘旋称为正常盘旋。由于正常盘旋具有一定代表性，常作为典型的水平机动动作。

飞机做正常盘旋的情况与绳子系石子做圆周运动的情况 (图 8.2.24(a)) 相似。如果飞机要绕空间某一点做正常盘旋，首先，驾驶员要操纵副翼使飞机向内侧倾斜一个角度；于是飞机升力 Y 也跟着倾斜。升力的水平分量指向飞机的盘旋中心，这就是使飞机正常盘旋的向心力，与飞机的离心力相平衡。升力的垂直分量应等于飞机重力 G。由于有效升力分量减小，这时驾驶员还必须增大迎角来进一步增大升力，否则就无法保持盘旋高度。此时，升力、飞机重力和倾斜角度之间的关系满足

$$Y = \frac{G}{\cos \phi} \tag{8.2.4}$$

可见，飞机盘旋时的倾斜角越大，要求升力 Y 越大。因此，驾驶员必须在加大油门的同时，协调地偏转副翼、升降舵和方向舵，才能完成等高度、等速度、盘旋半径 R 不变的正常盘旋飞行。

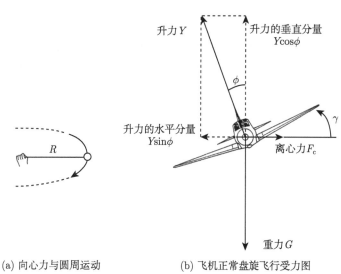

(a) 向心力与圆周运动   (b) 飞机正常盘旋飞行受力图

图 8.2.24   飞机正常盘旋飞行受力

D. 起飞和着陆飞行性能

起飞是一种加速运动。飞机从起飞线开始滑跑到离地点的过程中一直在加速。起飞距离是指从起飞线开始，直到离开地面并爬升到起飞安全高度 h (我国规定为 25m) 时所飞越的地面距离的总和 (图 8.2.25)。地面滑跑过程中，作用在飞机

上的力系中，除了推力、重力、阻力和升力外，还增加了机轮与跑道之间的滚动摩擦力 (图 8.2.26)。在水平方向上，发动机的推力必须大于所有阻力之和，才能推动飞机向前加速。滑跑开始阶段，飞机的气动阻力和升力都等于零；随着滑跑速度的增加，阻力和升力也跟着增大起来。当滑跑速度达到高于飞机失速速度的 10% 左右时，就可以稍微拉杆，使飞机抬头，以增加迎角，于是升力迅速增加，很快超过重力，飞机便腾空而起，结束地面滑跑，进入爬升阶段；由于滚动摩擦阻力的消失以及起落架的收起，飞机的阻力大大减小，净推力增加。等速爬升到起飞安全高度后，结束起飞过程。

飞机的起飞距离，尤其是地面滑跑距离，应该越短越好。为此，经常采用放出襟翼或采用其他增升装置来增加飞机的最大升力系数。但是，升力与阻力是相伴而生的，不能为了增升而使阻力增加过大，妨碍飞机的加速。例如，采用襟翼来增升时，起飞时向下偏转的角度往往比着陆时向下偏转的角度要小一些，就是这个原因。此外，还可以增加发动机推力，使起飞加速度增大，缩短加速所需的时间，以减小起飞滑跑距离。

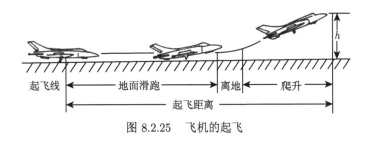

图 8.2.25　飞机的起飞

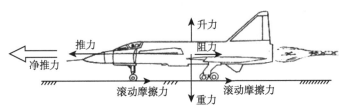

图 8.2.26　飞机起飞过程中的受力图

与起飞过程相反，飞机的着陆是一个减速的飞行过程。一般来讲，着陆过程可分为五个阶段：下滑、拉平、平飞减速、飘落触地和着陆滑跑。着陆过程飞越地面距离的总和称为着陆距离 (图 8.2.27)。从着陆安全高度 h (一般与起飞安全高度相同) 转入着陆下滑状态；在接近地面时，适当拉杆使飞机抬头，"拉平"飞机，转入平飞减速阶段；随着速度不断减小，驾驶员应不断拉杆使迎角增大，升力系数也不断增大，最理想的状态是触地的瞬间升力等于重力，而垂直下沉速度等于零。实际情况往往受到飞行员的驾驶技术、风速、跑道坡度等许多因素的影响，使得触地瞬间的升力小于重力，垂直下沉速度不等于零，从而与地面发生撞击，这个撞击能量需要起落架减振支柱来吸收。这就是飘飞落地的飞行阶段。飞机飘落机轮触地瞬间的水平速度称为着陆速度，又称接地速度，它接近于飞机的失速速度。着陆速度越小，着陆滑跑距离越短，安全性也就越高。

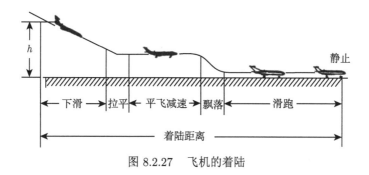

图 8.2.27　飞机的着陆

着陆滑跑过程中，作用在飞机上的力系如图 8.2.28 所示。飞机在着陆滑跑过程中的减速力有作用在机轮上的刹车摩擦力 (为安全起见，机轮刹车只能在滑跑过程的后期才能使用，故未刹车前，只有滚动摩擦力) 和飞行阻力，飞行阻力主要来自着陆减速伞和减速板。

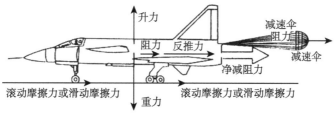

图 8.2.28　飞机在着陆滑跑中的受力图

如果发动机具有反推装置，则机轮接地后可以打开反推装置，使发动机产生与飞机运动方向相反的力，迅速减小着陆滑跑距离。同时，机轮接地后，可以打开安装在机翼上表面的扰流片，减小升力，防止触地后因升力过大引起飞机"反弹"；另外，升力减小将增加飞机对地面施加的法向力，从而增大机轮与地面的摩擦力。飞机在着陆滑跑时为增加阻力还可使用阻力伞或减速伞。

E. 悬停飞行性能

悬停飞行是垂直起降飞机特有的一种飞行状态 (图 8.2.29)。悬停状态下，发动机产生向下的推力等于飞机的重力。垂直起降飞机借助于控制喷管的方向来控制发动机推力的大小和方向，可使飞机垂直上升或下降，也可以使飞机在地面或甲板上完成垂直起飞和着陆。它的主要优点是不需要跑道,与也可以做悬停飞行的直升机有所不同,垂直起降飞机除可以做垂直起降飞行外,其他飞行性能均与常规飞机类同 (图 8.2.30)。

图 8.2.29   悬停飞行中的"鹞"式

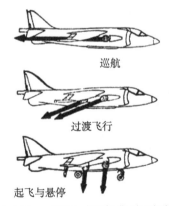

巡航

过渡飞行

起飞与悬停

图 8.2.30   "鹞"式飞机典型飞行状态

但是,垂直起降飞机在垂直起飞和降落过程中需要发动机保持极大的推力,油耗比较大,所以这类飞机的飞行距离和留空时间一般都不大,如果不具备空中加油条件,则作战半径比较小。

F. 过失速机动

过失速机动是非常规机动,也称"超机动",是飞机在超过失速迎角之后,仍然有能力完成可操纵的战术机动,主要用在近距空战为占据有利位置的机动飞行中。

过失速机动中，飞机在实际迎角超过失速迎角、飞行速度很小的状态下，还处于受控状态，仍能按照有关操纵指令，迅速改变飞行速度矢量和机头指向。在近距格斗时，战斗机瞬时角速度越高，及早发射格斗导弹机会就越大，取得战场主动权的概率也越大。而过失速机动能使瞬时角速度得到较大提高，达到 40~50°/s，因而在格斗中能迅速抓住战机，提高近距格斗空战能力。

两种典型的过失速机动飞行过程如图 8.2.31 所示。尾冲机动时，飞机开始控制在小迎角下接近垂直爬升，飞机俯仰姿态基本保持不变，飞行高度增加，速度不断减小；在轨迹倾角接近 90° 时，飞机垂直速度为零，随即竖直下落，速度矢量急剧变化，迎角达到失速迎角，进入过失速状态；然后飞机开始自动低头，迎角迅速减小；进入小迎角区后，驾驶员操纵退出机动。

而"眼镜蛇"机动时，飞机在进入平飞后，驾驶员急速拉杆到底，飞机抬头，随后迎角迅速增大，速度减小；当超过失速迎角后，进入过失速区，飞机开始自动低头，迎角减小，再推杆操纵，退出机动。整个机动过程中飞机高度变化不大。

这两种机动外观区别明显，但它们有共同点：飞机达到同样的过失速迎角，同时能量急剧损失，在 2~3s 后，下俯力矩的作用使飞机迅速恢复到小迎角状态，因此这两种机动可归纳成一类机动动作。

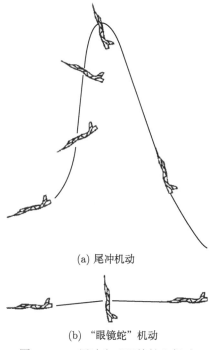

(a) 尾冲机动

(b) "眼镜蛇"机动

图 8.2.31 尾冲和"眼镜蛇"机动

5. 飞机的飞行品质

飞行品质是指飞机在稳定性和操纵性方面应具备的基本特性，涉及飞行安全和驾驶员操纵难易程度。在介绍飞机飞行品质之前，首先需要了解飞机的机体坐标系。

在飞机的机体坐标系中，从机头贯穿机身到机尾的轴称为纵轴 (图 8.2.32 中的 b)；从左翼通过重心到右翼并与纵轴垂直的轴称为横轴 (图 8.2.32 中的 a)；通过重心并与上述两根轴相垂直的轴称为立轴 (竖轴)(图 8.2.32 中的 c)；发动机的推力轴线与飞机纵轴并不一定平行，而是带有一定的角度 (称为发动机的安装角) (图 8.2.32 中的 d)。飞机绕横轴的运动称为俯仰运动，绕立轴的运动称为偏航运动，绕纵轴的运动称为滚转运动。

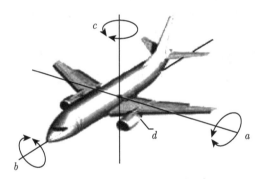

图 8.2.32   飞机的机体坐标系

1) 飞机的稳定性

飞机在飞行中，经常会遇到各种无法预测的情况，例如，大气紊流、发动机推力脉动、飞行员无意识操纵等，这些扰动会使飞机偏离其初始平衡状态。飞机遇到扰动后是否具有自动恢复到初始状态的能力，就是所谓的稳定性。

飞机飞行的稳定性分为静稳定性和动稳定性。如果在外界扰动消失的瞬间，飞机具有恢复原平衡状态的趋势，则称飞机具有静稳定性，表明飞机在平衡飞行状态具有抗外界干扰的能力。但是，静稳定性只表明飞机在外界扰动作用后的最初瞬间有无自动恢复到原来平衡状态的趋势，并不能说明飞机能否最终恢复到原来的平衡状态。飞机的动稳定性则是指飞机的受扰运动在扰动源撤除后，飞机能渐近地回到扰动前的运动状态。两者的区别是，静稳定性仅研究飞机受扰后，初始反应的趋势；动稳定性研究飞机受扰后扰动运动全过程和最终能否恢复到原平衡状态。

静稳定的飞机不一定动稳定，但是静不稳定的飞机很难具有动稳定性。研究稳定性问题一般都要研究静稳定性。飞机的稳定性包括：纵向稳定性，反映飞机在俯仰方向的稳定特性；航向稳定性，反映飞机的方向稳定特性；横向稳定性，反映飞机的滚转稳定特性。

A. 纵向静稳定性

飞机的纵向静稳定性主要研究飞机在平衡状态下的纵向俯仰力矩及其特性等问题。纵向静稳定性主要包括迎角稳定性和速度稳定性两类。迎角稳定性是指飞机在平衡状态下受到扰动时，速度始终保持不变，而迎角偏离初始状态；在扰动消失时，飞机具有自动恢复初始平衡状态的能力。速度稳定性是指在扰动过程中，飞机迎角变化的同时，速度也发生变化，但过载保持不变；扰动消失的瞬间飞机具有自动恢复初始平衡状态的能力。通常所说的纵向静稳定性，主要是指迎角静稳定性。

飞机在飞行时依靠操纵水平尾翼，使围绕重心的力矩为零，飞机没有任何转动，此时称飞机飞行状态是配平的。如果由于某种扰动使飞机的迎角突然增加 $\Delta\alpha$，则机翼上会产生相应的升力增量 ΔY，这个增量的作用点称为焦点。

具有纵向静稳定性的飞机，其焦点位于飞机重心之后 (图 8.2.33(a))。如果在飞行中遇到一股阵风或飞行员无意中推拉驾驶杆，飞机的迎角发生变化时，产生的升力增量 ΔY 就会对飞机形成一个恢复力矩，力图使飞机回到扰动前的初始位置，消除飞机的迎角增量 $\Delta\alpha$。相反，如果焦点位于飞机重心之前 (图 8.2.33(b))，一旦遇到扰动，如阵风使飞机抬头，则升力增量 ΔY 就会起到增大干扰的作用，使飞机继续抬头，增加迎角 α。如果飞行员或自动驾驶系统不加干预，就有可能使迎角增大到临界迎角而失速。因此，这种飞机就不具有纵向静稳定性。

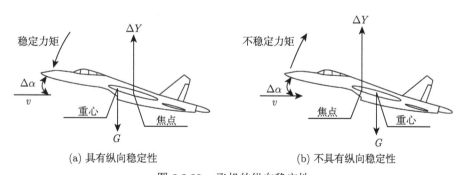

(a) 具有纵向稳定性   (b) 不具有纵向稳定性

图 8.2.33 飞机的纵向稳定性

值得注意的是，为了追求更好的机动性能，现代超声速战斗机，如美国的 F-15 和 F-16、俄罗斯的苏-27、苏-30 等第三代和第四代战斗机，大多采用静不稳定的气动布局方式来提高飞机的机动性，即飞机的气动焦点位于重心的前面。这样的飞机当然不可能由飞行员操纵驾驶杆来控制，必须依靠数字式电传飞行操纵系统来控制平尾的偏转，把飞机的稳定性问题交给数字式电传操纵系统来解决，使飞机不产生静不稳定现象。静不稳定飞机只需要很小的操纵力就可以使飞机产生比较大的操纵力矩，所以操纵非常灵敏，机动性好。

B. 航向静稳定性

飞机的航向静稳定性主要是指飞机遇到侧风，出现侧滑角 $\Delta\beta$ 后，飞机本身能够消除侧滑的能力。

飞机在做等速直线运动时，绕立轴和纵轴的力矩恒等于零 (图 8.2.34(a))，图中的 L 表示滚转力矩，N 表示偏航力矩。

但是，如果飞机左前方吹来一股阵风，即来流方向偏离飞机的纵向对称平面，在风的作用下，飞机出现侧滑角 $\Delta\beta$ (图 8.2.34(b))。一旦出现侧滑角 $\Delta\beta$，则来流流过垂尾时就将产生侧向力，该力将产生一个绕立轴中心 O 的偏航力矩 M，有力图减小或消除侧滑角 $\Delta\beta$ 的作用，故垂尾对飞机的方向起着稳定作用。相反，产生侧滑时，作用在机身特别是机头上的侧向气动力产生的偏航力矩是起方向静不稳定作用的。

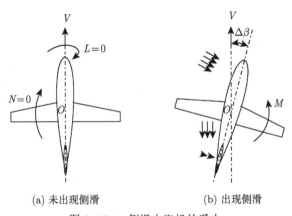

(a) 未出现侧滑   (b) 出现侧滑

图 8.2.34   侧滑中飞机的受力

要使飞机具有方向静稳定性，垂尾产生的纠偏力矩 (绝对值) 必须大于机身的偏航力矩。随着飞行马赫数的增大，特别是超过声速以后，垂尾侧力系数的绝对值迅速减小，而机身的侧力系数随飞行马赫数的变化不大，使得飞机的方向静稳定性迅速减小。所以，在设计超声速战斗机时，为了保证飞机在大马赫数下仍具有足够的方向静稳定性，往往需要把垂尾的面积做得很大，有时还需要选用腹鳍，或双垂尾。

C. 横向静稳定性

在飞行中，飞机受微小扰动而使横向平衡状态遭到破坏，并在扰动消失瞬间，飞机不经驾驶员操纵就具有自动地恢复到原来横向平衡状态的趋势，则称飞机具有横向静稳定性；反之，就没有横向静稳定性。

保证飞机横向静稳定性的主要因素是机翼的上反角、后掠角和垂直尾翼。

处于等速直线飞行状态的飞机，当其受到微小扰动而向右倾斜时 (反之亦然)，总升力 Y 也随之倾斜，从而与重力 G 构成向右的侧力 R，飞机便沿着 R 所指的方向向右产生侧滑，如图 8.2.35(a) 所示。

先看机翼上反角的作用。飞机由于扰动向右倾斜而右侧滑时，由于机翼上反角的作用，相对气流同右机翼之间所形成的迎角 α_1，要大于左机翼迎角 α_2，如图 8.2.35(a) 所示。这样，右机翼的升力 Y_1 也就大于左机翼的升力 Y_2，所以能产生使飞机向左滚转的恢复力矩 M，从而起到横向静稳定的作用。

再看机翼后掠角的作用。飞机右侧滑时，气流对右机翼的有效分速 v_1 (即垂直焦点线的分速) 就比左机翼分速 v_2 大得多，如图 8.2.35(b) 所示。显然，右机翼的升力 Y_1 也将大于左机翼的升力 Y_2，能产生使飞机向左滚转的恢复力矩 M，起到横向静稳定的作用。

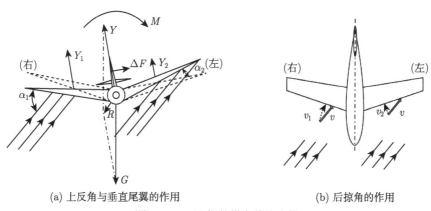

(a) 上反角与垂直尾翼的作用　　　　　　(b) 后掠角的作用

图 8.2.35　飞机的横向静稳定性

后掠角越大，其所起的横向静稳定作用越强。如果后掠角很大 (如一些超声速飞机为了减小激波阻力采用大后掠翼)，就可能导致过分的横向静稳定性。过分的横向静稳定会影响飞机的滚转机动性，为了解决这个问题，通常把机翼的安装角设计成具有下反角，以此来削弱后掠机翼带来的横向静稳定性过大的问题。而低速和亚声速飞机大多是梯形直机翼，为了保证飞机的横向静稳定性要求，或多或少都有几度的上反角。

垂直尾翼除了对飞机的航向静稳定性有作用之外，对飞机的横向静稳定性也有作用。由于垂直尾翼一般都装在机身的上面，当飞机出现倾斜时，在垂直尾翼上就会产生侧力 ΔF，形成滚转力矩，不难看出它也是一个横向恢复力矩，因此也具有横向稳定的作用，如图 8.2.35(a) 所示。

飞机的横向静稳定性与航向静稳定性是相互关联的，滚转运动肯定会引起偏航运动，反之偏航运动也会引起滚转运动，都是由飞机存在侧滑引起的。因此，横向静稳定性与航向静稳定性通常归在一起来讨论，统称为"横侧静稳定性"，它们必须搭配适当，才能使飞机有良好的横向和航向动稳定性。

2) 飞机的操纵性

飞机在空中飞行时，除了具有如上所述的稳定性之外，还必须可以操纵。不具有稳定性的飞机，飞行起来相当困难；但如果不可操纵，则根本就无法飞行。

飞机的操纵性又可以称为飞机的操纵品质，是指飞机对操纵的反应特性；操纵则是飞行员通过驾驶机构改变飞机的飞行状态。

飞机在空中飞行时的操纵，是通过三个主舵面 (操纵面)——升降舵 (有时是全动平尾)、方向舵和副翼来实现的。驾驶员坐在驾驶舱中，通过驾驶杆和脚蹬或者自动驾驶仪等控制设备偏转这三个主操纵面，飞行员的操纵动作传递到飞机相应的气动操纵舵面上，使飞机绕其纵轴、横轴和竖轴转动，从而改变飞机的飞行姿态。各个操纵面控制飞机的原理都是一样的，即通过操纵面的偏转改变升力面上的空气动力，增加或减少的空气动力相对于飞机重心产生一个使飞机按需要改变飞行姿态的附加力矩。

在飞机的操纵中，如果飞行员用适当的力操纵驾驶杆或脚蹬，操纵动作被准确、迅速地传递到飞机相应的气动操纵舵面上，操纵面偏转后，飞机很快作出适当的反应，按驾驶员的意图改变飞行姿态，那么，这架飞机就具有良好的操纵性；如果飞机对飞行员的操纵动作反应迟缓，则飞机的操纵性就比较差；反过来，如果飞机对飞行员的操纵反应过于灵敏，则飞机也会很难操纵，而且飞行过载很有可能很容易超过飞机结构强度所能承受的极限，造成飞行事故；而如果飞机对飞行员的操纵没有任何反应，甚至错误地反应，则属于无法操纵，根本就不能用于飞行。

飞机的操纵必须满足人–机工程学的要求，把人与飞机作为一个整体来考虑。驾驶员操纵舵面改变飞机姿态要和人体的自然动作趋势相一致，而且感受到的载荷大小和方向也应适中才行，只有这样才能获得满意的操纵性能。用手向前推驾驶杆，手应该感到有力量阻止前移，向前推的距离越大，受到的阻力越大，身体也越向前下俯，飞机也随之低头；反之，向后拉杆，手也应感觉到有力量阻止后拉，身体后仰，飞机随之抬头。右压驾驶杆，飞机应当向右倾斜；左压杆时飞机应当向左倾斜；左脚前蹬时飞机应当左转，而右脚前蹬时应当右转。

低速飞机的操纵舵面主要是由人力直接操纵的，而高速飞机，尤其是超声速飞机，由于飞行过程中各个舵面的气动力大幅度增加，远远超过了人力所能达到的极限，而且在飞行速度变化时操纵力也跟着变化，所以广泛采用了助力操纵，并设置了力臂调节器。大部分现代飞机则采用了远距电传飞行控制系统，飞行员的操纵动作或自动驾驶仪仅产生电信号。电信号通过电缆或光缆传递到位于操纵舵面附近的舵机，再由舵机还原出操纵信号，并实现对气动舵面的操纵控制。在这种情况下，为了照顾飞行员的操纵习惯，还设置了载荷感觉器，使飞机在任何状态下飞行时飞行员的操纵感觉都保持一致。

按运动方向的不同，飞机的操纵也分为纵向、横向和航向操纵。

改变飞机纵向运动（如俯仰）的操纵称为纵向操纵，主要通过推、拉驾驶杆，使飞机的升降舵或全动平尾向下或向上偏转，产生俯仰力矩，使飞机做俯仰运动。例如，常规气动布局的飞机在飞行中，飞行员向后拉驾驶杆时，升降舵或全动平尾前缘就会向下偏转，平尾向下的气动力增大，使飞机产生绕重心的抬头力矩；相反，如果推杆，则飞机会进入俯冲，如图 8.2.36 所示。

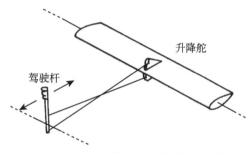

图 8.2.36　飞机升降舵操纵系统示意图

使飞机绕机体纵轴旋转的操纵称为横向操纵，主要由偏转飞机的副翼来实现。当驾驶员向右压驾驶杆时，右副翼上偏、左副翼下偏，使右翼升力减小、左翼升力增大，从而产生向右滚转的力矩，飞机向右滚；向左压杆时，情况完全相反，飞机向左滚转（图 8.2.37）。

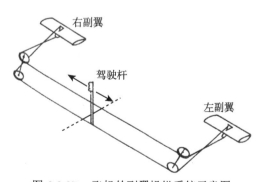

图 8.2.37　飞机的副翼操纵系统示意图

改变航向运动的操纵称为航向操纵，由驾驶员踩脚蹬，使方向舵偏转来实现。

踩右脚蹬时，方向舵向右摆动，产生向右偏航力矩，飞机机头向右偏转；踩左脚蹬时正相反，机头向左偏转 (图 8.2.38)。实际飞行中，横向操纵和航向操纵是不可分的，经常是相互配合、协调进行，因此横向和航向操纵常合称为横航向操纵。

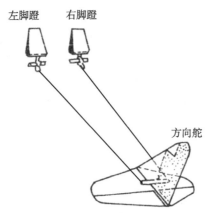

图 8.2.38　飞机的方向舵操纵系统示意

除了上述三个气动操纵舵面之外，飞机上还有其他的辅助操纵舵面：改善机翼低速性能的襟翼或襟副翼，飞行中消除操纵力的调整片效应机构，着陆时降低机翼升力的扰流片，降低飞机速度的减速板，对飞机进行直接力控制的发动机引气口或喷管等。

3) 飞机操纵性与稳定性的关系

操纵性和稳定性都是飞机的基本特性，都直接关系着飞机能否正常飞行、能否确保飞行安全。但是操纵性要求与稳定性要求之间是相互矛盾的：如果要求飞机的操纵性良好，则飞机的焦点位置就会过于靠前，此时稳定性往往会受到影响，即操纵灵敏时，飞机往往不稳定；而稳定性过高的飞机，焦点则会比较靠后，操纵性一般都不太好。所以如何协调飞机的稳定性和操纵性之间的关系，对于现代军用飞机是一个非常值得权衡的问题。飞机设计时，必须在操纵性和稳定性之间进行平衡和协调，根据飞机的用途进行适当的取舍。例如，运输机、轰炸机的飞行状态相对稳定，通常要求有较高的稳定性；而战斗机则要求操纵灵敏，主要强调机动性，所以经常牺牲飞机部分甚至全部的稳定性来满足操纵性的要求。实际上，现代先进战斗机为了获得优良的操纵性和机动性，都将飞机设计成为气动不稳定的，即焦点位于重心之前。当然，这样的飞机不能再通过飞行员来保持平衡，而是通过一系列其他的增稳措施，如电传操纵等主动控制手段来自动保持飞机的稳定，从而实现良好的操纵性。

8.2.2 推进系统原理

1. 推进系统概述

飞机靠推进系统提供的动力飞上蓝天,产生推力推动飞机前进的整套动力装置称为飞机推进系统。现代战斗机的推进系统一般由涡轮风扇(或涡轮喷气)发动机和进、排气系统所组成。飞机推进系统的核心是航空发动机。

1) 推进系统的发展

在第二次世界大战结束前,飞机上使用的动力装置主要是由航空活塞式发动机和螺旋桨组成。活塞式发动机具有油耗低、成本低、工作可靠等特点。一方面,由于发动机功率与飞机飞行速度的三次方成正比,随着飞行速度的提高,要求发动机功率大大增加,从而使其重量和体积都随之迅速增加;另一方面,在接近声速时,螺旋桨的效率会急剧下降,也限制了飞行速度的提高。因此,要进一步提高飞行速度,尤其要达到或超过声速,必须采用新的动力装置。

喷气式发动机可以产生很大的推力,而自身重量又很轻,从而大大提高了飞机的飞行速度。世界上第一架以喷气发动机为动力的德国亨克尔 He178 飞机在1939 年首次试飞时就达到了 700km/h 的飞行速度,已接近活塞发动机飞机的极限速度,宣告了一个新的航空时代的到来。

自 20 世纪 40 年代初以来,按发动机推重比大小划分,喷气式战斗机发动机已研制发展了四代。20 世纪 40 年代,在对飞机快、高、远的需求下,航空喷气发动机研制成功并开始广泛应用,为飞机突破声障提供了动力,至 20 世纪 50 年代,喷气式发动机技术逐渐成熟。20 世纪 60 年代,涡轮风扇发动机投入使用,加力涡轮风扇发动机也开始应用到各种军用战斗飞机上。20 世纪 70 年代,第三代战斗机的投入使用和第四代战斗机战技指标的提出,对飞机推进系统提出了更高的要求,出现了具有很高的热力性能和结构工艺水平的新一代涡轮风扇发动机。现役主力发动机 F110 等推重比为 8 的第三代发动机,已经趋于完善和成熟。第三代发动机的典型代表有 F100、F110、РД-33、АЛ-31Ф(参见表 8.2.1),它们分别是美国和俄罗斯现役主力战斗机 (F-15、F-16、苏-27、米格-29 等) 的动力装置。

表 8.2.1　第三代喷气发动机的主要性能参数

主要参数	机型			
	F100-220	F110-100	РД-33	АЛ-31Ф
推重比	7.4	7.07	7.87	7.14
最大推力/kN	105.9	122.6	81.4	122.6
中间推力/kN	65.26	70.60	49.13	76.20
涵道比	0.60	0.81	0.48	0.60
空气流量/(kg/s)	103.4	115.2	76.0	111.3
总增压比	32.0	30.6	21.7	23.8
涡轮前燃气温度/K	1672	1644	1540	1665

为了满足第四代战斗机的超声速巡航、过失速机动、隐身性能、短距起飞垂直着陆、低全寿命期费用和高可靠性等要求，20 世纪 80 年代末到 90 年代初，多个国家设计并研制了高推重比、高可靠性、低油耗、低信号特征、较长寿命和较低费用的 F119、F135、F136、AЛ-31Ф 等第四代战斗机发动机，其中 F119 最具代表性，该发动机的主要性能参数见表 8.2.2。

表 8.2.2　F119 发动机的主要性能参数

推重比	>10(11.67)	风扇压比	4.0
最大推力/kN	155.68	涡轮前燃气温度/K	1977
中间推力/kN	97.86	质量/kg	1360
涵道比	0.3	最大直径/m	1.143
总增压比	26	长度/m	4.826

2) 推进系统分类

喷气发动机分为两大类：火箭发动机和空气喷气发动机，如图 8.2.39 所示。目前，一些非传统、新概念的喷气发动机也已经开始出现，除了脉冲爆震发动机外，还有多核心机发动机、组合发动机 (如"冲压 + 涡扇""火箭 + 冲压"等)、超燃冲压发动机、电推进发动机等。

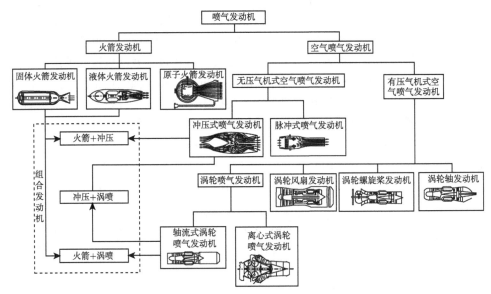

图 8.2.39　喷气发动机分类简图

对于军用飞机，使用的主要是空气喷气发动机。空气喷气发动机以空气为工质，因而装有空气喷气发动机的飞行器的飞行高度是有限的，只能在大气层中工作。空气喷气发动机的基本热力循环都相同，根据其形成增压过程的情况，可分为无压气机式空气喷气发动机和有压气机式空气喷气发动机两大类。

A. 无压气机式空气喷气发动机

这一类发动机的热力循环的增压过程是依靠高速下的气体冲压作用来完成的。其燃料化学能转换成的热能只是用来增大流过发动机工质的动能。无压气机式空气喷气发动机有两种类型，即冲压式喷气发动机和脉冲式喷气发动机。

B. 有压气机式空气喷气发动机

这类发动机的空气压缩过程主要由压气机来完成 (在某些条件下也有一部分冲压作用)。因为发动机中的压气机工作是由发动机中产生的高能燃气在涡轮中膨胀而输出机械功来驱动的，所以通常又称此类发动机为燃气涡轮发动机，是目前应用最为广泛的航空发动机类型。

2. 燃气涡轮发动机

燃气涡轮发动机应用于飞行器上有五种典型类型：涡轮喷气发动机、涡轮风扇发动机、涡轮螺旋桨发动机、涡轮轴发动机和桨扇发动机。虽然各种燃气涡轮发动机的结构有很大的差异，但是从原理上来说，它们都遵循相同的热力循环，都是由压气机、燃烧室和涡轮组合而成的燃气发生器 (或称为核心机) 来产生高温、高压的燃气。只不过是对燃气发生器 (或核心机) 后燃气的可用能量的具体分配情形不同而已。

1) 涡轮喷气发动机

涡轮喷气发动机简称涡喷发动机，如图 8.2.40 所示。发动机工作时，外界空气经进气系统引入发动机，经压气机增压后进入燃烧室，在燃烧室中与供给的燃料混合并燃烧，形成高温高压的燃气，燃气在涡轮中膨胀，推动涡轮旋转，从而驱动压气机工作。燃气发生器后燃气的可用能量全部用于在排气系统中增加燃气的动能，使燃气以很高的速度排出，以产生推力。

低压压气机　高压压气机　燃烧室　高压涡轮　低压涡轮　尾喷管

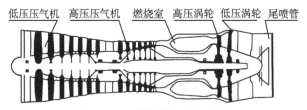

图 8.2.40　涡轮喷气发动机简图

由于进入燃烧室的空气只有部分用于燃烧，因此涡轮后的燃气中仍然存在着大量氧气。如果在涡轮和喷管之间再加进燃料进行燃烧，就可以提高发动机排气温度，增大排气速度，从而增加推力，这就是加力燃烧。在涡轮后带有复燃加力燃烧室的涡轮喷气发动机称为复燃加力式涡轮喷气发动机，简称加力涡喷发动机。

根据连接压气机和涡轮的同心轴的数目，涡喷发动机又可分为单转子、双转子、三转子或多转子涡喷发动机。涡喷发动机主要应用于第二代超声速飞机。如国外的米格-21、F-4，我国的歼-7、歼-8 等。

2) 涡轮风扇发动机

涡轮风扇发动机简称涡扇发动机，是第三代和第四代超声速战斗机广泛采用的发动机，一般推重比均在 8 以上。涡扇发动机的突出特点是气体在发动机中的流动分别部分地或全部地经历内、外两个通道，又称为内涵和外涵，如图 8.2.41所示。其中流过外涵的空气流量与流过内涵的空气流量之比称为涵道比。在涡扇发动机中，空气经进气系统首先进入风扇 (又称为低压压气机) 增压，而后分成内、外两股气流。外股气流进入外涵道；内股气流则进入内涵道，经历与涡喷发动机类似的工作过程。

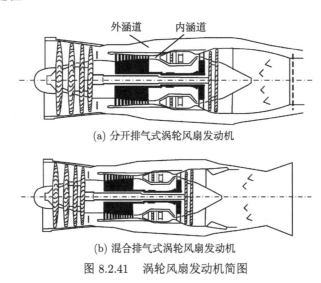

(a) 分开排气式涡轮风扇发动机

(b) 混合排气式涡轮风扇发动机

图 8.2.41   涡轮风扇发动机简图

与涡喷发动机相比，由于涡扇发动机有外涵道气流存在，因此在燃气发生器相同的情况下，涡扇发动机的空气流量更大、排气温度更低、压力更小、喷射速度低。这些特点使涡扇发动机具有更好的工作稳定性，推进效率高、耗油率低。

涡扇发动机根据排气方式的不同而分为两种类型。一种是内、外涵气流分别从各自的涵道中排出，称为分开排气式涡轮风扇发动机，如图 8.2.41(a) 所示；另一种是外涵气流与内涵气流在内涵的涡轮后进行混合后再排出，称为混合排气式涡轮风扇发动机，如图 8.2.41(b) 所示。

军用战斗机所配装的一般都是带复燃加力燃烧室的混合排气式涡轮风扇发动机，简称为混排式加力涡扇发动机。如俄罗斯苏-27 飞机配装的浪-31 系列发动机，美国 F-15 和 F-16 配装的 F100 和 F110 系列发动机, 以及第四代战斗机 F-22 配装的 F119 发动机。

3) 涡轮螺旋桨发动机

涡轮螺旋桨发动机简称涡桨发动机, 如图 8.2.42 所示。

涡桨发动机中燃气发生器的工作过程同涡喷发动机中的一样, 只是在燃气发生器的涡轮出口处又安装一个动力涡轮。靠动力涡轮把燃气发生器出口燃气中的大部分可用能量转变为轴功率用以驱动空气螺旋桨产生拉力。由于螺旋桨转速较低, 因此动力涡轮与螺旋桨之间设有减速器。燃气中剩下小部分可用能量 (约 10%) 在喷管中转为气流动能, 直接产生推力。

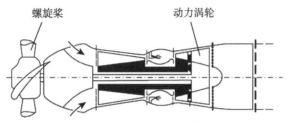

图 8.2.42 涡轮螺旋桨发动机简图

涡轮螺旋桨发动机与活塞式发动机相比, 具有重量轻、振动小等优点; 与涡喷和涡扇发动机相比, 则具有耗油率低和起飞推力大的优点, 特别是在低速飞行时具有较高的推进效率。受螺旋桨性能的限制, 飞行速度一般不超过 800km/h。因此在大型远程运输机上, 涡轮螺旋桨发动机已被涡轮风扇发动机取代, 但在中程运输机和通用飞机上仍有广泛用途, 如我国的运-7、运-8 使用的涡桨-6 系列发动机。

4) 涡轮轴发动机

涡轮轴发动机与涡轮螺旋桨发动机类似, 都是由涡轮风扇发动机演变而来的, 只不过后者将风扇变成了螺旋桨, 而前者将风扇变成了直升机的旋翼。除此之外, 涡轮轴发动机也有自己的特点: 它一般装有自由涡轮 (即不带动压气机, 专为输出功率用的涡轮), 而且主要用在直升机和垂直/短距起落飞机上。在构造上, 涡轮轴发动机也有进气道、压气机、燃烧室和尾喷管等燃气发生器基本构造, 但它一般都装有自由涡轮, 如图 8.2.43 所示, 前面是两级普通涡轮, 它带动压气机, 维持发动机工作, 后面的二级是自由涡轮, 燃气在其中做功, 通过传动轴输出功率带动直升机的旋翼旋转, 使它升空飞行。此外, 从涡轮流出来的燃气, 经过尾喷管喷出, 也可产生一定的推力, 由于喷速不大, 这种推力很小, 大约仅占总功率的十分之一。有时喷速过小, 甚至不产生什么推力。为了合理地安排直升机的结构, 涡轮轴发动机的喷口, 可以向上, 向下或向两侧, 不像涡轮喷气发动机那样非向后不可。这有利于直升机设计时的总体安排。

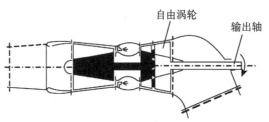

图 8.2.43　涡轮轴发动机简图

　　在上述的四种类型燃气涡轮发动机中，由于涡喷发动机和涡扇发动机的工作过程都是使气体加速而直接产生反作用推力，所以两者是属于直接反作用式燃气涡轮发动机。而涡桨发动机和涡轴发动机则属于非直接反作用式燃气涡轮发动机，需通过专门的推进器来推进飞机。

　　3. 发动机性能指标

　　1) 推力性能指标

　　A. 推力和单位推力

　　推力 F 是衡量发动机性能的极其重要的指标之一。在飞机的空气动力特性相同的条件下，F 越大，飞机就具有更好的战术、技术性能。

　　但是只考虑 F 的大小，还不足以全面评定发动机推力性能的好坏，因为 F 的增大可能是通过加大发动机的几何尺寸来增大空气流量的结果。这种发动机的横截面积和质量都较大，不利于飞机飞行。因此，评定发动机推力性能还要看每秒流过发动机的 W_a 千克空气所产生的推力，即单位推力的大小。用符号 F_s 表示单位推力，则有

$$F_s = \frac{F}{W_a} \tag{8.2.5}$$

　　在 F 一定的条件下，F_s 越大，则 W_a 越小，一般所需的发动机横截面积和质量也就越小，越有利于飞机飞行；在 W_a 一定条件下，F_s 越大，则 F 越大。

　　目前，燃气涡轮发动机在地面最大状态工作时，$F_s = 60\sim75\mathrm{daN\cdot s/kg}$，daN 表示 10N（$1\mathrm{daN} = 10\mathrm{N}$）。

　　B. 推重比

　　发动机推力与其总重力之比称为推重比。推重比越大，说明在推力一定时，发动机质量越小；或质量一定时，产生的推力越大。现在研制中的发动机推重比一般都大于 10。

　　C. 迎面推力

　　发动机每平方米的最大横截面积所能产生的推力称为迎面推力。迎面推力越大，说明推力一定时，发动机最大迎风面积越小，或最大迎风面积一定时，推力越大。

2) 经济性能指标

A. 耗油量

单位时间内供给主燃烧室和加力燃烧室的燃油质量称为主燃烧室和加力燃烧室的耗油量, 分别用符号 W_f、$W_{f,af}(kg/s)$ 或 W_{fh}、$W_{fh,af}(kg/h)$ 来表示。

推力相同的发动机, 可用耗油量来比较它们的经济性。推力不同的发动机, 不能仅以耗油量的多少来评定其经济性, 而是应用耗油率来评定。

B. 耗油率

发动机每产生 10N 推力而在单位时间 (一般以小时计) 内所消耗的燃油质量 (即耗油量) 称为耗油率。在飞行速度一定时, 耗油率越小, 发动机的经济性越好。

3) 使用性能指标要求

A. 工作可靠

发动机工作可靠, 是指发动机在各种情况下都能按照使用人员的操纵, 安全可靠地进行工作, 在飞行中不因外界条件变化而造成熄火停车或发生机件损坏等故障。各类燃气涡轮发动机上, 都装有检测装置、自动装置, 以提高发动机工作的可靠性。

B. 启动迅速可靠

发动机由静止状态加速到慢车状态 (维持发动机连续运转的最低转速) 的过程称为启动过程。在保证安全的前提下, 启动过程越短越好。无论在地面或在空中都要求启动成功率高, 可靠性好。如果启动成功率达到 100%, 可靠性最好。对于装有加力燃烧室的燃气涡轮发动机, 要求在任何条件下都能可靠地接通或断开加力。目前燃气涡轮发动机上都装有自动控制系统, 以保证启动或接通 (断开) 加力的迅速可靠。

C. 加速性好

快速推油门时, 发动机转速上升的快慢程度, 称为发动机的加速性。通常用慢车转速上升到最大转速所需要的时间来表示发动机加速性的好坏。加速时间越短, 说明发动机转速操纵越灵活, 加速性越好。

D. 发动机寿命长

发动机从出厂到第一次大翻修这一段期间总的工作时数, 以及两次大翻修之间的工作时数都可以称为发动机寿命。发动机经数次翻修直到报废的总累积工作时数称为发动机的总寿命。发动机寿命相差很悬殊, 有的发动机只有一二百小时的寿命, 有的则为数百小时, 甚至长的可达数千小时。有些民用型航空发动机的总寿命可达数万小时。

E. 易于维护

发动机维护简易，可达性好，可以减轻维护人员的劳动强度，容易发现和排除故障，缩短地面准备时间，保证迅速起飞。

4. 进、排气系统

现代喷气式飞机推进系统对进气系统的综合要求越来越高，这不仅是因为进气系统的内流性能对发动机的性能有着极大的影响，而且由于进气系统与飞机前机体存在着相互作用，所以在很大程度上影响着发动机综合性能的发挥。因此，现代飞机推进系统越来越重视进气系统/发动机/飞机的一体化设计，以求获得最佳的综合性能。

为使飞机、发动机性能得以充分发挥，进气系统应满足下列要求：气流流经进气系统的总压损失要小；进气系统的外部阻力小；进气系统向发动机提供的气流流场 (如速度场、压力场) 均匀；所有飞行条件和发动机工作状态下，进气系统都能稳定工作；重量轻、尺寸小、构造简单、工作可靠、维护简便；具有小的雷达反射面积；尽量减少进气温度畸变的可能性等。现代超声速飞机的进气系统由进气道、辅助进气系统、进气道调节系统、附面层控制系统等组成，其中进气道是进气系统的主要部件。

进气由飞机上的进口 (或发动机短舱进口) 至发动机进口所经过的一段管道称为发动机的进气道。现代飞机的特点是飞行速度和高度变化范围大，特别是歼击机还要经常在大迎角、大侧滑角状态下飞行，因此飞机进气道必须在大的速度、高度范围内以及在机动条件下向发动机提供高质量的气流。进气道按其在飞机上的位置不同大体可分为正面进气和非正面进气 (图 8.2.44)。① 正面进气：进气口位于机身或发动机短舱头部，进气口前流场不受干扰，因此构造简单。机身头部正面进气口的最大缺点是机身头部不便于放置雷达天线，同时进气道管也太长。② 非正面进气：包括两侧进气、翼根进气、腹部进气、翼下进气和背部进气，它们在不同程度上克服了机头正面进气的缺点。但是，非正面进气需要防止进气口前面贴近机身或机翼表面的一层不均匀气流 (附面层) 进入进气道。所以，进气口与机身或机翼表面要隔开一定距离，并设计一定的通道把附面层抽吸掉，这相应地会增加一些阻力。而腹部和翼下进气则充分利用了机身或机翼的有利遮蔽作用，能减小进气口处的流速和迎角，从而改善进气道的工作条件。

喷气飞机推进系统的排气装置通常是发动机的一部分，即尾喷管。尾喷管的功能是将涡轮或加力燃烧室后的高压燃气 (在涡扇发动机中则包括风扇出口的高压空气) 膨胀加速，使气流以高速喷出，从而获得推力。出口气流速度可分为亚声速和超声速两种。亚声速喷管做成收敛形；超声速喷管做成收敛-扩散形，又叫拉瓦尔喷管。按排气方向分又可分为直流喷管、偏流喷管和转向喷管。直流喷管仅提供向前的推力，为大部分航空器所采用。转向喷管或矢量喷管可在一定角度范围内改变气流方向，从而改变推力方向，可提供升力和直接推力控制，用于垂直起落飞机和高机动性飞机。例如，美国的 F-22 战斗机用的 F119 涡扇发动机就采用可上下偏转的二维推力矢量喷管 (矩形，图 8.2.45(a))，俄罗斯的苏-37 战斗机的 АЛ-31ФП 涡扇发动机安装可多方向偏转的轴对称推力矢量喷管 (圆形，图 8.2.45(b))，都使其具有短距起落和超机动能力。

图 8.2.44　常见的进气道布局形式 (后附彩图)

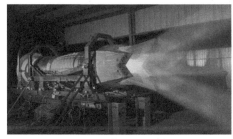

(a) F119二维推力矢量喷管　　　　　(b) АЛ-31ФП涡扇发动机矢量喷管

图 8.2.45　发动机矢量喷管

5. 发动机新技术

随着对飞机性能要求的提高，航空动力技术将出现革命性的变化。除了将研制出推重比达 15~20 的军用涡扇发动机，以装备第五代战斗机，保证其在 21km 高空以马赫数 3~4.5 做持续巡航飞行外，还将研制超燃冲压发动机、脉冲爆震发动机、组合发动机、超微型发动机、新能源发动机等新概念发动机，以实现飞机或巡航导弹以马赫数 5~10 的高超声速飞行。

1) 脉冲爆震发动机

脉冲爆震发动机是一种利用间歇式或脉冲式爆震波产生的高温、高压燃气来产生推力的新概念发动机。脉冲爆震发动机一般由进气道、爆震室和尾喷管组成，由于没有压气机、涡轮等旋转部件，因此具有结构简单、重量轻、推重比高 (大于 20) 的特点。同时，脉冲爆震发动机还具有耗油率低 (小于 1kg/(daN·h))、工作范围宽 (马赫数 0~10，飞行高度 0~50km) 和成本低等优点。它在高超声速航空器方面有很好的应用前景。

2) 冲压发动机

冲压发动机利用发动机的前向运动来压缩空气，没有压气机和涡轮等旋转部件。冲压发动机由进气道、燃烧室和尾喷管构成，高速迎面气流经进气道减速增压，直接进入燃烧室与燃料混合燃烧，产生高温燃气经尾喷管膨胀加速后排出，从而产生推力。

当冲压发动机燃烧室入口气流速度为亚声速时，燃烧主要在亚声速气流中进行，这类发动机称为亚燃冲压发动机；当冲压发动机燃烧室入口气流速度为超声速时，燃烧在超声速气流中进行，这类发动机称为超燃冲压发动机。亚燃冲压发动机一般应用于飞行马赫数低于 6 的飞行器，如超声速导弹和高空侦察机。超燃冲压发动机一般应用于飞行马赫数高于 6 的飞行器，如高超声速巡航导弹、高超声速飞机和空天飞机。

由于冲压发动机维持运作的一个重要条件是高速气流源源不断地从前方进入，所以发动机无法在静止或低速状态下启动工作，只有在一定的速度以上才可以产生推力。为了让冲压发动机加速到适合的工作速度，必须有其他的辅助动力系统自静止或者低速下提高飞行速度，然后才点燃冲压发动机。冲压发动机结构简单，造价低，易维护，超声速飞行时性能好，特别适宜在大气层或跨大气层中长时间超声速或高超声速动力续航飞行。

8.2.3　操纵系统原理

飞机操纵系统是根据飞行员的要求，传递操纵信号，偏转舵面，使飞机完成预定飞行动作的机械/电气系统。飞机操纵系统是飞机的主要系统之一，它的性能好坏，在很大程度上影响着飞机的性能和品质。

驾驶员通过操纵系统传递操纵指令至舵面的过程，实际上就是力和位移的传递过程，力和位移的传动关系可用传动系数 K 和传动比 n 表示。操纵系统的传动系数 K 是指舵偏角增量 $\Delta\varphi$ 与驾驶杆位移增量 Δx 之比，可表示为 $K = \Delta\varphi/\Delta x$；操纵系统的传动比 n 是指驾驶杆力 F 与舵面操纵摇臂上的传动力 Q 之比，可表示为 $n = F/Q$。

飞机诞生后的 30 多年中，飞机的主操纵系统是简单的机械操纵系统 (MCS)，先是钢索 (软式) 操纵，后发展成为拉杆 (硬式) 操纵，如图 8.2.46(a) 所示，目前轻型低速飞机仍然采用。随着飞机尺寸和质量的增加，飞行速度不断提高，即使采用了气动力补偿，驾驶杆操纵力仍不足以克服舵面偏转后的铰链力矩，20 世纪 40 年代末出现了液压助力器，实现了助力操纵，如图 8.2.46(b) 所示。

随着飞机飞行高度、速度的进一步增大，飞机自身稳定性不足的问题日益突出，驾驶员难以操纵。为了提高飞机的稳定性，发展了阻尼和增稳系统，将人工操纵和自动控制结合起来使飞机操纵品质符合要求，从而形成增稳操纵系统 (SAS)，如图 8.2.46(c) 所示。增稳操纵系统的使用在提高飞机稳定性的同时，降低了飞机的操纵性，为解决这一矛盾，又发展了控制增稳系统。控制增稳系统除了使用增稳回路改善飞机的稳定性之外，还有一条和飞机机械操纵系统并行的电气操纵链，用于改善飞机的操纵性。但是为安全考虑，用于操纵飞机的电气操纵链对飞机舵面的操纵权限是有限制的。

以不可逆助力机械操纵系统为主操纵系统的飞行操纵系统越来越复杂化，并由于机械系统中存在着摩擦、间隙和弹性变形，始终难以解决精微操纵信号的传递问题，20 世纪 70 年代，电传操纵系统 (FBWS) 得以成功实现，如图 8.2.46(d) 所示。

电传操纵系统是在控制增稳操纵系统的基础上演变而来的，它用电子线路取代驾驶杆到助力器之间的机械元件，完全摆脱了机械信号。电传操纵系统正在取代不可逆助力机械操纵系统而成为主操纵系统。

可靠性是飞机电传操纵系统发展的关键问题，飞行操纵系统的可靠性通常用两个指标进行衡量，即飞行安全可靠性和完成任务可靠性。目前，世界各国对电传操纵系统安全可靠性提出的指标一般是故障频率：军用飞机为 $10^{-7}\mathrm{h}^{-1}$，民用飞机为 $10^{-9} \sim 10^{-10}\mathrm{h}^{-1}$。对于这样高的安全可靠性指标，要想依靠单套电气电子部件的控制系统来实现是不可能的。目前单套电气控制系统的安全可靠性仅能达到 $(1.0 \sim 2.0)\times 10^{-3}\ \mathrm{h}^{-1}$。解决这个问题最有效的方法是余度技术。

所谓余度技术是用几套可靠性不够高的系统执行同一指令，完成同一工作任务，构成称为余度系统的多重系统的技术。应用余度技术是提高系统任务可靠性、安全可靠性和容错能力的有效手段。根据可靠性理论计算，系统的最大损失率与余度数间的关系，如图 8.2.47 所示。由图可知，单通道电传操纵系统的故障率约为 $10^{-3}\mathrm{h}^{-1}$，而当电传操纵系统采用三余度或四余度时，其安全可靠性就大大提高，满足接近或不低于不可逆阻力操纵系统的可靠性水平。

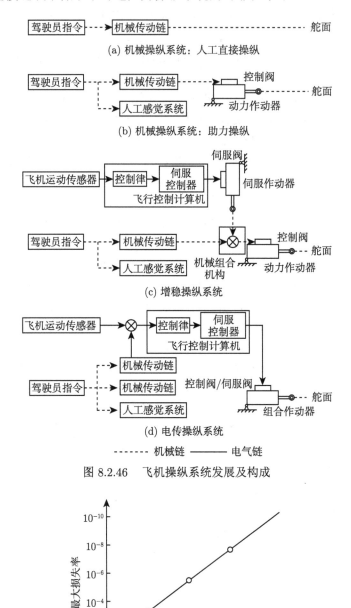

图 8.2.46　飞机操纵系统发展及构成

图 8.2.47　最大损失率与余度数目的关系

为了进一步发挥电传操纵系统的潜力，电传操纵系统又可与火力控制系统、推进系统、导航系统等系统交联，实现多模式的综合控制。与火力控制系统交联，可以使歼击机作战自动化，对地面目标进行攻击时，可以提高飞机的生存力，减小被地面炮火击中的概率；在空战中，则可以提高命中率，同时可增加射击的机会。与推力系统交联，对于垂直/短距起降飞机特别有用，飞机可借助于推力转向产生的力和力矩，以补充或代替由操纵面偏转而产生的力和力矩。与导航系统交联，若能实现四度引导，则可使飞机到达预定目标的时间误差不超过几秒。

今后的电传操纵系统将以数字式电传操纵系统为主，模拟式电传操纵系统为辅。如果以光导纤维代替电缆，实现控制信号的光纤传导，则将形成所谓的光传操纵系统 (FBLS)。

8.2.4 火控系统原理

对目标进行探测、识别、跟踪、瞄准，控制武器弹丸投射方向、时机、密度和持续时间的机载电子设备，称为机载火力控制系统 (airborne fire control system)，简称为机载火控系统。

机载火控系统通常由目标探测设备 (包括雷达和光学观测装置，红外、激光和微光电视装置)、载机参数测量设备 (包括各种传感器、大气数据计算机、无线电高度表和惯性平台)、火控计算机、瞄准显示设备 (包括光学瞄准具头部显示器、平视显示器和下视显示器) 和瞄准控制装置等组成。其工作过程是：目标探测设备发现并跟踪目标后，将所测得的目标位置及运动参数 (距离及其变化率、角速度、方位角等)，载机参数测量设备所测得的载机飞行参数 (高度、速度、加速度、角速度、姿态角、地速和偏流角等)，以及武器弹道参数同时输入火控计算机，按预定程序进行弹道及火控计算，输出控制信息给显示器，或输出操纵指令给自动驾驶仪，飞行员即根据显示器显示的信息操纵载机 (或炮塔传动装置)，或由自动驾驶仪自动操纵载机，使武器迅速、准确地进入瞄准状态，及时投射，并将需要制导的弹药导向目标。火控系统的性能决定武器弹药投射的命中精度，影响杀伤威力的发挥，还影响飞机的出勤率和载机自身的生存率。

现代战斗机的综合火控系统是与其他航电系统互联互通、有机融合的核心系统，是飞行员掌握整个战斗机状态、获取战场态势和执行作战任务的主要平台。机载雷达探测系统一般采用脉冲多普勒雷达或有源相控阵雷达，对非隐身空中目标的正面探测距离一般为 90~160km，一般可同时跟踪 8~15 个目标，并同时攻击其中的 2~6 个目标。不难看出，对空中目标探测距离越远，可同时跟踪和攻击的目标数量越多，战斗机综合火控系统越先进。图 8.2.48 为米格-35 机载有源相控阵雷达。

在人机交互方面 (图 8.2.49)，"全玻璃化座舱＋彩色多功能液晶显示器＋平

视显示器/数字头盔"的综合显示系统已成为现代战斗机的标配。它能够帮助飞行
员在瞬息万变的情况下，及时掌握更多信息，做出合理和迅速的决策。

图 8.2.48   米格-35 机载有源相控阵雷达

(a) 平视显示器

(b) F-35战斗机数字头盔

图 8.2.49   战斗机的人机交互界面 (后附彩图)

而综合火控系统的出现，表明了火控系统信息传输方式和载体发生了质的飞跃，数字信息成为主要的传输方式。综合火控系统具有全天候、全方位作战能力，适用武器种类多达 20 余种，攻击方式 10 余种，系统精度和可靠性、维修性都大大提高。目前第三代以上作战飞机都装备这类火控系统。

机载火控系统最基本的任务是根据载机、目标、武器弹药的相对位置、运动特性和参数，攻击环境条件和要求的攻击方式、方法，按照火力控制原理，建立数学模型，完成火控解算。随着飞机武器装备的发展，以及目标和攻击飞机的机动性，武器弹药运动的复杂性，攻击环境条件和攻击方式的多样性，火控计算越来越复杂。因此，机载火控计算具有理论公式复杂、计算量大、存储数据多、计算实时性差、计算稳定性差的特点。尽管计算机和计算技术发展很快，但是机载火控系统仍然很难完全按照理论公式实时完成火控计算。

目前在火控系统总体设计中，需要对理论公式进行典型化、简化处理，除了最常用的分解、综合、近似处理等方法外，更多的是采用数值处理的方法，即在地面大型计算机上，完全按照理论公式进行火控计算，其实质是进行全系统、全数字计算机模拟仿真，得到对应不同攻击条件的中间结果和最终结果的数值解。例如，航炮、火箭弹丸平均速度，弹道降落量，前置跟踪射击的前置距离，计算时间，抬高角，迎角带偏修正角，侧滑带偏修正角，轰炸的炸弹射程，炸弹落下时间，平飞轰炸超越角，俯冲轰炸超越角，导弹允许发射区的远边界、近边界等。这些数值解通常都是以离散表格值的形式给出，一般可表示为

$$y_i = f(x_{ij}), \quad i = 1, 2, \cdots, n; \quad j = 1, 2, \cdots, n \qquad (8.2.6)$$

其中，y_i 为输出的离散表格值；x_{ij} 为攻击条件取值。

运用函数逼近、曲线拟合、回归分析等数学方法，在一定精度条件下得到最简单的函数表达式 $\hat{y} = g(x_i)$，用以描述离散表格值的函数关系。通过数值处理所得的确定函数表达式，或经过分解、综合、近似处理所得的简化公式，称为火控系统工作式。将火控系统工作式注入机载火控计算机，用作实时的、在线的火控计算。

8.2.5 直升机飞行原理

直升机的基本组成部分有：机身、旋翼和尾桨、动力装置、传动系统、操纵系统、起落装置、机载仪表和特种设备、外挂武器系统等。图 8.2.50 所示为单旋翼带尾桨直升机，本节将主要讨论这种固定旋翼直升机。

机身用来支持和固定直升机部件、系统，把它们连接成一个整体，并用来装载人员、物资和设备。旋翼是产生升力的部件。尾桨用于平衡旋翼旋转时给直升机的反作用扭矩。动力装置包括发动机和有关的附件。传动系统将发动机产生的动力传给旋翼和尾桨，并且保证它们具有适宜的转速。操纵系统将驾驶员对驾驶

杆和脚蹬的操纵传到有关的动作机构，以改变直升机的飞行姿态和方向。起落装置用于地面滑行和停放，在着陆时起缓冲作用，常见的形式是轮式起落架，在水面上降落的直升机用浮筒式起落架。由于直升机飞行速度不高，因此常用固定式起落架，在飞行中不收起。直升机机载设备品种繁多，包括电气、显示和控制、导航、通信及电子对抗、故障诊断等。武装直升机可外挂各种武器装备，如反坦克导弹、空对地导弹、空对空导弹、火箭弹、精确制导炸弹、航炮、机枪，以及地雷、鱼雷、水雷等。

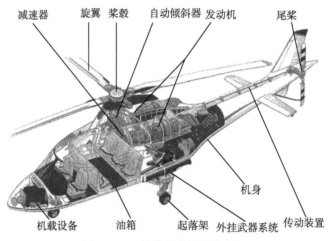

图 8.2.50　单旋翼带尾桨直升机

1. 直升机飞行原理

在直升机上方通过旋转为直升机提供升力的部件称为旋翼，旋翼上每个旋转的叶片称为桨叶，桨叶的断面与固定翼飞机的机翼相近。旋翼一般有 2~5 片桨叶。固定翼飞机的机翼在随机身前行时，在上下翼面之间会产生气流速度差，有了速度差从而产生升力。旋翼就是旋转的机翼，通过让机翼相对机身旋转起来，在机身静止时也能产生升力，然而旋翼在升力的同时，也会相应地产生使机身"水平反转"和"侧向翻转"两种伴生现象。

1) 旋翼产生机身反向旋转现象

旋翼在直升机的上部旋转，根据角动量守恒定律和作用力反作用力定律，机身一定会反方向旋转。也就是说，机身要驱动旋翼正转，自己就会反转。为解决这一问题，直升机一般要有两个以上旋翼，才能保证机身不会水平旋转。

解决机身水平旋转问题，最常用的方案是尾桨方案。这种方案中，机身上方一个主旋翼正转产生升力。主旋翼的旋转方向可顺时针也可逆时针。当主旋翼正转时，机身就受到一个推动其反转的扭矩。如果在机身的尾部安装一个尾桨，通过尾桨的旋转产生的拉力来抵消这个扭矩，就可以保证机身不会水平旋转。尾桨是一个较小的旋翼，其旋转轴一般与主旋翼的旋转轴在空间上是相互垂直的。尾桨可以像旋翼一样暴露在外，也可以在其外部用罩子保护起来，称为涵道尾桨。尾桨给直升机的设计带来了很多麻烦。尾桨如果太大了，就会碰到地面或其他物品，安全性不好。故尾桨尺寸要受到限制。为了提供足够的反扭矩，在尾桨能提供的拉力有限的情况下，尾桨就要远离主旋翼的旋转轴，所以尾桨要安装在长长的尾撑上。尾撑越长，提供的扭矩就越大；但尾撑越长，重量也越大，驱动尾桨的传动系统也越笨重。尾桨是直升机飞行安全的最大问题，尾桨一旦失去动力，直升机就要打转，因失去控制而坠毁。在使用中，直升机因为尾桨受损而坠毁的概率远高于其他原因。而主旋翼如果失去动力，还可利用飞机的势能驱动主旋翼，实现安全降落。此外，尾桨也对地面人员形成危险，还容易挂上建筑物、电线、树枝等。涵道尾桨的安全性高于暴露尾桨。

有些直升机采用多旋翼方案，使多个旋翼对机身的扭矩之和为零，就可以保证机身不会旋转。最常见的有双旋翼，两个主旋翼的转动方向相反、速度相等，扭矩的矢量和为零。双旋翼的布置方式有共轴式、纵向并列式、横向并列式 (图 8.2.51) 等。

(a) 单旋翼带尾桨直升机

(b) 共轴式双旋翼直升机

(c) 纵向并列式双旋翼直升机

(d) 横向并列式双旋翼直升机

图 8.2.51　旋翼布置方案

　　旋翼产生的拉力是所有桨叶产生的拉力的矢量和，每个桨叶产生的拉力是桨叶各微段 (叶素) 拉力的矢量积分。桨叶拉力的大小与其翼型、迎角、来流速度有关。在迎角一定时，来流速度越大，拉力也越大；在来流速度一定时，在不失稳的迎角范围内，迎角越大拉力也越大。

　　2) 旋翼产生机身侧向翻转现象

　　如果直升机处于悬停状态每个桨叶的拉力为 F，当直升机以速度 v 向前飞时，如果桨叶与转轴轮毂刚性连接，则向前运动的桨叶来流速度会加大，拉力就大于 F；向后运动桨叶的来流速度会降低，拉力小于 F，直升机就会产生侧向翻转，如图 8.2.52 所示。

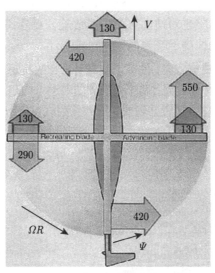

图 8.2.52　前进中旋翼的流速差异

　　为解决这一问题，通常通过挥舞铰与轮毂连接，使直升机桨叶上下挥舞。当桨叶向前运动时，同时也向上运动，使相对来流的实际迎角减小，使拉力保持为 F；当桨叶向后运动时，同时向下运动，使相对来流的实际迎角增大，也保持拉力为 F，如图 8.2.53 所示。这样机身就不会横滚，桨叶也不会因为拉力大小的不断改变而疲劳损坏。现代直升机也有不采用刚性桨叶而采用弹性变形桨叶的，其工作原理是相同的。

　　桨叶挥舞这一过程并不需要由飞行员控制，而是桨叶通过挥舞铰自动实现的。正是因为挥舞铰的存在，直升机停止时其旋翼桨叶才是向下耷拉的。实际上挥舞运动在气流不稳、飞行转向、飞机升降、姿态调整过程都在起作用，并且有相互耦合，故直升机的控制比固定翼飞机要复杂。由于挥舞铰的自动调整作用，如果气流不稳，变动的气动载荷不会直接传递到机身，故乘坐直升机要比乘坐固定翼飞机舒适得多。采用铰链连接，桨叶在工作过程中受到升力、离心力、重力和铰轴力的作用而平衡，桨叶端部向上升起，其轨迹形成一个旋翼锥体。

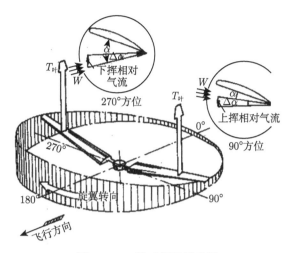

图 8.2.53　桨叶挥舞示意图

2. 直升机的飞行控制

如果直升机旋翼产生的拉力垂直向上，则飞机只能上下运动。为了实现水平移动，控制偏航 (即机身的左右旋转)、俯仰 (即机身的上下旋转) 和横滚 (即机身绕自身轴线的转动)，就需要控制升力的方向。

在稳定飞行状态中，飞机所受的所有外力矢量和为零，作用点为飞机的质心。也就是说，所有外力对质心的力矩的矢量和为零。为达此目的，就要能精确控制旋翼拉力的方向和大小，以及尾桨作用力的大小。例如，要让飞机向前飞，如果直升机悬停时桨叶的运动轨迹是一个伞柄向上的雨伞，向前运动时其运动轨迹就是一个伞柄向前上方倾斜的雨伞 (图 8.2.54)。

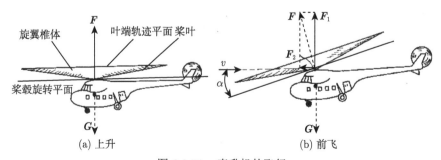

图 8.2.54　直升机的飞行

8.3　典型空中作战平台

军用飞机按其用途不同，可以细分为歼击机、强击机、轰炸机、反潜机、侦察机、军用运输机、军用教练机、预警机、电子对抗机、空中加油和运输机等。本节主要介绍歼击机、强击机、轰炸机、预警机及直升机。

8.3.1　歼击机

歼击机又称战斗机，其主要目标是夺取空中优势，获得制空权，主要用来执行歼灭空中敌机和其他入侵飞航式兵器的任务；其次是拦截敌方轰炸机、强击机和巡航导弹，还可携带一定数量的对地攻击武器，执行对地攻击任务。

歼击机的特点是飞行高度–速度范围大、爬升速度快、升限高、机动性好、火力强等。

近二十年来，局部战争中广泛使用的是第三代作战飞机，典型的歼击机包括俄罗斯的米格-29、苏-27，美国的 F-16、F-15，以及中国的歼-10、歼-15。现代的先进战斗机多配备各种搜索、瞄准火控设备，能全天候攻击所有空中目标。美军的第四代作战飞机 F-22 也已部署。图 8.3.1 是典型的第三代歼击机。

(a) 歼-10　　　　　　　(b) 歼-15　　　　　　　(c) F-15

(d) F-16　　　　　　　(e) F/A-18　　　　　　　(f) 米格-29

(g) 苏-27　　　　　　　(h) "台风"　　　　　　　(i) "幻影"-2000

图 8.3.1　典型的第三代歼击机 (后附彩图)

F-16 "战隼" 是第三代战斗机的典型代表, 在技术性能上要求它能在经常发生空战的区域 (高度 9000~12000m, 飞行马赫数为 0.6~1.6) 胜过当时的某些苏制战斗机。F-16 的最大飞行马赫数仅接近 2, 与第二代战斗机相比有所降低, 并且由于采用固定进气口, 在马赫数大于 1.7 以后进气效率急剧下降。但在中低空、亚跨声速机动性上, F-16 比第二代战斗机有显著的改善。F-16 中空跨声速水平加速性较好, 中低空爬升率较高, 因空战推重比大于 1 而可垂直爬升, 跨声速盘旋性能也较好, 盘旋角速度和稳定盘旋过载较高。F-16 采用了一系列新技术, 如变弯度机翼、翼身融合、机翼边条、放宽静稳定度和电传操纵系统、高过载座舱和侧置驾驶杆等。F-16 的机载设备主要包括具备下视下射能力的 AN/APG-66/68 或其改进型多功能火控雷达、激光陀螺惯导系统、LANTIRN 夜间导航/攻击吊舱、雷达告警接收器和内装箔条/曳光弹投放器、电子战吊舱、平显和多功能显示器等; 机载武器有一门内装的 20mm 口径 M61A1 多管航炮, 翼尖可挂 AIM-9 "响尾蛇" 红外近距空空导弹, 另外 7 个外挂架可带副油箱、设备吊舱和多种空空或空地武器。

8.3.2　强 (攻) 击机

强击机又叫攻击机, 主要用于从低空、超低空突击敌人战术和浅近战术纵深内的军事目标, 直接支援地面部队或水面舰艇部队作战。

强击机一般具有良好的低空稳定性、操纵性和搜索地面或水面小目标 (如坦克等) 的能力, 配备有较强的对地或对舰攻击武器和适当的装甲。强击机的特点是有良好的低空和超低空稳定性和操纵性; 良好的下视界, 便于搜索地面小型隐蔽目标; 有威力强大的对地攻击武器, 除机炮和炸弹外, 还包括制导炸弹、反坦克集束炸弹和空地导弹等; 飞机要害部位都有装甲保护, 以提高飞机在地面炮火攻击下的生存力; 起飞着陆性能优良, 能在靠近前线的简易机场起降, 以便扩大飞机支援作战的范围。

现代强击机有亚声速的, 也有超声速的, 正常载弹量可达 3t, 最大可达 8t。机上装有红外观察仪或微光电视等光电搜索瞄准设备和激光测距、火控系统等, 有的新型强击机已具有垂直和短距离起落能力。

除了强击机之外, 执行空对地/海面攻击任务的还有歼击轰炸机。强击机与歼击轰炸机的区别在于突防手段和空战能力不同。强击机的突防, 主要靠低空飞行和装甲保护, 歼击轰炸机则主要靠低空高速飞行; 强击机一般不宜用于空战, 而歼击轰炸机具有空战能力; 强击机用于突击地面小型或活动目标, 比使用歼击轰炸机更有效。此外, 强击机可在野战机场起降, 而歼击轰炸机一般需用永备机场。目前, 在国外, 空中战役战术纵深攻击任务, 一般都用歼击轰炸机; 而实施近距空中支援攻击任务, 则用强击机。

比较典型的强击机包括美国的 A-10 (图 8.3.2(a))、AV-8B 和俄罗斯的苏-25

(图 8.3.2(b)) 等。

(a) A-10强击机   (b) 苏-25强击机

图 8.3.2   典型的攻 (强) 击机

A-10 是美国费尔柴尔德公司研制的单座双发近距空中支援强击机,主要用于攻击坦克群、战场上的活动目标及重要火力点。A-10 的主要特点包括:总体布局采用平直机翼、双垂尾,后机身两侧偏上位置悬挂两台发动机,机体结构主要采用铝合金;机身腹部和座舱周围有大量钛合金装甲,可承受 23mm 高炮炮弹的打击,飞行操纵系统均为余度配置,且有装甲防护,生存力高;驾驶舱位于机身前面,风挡采用防弹玻璃,视界开阔,有利于对地攻击;发动机支撑在后机身两侧,位于机翼和平尾之间,既可避免起降时吸入异物和机炮射击时吞烟,又可充分利用机身和翼下的空间挂各种外载荷。A-10 的主要武器是一门 30mm GAU-8/A 七管速射机炮,备弹 1350 发,可击穿较厚的装甲,主要用于攻击坦克和装甲车辆。A-10 另有 11 个挂架,最大悬挂载荷 7250kg,可携带炸弹、集束炸弹、子母弹、空地导弹、空空导弹、火箭等,形成强大的空地火力。

AV-8B 是美国海军陆战队的垂直/短距起落强击机。它采用超临界翼型,加装了升力改进装置,机翼、机身部件和尾翼采用碳纤维复合材料,发动机进气道进行了重新设计,加大垂直起飞和短距起飞时的推力,提高了巡航飞行的效率,并加装机翼前缘边条,改善了瞬时盘旋性能,增强空战格斗能力。

苏-25 是一种亚声速近距支援强击机,与美国 A-10 相对应。苏-25 能在靠近前线的简易机场起飞,挂载各种炸弹在低空与武装直升机米-24 协同,在战场上配合地面部队作战,攻击坦克、装甲车等活动目标和重要火力点。苏-25 主要靠低空机动性来躲避敌方战斗机的截击和地面炮火的打击。

8.3.3 轰炸机

轰炸机是指携带空对地武器,专门对敌地面、水面和水下目标如机场、舰队、坦克群、炮群,以及政治、经济、军事和交通中心等实施轰炸的军用飞机。轰炸机具有载弹量多、火力强、轰炸瞄准设备完善、航程远等特点,是航空兵实施空中突击的主要机种。轰炸机除了投炸弹外,还能投掷鱼雷、核弹或发射空对地导弹。

轰炸机可以分为轻型轰炸机 (载弹量 3~5t)、中型轰炸机 (载弹量 5~10t) 和重型轰炸机 (载弹量 10~30t) 三种类型。机载武器主要包括各种炸弹、航弹、空地导弹、巡航导弹、鱼雷、航空机关炮等,机上的火控系统可以保证轰炸机具有全天候轰炸能力和很高的命中精度。轰炸机的电子设备包括自动驾驶仪、地形跟踪雷达、领航设备、电子干扰系统和全向警戒雷达等,用以保障其远程飞行和低空突防。现代轰炸机还装有受油设备,可进行空中加油。

现代高亚声速轰炸机多采用大展弦比的后掠翼,以保证飞机有较高的巡航速度和升阻比。上单翼布局形式可使机翼仅从机身上部穿过,这样,在飞机重心附近的机身内可以用来放置炸弹。炸弹舱的底部有可在空中开启的舱门。由于炸弹布置在重心附近,空中投弹以后,重心不会有很大变化,便于保持飞机的平衡。喷气轰炸机载油量大,除机翼内放置部分燃油外,机身内炸弹舱的前后也对称地布置许多油箱。

比较典型的轰炸机包括美国的 B-1、B-2 (图 8.3.3(a)),俄罗斯的图-95、图-160 (图 8.3.3(b)) 和图-22M 等。

(a) B-2   (b) 图-160

图 8.3.3 典型轰炸机

B-2 是美国研制的隐身战略轰炸机。在空防弱的地区采用高空突防,在空防强的地区采用低空突防,虽然飞机只能亚声速飞行,但它的低雷达反射特性大大缩短了对方雷达的有效作用距离。B-2 飞机采用独特的飞翼布局,既有高升力的优点,又可满足操纵性及隐身性要求。由于综合使用多种隐形技术,B-2 雷达隐身效果显著,在正常探测距离下,B-2 的雷达散射截面与一只小鸟相当。B-2 的飞行控制系统采用光纤传导的光传操纵系统,可以不受核爆炸产生的电磁脉冲的干扰。此外,B-2 采用的先进技术还包括相控阵前视激光雷达,用来发现和跟踪活动目标的毫米波雷达，前视红外和微光电视传感器，以及地形匹配、环形激光陀螺惯导和用于被动导航的全球定位系统。B-2 的武器装在两个并置武器舱内的旋转式发射架上，总载弹量约为 22680kg。可携带 16 枚 SRAM Ⅱ 短距攻击导弹或 AGM-129 先进巡航导弹，替代武器为 B61、MK83、MK36、MK82、M117 等各种核导弹或常规导弹。

图-160 是苏联研制的变后掠翼超声速战略轰炸机。图-160 轰炸机采用翼身融合体设计。其总体气动布局与美国 B-1B 极为相似，四发、变后掠机翼、十字形尾翼。武器舱位于机身中部。四台加力涡扇发动机成对安装在机翼下靠近飞机重心的两个发动机短舱内。这种设计将轰炸机的航程远、续航时间长和武器载荷大的特点与低空高亚声速和高空超声速突防能力结合起来。图-160 除可携带 AS-15 空中发射巡航导弹 (射程 3000km，带 20 万 t TNT 当量的核弹头) 外，还可携带与美国的短距攻击导弹 (SRAM) 相似的 AS-16 短距攻击导弹，目的是在低空突防时对突防路线上的防空火力进行压制。图-160 内部弹舱的载弹量为 16330kg。两个 10m 长的弹舱各有一个旋转式发射架，可带 12 枚 AS-16 或 6 枚 AS-15 空地导弹。

8.3.4　预警机

预警机是用于搜索、监视空中或海上目标，并可指挥引导己方飞机遂行作战任务的飞机，又称空中指挥预警飞机。预警机为增加由于雷达受地球曲度限制的低高度目标的搜索距离，同时减轻地形的干扰，将整套远程警戒雷达系统放置在飞机上，因此大多数预警机都有一个显著的特征，就是机背上背有一个大"蘑菇"，那是预警雷达的天线罩。机上装有雷达和电子侦察设备，战时可迅速到达战区，遂行警戒和指挥引导任务；平时可在边界或公海上空巡逻，侦察敌方动态，防备突然袭击。预警机具有探测低空、超低空目标的良好性能，同时机动性和生存力强，在现代战争中具有重要的作用。预警机按所装雷达的抗杂波性能，分为海上、陆上和海陆兼用三种类型；按驻扎基地，分为舰载和陆基两种。

空中预警机比较常见的是以客机或者运输机改装而来，因为这类飞机的内部可使用空间大，能够安装大量电子设备与维持运作的电力和冷却设备，同时也有空间容纳数位雷达操作员。也有国家以直升机作为载具，不过这一类空中预警机的效果不如以中大型机体改装而来的机种。

空中预警机借由飞行高度，提供较佳的预警与搜索效果，延长容许反应的时间与弹性。不过由于普通空中预警机搭载的人数与装备的限制，除了提供早期预警的功能之外，最多可以另外提供非常有限的空中指挥与管制的能力。而以大型飞机改装的，容纳更多电子设备与指挥管制人员的空中预警管制机，可以算是空中预警机的放大与强化版。除了将雷达系统放置在飞机上以外，空中预警管制机可以强化或者替代地面管制站的功能, 直接指挥飞机进行各种任务。

预警机有监视范围大、指挥自动化程度高、目标处理容量大、抗干扰能力强、工作效率高等优点, 通常远离战线、纵深部署。但它也存在着许多弱点: 活动区域和飞行诸元相对固定; 活动高度一般在 8000∼10000m, 有一定规律; 飞机体形较大, 雷达反射截面积大, 利于雷达发现和跟踪, 行迹容易暴露; 机动幅度小, 机载雷达只有在飞机转弯坡度小于 10° 的条件下, 才能保证对空的正常搜索, 且下视能力弱于上视能力; 巡航速度慢, 机上没有攻击武器, 自卫能力弱, 需要战斗机掩护; 电子防护能力弱, 工作功率较大, 极易被对方探测、电子干扰和反辐射导弹攻击; 技术复杂, 作战操纵不便。

目前, 世界上拥有预警机的主要国家和机型有中国装备的 "空警"-2000、"空警"-200, 美国装备的 E-2A/B/C/2000 型 "鹰眼" 预警机、E-3 "望楼" 预警机、E-8 "联合星" 远距离雷达监视机, 俄罗斯装备的 A-50 "中坚" 预警机、图-126 预警机, 英国装备的 "猎迷"-MK3 预警机, 日本装备的 E-767 预警机和 E-2C "鹰眼" 预警机, 以色列装备的 "费尔康" 预警机等。图 8.3.4 给出了部分预警机。

(a) "空警"-2000预警机

(b) E-2C "鹰眼" 预警机

(c) E-3 "望楼" 预警机

图 8.3.4 典型预警机

8.3.5 直升机

1) 美国 AH64 "阿帕奇" 武装直升机

"阿帕奇" 是美国军械库中主要的武装直升机。其他国家/地区, 包括英国、以色列和沙特阿拉伯, 也为其部队配备了 "阿帕奇"。"阿帕奇" 直升机驾驶舱分为前后相连的两部分。飞行员坐在后排,副驾驶兼机枪手坐在前排。座舱的这两个部分均包含飞行和火力控制系统 (图 8.3.5)。

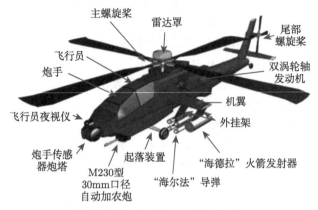

图 8.3.5　"阿帕奇"武装直升机

"阿帕奇"的主要作战任务是摧毁地面的重装甲目标,如坦克和碉堡等。"阿帕奇"的主要武器是"海尔法"(hell fire,"地狱火") 导弹。"阿帕奇"携带的导弹装在与机翼上的外挂架相连的四个发射滑轨上。每个机翼有两个外挂架,每个外挂架又可携带四枚导弹,因此"阿帕奇"一次可以装载多达 16 枚导弹。

在长弓"阿帕奇"上,三个显示屏为飞行员提供大部分的导航和飞行信息。飞行员和机枪手在夜间作战时均可使用夜视仪。枪架还装有供机枪手白天使用的普通摄像机和望远镜。夜视或视频图像经乘员头盔上的显示装置投射到乘员右眼前面的单目镜显示。驾驶舱中的红外感应器可跟踪乘员头盔的运动,乘员通过移动头部就能控制这些装备。

2) 俄罗斯米-28 "浩劫"武装直升机

米-28 是单旋翼带尾桨全天候专用武装直升机,该机采用纵列式前后驾驶舱布局,前舱为领航员兼射手,后舱为驾驶员。驾驶舱装有无闪烁、透明度好的平板防弹玻璃。米-28 可直接用安-22 和伊尔-76 运输机运输到指定作战地区 (图 8.3.6)。

主要武器包括机头下方炮塔内的一门机炮,两侧短翼挂架上 (总共可吊挂 16 枚 AT6) 的反坦克导弹,以及两个 20 枚 57mm 或 80mm 火箭弹的火箭弹巢。执行反直升机任务时,可带 8 枚空对空导弹。机上装有火控雷达、前视红外系统、光学瞄准系统和多普勒导航系统。

3) 中国直-9 直升机

中国直-9 直升机 (图 8.3.7) 采用单主旋翼加涵道尾桨的布局。动力装置采用 2 台涡轴发动机,单台功率 522kW。机上主要机载设备包括甚高频和高频通信/导航设备,甚高频全向信标,仪表着陆系统,无线电罗盘,应答机,测距设备,雷达和自主式导航系统。

图 8.3.6 俄罗斯米-28 直升机

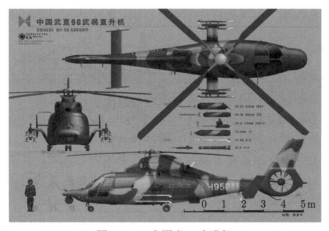

图 8.3.7 中国直-9 直升机

8.4 空中作战平台运用

8.4.1 空对面攻击

1. 空对面攻击目的

空对面攻击是指作战飞机利用机炮、火箭、普通炸弹、精确制导炸弹、防区外空对地导弹、空对舰导弹和反辐射导弹等各种机载武器，对敌地面、海面目标进行攻击，以完成近距空中支援、战场空中遮断、纵深遮断、压制防空作战、战略轰炸等作战任务。

2. 空对面攻击装备

担负空对面攻击任务的军用飞机主要包括轰炸机、强击机、歼击轰炸机等。随着歼击机战术技术性能的不断提高，现代歼击机在具有优异空战能力的同时，也具有很强的攻击地面和水上目标的能力。

实施空对面攻击任务的军用飞机通常具有优异的突防能力、实施攻击过程中的战场生存能力、返航生存能力、空对地杀伤能力、超低空飞行能力、夜战能力、隐身性能等；还要载弹量大，能发射空地、空舰导弹等。空对地攻击中广泛采用精确制导武器，有效提高攻击目标的准确性和战机的作战效能。航空机载电子设备则用于空对地精确探测、武器制导、信息传递、战场态势及目标显示、地形跟随/地形回避/威胁回避、武器投放的精确计算。

3. 空对面攻击方式与特点

空对面攻击的主要方式包括临空突击和防区外突击。

1) 临空突击

临空突击指作战飞机飞临目标上空对目标实施的攻击，又包括抵近攻击与临空轰炸。

抵近攻击，主要是歼击机、强击机以及歼击轰炸机使用航炮、航空火箭在近距对目标进行的攻击。由于航炮、航空火箭的有效射程通常只有数千米，所以抵近攻击在未获得制空权的情况下，常易遭到敌防空系统的抗击。

临空轰炸是指"飞机临近目标上空的轰炸"。临空轰炸是航空兵使用飞机飞临目标上空投掷航空炸弹的最基本轰炸方法。这种方法便于接近目标轰炸，能收到好的效果，但不便于隐蔽战斗行动的企图，易受对方防空兵器的抗击和歼击机的截击。根据自然条件和飞行高度的不同，临空轰炸通常分为水平轰炸、俯冲轰炸、下滑轰炸和上仰轰炸等。

临空突击虽然是一种传统的空对面攻击方式，但其在信息化条件下的空中作战中仍然具有一定的生命力。信息化装备的引入使新时期临空突击方式具有以下特点。

(1) 投射武器多为精确制导武器，投射高度以中高空为主。

传统的临空突击，多以低空超低空为主。现在，由于作战飞机临空突击时，多在夜间行动，加之综合运用电子干扰、隐形突防等手段，使得作战行动较为隐蔽，而且从中、高空攻击，便于远距离发现、瞄准和攻击目标，因而现在临空突击的高度已由过去的低空超低空为主，逐渐转向以中高空为主。例如，美军的 F-117A 投放激光制导炸弹时，其高度就大多在 4000~7000m；投掷联合直接攻击弹药 (JDAM) 时，也大多是在中高空进行的。

(2) 注重使用多机种、多方向、多层次、多目标、小编队突击。

多机种。联合攻击时,在合成编队中既有攻击飞机,又有预警指挥机、电子干扰机、侦察机、加油机、掩护飞机等保障飞机;既有有人机,又有无人机,这一特点是与合成突防紧密相关的。

多方向。临空突击时,攻击分队的飞机从多个方向进入攻击区,对目标进行多个方向的攻击。

多层次。临空突击时,轰炸机从高空,战斗机从中空,强击机从低空,攻击直升机从 100m 以下的超低空对目标进行攻击。

多目标。临空突击时,不同攻击飞机同时或相继进入攻击区,针对不同的目标进行攻击。

小编队。传统的临空突击往往是大机群、大编队,信息化条件下的临空突击时作战飞机携带的多是精确制导武器,因而大大提高了其攻击精度,过去由几十架、上百架飞机才能摧毁的目标,现在只需要几架飞机就可以完成任务。因此,攻击一个目标时,攻击小编队多采用 2~4 机,有时也使用 4~8 机,在有的情况下甚至还可能使用单机。

2) 防区外突击

防区外突击,亦称"火力圈外打击",是指作战飞机不进入敌方防御火力的射程之内,而以发射远距空地导弹、新型精确制导炸弹等,对敌地 (水) 面目标实施打击。防区外突击的实质是,将飞机的突防转换为空地导弹、炸弹的突防,以对目标实施有效突击。采用这种攻击方式,飞机不用突破敌高炮、地空导弹等防空兵器的防空火力圈,从而大大降低了受敌方攻击的可能性,提高了生存能力。因此,防区外突击已成为信息化条件下空中作战的一种新的重要作战方式。

使用防区外发射武器实施防区外突击,与使用传统武器相比具有许多优点。第一,武器发射时载机不必飞临目标上空,可在敌方防御较为薄弱的有利位置发射武器,避免受到目标区内防空武器的攻击;第二,机组人员可以专注于武器发射,不必像在目标附近发射武器那样,既要考虑准确地进行发射,又要考虑自身的安全;第三,由于载机不必在目标附近作战,所以无须携带主被动自卫系统,从而节省了载机的有效空间,可以增加载弹量。

8.4.2 空战

1. 空战目的

空战是指战斗机单机、编队或机群使用机炮、导弹等机载武器与空中敌人进行信息、机动和火力对抗的战斗行动,它是歼击航空兵消灭敌机与其他飞行器,争夺空中优势,完成切断敌空中运输路线、在空中歼灭敌空降力量、支援其他类型航空装备的作战行动、掩护前线部队等作战任务的主要手段。

2. 空战作战装备

空战作战的主要装备是歼击机 (战斗机)，其具有机动性好、速度快、火力强的特点，能在各种气象条件下歼灭空中敌机和其他空袭兵器。歼击机通常以空空导弹、航炮、航空火箭弹、航空炸弹等为基本武器。一般装有口径至少 20mm 的航炮，同时携带多枚中距和近距空空导弹。与早期的空空导弹相比，雷达制导的中距空空导弹提高了抗电子干扰能力，而红外制导的近距空空导弹有良好的抗红外诱饵能力并可全向攻击，空空导弹的机动性和杀伤力均有显著提高。

3. 空战方式与特点

按照攻击距离，空战一般分为超出驾驶员目视可见距离 (beyond visual range, BVR，也称超视距空战) 和视距内 (within visual range, WVR，也称近距空战) 两个阶段。现代战争中，随着战斗机火控系统作用距离的增大和空空导弹性能的改进，使用中、远距空空导弹进行超视距攻击，已成为最主要的空战样式。但另一方面，作为战斗机诞生以来就存在的空战样式，近距离空中格斗仍是战斗机空战的重要样式之一。

1) 超视距空战

超视距空战俗称"看不见就打"的空战，指在双方飞行员目视范围之外，针对本机机载探测系统搜索跟踪到的或友军提供指示导引的空中目标，利用中/远距空空导弹发起攻击的空战模式。空空导弹分类中，一般将射程在 10km 以内的称为近距格斗导弹，射程在 10~100km 的称为中距空空导弹，射程在 100km 以上的称为远距空空导弹。在海湾战争中，第一次出现了中距空空导弹击落飞机数超过近距格斗导弹击落飞机数的情况，标志着超视距空战时代的到来。

超视距空战是"进攻为主、防御为辅"的一种主动进攻战术，战斗机在综合火控系统、机载武器和外部情报源的支持下，可以实施近乎 360° 全方位、全高度的超视距攻击，从而将空中拦截线向敌方一侧推进，保证本方空域内各类目标的安全。该战术的基本作战原则是"先敌发现、先敌打击、首攻奏效、机动防御"。组织超视距空战的关键是要进行目标敌我识别和目标分配确认，在本方预警探测力量指挥引导和电子战力量支援掩护下，掌握机载雷达开机时机和中/远距空空导弹的发射时机，通过通信数据链实时共享战场态势，利用战斗机的先进性能实施主动进攻。

超视距空战的主要特点包括 6 个方面：

(1) 攻击范围广。目前的中/远程空对空导弹一般均具备全天候、全高度、全方位的攻击能力，部分先进型号还具有"发射后不用管"的能力，这使战斗机的攻击范围随着机载雷达探测距离和导弹射程的增加而急速扩展，甚至可以实现无禁区、无死角攻击，但同时也增大了误击的可能性。

(2) 安全性较高。由于战斗机一般在本方雷达探测区内或敌方预警探测区外发起超视距作战，因此可以对周边战场态势和空情掌握得比较全面，在发起超视距攻击时，自身安全性能够得到基本保证，被敌方先手攻击的可能性较小。

(3) 隐蔽性较强。当超视距空战的作战对象被空中预警机或地面预警探测体系发现和跟踪时，战斗机初期可凭借本方情报支援和目标引导进行主动接敌机动，隐蔽性较强，能够尽可能保证攻击发起的突然性，从而提高导弹的命中概率。

(4) 强调迎头攻击。在超视距空战中，为了有效缩短攻击前战斗机火控系统和导弹的准备时间，达成"先敌打击"的要求，强调优先采用战斗机机头正对敌方目标的迎头攻击战术。

(5) 强调首发命中。在双方都处于超声速飞行的情况下，发起超视距攻击的机会可能只有 1~2 次。因此，该战术强调战斗机在发起攻击时要能够同时攻击敌方多个目标，或对一个目标进行连续饱和攻击，从而提高命中概率。后续随着双方距离的急速拉近或拉远，将失去超视距空战的先决条件。

(6) 战术动作要求低。战斗机在进行超视距空战时，对机动性要求不高，战术动作的转换节奏较慢。由于机载综合火控系统和中/远距空空导弹性能的显著增强，跟踪锁定目标和装定诸元等准备时间缩短，对战斗机发射前飞行姿态的要求也就相对减少了。

　2) 近距空战

在近年的几场局部战争中，由于参战双方作战实力相差悬殊，战场信息"单向透明"，近距空战几乎没有机会发生，因此出现了近距空战是否即将退出历史舞台的争论。从辩证的角度看，虽然超视距空战的重要性随着信息技术的发展日渐凸显，但近距空战仍是未来不可避免的重要作战样式，特别是当参战双方在制信息权上处于均势地位时，战场信息"双向透明"，双方战斗机的指挥通信、雷达探测和敌我识别等装备有极大可能遭到强大的电子压制、通信干扰和网络攻击，使其作战性能大幅下降甚至无法工作。当超视距空战无法达成作战效果甚至无法组织实施时，是选择立即退出战斗，还是选择"短兵相接＋空中群殴"的近距空战，就完全取决于双方指挥员的作战决心和飞行员的战斗意志了 (图 8.4.1)。

作为战斗机诞生以来就存在的空战样式，近距空战的战术已经非常成熟，制空战斗机就是按照近距空战需求而研发的。随着信息技术和武器装备的不断发展，近距空战已不局限于视野范围内的空中格斗，其概念和范围均有了进一步发展，可以细分为亚声速近距空战和过失速近距格斗。在不同气象和光照条件下，5~8km 一般是飞行员可以目视发现敌机的最大距离，而新型近程空空导弹的最远攻击范围已达到 10~15km，因此，一般将双方战斗机相距 8~15km 以内进行的战斗称为近距空战。

图 8.4.1   近距空战想象图

　　近距空战的基本作战原则是"攻防一体、机动灵活、扬长避短、力争先手"。在进入近距空战后，由于现代近程空空导弹性能的不断提高，双方可能出现"同归于尽"或"不死不休"的情况。因此，在近距空战中，飞行员需要不断通过机动动作主动谋求先手攻击权，并做好攻防状态实时切换的应对准备。先退出空战一方将面临另一方的巨大威胁，需要抓住时机，配合大过载机动和电子战手段方可实施。

　　近距空战的主要特点包括以下 4 个方面：

　　(1) 攻防转换快。战斗机进入近距空战后，会降低速度以增强机动性。由于距离近，机动性强，攻防角色的转换会非常快。双方飞行员的任何一个合理决策或错误动作都可能导致优劣势互换，特别是如果被对方提前预判出自己的下一步行动，将导致严重后果。

　　(2) 危险系数高。随着双方战斗机距离接近，一方机载雷达或后向目标探测器一旦锁定目标发射导弹，留给对方的反应时间很短，需要立即做出机动规避和电子对抗动作，因此危险系数高。随着导弹技术的不断进步，未来近距空战的危险系数将会越来越高。

　　(3) 机动性要求高。近距空战对战斗机机动性能要求很高，需要做出各种亚声速，甚至过失速机动动作来占领发射阵位或摆脱跟踪锁定。近距空战已不再局限于尾后攻击方式，需要根据战斗机的综合火控系统与近程空空导弹的使用要求，在保证自己不被敌方击落的前提下，为在最短时间内达成导弹发射条件而进行大过载机动。

　　(4) 对导弹要求高。现代近程空对空导弹一般均具备离轴发射或越肩发射的全向攻击能力，末制导头性能出色且弹体机动性极高，再加上现代头盔瞄准具的帮助，使导弹成为近距空战胜负的关键。近年的空战模拟和演习反复证明，在装备同一代近程导弹的情况下，不同型号战斗机机体性能上的先进性无法对应换来近距空战中的优势, 各型战斗机被导弹击落的概率基本相同。

8.4.3 航空侦察

1. 航空侦察目的

航空侦察是指利用各种航空侦察平台, 通过平台所载的侦察设备获得有关目标的数量、状态和位置等信息, 用于作战行动的合理决策, 以提高航空兵部队和其他军兵种的作战使用效能的作战行动。航空侦察在战争中具有重要的作用, 虽然目前信息化条件下获取情报的手段比较多, 但是航空侦察仍然是不可替代的一种侦察手段。

2. 航空侦察装备

航空侦察装备主要包括航空侦察平台 (主要指飞机) 和平台所载侦察设备 (以下称 "机载侦察设备") 两个主要部分 (有些侦察机还带有火力装置)。航空侦察平台包括有人驾驶侦察机、无人侦察机等。各种机载侦察设备一般包括可见光照相侦察设备、红外成像侦察设备和雷达成像侦察设备等。

1) 航空侦察平台

有人驾驶侦察飞机具有速度快、侦察范围大和提供信息量多等突出优点, 是以往各国发展的重点。有人驾驶侦察机按其研发初衷大致可分为两类。一是专用型侦察机, 即专门研制的用于侦察的飞机, 例如, 美国的 U-2、SR-7 战略侦察机, TR-3A 战术侦察机; 俄罗斯的苏-17M4P、苏-24MP 战术侦察机等。二是改装型侦察机, 即由战斗机、攻击机、轰炸机或运输机等其他用途的飞机改装而成, 例如, F-14、F-16 以及 "旋风" 等战斗机通过加装吊舱兼具侦察功能。通过改装, 降低了侦察机发展更新的研制费、采购费, 提高了侦察机的生存力和效能, 实现了一机多用的目的。

目前, 无人侦察机的发展日益迅速, 使用也非常广泛。与有人驾驶侦察飞机相比, 无人侦察机的结构简单、重量轻、尺寸小、成本和使用费用低、机动性好、隐蔽性好, 并且能完成有人驾驶侦察机不宜执行的某些任务。当今世界上著名的无人侦察机有以色列的 "侦察兵"、美国的 RQ-1 "捕食者" 和 RQ-4 "全球鹰" 等。

2) 机载侦察设备

机载侦察设备是航空侦察装备的 "眼睛", 直接决定了侦察的效果和结果。目前, 机载侦察设备已经由传统的以可见光相机为主, 逐步向红外线扫描仪、光电数字设备、雷达成像设备等多方向全面发展。无人侦察机所用的机载侦察设备绝大多数为多种传感器, 这些光电传感器一般具有体积小、重量轻等特点, 可以昼夜在多数气候条件下完成监视、目标捕获等任务。大型无人侦察机还能够装备合成孔径雷达等机载侦察装备。

3. 航空侦察方式与特点

航空侦察方式主要包括独立侦察、掩护侦察和伴随侦察。

独立侦察，即侦察航空兵在无其他航空兵直接协同的情况下所进行的侦察飞行。通常以单机、双机进行，必要时也可以三机、四机进行。独立侦察主动性、灵活性较强，便于隐蔽突然地行动，是航空侦察的主要活动方式，主要用于对敌深远后方目标的侦察。

掩护侦察，即侦察航空兵为克服敌防空兵的抗击所采取的侦察活动方式。在敌抗击程度较强的情况下侦察时，应当组织歼击机或其他兵力实施掩护。掩护的方式有：在全部或某段航线上护航，空域待战，对有威胁的敌机场实施封锁，压制敌防空火力，实施电子干扰等。

伴随侦察，即利用其他航空兵部队战斗行动时机的航空侦察，通常在对其他航空兵部队战斗行动的空域及其附近目标进行侦察时采用。采用这种侦察方式时，应当根据其他航空兵部队的任务确定侦察机的出动时刻、航线和活动方法，并取得战术协同。需要加入其他航空兵部队机群 (编队) 时，应当进行协同。

航空侦察与其他侦察手段相比，具有独特的优势。

(1) 由于采用升空平台实施侦察，克服了地面侦察设备受地球曲率和地形障碍物对视线的限制，实现了对战场居高临下的远程监视。

(2) 侦察时效性强，获取的各种目标信息能实时或近实时地提供给指挥员和作战部队。

(3) 具有较强的可信度，遂行光学图像侦察时，直观性强，目标图像清晰，能够直接发现目标外部形状；利用雷达图像，可以远距离发现敌方后续部队调动情况，使战场指挥官可随时掌握大范围战场的态势，合理地调动兵力，阻止敌方第二梯队的进攻，保证战斗获得胜利；遂行信号情报侦察时，可及时获取敌方电子辐射源的信息、部署情况及其内涵情况，可为有关指挥员制定作战规划提供有力的情报保障。

(4) 装载量大，可同时装载多种侦察设备，且各种侦察设备的性能可相互补充，达到目标数据准确度高，可全天候、全天时远程侦察的目的。

(5) 机动灵活性大，可随时、多次出动，并可根据战场情况、目标种类、时间与气候等，选择不同的侦察手段，并可快速抵达被侦察区域实施侦察。

(6) 具有不间断性，可对战场目标实施连续侦察，以保证战场情报完整连续实时地传送到指挥员手里。

8.4.4 空降

1. 空降作战目的

空降作战是指空降兵或其他部队通过空中机动降落到预定地区实施的作战。

空降作战过程一般包括空降作战准备、空降、地面作战等阶段。空降作战按性质和规模可分为战略空降、战役空降、战术空降和特种空降四种。

空降作战的主要任务是夺取并扼守敌纵深内重要目标和地域，断敌退路，阻敌增援，配合正面部队的地面进攻或海上登陆；袭击破坏敌指挥机构、导弹核武器设施、交通枢纽和后方供应；紧急增援防御薄弱或被敌方分割包围的部队和敌后武装力量，遂行特种空降作战任务。

实施空降作战，能充分发挥其快速机动、超越地理障碍的有利条件，出其不意地打乱敌作战部署，改变敌我态势，加快作战的进程。它是诸军种、兵种联合作战的组成部分，也是现代战争中的一种重要作战样式。

2. 空降作战装备

空降兵是一支"走"在空中，打在地面的兵种。空降兵的这一性质，决定了空降兵武器装备的基本构成，不仅有空军的装备，也有陆军的装备，还有自身特殊需要的专用装备。这些装备不是简单的组合，而是在适应空降作战的前提下有机结合的整体。具体地说，空降兵的武器装备，主要由地面作战装备、空降技术装备和航空运输装备三大部分组成。

1) 地面作战装备

地面作战装备主要包括枪支、火炮、导弹、战斗车辆和通信、工程、防化装备器材等，是空降兵遂行地面作战任务的基本装备。

由于空运，远离后方，独立作战，腹背受敌，环境险恶，作战行动对联合战役影响大，所以空降兵必须装备重量轻、火力强的地面攻防作战武器装备。空降兵着陆后，为了快速机动，鉴于自身还要携带武器弹药，必须发展车载设备。伞兵战斗车是空降兵的主战装备，它备有装甲，可爬陡坡。轻型快速伞兵突击车 (图 8.4.2)，可搭载乘员 4~6 人，最高车速不小于 110km/h，燃油续驶里程不小于 500km，最

图 8.4.2　伞兵突击车

大装载重量不小于 700kg。

目前，世界空降兵地面作战装备机械化、自行化、立体化已是普遍现象，直升机、伞兵战斗车、自行火炮和各型技术装备车辆构成了空降兵战斗的基本装备，其机动力、突击力、防护力得到了极大的提高，具备执行各种任务的能力。

2) 空降技术装备

空降技术装备主要包括降落伞、空投装备、空降装具和空降保障装备等，它们是保证空降兵人员、物资从空中安全降落到地面的基本装备。

降落伞是由柔性纺织品制成的伞状气动力减速器，平时折叠于伞包内，通过连接部件与人体或物体相连，使用时展开以增大人体或物体的空气阻力，减低降落速度，稳定运动姿态，达到安全着陆的目的；空投装备由机载空投设备、投物伞系统、投物容器、承托货物的货台、着陆缓冲、着陆脱离装置和寻找装置等组成；空降装具是空降兵战斗员跳伞时携带的专用野战装备器材的统称，包括头盔、伞兵作战服、水壶、背囊、背具、枪衣、伞刀、伞兵靴、睡袋等；空降保障装备主要指空降气象保障装备、空降引导装备、空投物资寻找设备和特种空降保障装备 (伞兵供氧装备和伞兵夜视装备) 等。

3) 航空运输装备

航空运输装备主要包括各型运输机、直升机及机上空降设备等，是运送空降兵由空中机动直抵空降作战地区的基本装备。航空运输装备是空降兵武器装备不可分割的重要组成部分，在很大程度上制约和促进着空降兵武器装备的发展。

3. 空降作战方式与特点

空降作战通常分为伞降、机降和伞机降相结合三种。

伞降指用降落伞将人员、装备、物资从航空器上降落于地面的空降行动，是空降兵进行空降的主要方式。

机降是指用飞机或直升机、滑翔机装载人员、装备、物资直接降落于地面的空降行动。机降又分为运输机机降、直升机机降和特种飞行器机降。运输机机降是指人员、装备、物资随乘载的运输机在空降地域内的机场上直接着陆；直升机机降是指人员、装备物资随乘载的直升机在空降地域内的机场或着陆场直接着陆，当无机场或着陆场不易直接降落时，人员可从悬停的直升机上跳下或利用索梯滑下。

伞机降相结合指有时是先伞降后机降，有时是先机降后伞降，有时伞降与机降同时进行。一般情况是首先伞降，迅速夺占空降地域内的敌方机场，或在伞降着陆后快速抢修简易机场，然后运输机机降。当夺占敌方机场建立空降基地时，应以部分兵力首先在机场上直接伞降着陆，巩固后再实施大规模机降。

空降作战总的特点：一是深入敌后，作战独立性强；二是空中与地面斗争交织进行，作战活动紧张激烈；三是对空中保障的依赖性大，组织复杂。例如，一个空降旅，或一个陆军步兵师伞降，约需中型运输机二三百架次。

空降作战相较其他作战方式具有以下明显特征。

(1) 出敌不意。出敌不意是空降作战的制胜关键。在出敌不意的时间、地点实施空降，达成作战突然性，是空降作战夺取胜利的关键所在。

(2) 快速机动。快速机动是空降作战的先天优势。空降作战机动距离远、速度快，是其他作战方式难以比拟的显著特点。

(3) 择要突击。择要突击是空降作战的实施准则。各国军队实施空降作战时，都十分强调集中兵力、兵器，将空降兵使用于对达成战略、战役企图具有关键意义的敌要害目标，如敌指挥机关、交通枢纽、要地等，以有限的力量达成决定性的作战效果。

不过空降部队使用的大都是轻装备，火力相对薄弱，且具有组织实施复杂、深入敌后补给困难、易受对方攻击等弱点。

思　考　题

(1) 什么是空中作战平台？比较常见的空中作战平台形式有哪些？

(2) 按照常用的划代方法，超声速战斗机可以划分为四代，简述各代超声速战斗机的主要技术特征和代表机型。

(3) 常规布局飞机的主要组成部分有哪些？它们的主要功用是什么？

(4) 军用飞机的典型作战样式有哪几种？

(5) 简述飞机升力的产生原因。

(6) 根据库塔–茹科夫斯基升力定理，分析对飞机升力的影响因素有哪些。

(7) 简述常规气动布局、鸭式布局和无尾布局的基本特征和优缺点，并举例说明。

(8) 衡量飞机基本飞行性能的参数有哪些？它们的基本含义和对作战性能的影响是什么？

(9) 根据飞机起飞的过程和升力的影响因素，分析缩短飞机起飞距离的手段都有哪些，试举例说明。

(10) 飞机的稳定性主要有哪些方面？保证飞机稳定性的技术措施有哪些？飞机稳定性与操纵性之间的关系是什么？

(11) 涡喷发动机与涡扇发动机在结构上的区别是什么？这种区别为涡扇发动机带来了什么好处？

(12) 什么是飞机电传操纵系统？保证电传操纵系统可靠性的措施是什么？

(13) 从功能特点和技术水平上看，飞机火控系统的发展经历了哪几个阶段？火控系统工作式是如何得到的？

(14) 简述攻 (强) 击机的装备特点，试举例说明。

(15) 空战的主要作战方式有哪些？各自的特点是什么？

(16) 直升机如何产生升力？挥舞铰的作用是什么？

参 考 文 献

曹义华. 2005. 直升机飞行力学. 北京: 北京航空航天大学出版社.

高金源, 李陆豫, 冯亚昌, 等. 2003. 飞机飞行控制技术丛书: 飞机飞行品质. 北京: 国防工业出版社.

何立明. 2006. 飞机推进系统原理. 北京: 国防工业出版社.

贾超为, 戴静波. 2022. 世界兵器解码·战斗机篇. 北京: 机械工业出版社.

刘行伟, 张文俊. 1999. 战斗机设计基础. 北京: 国防大学出版社.

路录祥, 王新洲, 王遇波. 2009. 直升机结构与设计. 北京: 航空工业出版社.

马湘生, 张德和. 2009. 铁翼雄风: 直升机与现代战争. 北京: 国防工业出版社.

闵增富. 1997. 空军与空中作战. 北京: 解放军出版社.

杨华保. 2002. 飞机原理与构造. 西安: 西北工业大学出版社.

于守国, 石怀林. 2009. 信息化条件下的空军作战. 北京: 国防大学出版社.

张伟. 2010. 现代空军装备概论. 北京: 航空工业出版社.

周志刚. 2008. 机载火力控制系统分析. 北京: 国防工业出版社.

总装备部电子信息基础部. 2003. 现代武器装备知识丛书: 空军武器装备. 北京: 原子能出版社, 航空工业出版社, 兵器工业出版社.

第 9 章 空间作战平台

近年来，随着军事航天技术与应用的快速发展，在传统的运载火箭、卫星、空间站外，出现了一些新的军用航天器，催生了空间作战平台的概念。从技术上讲，一般认为航天器由有效载荷和平台两大部分组成。有效载荷是指航天器上直接用于完成特定作战任务的仪器、设备或系统，平台是指承载并保障有效载荷正常工作的服务系统。从这个意义上理解，空间作战平台是指在空间驻留运行，通过搭载的仪器或武器等有效载荷来完成各种作战任务的飞行平台。广义地讲，空间作战平台也可泛指各种军用航天器。限于篇幅，本章主要讲述军事应用卫星及空间攻防对抗发展。

9.1 概 述

9.1.1 发展概况

1957 年 10 月 4 日，苏联成功发射了世界上第一个航天器"人造地球卫星"1 号，开创了人类航天的新纪元。半个世纪以来，世界各国和组织竞相研制、发射各类航天器，截至 2010 年年底，共成功发射了 6000 多个航天器。其中绝大部分是军用航天器。

20 世纪 50 年代后期到 60 年代末，军事航天器发展由试验验证走向初步应用。美国和苏联竞相开展各类军用卫星的研制和试验，并开始了空间攻防技术研究。到 1967 年，各种军用卫星相继面世。1958 年 1 月 31 日，美国第一颗卫星"探险者"1 号发射成功。1958 年 12 月 18 日，美国成功发射了世界上第一颗军事试验性通信卫星"斯科尔"号。1959 年 2 月 28 日，美国成功发射了世界上第一颗试验性照相侦察卫星"发现者"1 号。1960 年 4 月 1 日，美国成功发射了世界上第一颗气象卫星"泰罗斯"1 号。1960 年 4 月 13 日，美国成功发射了世界上第一颗导航试验卫星"子午仪"1B 号。1961 年 4 月 12 日，苏联发射了世界上第一个载人航天器"东方"号飞船，成功地将航天员加加林送入太空。1961 年 7 月 12 日，美国成功发射了世界上第一颗预警卫星"麦达斯"3 号。1962 年 10 月 31 日，美国成功发射了世界上第一颗专用测地预警卫星"安娜"1B 号。1967 年 12 月 27 日，苏联成功发射了世界上第一颗试验性海洋监视卫星"宇宙"198 号卫星。1969 年 7 月 20~21 日，美国发射的"阿波罗"11 号飞船，将航天员阿姆斯特朗等 3 名航天员送上月球，并首次实现了月球行走。

20 世纪 70 年代初到 80 年代末，军事航天器进入快速发展和广泛应用阶段。① 军用卫星体系基本形成。拥有了运行于多种轨道的电子侦察卫星，既可进行普查又可进行详查；光学成像侦察卫星由返回型发展到传输型，并成功发射了微波成像侦察卫星，形成了全天候侦察能力；通信卫星初步形成相对完备的战略、战术通信体系，并建成了天基测控与数据中继网；开始构建 GPS、GLONASS 两大全球卫星导航定位系统，初步实现导航应用；陆地观测卫星、海洋环境卫星面世，气象卫星性能进一步提高，具备了全维战场环境探测能力。② 载人航天技术飞速发展。1971 年 4 月 19 日，苏联发射世界上第一个空间站"礼炮"1 号。1981 年 4 月 12 日，美国研制的世界上第一架实用型航天飞机"哥伦比亚"号首航成功。1986 年 2 月，苏联发射"和平号"空间站核心舱，正式开始长久性载人空间站的组装和运行。③ 空间攻防技术得到试验验证。美国于 1975 年部署带核弹头的地基反卫星系统，1977 年转向研究空基微型动能反卫星技术，并在 1985 年 9 月 13 日成功地摧毁了一颗在轨卫星。1983 年 3 月提出"战略防御倡议"(SDI) 计划，俗称"星球大战"计划。20 世纪 80 年代后期开始研究地基动能反卫星技术和地基激光反卫星技术，1988 年 8 月开始研制名为"智能卵石"(brilliant pebble, BP) 的小型天基动能杀伤反卫星武器，并于 1990 年首次进行亚轨道拦截空间飞行目标的试验。1986 年，美国在"跨大气层飞行器"基础上提出研制可完全重复使用、单级水平起降的"空天飞机"，代号为 X-30。1982 年 6 月，苏联曾利用"宇宙-1379"反卫星卫星成功摧毁了"宇宙-1375"靶星。

20 世纪 90 年代至今，军事航天器发展进入实战应用阶段。① 卫星系统在 1991 年的海湾战争中首次应用于实战。在之后的科索沃战争、阿富汗军事行动，特别是 2003 年的伊拉克战争中，开始由战略应用全面转向战役、战术应用，军用卫星系统以其强大的信息支援能力在战争中发挥了至关重要的作用。② 世界各国对于军事航天技术的研发进一步加强，各种新型军用卫星系统加速发展。美俄分别于 1995 年和 1996 年建成卫星导航定位系统，1998 年 11 月，美国的低轨道通信卫星星座"铱"星系统正式投入运行。各类新一代卫星系统也在持续建设之中。欧盟于 1999 年 2 月正式宣布建立"伽利略"(Galileo) 全球导航卫星系统计划，并于 2005 年年底发射第一颗试验卫星。法国、德国、以色列、印度、日本等国也都拥有了侦察卫星。③ 载人航天技术取得新发展，国际合作进一步加强。1998 年 11 月，美国、俄罗斯、欧洲航天局 (11 个国家)、加拿大、日本和巴西等 16 个国家开始合作建造国际空间站。2004 年，美国提出重返月球计划。随后，俄罗斯、印度、日本也都提出了登月计划。④ 空间攻防技术快速发展，动能、定向能空间武器接近实战水平。1991 年苏联解体和冷战结束后，美国于 1993 年 5 月把 SDI 计划更名为"弹道导弹防御"计划，重点转向研制地基战区导弹防御系统。1995 年，美国空军开始研制高功率微波试验系统，1997 年 10 月进行了激光反卫星试验，对"微型敏感器综合技术卫星"3 号 (MSTI-3) 的传感器进行攻击，标志着美国激光反卫星武器已具备初步作战能力。进入 21 世纪，美国先后启动了多项空间机器人研究计划，发射了 XSS-10 和 XSS-11 卫星，并完成轨道交会机动以及近距离会合试验。美国 2007 年 3 月开展的"轨道快车"试验和 2010 年 4 月发射的 X-37B 空天飞机成为空间作战平台技术发展的重要里程碑。

中国的航天事业始于 1956 年，并于 1970 年 4 月 24 日成功发射第一颗人造地球卫星"东方红"1 号。在以著名科学家钱学森为代表的航天专家和工程技术人员的努力下，历经 50 多年的发展，中国的航天技术已经形成体系并初具规模。建立了各类航天器、运载火箭、发射和测量控制设备的研究、设计、试验和生产基地，建成了能发射近地轨道卫星、极地轨道卫星、地球静止轨道 (GEO) 卫星和载人飞船的酒泉卫星发射中心、太原卫星发射中心、西昌卫星发射中心和文昌卫星发射中心；形成了由西安卫星测控中心、北京飞行控制中心、多个地面台站和多艘航天测量船，以及连接它们的测控通信网所构成的中国航天测控网。具备了先进的航天器、运载火箭的设计能力，加工制造能力，完备的测试和试验能力，可靠的发射能力，以及有效的测量控制与运行管理能力。中国是世界上第三个掌握低温火箭技术的国家、第五个独立把卫星送入空间的国家、第三个掌握卫星回收技术的国家、第五个独立研制和发射地球静止轨道通信卫星的国家，已经拥有通信、返回式遥感、资源、导航定位、气象、科学实验、海洋七个卫星系列。中国于 1992 年 1 月正式启动载人航天计划。1999 年 11 月 20~21 日，中国成功发射并回收第一艘"神舟"1 号无人试验飞船。2003 年 10 月 15~16 日，发射并回收"神舟"5 号载人飞船，成为世界上第三个独立掌握载人航天技术的国家。2020 年6 月，中国的北斗星导航实现全球组网。

9.1.2　基本组成

空间作战平台功能有别、任务不同、构形各异，但总体上都是由结构机构、电源、热控、姿轨控等基本系统构成的。此外，不同类别的空间作战平台还有一些专用系统，如空天飞机的再入返回系统、空间作战机器人的机械臂系统等。这里主要介绍一些基本系统的原理。

1. 结构机构系统

结构系统是空间作战平台各受力和支承构件的总称，其作用是安装、连接各种仪器设备和动力装置，满足它们所需的环境要求，承受地面操作、发射、在轨飞行和返回着陆时的外力，并保持结构完整性。

根据平台结构本身承受载荷的功能不同，整个结构可分为主结构 (或称主承力结构) 和次结构。主结构是平台结构中的"脊梁"，是所有平台部件在运载火箭上的支撑，也是从运载火箭到平台的主要载荷传递路径，其形式主要有中心承力筒式、构架式或舱体式。次结构是由主结构上分支出来的其余各种结构，如各种仪器设备的安装结构和平台外壳结构等。

一般来说，太阳能电池阵和某些天线结构由于其复杂性和特殊性，其结构部分一般作为平台结构来考虑。对于电源功率较小的平台，其太阳能电池阵结构与平台的外壳结构合在一起，称为体装式太阳能电池阵；对于展开式太阳能电池阵，其单个展开结构组件由安装太阳能电池的基板结构和与平台本体连接的连接架结构两部分组成。对于反射抛物面类的天线结构，其结构可分为固定式和展开式两种形式，后者多用于面积较大的天线反射面。

机构是指空间作战平台上可活动的部件，可为需要分离的舱段之间提供连接/分离功能，为各种展开组件如天线、太阳能电池阵等提供各种规定的在轨动作。机构至少由一个运动部件和一个动力源组成：运动部件用于实现特定的动作，其形式根据机构的功能来确定；动力源用于驱动运动部件，可采用电机、火工品装置、压力气源、弹簧等不同形式。此外，多数机构还包括一个反馈装置，用于向机构的控制系统提供位置、速度、力或力矩等信息，其可采用电位计、行程开关、角速度传感器、应变计等各种形式。

根据功能不同，目前平台上的机构可主要分为连接分离机构、压紧释放机构、展开机构和驱动机构四种形式。典型的连接分离机构是平台与运载火箭之间或平台各舱段之间的机构，其采用包带和夹块形式的连接装置，在引爆火工品装置使连接释放后，依靠弹簧的动力或运载火箭分离发动机的推力实现分离。展开式太阳能电池阵上的压紧释放机构采用压紧杆或压紧带，在发射时压紧太阳能电池阵使之呈收拢状态，在轨道上通过引爆火工品装置使压紧杆或压紧带释放。展开机构依靠某种形式的动力源使部件从收拢状态伸展到所需的位置或形状，并锁定在所需的位置或形状上。驱动机构一般采用电机作为动力源，根据指令以规定的速度和时间驱动相关的部件运动。

2. 热控系统

空间作战平台在轨运行时，主要热源来自太阳的辐射、地球的红外辐射和平台内部仪器产生的热等。当平台在太阳下飞行时，由于太阳辐射作用，平台表面温度可达 100℃ 以上；当平台在太阳背面飞行时，温度又会下降到 −100℃ 以下。而平台上仪器工作通常要求温度在 5~40℃。为保证各种仪器的温度在规定的范围内，必须对温度进行控制。

热控系统的任务是保证在飞行各阶段 (包括地面待射段、上升段、轨道段、再入着陆段) 各舱段仪器设备、舱内壁及结构部件所要求的温度条件；组织和合理调配平台各部分之间热量的吸收、储存与传递，对平台内外能量进行管理与控制；实现平台上废热朝外部空间的排散。对于载人航天器，还需保证人在空间生活所必需的空气温度、湿度和通风环境。热控系统几乎对其他所有系统都有影响，同时也受它们的影响。

由于空间作战平台一般处于真空环境下，所以热控主要采用辐射和传导两种方式。目前通常采用散热、导热、保温及加热等方式进行温度控制。常见的解决方法有：在平台表面装配光学反射镜或反光材料；表面用高导热材料制造；利用移动的散热孔；在天线表面喷涂特殊涂层和限制天线的温度梯度等。

3. 电源系统

电源系统负责在各个飞行阶段为空间作战平台的用电负载提供能源，直至平台寿命终止。电源系统由发电装置、电能储存装置、电源功率调节、电源电压变换、供配电等硬件组成。

电源系统要完成供电任务，首先必须具有提供能量的能源，目前较为广泛的空间能源主要有化学能、核能和太阳能三种，相应的电源发电装置有化学电池、核电源、太阳能电池阵，其基本原理是通过物理变化或化学变化将化学能、核能或光能转变成电能。目前太阳能电池阵是最常用的发电装置。

当空间作战平台运行在轨道的地影区时，以光电转换器件组成的太阳能电池阵因无光而不能发电，必须由电能储存装置为空间作战平台的用电负载供电。储能装置也有很多种，如可重复充电的蓄电池组、飞轮和电容等，它在光照期间将能量储存起来，到地影区将能量释放出来供电。蓄电池组充电时将电能转化为化学能，放电时由化学能转化为电能；飞轮是实现电能-机械能-电能转化的储能装置；而电容器则直接将电能存储起来后放电。目前蓄电池组仍然为首选储能装置。

电源控制装置将太阳能电池阵和蓄电池组连接成系统，对太阳能电池阵和蓄电池组实行功率调节、蓄电池组充放电控制并统一对外接口。电源控制装置是微型电源系统的重要部件，其工作的可靠程度直接影响供电安全。

4. 姿轨控系统

姿轨控系统负责控制空间作战平台的轨道与姿态，使其在空间稳定运行，并按任务要求进行机动，有时也称为制导、导航与控制系统 (GN&C)。

姿轨控方式按控制力的来源可分为主动控制与被动控制：被动控制的控制力由空间环境或动力学特性提供，无须消耗星上能源，例如，利用气动力、太阳辐射压力或重力梯度可实现姿态和轨道的被动控制；主动控制是按照给定的控制规律产生或发生控制指令，通过执行机构产生对卫星的控制力或力矩，由平台或平台和地面设备共同组成的闭环系统来实现。

姿控系统的任务是保证空间作战平台从入轨初始姿态捕获到在轨稳态工作各过程的姿态控制，确保正常运行期间稳定对地指向；建立平台姿态所需的稳定的初始条件；建立对地定向的稳定姿态，保证平台在轨运行期间所需的指向精度要求；具备一定的故障处理能力，故障时能进行一定的姿态保障工作。

轨控系统的任务是控制平台质心的运动。与姿态控制一样，在进行轨道控制时需要完成对轨道的确定。目前大多数平台的测轨、定轨是由地面测控网完成的。地面站跟踪平台，获得平台距离、方位角、仰角等测量数据，通过数学模型和算法得到轨道参数的估计值，计算未来轨道控制参数，并对轨道进行外推，对测控事件作出预报。测控站通过遥控指令将相关数据注入星载计算机，由星载计算机利用这些数据进行姿态和轨道计算，继续相应的控制。

为提高推进系统的利用率，轨道控制和姿态控制尽量共用一组推力器，例如，推力方向相同但力矩方向相反的两个推力器，同时点火工作时可产生推力，进行轨道控制；其中一个点火工作时刻产生力矩，进行姿态控制；如果要同时进行姿态和轨道控制，则需要对其中一个推力器的控制信号进行脉冲调制。

9.1.3　分类及功能特点

面向不同的空间作战任务领域或类型，空间作战平台按其功能特点可以划分为应用卫星、空天飞机、空间作战机器人等三种基本平台。

1. 应用卫星

应用卫星平台的主要任务是为国家安全和联合作战提供空间信息支援。按照提供信息支援的类型和功能不同，应用卫星平台大致划分为情报侦察监视、通信与数据中继和导航定位三大任务领域。

1) 情报侦察监视

面向情报侦察监视的应用卫星平台可统称为侦察卫星，主要利用星载可见光相机、红外相机、合成孔径雷达以及无线电接收机等遥感设备，从轨道上对目标实施侦察、监视、跟踪，以搜集地面和海洋上指定目标的图像信息、无线电信息和电磁辐射信息等。按有效载荷和侦察任务不同，侦察卫星又可分为成像侦察卫星、电子侦察卫星、海洋监视卫星和导弹预警卫星四种。其中，成像侦察卫星发展最早、最快，技术也最成熟，是空间侦察任务的主要承担者；电子侦察卫星主要用于侦听雷达、通信以及遥测系统的电磁信号；海洋监视卫星主要用于监测海上船只与舰艇活动；导弹预警卫星主要用于监视和跟踪敌方弹道导弹，同时还兼有核爆炸探测功能。

2) 通信与数据中继

面向通信与数据中继的应用卫星平台利用通信转发器和天线组成的专用系统，将来自星地或星间链路的微弱无线电信号加以放大、变频，再经功率放大后进行转发，以实现卫星通信或数据中继。按功能不同又分为卫星通信、广播卫星和跟踪与数据中继卫星。通信卫星主要用于传输电话、电报、数据和电视等电信业务，实现点对点的双向通信；为避免对地面微波中继线路共用频段的干扰，星上通信转发器的辐射功率一般很小。广播卫星转发器功率可以很大，不需要任何中转就可向地面发射电视广播节目，供集体或个体直接接收，实现点对面的广播。跟踪与数据中继卫星用于转发地球站对中低轨道航天器的跟踪测控信号和中继航天器发回地面信息的通信卫星，具有对中低轨道航天器跟踪、测轨的能力。

3) 导航定位

卫星导航可以为陆地、海洋、空中和空间的用户提供导航定位服务，不受气象条件与相对距离的限制，导航精度较高。由数颗导航卫星构成的导航卫星网，更具有全球或区域的覆盖能力。因此，导航卫星具有全球覆盖容易、定位精度高、可靠性好、灵活方便等一系列独特的优越性，能提供全天候的全球导航覆盖和二维或三维定位能力，尤其可以使全球用户统一于地心坐标系下进行高精度定位。

按导航方法不同，导航卫星可分为多普勒测速导航卫星和时间测距导航卫星。前者通过测量导航信号的多普勒频移来求出距离变化率进行导航定位；后者则通过测量导航信号传播时间来求出距离进行导航定位。按用户是否需要向卫星发射信号，导航卫星可分为主动式导航卫星和被动式导航卫星；依照轨道高度可分为低轨道、中高轨道和地球同步轨道导航卫星；依用途不同又可分为军用导航卫星和民用导航卫星等；按覆盖区域分为全球导航定位卫星与区域导航定位卫星。

2. 空天飞机

空天飞机是一种处在技术研究与发展阶段的概念飞行器，它结合航天航空技术优势，采用水平起降方式，能够长时间在轨运行，具有灵活的跨大气层机动能力，可重复使用。空天飞机与航天飞机相比优势在于：能够在地面上像普通飞机一样水平起飞，并直接进入太空，在地球外层空间轨道上运行，最后还能自行飞回地面，在机场安全降落。

主要用途包括：① 作为廉价、高效率的天地往返运输工具，可为空间站的建造和运营提供客货运输、应急救援；② 作为具有快速反应能力的航天运载器，可及时发射、在轨维修和回收不同倾角轨道的卫星；③ 作为空间武器发射平台，可对敌方陆、海、空、天目标进行攻击；④ 作为具有超高速飞行能力的作战飞行器，可携带侦察设备、通信指挥设备或武器弹药进行全球范围的目标侦察与监视、作战指挥或目标攻击；⑤ 作为全球运输机和轰炸机，可从普通机场起飞并在短时内到达地球任何地方，执行全球范围的运输和轰炸任务。

3. 空间机器人

空间机器人一般是指一类具有一定视觉、触觉等感知能力和操控能力，能够在空间环境下完成移动、操作和观察等多种作业任务的智能化航天器，它由主轨道器、目标器和机械臂组成，可以协助或代替人完成在轨操控、装配、服务等作业任务，或者代替人对遥远星体进行科学探测。

以空间机器人为基础，可以发展具有侦察监视、抓捕接管、干扰破坏等多种功能的系列作战航天器，即空间作战机器人。空间作战机器人具有攻击范围广、时效性强、战术灵活多变等特点，具有攻防兼备的双重效益。不仅如此，发展空间作战机器人技术可以在空间环境保护和在轨服务体系建设的掩护下发展其空间对抗能力，具有"军民结合、以民掩军"的显著特点。

9.2　技术原理

由于飞行环境与原理不同，空间作战平台具有与飞机不同的工作特性。本节讨论与空间作战平台的飞行原理及特性有关的基础理论知识。在深入讨论之前，我们首先简单比较一下空间作战平台与飞机的运动差别：首先，飞机的速度与飞行高度没有约束关系，而在轨空间作战平台的速度与轨道高度存在严格的物理关系；其次，飞机在人的控制下可以快速和任意机动，而空间作战平台的在轨机动则受到燃料消耗、机动时间、机动方位等因素约束；最后，飞机滞空需要发动机连续工作产生推力，而空间作战平台一旦进入轨道就可以持续在轨运行，无须发动机持续工作。

9.2.1　轨道原理

轨道是指航天器运行时质心运动的轨迹。绕地球的航天器轨道是地球引力与入轨速度共同作用的结果。假设地球是一个质量均匀的球体，且四周没有大气的理想情况下，从地球表面发射的航天器环绕地球表面飞行所需的最小速度为7.9km/s (第一宇宙速度)，脱离地球所需的最小速度为 11.2km/s (第二宇宙速度)。本质上，航天器绕地球的运动与行星绕太阳的运动十分相似，基本符合开普勒定律，由圆锥曲线描述。理想的航天器轨道也称为开普勒轨道，通常由 6 个常值轨道根数表征。航天器的实际运行轨道比开普勒轨道复杂，轨道根数随时间变化。地球静止轨道和太阳同步轨道是两种典型的特殊轨道。

1. 开普勒三定律

开普勒三定律描述了两个质点在万有引力作用下的基本运动规律，据此可求解航天器绕地球运动的基本规律。

第一定律　行星绕太阳运行的轨道为椭圆，太阳位于椭圆的一个焦点上。

根据该定律，航天器运动是以地球质心为其一个焦点的二次曲线运动。在极坐标系中描述的航天器运动方程为

$$r = \frac{p}{1 + e\cos\theta} \tag{9.2.1}$$

式中，e 为偏心率；p 为半通径，$p = a(1 - e^2)$，这里 a 为椭圆长半轴。对于近地航天器，一般满足 $0 \leqslant e < 1$，即航天器的运动为椭圆运动，地心为椭圆的一个焦点，如图 9.2.1 所示。

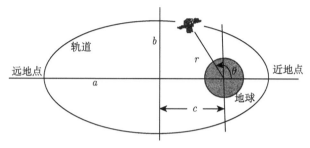

图 9.2.1　椭圆轨道示意图

第二定律　行星与太阳的连线在相等的时间内扫过的面积相同。

据此可知，航天器矢径在相等的时间内扫过的面积相等，从而可求得航天器在矢径 r 处的运行速度为

$$v = \sqrt{\mu \left(\frac{2}{r} - \frac{1}{a} \right)} \tag{9.2.2}$$

式中，μ 为地球引力常数。

由式 (9.2.2) 可知航天器在轨道上各点的运行速度之间的比例关系，即航天器高度越高，飞行速度越小。

第三定律　行星绕太阳运行周期的平方与其轨道半长轴的立方成正比。

据此可知，航天器轨道周期 T 的平方正比于轨道长半轴的立方，即

$$T^2 = \frac{4\pi^2}{\mu} a^3 \tag{9.2.3}$$

只要给定轨道长半轴，轨道周期也就确定了。

2. 经典轨道根数

航天器在轨道上的运动是无动力惯性飞行，本质上与自然天体的运动一致，可认为航天器运行轨道平面的方位在惯性空间保持不变，轨道方程是圆锥方程。在实际中该如何确定轨道平面的位置与方位，又如何度量轨道在空间的大小、形状、方位以及航天器的瞬时位置呢？400 年前，开普勒推导出一种描述轨道的方法，可以用来描述轨道的大小、形状、方位以及航天器的位置。由于这种方法需要六个量来描述一个轨道和轨道上航天器的位置，所以开普勒定义了六个轨道根数，称为经典轨道根数，如图 9.2.2 所示。

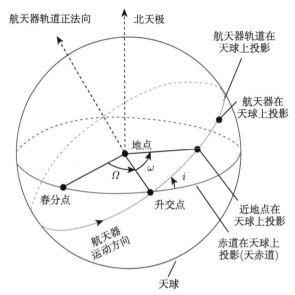

图 9.2.2　经典轨道根数示意图

　　地球绕太阳公转的平面称为黄道面，由于黄道面与地球赤道面不平行，所以黄道面与赤道相交于两点。当太阳由赤道面之南向北运行穿越赤道面时的交点为升交点，称为春分点；当太阳由赤道面之北向南运行穿越赤道面时的交点为降交点，称为秋分点，春分点与秋分点合称二分点。由地心指向春分点的矢量方向，常被用作空间中的基本方向。

　　长半轴 a：轨道远地点与近地点之间距离的一半，决定航天器的轨道大小。

　　偏心率 e：轨道两焦点间距离的一半与长半轴之比，决定航天器轨道的形状 (类型)。$e = 0$ 时为圆轨道；$0 < e < 1$ 时为椭圆轨道。

　　轨道倾角 i：赤道平面与轨道平面之间的夹角，唯一决定航天器星下点的纬度范围。$i = 0°$ 和 $i = 180°$ 的轨道称为赤道轨道；$i = 90°$ 的轨道为极地轨道；$i < 90°$ 称为朝东发射，而 $i > 90°$ 称为朝西发射。从节省能量的观点来看，朝东发射因为发射方向与地球自转的方向一致而比较有利。

　　升交点赤经 Ω：从地心指向春分点方向和指向卫星升交点方向之间的夹角，其值取决于轨道倾角和发射时间。升交点赤经和轨道倾角共同确定了轨道平面在空间的方位。

　　近地点幅角 ω：从地心到升交点方向与从地心到近地点方向间的夹角，它确定了椭圆轨道在自身平面内的方位。ω 从升交点方向起沿航天器飞行方向计量，当 $0° < \omega < 180°$ 时，近地点位于北半球；当 $180° < \omega < 360°$ 时，近地点位于南半球。

过近地点时刻 τ：航天器经过轨道近地点的时刻，决定航天器每一时刻在轨道上的位置。

3. 地面覆盖

航天器相对于地球表面的运动由轨道运动与地球的自转两个因素决定。当轨道并非地球同步轨道时，由于地球自转，当航天器运行一周回到轨道的相同点时，航天器并不在地球表面同一位置的上方。作航天器与地心的连线，连线与地面的交点称为航天器的星下点；随着航天器在轨道上的运动，星下点在地面上的位置不断变化所形成的轨迹称为星下点轨迹。

高度角定义为从地面特定位置看到的航天器和本地地平线之间的夹角，如图 9.2.3 所示，用以测量在给定时间航天器的过顶程度，高度角为 90° 意味着航天器正处于头顶上方。高度角的测量与地面位置有关，对于地面上不同位置的观察者，高度角也不相同。指定时间的高度角与观察者所在的经纬度、航天器高度、航天器经纬度有关。

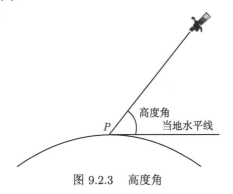

图 9.2.3 高度角

只有对轨道正下方的地面点，航天器的可见高度角才能达到 90°，对于不在轨道正下方的观察者，航天器不可能出现在头顶的正上方。由于地球是不断旋转的，所以航天器有规律地穿越地球上纬度小于或等于轨道倾角的地区。对于地球上高纬度的区域，也能观测到航天器，但航天器不会出现在头顶正上方。

航天器的高度 h 决定了卫星能够观测到的最大区域，但由于星上携带的传感器可能无法同时看到整个区域，所以实际可见区域不及最大区域。

可见区域的外沿是圆形的，其半径只与卫星高度有关，如图 9.2.4(a) 所示。然而，地面站要实现与卫星间的通信，必须满足地面站的可见卫星高度角大于某一最小值 (一般为 5° ∼ 10°)，因此卫星能通信的有效地面区域小于卫星所能观测的整个区域，其半径是卫星高度 h 和最小可见高度角的函数。

由图 9.2.4(b) 可知，高度为 h 的航天器的可见地面区域的最大圆半径 R_{aera} 为

$$R_{\text{aera}} = R_e \arccos^{-1} \left(\frac{R_e}{R_e + h} \right) \tag{9.2.4}$$

式中，R_e 为地球半径。

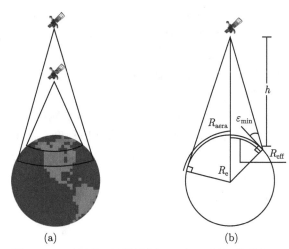

(a)　　　　　　　　　　　　　　(b)

图 9.2.4　卫星的可观测范围 (a) 与可见地面区域 (b)

高度为 h 的航天器的有效可见地面区域的圆半径 R_{eff} 由最小可见高度角 $\varepsilon_{\min}$ 决定。表 9.2.1 给出了卫星在几个高度下的最大可见地面区域的半径以及最小可见高度角 $\varepsilon_{\min} = 10°$ 时有效地面区域的半径。从表中数据可见，地球低轨道卫星的有效地面区域大约是最大可见地面区域的 1/2，而高轨卫星的有效地面区域相对于最大可见地面区域并没有缩减多少。地球同步轨道卫星的可见地面区域要比地球低轨道卫星的可见区域大得多。显然，轨道越高，卫星可见地面区域及能通信的有效地面区域越广。

表 9.2.1　卫星在不同高度下的最大可见地面区域的半径及所占地球表面百分比

卫星高度/km	最大可见区域		有效可见区域 (最小可见高度角 10°)	
	半径/km	地球表面/%	半径/km	地球表面/%
500	2440	3.6	1560	1.5
1000	3360	6.8	2440	3.6
20000 (半同步)	8450	38	7360	30
36000 (对地同步)	9040	42	7590	34

4. 特殊轨道

1) 地球静止轨道

地球静止轨道是位于赤道上空的特殊地球同步轨道，轨道高度 35786 km，轨道周期与地球自转周期 (23h 56min 4s) 相同。位于该轨道的卫星覆盖面积大, 相对地面静止, 因此在通信、导航、预警、气象等民用和军用领域有非常重要的作用。

2) 太阳同步轨道

太阳同步轨道是指轨道平面绕地球自转轴的旋转方向、角速度与地球绕太阳公转的方向、角速度相同的一种轨道, 如图 9.2.5 所示。在这种轨道上运行的航天器, 以相同方向经过同一纬度的当地地方时相同, 可以使得航天器每次经过特定地区时的光照条件基本不变, 有利于获取高质量地面目标的图像。

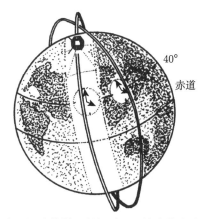

图 9.2.5 太阳同步轨道卫星经过同一纬度的当地地方时相同

9.2.2 发射入轨

1. 航天发射三要素

发射方位角、发射场位置和发射时刻统称为航天发射三要素。它们决定了从某发射点发射的卫星轨道平面在空间的方位。

发射方位角定义为发射点指北方向与运载火箭速度水平方向的顺时针角。航天器轨道的高度、椭圆度和倾角与发射时刻无关, 但轨道平面在空间的方位不仅与发射方位角有关, 还取决于航天器脱离地球表面的时刻。

发射场位置从理论上讲应尽量靠近赤道, 从而可利用更多的地球自转能量。具体在赤道上发射航天器可节约多大的能量, 可以进行粗略估计。地球赤道上某点的转动速度约为 0.46km/s, 而非赤道上美国肯尼迪航天中心 (位于北纬 28°30′) 处的转动速度为 0.4km/s, 因此在肯尼迪航天中心发射需要额外提供 0.06km/s 的能量。但实际上, 由于地理环境、安全因素、气象条件和交通环境等因素影响, 各国航天发射场都是综合各种因素确定的。

航天发射三要素之一的发射时刻, 一般应根据航天器任务和飞行设计轨道, 由发射窗口决定。

2. 发射窗口

发射窗口是指一个适合运载火箭从发射地点直接将航天器送入指定轨道的时间段，一般包括年计发射窗口、月计发射窗口、日计发射窗口。年计发射窗口规定某年内连续几个月份可进行发射，对于发射星际探测器，一般要规定年计发射窗口；月计发射窗口规定某月内连续几天可进行发射，对于发射水星、金星等探测器时，一般要规定月计发射窗口；日计发射窗口规定某天内连续几小时可进行发射。发射窗口的选择受到气象条件、航天器温控系统、姿态控制系统、天体运行规律、测控系统等众多因素的制约。

由于影响发射窗口的因素很多，且多与具体的工程实践密切相关，难以细致详尽地加以阐述，因此本节尝试不考虑其他复杂的影响因素，仅从几何学的角度解释如何判断发射窗口的时间及发射方向。

由于星下点轨迹所能达到的最大纬度等于轨道倾角 i，所以要将航天器从一个给定的发射地点直接发射到指定轨道上，必须等到发射地点位于该轨道平面正下方。这也就意味着顺行轨道的轨道倾角 i 必须大于或等于发射地点的纬度 L_0 (本节仅以顺行轨道为例说明)。对于轨道倾角 i 小于发射地点纬度 L_0 的情况，航天器发射升空后需进行轨道机动才能变换到指定轨道平面上。

对于 $L_0 \leqslant i$ 的情况，航天器的发射机会存在两种情况，如图 9.2.6 所示。在情况一中，纬度等于轨道倾角，每天的发射地点和轨道平面只有一次相交，所以每天只有一次发射机会。在情况二中，发射地点的纬度比轨道倾角低，由于轨道平面固定在惯性空间内，而发射地点位于旋转的地球上，地球自转时会带动发射地点每次在轨道下经过两次，两次发射机会分别靠近升交点和降交点。

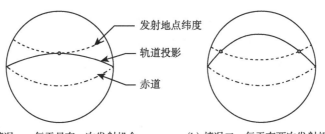

(a) 情况一：每天只有一次发射机会   (b) 情况二：每天有两次发射机会

图 9.2.6 发射机会

定义发射窗口恒星时 (LWST) 为发射地点位于轨道下方的时刻，用以测量从春分点方向 $\hat{\boldsymbol{I}}$ 到发射地点穿过轨道下方的时间。当本地恒星时 (LST) 等于发射窗口恒星时的时候，就满足直接将航天器发射到预期轨道的几何关系。为确定航天器的发射时间，首先利用本地恒星时求得何时发射地点位于轨道的下方，即发射窗口恒星时，以此测量从春分点方向 $\hat{\boldsymbol{I}}$ 到发射地点穿过轨道下方的时间。当发射地点处的本地恒星时等于发射窗口恒星时的时候 (即 LST=LWST)，就满足直接将航天器发射到预期轨道的几何关系。图 9.2.7 给出了 LWST 与 LST 之间的关系。

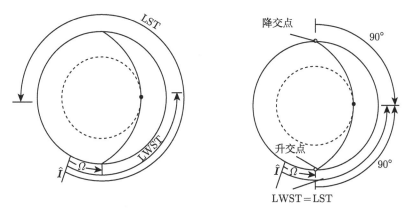

图 9.2.7 LST 与 LWST 的关系

对于情况一，发射地点的纬度与轨道的轨迹只有一个交点，该交点离升交点 $90°$，因此 LWST $= \Omega + 90°$。对于第二种情况，由于轨道平面与发射地点纬线的交点有两个，且从升交点到两个交点的角度都不是 $90°$，所以需要从三维的几何关系中找到这些角度。如图 9.2.8 所示球面三角形，其三条边分别为发射地点的纬度 (L_0)、赤道边、轨道边；定义升交点处赤道和轨道之间的夹角为辅助倾角 α，地面轨迹线与纬线的夹角为发射方向辅助角 γ。由球面三角的余弦定律可得

$$\begin{cases} \cos\alpha = -\cos 90° \cos\gamma + \sin 90° \sin\gamma \cos L_0 \\ \cos\alpha = \sin\gamma \cos L_0 \end{cases} \tag{9.2.5}$$

式 (9.2.5) 变换可得发射方向辅助角 γ：

$$\sin\gamma = \frac{\cos\alpha}{\cos L_0} \tag{9.2.6}$$

同样，由球面三角关系可得发射窗口方位角 δ：

$$\sin\alpha\cos\delta = \cos\gamma\sin 90° + \sin\gamma\cos 90° \cos L_0, \quad \text{即} \quad \cos\delta = \frac{\cos\gamma}{\sin\alpha} \tag{9.2.7}$$

因此，情况二中，对位于北半球的顺行轨道，其发射窗口恒星时可利用下列公式计算，其中，AN 表示靠近升交点的窗口，DN 表示靠近降交点的窗口。

$$\begin{cases} \text{LWST}_{\text{AN}} = \Omega + \delta \\ \text{LWST}_{\text{DN}} = \Omega + 180° - \delta \end{cases} \tag{9.2.8}$$

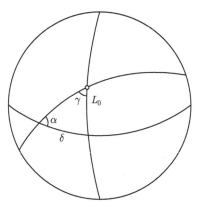

图 9.2.8　情况二对应的球面三角形

如果知道发射地点的当前本地恒星时，则只需从发射窗口恒星时减去当前本地恒星时即可计算出距离发射还有多长时间。

发射窗口的选择是一个复杂系统的综合决策问题，一般先根据各影响因素提出希望和允许的发射时段，然后由发射部门综合分析，根据不同发射时段对实现试验目的影响，排出最佳发射窗口、较好发射窗口和允许发射窗口。

3. 发射速度

在航天器发射升空过程中，运载工具从发射台到进入轨道一般经历垂直上升、倾斜、引力转向和真空状态四个阶段，最终将航天器送入预定的任务轨道。

航天器进入轨道的速度包括运载工具推进剂燃尽时的速度和在发射地点处由于地球自转带来的切向速度。发射地点处的瞬时切向速度 V_{launch_w} 的大小为

$$V_{launch\_w} = R\omega_E \tag{9.2.9}$$

式中，R 为发射地点到地球自转轴的距离；ω_E 为地球自转角速度。发射地点纬度越高，离自转轴的距离越近，切向速度也越小。

为完整地描述发射地点的切向速度，通常建立以发射地为中心的南–东–天顶 (SEZ) 坐标系，其三轴分别指向当地正南、正东和天顶方向。由于地球自西向东自转，所以发射地点的切向速度也朝向正东方向。

在发射入轨过程中，运载工具必须提供足够的速度才能将航天器准确送入预定任务轨道。发射速度的确定在整个发射计划中是个非常复杂的问题，通常需要综合考虑运载工具的特点、大气密度以及其他一些实际因素。为便于描述，与发射相关的速度矢量如图 9.2.9 所示。$V_{gravitation}$ 为运载工具克服引力并且达到给定高度所需的额外速度，V_{end} 为运载工具到达指定轨道推进剂燃尽时的惯性速度，V_{launch_w} 为由于地球自转发射塔台产生的切向速度，ΔV_{total} 为运载工具为满足飞行任务需求而产生的总的速度变化量。

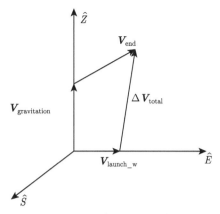

图 9.2.9   与发射相关的速度矢量

当运载工具上升时，由于地球引力消耗，一部分动能不断转化为势能，由能量守恒定律，有

$$\frac{V_{\text{gravitation}}^2}{2} - \frac{\mu}{R_{\text{E}}} = \frac{0^2}{2} - \frac{\mu}{R_{\text{E}} + h} \tag{9.2.10}$$

可得引力损耗速度 $\boldsymbol{V}_{\text{gravitation}}$ 的计算公式为

$$\boldsymbol{V}_{\text{gravitation}} = \sqrt{\frac{2\mu h}{R_{\text{E}}\left(R_{\text{E}} + h\right)}}\hat{\boldsymbol{Z}} \tag{9.2.11}$$

式中，$\hat{\boldsymbol{Z}}$ 为天顶方向单位矢量；h 为期望的推进剂燃尽的高度。

由图 9.2.9 可知各速度矢量之间满足

$$\Delta\boldsymbol{V}_{\text{total}} = \boldsymbol{V}_{\text{gravitation}} + \boldsymbol{V}_{\text{end}} - \boldsymbol{V}_{\text{launch\_w}} \tag{9.2.12}$$

实际上，运载工具还要克服明显的空气阻力、后坐力以及转向损失，因此常需要增加一个额外的速度增量 $\Delta\boldsymbol{V}_{\text{lose}}$ 补偿这几项损失。因此，为使航天器进入预定轨道，运载工具所必须提供的设计速度为

$$\Delta\boldsymbol{V}_{\text{design}} = \Delta\boldsymbol{V}_{\text{total}} + \Delta\boldsymbol{V}_{\text{lose}} \tag{9.2.13}$$

4. 入轨方式

从地面将卫星送入预定轨道，可根据不同的应用卫星类型，采用不同的入轨方式。一般说来，基本可分为直接入轨、弹道滑行入轨和过渡轨道入轨三种方式。

1) 直接入轨

直接入轨是最简单的发射入轨方式，采用多级火箭逐级工作，各级间无自由滑翔段。发动机结束工作后，航天器完成入轨。由于火箭发动机动力限制，这种方式一般用来发射轨道高度为 150~300km 的低轨卫星。

2) 弹道滑行入轨

发射入轨弹道由两个动力段和一个自由飞行段组成，如图 9.2.10 所示。当运载火箭动力段结束后，通过一个自由滑翔段，再利用二次冲量作用，将卫星送入预定轨道。这种入轨方式适用于中高轨道卫星的发射，我国第一颗"东方红"卫星就是采用该方式发射入轨的。

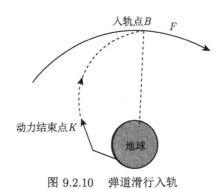

图 9.2.10　弹道滑行入轨

3) 过渡轨道入轨

如图 9.2.11 所示，发射入轨弹道由动力段、停泊轨道段、加速段、转移轨道段和远地点加速段组成。首先运载火箭通过动力段将航天器送入 K 点；然后进入轨道高度 200km 左右的圆形停泊轨道，在停泊轨道上任选 B_1 点施加第二次冲量，经转移轨道自由滑行道到入轨点 B；最后施加第三次冲量将航天器送入预定轨道。入轨点 B 与 B_1 角距 180°。

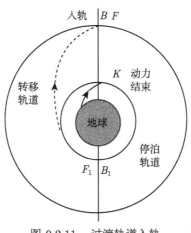

图 9.2.11　过渡轨道入轨

9.2.3 轨道机动

轨道机动是指航天器主动改变飞行轨道的过程。主动改变飞行轨道并不限于航天器主动施加推力，还包括主动利用环境或外界所提供的动力，如空气动力、太阳光压、其他星体的引力、地球引力场的不均匀性、地球磁场等。

轨道机动包含以下几种类型。

(1) 轨道改变或轨道转移：改变轨道参数以便从初始轨道过渡到中间轨道或最终轨道的过程，经常使用大冲量脉冲推力作用。例如，从低轨道转移到高轨道，从椭圆轨道转移到圆轨道。

(2) 轨道保持或轨道修正：其目的是补偿轨道参数中的误差或由各类干扰因素引起的偏差，使航天器回到设计轨道上，经常使用小推力长时间作用。

(3) 轨道接近：航天器主动去接近一个目标 (包括另一个航天器) 的飞行，例如，航天器在轨道上的交会、拦截、对接、绕飞、伴飞及编队飞行等。其特征是主动航天器的机动运动总是以另一个空间目标为参考。

(4) 任意机动：主动地改变飞行轨道，既不限于短时间也不限于小幅度推力，并且没有参考航天器，是真正意义上的轨道机动，前面三种情况仅属特例。

若按照持续时间的长短，航天器的轨道机动又可分为大推力脉冲式机动和小推力连续式机动。

1. 大推力脉冲式机动

发动机在非常短暂的时间内产生推力，使航天器获得脉冲速度。目前大多数航天器的轨道机动都是采用这种方式，而且关于这种脉冲式变轨的理论和技术都比较成熟。对这种机动方式的研究主要集中在轨道机动策略上，即怎样实现能量最优或时间最优，或者两者综合最优。这种机动方式多采用化学推进剂，推进器的排气速度慢、推力大、工作时间短，分析时可认为速度变化是在一瞬间完成的，即将推力处理成瞬间的速度变化。但是此方式需要的推进剂量大，不适合多次、大幅度的机动，并且脉冲推力只是一种理想状态，无法做到精确机动。

2. 小推力连续式机动

在持续的一段时间内依靠小的作用力改变轨道。例如，利用电离子火箭发动机、空气动力、太阳光压等进行的机动。随着小推力发动机制造技术的成熟，越来越多的航天任务特别是深空探测任务，开始采用不同于大推力脉冲式的小推力连续式机动。此方式用的推进器排气速度快，推力小 (加速度小)，可长时间连续工作几十天甚至几年。航天器的加速过程虽然缓慢，但推力装置小，可将更多的有效载荷送入轨道，而且通过长时间的连续加速，航天器可以获得足够高的速度增量，这一特点更适合深空探测的需要。但是此种机动显然达不到快速性要求。

轨道机动的推进剂消耗通常用航天器速度改变值 (速度增量 ΔV) 来表征。由于航天器轨道速度很大，因此轨道机动所需的速度改变也很大，需要消耗大量的推进剂。

表 9.2.2 给出了常见轨道机动所需速度增量。初步估算，使用传统推进技术产生 2km/s 的速度增量，航天器需要携带相当于自身质量的推进剂。

表 9.2.2　典型轨道机动所需的速度增量

轨道机动类型	所需 ΔV/(km/s)
LEO 轨道高度改变 (400～1000km)	0.3
LEO 到 GEO 的轨道高度改变 (400～36000km)	4
GEO 卫星位置保持 10 年	0.5～1
LEO 卫星离轨返回地球	0.5～2
GEO 卫星轨道倾角改变 30°	2
GEO 卫星轨道倾角改变 90°	4
LEO 卫星轨道倾角改变 30°	4
LEO 卫星轨道倾角改变 90°	11

注：LEO 为低轨道，轨道高度 2000km 以下。

9.2.4　再入返回

航天器从大气层外进入地球稠密大气层，称为再入；航天器脱离空间运行轨道进入地球大气层，并在地面安全着陆的过程称为返回。

航天器的返回过程是一个典型的减速过程，以轨道上的高速逐步减速到接近地面时的安全着陆速度。任何航天任务设计都是以一系列约束为基础的，在航天器返回任务设计中，需要综合考虑加速度、加热和着陆精度等因素。这三个相互制约的限制条件使得航天器在返回过程中只能沿一个三维通道运动，也称再入走廊，如图 9.2.12 所示。若航天行器进入再入走廊的下边界，则它将很快地减速下来且温度迅速升高；若航天器进入再入走廊上边界，则由于加速度很小，很可能被大气弹起，重新回到太空中。

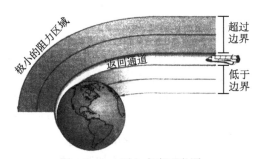

图 9.2.12　再入走廊示意图

航天器的结构和有效载荷限制了最大的加速度或它能承受的过载。航天器在高速返回过程中，与大气层发生剧烈摩擦，产生大量的热量。航天器的着陆精度要求取决于着陆范围的大小。

为便于应用牛顿运动定律分析返回运动过程，人们以航天器开始返回时的质心位置为原点定义返回坐标系，如图 9.2.13 所示，其主平面位于航天器的轨道平面内；$\hat{Z}$ 轴指向地球中心，竖直向下；$\hat{X}$ 轴在飞行器运动方向上指向当地水平方向；$\hat{Y}$ 轴由右手法则确定。在返回坐标系中，定义返回飞行路径角 γ 为当地水平方向和飞行速度方向的夹角，当速度方向指向地面时，返回飞行路径角为正。

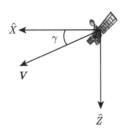

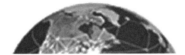

图 9.2.13 返回坐标系

航天器在返回过程中受到地球引力、升力、阻力以及其他多种力的作用，将其视为质点，则其受力情况如图 9.2.14 所示。由牛顿第二定律有

$$\begin{cases} \sum \boldsymbol{F}_{外力} = \boldsymbol{F}_{引力} + \boldsymbol{F}_{阻力} + \boldsymbol{F}_{升力} + \boldsymbol{F}_{其他} \\ \sum \boldsymbol{F}_{外力} = m\boldsymbol{a} \end{cases} \tag{9.2.14}$$

1. 弹道式返回

如果航天器返回过程中的升力有限且无法控制，则称为弹道式返回。弹道式返回技术上易于实现，美国和苏联早期的返回式航天器均采用弹道式返回。

弹道式返回过程中，阻力起主导作用，所有其他的力，包括引力和升力均可以忽略。阻力作用在与航天器运动相反的方向上，其沿 $\hat{X}$ 轴和 $\hat{Z}$ 轴方向分解为

$$\sum \boldsymbol{F}_{外力} = (-F_{阻力} \cos \gamma)\hat{\boldsymbol{x}} - (F_{阻力} \sin \gamma)\hat{\boldsymbol{z}} \tag{9.2.15}$$

航天器在大气中运行所受阻力为

$$F_{阻力} = \frac{1}{2}\rho V^2 C_{\mathrm{D}} A \tag{9.2.16}$$

式中，$F_{阻力}$ 为作用在航天器上的阻力；C_D 为航天器的阻力系数；A 为航天器等效横截面积；ρ 为大气密度；V 为航天器速度。联立式 (9.2.14) ~ 式 (9.216) 可得

$$\boldsymbol{a} = \left(-\bar{q}\frac{C_D A}{m}\cos\gamma\right)\hat{\boldsymbol{x}} - \left(-\bar{q}\frac{C_D A}{m}\sin\gamma\right)\hat{\boldsymbol{z}} \tag{9.2.17}$$

式中，$\boldsymbol{a}$ 为航天器的加速度；m 为飞行器的质量；γ 为航天器的飞行路径角。

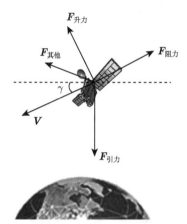

图 9.2.14　航天器返回受力分析

由式 (9.2.17) 可知，$\boldsymbol{a}$ 的每个分量中都含有 $C_D A/m$ 这一项。为方便起见，工程上定义弹道系数 (BC) 为

$$\mathrm{BC} = \frac{m}{C_D A} \tag{9.2.18}$$

则航天器再入加速度 $\boldsymbol{a}$ 与轨道系数成反比，具有较小轨道系数的物体比轨道系数较大的物体速度衰减快得多，这也是诸多飞船要做成钝型的原因，如图 9.2.15 所示。

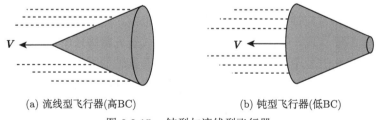

(a) 流线型飞行器(高BC)　　　　　　　　　(b) 钝型飞行器(低BC)

图 9.2.15　钝型与流线型飞行器

返回任务的设计包括弹道设计和飞行器设计。弹道设计包括改变返回速度 $V_{返回}$ 和返回飞行路径角 γ，这一过程涉及改变返回初始条件，由飞行器进入有

效大气层时的速度决定，主要研究返回速度和返回路径角的改变对航天器的加速度、加热率、着陆精度和再入走廊尺寸的影响。飞行器设计包括改变飞行器尺寸和形状以调节弹道系数，或设计热防护系统以解决返回过程中的加热问题。

弹道式返回的返回时间取决于轨道高度、离轨速度增量和弹道系数。表 9.2.3 给出了不同轨道高度、不同弹道系数的圆轨道航天器，在反向减速 ΔV 时的返回时间。

表 9.2.3　不同条件下的弹道式返回时间

轨道高度/km	ΔV/(km/s)	返回时间/min	
		弹道系数 150000N/m^2	弹道系数 15000N/m^2
500	0.7	14.6	15.2
	2	4.4	5.5
1000	1.4	14.4	15.3
	4	4.3	5.1

2. 升力式返回

前面在分析航天器返回过程时，为方便采用理想的运动方程来研究返回过程中的平衡状态，我们假设返回航天器的升力为零。事实上，若考虑航天器所受的升力，则航天器在返回过程中将具有更大的灵活性，例如，控制升力可得到更高的弹道返回精度，返回过程容许更大的速度和角度误差等。

航天飞机是典型的升力式返回航天器，在整个返回过程中，航天器飞机不断调整攻角，改变升力方向，使得最大的加速度保持在 $2g$ 以下，利用其升力来飞向着陆跑道。与之相对，"阿波罗"号和"双子星"号航天器的太空舱只有很小的升力性能，其能够旋转的攻角也不大，从而其返回通道很陡峭，加速度通常在 $12g$ 以上，如图 9.2.16 所示。

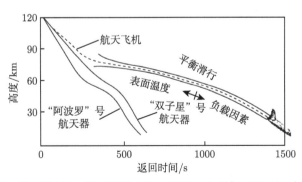

图 9.2.16　航天飞机与"阿波罗"号和"双子星"号航天器返回过程对照图

升力式返回还可应用于空间制动，即利用空气动力 (阻力和升力) 改变航天器的速度，从而改变航天器的轨道。在星际转移问题中，若目标行星有大气层，则可设计一条双曲线轨道使航天器进入目标行星的大气层，然后在航天器冲进大气层之前，调整航天器姿态，使其获得足够的升力，将航天器"拉出"大气层。计算表明，使用空间制动将比使用传统的火箭发动机要有效十倍，可以节约不少珍贵的推进剂。

图 9.2.17 描述了空间制动的过程：航天器通过双曲线轨道接近目标行星，并以一个很小的角度进入大气层，使最大加速度和加热率控制在一定的限制范围内；由于大气阻力作用，航天器速度不断减小，进入预先制定的轨道；通过改变航天器的攻角，使其获得升力，从而将其从大气层中"弹出"。这样的大气反弹使航天器进入绕行星的椭圆轨道，通过远地点点火实现将航天器送入圆形停泊轨道。

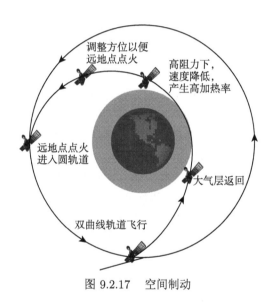

图 9.2.17　空间制动

9.3　典型装备

2010 年，美国 X-37B 空天飞机完成长达 224 天的首次轨道飞行技术试验，2011 年 3 月，第二架 X-37B 发射升空，随着关键技术的成熟，未来完全可能发展成为空间对抗和天基武器平台。同时，以在轨维护和空间碎片清除为掩护，美国正在加快发展具有近距离观测、干扰、抓捕等功能的空间机器人。由于空天飞机和空间机器人仍处于技术研究与发展阶段，离形成装备还有一段时间，所以这里主要介绍应用卫星的典型装备。

9.3.1 侦察卫星

1. 成像侦察卫星

成像侦察卫星主要采用低轨道，轨道越低，分辨率越高。"锁眼"、"长曲棍球"是其典型代表。

1) "锁眼"侦察卫星

美国的光学成像侦察卫星系列，最新型号是 KH-12，卫星重 16~20t，工作寿命 5~8 年。从 1992 年 11 月至 2005 年 10 月共发射了 5 颗。轨道高度 250km/1000km、倾角 97.9°，卫星图像分辨率 0.1m，既可在白天进行可见光照相，又能在夜间进行红外照相，具有较强轨道机动能力。可探测伪装、地下结构等，还采取了防核效益加固和防激光武器攻击措施。

2) "长曲棍球"侦察卫星

美国的微波成像侦察卫星。用于跟踪舰船和装甲车辆的活动、监视部队机动和弹道导弹动向、发现伪装的武器和识别假目标，具有全天候、全天时的侦察能力。"长曲棍球"卫星重约 15t，星体长约 12m，直径约 4.4m。设计寿命 5 年，实际工作寿命可达 8 年以上。卫星轨道高度为 670~715km，倾角 57°/68°。1997 年 10 月 23 日、2000 年 8 月 17 日和 2005 年 4 月 30 日先后发射改进型的"长曲棍球" 3、4、5 号卫星，空间分辨率标准模式达 1m、聚束模式达 0.3m。

2. 电子侦察卫星

电子侦察卫星主要采用 GEO 轨道或大椭圆轨道，以便对特定地区进行不间断侦察。比较典型的代表是美国的"大酒瓶"侦察卫星。

"大酒瓶"侦察卫星是美国的地球静止轨道电子侦察卫星系列。又称"猎户座"（"奥里恩"）侦察卫星。于 1979 年开始研制，截至 2006 年年底，已发射 6 颗。首颗卫星于 1985 年 1 月 24 日由"发现号"航天飞机施放入轨，定位于新加坡和迪戈加西亚岛之间的赤道上空；第二颗卫星于 1989 年 11 月 23 日发射，能覆盖苏联、中东、非洲和整个欧洲地区，用来监测导弹试验信号和监听军事外交电信广播等；第三颗卫星于 1990 年 11 月 15 日发射，部署在海湾地区上空。前三颗卫星重 2700~3600kg，设计寿命 7~10 年。后三颗是"大酒瓶"系列的新一代电子侦察卫星，又称高级"猎户座"（高级"奥里恩"）、"顾问"（"门特"）卫星，分别于 1995 年 5 月 14 日、1998 年 5 月 9 日和 2003 年 9 月 9 日发射，主要用户是美国中央情报局。卫星重 4000~6000kg，其侦察天线是原来"大酒瓶"卫星的 2 倍。

3. 海洋监视卫星

海洋监视卫星主要采用低轨星座形式运行，其典型代表是美国"白云"海洋监视卫星。20 世纪 60 年代末期，美国启动了海洋监视卫星研制计划。其研制的电子侦察型海洋监视卫星，即"海军海洋监视卫星"(NOSS)，其秘密代号为"命运三女神"，公开代号为"白云"。"白云"的第一组卫星属于试验型卫星，于 1971年 12 月 14 日发射。"白云"工作卫星至今已经发展了三代。第一代有基本型、改进型两种。基本型从 1976 年 4 月至 1980 年 3 月共成功发射了 3 组，卫星运行在高 1090~1130km、倾角 63.5° 的轨道上，寿命 6~7 年；改进型从 1983 年 2 月至 1987 年 5 月共发射了 5 组卫星，卫星运行在高 1060~1180km、倾角 63.4° 的轨道上，寿命 7~9 年。第一代卫星每组有 3 颗子卫星，彼此间距 50~240km。第二代又称高级"白云"卫星，从 1990 年 6 月至 1996 年 5 月共发射了 4 组卫星，卫星运行在高度为 1050~1165km、倾角 63.4° 的轨道上，寿命 7 年以上。第二代卫星采用高级"锁眼"11 和"长曲棍球"卫星作为母卫星，装载光学成像设备和雷达成像设备，分辨率高，并具备全天候、全天时监视能力，子卫星的间距缩小为 30 ~ 110km。第三代"白云"卫星从 2001 年 9 月至 2005 年 2 月共发射了3 组。

4. 导弹预警卫星

导弹预警卫星通常采用 GEO 轨道或大椭圆轨道，也可以采用低轨星座形式部署，但是需要大量的卫星。美国现役的导弹预警卫星主要是"国防支援计划"卫星，简称 DSP 卫星。其任务是为美国国家指挥机构和作战司令部提供导弹发射和核爆炸的探测和预警。目前已发展到第三代，卫星重 2360kg，功率 1274W，装有 6000 个探测器，工作寿命超过 10 年。卫星主要有效载荷包括双色红外相机、光导管摄像机以及核爆炸探测装置等。随着卫星的自旋，红外探测器线阵对地球表面每分钟扫描 6 次。DSP 卫星探测到的目标信息，通过卫星传递到美国空军地面站和航天司令部的导弹预警中心，地面站和导弹预警中心的计算机对这些信息进行处理、分类、目标识别、落区判断等，然后通过卫星送到战区指挥中心，再由战区指挥中心向落区的反击部队发出告警信息。DSP 的整个预警星座由 5 颗卫星组成，其中 3 颗为工作星，2 颗为备用星，运行在地球静止轨道上。3 颗星的典型定点位置是：一颗在印度洋上空 (东经 69°)，可以监视俄罗斯和中国的洲际弹道导弹的发射场；另一颗在大西洋上空 (西经 70°)，可以探测核潜艇从美国东海岸以东海域的导弹发射；第三颗在太平洋上空 (西经 134°)，可以探测核潜艇从美国西海岸以西海域的导弹发射。通常，该系统可对洲际导弹、战术导弹分别给出 20~30min、1.5~2min 的预警时间。

9.3.2　导航卫星

导航卫星系统必须以星座形式部署，现有四大导航定位系统中，除中国的北斗导航系统外，其他均采用 20000km 以上的中轨道 (MEO)。

1. 全球定位系统 (GPS)

美国国防部发展的全球导航卫星系统, 通常称为 GPS, 早期称"导航星全球定位系统"(navstar global positioning system), 是美国重要的空间基础设施, 为军民两用系统。1973 年开始研制, 1978 年 2 月发射首颗卫星, 1995 年 4 月达到全面运行能力。通过精确测量 4 颗卫星的信号传播时间, 获得高精度的三维位置和时间数据。系统的主要任务是为全球海陆空和近地空间的军民用户提供全天候、连续、实时、高精度的三维定位、测速和授时服务。军用包括各种作战及投送平台、武器制导等, 民用包括交通运输、农林业生产、测量勘探、通信与网络等几乎所有领域, 还可为低轨道航天器提供导航、定位与授时服务。GPS 的军用定位精度 5m, 测速精度 0.1m/s, 授时精度 100ns。2002 年后, GPS 民用定位精度从 100m 提高到 20m。

美国正在实施以提高导航战能力和国际市场竞争力为目标的 GPS 现代化计划, 主要内容包括: 提高星座的自主导航能力, 使卫星在没有地面支持的条件下可自主运行 60 ~ 180 天; 提高民用导航精度; 提高信号功率, 增强系统的抗干扰能力; 卫星寿命提高至 15 年; 水平定位精度 0.5m, 垂直定位精度 1.1m, 授时精度 1.3ns。

2. 全球导航卫星系统 (GLONASS)

苏联/俄罗斯的全球导航卫星系统, 简称"格罗纳斯"(GLONASS), 类似美国的 GPS, 混编在"宇宙"号卫星系列中。1982 年发射首颗卫星, 1996 年 1 月完成 24 颗卫星组网并投入运行。

GLONASS 由空间段、地面控制段和用户设备组成。空间段由分布在相隔为 120° 的三个轨道面上的 24 颗卫星组成, 轨道高度 19100km, 轨道倾角 64.8°, 周期约 11h 15min。卫星质量 1415kg, 功率 1600W, 其军用、民用信号的带宽分别为 5.11MHz 和 0.511MHz, 定位精度优于 30m, 测速精度 0.15m/s, 授时精度 1μs。地面控制段由 5 个跟踪站、9 个监测站和 1 个主控站组成, 均位于苏联本土。

俄罗斯正在执行 GLONASS 的现代化计划, 计划的主要内容包括: 改进星上时钟, 升级星上服务系统, 改进 GLONASS 时间与协调世界时 (UTC) 和 GPS 时间体系的关系; 卫星寿命增至 10 年, 引入星间测量能力, 提高系统的自主导航能力。改进后的 GLONASS 卫星称为 GLONASS-M 卫星, 卫星寿命 7 年。2003 年 12 月首次发射, 并开始提供服务。

3. "伽利略"导航卫星系统

欧盟和欧洲航天局 (ESA) 研制的全球导航卫星系统, 简称"伽利略"系统。1999 年 2 月 10 日, 欧盟正式宣布建立"伽利略"民用全球导航卫星系统, 系统发展以欧盟为主导，采取国际合作、公私合作的方式进行。中国也参与了"伽利略"系统项目合作。

"伽利略"系统由空间段、地面控制段和用户段组成。其空间段由均匀分布在三个等间隔的轨道面上的 30 颗卫星组成，每个轨道面有 9 颗工作星，1 颗备份星。轨道高度 23222km，轨道倾角 56°，轨道周期 14h 4min，定位精度达到 5m。系统提供免费服务、商业服务、生命安全服务和公共安全服务等四种类型的导航服务和搜索与救援服务。

9.3.3　通信卫星

目前，有一半以上的在轨卫星均为通信卫星，可以根据通信需求采用各种类型的轨道部署。

1. "铱"卫星系统

美国的全球低轨道移动通信系统。系统星座原计划由 77 颗卫星组成，与铱元素的电子数相同，因此称为"铱"卫星系统。系统方案 1990 年 6 月首次公布，后来"铱"卫星系统的卫星数量减到 66 颗，但并未改变名称。"铱"卫星系统从 1998 年 11 月发射卫星，成为第一个全球低轨道卫星移动通信系统，同年全面开通业务。整个"铱"卫星系统由卫星星座和地面段组成。"铱"卫星系统的星座由 66 颗工作星和 7 颗在轨备份星组成，分布在 6 条圆形极地轨道上，轨道高度 765km，每颗卫星直径 1.2m，高 2.3m，重约 700kg，设计寿命为 5 年。卫星之间有星间链路连接。"铱"卫星系统的地面段主要包括用户终端、关口站和网控站等。"铱"卫星系统采用了星上处理和星间链路等先进技术，运行良好。由于市场经营和管理等原因，原"铱公司"不久便陷入困境，申请破产保护。2000 年 12 月，由私人投资商收购，更名为"铱"卫星公司并开始运营。美国国防部是"铱"卫星公司的主要用户，与其签订了长期的服务合同。英国国防部、哥伦比亚警察部门等也先后成为该系统的用户。"铱"卫星手机为在海外作战的美军官兵广泛使用。

2. 跟踪与数据中继卫星

美国的地球静止轨道跟踪与数据中继卫星 (TDRS)，是美国"跟踪与数据中继卫星系统" (TDRSS) 的空间段，主要由美国国家航空航天局 (NASA) 建立和运行。美国的 TDRSS 空间段由 6 颗置于地球静止轨道的 TDRS 组成，其中 3 颗工作星，分别位于西经 41°、西经 174° 和西经 275°；3 颗在轨备份星也可以在特殊情况下为特定用户服务。美国的 TDRS 卫星从 1983 年开始发射，其中，第一代有 7 颗卫星，由 TRW 公司研制，分别命名为 TDRS-1~TDRS-7；第二代有 3 颗卫星，由波音公司研制，分别命名为 TDRS-H、TDRS-I 和 TDRS-J。第二代卫星采用波音公司的 601 平台，重量和功率有明显提高，其性能完全覆盖了第一代的性能，并在性能和功能方面都有很大发展，特别是第二代卫星提供了加强的多址能力以及 Ka 频段业务。例如，2000 年 6 月发射的 TDRS-H 卫星带有两个可移动的 5m 直径的碟形天线，使 Ku 频段多个通道的信息速率达 300Mbit/s，Ka 频段多个通道的信息速率达 800Mbit/s。另外，C 频段的相控阵天线可以同时接收 5 个用户飞行器发来的信号并向其中之一发送信号。

3. "东方红" 3 号卫星

中国第二代地球静止轨道通信卫星，主要用于电话、电视、数据传输和甚小天线孔径终端 (VSAT) 通信等。共发射 2 颗，分别于 1994 年 11 月和 1997 年 5 月 12 日由 "长征" 3 号甲运载火箭发射。首颗卫星发射进入地球同步转移轨道，因推进剂泄漏，未能进入地球静止轨道。第 2 颗卫星定点于东经 125°。卫星本体为 2.22m×1.72m×2.2m 的长方体结构；星上装有直径 2m 的赋形通信天线和展开后达 18.1m 的太阳电池阵；平台质量为 2330kg，有效载荷承载能力为 220kg；卫星采用三轴稳定控制方式，天线指向精度在俯仰和滚动方向为 ±0.15°，在偏航方向为 ±0.48°，并具有一定的长期和短期偏置能力；卫星位置保持误差在南北和东西方向均优于 ±0.1°；采用双组元统一推进系统。星上装有 24 台 C 频段转发器，其中有 6 台 16W 的行波管功率放大器和 18 台 8W 的固态功率放大器，提供中国国内卫星通信服务。卫星设计寿命 8 年，寿命末期系统功率约 1700W。"东方红" 3 号卫星从 1986 年开始研制，应用公用平台概念设计，采用舱段化、模块化的总体构型，由服务舱、推进舱、通信舱组成。"东方红" 3 号通信卫星的研制成功实现了地球静止轨道通信卫星从自旋稳定型到三轴稳定型的转变，标志着中国的通信卫星技术跨上了一个新台阶。

9.3.4 气象卫星

气象卫星分为极轨气象卫星和静止气象卫星两类。前者采用太阳同步轨道，后者采用地球同步轨道。

1. "国防气象卫星计划" 卫星 (DMSP 卫星)

美国国防部的军用极轨气象卫星，简称 DMSP 卫星。主要用于获取全球气象、海洋、陆地和太阳–地球物理环境信息，为军事作战提供气象信息保障。

从 20 世纪 60 年代中期开始，由美国空军空间与导弹系统中心 (SMC) 负责实施，截至 2006 年年底已发射 41 颗 DMSP 卫星，在轨运行的型号主要是 DMSP-5D-2 和 DMSP-5D-3，卫星采用三轴稳定方式，运行在高度约 830km 的太阳同步轨道上，每 6h 可提供一次全球云图。DMSP 数据经通信卫星下传至苏尔空军基地，再传送给空军气象局 (AFWA)，由 AFWA 将数据解码后，传输到国家地理数据中心 (NGDC)，经数据编目后，生成存档文件。

1994 年 5 月，美国决定将国防部的 DMSP 系统与国家海洋和大气管理局 (NOAA) 的"诺阿"卫星系统合并，组建一个军民两用的"国家极轨环境业务卫星系统"(NPOESS)，计划正在实施。

2. "诺阿" NOAA 卫星

美国国家海洋和大气管理局 (NOAA) 的民用极轨气象卫星，主要用于提供全球大气、海洋、陆地、空间环境等监测信息。

"诺阿"卫星运行在倾角 98.73°、高度 870km 的太阳同步轨道上，采用双星运行体制，每 12h 对全球观测两次。"诺阿"卫星可通过实时高分辨率图像传输 (HRPT)、甚高频信标传输、自动图像传输 (APT) 等三种方式将观测数据传输给用户。1994 年，美国决定将"诺阿"卫星与美国国防部的"国防气象卫星计划"合并，组建一个军民共用的"国家极轨环境业务卫星系统"。

3. "风云"卫星

中国气象卫星系列，包括极轨和静止轨道两种气象卫星系列。截至 2006 年年底，共发射了 4 颗"风云"1 号极轨气象卫星和 4 颗"风云"2 号静止轨道气象卫星。中国是继美国、苏联/俄罗斯之后世界上第三个自行研制和发射极轨道气象卫星的国家，是继美国、苏联/俄罗斯、欧洲航天局和日本之后第五个自行研制和发射地球静止轨道气象卫星的国家或组织。"风云"系列气象卫星在天气预报、气候预测、自然灾害和环境监测等领域的应用，为国民经济建设、国防建设和防灾减灾做出了重要贡献。随着新一代"风云"3 号极轨气象卫星和"风云"4 号地球静止轨道气象卫星的成功发射，将最终建成长期稳定运行的中国气象卫星业务监测系统。

9.4　作 战 运 用

从 1957 年 10 月 4 日苏联发射人类第一颗人造卫星至今，军事应用卫星一直是空间作战平台发展的主流与重点。从最初的对地成像侦察卫星到陆续发展的通信、气象、导航、预警、数据中继等应用卫星，各种应用卫星在战略、战役和战术层次的态势感知、精确打击和指挥控制等方面都发挥了十分重要的作用，成为信息化武器装备体系不可或缺的重要组成部分。

空间作战平台在军事上具有位置高远、全球覆盖、持续存在和自由飞越的独特优势，具有许多陆地、海上和空中作战平台不具备的作战特性与能力，在现代战争中具有十分重要的作用和极其广泛的影响。

空间作战平台不受领土、领海和领空的反进入限制，同时支持多个战区作战，能够实现全球警戒、全球防御和全球打击任务。空间作战平台每时每刻都在执行任务，时刻准备投入作战，能够满足重复不断、持续存在的作战行动要求，具有军民结合、平战结合的良好战备性。空间作战平台覆盖战略、战役和战术层次，支持信息支援、机动部署、力量投送、火力打击和全维防护等多种任务类型，提供从危机处置、非战争军事行动到交战的全谱覆盖。正因为空间作战平台的全球性、持续性和全谱性，所以无论世界上何时何地爆发危机或战争，空间作战平台总是最先反应和部署。

进入 21 世纪，随着空间对抗的发展和空间武器的出现，空间作战任务从主要为地面作战提供信息支援进一步发展到空间攻防对抗和空间对地打击，空间作战平台也从应用卫星发展到以机动、火力和快速响应为特色，以打击空间或地面目标为主要目的的新型作战航天器，如空天飞机、空间作战机器人、应急轨道飞行器等。

空天飞机综合航天航空技术优势，能够遂行空间对抗、在轨服务、对地打击等多种军事任务。应急轨道飞行器具有对运载能力要求低、地面可观测弧段短、有效载荷小型化等特点，与传统卫星相比，通过牺牲在轨时间来获得更高的时间与空间分辨率，并且通过同时携带信息与武器载荷，可以兼顾对地信息支援与打击任务，具有较强的战术性能。空天飞机与应急轨道飞行器更加有效地利用了空天领域，为发展空天一体作战创造了条件。

空间作战平台利用携带的动能、定向能或其他攻击手段，一方面，可以通过轨道机动接近空间目标，显著提高了空间武器的攻击范围和灵活性，可将高轨卫星，尤其是部署在地球静止轨道的通信、中继、预警等重要战略卫星纳入攻击范围，有效弥补了地基空间武器的不足；另一方面，利用空间作战平台在轨的高度与速度优势，在轨投射武器，高速穿越大气层对地面目标进行打击，具有全球覆盖、持续威胁、突防能力强的特点，为战略威慑与快速全球打击提供了新的作战手段。总之，空间作战平台利用自身的承载与机动能力，使空间武器的打击范围与效能显著提高，增强了空间作战行动的灵活性、多样性和可控性，在未来战争中具有巨大潜力。

9.4.1 联合作战信息支援

空间作战平台为联合部队提供全方位的作战信息支持与服务，实现联合部队作战潜力与效能的倍增。一是持续的情报侦察监视：从空间居高临下，利用遥感和信号探测等多种手段，提供敌方位置、部署和意图的信息，帮助跟踪、瞄准和击中敌方目标，提供战损与打击效果的评估信息。二是及时的导弹预警：探测和预报弹道导弹发射与核爆事件，包括发起国，事件的类型、规模、时间和目标，为决策与防御系统提供准确可靠的战略预警信息。三是多维环境监测：提供作战所需的陆地、海洋和气象等战场环境信息，有效利用环境因素达成作战优势，避免作战行动受到不利环境因素的影响。四是即时全球通信：提供不受地理环境和基础设施限制的即时通信能力，将分布在全球的不同作战力量与系统连接起来，实现从传感器到射手的连接和远程指挥控制。五是精确的天基导航：提供精确的定位与授时信息和高效便利的导航服务，为远程精确打击、作战行动同步、全天候作战和避免误伤友军奠定基础。

1. 战场感知

1) 任务概念

战场态势感知是所有作战行动的基础，拥有战场态势感知优势，将使战场呈现出全时全域的单向透明。在一体化联合作战中，要获取优势的战场态势和实时感知，必须依靠侦察、预警、监视、通信、导航以及战场评估一体化的情报信息获取系统。空间作战平台相对地面位置最高，可以大范围、快速准确地获取、处理和传输信息，为作战行动提供侦察监视、指挥控制、通信预警、导航定位和气象等信息服务，将陆海空天电 (磁) 多维战场连接成一体化战场，是整个战场态势感知的主宰。

空间作战平台获取的战场信息包括：利用电子侦察设备截获敌无线电信号、雷达信号和导航信号；利用成像侦察系统来获取目标的图像和运动信息；利用空间气象系统，完成气象、陆地、海洋和大气等战场环境的探测等。不同的有效载荷适用于不同的战场环境，例如，光学成像分辨率高，易于识别判读，但图像幅宽较窄，且受气象条件限制；合成孔径雷达 (SAR) 成像不受气象条件的影响，可实现全天候、全天时侦察。因此，要结合侦察区域的气候特点，合理搭配空间作战平台的有效载荷，依靠收集敌方通信信号、雷达信号以及导航信号等来监视敌方战场目标的活动情况；充分利用可见光、红外、微波、多光谱、雷达和电子侦察等多手段，获取敌方目标信息。

2) 任务过程

战场态势感知的任务过程是信源信息传递到信宿，经处理形成作战决心的过程，包括信息获取、信息传输和信息处理三个部分。信息获取是指利用空间作战平台从空间发现、识别和监视地表、空中以及空间目标，获取对军事行动有用的目标和环境信息，主要是各类卫星侦察系统，包括电子侦察卫星、成像侦察卫星、气象卫星等；信息传输是指利用卫星作为中继、交换站，将侦察卫星获取的信息传递到信宿的过程，主要是各类卫星通信系统，包括中继卫星、通信卫星等。信息处理是指从获取的各种图像、电磁信号中剔除干扰信息，提取有用信息，为作战决策提供依据。

3) 作战特点

覆盖范围广。空间作战平台相对地面位置最高，视野开阔，探测范围广，尤其是地球同步轨道卫星，可以实现特定区域内的持续覆盖，若采用多星组网方式，还可以对全球进行持续不间断的探测。另外，采用红外、雷达等传感设备，可以避免受到气象条件的影响，进行全天候监测；采用微波传感设备还具有一定的穿透能力，对掩体下的目标进行观测。

时效性强。空间没有国家主权范围，在轨运行的卫星可以根据任务需要，机动到任何国家领空之上，准确及时掌握战场情况变化；在空间信息系统的支援下，指挥决策和信息传递的速度大大提高，各种战场信息可以及时传到指挥控制中心，同时各种指挥控制命令也可以及时传到战场的每一个节点。

易受干扰或攻击。由于空间作战平台的运行轨道一定，其经过目标上空的时间就能预测，部队可以选择合适的时间行动，以避开平台的过顶弧段，还可以采取各种欺骗、干扰、阻断措施，甚至利用地基反卫系统摧毁目标。

2. 精确打击

1) 任务概念

精确打击是指联合部队在所有军事行动中定位、监视、识别并跟踪目标，选择、组织和运用正确的武器系统，产生期望的打击效果并对打击效果实施评估，在必要时以决定性的速度和作战节奏再次实施打击的能力。

精确打击中对目标侦察、准确定位，对打击武器精确制导和对打击效果的精确评估等都离不开空间力量提供的各种导航定位信息和制导信息。首先，侦察卫星可以提供全天候、高分辨率、高精度、近实时的目标信息，包括图像信息、位置信息、运动状态等；其次，在海、空、天战场参照物较少的情况下，导航卫星(如美军的 GPS) 能够提供实时、连续、高精度的导航信息，以保证命中精度；再次，在完成任务后，各种侦察卫星还可以对打击效果进行及时精确的评估。我国在"北斗二代"导航系统建成后，能够在不依赖美国 GPS 的情况下为导弹部队和空中力量提供精确导航，从而大幅提升远程精确打击能力。

2) 任务过程

精确打击的完成依赖于传感器、投送系统和打击效能之间的无缝链接。其主要打击过程包括精确定位、精确火力打击和精确评估三方面，是信息获取、处理、使用等信息运动过程与弹药发射、投送、爆炸等火力运用过程的融合。

首先，精确打击依赖于对预定打击目标的精确定位。发现、锁定、跟踪目标是连续、动态地获取、存储和处理目标信息的过程，通过先进的信息侦察系统对作战区域内各类目标实施多层次、多领域、多手段的侦察来完成。其次，精确火力打击即依靠精确制导、隐形技术等，运用精确制导武器实施全天候精确打击，以精确高能弹药对目标实施精确摧毁。精确制导技术是实施精确打击的关键技术。精确评估即通过空间侦察卫星、高空侦察机和无人侦察机等，对被攻击目标进行拍摄，分析和评估打击效果，指挥中心通过评估效果，决定是否对目标再次实施打击，或者修正打击方案。空间力量全方位介入整个精确打击的过程。

3) 作战特点

信息与火力的融合。从整体上看，精确打击的本质特征是信息与火力，即包括进行火力投送的机械能、发生能量释放的化学能和主导打击过程的信息能的有机融合。以信息为主导，即信息过程先于火力过程开始，后于火力过程结束，信息过程主导火力过程；以火力为基础，即信息必须通过火力才能表现其作用；以信息网络为依托，即信息网络为信息的获取、处理和传递等信息运动提供基础；以瘫痪敌作战体系为目标。空间作战平台全方位介入整个信息流程。

高效率与零伤亡。精确打击是信息化条件下全新的作战理念和方式，是对传统作战方式的深刻变革，它使攻击方式实现了从传统的"地毯"式轰炸向"点穴"和"斩首"式打击的转变，是达成瘫痪敌作战体系的有效手段；同时可以有效实现战争的"零伤亡"，避免人道主义灾难的发生。美军精确打击往往首选敌国家和军队的最高领导人、重要的指挥控制中心、作战体系的支撑点等重要目标。

3. 导弹预警

1) 任务概念

弹道导弹预警是导弹防御系统的重要组成部分，它可以为导弹防御系统提供导弹及导弹发射阵地的位置信息；也可以测定导弹弹道参数，判断来袭导弹将要攻击的目标；并具有对弹头进行识别、排除假目标的功能，为导弹防御系统后续的跟踪与拦截提供必要信息。预警系统由天基预警卫星和地基远程预警雷达组成，位于太空的预警卫星可以探测全球绝大部分地区的弹道导弹发射；而地基雷达部署在国境和重点地区周边，两者相互配合，探测、跟踪来袭的弹道导弹。受技术和经济能力等的限制，仅有美国和俄罗斯真正拥有实用型的导弹预警卫星系统。

导弹预警卫星系统主要采用星载红外、可见光等传感器，通过被动探测，获得弹道导弹的到达角信息，实现对目标发射的监视、跟踪、弹道估计等功能。导弹预警卫星一般由多颗卫星组成预警网，运行的轨道通常选为地球静止轨道或周期为 12h 的大椭圆轨道。地球静止轨道预警卫星可对某一地区持续覆盖，只需 3 颗卫星，就可以实现全球除两极外的全天时覆盖。大椭圆轨道预警卫星能监测两极地区，但不能对某一地区持续覆盖，需要多颗卫星才能实现对全球的不间断监测。通常两种轨道配合使用。

2) 任务过程

下面以美国的"国家导弹防御系统"(NMD) 为例,介绍整个导弹防御系统的工作过程。NMD 由五部分组成：预警卫星系统 (DSP 卫星/天基红外系统 (SBIRS))；地基拦截弹 (GBI)；作战管理，指挥控制和通信 (BM/C3) 系统，它包括作战管理、指挥和控制 (BM/C2) 以及飞行中拦截弹通信系统 (IFICS) 两个分系统；地基雷达/X 波段雷达 (GBR/XBR)；改进的预警雷达 (UEWR)。NMD 系统的作战使用流程大致可分为预警探测、跟踪监视、捕获识别、适时拦截、效果评估等几个阶段，如图 9.4.1 所示。各阶段彼此衔接，缺一不可。

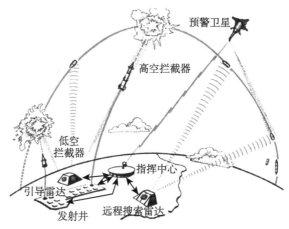

图 9.4.1　导弹预警系统示意图

　　首先 DSP 卫星或 SBIRS 的高轨道卫星采用红外敏感探测器来探测敌发射的弹道导弹，跟踪其喷焰的红外能量，直到发动机熄火，预警卫星将估算的来袭导弹弹道数据经由 BM/C3 系统传达到指挥中心。随后即由改进的预警雷达或 SBIRS 低轨道卫星跟踪目标，对威胁进行评估，并向地基雷达传递信息。地基雷达即搜索、捕获潜在的目标，进行跟踪，估算其弹道，与平时搜集到的资料迅速比较，区分诱饵与真正的弹头。此时拦截弹适时进入待发状态，接到作战命令后迅即发射一枚或数枚地基拦截弹，拦截弹在飞行中经由 IFICS 能及时获得地基雷达跟踪的目标特征数据。当拦截弹飞至约 100km 高度以 7~10km/s 的速度接近目标之际，弹上传感器就捕获目标群体，判明弹头。实施机动飞行，撞击目标。地基雷达连续监视作战空域，评估拦截效果，必要时可再次拦截。

　　3) 作战特点

　　预警时间长。导弹预警卫星不受地理位置的限制，覆盖范围广，其探测范围包含整个弹道导弹的飞行过程。在助推段，能够利用红外敏感探测器来探测目标，在第一时间发现目标；在飞行中段，预警卫星能够用不同探测波长的探测材料，使波谱能覆盖从紫外、可见光到超长红外线的范围，在复杂的天空背景变化无常的情况下识别目标。

　　响应时间短。预警卫星所获取的导弹信息可以及时通过天基信息网传递到指控中心，利用美国国家超级计算中心快速计算弹道信息，预置最佳拦截点，指控中心能够及时控制武器状态，根据实时修正的目标信息控制整个飞行过程。

4. 案例分析

现阶段，作为一支以信息支援为主体的作战力量，空间作战平台以各种军事应用卫星系统为主，支援保障部队的战斗行动，以提高武器装备和整个部队的作战效能。海湾战争、科索沃战争和伊拉克战争等局部战争已充分显示出航天军事力量的关键作用。尤其是 2003 年的伊拉克战争中，美军采用了空天一体化的作战技术，建立了一体化的 C⁴ISR 系统，覆盖了对伊作战所需要的各个信息领域，取得了非常好的作战效果。

1) 战场态势感知

在这次伊拉克战争中，美军调用了 3 颗"高级锁眼"KH-12 光学成像卫星，3 颗"长曲棍球"雷达成像卫星对海湾地区实施照相侦察；2 颗"大酒瓶"和 2 颗"漩涡"电子侦察卫星，用于侦收伊拉克的无线电通信信号；"白云"海洋监视卫星，用于侦察监视海上目标，收集舰船和陆基目标电子情报；地球资源卫星，用于收集伊拉克的遥感图像资料；弹道导弹预警卫星，用于监视伊拉克中程弹道导弹的动态。这些信息化侦察手段的应用，使得伊军一兵一卒的调动，均被美军了如指掌，从而使整个战场节奏始终按照美军的作战计划进行，而伊军则始终处于被动挨打的境地。

2) 卫星通信

为配合"沙漠盾牌"行动，美军全面调用了各种军用通信卫星系统，对部分卫星的位置和运行轨道进行了调整，使经过或固定在海湾上空的通信卫星增至 40 余颗。例如，国防通信卫星系统的两颗卫星用于保障海湾美军司令部与美国本土和各大战区司令部之间的联系。美国本土到沙特阿拉伯 90% 的通信业务经卫星传输。舰队通信卫星系统在印度洋、大西洋上空的两颗卫星为海湾作战的舰只提供高速数字通信保障，地面机动部队都装备了该系统的通信终端，在旅以上各级司令部之间提供多路信息传输线路，陆军快速部署部队和特种作战部队都装备了该系统的便携式终端，B-52 战略轰炸机和 RC-135 战略侦察机也都通过该系统进行控制。

3) 精确导航定位

开战前，美国于 2003 年 1 月 29 日发射了一颗 GPS-2R8 卫星，战争期间，在同年 3 月 31 日又发射了一颗代号为 GPS Block 2R-9 的全球定位系统战术导航卫星。此次对伊战争，美军更广泛地应用了导航定位卫星，极大地提高了精确制导武器系统的打击精度，并为战机飞行提供精确导航。例如，借助于 GPS，F-16 战斗机、B-52 轰炸机、RC-135 侦察机和特种作战飞机可全天候准确无误地执行任务；坦克编队可在没有特征的沙漠地带完成精确的机动；给养运输车能在沙漠中发现作战人员并为其提供补给；空中加油机与需要加油的作战飞机能够更快地相互找到对方；采用 GPS 辅助瞄准系统的 B-2 隐形战略轰炸机具有一次精确瞄准 16 个分散目标的能力。

4) 增强反导作战能力

在伊拉克战争中，美军用导弹预警卫星对伊拉克的导弹发射情况进行实时预报和跟踪，在空间信息系统的支援下，现有的"爱国者"导弹系统的防御能力较 1991 年增强了 7 倍，反应时间不足 0.5min。2003 年 3 月 20 日，伊军连续发射 6 枚"飞毛腿"和"萨姆"导弹，攻击驻扎在科威特的美军基地，导弹起飞后仅 12s，美军位于太平洋上空的导弹预警卫星就发现目标，并迅速测出导弹飞行轨道及预定着陆地区，将报警信息及有关数据传递到美国航天司令部数据处理中心，经巨型计算机紧急处理即刻得到拦截参数，并通过卫星传给位于科威特的"爱国者"防空导弹指挥中心。整个过程在眨眼之间，而"飞毛腿"至少要飞行 3~4min 才能达到预定目标的上空，正是这短短的时间差，使伊军的导弹被美军成功拦截。

9.4.2 空间攻防对抗

空间攻防对抗是指在空间态势感知的基础上所进行的对空间、在空间和自空间的军事行动，包括进攻性空间攻防和防御性空间攻防。空间态势感知通过情报搜集、目标监视、目标侦察、威胁预警、环境监测等手段获取空间目标基本情况，空间态势感知使防御性和进攻性空间对抗作战成为可能。

空间作战平台，尤其是最新发展的空间作战机器人、空天飞机等，是进行空间攻防对抗的主战装备。

利用空间作战平台可以近距离观测与监视空间目标，获得对目标的运动与属性的细节描述，大大提高空间态势感知能力。这里以地球静止轨道巡视为例进行说明。

空间作战平台兼备进攻和防御作战能力，既能通过轨道机动实施伴随攻击与抓捕；也能在轨发射动能武器对敌方目标进行攻击或实施拦截；还可以通过卫星在轨加注等方式增强己方空间作战能力。

1. 地球静止轨道巡视

1) 任务概念

GEO 巡视是指通过在轨部署空间作战平台来依次抵近 GEO 卫星，实现对多 GEO 卫星的接近观测，可以实现对 GEO 卫星的全域、精细观测。

2) 任务过程

对 GEO 的巡视有三种方式：大椭圆轨道抵近观测、共面圆轨道巡视、轨道机动绕飞详查，不同巡视方式的任务过程不同。

大椭圆轨道抵近观测利用轨道倾角为 0°,远地点在目标卫星轨道附近的大椭圆轨道进行观测,空间作战平台每次到达远地点附近就有可能接近一颗 GEO 卫星。利用轨道参数的调节,既可以实现对所有 GEO 卫星的依次接近,也可以实现对特定 GEO 卫星的锁定观测,如图 9.4.2 (a) 所示。任务过程为:平台通过轨道机动进入大椭圆轨道,在快接近远地点时,姿态控制系统控制平台姿态,使目标 GEO 卫星始终处于平台传感器的视场范围之内,直至平台远离目标。所获取的数据信息可以通过中继星传回地面,也可以在平台进入地面站测控范围时进行数据下传。该方式的优点是不需要消耗燃料就可以实现对所有 GEO 目标的巡视,且可以对特定目标进行锁定观测;缺点是每次持续观测的时间短,且观测过程中由于两航天器之间的相对运动速度过大而影响成像质量。

共面圆轨道巡视利用与 GEO 共面但存在轨道高度差的近 GEO,对 GEO 上的卫星进行巡视,如图 9.4.2 (b) 所示。任务过程和大椭圆轨道抵近观测相同。该方式的优点是不需要进行轨道机动就可以实现对 GEO 的巡视,缺点是巡视时间过长,不能进行重复观测。

轨道机动绕飞详查是指空间作战平台和多颗目标航天器同处于 GEO 上,各航天器之间有一定的相位差,如图 9.4.2 (c) 所示。观测航天器要在给定的时间和轨道机动能力范围内,对多颗目标 GEO 卫星逐个实施接近观测。任务过程为:首先要根据目标 GEO 卫星的相位分布和任务时间进行顺序安排和时间分配,然后根据规划结果依次观测,每个目标航天器的接近观测都需要经历远程导引、近程导引、绕飞观测和撤离 4 个阶段。该方式的优点是能够实现全方位的精细观测,且可以根据任务需要机动到任意目标附近实施观测。

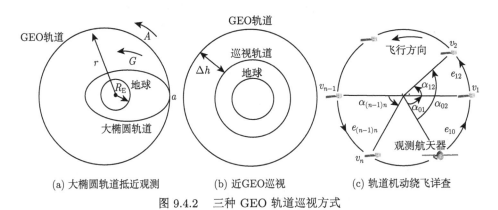

(a) 大椭圆轨道抵近观测   (b) 近GEO巡视   (c) 轨道机动绕飞详查

图 9.4.2 三种 GEO 轨道巡视方式

3) 作战特点

(1) 覆盖范围广。利用空间作战平台抵近 GEO 卫星进行观测可以避免地面观测站地理分布的限制,对整个 GEO 的卫星和碎片状况进行编目,及时通报 GEO

日益拥堵的状况，了解军事强国在 GEO 圈内开展的部署情况。

(2) 观测精度高。地基探测能力有限，对 GEO 仅能探测到直径大于 1m 且亮度大于一定范围的轨道物体，利用空间作战平台抵近 GEO 卫星进行观测可以大大提高观测精度，了解故障 GEO 卫星的现象，分析故障原因，为在轨服务的开展提供信息支持。

(3) 耗时长。由于高轨卫星的轨道周期较长，前两种方式进行多 GEO 卫星的巡视都需要消耗很长的时间。尤其是对于第二种方式，若巡视轨道和 GEO 轨道高度差为 20km，则巡视一圈需要近一年时间，即使轨道高度差为 200km，巡视一圈也需要近 3 个月的时间。因此，对于时间要求较高的观测任务，需要采用第三种方式，并且要采用快速绕飞技术来实现，但由于消耗较多燃料，所以这种方式执行的任务量有限。

4) 案例分析

世界上第一次真正意义上的 GEO 在轨服务是美国于 2008 年 12 月 ～ 2009 年 1 月利用 MiTEx 卫星对其在轨失效的 DSP-23 导弹预警卫星进行在轨监测，这是首次在地球同步轨道执行的在轨检查任务。MiTEx 卫星是美国国防先进研究计划局 (DARPA) 和美国空军联合实施的"微卫星验证科学技术试验计划" (MiD-STEP) 的一部分，于 2006 年 6 月发射入轨。它包括三部分：由美国海军研究实验室 (NRL) 研制的先进上面级 (运载火箭末级) 以及由美国轨道科学公司和洛克希德·马丁公司分别研制的 MiTEx 卫星 (MiTEx A 和 MiTEx B)。每颗 MiTEx 卫星质量为 225kg，部署在 GEO 上，入轨后进行了轨道机动和相互观测试验。

2008 年 10 月初，美国导弹预警卫星 DSP-23 卫星在赤道以南，东经 8.5°，尼日利亚上空没有完成轨道位置修正指令，地面站失去对该卫星的控制，其以 1°/星期的速度向东漂移。为调查失效原因，美国调用了潜伏在轨道上近三年的 2 颗 MiTEx 卫星抵近 DSP-23 卫星进行巡视观测。当时这 2 颗 MiTEx 卫星分别处于失效 DSP-23 卫星的东西两侧。位于西侧这颗 MiTEx 卫星处于大西洋中部，2008 年 12 月上旬，该卫星收到指令开始向东移动，此时 DSP-23 卫星已漂移到欧洲南部上空。美国军方没有公布这颗卫星采用何种机动方式靠近失效卫星，但 2008 年 12 月 23 日，两颗卫星的信号开始重合，表示该 MiTEx 卫星已抵近失效卫星并开始对失效卫星进行拍照和其他故障诊断操作。位于东侧的这颗 MiTEx 卫星距离 DSP-23 卫星较远，2009 年 1 月 1 日，这颗 MiTEx 卫星由东向西飞越了失效卫星，之后其有可能准备掉头向东运动，接近失效的 DSP-23 卫星。2008 年 12 月 ～ 2009 年 1 月，MiTEx 卫星两次抵近 DSP-23 卫星，证明美国已具备静止轨道攻防能力。

2. 在轨发射/释放

1) 任务概念

在轨发射/释放是指空间作战平台发射 (释放) 携带的子航天器或者天基武器的过程，是一个复杂的姿态强扰动下的多体动力学过程。常见的在轨发射/释放方式包括火工解锁、弹簧释放、电机驱动、电磁释放等方式，也可以利用空间绳系或上面级发动机来实现。在轨发射 (释放) 主要面向在轨服务、空间轨道拦截和天对地打击等任务。例如，飞船在轨运行过程中，一旦出现漏气、压力不足、某些器件故障，就需要在轨释放返回舱紧急返回地面；天对地打击动能武器用于对地面诸如指挥控制中心、大型水坝、发电站、航空母舰等重点目标进行攻击。在轨发射 (释放) 对提高航天发射能力、满足在轨服务需求、增强空间武器作战效能都具有重要价值和意义。

2) 任务过程

在轨发射/释放的任务对象不同，过程不同。对于在轨服务任务，任务过程通常包括在轨待命和瞄准发射两个阶段；对于动能武器，任务过程通常包括在轨待命、瞄准发射、武器飞行和打击效果评估四个阶段。下面以在轨发射天基对地打击动能武器为例描述整个任务过程，如图 9.4.3 所示。

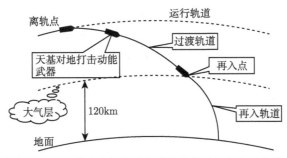

图 9.4.3　天基对地打击动能武器离轨再入打击示意图

首先，空间作战平台根据地面重要战略目标的分布选择轨道进行部署，在平时执行侦察监视等信息支援任务。在接收到地面指挥控制中心的作战指令后，根据打击目标和自身的位置等参数，进行轨道机动、姿态调整等，并将天基对地打击动能武器置于发射状态，选择适当的时机进行发射。然后，动能武器进入再入飞行阶段，该段又可分为过渡段和再入段，过渡段指武器从离轨点到再入点之间的飞行阶段，武器主要在轨飞行，受干扰因素较少；再入段指武器从再入点到地面目标之间的飞行阶段，武器在大气层内飞行，既要受到空气阻力的作用，又要产生气动加热，需要对武器进行热防护和末制导，提高打击效果。在武器打击目标完成之后，需要通过空间侦察监视系统对打击效果进行评估，为进一步实施作战行动提供依据。

3) 作战特点

(1) 潜伏时间长，隐蔽性能好。空间作战平台事先已经进入太空，通过轨道维持，空间作战平台可以在潜伏轨道上运行几年甚至更长的时间，执行民用或少量的军事任务。在轨待命期间，空间作战平台和一般的航天器没有什么区别，很难被敌方发现和识别。与弹道导弹相比，这种攻击方式由于不需要地面发射，从而避免了在主动段被发现而遭到拦截。

(2) 反应速度快，突防能力强。空间作战平台平时部署在潜伏轨道上，当接收到作战命令时，能在较短的时间内对动能武器进行发射和控制。较短的准备时间使其攻击具有突发性，令敌人防不胜防。另外，天基对地打击动能武器在进入大气层内对地面目标实施攻击时，以很大的速度几乎垂直地接近目标，可有效地突破多层防御体系。

(3) 穿透能力大，毁伤效果好。天基对地打击动能武器在接触目标时具有极高的速度 (可以达到 5～10km/s)，例如，采用钨、钛等物质制成长 1m、重 100kg、头部呈锥状的圆柱细长体，当它从太空发射后，在地球引力作用下，落点速度约为 3.2km/s，打击能量相当于一枚小型核武器，且不产生任何辐射。这对诸如航母发射塔架等重点军事目标打击时能完全满足要求。

4) 案例分析

"深度撞击"试验主要由 NASA 的喷气推进实验室 (JPL)、马里兰大学和鲍尔 (Ball) 航天科技公司三个单位负责。试验耗资 3.33 亿美元，目的是通过释放出彗星内部物质，研究彗星内部成分，解密太阳系的形成、地球生命起源等诸多谜团，为地球避免与小天体相撞提供有用数据。试验的三个主角分别为"坦普尔 1 号"彗星、轨道器和撞击器。"坦普尔 1 号"彗星是 14km×4.6km×4.6km 的非规则长形体，自转周期 41.85h。"坦普尔 1 号"彗星在火星和木星之间，围绕太阳椭圆轨道运行。"深度撞击"彗星探测器在释放撞击器之后由撞击器与轨道器两部分组成。轨道器把撞击器送至彗星附近，拍摄记录撞击情况。

图 9.4.4 是从轨道器释放撞击器，到轨道器重新开始成像的过程示意图，包括撞击器的三次轨道调整，轨道器自我保护模式的启动、结束等过程。图中显示了这些事件与撞击时刻的相对时间情况，其最短距离为 600km。"深度撞击"试验实际上验证了天基武器打击中、高轨道目标的技术可行性。

3. 伴随攻击与抓捕

1) 任务概念

空间作战平台机动飞行到目标航天器附近 (几百米至几十千米)，和目标形成一定的相对运动 (伴随飞行) 之后，借助平台搭载的各种有效载荷，伺机攻击或进一步逼近抓捕。攻击手段包括硬杀伤和软杀伤。

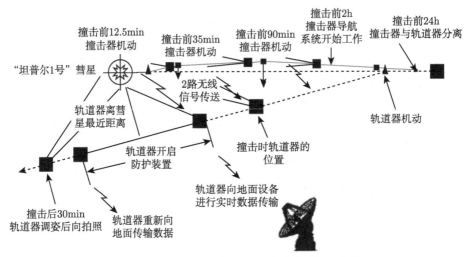

图 9.4.4　轨道器释放撞击器后的试验过程示意图

(1) 硬杀伤。使被攻击目标永久丧失全部或部分功能的攻击手段。对于伴随攻击与抓捕，硬杀伤手段主要是指通过平台搭载的机械臂或飞网等载荷，对空间目标实施从距离几百米到几米范围内的捕获与抓捕操作，进而将目标拖离原运行轨道。未来甚至还可能包括利用机械臂展开空间"肉搏战"。

(2) 软杀伤。使空间系统性能降低或暂时失效但不摧毁其实体的攻击手段。具有适用范围广、隐蔽性强、破坏形式多、时空制约小等特点，在空间攻防中备受关注。软杀伤主要有光、电、磁、网络以及喷涂等技术手段。例如，利用激光束对敌方空间系统相关敏感元部件进行干扰和破坏，利用微波对敌方空间系统的电子设备进行电磁辐射干扰，利用黑客程序入侵敌方空间系统的相关数字单元。

抓捕方式包括机械臂抓捕、飞网捕获、绳系飞爪抓捕等。捕获目标后可以实施窃密、破坏乃至摧毁，或将它推离正常轨道，使之丧失作战能力。

(1) 机械臂抓捕。利用空间作战平台搭载的机械臂抓捕目标 (图 9.4.5)。首先空间作战平台按设计轨迹接近目标，当进入机械臂抓捕范围后，系统通过控制机械臂动作完成对目标的抓捕。这种抓捕可以使平台和目标形成稳定的连接，便于进一步采取各种行动，但操作过程复杂，尤其是对于自旋稳定目标的抓捕难度较大。

(2) 飞网捕获。空间作战平台向被捕获目标方向展开一张由细绳编织成的网，通过绳网包裹目标航天器，并利用飞网收口机构收拢网口并形成死锁，防止目标脱离，如图 9.4.6 所示。这种捕获方式简单、费用低廉，捕获距离远，对目标航天器没有额外要求，且捕获容许较大的误差。

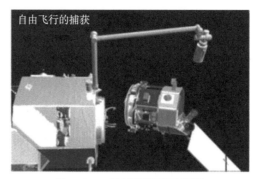

图 9.4.5 机械臂抓捕示意图

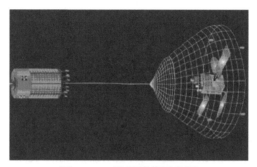

图 9.4.6 飞网捕获示意图

(3) 绳系飞爪抓捕。绳系飞爪由绳系和手抓组成,结合了手抓和飞网的一些优点,具有捕获距离大、费用低廉等特点,又避免了绳网展开和收口的问题,但容许的误差不大,如图 9.4.7 所示。

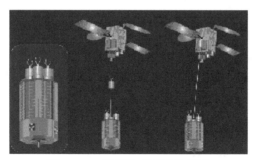

图 9.4.7 绳系飞爪抓捕示意图

2) 任务过程

空间作战平台发射入轨后,首先要经过远程导引和近程导引机动到目标航天器附近,与目标形成各种类型的伴随飞行;然后各种测量设备开始对目标进行跟踪测量，获取几何形状、运动状态等目标信息；空间作战平台根据测量信息选择攻击和抓捕策略。武器载荷不同，攻击过程不同。动能武器的伴随攻击过程包括瞄准 (调整姿态)、释放、飞行、撞击；定向能武器的攻击过程包括瞄准和发射。完成攻击后，空间作战平台要对打击效果进行评估，必要时以决定性的速度和作战节奏再次实施打击。

抓捕过程可以划分为机动逼近、接触抓捕、捕后控制三个阶段，机动逼近段的任务是逐步减小平台与目标的相对距离，并维持期望的相对姿态，确保目标进入抓捕设备的工作空间；接触抓捕段的任务是选取合适的抓捕方式抓捕目标，形成和目标的可靠连接；捕后控制用于确保抓捕后的平台与目标复合体的稳定控制与机动飞行，并进一步实施窃密、破坏乃至摧毁，或将它推离正常轨道，使之丧失作战能力。

3) 作战特点

(1) 手段灵活，效果可控。空间作战平台具有多种攻击手段，可以根据战局发展情况、载荷特点，选择合适的攻击方式，效果可控。在战略威慑阶段，采用只伴飞、不攻击的方式；在攻防对抗阶段，还可以根据目标属性 (目标的国籍与参战程度)，来选择硬摧毁还是软杀伤，对于为敌方提供信息支持的商业卫星，可以使用欺骗、干扰、阻断或降级等软杀伤手段，对于直接参战的敌方卫星则可以选择硬摧毁，表明作战决心。此外，还可以捕获敌方卫星，进行结构解剖，实现技术的跨越式发展。

(2) 响应速度快，毁伤效果好。由于作用距离短，从平台发起攻击到毁伤目标所需要的时间大为降低，即使目标发现也很难进行如此快速的机动规避，从而达到锁定即摧毁的作战效果。此外，对于动能武器，较短的飞行时间还可以降低各种轨道摄动的影响，提高命中概率；对于激光武器系统，较短的作用距离可以减少对激光器功率和反射镜直径的需求，增强干扰或毁伤效果，有助于减小激光系统的体积和成本，增加天基激光系统的可行性。

(3) 机动性强，作战范围广。与地基武器相比，该作战方式不受国土范围限制，平台只要携带足够多的燃料，就可以机动到空间任一位置与目标伴随飞行，攻击手段多样，作战对象覆盖所有目标类型。

(4) 作战意图明确，隐蔽性差。空间作战平台与目标伴随飞行容易被敌方的空间监视系统发现，从而暴露战略意图，目标会提前进行机动规避，逃离己方传感器的跟踪，甚至进行攻防对抗。

4) 案例分析

天基激光武器 (IFX) 是美国国防部先进研究计划局 (DAPRA) 与美国空军共同勾画的 21 世纪用激光武器进行太空作战的蓝图。天基激光武器是用来摧毁洲际导弹、助推段的战役–战术导弹的最有效武器，并且能在几百千米到几千千米的距离上摧毁空中和太空中的任何其他目标。1981 年 3 月，苏联的"拦截卫星"用星上的小型高能激光器照射美国卫星，使美国卫星上的照相、红外等电子设备完全失效。

化学武器喷洒是指在航天器上配置化学物质喷洒器，通过轨道机动能力近距离接近到目标附近，然后喷洒化学物质，例如，将特种干扰剂喷涂在太阳帆板或光学敏感器等设备上，从而污染星上仪器，导致仪器失灵和太阳能电池破坏或性能恶化。喷洒物质会形成一个污染区，在污染区的目标星都将受到破坏，所以对轨道接近能力和逼近绕飞能力要求不高，对末制导也没有严格精度要求。

4. 在轨加注

1) 任务概念

从广义上讲，在轨加注是指通过直接传输推进剂或者模块更换等多种方式的在轨操作，使目标航天器重新具有正常的推进系统功能。所加注的推进剂或推进模块可以来自在轨部署的燃料仓库，也可以通过地面应急发射入轨。航天器通过接受推进剂在轨加注，能够大大提高轨道机动能力，增强执行任务的灵活性，延长在轨工作寿命。尤其是在空间攻防背景下，无论是追踪、捕获、逼近攻击目标，还是摆脱、躲避敌方的空间武器，轨道机动都不失为一种有效的攻防方式，而只依靠卫星自身携带的推进剂不可能完成这样的艰巨任务，必须对卫星进行在轨补给，增强其机动性。

2) 任务过程

在轨加注方式主要分为两大类：推进剂直接传输加注方式和推进系统更换式。不同方式的流程不同。推进剂直接传输加注流程主要包括以下五步：① 空间作战平台携带推进剂发射入轨 (或从轨道燃料仓库发射)、机动变轨，与目标航天器交会对接；② 两航天器完成刚性连接后，进行推进剂传输接口的连接，检测接口、管路等系统的气密性及其他相关参数，做好推进剂传输准备；③ 推进剂开始传输，监测传输状态；④ 推进剂传输至预定要求，停止传输，检测接口和管路系统，做好接口分离准备；⑤ 传输接口分离，两航天器分离，完成加注。

推进系统更换式又可以分为模块移除式和新增模块补加式。前者的流程是在两航天器完成刚性连接后，空间作战平台通过机械臂将目标航天器原有的推进模块拔出，移置于指定位置，再将新模块安装于目标航天器的指定位置，然后目标航天器对插入模块进行识别、集成与检测，检测正常，则模块更换成功，两航天器分离；后者则不需要拔出原有的模块，其余流程相同。

3) 任务特点

(1) 高投入，高风险。在轨加注要能够全面服务于政府、军用、民用和商用的各类航天器，并产生收益，依赖于强大的在轨服务体系的构建与完善，这就需要从零开始，合理进行整个在轨服务体系的顶层规划，逐步部署各种类型的服务航天器，整个在轨服务体系建设必然需要极大的投资。在轨加注还具有很高的风险，加注过程中，一旦操作不当，发生燃料泄漏，或者相互碰撞，不但不能达到服务目的，还会损坏服务航天器，产生更多的空间碎片。

(2) 军民两用，平战结合。在平时，在轨加注可以延长航天器寿命，降低全寿命周期费用，减少维持大系统运行的成本；在战时，在轨加注则可以增强己方航天器的轨道机动能力，提高航天器执行任务的灵活性。

4) 案例分析

在轨加注技术经过几十年的研究发展，已经取得了很大进步，特别是空间站等大型平台的在轨加注技术已经比较成熟，且已常态化。2007 年 3 月，"轨道快车"计划中首次验证了完全自主的推进剂传输技术，成功进行了在轨服务卫星 ASTRO 和客户星 NEXSat 之间的推进剂在传输泵和压力传输系统两种不同传输机制下的往返传输，单次最大传输量达到 60lb(27.2kg)，如图 9.4.8 所示。随着应用需求的发展，在轨加注的服务对象必然向各类卫星等更大范围的航天器拓展。

图 9.4.8　"轨道快车"在轨加注试验

思　考　题

(1) 简述空间作战平台的概念与分类。

(2) 简述空间作战平台的主要分系统及其功能。

(3) 简述经典轨道根数及其内涵。

(4) 太阳同步轨道与地球静止轨道的特点是什么？

(5) 什么是航天发射三要素？

(6) 简述发射窗口的概念及其影响因素。

(7) 什么是轨道机动？它有哪些基本类型？

(8) 论述空间作战平台在联合作战中的作用与影响。

(9) 探讨一下空间作战平台的发展趋势及其在未来作战中的应用。

参 考 文 献

陈小前，袁建平，姚雯，等. 2009. 航天器在轨服务技术. 北京: 中国宇航出版社.

褚桂柏. 2002. 航天技术概论. 北京: 中国宇航出版社.

王永刚，刘玉文. 2003. 军事卫星及应用概论. 北京: 国防工业出版社.

王兆耀. 2008. 军事航天技术. 北京: 中国大百科全书出版社.

郗晓宁，王威，高玉东. 2003. 近地航天器轨道基础. 长沙: 国防科技大学出版社.

徐福祥. 2004. 卫星工程概论. 北京: 中国宇航出版社.

杨乐平，朱彦伟，黄涣，等. 2010. 航天器相对运动轨迹规划与控制. 北京: 国防工业出版社.

袁建平，和兴锁，等. 2010. 航天器轨道机动动力学. 北京: 中国宇航出版社.

Sellers J J. 2007. 理解航天. 张海云，译. 北京: 清华大学出版社.

第 10 章　无人作战系统

无人作战系统指无人驾驶的、完全按遥控操作或者按预编程序自主运作的、携带进攻性或防御性武器遂行作战任务的一类武器系统。它是当代以信息化技术为核心，以远程精确化、智能化、隐身化、无人化为特征的新型作战力量建设的典型武器装备之一。进入 21 世纪，无人作战系统快速进入战场，一场新军事革命正在发生。

10.1　概　　述

经过百余年的持续发展，无人作战系统已经成为武器系统中的一个庞大家族，其身影已经出现在海陆空天等多个战场空间。

10.1.1　发展简史

1. 主从遥控式无人作战系统

1893 年，电学奇才尼古拉·特斯拉 (Nikola Tesla) 在美国密苏里州圣路易斯首次公开展示了无线电通信，为实现对机械装备的远程操控创造了基本条件。五年之后，特斯拉在纽约麦迪逊广场向公众演示了用无线电操控一辆"摩托艇"的试验，获得了巨大成功。以此为基础，制造远程可控的无人作战系统成为可能。

1915 年 10 月，德国西门子公司借鉴滑翔机的技术，研制了采用伺服控制装置和指令制导系统的滑翔炸弹，被公认为是有控无人飞行器的先驱。1917 年，英国皇家航空研究院研制成功世界上第一架无人驾驶飞机。同年，美国海军资助斯佩里开发无人机——"航空鱼雷"，1918 年 3 月 6 日成功地实现了"柯蒂斯"N-9 原型机 (图 10.1.1) 的发射升空，使其平稳地飞行了 1000 码 (yd，1yd=0.9144m，914.4m)，并在预定时间和地点俯冲飞向目标，随后成功降落和回收，使其成为世界上第一架真正的"无人机"。

第二次世界大战中，德军研制的"歌利亚"履带式遥控爆破车 (图 10.1.2) 又称为轻型爆炸物输送车，看起来就像是一辆大比例的坦克模型，没有炮塔和武器，它的"作战装备"是 60kg (最多可载 100kg) 的炸药，主要用于爆破坚固工事、建筑和桥梁，必要时也能用遥控方式冲进敌方的密集进攻梯队起爆，杀伤人员和破坏装甲车辆。"歌利亚"遥控坦克还相当原始，在战场上的行驶速度很低，功能比较单一，容易出故障，可靠性差，更重要的是它"没长眼睛"，遥控手段很原始。

不过，其作为一种新型的另类兵器，实实在在地在战场上得到应用，是现代地面无人作战系统当之无愧的"老祖宗"。

图 10.1.1　　"柯蒂斯" N-9 无人机

图 10.1.2　　第二次世界大战中盟军缴获的德国"歌利亚"遥控坦克

与载人武器系统相比，主从遥控式无人作战系统最主要的特点就是操作员与作战平台实现了物理空间上的分离，在后台的控制站里对作战平台的机动和作战进行遥控。这一小小的改变，事实上是迈向无人作战系统的关键性一步。为了实现这一目标，必须解决以下四个问题：

(1) 让操作员能够产生控制指令。操作员远离无人作战平台后，无法对无人作战平台上的操作机构进行直接操作，一个自然的想法就是在遥控站中完全模拟一个有人平台的座舱，操作员可以像操作有人驾驶平台一样进行转向、制动、加速、瞄准、射击等操作动作，各机构的动作再通过传感器转换为控制指令。

(2) 将操作员的控制命令传输到作战平台。现代无线 (有线) 通信技术的发展为此奠定了良好的基础。利用通信技术，将采集到的电信号和信息符号，经过放大、整形、调制等环节，以电流或无线电波的形式从遥控站发送到无人作战平台上，再经过放大、解调等环节恢复成电信号或信息符号并作用在无人作战平台上，这就相当于无人作战平台接收到了操作员的控制命令。

(3) 使无人作战平台能够解释并执行接收到的控制命令。利用自动控制技术，设计用于产生转向、制动、加速、瞄准、射击等操控动作的伺服控制机构，这些伺服控制机构在接收到通信系统发送的控制命令后，执行相应的操作动作，由此实现对操作员控制命令的执行。

(4) 让操作员能够感知无人作战平台的运动状态及其周围的环境。操作员只有实时感知无人作战平台的实时运动状态和周围环境，才能产生合理的控制指令。这就需要通过通信系统将相关运动参数传输到指挥控制站，并显示在控制台的各种仪表上。当无人作战平台在视距内小范围运动时，环境信息通常由操作员通过目视获得，为了感知视距之外的环境，出现了在无人作战平台上加装电视摄像机、声音传感器等采集环境信息，并通过通信系统传给指挥控制站的技术。

如图 10.1.3 所示，在主从遥控式无人作战系统中，利用通信数据链把在物理空间上分离的操作员与作战平台连接起来，使操作员能够在远程对武器系统进行控制，因而降低了操作员的风险，非常适合用于战术打靶、战术侦察、海底探险等危险作战任务，采用主从控制方式的遥控式飞机、遥控式舰艇、遥控式潜艇、遥控式车辆都得到了广泛应用。

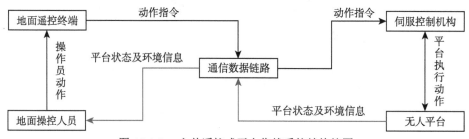

图 10.1.3　主从遥控式无人作战系统结构简图

主从遥控式无人作战系统具有以下鲜明的特点：

(1) 所有的操作指令均由操作员在指挥控制站做出；

(2) 对通信链路的依赖度较高，操作员和无人作战平台之间必须保持实时的通信，一旦通信中断，系统就无法工作；

(3) 无人作战平台本身必须严格执行操作员的动作指令，不具有任何"思考"能力。

2. 自主式无人作战系统的产生与发展

主从遥控式无人作战系统要求操作员注意力必须高度集中，工作负荷较大，而且要求系统必须时刻保持通信数据链路的畅通，否则，将会引起灾难性后果。为了解决这些问题，一个自然的想法就是使无人作战系统具备一定的自主决策、规划和控制能力，比如操作员只需输入目标位置，无人作战系统就能够自主地规划出运动路径，自动地产生并执行姿态、速度和方向控制指令。这样将极大降低操作员的工作强度，并降低对通信系统的依赖。

第二次世界大战后，以半导体、计算机为代表的现代科学技术迅猛发展，特别是自动化和人工智能技术的发展，使得用计算机模拟人脑的"思维"过程成为现实。20 世纪 60 年代后期，美国国防部先进研究计划局 (DARPA) 资助美国斯坦福机器人研究所研制了世界上第一款智能机器人 Shakey (图 10.1.4(a))，它装备了摄像头、碰撞传感器、伺服电机和两台计算机，能够自主进行环境感知建模、行为规划和动作控制，是第一台现代意义上会"思考"的智能移动机器。

(a) Shakey智能移动机器人　　　　　　　(b) ALV原理样车

图 10.1.4　　早期的自主式无人作战系统

很快，DARPA 注意到了人工智能这一具有重大潜在军事价值的技术，在战略计算计划中开始支持对具有"大脑"的自主式无人作战系统的研究，作为这一努力的集大成者，由马丁·玛丽埃塔公司在 1985 年完成集成的自主地面车辆试验平台 ALV (图 10.1.4(b))，是一辆自主式无人侦察车原型系统。此后，对自主式无人作战系统的研究应用进入了快速发展阶段，其中影响较大的如美军的"捕食者"系列无人机，REMUS 系列无人潜航器，以色列的"保护者"无人水面艇等。

图 10.1.5 是一个典型的自主式地面无人侦察车的系统结构，操作员只需要预先在控制终端上选定侦察路线，通过通信系统下达给地面无人侦察车。环境感知、车辆定位、任务规划、避障路径规划、运动控制等功能由侦察车上携带的计算机自主完成，操作员不需要直接参与，只需通过遥控终端对侦察车的运动情况进行监控，必要时给予协助。相比主从遥控式结构，这种结构中无人平台具有更强的"自主性"，具有了独立完成大部分工作的能力，从而使系统对通信的依赖程度和操作员的劳动强度大大降低。

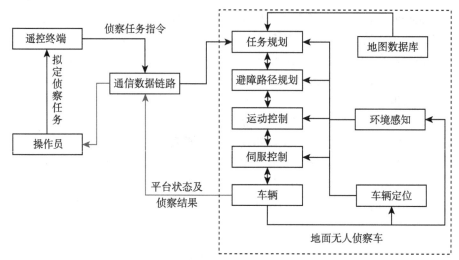

图 10.1.5　自主式地面无人侦察车结构简图

自主式无人作战系统的主要特点可以概括为：

(1) 操作员对无人作战平台的操作指令大幅度减少，不需要人员的直接操作就可以独立完成部分作战任务；

(2) 系统对通信数据链路的依赖程度降低，这预示着更好的战场生存能力；

(3) 安装了由计算机和人工智能程序构成的"大脑"，本身具备一定的"独立"思考能力。

3. 人机智能高度融合的无人作战系统

无人作战系统发展的终极技术目标无疑是要制造出能够像有人驾驶一样，具有完全自主能力的无人作战系统。然而高度自主所需要的一系列关键技术决定了无人作战系统正在，并将继续沿着一条从主从遥控到自主能力逐渐增强的、人机智能高度融合的发展道路前进。现阶段，面对各类具体的作战任务，往往需要操作员和无人作战系统密切协同才能完成，这就是人机智能融合的半自主式无人作战系统。

近些年来，各国对于通过人机融合执行复杂作战任务的无人作战系统的研究越来越多，美军在无人作战系统技术的发展中，也更加重视人机智能融合问题。洛克希德·马丁公司推出的班组任务支援系统 (SMSS)、通用动力公司推出的多功能战术任务系统 (MUTT) 都致力于对士兵与无人作战系统协同完成作战任务的研究。美国空军的"忠诚僚机"计划、欧洲的"神经元隐形无人机"、美国陆军的"艾布拉姆斯战力增强"计划等则致力于有人系统与无人作战系统的协同。能够使操作员与无人作战系统的智能协作，取长补短，发挥各自优势，最大限度提高任务执行能力的半自主无人作战系统已经成为当前的发展热点。

如果说，主从遥控式无人作战系统完全由操作员控制回路对系统进行控制的话，自主式无人作战系统则走向了另一个极端，完全由自主控制回路对系统进行控制。人机智能融合的半自主式无人作战系统则由操作员控制回路和自主控制回路协作完成对无人作战系统的控制。与自主式系统相比，半自主式无人作战系统的规划决策过程由位于指挥控制站的操作员和位于平台上的决策控制计算机协同完成，大大提高了无人作战平台的控制能力。

4. 未来的网络中心战无人作战系统

随着无人作战系统技术的成熟和运用领域的拓展，其在未来战争中必将渗透到情报侦察、态势分析、作战指挥、任务执行等各个环节，越来越多地代替传统载人武器装备。以高度自动化的指挥信息网络为纽带，具备无人作战系统与无人作战系统、无人作战系统与有人系统、无人作战系统与指挥信息系统之间高度协作能力的高度自主的，可执行多平台协作猎杀编队、纵深侦察、联合作战、固定区域防守等作战任务的无人作战系统，正在为我们揭开信息化无人作战的面纱。近年来，以同构型无人作战平台为基础的"无人蜂群"，以异构平台为基础的"空地协同"集群等概念和技术迅速发展，无人作战系统网络化的趋势更加明显，一场信息化的无人战争正在战场上呈现。

2017 年 8 月，DARPA 首次对外公布了美军"马赛克战"(Mosaic Warfare) 的概念 (图 10.1.6)。"马赛克战"致力于为美军寻求新的非对称优势，希望利用动态、协调和高度自主的可组合系统，创造适应于所有场景、实时响应需求、以多域对单域的作战概念。这一概念设计将推动单域、单军种作战进一步向多域、多军种作战融合转变。马赛克战的基本思想与马赛克拼图的思路类似，从功能角度将各种传感器、通信网络、指挥控制系统、武器系统或平台等视为马赛克碎片，借鉴马赛克拼图简单、可快速拼接等特点，以颠覆性通信、网络和软件集成技术为基础，依托各种具有不同物理层协议的异构网络，将若干马赛克碎片聚合成高动态性、高适应性及高复杂性的分布式、多域作战体系，从而有助于主导作战优势，从更高层次降维打击对手。"马赛克战"强调不过于依赖某一先进平台，而是注重以创新的方式改造已拥有的装备来压制对手，注重提升大型高性能无人机、无人僚机、无人机蜂群等智能化装备在作战中的地位作用，注重发挥有人–无人协同作战优势。美军评估认为，经过马赛克化改造的数千架第三代主力战机，配备"忠诚僚机"项目支撑下的无人作战平台 (如 XQ-58B"女武神"无人战斗机) 进行协同作战，就足以产生极为强大的作战效果。"马赛克战"概念的提出，可以看作美军对未来信息化无人战争的一次新的冲锋。

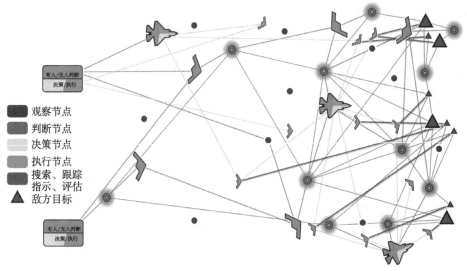

图 10.1.6　美军"马赛克战"概念图 (后附彩图)

10.1.2　无人作战系统的基本概念

无人作战系统是由无人作战平台以及指挥控制站组成的综合化作战系统，通过数据链连接，可以像有人作战系统一样执行侦察、干扰、攻击敌方目标的任务，是信息化武器装备体系的重要组成部分。图 10.1.7 是一个美军"捕食者"空中无人作战系统示意图。

其中无人作战平台，是作战过程中直接实施作战任务的武器运载平台，与一般有人作战平台的区别在于无人平台在使用过程中平台上是没有操作员的。而与导弹、地雷等无人武器系统的最大区别则在于其具有重复可用性。

指挥控制站是无人作战系统的用户终端，操作员通过指挥控制站来获取无人作战平台的当前状态，并向无人作战平台发送控制指令。现在的无人机指挥控制站都在地面，所以称为地面控制站，未来可能在预警机上实现指挥控制功能，出现空中控制站。

数据链则是连接无人作战平台和指挥控制站的通信数据链路，及相关的通信协议。

当然，无人作战系统要执行相关作战任务，还必须搭载相应的任务载荷，如用于侦察的传感器，用于攻击的武器等，而这些任务载荷无一例外地也应该具有无人化操控能力。

正是无人作战系统的这种结构特点，使得操作员能够通过指挥控制站对无人作战平台的运动和平台搭载的各类武器系统进行远程控制，武器平台实现了真正意义上的无人，但在武器系统的使用过程中操作人员的操作仍是一个不可或缺的环节。因此，"平台无人、系统有人"是无人作战系统应用中的基本特征。

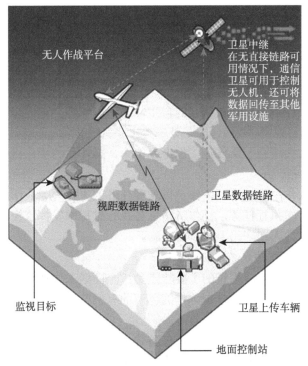

图 10.1.7　"捕食者"无人作战系统结构示意图

10.1.3　无人作战系统的分类

常用的无人作战系统可按控制方式、任务空间和作战用途等分类。

1. **按控制方式分类**

无人作战系统的控制方式主要体现在操作员与无人作战平台的关系，以及机器的智能水平两个方面。基于此，可以将无人作战系统划分为四大类。

1) 主从遥控式无人作战系统

主从遥控式无人作战系统忠实执行来自操作员的操作指令。指令的合理性、系统的安全性等问题由操作人员完全负责。无人作战系统只是对操作员"四肢"和"感官"的简单延伸。

对于主从遥控式无人作战系统来说，操作员是控制回路中的一个重要环节，离开操作员系统将无法工作，因此这种控制方式又称为人在回路内的遥控方式。

2) 人机智能融合式无人作战系统

人机智能融合式无人作战系统的"思维能力"由操作员的思维能力和来自机器的"思维能力"有机融合形成，无人作战系统与操作员结合成了一个有机的整体,在任务执行过程中相互帮助,共同实现任务目标,以便真正达到人与机器"各尽所能,取长补短"。

人机智能融合式无人作战系统中存在人和机器两个控制回路。任务执行过程中,操作员和机器协同对机器进行控制,因此这种控制方式被称为人在回路中的协同控制。

3) 自主式无人作战系统

自主式无人作战系统具备很强的自主能力,能够独立地进行环境感知、任务规划、运动规划与控制、故障诊断与处理等一系列工作。它在有效扩展操作员"四肢"的同时,大大增强了操作员"思考"能力。操作员的操作指令表现为各类宏观命令。

自主式无人作战系统中,操作员以宏观任务的方式向无人作战系统下达任务指令后,系统自主执行任务,操作员在任务执行过程中发挥监控的作用,因此这种控制方式被称为人在回路上的监督控制。

4) 网络化无人作战系统

网络中心战无人作战系统的主要特点是:全面融入作战信息网络,成为执行信息获取、决策规划、目标打击等作战环节的有机节点,具备极强的多平台协作共同执行作战任务的能力。

网络化无人作战系统由操作员以任务式指令授权无人作战系统相应的作战任务,因此这种控制方式又称为人在回路外的授权控制。

2. 按任务空间分类

根据作战任务空间的不同,可以将无人作战系统划分为空中、水中、地面和空间四大类。

1) 空中无人作战系统

在地球表面大气圈以内执行各种作战任务,包括无人机、无人飞艇等。近年来无人机技术快速发展,初步形成了"大、中、小型"搭配、"高、中、低空"互补、"远、中、近程"结合,"战略、战役、战术"衔接,覆盖侦察监视、电子对抗、通信中继、运输保障、攻击作战等各领域的无人机装备体系。

2) 水中无人作战系统

水中无人作战系统在水面及水下执行各类作战任务,包括水面无人艇和水下无人潜航器。

水面无人艇以遥控或自主方式航行。其生存能力较强,能适应各种气候,可日夜值勤,非常适合执行近海长时间巡逻任务,有效保护海岸线附近易受恐怖袭击的航道、港口、桥梁、电站、海上石油平台、海军舰艇等目标的安全。

水下无人潜航器是一种智能化的潜航器,它通常依附在潜艇或水面舰艇上,并能从艇上布放及回收，有的甚至可以通过飞机或岸上设备布放。它一般携带多种传感器、专用机械设备或武器，靠遥控或自主控制在水下航行，适于长时间、大范围的侦察任务。

3) 地面无人作战系统

地面无人作战系统特指用于在地面环境执行各种作战任务的无人系统，包括无人地面战车以及其他各种类型的军用地面智能移动机器人。

根据运动机构的特点可以进一步将地面无人作战系统划分为轮式、履带式、腿式、轮履复合式、轮腿复合式等。

4) 空间无人作战系统

空间无人作战系统指用于在外层空间执行作战任务的无人作战系统，如寄生卫星等 (见第 9 章)。

3. 按作战任务分类

无人作战系统可以用于执行多种作战任务，如侦察、攻击、扫雷、运输等。根据执行作战任务的不同，常见的无人作战系统有：无人战略侦察系统、无人战术侦察系统、无人扫雷系统、无人运输系统、武装机器人、班组战斗支援系统等。具体按照任务类型可分为以下五类。

1) 信息支援类无人作战系统

主要执行侦察监视、信号情报、目标指示、毁伤评估、预警探测、地形测绘、水文监测、气象探测、通信中继、信息组网等信息支援任务的无人作战系统。

2) 信息对抗类无人作战系统

主要执行电子对抗、网络战、诱饵、欺骗、心理战等信息对抗任务的无人作战系统。

3) 火力打击类无人作战系统

主要执行时敏目标打击、对地打击、对空作战、反潜、反舰、反航母、反地雷/水雷、防空反导、空天对抗等火力打击任务的无人作战系统。

4) 作战保障类无人作战系统

主要包括核生化/辐射和爆炸物侦测与处理、物资运输、维修保障、能源补给/空中加油等作战保障任务的无人作战系统。

5) 特种作战类无人作战系统

主要包括反恐/反海盗作战、隐蔽突袭与定点清除、人员搜索与应急救援等特种作战任务的无人作战系统。

10.1.4　无人作战系统的特点

与有人作战系统中战斗人员与武器平台在空间上两位一体的特点不同，无人作战系统的最大结构变化就是通过通信系统实现了战斗人员与武器平台的分离。

正是这种结构变化，使得无人作战系统从研制到使用维护等各方面都具有一些先天优势。同时不可否认的是，这一结构变化，也带来了一些不可忽视的缺点。

1. 无人作战系统的主要优势

(1) 以作战任务为中心设计无人作战平台，不必考虑乘员需求和人员安全性。

直接处于敌方火力范围的无人作战平台的一大设计特点是，以任务为中心，不必考虑乘员的需求，因此，许多有人平台上因受到人的生理极限限制 (抗冲击性、吸收功率、在核生化环境中的生命维持、人机接口、舒适度、与人类反应相关的时间常数、生命的脆弱性、空间约束等) 而无法应用的技术都可以在无人作战平台中使用，从而使其具有体积小、重量轻、机动性强、隐身性能好、航时长等优点。因此，很多军事专家将无人作战系统称为"无约束的作战系统"。

以无人作战飞机为例，据专家估计，与携带相同有效载荷的有人作战飞机相比，无人作战飞机的重量可减轻 15%～57%(取决于携带武器的类型)、体积可缩小 40%；飞机的飞行速度、高度、航程和机动性将有极大的提高，如最大飞行速度甚至可达到高超声速 (12～15 马赫)，最大飞行高度可达到 25～38km，航程可达 10000 多千米，续航时间长达数十小时，机动过载可高达 $20g$，这些优异性能都是有人作战飞机很难或根本不可能达到的 (例如，飞行员目前能承受的最大机动过载能力只有 $7g$)。

(2) 研制和使用费用降低，作战效费比提高。

无人作战系统由于不需要驾驶室、环境控制和防护救生等系统，大大降低了研制和生产费用，更重要的是还节省了使用与保障费用，无人作战平台在不用时可长期封装保存，不像有人作战平台那样需要经常训练、使用和保养，这在和平时期可大大降低直接使用成本和后勤保障成本。例如，无人战斗机的研发和生产成本大约为有人战斗机的三分之一，操作和维护费用大约为有人战斗机的四分之一。与有人作战系统相比，无人作战系统由于体积小，重量轻，在战争中大大减轻了武器运输和油料供应等后勤系统的压力，使用费用大幅度降低，进而能够使部队的机动作战能力发生质的飞跃。

(3) 更长的持续作战能力，更加快捷地融入作战信息网络，为快速捕捉战机创造了条件。

无人作战系统的先天优势，使其具备了比有人作战系统更长的持续作战能力，其数据链系统也使其能够更加快捷地融入整个作战过程，使得战场情报获取、目标打击、战损评估等各个作战环节能够及时准确地完成，从而为快速捕捉稍纵即逝的战机创造了物质条件。

(4) 能够在危险环境执行任务，减少作战人员伤亡。

由于无人作战系统可在高危险地区 (核化污染区、敌方阵地) 侦察和执行其他任务，因而在"非接触，零伤亡"战略目标的驱动下，美军常将一些必须执行的危险系数极大的任务交由无人作战系统去执行。另外，在与有人驾驶系统协同编队作战时，无人系统还可以在关键时刻牺牲自己以保全有人系统人员的安全，从而大幅度降低了作战人员的伤亡数量。

(5) 指挥控制人员培训简化，指挥更加高效。

无人作战系统技术上的复杂性换来的是使用上的方便性。随着无人作战系统自主能力的不断提高，其操作使用过程不断简化，操作员培训过程也极大简化。无人机的飞行员原来是由退役的飞行员培训出来的，现在已经有专门的无人机飞行员培训，无须再从有人机飞行员中招聘，培训周期和费用大大降低；另一方面，操作员远离硝烟弥漫、血雨腥风的战场，作战时的心理压力会大大降低。

2. 无人作战系统面临的挑战

然而，在目前的技术条件下无人作战系统仍存在一些不容忽视的缺点。

(1) 可靠性安全性不高，难以独立执行作战任务。

受当前技术水平限制，无人机系统的性能还不够稳定。无人机系统自主飞行时，地面操作员是飞行系统的辅助环节，只能在地面上遥测监视无人机的飞行状态，无法亲临其境感受无人机系统的飞行。若遭遇突发事件，如人为干扰、异常气流、机械或电路故障等，则远在地面的飞行控制人员鞭长莫及，无人机系统自身又无法突破预编程序积极主动地处置，许多故障自我不能排除，因此具有故障率高、稳定性差的特点。无人机系统的故障率通常要高于有人机。据统计，美国海军无人机系统的故障率高达 70%～80%。

(2) 易被干扰欺骗，特别在遥控作业时易被电磁波干扰。

由于操作员对无人作战平台的操纵主要依赖于通信数据链路，一旦通信链路被干扰，操作员对无人平台的操纵将发生困难。特别是当无人平台对数据链路的依赖性较强时，通信数据链路受到干扰将会使得无人平台失控，甚至损毁。解决这一矛盾的基本思路是提高无人作战平台的自主能力，从而降低对通信链路的依赖性。2011 年，伊朗通过 GPS 导航信号诱骗，完整俘获了美军最先进的隐身侦察无人机 RQ170。

(3) 自主识别敌我目标、假目标和伪装目标的能力还十分有限。

当前无人作战系统在作战目标的识别和选择上，仍是由操作员通过通信数据链路在远程完成的，这种方式只适用于武装侦察、猎杀行动等非典型作战任务，在激烈的对抗作战过程中则很难实现。无人机系统在执行任务时，无法及时正确地判明各种真假目标，目前的无人机系统还不能及时有效地判断敌我目标，可能导致误伤。遇到空中威胁时，不能做到先机制敌或改变航线躲避。因此，未来无人作战系统须具备更为强大的敌我目标识别能力。

(4) 面临日益严重与复杂的社会伦理挑战。

一方面，随着无人作战系统技术的不断进步，其使用正在变得越来越简单，相关设备也越来越容易获得。一旦这些设备和技术被不法分子掌握，将给社会造成巨大危害。比如，一些民用无人机经过简单的改装后，就成为了一种杀人武器。近年来，恐怖组织"伊斯兰国"人员曾多次将改装过的民用"四旋翼"无人机用于进行恐怖活动。2018 年初，恐怖分子甚至用多架自制的简易固定翼无人机从 50km 外对俄罗斯驻叙利亚的赫梅姆空军基地和塔尔图斯港补给站发动了一次袭击。令人担心的是，这些设备和技术都可以轻易地从市场上获取。

另一方面，随着无人作战系统自主能力的提高，无须操作员干预，能够自主选择作战目标的"杀手机器人"正在逐渐成熟。与人类不同，"杀手机器人"是没有意识的冰冷机器，是否应该赋予它们剥夺人类生命的权力已经成为一个重要的社会伦理问题。

10.2　关键技术原理

无人作战系统具备"平台无人、系统有人"的基本特征，必然要以一系列专门技术为支撑。我们从系统的结构出发，分析实现无人作战系统功能的关键技术。首先介绍自主控制的分级，进一步介绍无人作战系统的载荷及其关键技术。自主控制技术是实现"平台无人"的关键，指挥控制是实现"系统有人"，人在回路控制的关键。最后，介绍无人集群系统的基本特征和关键技术。

10.2.1　无人作战系统的系统结构

传统有人作战平台中拥有的大部分技术在无人作战平台中都是不可或缺的，如动力技术、机动性技术、武器技术等。然而，无人作战系统区别于有人系统的最大特点是其无人化的相关技术。一个典型的无人作战系统通常由一个指挥控制站和多个无人作战平台联合组成。操作员通过指挥控制站的人机交互终端对多个无人平台的任务执行情况进行实时监控，并根据需要对任意平台的任务执行进行必要的干预。系统的正常运行以指挥控制站相关的技术、数据链技术、平台自主运动控制技术、载荷控制技术四大类技术为支撑。它们的有机结合使得无人作战系统变成了现实。无人作战系统各部分之间的相互关系如图 10.2.1 所示，在无人作战平台一端，自主运动控制系统和自主载荷系统反馈形成自主控制回路，自主对无人平台进行控制。进一步，利用数据链将指挥控制站和自主控制系统联系起来后，形成操作员控制回路，对自主控制系统的工作状态进行干预。显然，平台的自主控制能力越强，需要来自操作员的控制命令越少；反之，操作员的工作强度越高。这两个控制回路共同形成了无人作战系统的控制中枢。图 10.2.2 概括了各部分的一些主要研究方向。不难发现,这样一个复杂的作战武器系统涉及现代科学技术的方方面面,如计算机技术、现代控制技术、微电子技术、现代通信技术等。其所需要的理论和技术基础涵盖了模式识别、智能控制、计算机科学与工程、微电子学、精密机械、现代通信、定位定向技术和传感器技术等,所以无人作战系统是一种多学科集成的高技术武器系统。

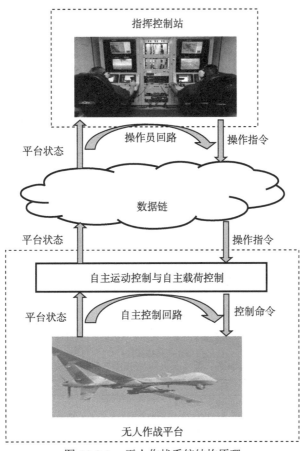

图 10.2.1 无人作战系统结构原理

10.2.2 无人作战系统的自主控制分级

无人系统的自主控制技术,包括平台自主运动控制技术和载荷自主控制技术两个分支,是无人系统所特有的,也是无人系统智能水平的集中体现。自主控制技术的目标是不断提高无人系统独立完成作战任务的能力。提高自主控制能力是无人系统发展的一个重要趋势。对无人系统的自主控制等级 (autonomous control level, ACL) 进行评估,这对于无人系统的发展具有十分重要的意义。目前关于自主控制等级的划分还没有统一的标准。这里重点介绍两种自主能力等级评估方法。

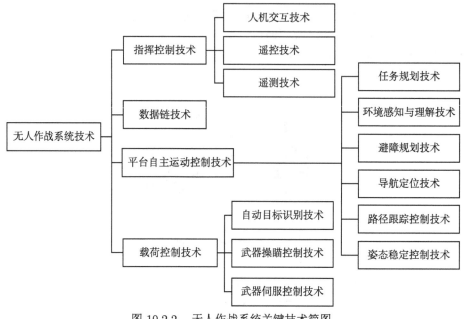

图 10.2.2　无人作战系统关键技术简图

1. 美国国防部《无人机路线图》对自主等级的划分

美国国防部 2005 年发布的《无人机路线图》将无人机的自主能力划分为 10 个等级，用以衡量无人机的自主程度，如表 10.2.1 所示。

表 10.2.1　美国国防部 2005 版《无人机路线图》的无人机自主控制等级划分标准

级别	英文名称	中文说明
1	remotely guided	遥控
2	real time health/diagnosis	实时故障诊断
3	adapt to failure and flight conditions	故障自诊断和飞行条件自适应
4	onboard route re-plan	机上航路重规划
5	group coordination	机群协同
6	group tactical re-plan	机群战术重规划
7	group tactical goals	机群战术目标
8	distributed control	分布式控制
9	group strategic goals	机群战略目标
10	fully autonomous swarm	完全自主集群

在这一分级中，1~4 级主要体现了个体性能的不断完善，5~10 级则侧重于群体性能的完善。随着自主级别类型的提高，无人机的适应性提高，智能性提高，

复杂性提高，规模、作用范围扩大，从战术层次过渡到战略层次。如果用这一标准来评价美军现存各款无人机的自主能力，则如表 10.2.2 所示。

表 10.2.2　美军主要无人机自主能力评价

代号	无人机	自主能力等级
MQ-1	Predator "捕食者"	大于 2 级
RQ-2	Pioneer "先锋"	大于 1 级
RQ-4	Global Hawk "全球鹰"	接近 3 级
RQ-7	Shadow200 "影子" 200	接近 3 级
RQ-8	Fire Scout "火力侦察兵"	接近 3 级
MQ-9	Predator "捕食者" B	大于 2 级

表 10.2.2 清晰地反映出美军现役的无人机还不具备集群协同作战的能力，但单机自主能力在不断提升。

2. 美国未来无人作战系统的自主性 (autonomy)

美国国防部 2016 年发布的《无人系统集成路线图 2017—2042》中，对未来无人作战系统的自主能力发展专门列出一章来介绍。该文件不再对自主能力进行分级，而是给出自主性的概念，介绍涉及的典型技术及应用效果在短期 (2017 年)、中期 (2029 年) 和远期 (2042 年) 的发展，如表 10.2.3 所示。

表 10.2.3　美军未来无人作战系统中的自主性发展路线图

		2017 年近期	2029 年中期	2042 年远期
人机协同	人–机交互	多系统控制 人–机角色/提示	人–机对话 "如果–怎么办"场景处理 使命分享任务管理	减少人工干预 深度机器学习
	人–机组队	减轻负担 减少出动 特定维修任务	机器人队友的全面集成 减少作战人员的认知负担	
	知识战略	自动收集和处理数据 自主调整数据战略		深度神经网络 灵敏，反应，自适应

10.2.3　自主运动控制

1. "仿人"的自主运动控制基本原理

无人作战系统是一类典型的智能系统，它在复杂环境下执行特定任务过程中，通常需要利用感知信息，对运动轨迹进行实时决策。例如，避开沿途的威胁和障碍物，最终到达目的地。在这一过程中，自主运动控制系统需要具备实时感知周围环境和平台状态的能力，对运动路线进行规划与决策的能力，以及对平台运动机构进行操控的能力。这三部分能力就如同人类的感觉器官、大脑和四肢一样，相互协调来完成平台的自主机动。如图 10.2.3 所示，给出了一种典型的无人平台自主运动控制系统与人类操作员操控无人平台运动过程的对比，整个自主运动控制系统划分为三个功能模块。

(1) 感知系统利用环境感知传感器和运动状态传感器对平台周围环境以及本体位置状态信息进行感知，它相当于人类操作员由眼、耳、鼻、触觉等感觉器官组成的感觉系统。

(2) 决策系统通过对传感器信息进行处理获取环境表示，同时根据任务需求，进行行为决策和路径规划，同时生成运动控制命令。

(3) 由转向伺服、挡位伺服、制动伺服、加速伺服、升降伺服等一系列伺服系统组成的平台伺服控制模块，它们完成的是类似于人类四肢的操控任务。

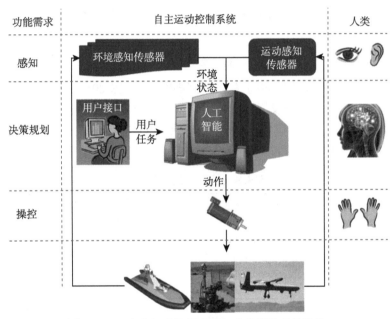

图 10.2.3   自主运动控制系统与人类驾驶员的类比

2. 任务规划

无人作战系统在完成作战任务过程中，需要对如何有效、安全地完成自己的作战任务进行规划，这就是任务规划。

无人作战系统接受作战任务后，由任务规划系统对整个作战过程进行规划，包括子任务的完成顺序、武器载荷和使用规划、运动路径的规划，以及武器载荷与运动路径的配合等。对于多无人平台协同作战，还要对多无人平台之间的协同动作进行规划。

一个合理的任务规划结果必须满足来自作战使命、平台自身、运行环境、通信网络等方面的一系列约束条件,才能最大化无人系统完成相应作战任务的概率。因此任务规划是一个多约束、多目标综合决策问题,需要综合利用运筹学、计算几何、人工智能等相关理论和方法进行求解。任务规划过程中需要满足的约束条件主要来自作战任务、系统性能、工作环境、敌方部署等方面。

一个完整的任务规划系统通常包括世界建模、态势评估、路径规划三个阶段。

第一阶段:世界建模。对收集的通信状态、威胁信息和平台状态进行建模,分别产生通信模型、威胁模型和平台运动模型,再与数字地形图进行信息融合,产生无人系统的世界模型。

第二阶段:态势评估。以军事知识和军事经验为基础,自适应地对急剧动态变化的战场场景进行监控,按照军事专家的思维方式和经验,自动对多元数据进行分析、推动和判断,做出对当前战场情景合理的解释,为军事指挥员提供较为完整准确的当前态势分析报告。战术决策通常是由计算机和指挥员协同交互完成的。

第三阶段:路径规划。根据战术决策和世界模型的约束,寻找无人系统从初始点到目标点,并且满足某种性能指标最优的可行运动路径。一条可行的运动路径必须满足前述各类约束条件。由于约束条件较多,在路径规划时通常采用分层规划的策略。第一步,重点考虑系统的安全性,计算出一条能躲避各种威胁的安全路径,该路径生成过程中暂时不考虑路径的可执行性。第二步,对路径长度、转弯角度等进一步优化,产生多边形路径。第三步,根据平台的运动特性模型,对多边形路径进一步优化,生成满足无人平台转弯半径、加减速特性、爬坡能力等约束条件的光滑曲线运动路径,并交由平台运动控制系统执行。对于多平台的路径规划,还需考虑多平台之间的协作问题。

3. 路径跟踪控制

无人作战系统在任务规划系统完成路径规划后,须由自身的路径跟踪控制子系统持续不断地产生操纵指令,控制无人平台沿规划的路径运动。下面以无人机为例,介绍路径跟踪控制的基本原理。

如图 10.2.4 所示,一个典型的无人机路径跟踪控制系统主要由两大回路组成。

1) 姿态稳定控制回路

姿态稳定控制回路的主要作用是稳定和控制无人机的姿态。姿态稳定控制器根据路径跟踪的需求,计算无人机的预期姿态,与姿态传感器检测的无人机实际姿态对比,计算出无人机各个控制舵/翼面的动作指令,交由执行机构控制动作的执行。由于飞行过程中飞行高度、速度、风速等飞行条件的变化会对飞行姿态产生影响,因此,在姿态稳定控制器中需要根据飞行环境的不同实时地调整控制参数。

2) 路径跟踪控制回路

路径跟踪控制回路是无人机飞行控制系统的重要组成部分,其主要目标是控制无人机沿规划路径运动。与姿态稳定控制器的三个通道对应，路径跟踪控制器也包括三个通道，分别是：速度协调、高度控制和侧向控制。

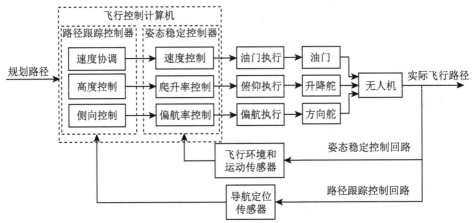

图 10.2.4　无人机路径跟踪控制结构

上述无人机路径跟踪控制的原理同样适用于无人潜航器等所有三维环境中的无人系统路径跟踪控制。对于无人地面车辆和无人水面舰艇这类运行于表面环境的系统来说，路径跟踪控制中没有高度控制通道。

4. 障碍检测与避障规划

由于无人作战系统运行在动态环境中，因此在跟踪规划路径的过程中，可能出现道路被障碍阻挡的情况。为此，无人系统还必须具备实时感知周围环境中的障碍并躲避的功能。如图 10.2.5 所示，避障规划与控制是在前述路径跟踪控制的基础上增加障碍检测和避障规划功能。

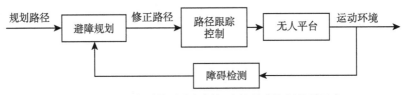

图 10.2.5　无人系统避障规划与路径跟踪控制关系示意

1) 障碍检测

障碍检测是指利用无人平台自身安装的环境感知系统，对周围可能对其运动产生影响的物体进行检测。大中型无人机主要的环境感知传感器是机载微波雷达，小型无人机可使用毫米波雷达、可见光相机、红外相机等。无人潜航器可能使用声呐阵列进行障碍检测。对于水面和地面无人平台来说，由于其运行环境中各种障碍较多, 因此对障碍的检测能力成为其自主能力的重要体现。以地面平台为例, 不但要对环境中各种障碍的大小、位置、速度等进行实时检测, 还要检测道路结构、地表承载能力等。地面环境常用的环境感知传感器有激光雷达、毫米波雷达、可见光单目视觉、双目视觉、超声传感器等。由于每种传感器感知物理量的不同, 使得它们具有不同的环境适应性, 一个真实的无人作战系统通常需要融合来自不同传感器的信息进行障碍检测。例如, 地面无人作战平台的障碍检测通常由激光雷达和可见光视觉系统融合实现。

2) 避障规划

以地面无人作战平台为例, 在沿规划路径运动的过程中, 因为路径上存在多个障碍而无法前进, 此时避障规划系统将从多种可能的候选路径中选择一条路径。

避障规划系统需要根据无人作战平台在执行各条路径时需要付出的代价, 来折中地决定具体选择哪一条道路。避障规划过程中需要考虑的代价函数主要包括: 路径的光滑性、宽度、预期速度等。常用的避障规划方法可以划分为三大类: 基于规则的避障规划、基于图搜索的算法和人工势场法。

10.2.4 指挥控制

无人系统在使用过程中是 "人在回路" 的, 虽然无人平台上没有驾驶员操作, 但在控制站中有操作人员操控无人平台。操作员需要在执行任务前利用地面指挥控制站的作战任务规划系统对作战任务、运动路径等进行事先规划, 并通过数据链路传递到无人平台。任务下达后, 操作员还要通过指挥控制站控制无人平台的释放与回收、监控平台的运动状态、处理各种突发情况等, 以保证作战任务的完成。

地面指挥控制站主要由完成指挥控制功能的设备或系统组成。图 10.2.6 是一个典型的无人机地面指挥站示意图, 主要由通信网络 (包括地面通信网络、卫星数据链、视距数据链)、任务控制单元 (任务规划、飞机遥控、载荷控制、情报分析等)、发射回收单元 (无人机发射回收设备)、任务保障单元 (气象、后勤保障) 四个部分组成。任务控制单元通过 C^4ISR 网络与作战指挥中心相连, 以便接受作战任务, 反馈任务执行状态。

根据无人作战系统的类型和作战需求的不同, 指挥控制站可以采取便携式、车载式、舰载式、机载式等。

指挥控制系统的功能主要体现在两个方面。首先, 指挥控制系统肩负着使操作员理解把握无人作战系统工作状态及周围环境的重要使命, 因此显示系统的友好性和表达能力是对指挥控制系统的基本要求。其次, 操作员对无人平台的操作指令需要由指挥控制系统获取并传递给无人作战平台, 因此操作员操纵装置的性能是衡量指挥控制性能的另一个重要指标。另外, 指挥控制系统对通信带宽的需求也是衡量指挥控制系统性能的一个重要指标, 过高的通信带宽需求将限制无人作战系统的应用领域。以下以某地面无人作战系统的指挥控制系统为例，从智能态势感知、遥测技术和遥控技术三个方面来介绍指挥控制技术。

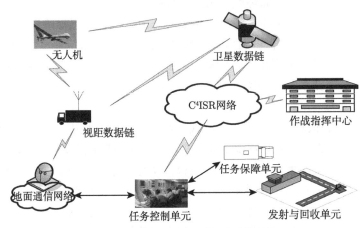

图 10.2.6　无人机地面指挥控制系统结构示意

1. 智能态势感知

无人作战系统高度智能化的前提就是智能态势感知技术，一旦无法掌握目标有效信息，无人作战系统的智能决策便因缺少数据而无法展开。以智能传感技术为基础，无人作战系统可以融合多型传感器和观察设备于一身；通过无线组网，可将部署在陆、海、空、天等多域的传感设备智能联网，从而达成对作战环境的多维感知；凭借后台强大的信息计算处理能力，实现对多源情报的融合整编、精确运算和对比印证，进而构建起全面立体的数字化战场态势图，为作战行动提供精确可靠的数据支撑。

2. 遥测

为了使操作员正确把握无人平台的工作状态，需要实时收集无人平台工作环境和工作状态数据，并将其以尽可能友好的方式通过指挥控制站的显示系统呈现给操作员。显然，对于不同的无人平台，需要获取的环境和状态数据是不同的。以地面无人作战平台为例，通常需要实时遥测的环境数据有道路、障碍、运动物体属性，地形起伏、地面材质等；另外还须获取自身的位置、姿态、速度、加速度、各执行机构的状态等。常用的自身状态获取传感器有：卫星导航系统、惯性导航系统，以及各类位置、速度、加速度、压力传感器等，统称为内部状态传感器。而相关环境数据的获取则需要借助各类外部状态传感器，常用的有可见光摄像机、红外热像仪、激光雷达 (HDL-64 激光雷达 (图 10.2.7))、毫米波雷达等，所获取的数据经过必要的处理后，通过通信系统传输给指挥控制站。

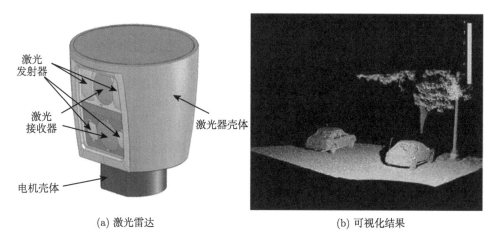

(a) 激光雷达　　　　　　　　　　　　　　　　(b) 可视化结果

图 10.2.7　　HDL-64 激光雷达及其采集数据的可视化结果

3. 遥控

遥控是无人平台数据链必备的功能，用于实现对无人平台和任务设备的远距离操作。来自地面操纵台或操纵器的指令和数据，经编码、上行 (测控站到无人平台) 无线信道传输和解码，送给无人平台控制计算机 (或直接) 对无人平台和任务设备实施操作。在现代无人平台系统中，遥控的作用可归纳如下：

(1) 对无人平台的远距离操纵；

(2) 对无人平台载荷的远距离控制；

(3) 上行测距码的传输；

(4) 供无人平台导航用的数据 (包括航路设置或修改数据、测控站位置、由测控站测定的无人机位置、差分 GPS 修正数据等) 的上行传输。

遥控对于无人平台来说非常重要，其可靠性、抗干扰和抗截获能力等应充分重视。遥控指令和数据的传输一般在较低码速率下进行，保证足够的信道电平并不困难。提高设计余度，可以增加遥控的可靠性；通过扩频或跳频以及数据加密，能增加遥控的抗干扰和抗截获能力。

10.2.5　无人集群系统

在自然界中，数量巨大的鸟群在空中变幻莫测地飞舞却很少发生相互碰撞，类似的现象也发生在鱼群躲避天敌、蜂群或蚁群觅食筑巢甚至菌群聚合时。这种在低等社会性生物群体中看似矛盾的现象：不具备智能或者能力非常有限的个体所构成的群体却展现出远远超出个体能力的智能行为，被人们统称为群体智能 (swarm intelligence)。1959 年，法国动物学家 Pierre-Paul Grasse 提出环境激发效应 (stigmergy)，试图解释群体智能现象。stigmergy 一词由两个希腊词根构成：stigma (刺激) 和 ergon (工作)，即受到刺激而工作。基于该学说，个体在环境中留下的踪迹会被群体中的其他个体感知到，并刺激这些个体在环境中留下新的踪迹，从而不断产生正反馈。

无人集群系统是将大量无人作战系统在开放体系架构下综合集成，以平台间协同控制为基础，以提升协同任务能力为目标的移动多智能体系统，具有数量、规模和抗战损等优势。一般而言，无人集群系统的行为主要是无人作战系统内部个体之间局部交互的结果，并不依赖于起主控作用的中心化个体，因此无人集群系统通常具有鲁棒性、规模弹性和灵活性，下面的描述以无人机集群为例。

1. 集群的自主协调与指挥控制

一般无人机指挥控制多采用集中控制模式，指挥控制站收集一个或多个无人机数据，运行相应算法并将命令发送回无人机，集中模式虽然在理论上可以达到最优的系统性能，但易受干扰和暴露，对于数量庞大的无人机集群而言，还存在计算资源、通信带宽、控制延迟等诸多限制。在集群中大量无人机之间只能使用局部信息 (可通过视觉系统、近距紫外光通信等) 进行自主协调，这种分布式控制模式具有更高的鲁棒性和可行性。而为了实现整体的作战意图，指挥控制站可以选择无人机群中的一部分甚至其中一架作为引导者，并对其实施直接控制，其余无人机则通过无人机之间的自主协同工作实现间接控制。

考虑无人机集群包含 $x_1, x_2, \cdots, x_n$，n 架无人机，它们具有有限范围的感知区域 (图 10.2.8(a))，如果将单个无人机抽象为一个节点，无人机之间的交互抽象为节点之间的连线，如 $a_{ij} > 0$ 表示节点 i 与节点 j 之间发生交互；$a_{ij} = 0$ 表示不存在相互影响或交互，故无人机集群可抽象为一个无环的简单图 (图 10.2.8(b))，可用图的邻接矩阵 $A = (a_{ij})$ 表示。

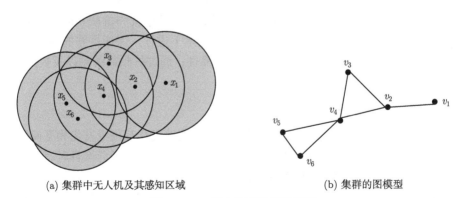

(a) 集群中无人机及其感知区域　　　　　　(b) 集群的图模型

图 10.2.8　无人集群及其图模型

设时刻 t 每个无人机 i 的速度矢量 $v_i(t) = (x_i(t), y_i(t), z_i(t))$。

1) 无人集群的自主协调性

当无人集群达到协调一致时，各个无人机的速度和方向会趋同，这个目标甚至无须借助任何外部作用就能自然实现，这是一个完全依靠集群中个体相互作用的自组织行为。可用一个简单的数学模型来说明，集群中每个节点 i 通过与相邻或有影响节点 $j(a_{ij} > 0)$ 比较速度来相应调整自己的速度：

$$\frac{\mathrm{d}}{\mathrm{d}t}v_i(t) = \sum_{j=1}^{n} a_{ij}(v_j(t) - v_i(t)) \tag{10.2.1}$$

由式 (10.2.1) 可得如下集群运动方程：

$$\frac{\mathrm{d}}{\mathrm{d}t}V(t) = -LV(t) \tag{10.2.2}$$

其中，对角矩阵 $D = \mathrm{diag}(d_{ii})$ 的对角元素 $d_{ii} = \sum_{j=1}^{n} a_{ij}$；$L = D - A$ 为拉普拉斯 (Laplace) 矩阵，当所有节点组成的图连通时，所有节点的速度将趋于一致，整个集群自主协调速度与矩阵 L 的特征值相关：

$$v_i(t) = \frac{1}{n}\sum_{i=1}^{n} v_i(0), \quad t \to \infty \tag{10.2.3}$$

2) 无人集群的指挥控制

虽然无人集群能够依靠自身内部的群体智能、群体交互和协同控制实现自主运行，但在多种任务情景中，来自人类控制员的“外部”指挥控制是有益的甚至是必须的，控制员可以：① 识别和减轻群体自主性的缺陷；② 提供群体智能可用的“外部”信息，从而提高系统性能；③ 随着任务目标的变化向集群及时传达意图的变化。

通过控制集群中少数个体，称为引导者，人类控制员可以间接引导整个集群按既定方式运动。设 k 是指挥控制站对引导者的运动施加的控制量，对角矩阵 $H = \mathrm{diag}(h_{ii})$ 对应引导者：

$$h_{ii} = \begin{cases} 1, & \text{节点 } i \text{ 是引导者} \\ 0, & \text{节点 } i \text{ 不是引导者} \end{cases}$$

集群中受控引导者与其余跟随者的运动方程为

$$\frac{\mathrm{d}}{\mathrm{d}t}V(t) = (-L + kH)V(t) \tag{10.2.4}$$

其中，$-L+kH$ 为增广 Laplace 矩阵，通过在适当的时刻提供适当的控制 k，该系统依然会趋于运动的一致性，即通过对少数引导者的干预，达到了间接控制整个集群的目的。

2. 无人集群的特点及其关键技术

无人集群系统是个复杂的信息–物理系统。从系统组成看，包含无人作战平台(无人机、无人车、无人艇、无人潜航器等)、机载载荷/通信端机/集群控制器、机载软件、集群指挥控制系统等。一般而言，集群以局部信息交互为特性，通过相邻个体间的交互，实现群体性行为，达到全局性协同目标。故而，集群不仅仅是数量规模大，更关键的是群体之间通过分工合作形成合力，即 $1+1+1+\cdots > N$ 的能力。

1) 无人集群的特点

与鱼群、蚁群、蜂群等典型生物群体相似，无人集群系统通常具有三个特点：

(1) 去中心化：没有一个个体处于中心主导地位。任何一个个体消失或丧失功能，整个群体依然有序地执行任务。个体可以同构或者异构，通常地位平等；在某些决策、规划或者控制等任务中，可以有临时中心，但不影响整体功能的分布性。当存在外部指挥控制时，少数受控引导者成为事实上的中心节点，但由于它们数量很少且"混迹"于大量跟随者之中，难于被发现和跟踪，因此集群仍然具有很强的抵御定点式攻击的能力。

(2) 自主化：个体的行为无人为操控，所有个体只观察/利用临近个体信息，自主决定自己行为，但并不对任何其他个体产生主观影响。通常，指挥控制站只下达上层的指令性任务，感知、决策、规划、运动等行为主要依靠无人平台在线完成。

(3) 自治化：独立执行任务的个体有共同的目标，即"散而不乱"，无人集群系统能够形成合力，共同完成指定的任务。进一步，一旦有任何一个个体脱离群体，集群会重新组织，不会影响核心任务的完成。

相比于传统的多无人系统协同，无人集群的内涵在"数、价、质、变"四个方面均有不同。"数"是指两者数量规模不在一个量级，集群规模通常几十上百架，甚至数千架无人机。"价"是指两者平台造价不在一个水平，组成集群的单无人机平台通常价格低廉、体积较小，功能相对单一，可大量装备。使用时即使有损失，也不会过于惨重。"质"是指两者技术水平差距大，两者在智能传感、环境感知、分析判断、网络通信、自主决策等方面均不在一个层次。集群中的无人机在任务上相互关联，能够实现较高水平的合作，表现出很强的涌现性。"变"是指两者适变和应变能力差距大，无人集群可针对威胁等突发状况进行复杂协作、动态调整以及自愈组合。比如，由于具有自适应性与合作性等特点，无人机集群在执行任务时，可以容忍部分无人机由于燃油耗尽或突发故障等脱离集群，也可以自动适应新无人机因任务变化等加入集群。

2) 无人集群关键技术

无人集群系统是由大量物理独立、功能紧密耦合的无人作战系统组成的复杂系统，其功能发挥涉及 OODA (观察–判断–决策–行动) 循环的全任务回路。以协同遂行 OODA 任务回路为背景，无人集群系统的关键技术包括：协同体系架构、协同感知认知、协同决策与规划、集群运动和避障控制、通信与组网等。

A. 协同体系架构

无人集群协同体系架构旨在解决集群系统中无人机平台、载荷、指挥控制站等硬件模块之间，以及环境感知、规划决策、飞行控制等软件模块之间的组织体系和连通关系问题，以及支持跨平台、跨指挥体系的互操作，促使各子系统、各模块高效集成。无人集群协同体系架构涉及任务控制方式、通信组网、互联互通等多方面内容。不同于单体体系架构，集群协同体系架构在考虑单体内部结构的基础上，必须综合考虑单体间的组织方式、信息交互模式和互操作等集群间的基础性问题；不仅需要解决系统控制体系问题，而且需要实现扩展性、兼容性、开放性，并同时满足跨平台、跨指挥体系的发展需求。

B. 协同感知认知

协同感知与认知是提高无人系统集群生存力和提升战场感知与认知水平的关键。主要涉及集群系统中各载荷信息的协同获取、处理和融合，并形成全局一致性态势，包括载荷在线协同处理、分布式目标搜索跟踪和一致性态势认知等。无人集群系统采用分布式感知/通信和邻域协作方式执行任务，但是各机的局部信息往往不一致，如何在异质海量感知信息中实现深度的协同信息挖掘和一致性的态势认知，仍然是一个挑战性的问题。

C. 协同决策与规划

无人集群自主决策与规划技术是实现无人机集群目标分配、任务调度、时序协调、航路规划、冲突消解等功能的关键环节，内涵是"在线实时为集群内每一架无人机分配合适的目标和任务，并生成从起始位置到目标位置的飞行航路，并要求集群航路的路径总代价最低，能够实现集群内无人机相互避碰，且避免与环境碰撞"。寻求复杂环境中高效率和可扩展性的规划与决策算法成为集群领域的热点问题。为适应瞬息万变的复杂动态环境，如何实现兼顾优化性和快速性的动态决策和任务/航迹重规划，仍是一个具有挑战性的问题。

D. 集群运动和避障控制

集群自主运动和避障控制是无人集群系统协同执行任务的基础，也是在复杂环境中遂行协同突防、分布探测和分布打击等任务的基本单元。它是指设计分布式控制律使无人集群保持特定三维结构的姿态和位置稳定运动，达到时间和空间的同步，并能自动根据外部环境和任务动态调整队形，并且避开集群内部和外部障碍。环境中不可避免地存在时断时续、干扰抑制、拓扑时变等非理想机间通信，以及不完整的机间测量与信息交互等，使得无人集群系统编队控制非常具有挑战性。

E. 通信与组网

通信与组网是无人集群系统协同的基础之一。无人集群系统通信一般考虑无人平台和指挥控制站之间，以及无人集群系统之间的通信，即一对多的指控通信和机间自组网通信。

指控通信是指集群地面站和空中各个无人机之间的通信。无人集群系统的地面控制站，通常配备有通信设备，采用单点对多点或广播方式，向无人系统发送控制命令和接收遥测数据。自组网通信是指无人集群系统之间的通信，主要用于无人系统之间的状态和载荷信息交互，其中机间通信是无人系统协同的物质基础。

在硬件设备的基础上，自组网和指控通信还需重点考虑：面向动态适应无线通信条件变化和不同任务阶段信息需求，解决"什么阶段、需要什么信息、如何调度信息分发序列、怎样有效即时传递信息、如何确保信息同步"等关键问题。

10.3　典型无人作战系统

本节主要根据应用空间的不同，对十余种典型无人作战系统进行简略介绍。

10.3.1　空中无人作战系统

1. "捕食者"系列察打一体无人机

美国"捕食者"(Predator) 系列无人机是世界上装备数量和累计飞行时数最多的中空、长航时察打一体化无人机。MQ-1"捕食者"无人机，属于 1994 年开发的先进概念技术演示项目之一，1997 年转为空军项目。自 1995 年起，"捕食者"先后在伊拉克、波斯尼亚、科索沃和阿富汗上空多次执行监视任务。2001 年，美国空军成功验证了从"捕食者"上发射"海尔法"反坦克导弹的能力，并因此将其编号由 RQ-1 改为 MQ-1 (图 10.3.1(a))，表明该型无人机能够承担侦察监视、目标指示、对地攻击等多种任务。2002 年，美国开始组建第一个 MQ-1"捕食者"无人机中队。

2007 年，美空军 MQ-9"死神"(Reaper) 无人机（"捕食者"B，图 10.3.1(b)）正式服役。2018 年 3 月，美空军 MQ-1"捕食者"无人机进行最后一次告别飞行，并宣布这种无人机将全部退役。之后，"捕食者"的任务交由"死神"无人机来执行。"复仇者"(Avenger) 无人机（"捕食者"C），在"捕食者"B 基础上，针对在更高空飞行的需要修改了机翼外形，并通过机身修形改善了隐身性能，于 2009 年 4 月完成首飞。2012 年在阿富汗展开试验。"复仇者"无人机通过先进机载数据链路，可实现机间自主组网，与有人机协同对地攻击。2020 年 12 月，DARPA

利用"拒止环境中协同作战"(CODE) 软件程序,控制了通用原子公司的"复仇者"无人机 (图 10.3.2),进行了长达两个多小时自主飞行。

(a) MQ-1

(b) MQ-9

图 10.3.1 "捕食者"系列无人机

图 10.3.2 "复仇者"无人机

"捕食者"系列无人机的性能指标如表 10.3.1 所示。

表 10.3.1 "捕食者"系列无人机性能指标

	"捕食者" A	"捕食者" B("死神")	"捕食者" C("复仇者")
翼展/m	14.63	19.52	20
最大起飞质量/kg	1043	4763	5220
有效载荷/kg	204	1362	1362
升限/m	7620	13725	18288
续航时间/h	40	24-34	20
最大/巡航速度/(km/h)	220/135	444/240	740/400
发动机	84.5kW Rotax914F 型涡轮增压发动机	559kW TPE-331-10T 涡桨发动机	PW545B 发动机

2. "全球鹰"高空长航时无人侦察机

RQ-4 "全球鹰" (图 10.3.3) 是诺斯诺普·格鲁曼 (Northrop Grumman) 公司为美国空军研制的一种高空、长航时无人机，每天可覆盖超过 40000n mile^2 区域。RQ-4 包括 RQ-4A 和 RQ-4B 两种型号，另外还有 RQ-4N 海军型和出口德国的"欧洲鹰"。"全球鹰"于 1998 年 2 月完成首飞，2001 年 3 月进入工程制造阶段，其装备的侦察传感器可以日夜全天候使用。表 10.3.2 是"全球鹰"的主要技术参数。

图 10.3.3   "全球鹰"无人机及其任务控制站

表 10.3.2   RQ-4 相关技术参数

	RQ-4A	RQ-4B		RQ-4A	RQ-4B
长度	44.4ft	47.6ft	翼展	116.2ft	130.9ft
自重	26750lb	32250lb	负载能力	1950lb	3000lb
燃油容量	14700lb	16320lb	燃油类型	JP-8	JP-8
发动机	Rolls Royce AE-3007H	Rolls Royce AE-3007H	推力	7600lb	7600lb
			频率	UHF	UHF
数据链	LOS	LOS			
	LOS	LOS	X 波段 CDL	X 波段 CDL
	BLOS	BLOS	Ku 波段	Ku 波段
性能参数					
续航时间	32h	28h	最大/巡航速度	350/340kn	340/310kn
实用升限	65000ft	65000ft	作战半径	5400n mile	5400n mile
起飞方式	滑跑	滑跑	降落方式	滑跑	滑跑
传感器	EO/IR SAR/MTI	EO/IR SAR/MTI	制造商	诺斯罗普·格鲁曼公司 雷神公司	诺斯罗普·格鲁曼公司 雷神公司

注：1ft=3.048×10^{-1}m, 1lb=0.453592kg。

"全球鹰"的任务载荷是一套集成的传感器组件，主要用于为战地指挥官提供高分辨率、近实时的图像 (图 10.3.4)，以便了解战场态势，进行战术决策。该综

合传感器系统由雷神公司提供，包括位于机头下方的组合式光电/红外 (EO/IR)
传感器，以及位于后方的 I/J 波段合成孔径雷达。光电/红外传感器安装在一个机
械扫描装置上，使其在广域搜索模式下视角可达 30°，对航路两侧 18~28km 内的
目标进行搜索。合成孔径雷达由休斯公司提供，可以全天时、全天候提供地面静
止和运动目标的位置、移动速度和方位等信息，进行大范围的态势判定，即威胁
评估、定位和轰炸毁伤评估。该雷达的探测距离为 20~200km，分辨率最高可达
0.3m。任务载荷系统获得的数据通过卫星通信或微波中继通信以 50Mb/s 的速度
实时传送到地面站。

图 10.3.4　"全球鹰"的观点侦察系统获取的清晰图像

"全球鹰"的机载通信系统由 L-3 通信公司开发,包括五条通信数据链路:UHF
视距通信数据链、UHF 卫星数据通信链、Ku 波段卫星通信数据链、CDL 和国际
海事卫星通信数据链。

"全球鹰"机载防御辅助系统包括雷神公司的 AN/ALR-89 雷达告警接收机、
AN/ALE-50 拖曳雷达诱饵，以及诺斯罗普·格鲁门公司的 LR-100 告警与监视系
统，用于探测敌方导弹威胁，自动进行防御机动。

由地面控制站和通信数据链组成的指挥控制系统，是"全球鹰"的作战指挥
中心。无人机和地面控制站通过数据链交互的主要数据包括：

(1) 对无人机及其机载设备的远程控制指令；

(2) 无人机及其设备的状态监视数据；

(3) 战场态势感知数据。

"全球鹰"的地面控制站由雷神公司研制，其主要包括四个部分：发射回收单
元、任务控制单元、地面通信设备和保障支持设备。支持"全球鹰"30 天飞行作
战部署所需的全套人员、设备可以用两架 C-17 运输机完成运输。

3. X-47B

该项目起始于波音公司为美国空军研制的 X-45A 无人攻击机项目和诺斯罗普·格鲁曼公司为美国海军研制的 X-47A 项目。2004 年两个项目合并，2007 年该项目重命名为联合空战–航母演示，由海军委托诺斯罗普·格鲁曼公司实施。该项目主要演示无人飞机的航母起降技术，不包括任何武器载荷的研制，2008 年 12 月 16 日，诺斯罗普·格鲁曼公司展示了该计划的海军首架新型无人作战飞机 X47-B (图 10.3.5)，2011 年首飞成功，2012 年移至航空母舰上进行一系列的海试和起降飞行试验，并实现了空中加油，2013 年初进行了航母触舰复飞试验。X-47B 相关技术参数，见表 10.3.3。

图 10.3.5　X-47B 攻击无人机

表 10.3.3　X-47B 相关技术参数

X-47B			
长度	38ft	翼展	62ft
自重	46000lb	负载能力	4500lb
燃油容量	17000lb	燃油类型	JP-8
发动机	F100-PW-220U	推力	7600lb
数据链	Ling16	频率	Ku、Ka 波段
性能参数			
续航时间	9h	最大速度	0.45Mach(550km/h)kn
实用升限	40000ft	作战半径	1600n mile
起飞方式	滑跑	降落方式	滑跑

4. "大乌鸦"无人机

"大乌鸦"无人机 (图 10.3.6) 是美国加利福尼亚州的航宇环境公司研制生产的，在美军中的编号为 RQ-11B，用于取代原来的"沙漠鹰"无人机系统，供排级作战单位使用。该无人机重 2.72kg，翼展 1.39m，机体由凯芙拉 (kevlar) 材料制造，使用电池驱动，可携带红外摄像机和数据链设备，留空时间为 90min，实用升限 30 ~ 152m，作战半径 10km，巡航速度 56km/h。每套设备包括 1 个地面控制中心和 3 架无人机。"大乌鸦"型无人机静音性能好，在 91.44m 高度以上飞行几乎听不到电动机的声音；体积小，因此不易受到敌方火炮的攻击，分解后可以放入背包内携带；传送信息时，接收信息的士兵也不易暴露。"大乌鸦"无人机在使用时，由士兵直接用手投掷起飞，可以从地面站进行遥控，也可以使用 GPS 航途基准点导航从而自动执行任务。操纵者只需按下按键，无人机便可以马上自动返航到出发点。

图 10.3.6 "大乌鸦"无人机

5. "翼龙"Ⅱ无人机

"翼龙"Ⅱ无人机 (英文：Wing Loong Ⅱ) (图 10.3.7)，是中国航空工业集团有限公司成都飞机设计研究所研制的一型中空、长航时、侦察/打击一体化多用途无人机，可以执行侦察、监视和对地打击任务，适合于军事任务、反恐维稳、边境巡逻和民事用途，该系统由"翼龙"Ⅱ无人机、地面站、任务载荷和地面保障系统组成。"翼龙"Ⅱ无人机采用常规气动布局，采用复合材料制造，装备涡轮螺旋桨发动机，"翼龙"Ⅱ无人机于 2012 年开始研制，2017 年 2 月 27 日首飞成功。该机已经批量出口，装备多国并用于实战。"翼龙"Ⅱ无人机相关技术参数见表 10.3.4。

图 10.3.7 "翼龙"Ⅱ无人机

表 10.3.4　　"翼龙" II 无人机相关技术参数

长度	11m	翼展	20.5m
最大起飞质量	4200kg	负载能力	480kg
发动机	涡桨-9A 涡轮螺旋桨发动机	功率	500kW
性能参数			
续航时间	32h	最大速度	370km/h
实用升限	9900m	巡航速度	150km/h
起飞方式	滑跑	降落方式	滑跑
武器	12 个挂架，AG-300/M、TL-2、BA-7 空地导弹、"天燕"-90 空空导弹		

10.3.2　水中无人作战系统

1. REMUS 系列无人潜航器

REMUS 系列无人潜航器 (图 10.3.8) 由 Kongsberg Maritime 的子公司 Hydroid 与美国海军研究办公室合作设计和开发，以支持美国海军在大洋和浅水区的任务。根据其性能用途的不同有 REMUS-100、REMUS-M3V、REMUS-600、REMUS-1000、REMUS-6000 等多种型号，是世界上使用最多的潜航器之一。以 REMUS-100 为例，它是一种典型的小型无人潜航器，直径 19cm，自重 37kg，最大潜深 100m，标准款装备有多普勒速度计、侧扫声呐、温度传感器和压力传感器，还可选择装备声学 modem、声学图像系统、水下摄像机、惯导、卫星定位、荧光计、照明灯、混浊度传感器等。其配套设备包括网关联系浮标，最多可允许

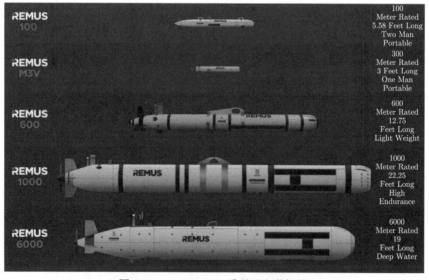

图 10.3.8　REMUS 系列无人潜航器

4 个 REMUS 进行多机器人合作。它可以用于执行水文调查，雷区搜索，海湾安全业务，环境监测，飞机残骸探查，搜索和海中救助，渔业业务，科学采样和标图等多种不同的任务。

总之，美国海军在无人潜航器方面的研究已经取得了突破性进展，部分装备已经投入使用，发展势头非常迅猛。其无人潜航器将向着高智能、大型化、系列化、多功能方向发展，无人潜航器协同作战使用将成为未来发展的热点。

2. 核动力无人潜航器 "波塞冬"

2018 年 5 月，俄罗斯宣布 "波塞冬" 核动力无人潜航器 (想象图如图 10.3.9 所示) 被列入 2027 年前的国家武装计划，它由北方机械制造厂建造，其核动力装置已通过测试。该航行器直径 1.6m，长度大于 25m，可携带大于 1.5t 的载荷，在 1000m 以下深水高速前行，最高航速可达 56kn，隐蔽航行超过 10000n mile。导航系统可自动导引其高速驶向目标，并在敌方附近水域完成各种任务。这种核动力无人潜航器将完全改变现有战略核武器的攻击模式。2019 年 1 月，俄罗斯国防工业部门消息称，俄罗斯海军计划部署 32 艘 "波塞冬" 无人潜航器执行作战任务。2 月，"波塞冬" 无人潜航器成功完成测试，进入工厂试验阶段。4 月，俄罗斯 09852 型 "别尔哥罗德" 号特种核潜艇下水，成为首艘搭载 "波塞冬" 无人潜航器的潜艇。该潜艇原本是 "安泰" 级多功能攻击核潜艇，后改装为无人潜航器运载平台，"波塞冬" 无人潜航器装备于潜艇底部。

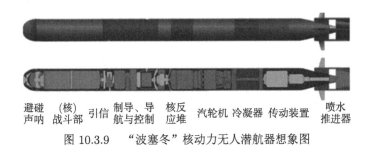

避碰声呐　(核)战斗部　引信　制导、导航与控制　核反应堆　汽轮机　冷凝器　传动装置　喷水推进器

图 10.3.9 　 "波塞冬" 核动力无人潜航器想象图

3. 美军濒海战斗舰配属的 CUSV

Textron Unmanned Systems 公司向美国海军提供了配套濒海战斗舰 (LSC) 的通用无人水面艇 (CUSV，图 10.3.10)。海军将 CUSV 确定为解决其在濒海战斗舰反水雷任务包中面临的猎雷挑战的三种可能解决方案之一，海军希望 CUSV 不仅作为濒海战斗舰的扫雷解决方案，而且作为码头的水雷对抗措施。该艇具备可拖曳四种不同有效载荷的能力：侧扫声呐，水雷排除设备，情报、监视和侦察传感器，以及非致命武器。据称，美国海军也正在尝试为 CUSV 装备反舰导弹。

图 10.3.10　美国海军配属濒海战斗舰的 CUSV

4. "海上猎人"无人猎潜艇

2016 年，俄勒冈钢铁厂为 DARPA 的"反潜战持续跟踪无人艇"(ASW Continuous Trail Unmanned Vessel，ACTUV) 项目建造了"海上猎人"无人猎潜艇 (图 10.3.11)，2018 年 1 月该船移交海军研究办公室。该船被认为是近年来最具实战价值，颇引世人关注的项目，目的是应对未来安静型柴电潜艇的威胁。

图 10.3.11　美军的"海上猎人"无人猎潜艇

"海上猎人"船身狭长，采用双螺杆三体船设计，一个主船体和两个较小的支腿船体，装有双螺旋桨，两台柴油发动机，满载排水量为 145t，长度为 40m，最高速度可达 27kn，续航力为 $60 \sim 90$d，以 12 kn 的速度可航行 10000n mile。该艇安装有三部雷达传感器，能够感知可能挡路的其他船只，以作出适当的反应，确保不与其他船只发生碰撞。该船能够在白天和晚上的所有天气和交通条件下运行，适用 5 级海况。在作战特性方面，"海上猎人"可以与 P-8 "波塞冬"或 MQ-4C 等反潜侦察机结合，对敌潜艇进行探测和攻击。为了寻找目标，"海上猎人"配备了 Raytheon Scalable (MS3) 声呐模块系统。该系统旨在发现、检测、过滤被动威胁、定位和跟踪目标，而无须人工控制。MS3 系统还可以对各种敌方潜艇进行准确分类。MS3 允许在主动和被动模式下进行反潜战 (ASW) 和水下作战，检测鱼雷并提供警告，避免与小物体碰撞。凭借这种潜艇猎手的特点，美国认为最先进的敌方潜艇将暴露无遗。除了声呐设备外，"海上猎人"还因其出色的隐身能力而受到赞赏，帮助它在浅海、海湾或珊瑚礁众多的地区有效作战，这些地方是柴电潜艇的理想庇护所。

目前，美国海军主要希望使用"海上猎人"或类似大小的无人船作为侦察兵和诱饵，配备传感器和电子战系统，作为服务称为"电磁机动战"概念的一部分。一组"海上猎人"与载人舰船相互联网并自主运行，可以覆盖更广泛的区域，寻找各种潜在威胁，包括敌方水面舰艇和潜艇、水雷或岸基防御。这将提供重要的态势感知，并为有人驾驶船舶提供额外的选择，以避免威胁或从最佳方向发动攻击。"海上猎人"的屏幕可能会使敌对潜艇更难以攻击高价值船只，例如航空母舰和两栖攻击舰。"海上猎人"也将充当诱饵，产生类似于大型舰船的电子信号，并呈现出大规模分布式攻击的外观，迷惑敌人或以其他方式迫使他们将兵力分散到广阔的区域。所有这些操作概念都得益于"海上猎人"的航程和续航能力，以及使其能够完全自主操作的计划。

10.3.3　地面无人作战系统

1. Themis 模块化通用无人车底盘

爱沙尼亚 Milrem Robotics 公司生产的 Themis 模块化通用无人车底盘 (图 10.3.12) 采用油电混合动力驱动，尺寸 240cm×200cm×115cm，自重 1200kg，最大承载 750kg，最大遥控距离 1.5km，最大车速 20km/h，地形适应能力强。该车搭载不同的任务载荷，可以执行多种作战任务。① 协助步兵运输战斗给养。步兵在战斗中携带补给和装备通常很困难。由于士兵的身体限制，额外装备和重型武器的重量往往会限制士兵在战斗中的承受能力。Themis 可以作为伴随运输车，跟随步兵行军，提高部队的机动能力。② 为机动部队提供直接火力支援，充当力量倍增器。Themis 凭借集成的自稳定遥控武器系统，可以在广阔的区域、白天和黑夜提供高精度，增加防区距离、部队保护和生存能力。该车可以配备轻型或重型机枪、40mm 榴弹发射器、30mm 自动加农炮和反坦克导弹系统。③ 多传感器情报收集。多传感器的主要目的是提高态势感知能力，并提供更广泛的情报、监视、侦察和战斗损害评估能力。该系统可以有效地加强下马步兵部队、边防部队和执法机构收集和处理原始信息的工作，减少指挥官的反应时间。④ Themis 也可用作简易爆炸装置检测和处置平台。

图 10.3.12　2018 年英国军队测试 Themis 无人车

2. "天王星"-9 无人战斗系统

"天王星"-9 无人战斗系统 (图 10.3.13) 是一个由战斗模块、指控模块、运输模块组成的系统，一套完整的系统包括四辆无人战车，一部移动指挥站和一辆用于运输战斗机器人的拖车。无人战车采用履带式底盘，配备六个小直径负重轮，一个惰型轮和一个驱动轮。车体长 5.12m，宽 2.53m，高 2.5m，整车重量约为 10t，战斗全重约 12t。其战斗模块搭载在轻量化、通用化底盘上。武器站系统采用模块化设计，可以视情调整更换成不同功能的武器装备，还配置有通信、观瞄和火控单元。"天王星"-9 无人战斗系统的指控模块，搭载在带有指挥方舱的装甲车辆上，包括一些指控台和战场态势显控系统。搭载指控模块的方舱，一般设置在距离无人战斗车辆较远的地方，需要人来操控。它作为"主脑"使用，用来与战斗机器人保持联系。"天王星"-9 借此可以拥有自主或手动两种运行模式，具备在预编程情况下的自动驾驶和情况处置能力。"天王星"-9 战斗模块配备包括激光、光电和热成像传感器在内的各类感知模块，具备目标自动识别和跟踪能力，可在昼 (夜) 间探测和追踪 6(3) km 范围内的目标，并以远程遥控或自主形式进行机动，最高公路 (越野) 机动时速为 35(25) km，战斗续航时间为 6h。该机器人搭载 1 座 2A72 型 30mm 机关炮、4 台 9M120-1 "攻击" 反坦克导弹发射装置、3 具 93mm "大黄蜂"-M 火箭筒和 1 挺卡拉什尼科夫 PKT/PKTM 机枪等。同时，该机器人还可根据任务需求搭载 9K38 "针" 地对空导弹、9K333 "柳树" 便携式防空导弹和 9M133M "短号"-M 反坦克导弹。可以说，该机器人能够对装甲目标、低空目标和作战人员造成致命打击。

图 10.3.13 "天王星"-9 无人战车

3. 模块化高级武装机器人系统 (MAARS)

MAARS 是 QinetiQ 公司大名鼎鼎的 SWORDS 机器人的后续产品，如图 10.3.14 所示，SWORDS 曾在伊拉克部署使用。MAARS 是一款功能强大、模块化且随时可战斗的无人地面车辆 (UGV)，专为侦察、监视和目标获取 (RSTA) 任务而设计，以提高前沿人员的安全性。MAARS 装备一挺 M24OB 机枪，四个 M2O3 榴弹发射管，最多可携带 400 发弹药，具有 360° 可视能力，双向通信，配备有红外热像仪和激光雷达，满载重量为 167kg，它可以使用轮子而不是履带来提高速度并降低噪声，可以在距操作员 1km 的距离内进行控制。MAARS 的底盘能够应对绝大多数地形，包括上下楼梯，最高时速为 12km，可持续工作 3 ～ 12h。MAARS 非常敏捷，且随时准备好作战，在有效执行安全任务的同时，能够使作战人员与敌人的火力保持安全距离。MAARS 可以将 RSTA 传感器远程部署到距离装置几千米的关键位置，提供早期预警，同时在需要时立即做出响应。MAARS 由配备轻便、可穿戴控制单元的操作员远程控制，具有多个机载昼夜摄像头、运动探测器、声学麦克风、敌对火灾探测系统和带警报器的扬声器系统，以提供最佳的态势感知和警报。先进的处理能力和易于使用的可穿戴控制系统使 MAARS 操作简单且功能强大。MAARS 甚至可以在交战规则 (ROE) 要求时提供多种武力升级选项，从非致命性激光眩目器和音频威慑物，到非致命性手榴弹，再到来自榴弹发射器的致命火力机枪。MAARS 也非常安全，因为它只有在收到操作员正确编码的指令后才能运行。

图 10.3.14　QinetiQ 公司的 MAARS 战斗机器人

4. 以色列的"捷豹"无人巡逻车

2008 年，以色列军方为了监视与加沙地带的边界 (约 60km)，在世界上首次实战部署了"守护者"无人巡逻车，用于在加沙边界、机场的敏感区域执行警戒巡逻任务，被以色列国防军军人称为"一组额外的眼睛"(an extra set of eyes)。

作为第二代无人巡逻车的"捷豹"则从 2021 年 6 月起承担加沙边界的日常巡逻任务，据称能减少用于保护隔离墙的一个营的兵力。"捷豹"采用六轮结构，重量仅为 1.5t，使用大量高分辨率摄像头，用于监视和避免在崎岖地形上行驶时被困，如图 10.3.15 所示。

"捷豹"的武器系统主要为 7.62mm FN MAG 或 5.56mm 内盖夫机枪，分别装有 400 或 500 发子弹，安装在一个稳定的 Pitbull 遥控武器站上，该系统由以色列通用机器人公司制造，它重约 200lb，可以在移动中精确射击。Pitbull 中集成的摄像头可以在白天探测到 1.2km 外的人，或者在晚上使用热瞄准镜探测到 800m 外的人。它还可以选择性地配备传感器，以精确定位来犯轻武器和反坦克火力的来源，但以色列国防军尚未透露其部署这些能力的程度。据报道"捷豹"还配备了自毁装置，因此一旦落入敌对势力手中，他们将无法获得任何敏感部件。

图 10.3.15 正在执行任务的"捷豹"无人巡逻车

以色列国防军在一份声明中说，通过使用机器人代替士兵，它"降低了对人类生命的风险"，并补充说，"'捷豹'是加沙地带北部地区"智能和致命"边界项目中最具创新性的地面机器人之一"

10.4 典型作战运用与案例

无人作战系统已经并且将对军事作战方式产生深远的乃至革命性的影响。国外军事专家认为，无人作战飞机的加盟将有可能改变未来空中作战的力量结构、组织编成、条例条令、作战原则、战术思想、作战方式以及国防采办等各个方面；无人潜航器的使用可能改变未来水下作战的样式；而无人战车可能改变未来陆战的性质，甚至有人设想，未来地面战中的突击部队将可能是一支遥控的无人战车和机器人的部队，跟随其后的才是由战斗人员组成的部队。

随着无人作战系统的逐步发展和应用，将在一定程度上改变作战的模式，各种无人作战系统的作战用途主要有：

(1) 空中无人作战系统可执行多种军事任务，包括战场侦察、信号情报侦察、战损评估、军事测绘、引导定位、电子对抗、军事通信中继、空中作战、空中对地攻击等。

(2) 水中无人作战系统可用于侦察、监视与跟踪、警戒和诱骗、探雷和猎雷、中继通信、水下攻击、反潜作战、海底救援打捞、管道、电缆铺设和检查等军事应用。

(3) 地面无人作战系统主要用途是排除爆炸物和路障、近距离战场侦察探测、近距离电子干扰、战场攻击和防御、战场伤亡人员救护、战场后勤支援、目标指示与跟踪、进入核辐射及化学污染区域行动等军事任务。

图 10.4.1 是美国国防部《无人作战系统路线图》(2007 版)，它是美国国防部对各种无人作战系统应用需求及其发展的系统总结。

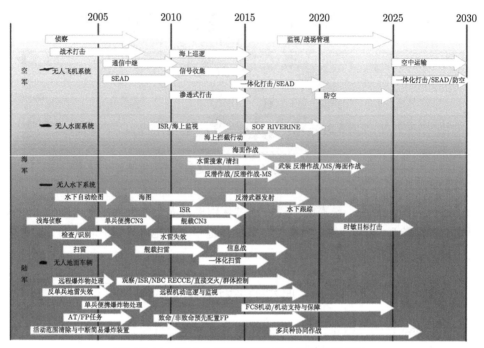

图 10.4.1　无人作战系统应用需求及其发展规划

10.4.1　电子侦察的得力干将

20 世纪 80 年代初,以色列空军便部署了两种一次性使用的诱饵无人机——"参孙"和"黛利拉"(图 10.4.2)。这两种无人机主要用于在敌方雷达面前模拟攻击机群,诱使敌方导弹制导雷达开机,以便己方加以干扰和摧毁。在战前以军制定了代号为"昆虫 19"的详细作战计划,决定采取突然袭击,先发制人策略。先用大量无人机假扮成战机,欺骗贝卡谷地防空导弹雷达开机并引诱其发射导弹,进而获取防空系统数据、定位等信息转发给预警机,然后再派战机将其一举捣毁。1986年 6 月 9 日下午,以色列陆军开始对贝卡谷地叙利亚防空阵地进行炮击,同时由"参孙"、"黛利拉"、"侦察兵"等组成的无人机群向贝卡谷地飞去。当大量以色列无人机临近贝卡谷地时,负责战备值班任务的叙利亚防空部队,误以为以色列战机群来袭,迅速把"萨姆"防空导弹雷达全部开机,导弹对空火力全开,向以色列"战机"进行射击,有些"萨姆"防空系统甚至直接打光了导弹。这些无人机在成功诱导叙利亚防空导弹开机后,已经把所有数据、定位全部截获,并成功传送给了地面指挥中心和在地中海上空警戒的预警机群,尔后空中预警机迅速把数据传送给在空中负责作战的战机。随后 26 架以军 F-4E/G "鬼怪"战斗机立即发射 AGM-45 "百舌鸟"反辐射导弹对叙军火控雷达与"萨姆"防空导弹发起攻击。短短 6min 内以色列摧毁了该地叙军部署的 26 个防空据点,贝卡谷地防空体系陷入瘫痪。这些在苏联帮助下叙利亚耗时十几年，花费二十亿美元建立的防空体系，顷刻间化为乌有，而这仅仅只是空战的开始。同时这也是无人机参与综合作战最成功、取得效果最显著的一次空袭行动。

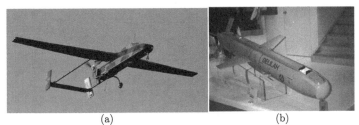

(a)   (b)

图 10.4.2   以色列"参孙"(a) 和"黛利拉"无人机 (b)

10.4.2 察打一体化的无人作战

2001 年的阿富汗战争中，美军使用"全球鹰"、"捕食者"等无人机，共执行任务 1300 多架次，被阿富汗战争美军指挥官托米·弗兰克斯将军誉为"我的头号侦察员"。美空军还首次使用 MQ-1 型"捕食者"无人机执行侦察和攻击任务。2001 年 11 月 14 日，"捕食者"无人机侦察到本·拉登"基地"组织二号人物阿提夫的行踪，接到攻击命令后，在后方基地操控下，与 F-15E 战斗机实施联合攻击，"捕食者"无人机使用"海尔法"导弹准确袭击目标，击毙了阿提夫等在内的多名基地组织成员。"捕食者"取得的辉煌战绩，验证了无人机攻击作战的可行性。这也是世界上第一架用于实战的攻击型无人机，开创了无人机用于攻击作战的先河。

2006 年至 2009 年 4 月期间，美中央情报局运用"捕食者"无人机在巴基斯坦境内对"基地"组织领导人发动了 48 次袭击，至少杀死 9 名高级领导人。2010年 1 月 14 日，美军"捕食者"无人机对北瓦济里斯坦地区发动袭击，美巴官员称炸死了巴基斯坦塔利班领导人哈基穆拉·马哈苏德。马哈苏德于 2009 年 8 月上任，而他的前任贝图拉·马哈苏德也是死于无人机袭击。

以美军 MQ-9"死神"察打一体化无人机为代表的中空"猎手"具备更长的有效作战时间，因此非常适用于对时间敏感目标的侦察、监控和打击。2020 年，美军 MQ-9 无人机发射 4 枚导弹杀死伊朗圣城旅指挥官苏莱曼尼。过去 20 年里，苏莱曼尼逃过了西方国家、以色列和阿拉伯国家的多次暗杀企图。2020 年 1 月 3日，时任美国总统特朗普以"苏莱曼尼正'积极策划'对中东地区美方人员和设施发动袭击"为借口，突然下达了对苏莱曼尼的斩首令。执行任务的是绰号"死神"的 MQ-9 型无人机，造价约 6400 万美元，携带 4 枚激光制导"地狱火"导弹。伊朗官方媒体称，10 人遇袭身亡，其中包括四名伊朗军方高级将领。MQ 系列无人机是美军从 20 世纪末开始研制的新型作战无人机。MQ-9 无人机是 MQ-1

"捕食者"的加强版 (图 10.4.3)，2007 年开始服役，此后这款战斗力强大的无人机在阿富汗、伊拉克、也门等地执行了数以千计的定点清除任务。

图 10.4.3　　MQ-9 无人机发射"地狱火"导弹

10.4.3　初试身手的战斗机器人

俄罗斯军方近年来在军用机器人领域急起直追，开发了一些军用机器人并将其投入实战，并取得了一些战果。2015 年 12 月，在叙利亚的第五大城市拉塔基亚郊外的制高点 754 高地的争夺战中，俄军就投入了一个机器人战斗群，掩护叙军地面部队进攻"伊斯兰国"武装分子据守的阵地。由于此处地形复杂，坡度大，坦克和装甲车辆运用不方便，且极端组织在此构筑了许多暗堡和隐蔽火力点，相互间形成掎角之势，并有 200 多名装备精良的武装分子驻守，叙政府军曾多次攻击，但都未能得手且伤亡很大。俄军投入的机器人战斗群共有 6 部"平台-M"履带式无人作战车 (图 10.4.4)、4 部"暗语"轮式无人作战车 (图 10.4.5)、1 个支援的自行火炮连、数架无人机和一套"仙女座-D"指控系统，这些战斗机器人投入战斗后，迅速展开战斗队形，使用携带的反坦克导弹对武装分子据守的暗堡和火力点逐个"点名"，再用遥控机枪将逃出的武装分子一一击毙，由于它们体积小且行动灵活，武装分子的机枪、火箭筒等很难命中，在战斗中发挥了较大作用。这些机器人让武装分子上天无路入地无门，既打不过也没法躲，仅 20min 武装分子就全面崩溃，有 70 多人被消灭，而叙军仅 4 人受伤。这次战斗成为说明俄军军用机器人威力的最好例子。

2018 年 9 月，俄罗斯媒体开始陆续披露俄新型军用机器人在叙利亚作战中暴露的问题，这些问题包括发现目标的距离远低于设计指标 6km，仅能达到 2km；主要武器不能在行进间射击，而且多次发生故障。在巷战中，尤其是在高层建筑的复杂环境中，操控距离降低到只有可怜的 300m，远低于预期的 3km。当然相比以上的缺点，俄军用机器人最致命的弱点是，这些机器人需要依靠操控者的遥控进行作战，实际上并不具备自主作战的功能。

图 10.4.4 "平台-M"无人作战车   图 10.4.5 "暗语"无人作战车

10.4.4 有人–无人协同正在成为现实

2015 年，美国空军研究实验室 (AFRL) 正式启动了"忠诚僚机"的概念研究，发布了需求公告。该公告要求应开发自主技术，有效增强美空军未来在对抗和拒止环境下的作战行动和能力，此外应能够将有人驾驶战斗机与具备自主作战能力的无人机实现有效集成，完成协同作战，提高作战效能。该公告还指出无人机应尽可能携带更多数量的武器，充当 F-35 的弹药库，能够对空中和地面目标实施打击。

2019 年 3 月 5 日，美军 XQ-58A "女武神" (图 10.4.6) 无人机在亚利桑那州尤马试验场完成首次飞行。作为一款远程高亚声速战斗无人机，"女武神"身材"娇小"，长 8.8m，翼展 6.7m，比战斗机小了一圈。有人战斗机/无人机协同执行任务时，由"女武神"深入防区打击目标，战斗机在火力打击范围外担负作战控制、电子压制与空中掩护等任务，战斗机的安全就能得到一定保证。如果一击未中，还可由另一位"女武神"完成"补刀"。除担负侦察和打击任务，"女武神"还有望扮演更多角色。近年来，随着技术的不断进步，无人机在空中加油、通信中继、运输等领域大展拳脚，"女武神"及其后续的升级改进款很有可能博采众长，形成更加多元、立体的"忠诚僚机"队伍。

图 10.4.6 XQ-58A "女武神"

美国陆军 2017 夏天开始启动机器人"僚车"计划。作为该计划的第一步，美军提出"艾布拉姆斯战力增强"计划，2017 年 8 月，在本宁堡陆军基地的测试中，对现役主战坦克 M1A2 进行自动化改造并增加遥控装置，使得操作员可以在 M1A2 坦克内控制周围的两台地面无人战车和一架无人侦察机，地面无人作战平台上搭载有关电侦察系统和火力打击武器，直接由 M1A2 上的操作员进行操控。无人战车和无人侦察机都具有较强的自主控制能力，因此一位操作员就可以方便地控制这些无人作战系统，其使用将有效增强 M1A2 坦克的战场信息获取能力、防御范围和火力打击能力，完成更加复杂的作战任务。在"艾布拉姆斯战力增强"计划的基础上，美国陆军从 2018 年开始执行一个为期 6 年，分为三个阶段的"任务使能技术演示装置"(MET-D) 计划 (图 10.4.7)。该计划致力于以"布莱德利"(Bradley) 战车为移动的指挥控制站，集成轻、中、重三种不同功能的无人战车，来提高陆军作战分队的作战能力。这些演示推动了陆军在 2023 年开始使用半自主无人僚车，并将在 2035 年上线自主无人僚车。半自主僚车将使用现有的战车，赋予它们领航–跟随能力、路径点导航，以及障碍物检测和规避能力。自主僚车将是一个专门建造的平台，具有完全自主的导航能力和遥控武器。作为陆军战略的一部分，机器人僚车计划在 25 年左右的时间里，逐渐将更多的自主性、人工智能和无人系统编入陆军，使作战人员与无人系统之间的关系就像猎人和他的猎狗一样。

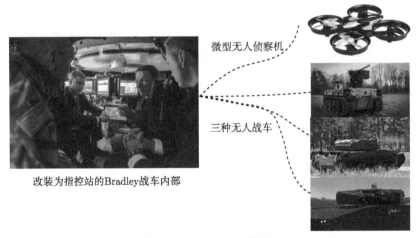

图 10.4.7　MET-D 计划

10.4.5　进攻型无人蜂群呼之欲出

美军当前缺乏管理无人蜂群并与之交互的技术，也缺乏快速形成并共享各种蜂群战术以适应不同城市环境的方法。为克服这些挑战，提高小规模部队在城市环境中的作战效力，DARPA 在 2015 年启动了"快速轻量自主"(Fast Light-weight Autonomy，FLA) 项目，2016 年启动了提升步兵态势感知、精准打击能力的"班组 X 实验"(Squad X) 项目，2017 年启动了"进攻性蜂群使能战术"(OFFensive Swarm-Enabled Tactics，OFFSET) 项目，如图 10.4.8 所示。美国意图通过多个典型城市作战应用项目的研究与实践，提升城市战中部队的防御、火力、精确打击效果及"情报、监视与侦察"(ISR) 能力。同时，从无人平台的自主智能、无人集群与士兵的协同、无人集群协同战术等多个不同侧面进行攻关，通过人工智能、自主技术、虚拟现实及增强现实技术等提升无人集群在城市作战中的综合作战能力。

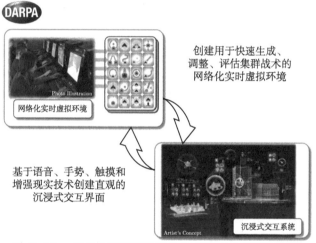

图 10.4.8　进攻性蜂群使能战术 (OFFSET) 项目概念图

　　OFFSET 项目起源于"第三次抵消战略"，美国国防部设想通过大量无人集群压制敌防空系统，基于美空军作战人员利用手势控制无人集群的作战想定，OFFSET 的总体目标是通过 250 个以上无人平台 (包括无人机、无人车等) 的相互协作，在大型建筑、狭窄空间和有限视野等通信、传感、机动性受限的城市环境条件下，6 小时内在 8 个街区执行任务，为城市作战的局部战斗提供关键作战能力。整个 OFFSET 研制周期 42 个月，包含 6 个一年两次的能力试验，其中项目第一阶段为期 18 个月，第二、第三阶段分别为期 12 个月，并每半年进行一次项目冲刺，每次冲刺结束后将开展虚拟和物理试验，对取得的成果进行专业测试和整合评估。主要聚焦以下 5 个领域：蜂群战术、蜂群自主性、人–蜂群编队、虚拟环境以及物理测试平台。

　　DARPA 开展"进攻性蜂群使能战术"项目，重点研究蜂群自主性和人–蜂群编队技术，以支撑和丰富蜂群能力发展基础要素——"蜂群战术"。"进攻性蜂群使能战术"项目一旦实现,将大幅提升地面部队在城市等复杂环境中作战的效率,不断推动蜂群作战概念的发展。未来,在城市作战应用中,无人集群可用于情报监视侦察、排雷防爆、通信中继、电子战、火力支援等领域。无人集群系统将不再是简单用于降低作战人员危险的辅助工具,而是将改变未来城市作战游戏规则的主要装备。

思　考　题

(1) 无人作战系统将给未来战争带来哪些变化?

(2) 相比有人系统,无人作战系统的优势有哪些?

(3) 未来战争中,无人作战系统有哪些具体用途?

(4) 近几场局部战争中,为什么空中无人作战系统大放光彩,而水中和地面无人作战系统较少使用?

(5) 结合我军和外军实际情况,说明如何运用无人作战系统。

(6) 如何利用无人作战系统的一些固有缺点来对抗无人作战系统?例如,如何反无人机?

(7) 如何开展无人作战系统的作战试验?

参 考 文 献

陈杰, 幸斌. 2018. 有人/无人系统自主协同的关键科学问题. 中国科学: 信息科学, 48: 1270-1274.

傅前哨, 郭振云. 2013. 全球空战机器人. 北京: 解放军出版社.

贾进锋, 张进秋. 2013. 全球陆战机器人. 北京: 解放军出版社.

刘锦涛, 何明, 罗玲, 等. 2022. 无人机集群牵制控制系统特征值分析. 系统工程与电子技术, 44(2): 612-618.

吕震华, 高亢. 2020. 美国无人集群城市作战应用发展综述. 中国电子科学研究院学报, 15(8): 738-745.

沈林成, 徐昕, 朱华勇, 等. 2011. 移动机器人自主控制理论与技术. 北京: 科学出版社.

王进国. 2020. 无人机系统作战运用. 北京: 航空工业出版社.

魏瑞轩, 李学仁. 2009. 无人机系统及作战使用. 北京: 国防工业出版社.

郗晓宁, 王威, 等. 2003. 近地航天器轨道基础. 长沙: 国防科技大学出版社.

赵先刚. 2021. 无人作战研究. 北京: 国防大学出版社.

曾庆华, 郭振云. 2011. 无人飞行控制技术与工程. 北京: 国防工业出版社.

Kolling A, Walker P, Chakraborty N, et al. 2016. Human interaction with robot swarms: a survey. IEEE Trans. Human-Mach. Syst., 46: 9-26.

Roberts G N, Sutton R. 2009. 无人水下航行器进展. 任志良, 张刚, 译. 北京: 电子工业出版社.

Singer P W. 2009. Wired for War. New York : The Penguin Press.

Tsourdos A, White B, Shanmugavel M. 2009. 无人机协同路径规划. 祝小平, 周洲, 王怿, 译. 北京: 国防工业出版社.

第 11 章　指挥信息系统

指挥信息系统是以信息技术为基础，集战场感知、指挥决策、行动控制、信息保障等功能于一体，有效保障各级指挥机构对所属部队和武器实施科学高效指挥控制的军事信息系统。指挥信息系统是武器装备体系的重要组成部分，是诸军兵种联合作战指挥、夺取信息优势和决策优势的关键。

11.1　概　　述

现代作战行动中，武器装备系统的指挥与控制面临日益严重的困难和挑战，于是，指挥信息系统应运而生并经历了从简单到复杂的发展历程，本节在介绍指挥信息系统概念的基础上，还将介绍其功能与组成，分类及其特点。

11.1.1　指挥控制面临的挑战

现代武器装备系统所涉及的领域越来越广，武器装备在杀伤威力、射程、速度等性能方面突飞猛进，与此同时，武器装备涉及的技术和战术也越来越复杂，所有这些都使得包括武器装备使用在内的作战指挥控制变得日益复杂和困难。

武器装备系统的杀伤威力日益提高，但与之相对应的战争伤亡却并未随之增长，反而呈下降的趋势。究其原因，很大程度是由于部队的进一步疏散，而部队之间距离的拉大，也对作战指挥控制提出了更高的要求。

人类战争，本质上是一种群体性的社会活动，这种社会活动具有外部的对抗激烈性与内部的合作密切性的双重特性。因此，从战争诞生的那天起，作战指挥就一直伴随着以下两个必须解决的基本矛盾或问题。

矛盾之一，战斗行动的高度统一性与参与作战人员或群体数量众多之间的矛盾。

一致的作战目标要求参与作战各单元的战斗行动具有高度统一性，即"步调一致才能取得胜利"。但是参与作战的人员或群体数目众多、情况不同、特点各异，协调各单元之间的行动，使其相互配合、相互协同、步调一致具有很大的困难。

矛盾之二，作战空间的广阔性和多样性与参与作战单元个体能力局限性之间的矛盾。

现代战争的作战领域已经涉及陆、海、空、天、电等多维空间，但是对作战单元个体而言，无论其侦察探测能力、火力打击能力、信息支援能力等，相对于整个战场空间来说都还非常有限，从而必须借助一定的协作配合弥补这种差异。

总体来看，以上两个问题都可以归纳为"整体"和"局部"之间的矛盾。随着技术的发展，指挥控制面临的这两个基本矛盾越来越突出，然而科学技术，特别是信息技术的飞速发展也为解决这些矛盾和问题提供了手段和机遇。

11.1.2　指挥信息系统发展历程

在 2011 年 12 月颁布的《中国人民解放军军语》中，指挥信息系统的定义为：以计算机网络为核心，由指挥控制、情报、通信、信息对抗、综合保障等分系统组成，可对作战信息进行实时的获取、传输、处理，用于保障各级指挥机构对所属部队和武器实施科学高效指挥控制的军事信息系统。

在 2016 年版《中国军事百科全书》中，指挥信息系统被定义为以信息技术为基础，集预警探测、情报侦察、指挥决策、综合保障、行动控制等作战活动为一体，能有效支撑信息化条件下联合作战的网络信息体系。指挥信息系统是以提高诸军兵种联合作战能力为主要目标，按照统一的体系结构、技术体制和标准规范，构成一体化、网络化的大型军事信息系统，是由多个信息系统整合而成的复杂巨系统。

指挥信息系统是以信息为媒介，围绕信息的收集、传输、处理和利用的人机信息系统，是信息化战争最基本的物质基础，是信息化条件下联合作战的黏合剂、军队战斗力的倍增器和军队转型的催化剂，也是敌方攻击的首要目标之一。

现代指挥信息系统 (美军称为 C^4ISR 系统，俄罗斯称为自动化指挥系统) 的建设，首先是从防空作战指挥的需要开始的。早在第二次世界大战期间，为了抗击德国战机的空袭，英国建立了以雷达系统、"本土链"通信系统和作战分析为特征的防空指挥控制体系。第二次世界大战以后，美国空军于 1949 年成立了防空系统工程委员会，开始筹建美国本土的半自动防空系统——"赛其"(SAGE) 系统。几乎同时，苏联也积极研制和发展了类似系统。

经过 70 多年的发展，指挥信息系统经历了初创、分散建设和集成建设 3 个阶段，发展了三代指挥信息系统，目前已进入一体化建设阶段，各国都在积极构建"网络中心、面向服务"为主要技术特征的第四代指挥信息系统。

20 世纪 50 年代至 70 年代为初创阶段，第一代指挥信息系统基本在初创阶段发展建设的。以建成覆盖美国本土的半自动防空指挥信息系统——"赛其"(semi-automatic ground envioronment system, SAGE) 系统为标志，该系统部署在北美防空司令部，用于防空预警和作战指挥。从功能上看，第一代系统以承担单一任务为目的，功能相对单一，主要解决情报获取、传递、处理和指挥等环节自动化问题。第一代系统一般为单点系统，即以某一作战区域的指挥所这个点为中心，直接连接传感器和武器平台，不具备协同作战能力。第一代指挥信息系统结构如图 11.1.1 所示。

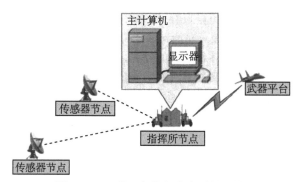

图 11.1.1　第一代指挥信息系统结构

20 世纪 70 年代后，冷战全面升级，同时伴随局部地区热战，战争需求推动指挥信息系统快速发展。20 世界 80 年代至 90 年代中期，指挥信息系统进入分散建设阶段，建成了一批第二代指挥信息系统。例如，美军建成全球军事指挥控制系统 (world wide military command and control system，WWMCCS)、陆军战术指挥控制系统、海军战术指挥系统和战术空军指挥系统等一批典型系统。由于局域网等技术的发展，指挥信息系统从单"点"向单"线"发展。第二代系统是面向军兵种特定任务的多功能系统，实现军兵种内部指挥、情报的互通，具备对区域内多兵种作战的指挥能力，实现系统纵向互联。例如，陆军战术指挥控制系统具备野战炮兵火力支援、航空火力支援、情报支援、战斗勤务支援等能力。第二代指挥信息系统结构如图 11.1.2 所示。

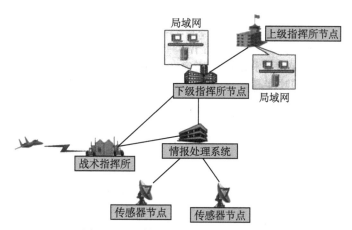

图 11.1.2　第二代指挥信息系统结构

海湾战争后，针对单线式"烟囱"系统暴露的跨军兵种信息不通、协同困难、无法支持联合作战等问题，指挥信息系统进入集成建设阶段 (20 世纪 90 年代中期至 21 世纪初)。结合多次联合作战的经验,在信息技术的飞速发展的推动下,美军的指挥信息系统建设思想产生了两个转变。一是大力采用计算机软件、广域网等新技术,特别重视大型复杂信息系统的顶层设计,保证各级各类 C⁴ISR 系统之间的互联、互通和互操作;二是大力发展战术 C⁴ISR 系统,并延伸到武器平台和单兵,以适应其军事使命的变化。以美军建成支持联合作战指挥的全球指挥控制系统 (global command and control system, GCCS) 为标志,第三代指挥信息系统通过联合共享库、数据库订阅/分发、信息推送等方式实现各军兵种系统间信息有限共享,结构呈现“面”的特征,具备一定程度的支持跨军兵种作战的能力。第三代指挥信息系统结构如图 11.1.3 所示。

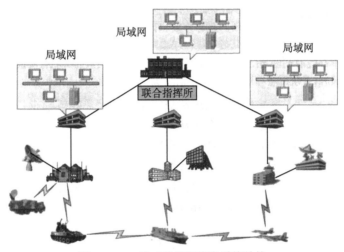

图 11.1.3　　第三代指挥信息系统结构

21 世纪初,美军提出以网络中心战为代表的新型作战概念。与此同时,飞速发展的互联网技术、栅格网技术以及面向服务的体系架构等,为指挥信息系统建设提供了新技术、新视角和新理念。在军事需求和技术发展的有力推动下,指挥信息系统建设进入一体化建设阶段,以美军全球信息栅格 (global information grid, GIG)、未来作战系统为代表的第四代指挥信息系统应运而生。第四代指挥信息系统以信息基础设施为基础,采用面向服务的软件架构,实现扁平化组网结构,具备“即插即用、柔性重组、按需服务”等能力,第四代指挥信息系统结构如图 11.1.4所示。第四代系统可根据作战任务、战场环境、战场态势,快速、灵活地进行扩充、裁剪、重组,以适应各种变化,支持联合作战和跨域作战。目前各国正在积极推进第四代指挥信息系统的建设。为适应新一轮科技革命和军事革命,着眼打赢具备智能化特征的信息化局部战争,我军正努力解决制约我军联合作战体系建设和运用的难点问题,积极推动网络信息体系的高质量发展。

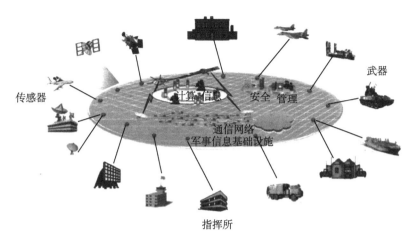

图 11.1.4 第四代指挥信息系统结构

11.1.3 指挥信息系统功能与组成

指挥信息系统的目的是支持指挥人员完成作战全过程的指挥控制，因此从指挥信息流程和指控业务应用的角度，指挥信息系统应该具备战场感知、信息传输、指挥控制和系统对抗等几项基本功能。

(1) 战场感知功能。借助各种信息获取设备或手段，指挥信息系统使参战部队和支援保障部队能够实时掌握和正确理解战场空间内的敌、我、友各方兵力部署及动态、武器装备和战场环境等信息，使战场态势趋向透明。战场感知包括信息获取、信息集成和一致性战场空间理解三个要素。信息获取指及时、充分、准确地提供敌、我、友部队的状态、行动、计划和意图等信息；信息集成指动态地控制和集成各方面的信息资源；一致性战场空间理解指各级指挥机关与战术部队、支援部队的指战员对战场态势理解的一致性。

(2) 信息传输功能。综合利用各种信息传输设施和手段，指挥信息系统能够迅速、准确、保密、持续地在所有战斗力量 (机构、人员和设施) 之间传递各种情报、指挥和控制信息。

(3) 指挥控制功能。依据作战目的和战场情况的发展变化，指挥信息系统能够对情报进行加工处理，协助指挥人员分析判断情况、定下作战决心、制订最佳方案、下达作战命令，并跟踪部队反馈、评估作战效果，及时调整部署，通报情况，以及对参战诸军兵种部队的作战行动实施统一有效的掌握、督导与协调，维持作战行动在时间、空间和任务上的有序进行，达到实现整体协同和作战决心的目的。

(4) 系统对抗功能。在激烈的对抗环境和状态中，指挥信息系统必须能够在战场感知、信息传输和指挥控制等各个环节都具备对抗能力，达到能保证己方指挥系统免受敌方干扰破坏，又能有效干扰破坏敌方指挥系统的目的。

指挥信息系统由指挥控制、情报侦察、预警探测、通信、电子对抗和其他作战信息保障功能分系统组成，其结构如图 11.1.5 所示。

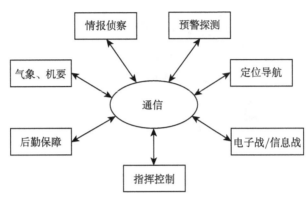

图 11.1.5　指挥信息系统结构

指挥控制系统也称指挥控制中心或指挥所系统。指挥控制系统是指挥信息系统的核心，整个系统中的情报分析处理、显示控制、辅助决策、作战指挥和部队管理在这里进行，指挥员通过它实施对部队 (包括单兵) 的指挥和对武器平台的控制。指挥控制系统从作战使用上可分为作战指挥要素和技术保障要素。

情报侦察系统通过立体配置的航天、航空、地面和海上的侦察资源，综合使用影像、无线电技术侦察及地面人力侦察等一切可能的侦察手段，全天时、全天候、全方位地搜集和查明有关地区和集团的军事、政治、外交、人文、经济和科技等领域的情报，军事力量 (部队和装备) 在海、陆、空、天、电磁等方面的分布与集结、布防、调动、武器平台类型和数量、装备性能等情报，以及地形、地貌、气象等资料，并及时传递到各级指挥机构，经分析、识别、综合处理后形成综合情报，为作战部队提供作战信息，为各级指挥员提供决策依据。

预警探测系统是指挥信息系统收集实时信息的主要手段，它通过位于不同平台的各种探测器，在尽可能远的警戒距离内，全天候监视目标，对目标精确定位，测定有关参数，并识别目标的性质，为国家决策当局和军事指挥系统提供尽可能多的预警时间，以便有效地对付敌方的突然袭击。预警探测系统一般分为战略预警系统和战区内战役战术预警系统，通常由天基预警卫星、空中预警机、陆基和海上预警系统组成多层次、全方位的预警探测系统。

通信系统利用各种通信设备和计算机网络，将指挥信息系统各部分连接为一个有机的整体，并迅速、准确、保密、不间断地传输话音、文字、数据、图形、图像等信息。一般可分为战略通信系统、战区通信系统和战术通信系统。战略通信系统供国家最高军事当局和军兵种、战区司令部传送作战信息，并实施对部队和武器的统一指挥和控制，一般由国家军事地面主干通信网、国家军事卫星通信网和国家军事最低限度应急通信网等组成，通常作为通用的国防信息基础设施的主要部分。战区通信系统支持战区司令部实施战役战术作战的组织指挥，能够有效地与各战斗部队的战术通信系统连接，对战术意图和战场态势进行实时的信息交换，一般由固定和机动的通信网组成，并形成战区一体化通信网。战术通信系统支持军以下各战斗部队实现信息的传递和交换，上连战区通信系统和战略通信系统，下连各战斗单元，一般由多种传输方式、宽频谱、综合业务的各种通信系统组成。

电子战/信息战系统通过各种侦察、进攻和防御系统与手段，降低、破坏敌方信息系统使用效能，摧毁敌方信息系统及其支持系统，剥夺敌方的信息使用权；同时保护己方的信息和信息系统的安全有效。电子战/信息战系统主要由电子对抗系统和网络攻防系统等组成。电子战/信息战系统是实现制"电磁权"、"信息权"的武器系统，融入指挥信息系统不仅扩展了指挥信息系统的功能，提高了系统整体效能，而且丰富了系统的内涵，使指挥信息系统变成综合信息系统。

定位导航系统主要利用双星、多星 (如 GPS 等) 定位和常规的导航系统，为武器、作战平台、作战支援保障平台和人员提供导航和定位服务。

后勤保障系统实际上是一种特殊的电子信息系统，是整个指挥信息系统的有机组成部分，能够快速、准确地实现军事物资、技术、医疗卫生和军事运输系统的管理与军事活动的任务，真正实现"聚焦后勤"。

气象、机要等信息保障系统是指挥信息系统不可缺少的一部分。

指挥信息系统的组成、功能与任务、系统的类型和等级密切相关。例如，战术级航空兵指挥信息系统的功能主要负责对所属航空兵部队实施指挥控制，对空中作战飞机实施指挥引导，其组成主要包括以下部分：

(1) 作战指挥分析系统，用于受领上级任务，显示与分析战场综合态势，下发作战命令，监控作战进程等；

(2) 航空兵引导分系统，接受航空兵作战任务，制定航空兵作战计划，实施指挥引导；

(3) 通信分系统，制定通信保障预案，确保各类信息及时准确传输；

(4) 技术保障分系统，用于系统配置、管理、推演以及文电处理等。

战役级区域综合防空指挥信息系统组成除了战术级航空兵指挥信息系统外，还包括以下部分：

(1) 预警探测分系统，用于对空中目标进行预警和探测；

(2) 情报综合处理分系统，用于形成综合防空情报；

(3) 防空导弹指挥控制分系统，用于指挥地空导弹火力单元；

(4) 高炮指挥控制分系统，用于指挥高射炮作战；

(5) 侦察情报处理分系统，用于处理下属侦察部队情报；

(6) 电抗情报处理分系统，用于处理电抗情报，形成电抗态势。

可以看出，相比于战术级航空兵指挥信息系统，战役级区域综合防空指挥信息系统的规模和要素有所增加，反映了从航空兵单兵种到航空兵、电子对抗和地面防空多兵种协同作战需求的变化。

11.1.4　指挥信息系统的分类

指挥信息系统根据军队作战任务、军队体制、作战编成和指挥关系自上而下逐级展开，左右相互贯通，构成一个有机整体。可按军兵种、指挥层次和军事业务对军队指挥信息系统进行分类，形成如图 11.1.6 所示的三维立体结构。

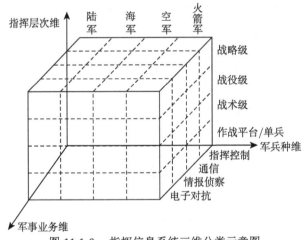

图 11.1.6　指挥信息系统三维分类示意图

按军兵种分类，指挥信息系统可分为陆军指挥信息系统、海军指挥信息系统、空军指挥信息系统、火箭军指挥信息系统等。陆军指挥信息系统，包括总部 (陆军) 部分，军 (战) 区 (陆军) 部分，陆军军、师 (旅)、团指挥信息系统。海军指挥信息系统，包括海军、海军舰队 (基地)、编队和舰艇四级指挥信息系统；按系统使用环境又可分为岸基指挥信息系统和舰载指挥信息系统。空军指挥信息系统，包括空军、军 (战) 区空军、空军军、空军师 (联队) 指挥信息系统；按使用环境又可分为空中指挥信息系统和地面指挥信息系统。火箭军指挥信息系统，包括兵种指挥信息系统、基地指挥信息系统和旅指挥信息系统等。

按指挥层次分类，指挥信息系统可分为战略指挥信息系统、战役指挥信息系统、战术指挥信息系统，以及作战平台或单兵指挥信息系统等。战略指挥信息系统是保障最高统帅部或各军种遂行战略指挥任务的指挥信息系统，它包括国家军事指挥中心、国防通信系统、战略情报系统等。其中，国家指挥中心是战略指挥信息系统中最重要的部分,一般下辖若干个军种指挥部。各军种指挥部是国家指挥中心的末端,是国家级战略指挥信息系统的重要组成部分。一般各军种指挥部可以直接遂行战略级指挥任务。战役指挥信息系统是保障遂行战役指挥任务的指挥信息系统。战役指挥信息系统主要对战区范围内的诸军种部队实施指挥或各军种对本军种部队实施指挥。战役指挥信息系统既可以遂行战役作战任务,又可以与战略级指挥信息系统配套。战术指挥信息系统是保障遂行战斗指挥任务的指挥信息系统,例如陆军师、旅 (团) 指挥信息系统,海军基地、舰艇支队、海上编队指挥信息系统,空军航空兵师指挥信息系统,地地导弹旅指挥信息系统等。战术指挥信息系统种类繁多,功能不一,其共同特点是机动性强,实时性要求高。作战平台指挥信息系统也称武器控制系统,它不仅能够控制坦克、飞机、舰艇战役战术武器,而且还能够控制像洲际导弹、战略轰炸机等单个的战略武器。单兵指挥信息系统又叫单兵数字化设备,是保障单个士兵遂行作战任务的信息系统。单兵指挥信息系统是数字化士兵的主要武器装备,它的出现将大大提高士兵的杀伤力、防护力、保障力和信息处理能力。

按军事业务分类,指挥信息系统可分为指挥控制系统、情报侦察系统、预警探测系统、通信系统、电子战系统、网络战系统、后勤 (联勤) 保障系统、政工系统等。

在未来体系对抗中,指挥信息系统按照任务和态势的变化,在现有各级各类指挥信息系统的基础上,根据任务的需要,打破军兵种、军事业务域和指挥层级的结构关系,灵活构建面向任务的指挥信息系统,支持联合作战和跨域作战。

11.1.5　指挥信息系统的特点

作为现代作战指挥的必备手段,指挥信息系统是军队战斗力的“倍增器”,是敌我双方对抗的重要领域,是国防威慑力量的重要组成部分,在军队信息化建设和信息化战争中的地位和作用日益突出。

相比一般信息系统,指挥信息系统具有许多独有的特点:

(1) 指挥信息系统是特殊的信息系统。指挥信息系统利用信息获取技术、信息编码技术、信息传递技术、信息处理技术和信息管理技术,通过卫星、雷达、红外、声呐等传感器全方位多层次收集信息,并将数据、话音、文字、图像、视频等各类型的信息变为数字编码,通过无线电台、光纤通信、卫星通信等通信手段及计算机网络,分发到指挥机关、武器系统、作战部队、保障部队甚至单兵,实现近实时的信息交换,共享战场信息资源,最终保证战场情报、通信、指挥、控制、作战、后勤保障等功能的实现。相对于一般民用信息系统,它在及时性、准确性、可靠性、安全抗毁性和自身防卫与对抗等方面有更高的要求。

(2) 指挥信息系统是人机系统。指挥信息系统是以人为主体,人和机器相互结合、相互作用的人机系统。在指挥信息系统中，人机关系表现为三个方面：人和机器共处于一个统一体中；人在系统中起主导作用；人要受到机器的制约，适应系统提出的要求。因此，客观地评价指挥信息系统中各种先进装备的效果，正确地认识指挥人员在指挥信息系统中的地位和作用，对于指挥信息系统的建设、运用和发展都具有重要意义。

(3) 指挥信息系统的分布性。指挥信息系统的各项组成部分在地理上是分散的，而在其内部及它们之间是互相协调的，并确保以最有效的方式，对共同的决策目标提供支持。指挥信息系统的分布式结构正向一体化方向发展，从太空、高空、中低空、超低空、地面、海面，直至地下、水下，形成网状结构，使得任何用户在它允许的权限范围内，可在任何时候访问并使用系统中的任何资源，而无须考虑这些资源在系统中存放的物理位置。当用户移动或改变自己的位置时，也能够随时就近入网。

(4) 指挥信息系统的实时性。建立战场信息优势和全频谱控制能力，需要以比敌人更快的速度和更高的质量，对战争空间所发生的关键事件更全面地了解、掌握和决策。因此，持续的信息获取、快捷的信息传输、较小的处理延迟、迅速的决策行动，是制胜的关键。

(5) 指挥信息系统的对抗性。现代信息化战争是系统对系统、体系对体系的对抗。特别是在信息作战的背景下，围绕作为军事信息基础设施的指挥信息系统的对抗将异常激烈，指挥信息系统将面临严重威胁，必将成为对方攻击和己方保护的首选目标。

11.2　指挥信息系统的基本原理

现代信息化作战，作战领域广阔、参战单元众多，借助广域分布、无缝衔接的指挥信息系统，不仅能够实现不同指挥层次间的实时信息互访，而且同一指挥层次内各指挥单元和友邻部队间也能方便地进行信息交流，能够克服由传感器探测范围、通信网络保障能力、目标识别和定位能力有限造成的信息交流困难，以及地形、天候等环境因素的制约，提高部队的战场感知能力和精确行动能力，为实施信息化条件下联合作战打下坚实的基础。

11.2.1　信息及熵不增原理

信息是指挥信息系统运行的基本媒介，信息内容、效用反映指挥信息系统的效能。

按照信息论的观点，信息熵描述事物及其存在方式的不确定性。信息熵是描述不确定性的经典概念，信息熵越大，不确定性越高，系统越无序。

我们关心的事物经常具有不确定性，例如明天的天气，具有阳光、多云或暴雨等可能，数学上我们可以视其为随机变量，设随机变量 X 及其概率分布为

$$\begin{pmatrix} x_1 & x_2 & \cdots & x_N \\ p_1 & p_2 & \cdots & p_N \end{pmatrix}$$

其中, $\sum_{i=1}^{N} p_i = 1$，按照信息熵的定义，信息熵 $H(X)$ 为

$$H(X) = -\sum_{i=1}^{N} p_i \log p_i$$

假设战场环境中敌方可能存在的目标数为 N。如果没有指挥信息系统中情报侦察功能的支持，指挥员对敌方目标所有可能存在数量的估计 (概率) 为 $1/N$。按照信息熵的概念，对敌方目标的不确定性最大，即信息熵最大，信息熵为 $H_0 = \log N$；如果指挥信息系统的情报侦察功能提供敌方目标的情报信息，指挥员利用这些情报信息可以消除对敌方目标的部分或全部不确定性，这时信息熵为 H_1。例如，对敌方的 L 个目标没有不确定性，$L < M$，则这时还存在的不确定性为 $H_1 = \log(N - L)$，$H_1 < H_0$，通过情报侦察实现熵不增。

再如，指挥控制的目的是合理规划打击目标及其作战行动。假设我方打击的武器数量为 M 个，如果没有指挥筹划进行目标分配，对敌方目标打击存在的不确定性为 $1/MN$，信息熵为 $\log MN$；经过目标分配后，对目标的打击不存在不确定，信息熵为 0，通过指挥控制功能实现熵不增。

总之，指挥信息系统依靠信息过程和 OODA 环，不断消除各种不确定性，促使作战从无序状态向有序状态的转变，实现熵不增。

11.2.2 指挥控制过程

指挥信息系统服务于指挥控制全过程，因此理解指挥信息系统这一复杂的人机系统，首先要理解指挥控制过程。

1. 指挥控制的概念

指挥控制是指挥员及其指挥机关对部队作战或其他行动进行掌握和制约的活动，其中指挥是军队各级指挥员及其指挥机关对所属部队的作战和其他行动进行的组织领导活动，包括对行动的计划、组织、控制、协调等。控制是使系统或事物的结果与制定的计划、目标和期望标准相一致的过程，包括前馈控制和反馈控制，前馈控制的意思是在事物产生偏差之前力图找出和预防偏差的控制，反馈控制则是指一种依据产出结果进行的事后控制。在军事指挥活动中，指挥的主体是指挥

员及其指挥机关，指挥的对象是所属部队的作战和军事行动。指挥员根据使命任务确定所实现的目标，制定作战方案并进行决策；指挥机关依据指挥员决策制订计划，对部队下达任务指令，并不断根据战场反馈信息分析作战态势，给出调整部队行动的指令，以保障既定目标或计划的达成。作战过程中的指挥控制，其目的就是夺取和保持战场主动权，从而推动战场态势沿着己方所期望的方向发展。

一般认为，指挥控制活动是一种高度智能、非常复杂的脑力劳动，它既是一门艺术，又是一门科学，指挥控制活动是艺术性和科学性的有机统一，正逐步地从艺术走向科学。指挥着重强调正向的引导，是命令下达的过程；而控制更强调信息的反馈，是对指挥过程的动态调整。从这种意义上讲，没有控制的指挥和没有指挥的控制都是不可想象的。

2. OODA 模型

指挥控制模型是对指挥控制业务过程的抽象和描述，实质上是以指挥控制为核心，对整个作战过程的概括描述。在众多指挥控制模型中，美国战略学派代表人物约翰·博伊德 (John Boyd) 在 1987 年提出的 OODA 模型，占据着重要地位。

1) 基本 OODA 模型

OODA (observe-orient-decide-act) 模型，又称为 OODA 循环，是由观察 (observe)–判断 (orient)–决策 (decide)–行动 (act) 四个环节组成的作战指挥活动循环模型，如图 11.2.1 所示。观察是搜集战场信息和数据；判断是对战场态势进行评估，并对与当前态势有关的数据进行处理；决策是制定并选择行动方案；行动是实施选中的行动方案，上述步骤和过程是周而复始、循环往复的。

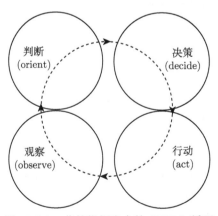

图 11.2.1　作战指挥当中的 OODA 循环

OODA 与指挥控制过程和指挥信息系统的各项功能的具体发挥密切相关。观察 (O) 是作战指挥活动的初始环节，指挥人员借助指挥信息系统中侦察情报和预警探测等分系统的雷达、卫星、声呐、夜视系统等各型传感器，以及人工侦察力量获取战场态势信息。部署在太空、空中、海上、地面的侦察监视系统和预警探测系统构成全维、全时、全频谱的情报侦察体系，可以快速、准确、持续地为指挥人员提供所需情报信息，帮助指挥员赢得情报信息优势。

判断 (O) 和决策 (D) 是指挥控制活动的核心环节，也是指挥信息系统发挥其信息处理能力辅助指挥人员，即人-机结合的最重要环节。在判断环节中，完成对战场情况的分析评估和对整个战场态势的理解把握，包含战场信息融合、态势估计和威胁判断等活动。在这一过程中，指挥信息系统的功能集中体现为信息融合和威胁判断，通过系统的"计算"和"分析"功能，与传统的"去粗取精、去伪存真、由此及彼、由表及里"的思考活动结合起来，帮助指挥人员全面、客观地掌握战场态势。

在决策环节中，指挥信息系统以作战经验、军事思想和作战条令等知识为依据，对指挥人员面临的实际问题进行作战筹划和推演。例如，基于对战场态势的综合分析与判断，对敌我各种作战资源进行定量分析对比，对敌我火力打击、机动、信息作战、作战保障、装备和后勤保障能力进行计算和评估等。同时，指挥人员提供作战筹划并制定作战预案，利用仿真模型和作战推演对各种备选方案进行定量化评估，为指挥员决策提供强有力的支持，最终帮助指挥员赢得决策优势。

行动 (A) 是决策执行的环节，通过指挥信息系统与下属部队或武器系统的交联来实现。该环节是一个 OODA 周期的终点，也是下一个 OODA 周期中"观察"环节需要重点关照的内容。在行动阶段，指挥信息系统辅助指挥人员快速制订作战，依据作战文书样式的规定自动生成格式化指令，并迅速下达给作战部队。同时，指挥人员借助指挥信息系统的监视和控制功能，控制、协调各部队的作战行动，保证所属部队步调一致，形成整体合力。

通过以上分析可以看出，OODA(或 O-OD-A) 循环过程中，指挥信息流沿着这一闭合回路在循环往复地运行。实际上，恰恰是在指挥信息系统的作用下，循环运行的指挥信息流将观察–判断–决策–行动四个相对独立的环节贯通起来，形成一个完整的指挥控制链条。

2) 扩展 OODA 模型

指挥信息系统在实际运用中，由于作战活动及其组织的层次性和多样性等，使 OODA 环的形式是多种多样的。

A. OODA 的纵向集成

指挥信息系统与指挥体制密切相关。树状指挥组织结构是最为常见的一种指挥体制，多采用集中式指挥控制模式，严格按照编制体制层级进行作战指挥。在树状组织结构下，指挥机构内部的指挥层次较多，每一层次所设部门较少，即指挥机构"横向幅度"较小。

在集中式指挥控制模式下，通过指挥信息系统实现 OOAD 环的纵向集成。如图 11.2.2(a) 所示，上下级的指挥信息系统独立形成 OODA 环。例如，对于舰艇编队来说，各舰艇的指挥信息系统有自己的 OODA 环，舰艇编队通过编队指挥信息系统实现各舰艇与指挥舰 OODA 环的纵向集成。在图 11.2.2(b) 所示的结构中，上下级节点各自的 OODA 环可能不完整，但各节点组合在一起形成虚拟的 OODA 环。例如，在作战体系层面上，由预警系统、指挥中心、拦截系统构成更大的虚拟 OODA 循环，通过通信系统支持信息在其内的流动；而其中用于拦截的"爱国者"导弹系统，也由雷达、指挥控制车和发射架在微波通信系统的支持下形成自身较小的 OODA 循环。

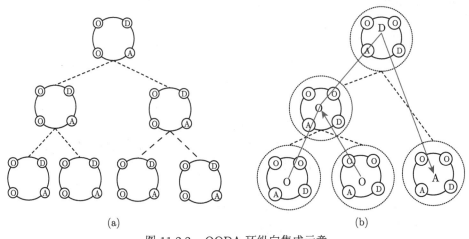

图 11.2.2　OODA 环纵向集成示意

OODA 的纵向集成强调存在上下级层级关系节点之间的 OODA 环集成。

B. 横向集成

对于信息化条件下瞬息万变的战场情况，树状作战指挥体制的缺点会降低整体的作战效能。现代战争强调采用扁平化和网络化的指挥控制模式。指挥体制扁平化的实质是在网络化的指挥信息系统支撑下，减少指挥层次，提高指挥跨度，具有横宽纵短的特点，有利于指挥效率的提高，指挥体系向扁平化发展成为指挥组织机构的必然趋势。

扁平的网络化作战指挥提高了信息的共享、信息的流动、横向的沟通，形成逻辑上统一的观察 (O)、判断和决策 (OD)，指挥分散的兵力去执行作战指令 (A)，能够实施迅速、实时、高效、稳定的指挥，使更多的作战单元同处于一个信息流动层次，增强作战单元自身能动性的发挥，从而消除了树状指挥结构的缺点。

一般来说，OODA 环横向模式集成可形成如下基本结构：

$$\{O_1, O_2, \cdots, O_m\}, \{O_1, O_2, \cdots, O_n\}, \{D_1, D_2, \cdots, D_k\}, \{A_1, A_2, \cdots, A_l\}$$

扁平化指挥控制模式下要求网络化的节点根据需要实现 OODA 横向集成，不同的 OODA 环组合形成一个新的 OOAD 环。如图 11.2.3(a) 所示，节点 E1 和 E2 的 OOAD 环形成新的 E1.O-E2.O-E2.D-E1.A 的环结构，如图 11.2.3(b) 所示，形成了 E1.O-E1.O-E2.O-E2.D-E2.A 的环结构。例如，在网络化防空反导作战中，火力单元 E1 和 E2 存在各自的 OODA 环。当 E1 或 E2 的 OODA 环中某个或多个功能不能正常工作时，可以通过 E1 和 E2 的互操作，构建类似如图 11.2.3(b) 的 OODA 环，实现对目标的有效打击。

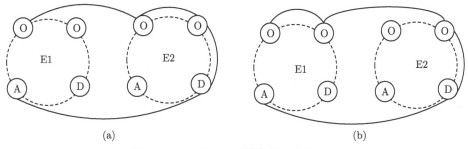

(a)   (b)

图 11.2.3　OODA 环横向集成示意 (一)

图 11.2.4 所示的 OODA 环结构，观察 O 是多个节点的观察 O 功能相互中作用形成的逻辑观察节点；判断 O 是多个节点的判断 (O) 功能相互中作用形成的逻辑判断节点；同样，决策节点和打击节点也是由多个决策节点和打击节点形

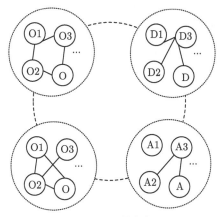

图 11.2.4　OODA 环横向集成示意 (二)

成的逻辑结构。该结构构成了协同探测、协同处理、协同决策和协同打击的基本模式。每个逻辑节点中包含的实际节点数量不同，来源也可以不同。在网络中心战中，预警探测网是类似图 11.2.4 中的观察 O；指挥控制网类似图 11.2.4 中的判断 O 和决策 (D) 节点；交战网对应图中的行动 A。

11.2.3　OODA 与武器系统

指挥信息系统作为一类特殊的信息系统，和其他系统一样，遵循系统原则，呈现出诸如相似性、层次性、整体性等一系列系统特点，但也有一个突出的区别，就是它与武器系统的密切和多样的联系。

1. 作战系统中的指挥信息系统

现代信息系统是人类中枢神经网络符合逻辑的延伸和扩展，指挥信息系统也是如此。首先，以作战系统中最简单的单兵武器射击为例，来分析基于人的"指挥信息系统"与武器的关系，以及使用武器的运作过程。

如图 11.2.5 所示，在单兵武器射击中，人主要通过眼睛、耳朵等器官来收集信息，感知射击目标并通过神经系统将目标信息传输到大脑，从而完成观察 (O) 环节；大脑对接收到的目标信息进行分析处理，进行一系列的情况判断，得出射击决策的结论，完成判断 (O) 和决策 (D) 环节；根据射击决策，大脑发出控制指令，指令信息经神经系统传递，作用于人的"执行机构"——身体、手等部位，操作武器瞄准目标并完成击发，实现行动 (A)。与此同时，信息收集器官仍要持续不断地对目标情况进行观察，并由大脑进行分析处理，再次驱动人体的执行机构；而执行机构在完成大脑发出的指令信息的同时，也会提供情况反馈，要求大脑作

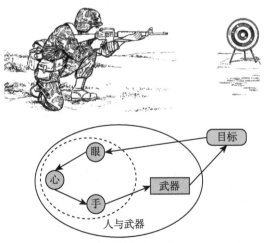

图 11.2.5　单兵武器射击中的眼、心、手的统一

处理，或收集新的信息，或直接进行决策。如此循环往复，直到目标被击中，达到射击目的。

不难看出，人的这个"指挥信息系统"的运作过程同样包含 OODA 循环的四个环节，并通过神经系统的信息传递，构成了一个不断运动的闭合回路。

下面考虑一个复杂一些的武器系统，即防空导弹武器系统。图 11.2.6 是一个防空导弹系统的示意图，其中火力单元主要分为火控部分和发射架部分，火控部分主要由雷达车、指挥控制车组成。作战过程如下：首先，通过雷达对空域进行搜索，发现和判明目标，并将目标信息传输到指挥控制车 (观察 (O))；在指挥控制车中，指挥官在系统辅助下判断目标威胁，并对目标进行分析排序，形成发射决定 (判断和决策 (OD))；然后，通过微波信道将射击诸元和作战指令传递给发射架，发射导弹，射向目标 (行动 (A))。

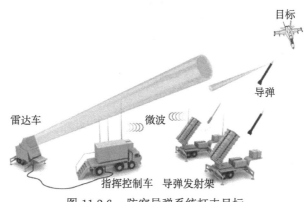

图 11.2.6　防空导弹系统打击目标

同样，在导弹飞向目标的过程中，上述 OODA 过程仍然没有终止，也就是说，在此过程中，指挥信息系统始终参与其中，直到目标被导弹摧毁。

对于一个包含武器系统更多、更大规模的作战系统或作战体系，其工作过程和信息流程又是如何的呢？下面我们以美国弹道导弹防御系统为例，大致说明一下它的作战过程，如图 11.2.7 所示。

来袭弹道导弹一旦发射起飞，运行在空间轨道上的导弹预警卫星的红外探测器就探测到导弹火箭发动机喷焰的红外能量，并对目标进行核实。预警卫星确认导弹升空后，通过作战管理与指挥控制通信 (BM/C^3) 系统，将目标弹道的估算数据传送给指挥中心，并向远程地基预警雷达指示目标。布置在防空前沿地带的远程预警雷达截获目标并进行跟踪，将准确的主动段跟踪数据和目标特征数据快速传送给指挥中心。

指挥中心对不同预警探测器提供的目标飞行弹道数据统一进行协调处理，根据弹头的类型、落地时间，以及战区防御阵地的部署情况和拦截武器的特性等因素，提出最佳的作战规划，制订火力分配方案，并适时向预定防御区内反导发射阵地的跟踪制导雷达传递目标威胁和评估数据，下达发射指令。

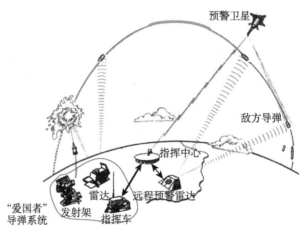

图 11.2.7   弹道导弹防御示意

当来袭弹头进入杀伤范围内时，早已获得预警信息和目标指示的拦截系统 (如"爱国者"导弹系统) 的制导雷达对目标进行跟踪，并精确地计算目标弹道。在指挥中心的指挥下，发出杀伤拦截指令，拦截导弹发射，飞向目标进行摧毁。拦截过程中，地面雷达连续监视作战区域，收集数据，进行杀伤效果评定，同时将数据传送至指挥中心，以决定是否进行第二次拦截。

通过对弹道导弹防御作战过程的分析不难发现，从整体上看，预警系统完成前期观察 (O)、指挥中心完成判断和决策 (OD)、拦截系统在指挥中心的指挥下完成行动 (A)。而在拦截系统自身完成拦截行动的过程中，执行的同样是 OODA 过程。也就是说，整个弹道导弹防御体系在指挥信息系统的作用下，完成了一个大的 OODA 循环，并将作战体系中的各个单元联系在一起。

2. 指挥信息系统的横向相似与纵向嵌套

通过对以上单兵武器射击、防空导弹系统、弹道导弹防御体系三者的介绍可以发现，单兵武器射击是依托人这个"指挥信息系统"和单兵武器实现的；防空导弹作战是依托雷达车、电台、指挥车构成的指挥信息系统和导弹武器系统实现的；而弹道导弹防御作战更是依托包括天基/空基/海基/陆基预警网、通信网、指挥中心在内的一个更大规模的指挥信息系统与拦截 (导弹武器) 系统实现的。

虽然单兵武器射击、防空导弹作战和弹道导弹防御从系统规模、复杂程度、作战效能上看,有着巨大的差别,但是从系统观点和信息流程的角度来看,它们却有着相似之处。正如上文所述,无论哪一个类型的作战活动,其过程都可以用 OODA 来描述,如果将 OODA 中的 A 看成指挥信息系统与武器系统的交联,则该作战活动所依托的指挥信息系统也可以用 OODA 来描述。也就是说,无论系统规模大小、复杂程度,所支持的作战行动属于何种类型,指挥信息系统在整体上都具有相似的工作过程和信息流,在横向上体现出系统的相似性。

指挥信息系统在横向上表现出相似性的同时,在纵向上既是有层次的也是相似的。以弹道导弹防御为例,在作战体系层面上,由预警系统、指挥中心、拦截系统构成大的 OODA 循环,通过通信系统支持信息在其内的流动。而其中用于拦截的"爱国者"导弹系统也由雷达、指挥控制车和发射架在微波通信系统的支持下形成自身较小的 OODA 循环。两者在不同的层次上也体现出相似性,即拦截系统的"小" OODA 环被包含在弹道导弹防御体系的"大" OODA 环当中,形成了纵向上的嵌套。如上所述,将各个层次的指挥活动及信息流动看成一个个 OODA 环,这个环在保持自我运行的同时,也被纳入上一级层次的 OODA 环之中,同时,它对下一个层次的 OODA 环又具有支配和控制作用,而与友邻部队 (平行指挥层次) 的 OODA 环也保持着信息交流。

11.2.4 指挥信息系统的集成

系统集成是处理复杂系统的科学方法,是指挥信息系统建设的基本途径。信息化战争是体系对体系的对抗,只有将各级各类指挥控制系统、通信系统、情报监视侦察系统以及其他信息保障系统等集成为一体,才能最大限度地发挥指挥信息系统的整体作战效能。指挥信息系统的综合集成体现了指挥信息系统的整体性特征。

1. 指挥信息系统的综合集成

在作战中,特别是体系对抗,指挥信息系统通常不是单独使用的,而是需要多种指挥信息系统共同作用,通过指挥信息系统之间的有机集成,支持联合作战、跨域作战。

指挥信息系统综合集成并不是指在物理空间上或物理结构上的集成,更多意味着通过系统之间的信息沟通、资源共享和流程优化,实现系统在逻辑上的联合与集成。指挥信息系统综合集成主要包括纵向集成和横向集成。指挥信息系统的纵向集成支撑 OODA 环纵向集成,指挥信息系统横向集成支撑 OODA 环横向集成。

纵向集成是指挥信息系统集成最基本的形式,是实现树状指挥控制模式的基础。其通过上下级指挥信息系统的集成,实现不同系统的信息共享、功能互用,保证自上而下的指挥控制。为支持联合作战,在扁平化和网络化指挥控制模式下,需要指挥信息系统实现横向集成，实现无上下级关系的作战资源通过指挥信息系统的横向集成，打破系统界限，按照作战需要实现跨系统的信息流动、资源共享和流程重构，形成新的 OODA 环，发挥整体优势，产生能力涌现。

如图 11.2.8 所示，作战空间中蓝方存在两个目标 T_1、T_2，红方部署了作战系统 1 和作战系统 2。当两套系统独立工作时，系统 1 的传感器 S_1 只发现目标 T_1，而武器 W_1 的射程只能打击到目标 T_2，因此系统 1 无法对两个目标进行攻击；系统 2 的传感器 S_2 发现目标 T_2，但是武器 W_2 的射程只能打到 T_1，因此系统 2 也无法完成对目标的攻击。如果在系统 1 和系统 2 之间可以横向，则可将传感器 S_1 发现的目标信息共享给系统 2 的指挥中心 C_2，将传感器 S_2 发现的目标信息共享给系统 1 的指挥中心 C_1。虽然仅仅在两个系统之间增加了两条信息链路，但是通过目标信息的共享，两个系统可以有效地分配火力，完成对目标的攻击。

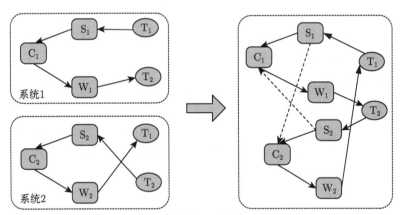

图 11.2.8　通过信息共享实现系统集成，发挥整体效应

虽然上面的例子较理想化，但是从中不难看出，简单的横向集成就使得两个系统可以完成原本不能完成的作战任务，大大提升了整体作战效能，这也是系统集成带来的变化。

2. 整体大于部分之和

首先看一个简单的武器射击例子。假设红蓝双方对抗，红方有三个作战单元 $A = \{A_1, A_2, A_3\}$，蓝方有四个单元 $B = \{B_1, B_2, B_3, B_4\}$，红方各单元对蓝方各单元的射击命中概率 F_{AB} 和蓝方各单元的价值 V_B 分别如式 (11.2.1) 和式 (11.2.2) 所示。为了简单起见，暂不考虑蓝方可能对红方的攻击，只考虑红方对蓝方的攻击效益。

$$F_{AB} = \begin{array}{c} \\ A_1 \\ A_2 \\ A_3 \end{array} \begin{array}{cccc} B_1 & B_2 & B_3 & B_4 \\ \begin{pmatrix} 0.1 & & 0.1 & \\ & 0.1 & 0.1 & 0.1 \\ 0.1 & & 0.1 & 0.1 \end{pmatrix} \end{array} \tag{11.2.1}$$

$$V_B = \begin{array}{c} B_1 \\ B_2 \\ B_3 \\ B_4 \end{array} \begin{pmatrix} 20 \\ 20 \\ 22 \\ 20 \end{pmatrix} \tag{11.2.2}$$

从红方的每个单元局部来看, 每个单元都会选择射击效益最大化目标攻击, 即 A_1, A_2 和 A_3 都会选择设计 B_3, 各单元可以获得收益 0.1×22, 此轮射击的实际总体收益是

$$22 \times [1 - (1 - 0.1)(1 - 0.1)(1 - 0.1)] = 22 \times 0.271 = 5.962$$

假如采用三个单元分别选择不同目标攻击的方案, 总体效益为

$$20 \times 0.1 + 20 \times 0.1 + 20 \times 0.1 = 2 + 2 + 2 = 6$$

从上面可以看出, 单个作战单元从自身 (局部) 角度出发选择最优, 但不一定会形成整体效能最优。要获得打击效果整体最优, 必须整体来规划, 协调各作战单元行动。指挥信息系统通过准确掌握全局战场态势, 根据全局态势进行科学规划, 寻求全局最优, 并指导和约束各单元相关行为, 实现整体大于部分之和。

根据运筹学知识, 上述目标分配问题可表示为如下非线性规划:

$$U_A = \max_{\phi} U = \sum_{j \in B} V_j \left[1 - \prod_{i \in A} (1 - \phi_{ij} f_{ij}) \right]$$

$$\text{s.t.} \begin{cases} \sum_j \phi_{ij} = 1 & (i \in A) \\ \phi_{ij} \in \{0, 1\} & (i \in A, j \in B) \end{cases} \tag{11.2.3}$$

式中, ϕ_{ij} 称为目标分配方案的矩阵表示, 是每行只有一个元素为 1, 其余全为 0 的矩阵。按照式 (11.2.3) 可以得到最优的目标分配方案, 保证整体效益最大。

3. 系统集成模式

为了实现指挥信息系统的有机集成, 指挥信息系统必须具备互连、互通和互操作能力。

互联 (interconnection) 是指系统之间物理上的连接, 这种连接是两个系统采用兼容的物理设备, 并不意味两个系统之间存在动态的信息流。系统间的互联只

是提供了物理上的连接通道。要使系统间能够协同地工作，则必须在系统间提供逻辑上的连接，即必须提供系统间互通和互操作的手段。

互通 (interworking) 是指在系统互连的基础上，提供不同系统或用户进程间的连接。互通最直接体现是信息互通。不同系统之间的信息互通，是实现系统共享的基础。

互操作 (interoperability) 指系统、单元或部队向 (从) 其他系统、单元或部队提供 (得到) 服务的能力，并协同工作的能力。互操作性提出的根据在于不同系统的异质性。不同的计算机系统有许多或大或小、或原理或细节、或无关紧要或至关重要的差异，这些差异称为异质性，而异质性的存在为计算机系统之间的互操作带来了很多麻烦。所谓的互操作主要是指异质系统之间透明地访问对方资源的能力。互操作有两大目标：一是系统无关性 (system independence)，即资源和数据的共享与主机系统无关；二是位置无关性 (location independence)，指用户在访问其他系统的资源和数据时，不显式地给出资源所在的位置 (地址或名字)，如同访问单机上的资源一样，仅需要指定要访问的资源。指挥信息系统之间互操作的实现保证了系统资源和数据的共享，从而为系统间的交互和协同工作提供了必要的基础。

除了上述技术上的互操作之外，还存在不同国家 (如多国联合军演) 之间、多军兵种之间联合或合同的军事互操作。

互联是互通的基础，互联互通又是互操作的前提。因此，互联、互通和互操作是系统集成成败的关键因素，它们不仅为各系统间的交互和协同工作奠定了坚实的基础，而且也为系统集成创造了良好的条件。

从指挥信息系统发展历程可以看出，不同阶段的指挥信息系统结构不同，因此实现系统集成技术和方式也不同。对于第四代指挥信息系统来说，信息基础设施是系统集成的物理基础，面向服务的架构是实现系统集成的技术体制，面向任务的系统动态构建是集成的目的。

美军提出的全球信息栅格网 (GIG) 就是这样一种基础设施。美国国防部将 GIG 定义为："全球信息栅格由全球互连的一组端到端的信息能力、相关过程和人员构成，旨在收集、处理、存储、分发和管理信息，以满足作战人员、决策人员和保障人员的需要。"通过 GIG，美军把世界各地的美军作战力量和系统连接起来，为他们提供联合作战所必需的数据、应用软件和通信能力，实现在适当的时间和地点，将适当的信息，以适当的格式，传送给适当的使用者，以获取信息优势、决策优势和作战行动优势，支持网络中心战。GIG 本质上由通信和计算组件组成的信息环境，即主要由一系列互操作的信息处理系统和通信系统组成，GIG 的目标是使所有的信息交换成为"即插即用"，像一个电力网一样，用户只要接入自己的终端，信息就会以透明的方式传给他们。也就是说，GIG 能以实时方式和真实图像向指战员提供全面的态势感知能力。通过 GIG，一名野战士兵可获得以前连高级指挥员都无法获得的态势信息。

为实现应用程序的互操作，指挥信息系统能够面向任务动态构建，指挥信息系统多采用面向服务的架构。面向服务指挥信息系统的体系结构如图 11.2.9 所示。其中数据层、计算层和网络层构成基本的信息基础设施。服务层中的服务是不同指挥信息系统通过功能和结构的解耦抽象出来，可以被其他系统使用的功能模块。服务层中服务按照功能需求和一定的流程编排可以构成面向不同任务的应用系统，也就是应用层的各类指挥信息系统，实现系统的动态构建。

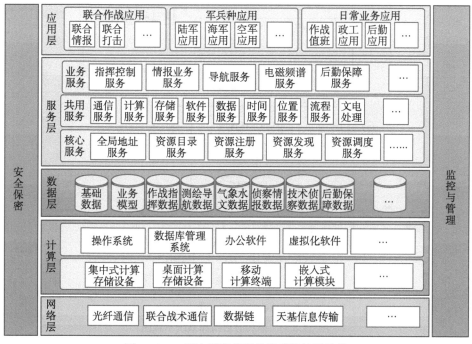

图 11.2.9　面向服务指挥信息系统体系结构

11.3　典型指挥信息系统

11.3.1　炮兵指挥信息系统

1. 炮兵指挥信息系统的等级结构

按作战任务的层次不同，炮兵指挥信息系统一般可分为战役级、战术级指挥信息系统和射击指挥系统。战役级炮兵指挥信息系统通常配备在负责战役炮兵指挥的机构内，在集团军直接领导下，负责支援陆、海作战任务的组织指挥。战术级炮兵指挥信息系统是集团军的师、团指挥信息系统的一个分系统，在师、团指挥机构的直接领导下，完成炮兵作战的指挥与控制。射击指挥系统主要对炮兵营、连实施射击指挥控制任务，如图 11.3.1 所示。

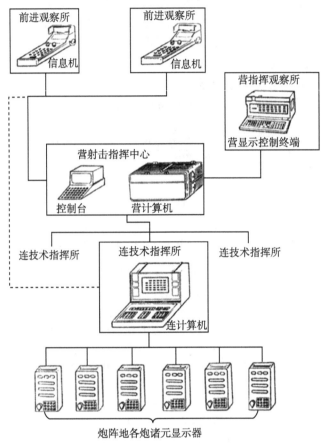

图 11.3.1   炮兵射击指挥系统示意图

2. 炮兵指挥信息系统的基本组成

炮兵指挥信息系统从信息处理流程的角度来看，其组成与一般指挥信息系统是一致的。但是，炮兵指挥信息系统在执行任务和规模上，又有别于其他类型的指挥信息系统，在结构上有其自身的特点。一个炮兵指挥信息系统一般具有战术指挥和射击指挥双重任务，主要包括以下四个基本的组成部分，炮兵射击指挥设备如图 11.3.2 所示。

1) 带控制台的计算机

计算机是炮兵指挥信息系统的核心，一般放置在各级射击指挥的中心，用来处理火力呼唤和其他情报信息，计算火炮的射击诸元和射击修正量，进行测地计算和气象计算等。具有战术功能的计算机还能根据敌我情况自动确定火力突击方案，协调炮兵与被支援部 (分) 队的行动，确定对目标攻击的标准，以及完成其他战术任务和管理任务。控制台通常和计算机装在一起，指挥人员通过控制台进行人机交互。

图 11.3.2　　炮兵射击指挥设备

2) 侦察和情报收集设备

侦察和情报收集设备用来发现和定位目标，观察射击效果，监视战场情况，向指挥中心提供作战所需的情报信息。这类设备有光学仪器、激光测距机、侦察雷达、定位雷达、声测器材、战场侦察传感器、侦察校射机、战术侦察卫星、无线电定位仪，以及测地、气象探测器材等。通过探测器材获得的情报还要经过收集/转换设备进行转换，以便传输和处理。

3) 信息传输设备

信息传输设备由信息机、通信控制器、各类终端、通信器材，以及一些专门的转换、控制、接口等设备组成，连接于整个指挥信息系统各组成部分之间，用来传输目标数据、火力请求等情报信息和射击命令、火炮射击诸元等命令信息。利用数据通信技术，可以迅速准确地传输和交换所需的信息，从而大大提高整个系统的反应能力和精度。

4) 显示设备

设在指挥中心的显示设备，可以把探测系统传来的信息直接显示出来，或根据指挥员的需要，随时调用计算机内存储的资料，显示在屏幕上，供指挥员判断和做出决策。设在炮阵地上的显示器，可以显示射击命令和射击诸元，以便炮手执行射击任务。

11.3.2　预警机系统

预警机是集指挥控制、通信和情报探测于一体的军事电子信息系统，如图 11.3.3 所示。预警机作为机动的空中指挥所，既可独立承担一定区域的指挥，也可作为地面指挥所的前进、辅助和预备指挥所，并根据地面指挥所的授权，承担具体的指挥引导任务，部分典型预警机如图 11.3.4 所示。预警机指挥控制系统搜集机载雷达和多种探测设备的目标数据进行综合处理，形成空中作战态势，对己方飞机作拦截引导，并与地/海面和舰船指挥中心交换信息。

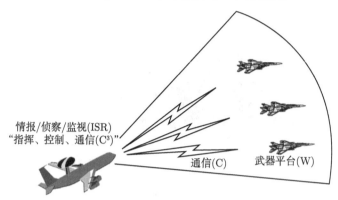

图 11.3.3　预警机系统

(a) E-3预警机

(b) A-50预警机

(c) "费尔康"预警机

(d) "空警"-200预警机

图 11.3.4　典型的预警机 (后附彩图)

1. 预警机系统组成

预警机系统通常包括下列分系统：载机和飞行保障分系统、监视雷达分系统、

电子侦察 (ESM) 和通信侦察 (CSM) 分系统、导航分系统、数据处理和显控分系统、通信分系统。

1) 预警机的载机

当前服役的预警机几乎都采用大型运输机作为载机，安装大天线孔径的雷达构成预警机系统。例如，美国的 E-3 系列选用"波音"707 和 767，俄罗斯的 A-50 选用"伊尔"-76 等。

按功能的不同，预警机可分为战略预警机和战术预警机。战术预警机，如 E-2C，可在局部战争中探测空中目标，特别是低空入侵的目标，并指挥引导本方战斗机空战和地面防空作战。但是它的续航能力较弱，空中控制功能较少。战略预警机除具有战术预警机的功能外，还可担负国土战略防御任务，具有高级空中指挥和控制功能，续航能力强，系统复杂，造价和使用费用高，如 E-3 系列、A-50 预警机等。

2) 预警机监视雷达系统

预警机的监视雷达是系统最主要的传感器，预警机的大部分功能都依靠此雷达提供的有用信息。通常采用具有下视能力的脉冲多普勒雷达 (图 11.3.5(a))，能在地面和海面的严重杂波环境中探测和跟踪不同高度和速度的目标，能够对数百个目标进行处理和显示，并具有抗干扰能力。先进监视雷达已采用相控阵雷达 (图 11.3.5(b))，这种雷达以其扫描波束的高灵活性、系统的高可靠性和高效率等优点而著称。监视雷达系统中还包括敌我识别分系统。

(a) E-3预警机的SPY-1/2脉冲多普雷达　　　(b) "费尔康"预警机的EL/M-20T5相控阵雷达

图 11.3.5　预警机监视雷达

3) 电子侦察和通信侦察系统

电子侦察系统是预警机上除主要雷达外的第二项重要的目标信息来源，是对目标雷达信号的被动接收系统，其主要功能为全方位侦收预警机周围的雷达信号以及地面的雷达信号，包括敌我识别信号和雷达干扰信号；根据信号的性能参数，对信号源进行定位，供作战分析。

4) 导航系统

预警机必须具备导航设备，以便能提供预警机的当前地理位置、高度、航向、航速、机身纵轴指向方位角和俯仰角、机身横滚角等。这些参数输入计算机数据处理分系统后，将为雷达系统提供精确的基准位置，使各种传感器获得的信息能够准确地转换到大地参考系上，作为必备的基准信息。

5) 数据处理与显控系统

数据处理与显控系统是预警机中操作员与任务电子系统各传感器之间的人机接口。通过此系统既可以控制、操纵和监视各传感器工作，也可以采集、处理和显示各传感器获得的战术信息。例如，将雷达探测到的目标定位参数 (距离、俯仰角、横滚角) 与地理位置 (经、纬度与海拔高度) 相结合，计算出目标的正确定位参数。

6) 通信系统

通信系统是预警机操作员与外界传输信息，以及操作员之间内部联络的系统，具有极高的保密性。

美军 E-3 预警机各系统设备的布局如图 11.3.6 所示。

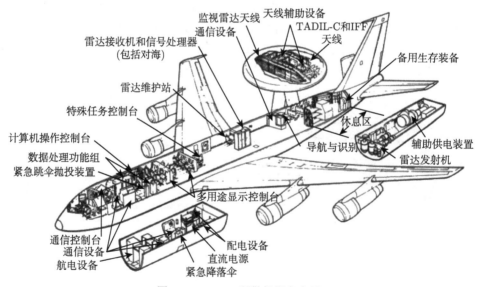

图 11.3.6　E-3 预警机设备布局

2. 预警机指挥控制系统的功能

1) 指挥控制功能

A. 数据融合

预警机指挥控制系统将雷达探测设备、电子侦察及干扰设备 (ESM/ECM)、敌我识别/辅助监视雷达 (IFF/SSR)、目标属性识别设备等多类传感器获取的信息，友军提供的信息 (飞行计划、其他探测系统获取的目标信息等)、地理信息数据库、载机等其他相关信息，进行综合处理形成区域空情态势图，送显示器显示，供操作员观察。同时也通过通信系统和地面指控入网设备发送给地面指挥控制中心。在此过程中，它完成如下主要功能：

(1) 实时收集各种机载传感器情报数据和地/海面上指挥中心重要情报数据；

(2) 自动、半自动地处理收集的各类数据；

(3) 对掌握的目标进行实时识别，估计威胁等级，结合数据库形成战场态势，进行态势显示，并根据不同需求，向有关指挥机构实时分发情报数据。

B. 辅助决策

预警机指挥控制系统的作战辅助决策主要根据数据融合的实时结果、地面通报的情况和机上掌握的全部情报，对战场环境信息和敌我实时态势进行分析，提出我方应采取的作战策略，辅助指挥员制定或调整作战方案，对突击轰炸效果和突防效率进行分析，辅助指挥员实施多军兵种协同和作战指挥，显示机载雷达、ESM、通信设备等的工作状态图，辅助指挥员协调和调度机上任务电子系统的整体工作。在此过程中，它完成如下主要功能：

(1) 对战场环境和敌我实时态势进行分析，提出我方应采取的作战策略，辅助指挥员确定或调整攻防作战方案；

(2) 对日常训练的飞行目标进行管理和监控，主要包括航行管理、空域管理、引导会合、搜索救援、空中加油等；

(3) 进行非实时作战指挥辅助决策，包括领航保障咨询，反空袭战役航空兵兵力部署和实施方案优化，空中进攻作战方案辅助决策，航空兵、方面军的作战中兵力使用方案优化，航空兵演习受阅方案管理等。

C. 作战指挥和实时引导控制

预警机指挥控制系统的作战指挥和实时引导控制主要包括引导对空攻击、引导对地/海攻击以及其他引导控制。在此过程中，它完成如下主要功能：

(1) 对重要目标，向机载雷达、ESM、SSR 等提出重点保障请求；

(2) 对机载雷达、ESM、SSR/IFF 进行目标指示；

(3) 根据空中态势，对航空兵进行兵力分配和作战计划的监视调整；

(4) 与地面及海上指挥中心联合作战，负责航空跨区作战时的指挥协同和引导交接；

(5) 在战役战斗不同阶段，对空中担负不同任务的我方多种飞机实施可靠、不间断的指挥，可通过话音/数传对空中突击、压制、拦截和掩护集群实施精确指挥引导和概略引导；

(6) 系统根据不同类型的我机及其挂载情况，以及敌方目标性能和挂载情况，选择适当的飞行剖面和截击战术；

(7) 根据辅助决策子系统提供的作战方案，对确定的打击目标，按指定计划，计算出动方案，提供各阶段的飞行参数，制定每批飞机具体的飞行计划；

(8) 监视飞行方案的执行，或对预定计划进行修正，为联合作战的各种飞行控制调整提供实时保障；

(9) 担负对引导控制目标的飞行安全保障工作。

2) 文电处理

预警机指挥控制系统的文电处理主要是为用户提供各类作战文书的拟制、收发、存储及查询，并且负责系统各类作战文书、业务报文的接收、存储、分发以及系统信息的登记和管理。

3) 作战资料数据库管理

预警机指挥控制系统的作战资料数据库管理主要利用数据库管理工具，建立与预警机作战任务有关的非实时作战资料数据库、战场环境数据库、实时作战资料数据库等，为预警机指挥控制系统各个席位提供静态作战资料和实时作战资料的检索、增加、删除和修改。

11.3.3　美军“宙斯盾”系统

“宙斯盾”系统是美国海军用于防空指挥和武器控制的舰载作战系统，其英文缩写为 Aegis，原指古希腊神话中宙斯神的盾。该系统于 1969 年 12 月开始研制，1983 年 1 月装舰使用。重点装备于目前美国海军的“提康德罗加”级巡洋舰、“阿利·伯克”级导弹驱逐舰和日本的“金刚”级驱逐舰等。早期的“宙斯盾”系统主要用于单舰或舰艇编队的防空指挥控制，后来逐步发展成为防空、反舰、反潜和对岸攻击的综合性舰载指挥信息系统。

1. “宙斯盾”系统的组成

“宙斯盾”系统是作为全维防空作战武器系统而设计的，包括从搜索、探测、跟踪、武器分配和发射，到击毁目标和交火后评估等所有功能，具备对空中、水面以及掠海低空目标同时进行交战的能力。

“宙斯盾”作战系统主要由 6 个分系统组成，如图 11.3.7 所示。

1) MK1 指挥决策系统

它包括四机柜 AN/UYK-7 计算机、AN/UYA-4 显示控制设备、变换装置、RD-281 存储器和数据变换辅助控制台等。该分系统是全舰的指挥控制中心，可显示并处理雷达跟踪数据，进行目标识别和分类、威胁评估及火力分配，帮助指挥人员确定战术原则，控制整个系统协调运行。

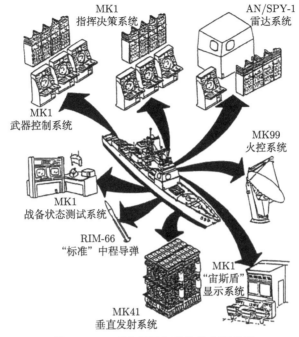

图 11.3.7 "宙斯盾"系统的主要单元

2) MK1 武器控制系统

它由四机柜 AN/UYK-7 计算机、系统综合装置、MK138 射击开关组合件和数据交换辅助控制台组成。该分系统负责按照 MK1 指挥决策分系统的作战指令,具体实施对武器系统的目标分配、指令发射和导弹制导等功能。

3) AN/SPY-1 阵雷达系统

该雷达是"宙斯盾"系统的心脏,是主要的探测系统,由 4 个八边形相控阵天线、信号处理机、发射/接收机和雷达控制及辅助设备组成。它能完成全空域快速搜索、自动目标探测和多目标跟踪。该雷达工作在 S 波段,对空搜索最大作用距离约为 400 km,可同时监视 400 批目标,自动跟踪 100 批目标。不同型号 AN/SPY-1 雷达的技战术指标如表 11.3.1 所示。

4) MK99 火控系统

它包括 AN/SPG-62 目标照射雷达、MK79 导向器和数据转换装置。该分系统负责接收 MK1 武器控制分系统的指令,控制 AN/SPG-62 雷达照射目标,以便对已发射的导弹提供末制导。

5) MK41 或 MK26 垂直发射系统

MK 26 为双导轨旋臂式发射装置,用于发射"标准"-2 中程舰空导弹或"阿斯洛克"反潜导弹。MK41 则是一种先进的垂直发射装置,它包括 61 具导弹发射箱，可发射"标准"、"战斧"、"鱼叉"和"阿斯洛克"导弹等。上述两种导弹发射分系统均由 MK1 武器控制分系统的计算机实施控制。

表 11.3.1　"宙斯盾"系统 SPY-1 雷达典型的技战术指标

型号	适用舰艇	天线尺寸	阵列单元	说明
AN/SPY-1A/B/D	7000t 以上巡洋舰/驱逐舰	3.65m×3.65m	4350 个	高性能大功率多功能型，具备弹道导弹侦测能力
AN/SPY-1D (V)	7000t 以上巡洋舰/驱逐舰	3.65m×3.65m	4350 个	增强近岸操作与低空侦测能力
AN/SPY-1F	航舰/5500t 以上驱逐舰/巡防舰/两栖舰艇	2.43m×2.43m	1856 个	低价轻量多功能型
AN/SPY-1F(V)	航舰/5500t 以上驱逐舰/巡防舰/两栖舰艇	2.43m×2.43m	1856 个	增强近岸操作与掠海反舰导弹侦测能力
AN/SPY-1K	巡防舰/护卫舰	1.67m×1.67m	912 个	低价轻量多功能型

6) MK1 战备状态测试系统

该分系统由一台 AN/UYK-20 小型计算机和若干 AN/UYA-4 显控台、主数据终端、遥控数据终端和辅助设备组成。它与"宙斯盾"系统各主要分系统相连，完成对整个作战系统的监视、自动故障检测和维护。

2. "宙斯盾"系统的作战性能

"宙斯盾"系统的工作是从 AN/SPY-1 多功能相控阵雷达开始的。该雷达发射几百个窄波束，对以本舰平台为中心的半球空域进行连续扫描。如果其中有一个波束发现目标，该雷达就立即操纵更多的波束照射该目标并自动转入跟踪，同时把目标数据送给指挥和决策分系统。指挥和决策分系统对目标做出敌我识别和威胁评估，分配拦截武器，并把结果数据送给武器控制分系统。后者根据数据自动编制拦截程序，通过导弹发射分系统把程序送入导弹。导弹发射后，发射分系统又自动装填，以便再次发射。在导弹飞行前段，采用惯性导航，武器控制分系统通过 AN/SPY-1 雷达给导弹发送修正指令。进入末段后，导弹寻的头根据火控分系统照射器提供的目标反射能量自动寻的。引炸后，AN/SPY-1 雷达立即做出杀伤效果判断，决定是否需要再次拦截。该雷达采用边跟踪边扫描方式工作，始终对全空域扫描以发现新目标。在整个作战过程中，战备状态测试分系统不断监视着全系统的运转情况，一旦发现故障，立即采取措施，以确保作战系统具有很高的可靠性。

"宙斯盾"系统共有四种工作方式：自动专用方式、自动方式、半自动方式和故障方式。后三种方式都需要人工参与控制，只有自动专用方式不需要人工控制，整个探测、拦截过程全部自动地进行，它在任何时候都是有效的。当发现有威胁程度不同的多个目标时，该系统能自动暂时放弃威胁较小的目标，而对付威胁较大的目标。

"宙斯盾"系统主要特点是：反应速度快，主雷达从搜索方式转为跟踪方式仅需 50μs，能对付掠海飞行或大角度俯冲的超声速反舰导弹；抗干扰性能好，可在严重的电子干扰、海杂波和恶劣环境下正常工作；作战火力猛，可综合使用舰上的各种武器，同时拦截来自空中、水面和水下的多目标，具有抗敌方饱和攻击的能力；区域防空能力强，该系统实施全天候、全空域作战，能为整个航母编队或其他机动编队提供有效的区域防空；系统可靠性高，能在无后勤保障的情况下，在海上连续可靠地工作 40~60 天，系统的大修周期为 4 年。

11.3.4 美军先进作战管理系统

1. 背景

为持续保持在陆、海、空、太空、网络空间领域的主导地位，美国国防部提出了新型联合作战概念——联合全域指挥与控制，旨在将空军、陆军、海军、海军陆战队和太空部队及其武器平台实时连接在一个网络中，改进各军种独自发展的"烟囱式"战术网络，以达到获取未来作战决策优势的目的。

美军认为，随着对手远程武器的不断发展和杀伤性能的不断增强，将极大地增加类似 E-8C 和 RC135V/W 为核心的机载指挥控制平台的风险，限制其在对抗环境，特别是强对抗环境下的监视与作战管理能力。为此，2018 年，美国空军取消 E-8C 替换计划，转而寻求分布式架构的先进作战管理系统 (Advance Battle Management System，ABMS)，将情报监视侦察、指挥控制和打击平台进行铰链，构建弹性的 C⁴ISR 网络，从而提高系统的韧性和生存能力。2019 年 11 月，美国国防部提出联合全域指挥与控制构想后，ABMS 被确定为该构想的空军解决方案。目前美军针对 ABMS 先后开展"跨域 2 号"、"英勇盾牌"(Valiant Shield)、"高速公路驶入匝道"和"架构演示与评估"(ADE) 等多次演习。

2. ABMS 的组成

ABMS 是一个以网络为中心的分布式多域作战体系。它通过向联合作战部队提供关键监视、战术边缘通信、信息处理、网络，以及作战管理指挥和控制能力来支持未来大国竞争环境下的军事行动，实现各域传感器和作战管理平台的综合一体化，使各种系统形成统一作战能力。

1) 核心基础

构成构建 ABMS 的核心基础包括 CloudONE、PlatformONE 和 DataONE。

CloudONE 又称"多域作战专用互联网"，主要提供网络平台，是 ABMS 的全球云 (战略云)，是实现 ABMS 全域态势感知的数据共享能力的关键基础。

CloudONE 使用云基础设施存储和处理不同密级的涉密数据和非密数据。Edge-ONE 是 ABMS 的边缘战术云,用于本地数据处理和应用。当与全球 CloudONE 的连接中断时,EdgeONE 将数据保存到用户端。一旦重新建立连接,本地数据将自动更新至 CloudONE。

PlatformONE 是基于云的互操作软件开发环境,本质上是一种基于云的平台即服务,可以为作战资源提供快速、简单的接入云端的方式,保证作战资源灵活接入。

联合全域指挥控制需要共享陆、海、空、天和网等域数据并理解它们的含义。目前美国国防部大部分数据仍然存储在相互隔离的烟囱式系统中。这成为实时信息共享的巨大障碍。DataONE 是一个高度灵活、可扩展的通用数据平台,该平台可容纳美国国防部的海量数据以及来自各军种不同类型的数据。各作战域的数据将利用人工智能和机器学习进行融合,实现高速分析和实时态势感知,确保迅速将正确的数据传递给正确的作战人员。

2) 关键应用——CommandONE 和 OmniaONE

ABMS 包括实现多域态势感知和多域指挥控制的关键应用,即多域作战管理与指挥控制 (CommandONE) 和多域共用作战图 (OmniaONE)。

CommandONE 主要实现以下能力:提供对跨空、天、网电空间任务集的指挥控制与作战管理;根据指挥员的意图提出适用的路径选择、武器分配、传感器布置和任务分配方案;在杀伤链中的"发现、锁定和跟踪"(F2T) 环节快速分配武器,实现跨域目标配对;支持部署到各战略、战役或战术级节点上的作战力量开展分布式作战和云同步等。

OmniaONE 通过情报融合环境实现基于云的多域共用作战图,显示陆、海、空、天、网等各域的作战资源,实现多域联合态势感知及联合多域指挥控制。

3) 自组织网络

实现跨平台通信与移动自组织组网包括网关 (GatewayONE) 和 Mesh 网。

GatewayONE 是模块化、开放式架构的新型网关,旨在实现跨平台的转换与通信,它解决了 F-35 战机的多功能先进数据链 (MADL) 和 F-22 战机的机间数据链 (IFDL) 不兼容、无法通信的问题。利用 GatewayONE,F-35 和 F-22 战机不需要进行物理改装,也无须借助搭载战场机载通信网络 (BACN) 的 E-11A 或 EQ-4B 中继飞机,两者就能直接进行通信。

Mesh 网络是一种自组织和自管理的智能网络,无须主干网即可构筑富有弹性的网络,并可动态扩展。网络允许平台在无人工干预的情况下自动协同工作并共享信息,具有组网方式灵活、部署展开快速及抗毁性高等特性,有为固定式、地面移动式、空中、海上等平台,以及步兵、无人机和无人地面车辆之间提供通信的能力。

3. ABMS 的能力

ABMS 系统在联合全域作战与指挥控制中的主要功能如下所述。

1) 全域态势感知及敏捷、分布式作战

ABMS 提供快速全域作战态势感知。在 ABMS 的第二次演习"on ramp2"中，利用 ABMS 全域传感器的快速连通性，提供全域作战态势感知，多域作战管理者接收到具体作战信息，同时指挥控制整个北美地区的联合作战力量，迅速采取以数据为中心的、人工智能驱动的快速决策对抗措施。

ABMS 支持分布式自适应规划和控制，特别是允许同一级别的多架飞机协商各自的角色和责任，以有效应对通信中断、飞机损失和系统故障等情况。允许指挥员更多地关注任务，而不是管理飞机航线和有效载荷等较低层次的决策，通过优化所有武器系统资源，提高飞机的生存能力。

ABMS 可利用数据启用杀伤链，实现敏捷高效作战。基于 5G 网络、云技术快速生成杀伤链。在"on ramp2"演习中，使用基于 ABMS 系统数字架构的新兴防御技术进行实弹测试，最终击落了模拟巡航导弹。

2) 基于多域传感器的数据融合和共享

ABMS 采用统一的基于云的数据存储，实现多域传感器数据融合，以用于进一步的分析和融合。ABMS 通过多域数据管理提高数据的可挖掘性和跨联合部队的信息共享，使决策者基于共享信息快速决策。同时，机器学习算法和人工智能 (AI) 算法对共享数据分析，可以发现以前未知的信息。

ABMS 通过人工智能和机器学习提供高效的数据处理效率，包括通过机器学习算法、人工智能和自动传感器融合，快速处理和融合多域传感器数据；对各域的威胁自动化的识别、分类、跟踪以及目标选取；基于各域情报，生成实时全域统一作战图；实现部分决策的自主，加快指挥决策速度，缩短杀伤链等。

3) 基于跨域态势感知能力的多域通用作战图

ABMS 通过多域通用作战图，以视图方式展示跨越空中、陆地、海洋、太空和网络空间的作战装备，并可以随时查看装备行动轨迹等信息。ABMS 提供虚拟现实战场，使用机器学习和计算机视觉来处理信息，将其生成感兴趣的对象或目标，并对这些目标进行跟踪。

4) 基于机载网管技术的平台间快速连接和信息共享

通过机载网关技术"Gateway One"，实现不同机型战斗机的连接和信息共享，在不影响其隐形能力的情况下，实现隐形飞机间通过传统无线电波通信传达重要信息。

此外，ABMS 通过"Cloud ONE"和"Edge ONE"实现各作战资源的数据安全传输。

11.4　指挥信息系统作战运用

11.4.1　指挥信息系统保障作战指挥全过程

现代作战，战场空间范围明显扩大，参战兵力成分复杂，高技术兵器比例增大，战场信息量急剧增加，对指挥的及时性和准确性提出了更高的要求，没有可靠的指挥信息系统，指挥员和指挥机关就难以对所属和配属部队实施有效的指挥。因此，指挥信息系统的建立和运用是作战指挥中一项非常重要的工作，它对于提高作战指挥效能具有极其重要的影响。各级部队在遂行作战任务时，必须迅速建立指挥信息系统，并统一组织系统的运行、防护、管理和各种保障等各项工作，以保障作战指挥的及时顺畅。

指挥信息系统保障作战指挥的主要应用体现在如图 11.4.1 所示的四个环节。

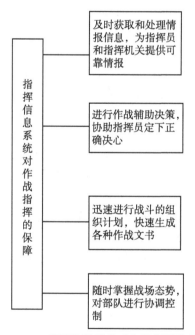

图 11.4.1　指挥信息系统对作战指挥的保障

（1）及时获取和处理情报信息，为指挥员和指挥机关提供可靠情报。在战斗的组织准备阶段，指挥信息系统的信息交换、共享和检索功能，为作战指挥信息的获取、处理与分发提供完整的技术支持。指挥中心有关单位可充分利用指挥信息系统的信息收集、处理、显示和分发功能，最大限度地为指挥员提供进行作战决策的情报支持。

(2) 进行作战辅助决策,协助指挥员定下正确决心。在指挥员考虑定下决心阶段,司令部有关部门通过指挥信息系统的数据库系统、军事专家系统、作战模拟、预案检索等手段辅助指挥员进行作战决策。

(3) 迅速进行战斗的组织计划,快速生成各种作战文书。指挥员定下决心后,司令部有关部门根据作战决心、依托指挥信息系统的功能支持,迅速制定作战计划和战斗命令,并通过指挥信息系统下达作战命令。

(4) 随时掌握战场态势,对部队进行协调控制。在战斗实施过程中,指挥员利用指挥信息系统的信息传递、显示和控制功能,对所属部队进行有效的指挥和控制。

11.4.2　指挥信息系统为作战单元提供统一态势

正确指挥决策的基础是对战场态势的正确判断,指挥员必须全面地掌握战场物理空间情况,包括敌我双方的兵力部署、作战任务、运动情况,以及所处地理环境 (如地形、天气、水深条件) 等各方面信息。指挥信息系统的重要作用之一就是利用战场感知系统获得战场情报,并迅速汇合到指挥所,经过计算机处理形成战场态势,通过监视器或大屏幕等设备清晰、直观地显示,供指挥员分析、研究,为指挥决策提供帮助。而其中的一个关键问题是各级各类态势信息之间能够形成共享,从而形成全局性的公共态势,扩展指挥员的视野,更好地了解战场情况的任何变化,及时有效地提出应变措施,同时形成对战场态势的一致理解。

以旅、营野战导弹 (高炮) 防空系统为例,旅指挥所和营指挥所都从警戒雷达获得空中目标信息,要产生一个目标分配方案和火力编组方案,决定哪个火力单位打哪批目标。对于已经出现的空情及其动态变化,旅、营两级各自进行处理与态势评价,旅指挥所得到旅防域内的态势,营指挥所得到营防区的态势。营指挥所将它的态势评价上报给旅指挥所,旅指挥所综合考虑自己的态势评价与营指挥所上报的态势,获得一个新的更全面准确的态势,以此为基础产生一个目标分配方案——哪个营对付哪批目标,并以作战命令下达到营指挥所。

公共战场态势图是指挥人员对瞬息万变的战场信息进行表示的形式,是对战场态势估计、威胁估计以及资源管理 (分配) 的基础。建立公共战场态势图的目标是要能够近乎实时地向各级指挥员提供战场空间内敌对双方的态势信息,形成对战场的一致理解。在术语“公共战场态势图”中,词汇“公共”并不意味着所有参与者都有相同的显示图形,而是意味着所有参与者都可对公共数据源进行访问,这些数据可依据特定用户的需要和设备特点以不同的方式显示。图 11.4.2 给出了一幅为美陆军数字化旅指挥员提供的作战态势图,战场上的其他指挥员也可以得到与该指挥员看到的这幅图一样的信息。

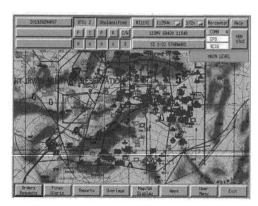

图 11.4.2   美军为旅级指挥员提供的公共战场态势图 (后附彩图)

公共战场态势的基础是异地分布的联合作战指挥员，拥有共同标绘一张战场态势图的工具集和实时响应能力。伊拉克战争中，联合作战中心有 6 个显示屏，时任美军中央司令部司令弗兰克斯从邻近的作战室就能直接观察战场，监视和指挥对伊作战。弗兰克斯能通过显示器观察到每辆坦克或每一门火炮，如运动中的伊拉克坦克，部署在巴格达的突击队，以及处于飞行段的"战斧"巡航导弹。联合作战中心收集的信息包括军事情报报告、中央情报局的卫星图像、截获的话音信号、不断更新的天气情况、"捕食者"无人机提供的实时图像、侦察机的传感器数据，以及舰船、飞机、沙漠中行进的士兵和地面战车的位置。显示屏上的战场信息每几分钟就能更新一次，如果需要，操作员还可将部队、坦克甚至单兵等显示图像放大，这大大增强了指挥员对战场态势的认知能力。

11.4.3   指挥信息系统提升作战单元的作战效能

信息化作战中，指挥信息系统给指挥员提供实时或近实时的各种作战信息，将指挥控制系统、计算机及各种数据终端组成综合的无缝网络，迅速、安全地自动传输和交换作战信息，实现信息资源共享，为指挥员迅速、正确地决策提供整个战区的作战态势，有力地提高了作战效能，其中最具代表性的就是战术数据链系统的应用。例如，美军的 E-2C 预警机，若以人工语音引导战斗机，只能进行 1~3 批目标的拦截作业；而利用数据链，则可同时进行 100 个以上目标的拦截作业。

为了验证基于战术数据链的指挥信息系统的作战效能，美国兰德公司进行了空战模拟试验。试验中，蓝方预警机为 4 架 F-15 战斗机传送战场态势信息，对抗 4 架红方飞机，模拟的交战态势如图 11.4.3 所示。

空战试验中，根据蓝方飞机之间采取的信息传输手段不同，设置两种情况：第一种情况，蓝方飞机指挥信息系统之间的信息传输只采用语音网络进行通信；第二种情况，蓝方飞机之间除语音网络外，还装备有 Link 16 战术数据链用于自动化传输态势信息。在两种情况下，红方作战飞机之间都只有语音通信方式。

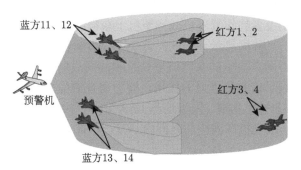

图 11.4.3 蓝红双方交战态势

第一种情况，即仅有语音网络通信条件下，蓝方的每个飞行员监控两路分离的语音通道，如图 11.4.4 所示。预警机在通道 1 向蓝方战机传送战机航迹信息，4 架蓝方战斗机之间通过通道 2 进行语音通信，完成信息共享。每一个战斗机飞行员同时收听两个通道，但同一时间只有一名飞行员能够说话。

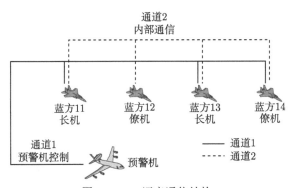

图 11.4.4 语音通信结构

由于预警机雷达天线侦察战场的一个周期为 10s，所以理想条件下，即预警机人员有时间通过语音网络传送雷达扫描信息，并且在时间允许能够通过语音网络传送这些信息的情况下，蓝方 F-15 战斗机飞行员更新一次由预警机提供的战场态势信息最快也要有 10s 间隔。除此之外，语音通信状态下的战斗机飞行员还必须理解他们从语音网络接收到的语音信息，并在大脑中生成目标航迹的三维图像。但是在快速机动的空战中，目标航迹在 10s 内会出现大幅度变化，这使得战斗机飞行员对目标的航迹位置、速度的估计极度不准确，从而影响了作战效果。

第二种情况，即同时使用语音网络和 Link 16 战术数据链进行通信并协同指挥的条件下，由于 Link 16 战术数据链采用的码分多址 (TDMA) 通信过程中，每秒由 128 个时隙组成，每个时隙都能够进行信息的传输，这使得每个网络节点都能及时接收来自其他节点的共享信息，如图 11.4.5 所示。对于战斗机飞行员，从其他装有 Link 16 设备的作战飞机或预警机上获得的共享航迹信息可以实时与本机传感器获得的信息共同显示。因此，每个飞行员都能够从装备 Link 16 设备的飞机显示器上获得同步显示的共同航迹信息和共同战场态势图像。Link 16 战术数据链在这里起到了信息倍增器的作用，即与语音通信相比，一架战斗机 (或预警机) 侦察到的信息能够实时、同步地与 Link 16 网络中的其他作战飞机共享，而语音通信只能使作战飞机在同样的时间内共享一小部分侦察信息。

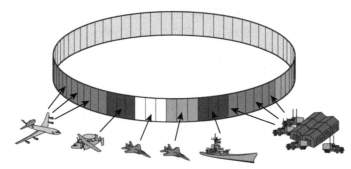

图 11.4.5　Link 16 通信结构

考虑如图 11.4.3 所示的交战态势，红蓝双方战斗机 4 对 4 交战。蓝方 4 架战斗机接收蓝方预警机的预警信息，并由预警机引导攻击红方战斗机。此时，预警机装备有能够覆盖整个战场范围的雷达。蓝方战斗机中的 2 架 (蓝方 11 和 12) 用雷达锁定了红方战斗机中的 2 架 (红 1 和红 2)。红方战斗机中的 2 架 (红 3 和红 4) 虽然不在任何一架蓝方战斗机的视界，但是被蓝方预警机侦察到。

对于上述两种试验情况，分别从四个方面对比蓝方作战飞机的信息质量。

(1) 完全性 (探测)：蓝方对所有交战飞机 (包括 4 架红方和 5 架蓝方) 航迹探测的百分比。

(2) 正确性 (识别)：正确识别目标身份 (红、蓝或中立飞机) 的百分比。如果身份识别正确，得 1.0 分；如果识别错误或无法识别，得 0 分。

(3) 准确性 (位置)：蓝方获得目标实时航迹位置报告 (来自直接侦察或网络通信链) 的百分比。如果位置报告延迟少于 1s，被认为是实时的，得 1.0 分；如果位置报告延迟 1~10s，则被认为是非实时的，得 0.25 分；如果超过 10s，得 0 分。

(4) 精确性 (速度)：蓝方对目标航迹速度报告的百分比。与 (3) 类似，航速报告在 1s 内得 1 分，1~10s 得 0.25 分，如果更长则为 0 分。

如图 11.4.6 所示，装备 Link 16 的蓝方作战飞机比只装备语音网络的飞机具有更好的信息质量，尤其在位置和速度指标上，提升更加明显。

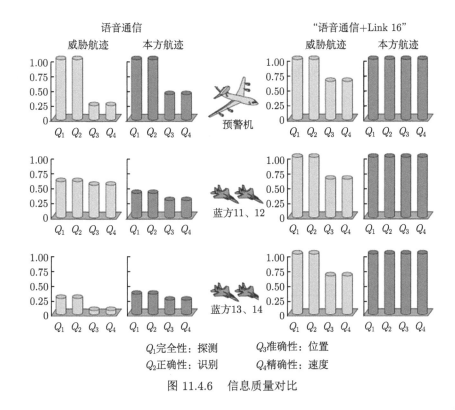

图 11.4.6 信息质量对比

装备 Link 16 战术数据链从两方面改善了飞机的态势感知和决策能力。首先，使用基于 Link 16 数据链的指挥信息系统的飞行员比仅使用语音网络的飞行员能在更短时间内获得对作战态势 (如红、蓝双方战斗机的位置) 的感知。在只有语音通信的情况下，飞行员必须持续地收听语音航迹描述，在脑海里转化为速度和位置信息，并预测在信息传送时间内对方可能的去向，同时还需注意收听进一步的信息。采用 Link 16 战术数据链，战场中所有被探测到的飞机的精确位置和速度信息以持续更新的图像方式呈现，飞行员态势感知的过程非常快，并且几乎是自动的。依靠 Link 16 战术数据链使得信息获取和态势感知的时间大为缩短，如图 11.4.7 所示。飞行员可以利用这段节省下来的时间对态势进行思考，以获得更好的决策，把握更好的时机，取得更大的杀伤效果。

其次，增强的感知能力和更多的决策时间使得飞行员提升了空战的作战效能 (图 11.4.8)，主要表现在以下几个方面：

(1) 在相同时间内交战数量的增加。在战斗机用光燃料前只有有限的时间进行交战，而装备 Link 16 战术数据链的飞行员能够快速地确定最有效的攻击路径，使有限时间内的交战数量增加。

(2) 僚机的作用大大提高。传统空战中，僚机承担为长机提供观察与保护的职责。拥有 Link 16 战术数据链后，敌机的位置和身份信息对于所有的蓝方战斗机飞行员都是共享的，所有蓝方飞机看到的作战态势也是一致的，所以长机会给僚机更多进行攻击的机会，从而产生双倍的火力效果。

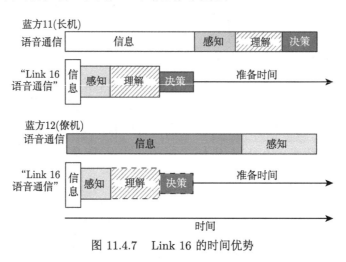

图 11.4.7   Link 16 的时间优势

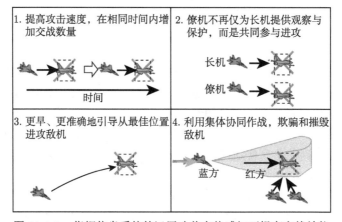

图 11.4.8   指挥信息系统的运用改善态势感知而提高空战效能

(3) 利用与其他作战飞机共享的航迹信息，可以更快、更准确地抢占最佳攻击位置。这种作战方式将预警机或其他传感器提供的威胁信息在最大程度上转化为战斗力。

(4) 由于蓝方飞行员知道所有本方飞机的位置，所以他们有更多的机会以协同作战的方式来攻击目标。

表 11.4.1 给出了只有语音通信和采用基于 Link 16 战术数据链指挥信息系统两种情况下的交战损耗比 (红方战斗机被击毁数量除以蓝方战斗机被击毁数量)。

这是基于 12000 次战术空战试验得到的结果。一般来说，无论是白天还是夜间条件下，Link 16 战术数据链带来的作战效能都可以提高 2.5 倍。

表 11.4.1 损耗比对比结果

	语音	"语音 +Link 16"
白天	3.10 : 1	8.11 : 1
夜晚	3.62 : 1	9.40 : 1

思 考 题

(1) 简述指挥信息系统的概念。

(2) 指挥信息系统主要包含哪些分系统？其系统结构如何？

(3) 指挥信息系统的基本功能是什么？

(4) 指挥信息系统的特点是什么？

(5) OODA 循环的含义是什么？OODA 环的纵向和横向扩展是什么含义？

(6) 结合指挥控制过程，简述指挥信息系统对熵不增原理的体现。

(7) 如何理解指挥信息系统综合集成能够带来作战效能的提升？试举例说明。

(8) 解释互联、互通和互操作的概念和意义。

(9) 简述"宙斯盾"系统的组成和工作过程。

(10) 以数据链的应用为例，说明指挥信息系统对作战效能的提升作用。

参 考 文 献

曹雷, 等. 2012. 指挥信息系统. 北京: 国防工业出版社.

蓝羽石, 毛少杰, 王珩. 2015. 指挥信息系统结构理论与优化方法. 北京: 国防工业出版社.

李德毅, 曾占平. 2004. 发展中的指挥自动化. 北京: 解放军出版社.

郦能敬. 1998. 预警机系统导论. 北京: 国防工业出版社.

刘禹彤, 张洋. 2021. 美空军先进作战管理系统项目进展及启示. 飞航导弹, (5): 13-16.

罗雪山, 陈洪辉, 刘俊先, 等. 2008. 指挥信息系统分析与设计. 长沙: 国防科技大学出版社.

谭东风. 2009. 高技术武器装备系统概论. 长沙: 国防科技大学出版社.

童志鹏, 刘兴. 2008. 现代电子信息技术丛书: 综合电子信息系统——信息化战争的中流砥柱. 2 版. 北京: 国防工业出版社.

张锦涛, 等. 2006. 全球信息栅格. 北京: 国防工业出版社.

周海瑞, 张臻. 2020. 美国空军先进作战管理系统及启示. 指挥信息系统与技术, 11(4): 57-63.

周俊. 2008. 军事信息系统集成理论与方法. 北京: 解放军出版社.

Alberts D, Garstka J, et al. 2007. 网络中心行动的基本原理及其度量. 兰科研究中心, 译. 北京: 国防工业出版社.

第 12 章　武器装备体系对抗及其效能评估

为了认识和研究武器装备体系对抗的复杂性，利用数学方法进行描述和分析便是一种自然的想法。虽然战争或复杂武器系统的体系对抗是否可以数学化，仍然存在截然不同的观点 (Bergstein, 2003；Clausen, 2003)，而且建立数学模型也并不能完全预测战争的结果，但利用数学思维和方法有助于理清复杂武器装备体系对抗的基本逻辑，进而借助合理的抽象与严谨的演绎，获得对规律的理论认识。本章试图应用数学的理论和方法讨论武器装备体系对抗及其效能评估。

12.1　基本概念与方法

武器效能 (weapon effectiveness) 是指武器装备在特定环境条件下完成给定作战任务或达到预期目标的程度，因此，武器效能度量和评估历来是作战能力分析的一个基本问题。由于任何武器效能评估都离不开对抗的环境与行为，因此武器装备体系作战效能评估应该以体系对抗建模和分析为基础。

12.1.1　武器装备系统能力与效能

武器装备能力 (capabilities) 是指装备系统在规定的环境条件下遂行规定任务达到规定目标的本领。例如，现代坦克是具有火力、防护、机动和信息能力的陆战装备，陆军武器装备体系的能力应该包括部署能力、机动能力、杀伤能力、突击能力、生存能力和持续能力等 (李志猛等, 2013)。

武器装备的能力如何，人们一般用效能来衡量和评估。

逻辑上，武器装备效能具有层次性，自下而上包括性能、单项效能、系统效能和作战效能。

(1) 性能 (characteristics)：是武器系统的行为属性，反映系统物理或结构的行为参数和任务要求参数。以火炮系统为例，典型的性能指标有：口径、射程、射速、精度、威力、机动性、可靠性、可维护性、生存性等。一般地，性能是效能的基础。

(2) 单项效能 (key performance parameter, KPP)：就单一使用目标运用武器系统所能达到的程度，单项效能对应装备完成单一目标作战行动的程度，如防空武器系统的射击效能、探测效能、指控效能等。

(3) 系统效能 (system effectiveness，又称综合效能)：武器系统在一定条件下满足一组特定任务要求的可能程度，是对武器系统的一种综合评价，一般通过对单项效能进行综合评估获得，反映的是"平均或总体"意义下的武器系统综合能力水平，例如，尽管两种型号坦克在单项效能上互有优劣，但综合上某型号坦克的系统效能可能优于另一型号。

(4) 作战效能 (operational effectiveness)：在规定条件下，运用武器系统的作战兵力执行作战任务能够达到预期目标的程度。其中执行作战任务应包括武器系统在实际作战中可能承担的各种主要作战任务。一般而言，不但要考虑己方而且需要考虑对方 (即作战对象和第三方等)，不但包括杀伤敌方而且包含保护己方等。

除此之外，武器装备效能还具有结构上的层次性，如单件 (类) 武器系统效能和武器装备体系 (系统的系统，system of systems) 效能等。

能力与效能的区别在于：第一，能力是武器装备在规定条件下的固有属性，而效能是具有该能力的系统在实际 (特别是对抗) 环境条件下的外在表现；第二，从系统运行的结果看，能力说明系统在规定条件下运行所能达到的目标结果，而效能说明实际结果符合系统设计能力预期结果的程度。

在评估单件武器效能方面，李璟 (2013) 用物理参数定义武器的杀伤力，即发射弹丸的冲量 (弹丸质量乘以初速) 乘以射速。美国军事历史学家杜派 (Dupuy)(1985)依据武器射程、发射率、精度、杀伤半径、每次袭击目标数量、可靠性、战场机动能力、易损性和目标分散特性等因素确定武器的作战致命指数 (operational lethality index，OLI)，并且基于作战致命指数，综合考虑作战平台上的武器数量、平均机动性、易损性、活动半径、火力控制效应、弹药支援效应等因素，来确定作战平台的致命指数。评估武器装备体系综合作战能力的一种常用方法是指数法，其基本思路是以选定的武器装备为基准，采用某种统一的定量标准 (即指标) 度量各种武器装备单件的作战能力，所得的数值即为每件武器装备的"指数"。把各类装备的数量与相应装备指数以一定方法综合计算，就得到装备总能力的总指数。例如，军事装备指数 (military equipment index, MEI) 是一个国别军事能力的评估指标体系，它以大中型装备的数量和质量等作为主要考察要素并进行加权汇总 (Meisel et al., 2020)。

以陆军武器装备体系作战能力评估为例 (张最良等，2009)，首先，依据联合作战对陆军武器装备体系整体作战能力的要求——快速反应、决定性作战、最小损失以及有限的依赖性，提出评估的各项指标：部署能力、毁伤能力、机动能力、突击能力、生存能力和持续作战能力。然后，在武器装备体系基本组成结构的基础上，建立体系作战能力层次化的评估指标体系，如图 12.1.1 所示。

指标体系是一种系统化的定性定量指标集合，基于指标体系进行效能评估是当前普遍采用且简便易行的方法。在一般基于还原论思维建立的指标体系中，要求指标具有系统性、独立性、可量化等，例如，同一层次的指标之间具有独立性，以便评估时方便对所获得的同层指标量值进行综合，最常用的是加权平均法，如 MEI 所采用的方法。然而，对于现实中复杂的武器装备体系及其对抗来说，各种因素往往是相互依赖、高度耦合的，因此，独立性要求会导致评估方法过度简化，从而面临一些方法论问题 (胡晓峰等，2019)。此外，这些静态的评估方法没有考虑到武器装备在战场上的体系对抗和作战运用要求，因此，还需要借助一些其他数学方法来描述武器装备的体系对抗过程并评估其作战效能。

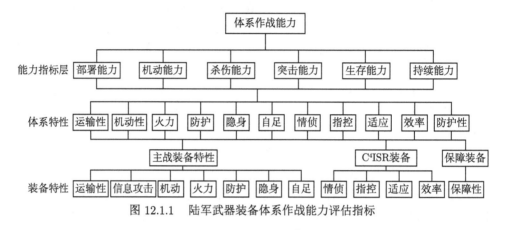

图 12.1.1 陆军武器装备体系作战能力评估指标

12.1.2 体系对抗建模方法简述

战争具有时代性，战争建模理论亦然。通过对各时代体系对抗中火力、网络、信息、决策和博弈等建模理论的概要式回顾，选择性介绍一些经典的体系对抗建模与评估理论，同时也作为 12.2 节所述理论的预备知识。

1. Lanchester 模型

1916 年，英国航空工程师 F. W. Lanchester 在其划时代著作《飞机：陆军的第四兵种》中，系统论述了飞机作为一种新兴作战力量的现状与前景。相对于传统陆军的三大兵种，即步兵、炮兵和骑兵，飞机作为一种具有独特优势的新型作战力量，堪称第四兵种。Lanchester 敏锐地洞察到空战场与传统陆战场的显著差异，首次提出了描述 (空中) 直瞄火力或近距战斗兵力毁伤的定量方法，即著名的 Lanchester 微分方程组

$$\begin{cases} \dot{x} = -by, & x_0 = R \\ \dot{y} = -ax, & y_0 = B \end{cases} \tag{12.1.1}$$

其中，$x(y)$ 表示参战单元的剩余数量；战损系数 $a(b)$ 表示参战单元单位时间击毁敌方单元的数量，这是一个综合反映参战武器性能和使用效率 (即战力) 的经验性

参数，由于战斗中剩余兵力数量呈递减趋势，因此整体上敌方单元数量的变化率 $\dot{y}(\dot{x})$，即单位时间被击毁的单元数量是负值。

求解微分方程组 (12.1.1)，得

$$ax^2 - by^2 = ax_0^2 - by_0^2 = K \tag{12.1.2}$$

其中，K 是常数。当 $K = 0$ 时，参战双方整体战力 (即作战效能) 相当；$K > 0$ 时，x 胜 y，否则，y 胜 x。式 (12.1.2) 称为 Lanchester 平方律，它表明在采用直瞄射击武器的战斗中，兵力 (武器) 的数量比质量对提升整体战力或作战效能的影响更大，这为在特定的时空集中优势兵力进行战斗提供了数理依据。

百余年来，Lanchester 方程经历了不断改进和完善，目前，Lanchester 模型仍是一种战斗毁伤建模和评估的常用方法。

2. 多兵种战斗模型

更一般地，考虑多个使用不同武器装备的"兵种"参与的战斗，假设多个兵种"协同"攻击敌方目标的效果可以线性累加，M 对 N 多兵种 Lanchester 方程组为

$$\begin{cases} \dot{x}_i = -\sum_j \beta_{ij} y_j, & i = 1, \cdots, M \\ \dot{y}_j = -\sum_i \alpha_{ji} x_i, & j = 1, \cdots, N \end{cases} \tag{12.1.3}$$

其中，$x_i(y_j)$ 是 x 方 (y 方) 第 $i(j)$ 兵种的剩余兵力数量，各兵种对目标的实际战损系数与武器效能和火力分配决策有关：

$$\begin{aligned} \alpha_{ji} &= a_{ji}\phi_{ji}, \\ \beta_{ij} &= b_{ij}\varphi_{ij}, \end{aligned} \quad i = 1, \cdots, M, \quad j = 1, \cdots, N \tag{12.1.4}$$

其中，$a_{ji} \geqslant 0 (b_{ij} \geqslant 0)$ 是 x 方 (y 方) 兵种 $i(j)$ 对 y 方 (x 方) 兵种 $j(i)$ 的战损系数；$\phi_{ji} \geqslant 0 (\varphi_{ij} \geqslant 0)$ 是 x 方 (y 方) 兵种 $i(j)$ 被配置攻击 y 方 (x 方) 兵种 $j(i)$ 的兵力数量占比，体现一种火力分配策略或战斗决策，显然，$\sum_j \phi_{ji} \leqslant 1 \left(\sum_i \varphi_{ij} \leqslant 1 \right)$。

求解模型式 (12.1.3) 的"最佳"兵力分配是一个困难的微分博弈问题 (沙基昌，2002)，目前尚无一般性理论。即便事先给定兵力分配决策，求解所得到的线性常微分方程组的一般解也比较复杂 (Taylor，1983；Przemieniecki，2000)，目前，也尚不知道是否存在类似式 (12.1.2) 的"平方律"形式。

进入信息时代，时常有人问及 Lanchester 模型还有用吗？要回答这个问题，不妨来比较一下传统战场与现代战场的异同 (谭东风，2013)。Lanchester 模型针

对的传统战场是近距自然地理空间，参战单元往往是全能的、独立的和密集的，交战以"近距通视"和"直瞄射击"为主；而现代战场是自然空间与人工空间的融合，作战单元则是专能的、协作的和分布的。然而，各种传感器和信息网络使得多维空间重新变得"通视"；远程精确武器使"远程直瞄"甚至"网络直瞄"成为现实；互联的指挥信息系统能够实时感知态势，并迅速、有效、智能地调动分散的战斗资源。可见，信息时代体系对抗的数字化战场已经日益突破物理局限，实现了新的、更高水平的"通视"与"直瞄"，Lanchester 作战理论仍有指导意义和应用价值，当然，也需要与时俱进，创新、融合新的建模理念和方法。

3. 信息时代战斗模型

美军退役中校 Cares(2006) 提出信息时代的战斗模型 (IACM)，首次将体现指挥信息过程的网络图引入战斗建模，并提出攻击环 (combat cycle，又译作战环) 的重要概念。在 IACM 模型中，作战体系是一个由不同作战功能的装备实体组成的网络，对敌方 (实体) 目标的攻击能力由一个围绕目标 (T)→ 探测 (S)→ 决策 (D)→ 攻击 (I)→ 目标 (T) 的闭环实现，这个闭环称为攻击环，如图 12.1.2(a) 所示；T、S、D、I 各类节点之间所有可能的联系，如图 12.1.2(b) 所示。IACM 的重要意义在于，它揭示了在信息化作战中武器装备的相互联系和依赖性对于形成和保持战斗力的作用，如果攻击环不存在或被截断，则作战体系不具备或丧失对敌方实体目标的攻击能力，因此，网络化体系对抗意味着"形成或维持己方攻击环，同时破击敌方攻击环"，即"以环制环"。

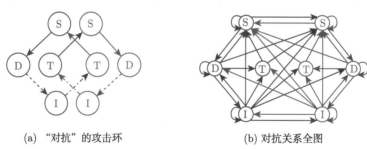

(a) "对抗"的攻击环　　　　　　　　　　(b) 对抗关系全图

图 12.1.2　信息时代战斗模型 (IACM)(后附彩图)

目前，一般以攻击环数量作为作战网络的效能指标，并普遍采用非负矩阵的 Perron-Frobenius 特征值静态地度量参战方网络的攻击环数量，这种方法虽有一定相关性但没有考虑攻击环的质量 (如攻击目标的价值) 和对目标的覆盖情况，而且由于攻击环之间往往相互重叠，简单地进行数量累加与比较也不甚合理。更加复杂的情况是双方的攻击环往往缠绕在一起，往往相互增强或抵消彼此的威力。

针对 IACM 研究的上述问题，在 12.2.5 节中，作为提出的体系对抗动态博弈模型的应用，介绍了一个基于 IACM 的动态博弈的基本思路，请有兴趣的读者可以以此进一步研究。

4. 博弈论模型

当两个以上利益相关的行为人 (简称玩家) 互动时，每个追求自己利益最大化的玩家必然面临相互影响的决策，这种场景就是博弈，博弈论在国防分析中有着广泛的应用 (Ho et al.，2021)。

在博弈论中，一个扩展型博弈模型一般包括三个要素 (王则柯和李杰，2010)：

(1) 两个及以上参加博弈的玩家，记 $1, 2, \cdots, n$；

(2) 每个玩家可以采取的行动，即纯策略集，记 $S_1, S_2, \cdots, S_n$；

(3) 各玩家策略所获的收益，即支付函数，记 $u_1, u_2, \cdots, u_n$，且每个支付函数具有如下形式：

$$u_i : S_1 \times S_2 \times \cdots \times S_n \to R, \quad i = 1, 2, \cdots, n \tag{12.1.5}$$

因此，一个博弈可以表示为 $\langle S_1, S_2, \cdots, S_n; u_1, u_2, \cdots, u_n \rangle$。此外，一般模型假定每个玩家知道上述 (1)~(3)，并且知道其他玩家也知道 (1)~(3)。

概念上，完美信息博弈指玩家了解所有策略及其支付，并且知道其余所有玩家亦然；否则，则称为不完全信息博弈。静态博弈指所有玩家同时采取行动，或者尽管行动有先后顺序，但后行玩家不知道先行玩家的策略。动态博弈指对于先行玩家的策略及其结果，后行玩家不但知道而且能够相应地调整策略 (Maschler et al.，2013)。

当前博弈理论一般分为两大类：合作博弈与非合作博弈。当前，合作博弈主要研究玩家为收益最大化应该如何分配合作收益，即收益分配问题；而非合作博弈则研究玩家为收益最大化应该如何行动，即策略选择问题。

纳什均衡 (Nash equilibrium) 是非合作博弈的一个重要基础概念，不妨这样通俗地理解纳什均衡，在一个人人都只追求自己利益最大化的环境中，那个没有人能够单独改变的局面或状态就是纳什均衡。数学上，它是这样一种策略组合 (s_i^*, s_{-i}^*)，每一个玩家 i 都无法通过单独改变策略而提升自身的收益，形式化为

$$\forall s_i \in S_i : u_i(s_i^*, s_{-i}^*) \geqslant u_i(s_i, s_{-i}^*), \quad i = 1, 2, \cdots, n \tag{12.1.6}$$

其中，s_{-i} 表示除玩家 i 以外所有玩家的策略组合。

一般将纳什均衡及其支付 $u_i(s_i^*, s_{-i}^*)$ 称为博弈的解。纳什证明了有限策略的博弈一定存在 (混合) 策略纳什均衡。有限博弈是指有限玩家，且每个玩家只有有限种纯策略。混合策略是一种玩家按一定的概率分布选择纯策略的策略，而纯策略则可视为一种特殊的混合策略；随机策略是满足均匀分布的混合策略。例如，

在"石头剪刀布"游戏中，虽然不存在纯策略纳什均衡，但存在混合策略纳什均衡，即玩家都以均等的概率 (1/3)"出手"的随机策略，这说明即使在完美信息条件下，竞争性的博弈也会产生不确定性。

在刘慈欣的科幻小说《三体 II·黑暗森林》中有这样梦幻般的描述，外星人间谍智子潜入地球并对地球人实施全面监视，为了人类文明的生存与发展，联合国开展了面壁行动，指定面壁者作为"战略计划的制定者和领导者"，例如，面壁者之一罗辑，面壁者既不对外交流也无须任何解释。由于无论是人类还是智子都无法窥探人的内心世界和思维活动，加之跨世纪的星际信息延迟，使人类以最大的战略不确定性保持了对智子及其外星文明的战略优势。

下面，分别简要介绍两种特殊的非合作博弈与合作博弈理论。

1) 二人零和博弈

这是冯·诺依曼 (John von Neumann) 创立现代博弈论时最先研究的博弈，二人零和博弈 $G = \langle S_1, S_2, F, -F \rangle$ 是一种特殊的非合作博弈，由 $F + (-F) = 0$ 而得名，其中，S_1, S_2 分别是玩家 1，2 的有限纯策略集合；玩家 1 的支付函数可表示为矩阵 $F = (f_{\alpha\beta} : \alpha \in S_1, \beta \in S_2)$，玩家 2 的支付函数则是 $-F$，即一方的收益是另一方的损失，反之亦然；由于玩家利益根本对立，因此非常适合描述战斗冲突。二人零和博弈可以简化为 $G = \langle S_1, S_2, F \rangle$，也称矩阵博弈，两个玩家虽共享同一个 (矩阵) 支付函数，但价值取向相反，玩家 1 仍追求支付最大化，而玩家 2 则相反，追求支付"最小化"。

冯·诺依曼证明了矩阵博弈 $F = (f_{\alpha\beta})$ 有纯策略均衡 (解) 的充要条件 (极小极大解定理) 是，存在纯策略组合 $\alpha^*\beta^*$ 使得

$$\min_{\beta} f_{\alpha,\beta} = f_{\alpha,\beta^*} \leqslant f_{\alpha^*,\beta^*} \leqslant f_{\alpha^*,\beta} = \max_{\alpha} f_{\alpha,\beta} \tag{12.1.7}$$

极小极大解 (纯策略均衡) 可用"鞍点"直观地表示，在矩阵博弈的 $f_{\alpha\beta}$ 曲面上，每一个点都在 α 方向竭力向上爬，同时在 β 方向尽力往下滑，当运动到"鞍点"时，这两种趋势达到了妥协和平衡，此时，任何一个方向都不再尝试单独改变位置。如图 12.1.3 所示，其中箭头所指处为"鞍点"。

冯·诺依曼还证明了矩阵博弈一定存在混合策略均衡解，并且证明了其与线性规划解的等价性。混合策略均衡的军事意义不言自明，即战争"迷雾"并不会随着技术进步和战场变得日益"透明"而彻底消失，它是冲突和战争的固有属性。

例 12.1.1　攻防博弈。

在攻防对抗中，由于战线漫长、兵力有限且机动受限等因素，攻防双方的指挥官都面临一个难题，就是在开战之前只能选择有限地点进行重点攻击或防御。不失一般性，假设只能攻击或防御两个点，甲和乙。考虑如下博弈 (图 12.1.4)，如

果攻击方的主攻方向选择了防御方的主阵地，则必败无疑 (−1)；反之，则攻击方有较大概率取得突破，单方面地看，主攻方向甲较乙更"有利" (0.8>0.6)。

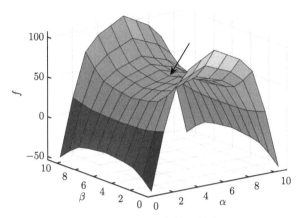

图 12.1.3　零和博弈的"鞍点"

攻 \ 守	甲	乙
甲	−1	0.8
乙	0.6	−1

图 12.1.4　攻防博弈

　　显然,该博弈没有纯策略均衡,但具有混合纳什均衡,博弈支付期望为 −0.1529,即守方略占优势；攻方的均衡策略为分别以概率 0.4706，0.5294 选择甲、乙作为主攻方向；而守方的均衡策略是分别以概率 0.5294，0.4706 选择甲、乙作为主防方向。为了迷惑对方，攻、守双方的均衡策略均使对方找不到有明显优势的纯策略。例如，当攻方执行混合均衡策略时，守方主防甲的期望支付 ((−1)×0.4706+0.6×0.5294 = −0.1529) 与主防乙的期望支付是相同的 (0.8×0.4706+(−1)×0.5294 = −0.1529)；反之亦然。

　　在体育竞赛中类似情况也很常见，例如，在惊心动魄的世界杯点球大战中，每个点球无不挑战攻、守球员的技战水平、心理素质和临场表现，扑朔迷离的结果更是极具戏剧性。由于大多数球员习惯右脚射门，而用脚内侧更易控球，通常射门自然偏向球门左侧。然而，统计研究却发现 (Palacios-Huerta, 2003)，点球中主罚球员们会以 60% 的机会射向球门右侧，而守门员相应地有 58% 的可能会扑向右侧 (射门视角)，奇妙的是这个统计结果居然符合纳什均衡理论的预测。玩家真是玩家！

2) 合作博弈

在许多场合, 多个玩家通过协作或配合共同完成任务, 可获得单个玩家或小群体所无法实现的更大效益 (或更小成本), 这是一种 "1+1>2" 的系统涌现效应。合作博弈中玩家的策略是选择加入合作团体, 即联盟, 那么, 为了促成和保持联盟, 从而保障玩家利益最大化, 究竟应该怎样公平合理地分配联盟的合作收益呢?

合作博弈的特征型 $C = \langle N, v : 2^N \to R \rangle$, 其中, N 是所有玩家, 2^N 是 N 的幂集, 即 N 的所有子集的集合; $v(S)$ 是联盟 $S \in 2^N$ 的支付, $v(\phi) = 0$。一般而言, $v(S) \neq \sum_{i \in S} v(i)$, 其中 $v(i) = v(\{i\})$ 是单干的收益, 显然合作效益是非线性的。

联盟 N 中玩家 i 从合作 v 的集体收益 $v(N)$ 中获得收益份额 $\varphi_v(i)$, 如果满足如下条件, 称 φ_v 是合作 v 的一个分配

$$\varphi_v(i) \geqslant v(i), \quad i \in N \tag{12.1.8}$$

$$\sum_{i \in N} \varphi_v(i) = v(N) \tag{12.1.9}$$

其中式 (12.1.8) 体现合作的个体合理性, 即玩家参与合作获得的份额不低于单干收益 (或分摊成本不高于单干成本), 式 (12.1.9) 体现合作的集体合理性, 即分配的总额既没 "超支" 也不 "结余"。

如果 φ_v, ψ_v 分别是合作 v 的两个分配, 满足如下条件, 称 φ_v 关于联盟 S 优超 ψ_v

$$\varphi_v(i) > \psi_v(i), \quad i \in S \tag{12.1.10}$$

$$\sum_{i \in S} \varphi_v(i) \leqslant v(S) \tag{12.1.11}$$

显然, 在联盟 S 中分配 φ_v 相较分配 ψ_v 更为所有玩家认可 (12.1.10) 且具备实现的条件 (12.1.11)。

如果对于所有联盟 S, 都有 φ_v 关于联盟 S 优超 ψ_v, 称 φ_v 优超 ψ_v。基于优超概念, 可以得出合作博弈的一个重要解——核心 (core), 它是由不被任何分配优超的分配组成的集合。核心是合作博弈的一种集合解, 核心中可能包含许多分配, 但也可能是空集。

由于公平合理的原则多种多样, 所以合作博弈的理论解亦多样且复杂, 另一种基于公理化方法, 并且使用广泛的合作博弈解是 Shapley 值, 它的思路是玩家 i 应获得的合作收益是其边际收益 $v(S) - v(S \backslash i)$ 的数学期望:

$$\varphi_v(i) = \sum_{S \subseteq N} \frac{(|S| - 1)!(|N| - |S|)!}{|N|!} (v(S) - v(S \backslash i)), \quad i \in N \tag{12.1.12}$$

Shapley 值的重要性质是有时不一定满足个体合理性, 但满足有效性公理 (efficiency axiom), 即集体合理性

$$v(N) = \sum_{i \in N} \varphi_v(i) \tag{12.1.13}$$

曾经有大学生辩论竞赛出过这样的辩题: 解决城市交通拥堵问题, 是应该多修道路, 还是应该完善交通控制系统? 外军在装备采办中也曾发生过类似的困惑: 是优先采购先进的空中指控系统, 还是多采购新一代战机? 如果仅从局部视角出发采用零和博弈思维, 则可能很难得出正确的结论。但如果将道路与交通控制系统、先进战机与预警机系统各自视为一个完整体系中的有机组成, 采用合适的量化评估方法, 结论也许完全不同 (杨克巍等, 2019)。

例 12.1.2 单元体系贡献率评估问题。

在一个作战体系中, 有一个指挥/补给中心 C 和两个火力单位 J 和 K, 指挥中心加上任何一个火力单位都有效, 但缺失火力单位或指挥中心就会失效。设有效或失效的支付分别为 1 或 0, 该合作博弈的 (支付) 特征函数为: $f(\text{CJK}) = f(\text{CJ}) = f(\text{CK}) = 1$, 对于其余所有集合 S, 均有 $f(S) = 0$。依据 Shapley 值理论, 各单位对作战体系的价值或贡献率分别为指挥中心 $\varphi_f(\text{C}) = 2/3$ 和每个火力单位 $\varphi_f(\text{J}) = \varphi_f(\text{K}) = 1/6$。

对于有 n 个火力单位的体系, 指挥中心的价值或贡献率为 $n/(n+1)$, 每个火力单位的价值为 $1/(n(n+1))$。该例子说明, 现代战争中指挥控制体系在整个武器装备建设中的核心地位。

例 12.1.3 多火力体系协同攻击问题。

给有多个火力的火力体系最优地分配多个目标, 即武器目标分配 (weapon target assignment, WTA) 是一个武器运用的基本问题 (Kline et al., 2019), 已知该问题在计算复杂性上是 *NP* 完全的 (Lloyd 和 Witsenhuasen, 1986); 另外, 让多个火力集中攻击同一个目标, 虽然有一部分 "浪费", 但却是提高目标毁伤概率的常用方法, 如何恰当地定量每一个参与武器的实际效能, 是一个武器的作战贡献率问题。

设 N 个火力对 M 个目标的所有攻击关系及其效能如式 (12.1.14) 所示

$$P_{NM} = \begin{pmatrix} p_{11} & p_{12} & \cdots & p_{1M} \\ p_{21} & p_{22} & \cdots & p_{2M} \\ \vdots & \vdots & & \vdots \\ p_{N1} & p_{N2} & \cdots & p_{NM} \end{pmatrix} \tag{12.1.14}$$

其中, $p_{ij} > 0$ 表示火力 i 单独攻击目标 j 时, 命中并摧毁目标的概率。

WTA 可形式化为如下数学规划问题, 其中 V_j 是目标 j 的价值, d_{ij} 是武器目标分配决策, 即 $d_{ij} = 1$ 表示给武器或火力 i 分配目标 j, 否则, $d_{ij} = 0$。

$$\text{Max} \quad f = \sum_{j \in M} \left(1 - \prod_{i \in N} (1 - p_{ij})^{d_{ij}} \right) V_j$$

$$\text{s.t.} \quad \sum_j d_{ij} = 1, i = 1, 2, \cdots, N, \tag{12.1.15}$$

$$d_{ij} \in \{0, 1\}, \quad i = 1, 2, \cdots, N, \quad j = 1, 2, \cdots, M$$

多火力协同攻击问题则可以抽象为一个合作博弈问题 $\langle N, f_j \rangle$，其特征函数为

$$f_j(S) = 1 - \prod_{i \in S} (1 - p_{ij}), \quad f_j(\phi) = 0, \quad S \subseteq N = \{1, 2, \cdots, N\} \tag{12.1.16}$$

如果利用 Shapley 值，火力 i 对目标 j 的实际攻击效能

$$\varphi_{f_j}(i) = p_{ij} \sum_{S \subseteq N} \frac{(|S| - 1)!(N - |S|)!}{N!} \prod_{i' \in S \setminus i} (1 - p_{i'j}), \quad i \in N \tag{12.1.17}$$

显然，这也是一个 NP 完全问题，对于联盟固定或受限的合作，也许需要尝试更有针对性的支付分配方案[①]。

12.2　武器装备体系及其对抗建模

现代战争不但体现为力量的比拼，信息的较量，更是智慧的博弈和体系的对抗，针对当前体系对抗建模中缺乏对信息网络体系、指控博弈以及动态对抗描述的情况，这里提出一种具有整体性、对抗性、动态性以及博弈智能的武器装备体系作战效能评估理论。

12.2.1　武器装备体系的超图模型

复杂武器装备体系各部分组成相互关联，形成一个复杂的网络系统，用武器装备体系超图模型来表示这种网络体系结构

$$H_X = \langle X, S_X : S_X \subseteq 2^X \rangle \tag{12.2.1}$$

其中，X 是超图的节点集合，S_X 是 X 的子集组成的集合，是超图的超边集合，每条超边 $s \in S_X$ 包含一个以上实体单元。我们所熟悉的图 (graph) 是每条超边包含的元素个数不超过 2 的特殊超图。

---

① 具体到该问题，按比例分配原则也许更加合理而且简便

$$\varphi_{f_j}(i) = \frac{p_{ij}}{\sum\limits_{i \in N} p_{ij}} f_j(N) = \frac{p_{ij}}{\sum\limits_{i \in N} p_{ij}} \left(1 - \prod_{i \in N} (1 - p_{ij}) \right), \quad i \in N \tag{12.1.17'}$$

在武器装备体系超图模型中, 节点是体系组分的抽象, 超边既是单元之间关系的抽象 (虽然没有明确表示出来), 也是使装备系统具备 (攻击) 能力的最小单元集合, 毫无疑问, 是超边中单元之间的某种联系涌现出了装备系统的作战能力, 例如, 由探测单元、指控单元和导弹发射单元实体 "集成" 为一个装备综合体 —— 导弹武器系统。与 IACM 相比, 超图模型的抽象性和简单性, 既可以减少模型描述的困难, 也使模型更具概括性或 "泛化" 能力。

例 12.2.1 防空武器装备体系超图。

由三部导弹发射车 $M1$, $M2$, $M3$, 一部雷达 R 和一辆指挥车 C 集成三个具备防空能力的攻击系统 $S1$, $S2$, $S3$, 该防空武器装备体系超图 (X, S_X) 表示如下, 图示见图 12.2.1。

$X=\{R, C, M1, M2, M3\}$;
$S_X=\{S1=\{R, C, M1\}, S2=\{R, C, M2\}, S3=\{R, C, M3\}\}$

12.2.2 武器装备体系的生成与破击

在武器装备体系超图模型中, 武器装备体系战斗力的生成与丧失具有不对称性: 必须所有单元实体工作才能保证所属攻击系统的作战能力, 即对系统而言其必要单元一个都不能少; 相应地, 只要攻击系统中任何一个必要实体单元毁伤或缺失, 则系统失能。

设体系 S 由若干系统 S_i 组成, 系统由若干单元 s 组成, 利用逻辑代数学中的量化规则和逻辑运算来定性地表示和判断体系是否具有效能: 用 $X^v=1$ 表示 X 有效, 即能够正常工作或有能力; $X^v=0$ 表示 X 失效。有如下逻辑表达式表示的体系能力生成律和破击律:

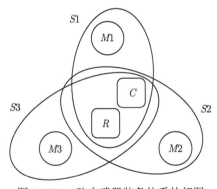

图 12.2.1 防空武器装备体系的超图

(1) 体系能力生成律。

体系 S 有效只需其中任意一个系统 S_i 有效, 而系统 S_i 有效则必须所有单

元实体 s_j^i 有效，公式化表述为

$$S^v = \vee_{S_i \in S} S_i^v \tag{12.2.2}$$

$$S_i^v = \wedge_{s_j^i \in S_i} s_j^{iv} \tag{12.2.3}$$

其中，$\wedge, \vee$ 分别是逻辑与、或运算符。

令 $\sim X$ 表示改变 X 的工作状态：如果 X 正常工作或有能力，$\sim X$ 表示破坏 X 的能力，使之失效；如果 X 失效，$\sim X$ 表示修复 X 的能力，使之正常工作。显然 $\sim X^v = 1 - X^v$，$\sim\sim X^v = X^v$。利用逻辑代数中的德·摩根律可以得到式 (12.2.2) 和式 (12.2.3) 的对偶式 (12.2.4) 和式 (12.2.5)，而这正是能力丧失、体系破击的逻辑表达式 (Tan 和 Wu, 2015)。

(2) 体系能力破击律。

只需其中任意一个单元实体 s_j^i 失效，则系统 S_i 失效；如果所有系统 S_i 失效，则整个体系 S 失效，公式化表述为

$$\sim S^v = \wedge_{S_i \in S} \sim S_i^v \tag{12.2.4}$$

$$\sim S_i^v = \vee_{s_j^i \in S_i} \sim s_j^{iv} \tag{12.2.5}$$

体系内部的相互关联性，使多个系统往往共享单元。因此，无论对于体系破击还是防御来说，那些支撑体系的关键单元集合 (例如，例 12.2.1 中的雷达 R 和指挥车 C) 对于体系效能都是至关重要的。

考察例 12.2.1 中防空武器装备体系，利用式 (12.2.2) 和式 (12.2.3) 以及简单的逻辑运算规则，如分配律等，得到

$$\begin{aligned}
S^v &= S1^v \vee S1^v \vee S1^v \\
&= (R^v \wedge C^v \wedge M1^v) \vee (R^v \wedge C^v \wedge M2^v) \vee (R^v \wedge C^v \wedge M3^v) \\
&= R^v \wedge C^v \wedge (M1^v \vee M2^v \vee M3^v) \tag{12.2.6}
\end{aligned}$$

式 (12.2.6) 说明，体系 S 有效 (即 $S^v = 1$) 必须单元 R 与 C 有效以及 $M1$、$M2$、$M3$ 中至少一个单元有效。另一方面，欲破击体系 S 使之丧失能力，依据式 (12.2.4) 和式 (12.2.5) 和逻辑运算规则，例如，吸收律 ($A \vee A \wedge B = A$) 和分配律等，可得到

$$\begin{aligned}
\sim S^v &= \sim S1^v \wedge \sim S2^v \wedge \sim S3^v \\
&= (\sim R^v \vee \sim C^v \vee \sim M1^v) \wedge (\sim R^v \vee \sim C^v \vee \sim M2^v) \wedge (\sim R^v \vee \sim C^v \vee \sim M3^v) \\
&= ((\sim R^v \vee \sim C^v) \vee \sim M1^v \wedge (\sim R^v \vee \sim C^v) \vee \sim M2^v \wedge (\sim R^v \vee \sim C^v)) \\
&\quad \vee (\sim M1^v) \wedge (\sim M2^v)) \wedge (\sim R^v \vee \sim C^v \vee \sim M3^v)
\end{aligned}$$

$$
\begin{aligned}
=&(\sim R^v \vee \sim C^v) \vee \sim M1^v \wedge (\sim R^v \vee \sim C^v) \vee \sim M2^v \wedge (\sim R^v \vee \sim C^v) \\
&\vee \sim M1^v \wedge \sim M2^v \wedge (\sim R^v \vee \sim C^v) \vee \sim M3^v \wedge (\sim R^v \vee \sim C^v) \\
&\vee \sim M1^v \wedge \sim M3^v \wedge (\sim R^v \vee \sim C^v) \vee \sim M2^v \wedge \sim M3^v \wedge (\sim R^v \vee \sim C^v) \\
&\vee \sim M1^v \wedge \sim M2^v \wedge \sim M3^v
\end{aligned}
$$

$$
= \sim R^v \vee \sim C^v \vee \sim M1^v \wedge \sim M2^v \wedge \sim M3^v \tag{12.2.7}
$$

式 (12.2.7) 表明，欲破击体系 S(即 $S^v = 0$ 或 $\sim S^v = 1$)，只需毁伤 R 或 C 之一，或毁伤所有导弹发射器 (即 $M1$、$M2$ 和 $M3$)。

显然，与标准的体系能力生成表达式和破击表达式对应，经过恒等变换得到的式 (12.2.6) 式 (12.2.7) 也是一对符合德·摩根律的对偶式

$$
S^v = R^v \wedge C^v \wedge (M1^v \vee M2^v \vee M3^v) \tag{12.2.8}
$$

$$
\sim S^v = \sim R^v \vee \sim C^v \vee \sim M1^v \wedge \sim M2^v \wedge \sim M3^v \tag{12.2.9}
$$

对于结构复杂的体系，依据上述理论方法不难编制相应的程序进行处理。

12.2.3 体系对抗及其动态建模

武器装备体系对抗的网络化特征，不但体现在体系内部的组织协同结构，也表现为外部战场中复杂的对抗关系。为此，提出基于超图的体系对抗模型

$$
C_{XY} = \langle X, U_X, A_{XY}; Y, V_Y, B_{YX} \rangle \tag{12.2.10}
$$

其中，$X \subseteq X_0 (Y \subseteq Y_0)$，$U_X(V_Y)$ 分别是 (战斗过程中) 剩余实体单元集合及其组成的攻击系统集合，X_0, Y_0 分别是初始的实体单元集合，参战体系的攻击系统对目标单元的 (火力、电磁等) 攻击关系分别由如下对抗态势二部图表示

$$
A_{XY} = (a_{uj})_{U_X Y}, \quad B_{YX} = (b_{vi})_{V_Y X} \tag{12.2.11}
$$

其中，$a_{uj} > 0(b_{vi} > 0)$ 表示攻击系统 $u \in U_X(v \in V_Y)$ 单次射击毁伤目标单元 $j \in Y(i \in X)$ 的概率，即攻击系统 $u(v)$ 的攻击效能；而 $a_{uj} = 0(b_{vi} = 0)$，则表示战场上攻击系统对目标单元无感知或无作用。

例 12.2.2 基于超图的体系对抗。

两个网络化武器装备体系分别称为星形体系 $X_0 = 1234$ 与环形体系 $Y_0 = 567$，两个体系均由三个攻击系统 (超边) 构成，每个攻击系统 (超边) 包含两个实体单元，分别攻击两个实体单元，攻击关系及其效能如图 12.2.2 所示，其中 0.5 简记为 .5, 0.6 简记为 .6。

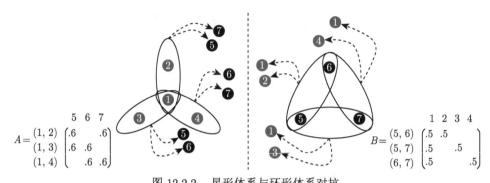

图 12.2.2　星形体系与环形体系对抗

设体系对抗战斗状态 (简称状态) 是剩余单元集 XY(用 XY 表示 $X \cup Y$, 而不是集合 X、Y 的交集, 下同), X_0Y_0 为战斗初始状态, 当 XY 不能或不再需要相互攻击时, 则为战斗终止状态, 否则为非终止状态。攻击策略 (简称策略) 是为每一个攻击系统分配一个敌方 (目标) 单元。在数学上, 策略可以表示为一个从当前攻击系统集合到敌方单元集合的映射:

$$\alpha_{XY} : U_X \to Y, \quad \beta_{YX} : V_Y \to X \tag{12.2.12}$$

在战斗状态 XY 下, 采用策略组合 $\alpha \in Y^{U_X}, \beta \in X^{V_Y}(Y^{U_X}, X^{V_Y}$ 分别为所有策略的集合), 状态将变化为 $X'Y'$, 其中毁伤单元集是 $(X \backslash X')(Y \backslash Y')$。显然, 战斗状态的动态具有马尔可夫性, 假设各攻击系统独立地射击, 并且独立地击毁目标, 在策略组合 $\alpha\beta$ 下的状态转移概率[①]为

$$m_{\alpha\beta}(XY, X'Y') = m_\alpha(X, Y')m_\beta(Y, X') \tag{12.2.13}$$

其中,

$$m_\alpha(X, Y') = \left(\prod_{j \in \alpha(U_X) \backslash (Y \backslash Y')} \prod_{u \in j^{-\alpha}} (1 - a_{uj}) \right) \left(\prod_{j \in Y \backslash Y'} \left(1 - \prod_{u \in j^{-\alpha}} (1 - a_{uj}) \right) \right) \tag{12.2.14}$$

$$m_\beta(Y, X') = \left(\prod_{i \in \beta(V_Y) \backslash (X \backslash X')} \prod_{v \in i^{-\beta}} (1 - b_{vi}) \right) \left(\prod_{i \in X \backslash X'} \left(1 - \prod_{v \in i^{-\beta}} (1 - b_{vi}) \right) \right) \tag{12.2.15}$$

式中, $\alpha(U_X) \subseteq Y$ 是映射α 的值集, 即策略α 中遭受攻击的目标集合, $\alpha(U_X) \backslash (Y \backslash Y')$ 是遭受攻击但幸存的目标集合, 显然 $Y \backslash Y' \subseteq \alpha(U_X)$; $j^{-\alpha} \subseteq U_X$ 是策略α

---

① 显然, 状态嵌套 $(X' \subseteq X, Y' \subseteq Y)$ 是 $m_{\alpha\beta}(XY, X'Y') > 0$ 的必要而非充分条件, 相关状态转移及其概率亦然。

中攻击目标 j 的攻击系统集合,即映射 α 的像 j 的"逆像"集。相应地,$\beta(V_Y) \subseteq X$,$i^{-\beta} \subseteq U_Y$ 等含义类似。

12.2.4 体系对抗动态抗合博弈

体系对抗战斗一方面是参战双方以"杀伤敌人,保存自己"为目的的集体"逐利"行为,另一方面,"对外对抗,对内合作"是体系对抗的一体两面。按博弈论的观点,体系对抗中存在两个相互联系的博弈活动,因此提出基于超图的体系对抗动态抗合博弈模型 (简称战斗动态抗合博弈模型)

$$G(S) = \langle X, U_X, A_{XY}, Y, V_Y, B_{YX}; M_1(S), M_2(S) \rangle, \quad S = XY \in 2^{X_0 Y_0} \quad (12.2.16)$$

在基于超图的体系对抗模型上集成了两个动态博弈模型,即动态二人零和博弈模型 M_1 与动态合作博弈模型 M_2,分别进行战斗整体效能评估与单元战斗价值评估。

1. 动态二人零和博弈模型 M_1

虽然参与体系对抗的实体众多,但利益和决策主体只有两个,即 X 方与 Y 方,因此,M_1 是一系列相续的"静态"二人零和博弈 (简记 $\langle X, Y, f \rangle$)

$$M_1(S) = \{\langle X, U_X, A_{XY}, Y, V_Y, B_{YX}, f_{XY} : Y^{U_X} \times X^{V_Y} \to R \rangle\},$$

$$S = XY \in 2^{X_0 Y_0} \quad (12.2.17)$$

为便于求解,假设在状态变化之前对抗双方均不尝试更换选定的策略①,并称此为一个对抗回合,记 X 方在一个回合的支付函数 (Y 方的支付是 $-f$) 为

$$f_{XY}(\alpha, \beta) = \sum_{Y \setminus Y' \subseteq \alpha(U_X), X \setminus X' \subseteq \beta(V_Y), (X \setminus X')(Y \setminus Y') \neq \phi} t_{\alpha\beta}(XY, X'Y')\theta_{X'Y'},$$

$$\alpha \in Y^{U_X}, \beta \in X^{V_Y} \quad (12.2.18)$$

其中,$(X \setminus X')(Y \setminus Y') \neq \phi$ 意味着经过一个对抗回合,在双方的持续对攻下状态发生了变化,且向状态嵌套单元数量递减的方向演化;一个回合中策略组合 $\alpha\beta$ 下的状态转移概率为

$$t_{\alpha\beta}(XY, X'Y') = \frac{m_{\alpha\beta}(XY, X'Y')}{1 - m_{\alpha\beta}(XY, XY)} \quad (12.2.19)$$

记 θ_{XY} 是零和博弈 $\langle X, Y, f \rangle$ 的博弈 (解) 值,且存在如下的均衡解或随机解。
(1) 二人零和博弈均衡解。
当信息完美和理性决策时,依据纳什均衡存在定理,存在混合均衡策略 $\alpha^* = (p_\alpha)$,$\beta^* = (q_\beta)$ 及其期望支付:

---

① 隐含假定双方弹药充足,不存在弹药用尽的情况。

$$\theta_{XY}^{\mathrm{Eq}} = f_{XY}(\alpha^*, \beta^*) = \sum_{\alpha \in Y^{U_X}, \beta \in X^{V_Y}} p_\alpha q_\beta f_{XY}(\alpha, \beta) \tag{12.2.20}$$

其中，$p_\alpha (q_\beta)$ 是选用策略 $\alpha(\beta)$ 的概率 (纯策略是特殊形式的混合策略)，显然，$\sum_{\alpha \in Y^{U_X}} p_\alpha = 1$，$\sum_{\beta \in X^{V_Y}} q_\beta = 1$。

(2) 二人零和博弈随机解。

当信息 "不透明" 或盲目决策时，博弈随机解是随机混合策略及其期望支付：

$$\theta_{XY}^{\mathrm{Ran}} = \frac{1}{|Y^{U_X}||X^{V_Y}|} \sum_{\alpha \in Y^{U_X}, \beta \in X^{V_Y}} f_{XY}(\alpha, \beta) \tag{12.2.21}$$

随着战斗进行，当其中一方所拥有的攻击系统消耗殆尽时，战斗终止[①]，并依据下述战斗终止判据计算战斗终止时的博弈解：

$$\theta_S^{\mathrm{Eq}}, \theta_S^{\mathrm{Ran}} = \begin{cases} 0, & U_X = \phi, & V_Y = \phi, \\ 1, & U_X \neq \phi, & V_Y = \phi, \\ -1, & U_X = \phi, & V_Y \neq \phi, \end{cases} \quad S = XY \in 2^{X_0 Y_0} \tag{12.2.22}$$

显然，$\theta_S^{\mathrm{Eq}}, \theta_S^{\mathrm{Ran}} = 1, = -1, = 0$，分别表示 X 方战胜、战败或战平 Y 方。

战斗终止判据体现了某种战斗理念或目标，例如，上述判据就体现为一种破击体系而不是消耗实体的战斗理念。完全丧失攻击系统的一方 (例如，$U_X = \phi$)，仍然可能保有一部分实体 (例如，$X \neq \phi$)，但由于不再具备对另一方的战损能力，因此，在不考虑攻击系统修复或补充的情况下，战斗已经结束。

综合上述二人动态零和博弈过程，得

$$\theta_S = \sum_{S \to S'} k(S, S') \theta_{S'}, \ S, S' \in 2^{X_0 Y_0} \tag{12.2.23}$$

其中，S' 是战斗状态 S 的后续状态，称 S 可达 S'，记 $S \to S'$；$k(S, S')$ 是战斗采用均衡策略或随机策略从状态 S 到状态 S' 的可达转移概率

$$K = (k(S, S')) = \sum_{i=1}^{\infty} M^i = (I - M)^{-1} - I \tag{12.2.24}$$

式中，$M = (m(S, S')), m(S, S')$ 是采用均衡策略或随机策略 (均可表示为混合策略 (p_α, q_β))，一个战斗回合的状态转移概率

---

① 另一种导致战斗终止的情况是，虽然双方仍然保有攻击系统，但至少有一方已无目标可供攻击，即对抗态势矩阵 A, B 之一是 0 矩阵，此时

$$\theta_S^{\mathrm{Eq}}, \theta_S^{\mathrm{Ran}} = \begin{cases} 0, & A = 0, & B = 0, \\ 1, & A \neq 0, & B = 0, \\ -1, & A = 0, & B \neq 0, \end{cases} \quad U_X \neq \phi, V_Y \neq \phi, \quad S = XY \in 2^{X_0 Y_0} \tag{12.2.22'}$$

$$m(S, S') = \sum_{\alpha \in Y^{U_X}, \beta \in X^{V_Y}} p_\alpha q_\beta t_{\alpha\beta}(S, S') \tag{12.2.25}$$

需要指出的是，均衡策略或随机策略及其解都是数学上的理想情形，现实情况通常介于上述两种极端之间，如信息既非完美也非全无，玩家既非完全理性也非完全盲目行事。

2. 动态合作博弈模型 M_2

战斗既是参战双方的对抗，也可以形式上看作一种"合作"，即双方所有参战单元组成一个"联盟"，这个联盟的支付就是战斗结果 (零和博弈值)，那么，应该如何度量每个参战单元对整个战斗的贡献或价值呢？

在战斗每一阶段，将所有剩余单元共同参与的战斗理解并表示为 $X_0 Y_0$ 幂集元素上的合作 $\langle S, d_S \rangle$

$$M_2(S) = \{\langle S, d_S \rangle | d_S(s) = \theta_s, d_S(\phi) = 0, s \in 2^S\}, \quad S \in 2^{X_0 Y_0} \tag{12.2.26}$$

嵌入战斗过程的 $\langle S, d_S \rangle$ 是联盟受限的合作博弈，表现在战斗状态 (即联盟) 并非由各单元自由选择，而是各单元基于策略战斗的结果，而且状态之间也只能以一定的概率转移。为了获得同时满足有效性式 (12.2.31) 和零和性式 (12.2.32) 的博弈解，采用按比例分配的原则，预估并分配每个单元在当前状态及其后续战斗过程中的战斗价值。

对于战斗非终止状态 $S=XY$，每个参战单元的战斗价值是其对当前及后续战斗结果贡献的数学期望

$$\varphi_{d_S}(i) = \sum_{S \to S'} \frac{w_{i/X}}{\sum_{i \in X} w_{i/X}} k(S, S') \theta_{X'/S'}, \ i \in X,$$

$$\varphi_{d_S}(j) = \sum_{S \to S'} \frac{w_{j/Y}}{\sum_{j \in Y} w_{j/Y}} k(S, S') \theta_{Y'/S'}, \ j \in Y, \qquad S = XY \in 2^{X_0 Y_0} \tag{12.2.27}$$

其中，$\theta_{X'/S'}(\theta_{Y'/S'})$ 是状态 $S' = X'Y'$ 中 X' (Y') 的所有单元的战斗价值之和，满足 $\theta_{S'} = \theta_{X'/S'} + \theta_{Y'/S'}$；$w_{i/X}(w_{j/Y})$ 是综合反映从状态 S 到状态 $S'(S \to S')$ 战斗过程中单元 $i(j)$ 杀伤力 (输出火力) 与生存力 (接受火力) 的战斗能力指数

$$w_{i/X} = \left(\sum_{u_i \in U_X, j \in Y \backslash Y'} \frac{a_{u_i j}}{|u_i|} \prod_{v \in V_Y, i' \in X \backslash X', i' \neq i, i' \in u_i} (1 - b_{vi'}) \right)$$

$$\cdot \prod_{v \in V_Y, i \in X \backslash X'} (1 - b_{vi}), \quad i \in X,$$

$$w_{j/Y} = \left(\sum_{v_j \in V_Y, i \in X \setminus X'} \frac{b_{v_j i}}{|v_j|} \prod_{u \in U_X, j' \in Y \setminus Y', j' \neq j, j' \in v_j} (1 - a_{u j'}) \right)$$
$$\cdot \prod_{u \in U_X, j \in Y \setminus Y'} (1 - a_{uj}), \quad j \in Y,$$
$$S = XY, S' = X'Y' \in 2^{X_0 Y_0} \tag{12.2.28}$$

式中, 战斗从状态 S 到状态 $S'(S \to S')$ 过程中, 对于 $w_{i/X}$ 而言, $a_{u_{ij}}$ 是单元 i 所属攻击系统 u_i 攻击目标 j 成功的概率; $|u_i|$ 是攻击系统 u_i 包含的单元个数; $\dfrac{a_{u_{ij}}}{|u_i|}$ 是单元 i(通过攻击系统 u_i) 对目标 j 的杀伤力指数; $\displaystyle\prod_{v \in V_Y, i' \in u_i, i' \in X \setminus X', i' \neq i} (1 - b_{v i'})$ 是 (单元 i 生存条件下)u_i 的生存力指数; $\displaystyle\prod_{v \in V_Y, i \in X \setminus X'} (1 - b_{vi})$ 是单元 i 的生存力指数; $w_{j/Y}$ 的情况类似.

对于战斗终止状态 $S = XY$, 按生存即有价值的原则, 参照式 (12.2.22), 对每个剩余单元 $i \in X_0 Y_0$ 的战斗 (生存) 价值或贡献率进行平均赋值[①]

$$\varphi_{d_S}(i) = \begin{cases} 0, & U_X = \phi, \quad V_Y = \phi, \\ \dfrac{1}{|X|}, & i \in X, \\ 0, & i \notin X, \end{cases} \quad U_X \neq \phi, \quad V_Y = \phi, \quad S = XY \in 2^{X_0 Y_0} \tag{12.2.29}$$
$$\begin{cases} -\dfrac{1}{|Y|}, & i \in Y, \\ 0, & i \notin Y, \end{cases} \quad U_X = \phi, \quad V_Y \neq \phi,$$

---

① 参照式 (12.2.22′), 当战斗中出现双方尚存攻击系统, 但至少有一方失去可供攻击的目标, 即对抗态势 A, B 之一是 0 矩阵时, 战斗终止并对剩余单元平均赋值

$$\varphi_{d_S}(i) = \begin{cases} \dfrac{1}{|X|}, & i \in X, \\ -\dfrac{1}{|Y|}, & i \in Y, \end{cases} \quad A = 0, B = 0, \\ \dfrac{1}{|X|}, & i \in X, \\ 0, & i \in Y, \end{cases} \quad A \neq 0, B = 0, \quad U_X \neq \phi, V_Y \neq \phi, \ i \in S = XY \in 2^{X_0 Y_0} \tag{12.2.29′} \\ \begin{cases} 0, & i \in X, \\ -\dfrac{1}{|Y|}, & i \in Y, \end{cases} \quad A = 0, B \neq 0, \end{cases}$$

由式 (12.2.27)，按 $i \in X(j \in Y)$ 累加各式，得

$$
\begin{aligned}
\theta_{X/S} &= \sum_{S \to S'} k(S, S') \theta_{X'/S'}, \\
\theta_{Y/S} &= \sum_{S \to S'} k(S, S') \theta_{Y'/S'},
\end{aligned}
\qquad S = XY \in 2^{X_0 Y_0} \tag{12.2.30}
$$

不难证明，对于每一个战斗回合的局部合作 $\langle S, d_S \rangle$，其解或价值分配满足有效性

$$
d_S(S) = \sum_{i \in S} \varphi_{d_S}(i) = \theta_S, \quad S \in 2^{X_0 Y_0} \tag{12.2.31}
$$

由于博弈的零和性，不难证明，X 方的单元价值非负；而 Y 方则为非正，即战斗是一种"正、负"价值的对决

$$
\begin{aligned}
\varphi_{d_S}(i) &\geqslant 0, \quad i \in X_0, \\
\varphi_{d_S}(j) &\leqslant 0, \quad j \in Y_0,
\end{aligned}
\qquad S \in 2^{X_0 Y_0} \tag{12.2.32}
$$

依据类似思路，不难评估体系对抗中各攻击系统或作战能力的战斗价值或体系贡献率。

12.2.5 基于 IACM 的动态抗合博弈

首先，以一种简洁明了的矩阵形式表示 IACM，然后，给出攻击环及其效能的矩阵表达式，最后，通过将 IACM 中的攻击环与体系对抗超图中的超边等一系列概念和方法的类比，提出基于 IACM 的动态抗合博弈模型的关键思路。

假设双方的节点集合分别为 X、Y，以两个加权有向图 (N_X, N_Y) 的邻接矩阵表示 IACM

$$
N_X = \begin{array}{c} \\ X \\ Y \end{array} \begin{array}{cc} X & Y \\ \begin{pmatrix} C_{XX} & F_{XY} \\ S_{YX} & 0 \end{pmatrix} \end{array}, \quad N_Y = \begin{array}{c} \\ X \\ Y \end{array} \begin{array}{cc} X & Y \\ \begin{pmatrix} 0 & S_{XY} \\ F_{YX} & C_{YY} \end{pmatrix} \end{array} \tag{12.2.33}
$$

其中，对于 N_X 而言 (N_Y 类似)

$$
S_{YX} = (s_{yx}), \quad 0 \leqslant s_{yx} < 1 \tag{12.2.34}
$$

$$
F_{XY} = (f_{xy}), \quad 0 \leqslant f_{xy} < 1 \tag{12.2.35}
$$

$$
C_{XX} = (c_{xx'}), \quad 0 \leqslant c_{xx'} < 1 \tag{12.2.36}
$$

在 IACM 模型中，装备节点被划分为 T、S、D、I 四种类型，这里则根据每个节点具有的节点连接属性，定义节点的作战能力和类型。

(1) 感知能力。

节点能够从对方节点探测 (目标) 信息，即节点 x 探测到目标 y 的概率 $s_{yx} > 0$，具有感知能力的节点 x 称为感知节点或 S 节点。

(2) 攻击能力。

节点能够以火力、电磁等方式攻击并击毁对方目标节点，即节点 x 攻击并击毁目标 y 的概率 $f_{xy} > 0$，具有攻击能力的节点 x 称为攻击节点或 F 节点。

(3) 联网能力。

节点与己方节点有联系，即节点 x 成功连接己方节点 x'(如传输目标或指令信息等) 的概率 $c_{xx'} > 0(x \neq x')$，具有联网能力的节点 x，x' 称为联网节点或 C 节点。

(4) 被感知与被攻击。

如果 y 被感知的概率 $s_{yx} > 0$，则 y 称为感知目标节点或 T_S 节点；如果 y 被攻击且毁伤的概率 $f_{xy} > 0$，则 y 称为攻击目标节点或 T_F 节点。

例 12.2.3　防空体系对抗 IACM。

一个防空体系对抗 IACM 的网络如图 12.2.3 所示，其中实线表示"黑"方控制的联系，虚线为"白"方控制的联系，相应的邻接矩阵表示见图 12.2.4，其中的黑点代表非零元素，空白代表 0 元素，下同。

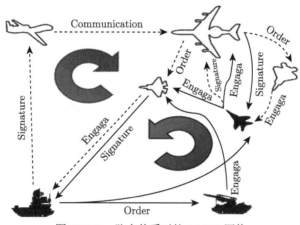

图 12.2.3　防空体系对抗 IACM 网络

在 IACM 中，每个攻击环是指示目标的信息链与攻击火力组成的闭合回路，是一种武器装备体系能力的涌现结构。如图 12.2.3 中，"黑"方雷达车发现 (Signature) "白"方战斗机，指示并命令 (Order) 导弹发射车攻击 (Engaga) 该战斗机，形成一个"黑"方攻击环；"白"方无人机发现"黑"方雷达车，并报告 (Communication) "白"方预警机，预警机命令"白"方战斗机攻击雷达车，这是一个"白"方攻击环。另外，一架"黑"方战斗机既能感知也能攻击"白"方预警机，形成一个最短的"黑"方攻击环。显然，抢先"连通" (即命中目标) 的攻击环能够成功破击对方正瞄准己方关键节点的攻击环，从而化被动为主动。

需要注意的是, 从目标到攻击节点的信息链可能不是单链, 其中存在分叉, 这样的信息链拓扑结构可以提高攻击环的连通可靠性和抗攻击韧性。

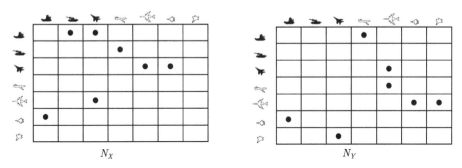

图 12.2.4 防空体系对抗 IACM 网络的邻接矩阵

显然, 一个节点在体系对抗网络中可拥有多种能力或角色, 例如, 图 12.2.3 中的"黑"方战斗机既是本方的 S、F 和 C 节点, 也是对方的 T_S 节点和 T_F 节点。

攻击环的实质是信息链赋能 (如超视距、跨平台或跨域支援) 的"网络直瞄"攻击, 显然, 攻击环具有与 12.2.3 节中攻击系统 (超边) 攻击目标类似的作用, 攻击环及其效能可用攻击节点到目标节点的加权二部图表示, 其邻接矩阵表达式如下

$$L_X = (S_{YX}(I - \bar{C}_{XX})^{-1})^{\mathrm{T}} * F_{XY} \tag{12.2.37}$$
$$L_Y = (S_{XY}(I - \bar{C}_{YY})^{-1})^{\mathrm{T}} * F_{YX} \tag{12.2.38}$$

其中, I 是单位矩阵; $(\cdot)^{\mathrm{T}}$ 表示矩阵 $(\cdot)$ 的转置; $*$ 是矩阵的哈达马乘积 (Hadmard product), 即 $(a_{ij}) * (b_{ij}) = (a_{ij}b_{ij})$; $\bar{C}=DC$, C 是方阵, D 是对角矩阵, D 的第 i 个元素是 C 的第 i 行非 0 元素个数 $d_i \neq 0$ 的倒数 $1/d_i$, 若 $d_i=0$, 则为 0。

在图 12.2.3 中, "黑"、"白"双方分别有 3 个和 2 个攻击环, 其二部图表示如图 12.2.5 所示。虽然, 除了攻击节点和目标节点, 攻击环中其余节点 (例如, "黑"方雷达车和"白"方预警机等) 自身均未在 $L_X(L_Y)$ 中体现, 但事实上, 所有节点的作用或贡献均已计算在式 (12.2.37) 和式 (12.2.38) 中。

图 12.2.5 防空体系对抗 IACM 中攻击环的二部图表示

体系对抗中, 对抗双方均试图以己方攻击环破击对方攻击环, 直至一方或双

方的攻击环消耗殆尽。当一个攻击节点位于多个攻击环中，从而有多个备选攻击目标时，同样需要策略选择。于是，在一个对抗回合中，每一个攻击节点的目标选择 (如果存在相应的攻击环的话) 就形成一个 IACM 的策略组合。

依据上述思路，可以通过类比 12.2.4 节中的"战斗动态抗合博弈模型"建立基于 IACM 的动态抗合博弈模型，将这一课题留作思考题供有兴趣的读者尝试。

12.3　体系对抗效能评估与分析

体系对抗或战斗的基本原则是"消灭敌人，保存自己"，网络化装备体系对抗是杀伤力与生存力的综合体现。作为对 12.2 节中基于超图的体系对抗动态抗合博弈模型运用的一个示例，考察武器装备体系对抗中体现的博弈行为及其量化结果。

12.3.1　星形体系与环形体系的对抗

考察例 12.2.2，对抗的星形体系与环形体系 (图 12.2.2) 均由三个攻击系统构成，每个攻击系统可分别攻击两个实体单元，显然，星形体系的攻击力强于环形体系，但由于结构脆弱性，其生存力不及环形体系。考虑两种体系对抗情形，信息化对抗：双方均占有完美信息并理性地选择策略；随机性对抗：双方行动前均无法了解行动的效果，如支付函数信息，因而无法比较策略优劣，只能随机地采用策略。

研究不同结构网络遭受信息化或随机攻击时的易损性或韧性，是当前网络科学中一个重要领域 (Albert et al.，2000；吴俊等，2022)，然而，对两个不同网络相互攻击时网络性能表现或动态行为的研究还相对较少，也不充分。

1. M_1 求解及分析

按 12.2 节中介绍的方法求解动态二人零和博弈模型 M_1，即依据式 (12.2.23)，分别取其中 S 为战斗初始状态 ($X_0Y_0 = 1234567$，用 1234567 简记 {1,2,3,4,5,6, 7}，下同)，S' 为终止状态

$$\theta_{1234567}^{\mathrm{Eq}} = \sum_{1234567 \to S'} k^{\mathrm{Eq}}(1234567, S')\theta_{S'} \tag{12.3.1}$$

$$\theta_{1234567}^{\mathrm{Ran}} = \sum_{1234567 \to S'} k^{\mathrm{Ran}}(1234567, S')\theta_{S'} \tag{12.3.2}$$

其中，$\theta_{S'}$ 是终止状态 S' 的零和博弈值；$k^{\mathrm{Eq}}(1234567, S'), k^{\mathrm{Ran}}(1234567, S')$ 是分别采用均衡策略和随机策略从战斗初始状态到终止状态 S' 的可达转移概率 (见图 12.3.1)。

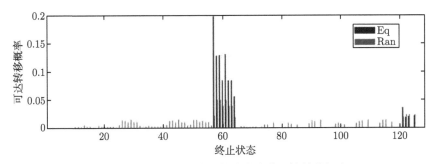

图 12.3.1   从初始状态到终止状态的可达转移概率

从图 12.3.1 可知,采用随机策略 (Ran) 从初始状态可达的终止状态广泛分布,而采用均衡策略 (Eq) 可达的终止状态则比较集中,相关细节如表 12.3.1 所示。

得到分别采用均衡策略与随机策略的战斗博弈值:

$$\theta^{\mathrm{Eq}}_{1234567} = -0.2125 \tag{12.3.3}$$

$$\theta^{\mathrm{Ran}}_{1234567} = 0.0166 \tag{12.3.4}$$

表 12.3.1   采用均衡策略从初始状态可达的终止状态、可达转移概率及博弈值

终止状态 S'	可达转移概率 $k^{\mathrm{Eq}}(1234567, S')$	博弈值 $\theta_{S'}$
234	0.2000	0
2347	0.1282	0
2346	0.1297	0
23467	0.0851	−1
2345	0.1312	0
23457	0.0851	−1
23456	0.0851	−1
234567	0.0565	−1
1234	0.0367	1
12347	0.0193	1
12346	0.0208	1
12345	0.0223	1

按照信息论的观点,均衡策略更有利于发现信息,而随机策略更有利于隐藏信息;另外,与环形体系的均匀结构相比,星形体系的非均匀结构更容易暴露信息,从而被对方所利用导致不利。因此,效果上,均衡策略对环形体系有利,而随机策略对星形体系更有利,相对获益更多。

具体地,对于双方均采用均衡策略的战斗,由于战斗中信息和指挥的完美性,环形体系能够发现并优先攻击星形体系的关键环节 (单元 1),实现体系破击,化

火力劣势为体系破击优势, 进而获得体系优势, 因而胜算较高 (博弈值为负); 而对于双方均采用随机策略的战斗, 由于战场 "迷雾" 的存在而无法实施任何策略性指挥, 使环形体系既无法发现星形体系的结构脆弱性也不能比较策略的优劣; 相应地, 星形体系却可以自然地发挥其火力优势, 同时无须承受结构脆弱风险, 因而胜算较高 (博弈值为正)。

2. M_2 求解及分析

以采用均衡策略为例, 依据式 (12.2.27), 分别取其中 S, S' 为战斗初始状态和终止状态, 通过对战斗动态合作博弈模型 M_2 的计算

$$\varphi_{d_{1234567}}^{\mathrm{Eq}}(i) = \sum_{1234567 \to S'} \frac{w_{i/1234}}{\sum\limits_{i \in 1234} w_{i/1234}} k^{\mathrm{Eq}}(1234567, S')\theta_{X'/S'}, \quad i \in 1234 \quad (12.3.5)$$

$$\varphi_{d_{1234567}}^{\mathrm{Eq}}(j) = \sum_{1234567 \to S'} \frac{w_{j/567}}{\sum\limits_{j \in 567} w_{j/567}} k^{\mathrm{Eq}}(1234567, S')\theta_{Y'/S'}, \quad j \in 567 \quad (12.3.6)$$

其中, $w_{i/1234}$, $w_{j/567}$, $\varphi_{d_{1234567}}^{\mathrm{Eq}}(i)$, $\varphi_{d_{1234567}}^{\mathrm{Eq}}(j)$ 分别是单元 $i \in 1234$, $j \in 567$ 在整个战斗中的战斗能力指数和战斗价值; $S' = X'Y'$ 是战斗终止状态; $\theta_{X'/S'}$, $\theta_{Y'/S'}$ 分别为终止状态 S' 中 X', Y' 的单元价值之和。获得实体单元及其攻击系统的战斗价值, 如图 12.3.2 所示。

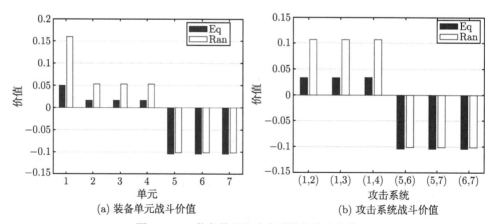

(a) 装备单元战斗价值　　　　　　　　(b) 攻击系统战斗价值

图 12.3.2　装备单元及攻击系统的战斗价值

首先, 无论双方采用均衡策略还是随机策略, 星形体系作为 "正方", 其各成员对战斗均具有正贡献, 拥有量值非负的价值; 而环形体系作为 "负方" 均为负贡献, 拥有量值非正的价值; 在单元和攻击系统层面, 所有参战成员的价值或贡献的算术之和等于战斗的整体博弈值。

其次，星形体系中的单元 1 对体系的重要性均高于己方其余三个单元 2，3，4；由于对称性，环形体系中各单元价值相同。采用均衡策略时，环形体系通过发现星形体系的结构脆弱信息为己方单元赋能，使环形体系单元 (或攻击系统) 价值略优于采用随机策略时的价值；而对于星形体系单元 (或攻击系统) 则正好相反，采用随机策略时的价值均显著地优于均衡策略时的价值。此外，受战场"迷雾"的保护，采用随机策略相较于采用均衡策略，单元 1 可以获得比其他实体 (2,3,4) 更大的优势价值。

12.3.2 态势变化下的战斗博弈

实际战场上，体系对抗的态势不是静止不动而是动态变化的，在模型中，可以采用改变对抗体系的攻击关系及其量值来表示。例如，将例 12.2.2 中攻击系统 (5,6) 的可攻击目标由 1、2 调整为 2、4，如图 12.3.3 所示。

1. M_1 求解及分析

如前所述，在采用均衡策略时，环形体系仍然可以利用星形体系的结构脆弱性优先攻击关键单元 1，从而保证胜局；采用随机策略时，环形体系无法发现优势策略，而星形体系则可以发挥火力优势，从而稳操胜局。

$$B = \begin{matrix} & 1\ 2\ 3\ 4 \\ \begin{matrix}(5,6)\\(5,7)\\(6,7)\end{matrix} & \begin{pmatrix} .5 & .5 & & \\ .5 & & .5 & \\ .5 & & & .5 \end{pmatrix} \end{matrix} \Rightarrow B' = \begin{matrix} & 1\ 2\ 3\ 4 \\ \begin{matrix}(5,6)\\(5,7)\\(6,7)\end{matrix} & \begin{pmatrix} & .5 & & .5 \\ .5 & & .5 & \\ .5 & & & .5 \end{pmatrix} \end{matrix}$$

图 12.3.3 对抗态势 (局部) 的变化

由于态势变化，环形体系的攻击系统 (5,6) 将其原来攻击高价值的目标单元 1 转向相对低价值的目标单元 4，因此，攻击系统 (5,6) 以及环形体系整体战力下降；相应地，星形体系由于生存威胁减轻，使整体战力大幅提升；反过来，增加对环形体系各单元及其攻击系统的生存威胁，使环形体系整体战力进一步下降，这种此消彼长的影响在两个对抗体系之间反复传递。根据战斗动态零和博弈模型 M_1 计算，对于星形体系，其博弈均衡解和随机解均有所提升，相应地，对于环形体系而言，就意味着有所下降，计算结果分别如式 (12.3.7) 和式 (12.3.8) 所示

$$\theta_{1234567}^{\text{Eq}} = -0.0615 \tag{12.3.7}$$

$$\theta_{1234567}^{\text{Ran}} = 0.2014 \tag{12.3.8}$$

2. M_2 求解及分析

依据战斗动态合作博弈模型 M_2 的计算，各单元和攻击系统的价值，如图 12.3.4 所示。

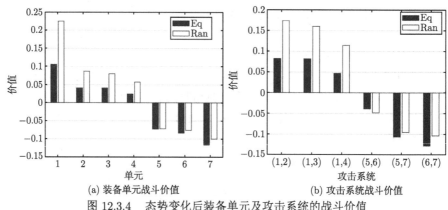

(a) 装备单元战斗值　　　　　　　　　(b) 攻击系统战斗值

图 12.3.4　态势变化后装备单元及攻击系统的战斗价值

首先, 无论是单元价值还是攻击系统价值, 依然是均衡策略对环形体系有利; 而随机策略对星形体系更有利。

为了进一步分析战斗中局部变化导致的扩散效应, 以态势变化前后, 单元及其攻击系统的价值变化为视角进行分析, 设价值变化量 Δ 价值为

$$\Delta 价值 = 价值 (态势变化后) - 价值 (态势变化前) \tag{12.3.9}$$

在 (矩阵型) 二人零和博弈中, 博弈双方的利益冲突体现为价值取向相左, 即星形体系追求价值最大化, 而环形体系追求价值最小化。体现在价值变化量 Δ 价值上, 若 Δ 价值>0, 意味着星形体系价值提升, 而环形体系价值流失; 反之, 若 Δ 价值<0, 意味着星形体系价值流失, 而环形体系价值提升。态势变化前后, 各单元和攻击系统的 Δ 价值, 如图 12.3.5 所示。

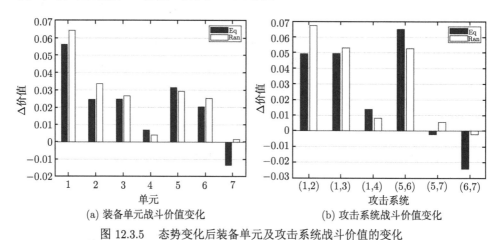

(a) 装备单元战斗价值变化　　　　　　(b) 攻击系统战斗价值变化

图 12.3.5　态势变化后装备单元及攻击系统战斗价值的变化

对于星形体系而言, 由于不同程度的生存威胁减少, 各单元和攻击系统的价

值均有相应提升；环形体系中单元 5,6 和攻击系统 (5,6) 的价值由于攻击目标价值下降而显著流失。

采用均衡策略时，单元 7 的战斗价值在体系整体价值流失的情况下 "不降反升"，究其原因，单元 7 所属的两个攻击系统 (5,7) 和 (6,7) 均攻击单元 1，而 5,6 分别所属的两个攻击系统 (5,6)，(5,7) 和 (6,5)，(6,7) 则分别攻击单元 4 和 1，因而单元 4 及其攻击系统 (1,4) 生存力下降，而攻击系统 (1,4) 的两个候选目标是单元 6,7，相应地单元 6,7 及其攻击系统 (6,7) 生存威胁降低，当环形体系整体价值一定时，由于单元 5,6 价值流失较大，使单元 7 和攻击系统 (6,7) 价值相对地提升。

12.4　结　　语

本章采用数学方法定性定量地描述和评估武器装备体系的体系对抗过程及其作战效能。

基于超图的武器装备体系对抗动态抗合博弈模型对体系对抗中火力、信息、网络体系结构以及指挥博弈等关键要素进行了抽象。在模型中，不仅体现了 "物" 的作用，也体现了 "人" 及其结合的作用，为从理论上探索复杂体系对抗的效能评估提供了一种新的数学方法。

首先，体系对抗或战斗的直接目的是 "消灭敌人、保存自己"，这是战斗的两个相互依存和需要平衡的方面。与实际战斗类似，在战斗建模方面，攻击力与生存力也是一对需要努力平衡的变量。在模型中，战斗动态零和博弈模型 M_1 通过均衡策略整体上隐含地体现了这种依存与平衡；而在个体层面，战斗动态合作博弈模型 M_2 则需要明确地对战斗过程中单元攻击力和生存力进行动态的综合评估。

其次，模型在对体系对抗建模的方法学上具有以下特征，即整体的、对抗的、动态的以及博弈的。所谓整体的，是指模型包含与体系对抗相关的所有对象及其整体结构与行为，而不是仅仅只涉及对抗的其中一方；所谓对抗的，是指模型完整且对等地描述对抗体系及其对抗行为，而非单向考虑一方对另一方的攻击或防御，作为分析工具避免了视角上的局限性；所谓动态的，是指模型描述了体系对抗从开始到结束的整个过程，虽然首轮或头几轮 "回合" 对于对抗结果起到关键性作用，但最后的决定性一击发生在何时何处却无法预知；所谓博弈的，是指模型既将 "零和" 与 "合作" 两种不同的博弈融合在一个体系对抗过程中，又从两个侧面协同地描述和求解体系对抗的动态行为。

相对于武器装备体系的物理和结构复杂性而言，这里介绍的描述与评估武器装备体系能力和效能的数学理论是相对简单的，这种简单性基于建模合理性和教学可行性两方面的考虑。

思 考 题

(1) 何谓武器装备的能力? 何谓武器装备的效能? 两者之间是什么关系?

(2) 如何认识武器装备效能的层次性, 系统效能与作战效能有什么联系和区别?

(3) 何谓武器装备的评价指标? 何谓武器装备体系的评价指标体系? 请通过扩展学习了解基于指标体系的武器装备效能评估方法。

(4) 何谓纳什均衡? 与在二人零和博弈中的极小极大解有何关系?

(5) 怎样通过修改战斗终止判据式 (12.2.22), 将战斗理念或目标从 "破击体系" 改变为 "消耗实体"?

(6) 针对例 12.2.2, 写出星形体系和环形体系的体系能力生成和破击公式, 并进行体系生存性比较和分析。

(7) 按攻击环对应攻击系统 (超图) 攻击目标的思路, 试建立例 12.2.3 中防空体系对抗 IACM 网络 (图 12.2.3) 的基于超图的体系对抗模型。

(8) 基于超图的体系对抗动态抗合博弈模型中, 模型 M_1 是一个动态零和博弈, 可以获得每个状态 XY 下的博弈值 θ_{XY}, 而模型 M_2 是将战斗视为所有参战单元共同参与的动态 "合作", 并按递推式 (12.2.27) 计算每个状态下各单元或攻击系统的战斗价值或贡献。试问能否直接将战斗定义为具有如下特征函数的静态合作博弈问题:

$$g(XY) = k(X_0Y_0, XY)\theta_{XY}$$

如果不能, 则为什么?

(9) 基于超图的体系对抗动态抗合博弈模型中, 无论是模型 M_1 中的可选策略数量, 还是模型 M_2 中的状态数量, 都随单元数量呈指数级增长, 因此模型的理论计算复杂性是指数级的。试应用类似 AlphaGo("阿尔法狗") 等机器学习技术编写智能博弈算法, 求解规模较大的体系对抗博弈问题。(研究类问题)

(10) 试结合 12.2.5 节的思路, 将 IACM 与基于超图的体系对抗动态抗合博弈模型融合, 建立基于 IACM 的动态抗合博弈模型, 并编制程序求解装备体系对抗效能评估问题。(研究类问题)

参 考 文 献

胡晓峰, 等. 2019. 战争复杂体系能力分析与评估研究. 北京: 科学出版社.

李璟. 2013. 战斗力解析. 北京: 国防大学出版社.

李志猛, 徐培德, 冉承新, 等. 2013. 武器系统效能评估理论及应用. 北京: 国防工业出版社.

沙基昌. 2002. 数理战术学. 北京: 科学出版社.

谭东风. 2013. 基于网络整体效能的战斗毁伤模型. 系统工程理论与实践, 33(2): 521-528.

王则柯, 李杰. 2010. 博弈论教程. 北京: 中国人民大学出版社.

吴俊, 邓烨, 王志刚, 等. 2022. 复杂网络瓦解问题研究进展与展望. 复杂系统与复杂性科学, 19(3): 1-13.

杨克巍, 杨志伟, 谭跃进, 等. 2019. 面向体系贡献率的装备体系评估方法研究综述. 系统工程与电子技术, 41(2): 311-321.

张最良, 等. 2009. 军事战略运筹分析方法. 北京: 军事科学出版社.

Albert R, Jeong H, Barabàsi A L. 2000. Attack and error tolerance of complex networks. Nature, 406: 378-382.

Bergstein S. 2003. War cannot be calculated//Booß-Bavnbek B, Hoyrup J. Mathematics and War. Basel-Boston-Berlin: Birhäuser Verlag, 183-215.

Cares J R. 2006. 分布式网络化作战 –网络中心战基础. 于全, 译, 北京: 北京邮电大学出版社.

Clausen S. 2003. Warfare can be calculated//Booß-Bavnbek B, Hoyrup J. Mathematics and War. Basel-Boston-Berlin: Birhäuser Verlag, 216-238.

Dupuy T N. 1985. Numbers, prediction, and war: using history to evaluate combat factors and predict the outcome of battles. Hero Books.

Ho E, Rajagopalan A, Skvortsov A, et al. 2021. Game theory in defence applications: a review. arXiv: 2111. 01876v1[cs.GT].

Kline A, Ahner D, Hill R. 2019. The weapon-target assignment problem. Computers & Operation Research, 105: 226-236.

Lanchester F W. 1916. Aircraft in Warfare: the Dawn of the Fourth Arm. London: Constable and Company Limited.

Lloyd S P, Witsenhuasen H S. 1986. Weapons allocation is NP-complete. Proc. of the Summer Computer Simulation Conference, 1054-1058.

Maschler M, Solan E, Zamir S. 2013. Game theory. London: Cambridge University Press.

Meisel C, Moyer J D, Gutberlet S. 2020. How do you actually measure military capability? https://mwi.usma.edu/how-do-you-actually-measure-military-capability/.

Palacios-Huerta I. 2003. Professionals play minimax. Review of Economic Studies, 70: 395-415.

Przemieniecki J S. 2000. Mathematical methods in defense analyses. 3rd ed. American Institute of Aeronautics and Astronautics, Inc.

Tan D F, Wu J. 2015. Logic of complex duel network: de Morgan's laws for the formation and destruction of networked forces. NetSci 2015, Zaragoza, Spain.

Taylor J G. 1983. Lanchester models of warfare, Volumes I, II. Military Applications Section, ORSA, Washington, DC.

第 13 章 典型武器装备体系及其作战应用

未来一体化联合作战是建立在各种作战单元、作战要素高度融合基础上的体系对抗，作战胜负主要取决于体系整体效能的发挥。在未来联合作战的战场上，单一的武器装备难以达成战争企图。所有的军事行动都将是多军种、不同战争力量的联合作战，是不同武器装备体系的综合运用。

13.1 数字化装甲装备体系

13.1.1 数字化装甲装备体系的概念

在新军事变革推动下，陆军武器装备总体上由半机械化、机械化向信息化方向发展，主要体现在：第一，由重型向轻小型、高度机动灵活方向发展；第二，由地面向空中立体化方向发展；第三，由有人作战武器向无人作战武器方向发展；第四，由注重作战平台向重视新型弹药发展；第五，新概念武器将成为陆军武器装备未来发展的热点。数字化装甲装备体系即在这种背景下涌现出来的典型陆军装备体系。随着以高速微型计算机为核心的数字编码、数字压缩、数字调制解调器等信息处理技术在军事领域的完善和广泛运用，一种全新意义上的装甲装备体系已悄然诞生，它必将成为未来战争的主宰，这就是数字化装甲装备体系。数字化装甲装备体系是信息化和信息网络化的产物，它无论是在主战装备还是集成结构上都越发显示出自身的特征和巨大优势，势必成为未来战争中的主角。

在美国《96 陆军数字化总计划》中，"数字化"被定义为：应用信息技术，及时地获取、交换并运用整个作战空间的数字化信息，并对信息进行筛选，以满足每个决策人员、作战人员和保障人员的需要，使其都能对作战空间有清晰而准确的了解，从而保证作战计划的制定与实施。数字化装甲装备体系最大的特点是军事技术横向一体化集成，实现通信技术数字化、战场信息实时化、武器装备智能化、指挥控制一体化以及作战系统网络化。

目前，数字化装甲装备体系的发展仍处于研究和尝试阶段，对其尚未有一个统一完整的定义。但在外军对数字化装甲装备体系的探索中，从不同的角度给出了以下几种定义：

(1) 数字化装甲装备体系是以计算机为支持，以数字化技术联网，实现装甲装备通用化，指挥、控制、通信一体化，从而使作战部队高度协调的装备体系。

(2) 数字化装甲装备体系是对战场信息以数字方式进行综合处理和利用能力的装备体系。其中战场信息包括敌我军队情况、天文气象、作战环境、武器系统状况、侦察、指挥、控制、通信、指导、电子战、识别、定位等各种情报信息；数字方式就是把信息转化为便于计算机、数字通信等设备处理的信息模式；综合处理包括信息的获取、传递、分送、识别、判读、转换、利用、存取和使用等。

(3) 数字化装甲装备体系是以数字化通信系统为核心，横向一体化集成的装备系统。在数字化装备体系中，从单兵装备到装甲战车、主战坦克、自行火炮、战斗指挥车、侦察直升机、攻击直升机等各类武器装备，都采用了数字化的通信装备，使得战场信息的传递达到一种近实时的程度，从而提高了对战场情况的反应速度，加快了作战行动的节奏。

这些定义从不同侧面刻画了数字化装甲装备体系的特征。综合上述特征，本书将数字化装甲装备体系定义为：以计算机与数字化的信息网络为基础，以机械化的装甲装备主战武器为主体，实现了信息传输数字化、横向技术一体化，使作战部队的装甲作战单元及其他协同武器系统高度协调，整体作战效能充分发挥的装备体系。

数字化装甲装备体系是信息时代的产物，它的出发点是"捆"，落脚点是"通"，把原配属于各军兵种，作战运用过程中在地理位置部署上分布、使用功能上各异的各类指挥信息系统、装甲装备、航天装备、航空装备等各类单元，通过信息等载体有机地集成为一个作战整体，这些功能上相互联系、性能上相互补充的作战单元通过动态的战场协同与配合，构成了适应复杂多变战场环境的武器装备体系，大大提升了作战部队的战斗力。以美国陆军第一个数字化部队为例，其主战坦克M1A2 与传统装甲装备体系中的主战坦克 M1A1 相比行驶速度无显著差异，但由于附加了更先进的定位、导航系统等数字化装备，通过这些辅助设施的支撑，在行军测试时比 M1A1 少用 42% 时间，少走 10% 路程，精确度高 96%。

数字化装甲装备体系建设，已经从机械化战争理论下的"以平台为中心"的建设思想发展到"以网络为中心"的建设思想，是各种武器平台的"互联互通"。功能上相互联系、性能上互相补充的各种装甲装备武器系统，按照一定结构综合集成更高层次的装甲装备体系。目前，数字化装甲装备体系中，信息成为一种重要的杀伤力因素和能力倍增器。信息系统嵌入坦克装甲车辆后，可使未来的坦克装甲车辆具有一定的智能，从而使装甲装备体系的侦察感知、指挥控制、通信联络、火力打击、战场机动、部队防护和战场管理等领域的信息处理网络化、自动化和实时化，大大增强了部队的作战能力。

13.1.2　美军数字化装甲装备部队编制与组成

1. 数字化装甲装备部队主要编制结构

1994 年, 美国陆军数字化师的设计工作正式开始, 共提出了 11 种方案, 并都通过了虚拟和结构性的仿真实验。1996 年初步确定了一种过渡性师的设计方案, 并将第 4 机械化步兵师 (简称第 4 机步师) 选定为数字化装甲装备体系实验部队。1998 年 6 月 9 日, 美国陆军训练与条令司令部宣布了新数字化重装师的结构设计方案, 并开始对第 4 机步师进行改编。新型师的人员编制比原有重型师减少约 13%, 但基本架构并无重大调整。2004 年美军第 4 机步师进行模块化改编后, 编制总人数为 15719 人, 下辖 3 个重型旅, 1 个轻型旅, 1 个火力旅, 1 个支援旅, 1 个航空兵旅, 师司令部和司令部连, 师支援司令部。其主要编制结构如图 13.1.1 所示。

美军第 4 机步师的每个装甲营装备 45 辆 M1A2 主战坦克, 每个营装备 45 辆 M2A3 步兵战车。支援司令部包括 4 个直接支援营, 1 个负责支援装甲旅的前方支援营, 2 个负责支援机步旅的前方支援营。与其他陆军师 1.8 万名士兵相比, 第 4 机步师更具战斗机动性和战术灵活性。其所配备的重型装备虽有所减少, 但更加先进, 火力更强。

2. 数字化装甲装备部队组成系统描述

目前, 数字化装甲装备体系中, 信息成为一种重要的杀伤力因素和能力倍增器。信息系统嵌入坦克装甲车辆后, 可使未来的坦克装甲车辆具有一定的智能, 从而使装甲装备体系的侦察感知、指挥控制、通信联络、火力打击、战场机动、部队防护和战场管理等领域的信息处理网络化、自动化和实时化, 大大增强了部队的作战能力。现代作战, 装甲装备武器已经形成了一个比较完备的体系, 包括各种类型的坦克、步兵战车、装甲输送车、装甲侦察车、装甲指挥车、装甲通信车、装甲电子对抗车, 以及装甲型的自行火炮、自行反坦克炮、反坦克导弹发射车、防空导弹发射车、自行火箭炮、自行高射炮, 工程、技术、后勤保障用的各种装甲车辆。这些车辆, 各个国家按照其装备体制、作战使用特点和传统习惯的不同, 有不同的体系编配方案。参考美军数字化师, 数字化装甲装备体系可以划分为六大系统: 侦察感知系统, 指挥决策系统, 机动突击系统, 火力打击系统, 综合防护系统, 综合保障系统。如图 13.1.2 所示。

1) 侦察感知系统

侦察感知系统包含地面、空中、有人、无人等坦克车辆的全部侦察感知系统, 通过白光、微光、红外、雷达等侦察手段实现战场的透明化。侦察感知系统的子系统主要包括光电观测子系统、地面侦察雷达、装甲侦察车、空中侦察设备、远程先进侦察监视系统等。其中, 光电观测子系统负责实施远程侦察和目标定位, 主要部件包括升降桅杆、光电转台、光电侦察设备、毫米波侦察雷达、侦察信息处理设备、定位导航装置等。光电观测系统采用"蝰蛇"激光测距机;地面侦察雷达采用

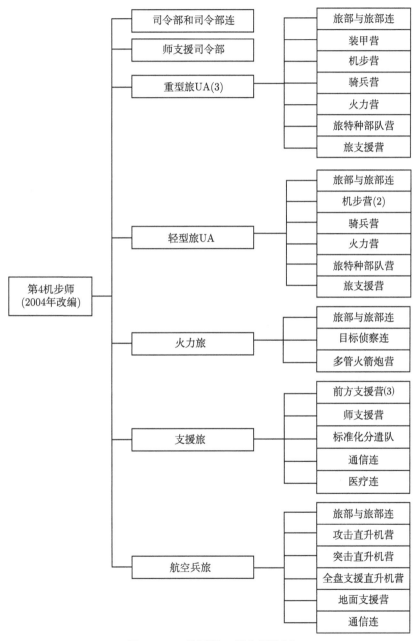

图 13.1.1 美军第 4 机步师编制

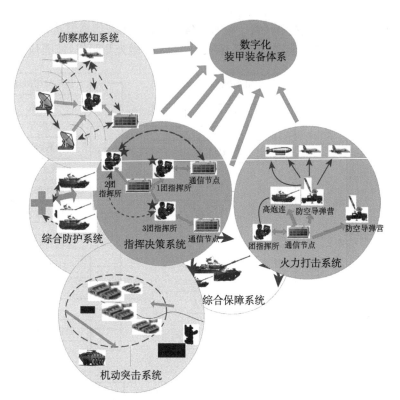

图 13.1.2　数字化装甲装备体系突击作战系统描述 (后附彩图)

AN/TPQ-36 炮位侦察雷达, 其作用距离为 18km(对火炮/迫击炮) 或者 24km(对火箭), 能同时对 10 个目标进行测定; M7 "布雷德利" 炮兵侦察车作用距离照射 5000m, 测距 10000m; RQ-7A "影子-200" 战术无人机活动半径达 125km, 能从空中进行侦察。它们构成了空地结合、远近互补、立体式的侦察体系。

同时, AN/APC-78 型 "长弓" 火控雷达提供四种功能模式: 空中目标侦察模式 (ATM)、地面目标侦察模式 (GTM)、地形剖面模式 (TPM) 和内置式检测 (BIT) 模式。装有该雷达的 "长弓阿帕奇" 直升机能够探测和区分 128 个以上的目标, 确定最危险的 16 个目标的优先顺序, 并将该信息发送给其他飞机以发动精确攻击, 这一过程将不超过 30s。

2) 综合防护系统

综合防护系统是一种综合性的安全保障体系, 主要由网络安全子系统、电子战子系统和主动防护子系统构成, 旨在确保军事作战过程中的信息传输、指挥控制和装备等关键要素的安全性和可用性。

以美军 "艾布拉姆斯主战坦克" 的 "战利品" 主动防护系统 (Trophy APS) 为例, 该系统可通过雷达和光电等探测装置, 感知并获取来袭弹药的运动轨迹和特征，然后由计算机控制对抗装置，有针对性地进行自卫。一旦探测到符合威胁特征的来袭物后 (例如 RPG 或反坦克导弹)，便会将炮塔两侧的多重爆炸成型穿透体 (MEFP) 发射器转向来袭物位置，接着发射 MEFP 将其击毁，且为了降低间接伤害，Trophy APS 只会在车体附近拦截，并让车体承受大部分弹体爆裂的破片伤害，而非提前引爆导致误伤。同时还可利用烟幕弹、干扰机、诱饵及降低特征信号等手段对来袭弹药进行欺骗和干扰，使其偏离目标。有关测试资料显示，加装主动防护系统后，装甲车辆的生存概率可以提高 1 倍以上；如果面对的是轻型反坦克武器的近距离突袭，主动防护系统甚至能使装甲车辆的生存概率提高 3~4 倍。

3) 指挥决策系统

指挥决策系统主要由通用信息平台和任务负载模块组成，主要完成战场信息的获取、处理和传递，作战计划的制定和作战命令的下达等。数字化部队的指挥控制机构基本不采用固定式指挥所的方式，而是利用各种指挥控制车在运动中实施指挥。指挥控制机构的高度机动性，一方面使其更加安全、隐蔽，另一方面也确保了行进间的作战指挥，各级指挥员和指挥控制机构能够根据战场情况的变化随时机动，在最需要实施指挥的地区和方向掌握第一手情况，及时果断地进行指挥控制。美军采用"阿法兹"高级野战炮兵战术数据系统。"阿法兹"的设备装载在标准的一体化指挥所系统的运载工具内，有 1068 式履带式指挥车、用 M1097式"悍马"车运载的指挥方舱、5t 可扩展式篷车，以及一体化指挥所系统软顶式"悍马"指挥车等。重型迫击炮射击指挥系统作为 120mm 自行迫击炮炮载射击指挥系统使用时由 M1064A3 履带式迫击炮的载车运载；作为 120mm 自行迫击炮排射击指挥中心系统使用时，则安装在 M577 履带式射击指挥车内。

4) 机动突击系统

机动突击系统包括战术机动和战役机动性能，主要用于完成快速机动和快速部署等，包括主战坦克子系统、步兵战车突击子系统、侦察坦克突击子系统、指挥坦克突击子系统。美军数字化师地面机动作战的作战平台包括 M1A1D 型和M1A2SEP 型"艾布拉姆斯"主战坦克，以及 M2A2ODS 型和 M2A3 型"布雷德利"步兵战车。M1A1D 型"艾布拉姆斯"主战坦克战斗全重 63t，车全长 9.8298m(炮向前)，车宽 3.6575m，车高 2.866m，最大速度 67km/h，最大行程 465km，乘员人数 4 人，武器系统包括 1 门 120mm 滑膛炮、1 挺 12.7mm 机关枪，2 挺 7.62mm机枪。弹药基本携行量：40 发 120mm 炮弹；1000 发 12.7mm 机枪弹；10800 发7.62mm 机枪弹；24 发烟雾弹。M1A2SEP "艾布拉姆斯"主战坦克，战斗全重69.5t，其他技术性能参数与 M1A1D 相同。

5) 火力打击系统

火力打击系统包括大口径武器子系统、中孔径武器子系统、小口径武器子系统、制导武器子系统、遥控武器战等全部武器子系统。主要用于视距外精确打击、视距内精确打击、对空打击等。以美军数字化师为例，地面火力武器平台主要包括 M1096A6 式"帕拉丁"自行榴弹炮、M270A1 式 227mm 多管火箭炮 (可发射陆军战术导弹系统)、M121 式 120mm 迫击炮。"帕拉丁"榴弹炮采取半自动装填，单炮射速为 3 发/12s。一个 3×6 门制的炮兵营，对一个正面 300m、纵深 100m，即面积为 3 ha(公顷，1 ha=10^4m^2) 的目标地域进行射击，在 12s 内，可向每公顷地域平均发射 18 发炮弹。M270A1 多管火箭炮使用 M77 或双用途子母弹战斗部，一门炮一次齐射可发射 7728 发子弹，覆盖面积达 10 ha，对该面积内的人员、车辆毁伤概率在 50% 以上。

6) 综合保障系统

综合保障系统包括伴随保障、保障与指挥通信、精确保障管理子系统等，进行坦克装甲车辆的抢救抢修和弹药武器的综合补给，实现对装甲坦克车辆的战场伴随和机动综合保障任务。美军工程兵保障装备经过数字化改造后，能够及时接受需要保障单位的指示，并准确地在需要保障的地方进行作业。美军工程数字化装备之一的"狼獾"重型突击桥装有自动补偿地形、天气变化的自适应控制系统和 M1A2 坦克的全套数字化通信系统，使机动作战部队指挥员能"看到"并指挥所属的全部"狼獾"。"灰熊"障碍清除车配有多种作业装置、增强型观测系统和地域性压制武器。车内配有全套数字化装备，与 M1 系列主战坦克、M2 系列步兵战车具有相同的实时了解战场的能力。

7) 综合信息系统

综合信息系统包括电子控制信息平台、驾驶操控信息平台、火力控制信息平台、战场防护信息平台、通信信息平台等。在战术互联网中，各通信车内部通过集线器相互连接构成一个有线局域网，通信车与通信车之间通过路由器和互联网控制器接入无线通道，实现各子网之间的互联互通。以"辛嘎斯"单信道地面与机载无线电系统 (SINC-GARS) 及其增强型为例进行说明。该系统是美军数字化师主要的战斗网络无线电台 (CNR)，设计的主要功能是为步兵、装甲和炮兵部队提供话音指挥控制。该系统是甚高频–调频制式的无线电台，工作在 VHF(30~88MHz) 频段，为旅和旅以下部队提供机动中的话音和数据传输。"辛嘎斯"电台通信距离为 8~35km，传输速率为 75bit/s~16Kbit/s。"辛嘎斯"的核心是一个跳频、保密、便携式接收器/发送器 (R/T)，可工作在单信道模式，以便实现与老式电台的互操作。

数字化改造以后的美军装甲装备体系的变化与能力提升：

(1) 坦克和装甲车数量明显减少。改编之前，第 4 机步师编有 1 个装甲旅 (每旅编 2 个坦克营和 1 个机步营) 和 2 个机步旅 (每旅编 2 个机步营和 1 个坦克营)，共编 4 个坦克营 (装备 232 辆坦克) 和 5 个机步营 (装备 270 辆步兵战车)；改编之后第 4 机步师编有 2 个装甲旅和 1 个机步旅，共编 5 个坦克营 (装备 220

辆坦克) 和 4 个机步营 (装备 176 辆步战车)。原坦克营和机步营编制中的 4 个连改为 3 个连,坦克营装备的 58 辆坦克和机步营装备的 54 辆步战车,在新编制下减少至 44 辆。改编后的第 4 机步师坦克总数由 232 辆下降至 220 辆,减少了 12 辆;步战车总数由 270 辆下降到 176 辆,减少了 94 辆。

(2) 反装甲武器数量下降,但性能增强。坦克 (机步) 营中撤销了反装甲连。尽管如此,主战车辆本身的反装甲能力与下车步兵携带的"标枪"反坦克导弹为坦克 (步兵) 营提供了较强的反装甲能力。M1A2 SEP 坦克配备 120mm 滑膛炮虽然在口径上不占有优势 (中国 99 式坦克炮 125mm),但其使用的 M829A2 尾翼稳定贫铀合金弹芯脱壳穿甲弹,在 1000m 距离上穿甲厚度为 780mm,在 3000m 距离上的穿甲厚度为 750mm。M2A3 步兵战车使用"陶"(TOW)2B 式反坦克导弹对坦克进行攻击,射程 3750m。每个步兵排都携带有 9 具"标枪"反坦克导弹发射器,有效射程 2000m,能击穿 750mm 的装甲。

(3) 机步营内各种支援保障装备配备齐全。为提高地面机动部队独立遂行作战任务的能力,加强诸兵种合成作战,改编后的坦克和机步营配属了多种支援保障分队:一是营内编有迫击炮分队,并在营/连两级指定配属野战炮兵营火力支援指挥单元,提高地面火力支援能力;二是配有对空联络参谋,增强控制火力支援能力;三是在营一级编有较多的作战、情报、后勤等参谋人员及多种指挥、作业车,便于灵活、机动指挥及开展"战术作战中心"工作。为此,机步营中配有 M998 "悍马"通用车、轻/中型战术卡车、M113A3 装甲输送车、M4 指挥车、M121 履带迫击炮车、履带抢救车和轮式方舱运输车等多种保障装备。

改造后的美陆军数字化师装备分为主战武器和弹药、指挥控制系统和保障装备三类,其基本情况如表 13.1.1 所示。

美陆军数字化师的指挥控制系统如图 13.1.3 所示。

13.1.3 数字化装甲装备体系的作战运用

1. 数字化装甲装备体系典型作战行动

数字化装甲装备体系的基本作战方式,将是以中远精确打击为基本手段,以非接触作战与接触作战相结合的新型陆上机动攻防作战。作战中,数字化装甲装备体系将充分发挥其战场感知能力强、机动速度快、打击精度高等优势,着眼于打击敌作战系统重心,以迅速瓦解敌作战部署,达到歼灭敌人的目的。其主要行动包括:集结准备、战场灵敏机动、战场屏护、侦察引导、中程精确火力打击、全域近距离机动清剿作战、全维防护及完成任务后的行动等。数字化装甲装备体系的典型机动进攻作战任务剖面图如图 13.1.4 所示。

1) 战斗准备

数字化装甲装备体系受领作战任务后,通常在上级指定的集结地域内完成各

表 13.1.1   美军数字化师主战武器和弹药

主战武器	配用弹药
M109A6 式"帕拉丁"自行榴弹炮	M795 式榴弹、M483A1 和 M864 式双用途改进型常规弹、M692/M731 式和 M718/M7d1 式布雷弹、M712 式"铜斑蛇"激光制导炮弹及 M898 式"萨达姆"末敏炮弹等
M121 式 120 mm 迫击炮	M993/M994 式高爆弹、M929 式白磷/发烟弹、M934A1 式高爆弹、新型白光 (M930) 和红外 (M983) 照明弹
M1A1D 和 M1A2 SEP "艾布拉姆斯"主战坦克	M829A2 尾翼稳定贫铀合金弹芯脱壳穿甲弹、M1028 型霰弹和 M908 炮弹
M2A2 ODS 和 M2A3 型"布雷德利"步兵战车	M791 曳光脱壳穿甲弹 (ADDS-T)、M792 杀伤曳光燃烧榴弹 (HE1-T)、M919 曳光尾翼稳定脱壳穿甲弹和 M242 "毒蛇"电动链式供弹机关炮炮弹
单兵武器系统	40 mm M203 榴弹发射器、5.56 mm M249 机枪、7.62 mm M240B 机枪和"标枪"反坦克导弹发射器
"中后卫"防空系统	"悍马"高机动多用途越野车、陀螺稳定转塔、2 个四联装发射箱、8 枚待发"毒刺"导弹 (另存 8 枚导弹)、光学瞄准具、激光测距机与前视红外装置探测跟踪系统、1 挺 12.7 mm 机枪以及车内显控设备
AH-64D 型"长弓阿帕奇"攻击直升机	XM-230-El 30mm 机炮,备弹 1200 发,16 枚"海尔法"导弹,可选装 70mm 火箭弹,每个挂点可挂 1 个 19 管火箭发射巢,最多可挂 4 个发射巢,共 76 枚火箭弹
OH-58D "基奥瓦勇士"武装侦察直升机	4 枚"毒刺"空空导弹或 4 枚"海尔法"空地导弹,或 2 个 7 管 70 mm 火箭发射巢或 2 个安装在座舱外伸梁可装 7.62 mm 和 12.7 mm 机枪吊舱。武装型还有标准红外干扰器

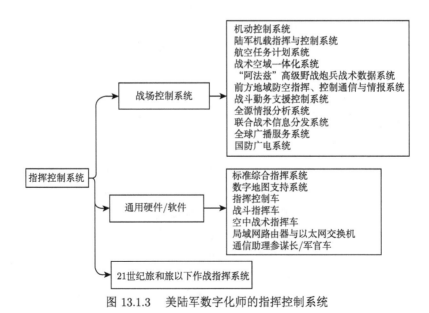

图 13.1.3   美陆军数字化师的指挥控制系统

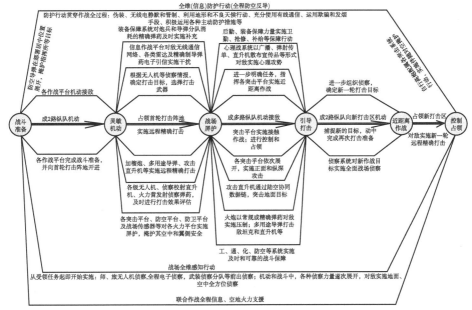

图 13.1.4　数字化装甲装备体系的典型机动进攻作战任务剖面图

项战斗准备工作。在集结地域进行作战准备的重要行动,信息化部队将动用编成内和上级的一切侦察手段,进行战场的全维感知。数字化部队主战坦克应立即通过部署在多维空间内的有人/无人侦察力量、传感器、战术互联网和上级情报信息等多种手段,广泛获取作战地域战场信息,实时获取战场态势,在此基础上,及时制定作战方案和机动计划,并通过一体化信息系统向各作战单元下达机动和作战命令。各作战单元收到向预定作战地域机动的命令后,应立即从信息化系统中调出预定机动路线和作战地域的数字地图,优选一条主要机动路线,同时选择 1~2条备用路线,然后利用信息网络通过电子邮件将机动路线发送到指挥控制中心,得到批复后,核定电子签名和密码程序,确认无误,利用电子邮件将电子地图、机动路线、作战计划实时传递给所属和配属力量指挥员。

2) 灵敏的战场机动

数字化装甲装备体系按作战计划,沿不同路线向预定作战地域实施灵活、隐蔽的机动,并在机动中完成战斗准备。在机动过程中,数字化部队主战坦克应与上级、本级侦察力量密切联系,掌握进攻之敌的实时动态,完善进攻计划,本级信息侦察力量前出,利用无人侦察平台与有人侦察平台,与上级战场侦察监视系统密切协同,对作战地域的敌军进行全方位实时侦察监视,实时传输情报信息,确定先期精确火力打击目标及其具体信息,为实施中远程精确打击创造有利条件。同时,以积极的行动,驱歼袭击、伏击之敌,并对各种复杂情况进行果断处置和防护。

3) 对远程打击力量等实施有效的战场屏护

数字化装甲装备体系在夺取和掌握制信息权后，准确判断出敌方炮兵等主要兵器的最大威胁线，同时以系统内的远程炮兵和多用途导弹等，在敌方炮兵火力威胁线之外占领首轮打击阵地，然后根据侦察系统提供的准确目标信息，实施首轮中远程精确打击。首轮打击的主要目标为敌方对空和对地侦察雷达系统、防空导弹系统等；在瘫痪敌方防空系统后，则转入重点打击敌方的远程炮兵等对我方威胁最大的目标；然后，再按照由近至远，先前沿后纵深，先装甲目标和指挥控制系统后一般目标，先运动目标后固定目标的顺序，对敌实施精确的猛烈的打击，力求通过首轮打击，基本瘫痪敌方旅一级的防御作战能力。此时，数字化装甲装备体系编成内的装甲合成营、侦察平台等，前出至火炮、多用途导弹平台的前方，察明敌情、评估打击效果，并为火炮和多用途导弹提供有效的屏护，防止敌方的袭扰等，如图 13.1.5 所示。

4) 实施全域非线式机动和清剿作战

在敌军作战能力基本瘫痪后，数字化装甲装备体系可及时展开，实施清剿作战行动，以达到肃清残敌、控制指定作战地域的目的。此阶段，信息化部队的各类侦察平台和信息作战装备等密切协同，不断地通过信息系统向数字化主战坦克发送敌防御地域内各作战平台、重要目标的图像和方位的态势信息。与此同时，所有作战平台和信息化单兵系统，都可通过计算机屏幕及时掌握本级作战地域内的敌目标特征、数量、规模和方位坐标，在远程精确打击火力和空中突击火力的支援下，边机动、边突击、边侦察当面敌情，并根据战场情况的变化，迅速分割残敌，形成对敌分割包围的态势，在全纵深非线式作战中，摧毁敌残存的火力点和装甲目标，夺占控制作战地域，完成预定的作战任务，如图 13.1.6 所示。

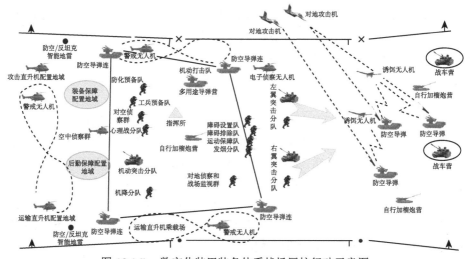

图 13.1.5　数字化装甲装备体系战场屏护行动示意图

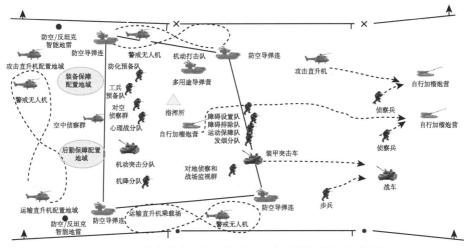

图 13.1.6　　数字化装甲装备体系近距离清剿作战行动示意图

5) 基本瘫痪敌军作战能力实施侦察引导行动

信息化部队完成首轮打击任务后，受武器射程和地形的影响，为完成对敌防御纵深目标的精确打击，将根据打击需要适时向前跃进，占领第二轮打击阵地，然后迅速展开对敌防御纵深内目标的精确打击行动。第二轮打击的主要目标为敌方纵深内的坦克预备队、远程打击兵器、敌方指挥机构等，打击的基本战法仍然按照由近至远、先重要目标后一般目标、先运动目标后固定目标的顺序，对敌实施精确的猛烈的打击，力求本轮打击基本瘫痪歼灭敌军的基本作战力量。此时，数字化主战坦克、装甲侦察平台等，继续为远程火炮和多用途导弹提供有效的屏护，对打击区域内的敌重要目标实施观察、定位，并为二次远程火力精打实施精确引导，并准备实施近距离接触作战，肃清残敌，如图 13.1.7 所示。

6) 在作战全过程中实施可靠的全维防护

在作战的全过程中，数字化装甲装备体系将实施可靠的全维防护，生存能力将得到大幅度提高。除实施有效的信息防护、心理防护外，其他防护行动包括以下几种：

(1) 所有作战平台的"三防"系统全部处于工作状态，在接收到防化侦察平台以广播方式发出的核生化报警指挥代码后，自动启动"三防"系统进行乘员防护。

(2) 所有作战平台的主动防护系统全部进入战斗状态，一旦接收到遭受敌方导弹等攻击的预警信息后，立即进行自主防护，确保坦克等装甲作战平台的安全。

(3) 通过战区空情预警系统和系统自身的对空侦察平台，及时发出敌方来袭固定翼飞机、直升机和巡航导弹等的空情信息，并以编成内的防空导弹、弹炮一体化防空系统等抗击敌方的空中攻击，有效掩护全系统的对空安全。基于数字化装甲装备体系优异的空情探测和迅捷的战役预警，其对空掩护能力将成倍提高。

(4) 通过工程侦察手段，有效防止敌方地雷等的威胁；通过合理运用无人值守传感器等手段，以及巧妙地运用智能地雷等无人值守武器系统，对战斗部署的翼侧和后方等地域实施全方位信息警戒，防止敌军的地面和空中袭击，并通过数据链等与自行加榴炮和导弹平台形成侦察–打击一体化系统，一旦接收到预警信息，及时、自动地打击来犯之敌。

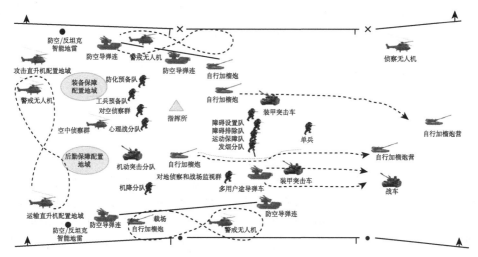

图 13.1.7　数字化装甲装备体系一线侦察引导、远程精确打击行动示意图

2. 数字化装甲装备体系的实兵运用

1)"沙漠铁锤 Ⅵ"演习

美军数字化部队与传统部队的首次实兵对抗演习为 1994 年 4 月的"沙漠铁锤 Ⅵ"，参加的部队有第 24 机步师第 3 旅，第 194 独立装甲旅和第 177 独立装甲旅。演习的主角是一个数字化营，它的 20 辆 M1A2 坦克、6 辆 M2A3 战斗车等 120 件数字化装备显示了巨大威力。在这次演习中，数字化部队能在 3min 内对目标瞄准开火，而非数字化部队需要 6min，最后数字化部队在实施侦察与反侦察、机动与反机动、冲击与反冲击、突破与反突破等各种作战行动中，战胜非数字化部队。这次演习是美军进行数字化部队建设的一个重要里程碑，它不仅使美军看到了数字化部队的巨大潜力，也一举启动了美军全面实施数字化改造的历程。

2) 伊拉克战争

2003 年 3 月，伊拉克战争爆发，美军原计划的北方战线由第 4 机步师担任进攻任务，但由于土耳其拒绝美军地面部队借道而无法实施这一计划，又因为该师重型装备数量多、体积大而不能进行大规模空运，故无法形成整师的快速战略机动, 当它的 200 多辆重型坦克从北方战线撤出, 转道科威特日夜兼程赶到伊拉克时, 美军第 3 步兵师早已攻下了巴格达。

2003 年 7 月底, 美第 4 机步师承担了搜寻萨达姆的主要任务, 并将师部设在原萨达姆官邸里, 在指挥部内基本看不到插满小旗的地图, 也没有摆满坦克模型的沙盘, 取而代之的是 "陆军作战指挥系统" 的 3 个大屏幕和一批小显示屏。指挥官依据屏幕上的最新战场图像和情报指挥战斗, 可以在一两小时内制定出复杂的突袭计划, 调动数以百计的兵力和各种作战装备, 并把命令直接下达给部队。正是这种快速的决策和行动能力, 使第 4 步兵师能根据情报不失时机地抓获了萨达姆。

3) 中国数字化部队实兵对抗演练

2021 年 5 月, 中国中部战区某数字化旅在冀北某地进行实兵对抗演练, 开展数字化协同战斗。该部队是中国首支摩托化部队、首支机械化部队、首支数字化部队, 在实战演练中指挥人员通过数字化指挥系统, 可直接将信息下发到每一个作战单元, 从接受指令到火力反应, 实现 30s 内各作战单元就能完成火力打击, 快速攻防转移阵地, 基于数字化装备系统真正实现快装、快打、快撤。在作战过程中侦察、装甲、坦克、支援等作战力量相互协同, 侦察车通过数字化指控系统将战场目标精确定位并上传至指挥所, 通过数字化组网实施共享战场态势, 实现无论指挥官身在何处, 均可获得及时准确的信息, 发现即摧毁的作战模式, 达到了加速作战进程的目的。

4) 多域特遣队 "雷云" 演习

2021 年 9 月 9 日~20 日, 美国第 41 野战炮兵旅作为第二支 "多域特遣队" 在挪威进行 "雷云" 演习, 演习的核心内容是将美军的 "多域特遣队" 跨越欧洲多个国家运送到挪威境内, 并利用特遣队所具有新型电子系统, 通过卫星、高空气球、电子侦察等手段, 加上与挪威军队配合以求获得准确的目标情报信息, 同时使用美国陆军的 "远程精确打击火力" (LRPF) 系统进行实弹射击。此次演习中尝试使用带有太阳能电池的、载荷飞到数万米的高空气球, 使其成为 "超低轨道卫星", 能够对数百千米范围内的目标进行光电和电子侦察, 也能够作为通信节点提供信息联通, 其获取的情报信息可以直接成为 "远程精确打击火力" 的瞄准信息, 并引导火力打击。该演习反映了 "多域部队" 自身具备较强的信息搜集能力, 整个装备体系的小型化、机动化和扁平化, 强调对 "作战节点" 的依赖, 可以快速移动和部署, 最后组成一张韧性更强的作战网络。

13.2 航母编队作战装备体系

在现代战争中, 航母编队成为海上作战和联合作战的重要力量, 承担着突然袭击敌方的重要据点、海上超视距作战、夺取海上制空权、实施对岸攻、进行兵力远程投送等作战任务。经过第二次世界大战、海湾战争、伊拉克战争等实践证明，以航空母舰为核心组成的航母编队在战争进程中发挥了不可替代的作用。

13.2.1　航母编队的作战编成

航母编队的作战编成是根据自身实力、威胁环境、作战对象、作战海区和作战任务的需要来确定。从作战能力和生存的角度考虑，一个航母战斗群 (又称航母特混编队) 应该具备防空、反舰、反潜和对岸攻击等综合作战能力。以美军为例，通常一个航母战斗群除有 1~2 艘攻击航空母舰 ("尼米兹"级、"小鹰"级或"企业"号) 外，通常还配有 1 艘 (或更多) 导弹巡洋舰 ("提康德罗加"级)，以及数艘驱逐舰 ("阿利·伯克"级) 和护卫舰 ("佩里"级)。有时为了提高反潜能力，航母战斗群还可编入 1~2 艘反潜潜艇 ("洛杉矶"级)。此外，航母战斗群中还包括支援保障舰艇，主要有伴随航空母舰编队的快速战斗支援舰 ("萨克拉门托"级)、油船、运输船、补给船等。"萨克拉门托"级战斗支援舰具有较高的航速，可直接加入编队的战斗序列和航行序列，在战斗中提供保障。它们一般配置在编队的内层，位于航空母舰附近。航速较低的弹药运输船、油船和战斗补给船，通常与少量护卫舰组成补给编队，在战斗间隙或在预设的补给休整区内为战斗舰和伴随支援舰补给。航空母舰编队进入威胁区作战时，伴随支援舰常留在战区的边缘。

美军航母舰载机的构成自 20 世纪 80 年代以来经历了很多变化。目前美国标准航空母舰航空联队的编成如表 13.2.1 所示。对于 1 艘"尼米兹"级航空母舰，其航空联队飞机的数量和综合作战能力约相当于美战术空军的 1.5 个航空联队。

表 13.2.1　美国标准航空母舰航空联队的编成

中队	代号	中队数量	用途	飞机型号	中队飞机数量
战斗机中队	VF	0~2	掩护	F/A-18C	18~20
攻击机中队	VA	1~3	攻击	F/A-18E	10~12
战斗攻击机中队	VA	0~4	掩护与攻击	F/A-18F	10~12
加油机中队	VA	1	空中加油	KA-6	4
空中预警机中队	VAW	1	机载预警	E-2C	4~5
战术电子战中队	VAQ	1	电子战	EA-18G	4~5
直升机反潜中队	HS	1	反潜搜索救援	SH-60 或 MH-60	10
舰队空中侦察中队分遣队	VQ	1	空中侦察	仅在派往前沿执勤时配置	1~2

针对和平时期 (低威胁任务)、中威胁任务、高威胁任务，美海军采取不同的航母编成结构。

1) 和平时期

和平时期主要面临低威胁任务，主要包括在低威胁地区出现 (威慑)、实施封锁或作战巡逻等任务。这些任务采用的编成为：1 艘航空母舰，2~3 艘防空导弹巡洋舰、驱逐舰，2~3 艘反潜–防空驱护舰，1~2 艘攻击型核潜艇，1~2 艘后勤支援舰，共计 7~11 艘舰艇，称为单航空母舰战斗群。

2) 中威胁任务

在中威胁区实施中低强度作战时，例如美国对利比亚实施的"外科手术"式打击，航母战斗群的编成为：2 艘航空母舰，7~8 艘防空导弹巡洋舰、驱逐舰，4 艘反潜–防空驱护舰，2~4 艘攻击型核潜艇，2~3 艘补给舰，共计 17~21 艘舰艇，称为双航空母舰战斗群。双航空母舰战斗群是美国海军实战的典型编成。

3) 高威胁任务

在高威胁区实施高强度作战时 (如海湾战争) 的编成为：3 艘航空母舰，9~10 艘防空导弹巡洋舰、驱逐舰，12~14 艘反潜–防空驱护舰，5~6 艘攻击型核潜艇，3~4 艘补给舰，共计 32~37 艘舰艇。这种情况可以编为航空母舰特混舰队。

13.2.2 航母编队典型的武器体系

在具体实战中，航母战斗群的装备体系应该根据战场的实际情况，构建满足作战需要的大纵深、多层次、阵位拉开、火力集中的攻防体系，确保夺取作战区域的空中、水面、水下和电磁空间的控制权。

下面以美国双航空母舰战斗群为例来说明远、中、近三层的兵力配置。

外防区又称为纵深防御区，是防御的第一层。外防区构成以航空母舰为中心，半径为 185~400km 的防御圈。其防御任务主要由舰载机承担。这一区域的兵力配置主要用于编队预警、攻势防空。其中编队预警为航空母舰编队提供 20~40min 或更长的空情预警时间。攻势防空通常是由 E-2C 预警机和 F/A-18C 配合，组成一个面向来袭目标攻击轴线的扇面，称为作战空中巡逻 (CAP)。一般有数架 F/A-18 在离航空母舰约 300n mile 的扇面上巡航，其他 F/A-18 则在航空母舰的飞行甲板上处于战备状态，随时待命支援 CAP。它们能否及时抵达 CAP 扇面作战，取决于早期预警功能。

第二层为中防区，又称为区域防御区。中防区构成是以航空母舰为中心，半径为 50~185km 的防御圈。中防区的防御任务主要由为航空母舰护航的舰艇承担。中防区的兵力配置主要用于防御性防空 (少量飞机在 165km 处巡逻，同时依靠护卫舰艇发射的导弹拦截突破外防区的敌机和巡航导弹)、对海攻击 (以导弹攻击为主)、区域反潜 (编队周围的反潜) 和电子战 (压制和摧毁敌预警、探测及通信指挥手段)。

第三层为内防区，又称为点防御区。内防区构成以航空母舰为中心，半径为 50km 的防御圈。内防区的兵力配置主要用于自卫性防空 (依靠编队各种舰艇上的导弹和近程武器对付敌突防飞机，实施饱和攻击的近程防空) 和反潜作战 (反潜舰及其舰载直升机等用反潜导弹、鱼雷进行攻击，甚至启动主动声呐吓阻敌潜艇，确保航空母舰的安全)。

美国双航空母舰战斗群的兵力配置和火力配系见表 13.2.2。

表 13.2.2　美国双航空母舰战斗群的兵力配置和火力配系

防御区	作战领域	探测控制电子设备	主要打击兵力和武器
外防区 (纵深防御区 185~400km)	编队预警	侦察卫星 E-2C 预警机 RF-14 侦察机 SPY-1A，SPS-48、49 雷达	海军全球指挥控制系统 "宙斯盾"系统
	攻势防空	E-2C 预警机 SPY-1A，SPS-48、49 雷达	F/A-18(AIM-7，AIM-9) 配置 在距航空母舰 325km 处
	对海对岸攻击	E-2C 预警机 RF-14 侦察机 EA-6B 吊舱	F/A-18(导弹，制导炸弹) "战斧"巡航导弹
	远程航空反潜	声呐浮标 机载磁性探测器，雷达	P-3C(MK-46，44) SH-60(鱼雷、深水炸弹)
中防区 (区域防御区 50~185km)	防御性防空	E-2C 预警机 RF-14 侦察机 SPY-1A，SPY-1D 雷达	F/A-18 护卫舰艇
	对海攻击	E-2C 预警机 RF-14 侦察机 SPS-55 雷达 EA-6B 吊舱	"战斧"巡航导弹 "鱼叉"反舰导弹 F/A-18 SH-60B 直升机

为了更形象地表示不同的作战领域、航母战斗群各种兵力和武器的配置及其打击范围，图 13.2.1~ 图 13.2.3 概略描述了对空、对海对岸和反潜作战的武器装备体系。

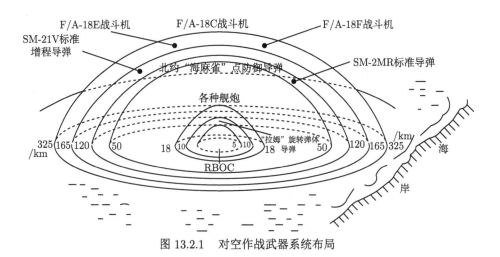

图 13.2.1　对空作战武器系统布局

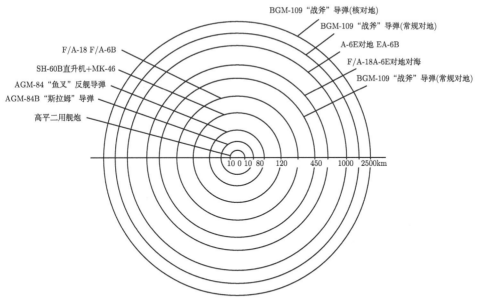

图 13.2.2 对海对岸作战武器系统布局

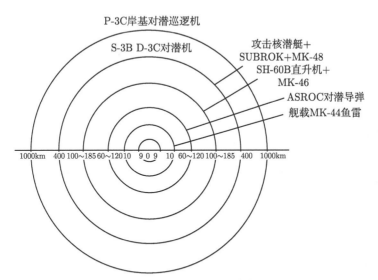

图 13.2.3 反潜作战武器系统布局

　　航母编队自卫防御也是航母编队作战中的主要任务。航母编队自卫防御系统包含的武器种类很多,分别部署在航空母舰平台和其他平台上,可以从舰上发射,也可从空中发射。作战中主要根据防御武器的作用距离、穿越的介质,以及目标的方位、距离、物理场等种种因素,合理配置和使用这些防御武器来对抗敌方的攻击。

敌方可能从空中、水面、水下三个方面，采用各种武器对航空母舰发起攻击。对于这些攻击，航空母舰编队可使用的自卫防御武器如表 13.2.3 所示。

表 13.2.3　自卫防御武器表

敌方攻击形式	敌方攻击运载工具	敌方使用武器	防御反击运载工具和武器
空中	攻击机	普通炸弹 半穿甲炸弹 空对舰炸弹 空中发射导弹	水面舰艇火炮 舰对空导弹 歼击机 + 空空导弹 歼击机 + 高速航空火箭 歼击机 + 自动机关炮
水面	导弹巡洋舰 轻型巡洋舰 导弹驱逐舰 驱逐舰 护航驱逐舰 护航舰	舰对舰导弹 舰对潜导弹	歼击机 + 普通炸弹 歼击机 + 半穿甲炸弹 歼击机 + 空对舰导弹 歼击机 + 空中发射弹道导弹
水下	潜艇	水下导弹	潜艇 + 水下导弹 驱逐舰 + 舰对潜导弹 歼击机 + 空对潜导弹 直升机 + 空对潜导弹 无人驾驶飞机 + 空对潜导弹

13.2.3　航母编队的队形

航空母舰编队的队形没有一成不变的模式，必须根据当时海区的情况、投入兵力的数量、对方的威胁程度以及能见度等具体条件而定。

近年来，美国海军以航母战斗群进行活动，在航渡中和待机区的战斗队形遵循以下原则：

(1) 航母战斗群的队形通常以航空母舰和伴随支援舰为核心。其他舰艇则部署在它们的周围。核心中各舰之间的距离不能影响航空母舰放飞和回收飞机时所需的运动转向，并能有效地使用需要一定空间的武器系统，如旋转弹体点防御导弹、RBOC(Rapid Bloom off-Board Chaff) 干扰弹等。一般为 4~5n mile。

(2) 防空导弹巡洋舰、驱逐舰呈环形部署在核心的周围。这样可以保证航空母舰机动时队形稳定，保证所形成的防空圈不产生空隙，护卫舰也不需因调整队形而高速机动。

(3) 战斗队形要形成内、中、外几层防区，具有搜索、防空、反潜等各种能力。由于活动范围大，因此整个舰队间的通信联络十分重要，它既要保证及时畅通地交换信息，又要保证舰队活动的隐蔽性。所以较近距离通信主要采用视距范围的甚高频 (VHF) 通信。通过海军战术数据系统 (NTDS)，以甚高频数据链来实现敌我势态通报。编队指挥官可以在作战情报中心的显控台上掌握海面和空中的作战态势。对于较远的外围作战，可以在预警机和航母战斗群之间建立一个中继平台。

CAP 采用甚高频通信，由中继平台转发至航空母舰。指挥官可凭借中继平台转回的信息掌握整个作战态势。此外，舰队通常还有一个按战术情况制定的辐射控制计划，对战斗群中各作战单位的任何主动式发射设备，包括通信和雷达进行控制。

单航空母舰战斗群主要在低威胁区巡逻或显示武力时使用，组成和队形比较简单，如图 13.2.4 所示。

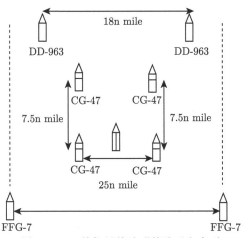

图 13.2.4　单航母战斗群的队形和序列

双航母战斗群则主要用于在中等威胁区实施威慑，消除危机和参与低强度战争。美国航空母舰这种典型编成的组成和队形相对比较复杂。两艘航空母舰呈梯形配置，是战斗群核心。外围 8~10n mile 处环形部署了 7~8 艘防空导弹巡洋舰、驱逐舰，形成一个防空圈。如进入高威胁区或预警机明确报知敌空中威胁方向时，编队防空指挥官可沿威胁方向派出 1~2 艘防空舰，在 20~30n mile 处执行外层防空任务，需要时也可担任编队防空指挥舰。向前是 4 艘反潜驱逐、护卫舰呈半圆形部署在前方 20~25n mile 处，可以将潜入防区的敌潜艇拦截在使用鱼雷武器的距离 (20~40km) 之外。反潜舰之间的距离一般为声呐主动工作方式径向探测距离的 1.5~1.75 倍。攻击核潜艇部署在距航空母舰 55~100n mile 处，负责前方和侧翼的反潜警戒和区域反潜。如果水下威胁是敌攻击型核潜艇，则还要在编队后方部署 1 艘攻击型核潜艇，以防止潜艇尾随攻击。编队出航前，另有 1 艘攻击型核潜艇提前 3~4 天隐蔽在编队必经的要道或预设待机区实施侦察警戒、反潜等作战行动，确保编队水下安全和掌握航线上的战术态势。

航空母舰前方 165 km 处，由多架 F/A-18 战斗攻击机和 1 架 EA-18G 电子战飞机担任 CAP，既能防空，拦截突入中防区的敌机，又可以反舰，消灭接近航空母舰的敌舰艇。1~2 架 E-2C 预警机部署在航空母舰前方 200~250km 处，可向战斗群所有防空和反舰武器系统提供预警和目标指示，并对中防区和外防区的所有留空飞机实施指挥控制。前方 250km 处，有 2~5 架 F/A-18 战斗机担任空中巡逻，以确保制空权，保护预警机和外防区远程航空反潜兵力的安全。此外还可以拦截敌战斗机和巡航导弹。舰载 SH-60 和岸基 P-3C 反潜机组成了编队的远程反潜兵力，作战距离一般可达 350~400km，岸基 P-3C 甚至可达 1000km 以上。这两型飞机均带有"鱼叉"反舰导弹，也可兼作反潜兵力。双航空母舰战斗群的队形和序列如图 13.2.5 所示。

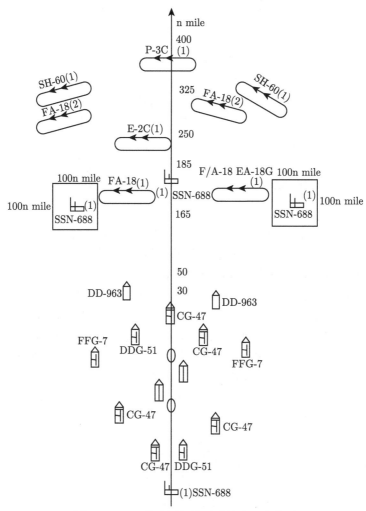

图 13.2.5　双航空母舰战斗群的队形和序列

DDG-51："阿利伯克"导弹驱逐舰；DD-963："斯普鲁恩斯"级驱逐舰；

CG-47："提康德罗加"级巡洋舰；SSN-688："洛杉矶"级攻击核潜艇；

FFG-7："佩里"级驱逐舰；SH-60："海鹰"直升机

13.2.4 舰载机的作战使用

航母舰载机是形成航母作战能力的核心力量。充分发挥舰载机的作战潜力对于航母编队具有重要的意义。由于舰载机与航母之间存在复杂的指挥控制关系，正确使用和合理调度舰载机是发挥舰载机作战潜力的关键。

根据航母编队作战需求，航母平台上通常配置以下类型的舰载机。

(1) 战斗机。战斗机的主要任务是歼灭敌机和其他空袭武器，保证夺取制空权。

(2) 攻击机。攻击机是用来对付水面目标和地面目标的主要武器。

(3) 预警机。预警机为航母编队提供中早期预警。

(4) 电子战飞机。电子战飞机主要担负航母编队的电子对抗任务。

(5) 反潜飞机。反潜飞机主要用于搜索和攻击敌方潜艇。

(6) 空中加油机。空中加油机主要为编队中的攻击机群进行空中加油。

1. 舰载机的作战过程

作战基本过程是任务剖面的进一步细化。现以对海上、岸上目标实施攻击为例说明舰载机的作战基本过程。

战前的 1h 甚至几天首先要利用侦察卫星、预警机、电子战飞机或侦察机进行战前侦察，确定打击目标，查清目标的防御能力以及防空火力部署、雷达通信设施位置、技术性能参数。如果是海上目标，则还有编队组成、分布位置和运动参数等。集中突击前 15min 还要依靠战场侦察机和无人侦察机作补充侦察，核实战前侦察情报的准确性。目标数据的变化要报告指挥员，以便确定攻击方案，并更新精确制导武器中的目标数据。此时攻击波编队升空。

多机型航空编队执行攻击任务时，通常必须在航空母舰上空 (以航空母舰为中心，半径为 10~15n mile 的空域) 集结、加油和编队。航空母舰上空约 4500m 高度通常是执行任务所有飞机集结和编队的高度，每向下 600m 为一层，分别是加油、小队、分队集结的高度。在加油机起飞后，先在航空母舰上空指定的高度上 (每架加油机都有一个高度) 以 10°~15° 的坡度盘旋，等待加油。各分队的飞机在分队集结高度集合后加油，再到集结高度上指定的位置编队。担任领队的分队则在全体集结高度集合和加油。从起飞到完成编队一般需要 25~30min。编队离开航空母舰上空进入航线，领队飞机首先向航空母舰请求批准将其通信权限由航空母舰波长转入攻击波长，获批准后编队内的飞机随领队飞机同时转入攻击波长。然后领队飞机和编队内各分队长机校正通信系统，并由攻击波长向空中预警机报到，空中预警机则向领队飞机指示飞向目标的航向和距离。至此，预警机将取代攻击波指挥员对整个作战行动进行指挥控制。这时，参加集中突击的航空编队就形成了由预警机组成的指挥引导群，由侦察机和无人侦察机组成的侦察群 (除了担负补充侦察外，还要担负突击效果侦察，查明战果和己方战损)，由电子战飞机和攻击机组成的防空火力压制群 (用软、硬杀伤武器压制和摧毁敌对空防御手段)，由战斗机组成的掩护群和由攻击机和战斗攻击机组成的突击群。

航空编队在突击前 15min 先进行补充侦察。突击前 12min 使用电子战飞机侦察敌方各种电子设施的战术配置和技术性能参数，干扰敌方的防空探测、指挥控制和通信手段；突击前 8min 开始压制敌防空火力，电子战飞机或其他带有电子战吊舱的飞机在距突击区 70~120km 距离、6000~10000m 高度的空域，以主、被动干扰方式对敌方综合防空系统进行压制，非突入敌防区的飞机以导弹摧毁敌主要雷达设施；突击前 7~8min 使用携带远程和近程武器的飞机实施攻击；开始攻击后 2~5min 进行突击效果侦察。

突击群和掩护群进行攻击时一般采取多层配置。例如，战斗机通常在 9000~10000m 高度进行空中警戒巡逻，中型攻击机在约 2500m 高度机动，轻型攻击机则配置在 2000m 以下。为了使敌高炮瞄准困难，有时同一种飞机也采用不同的高度。攻击机首先按弹射起飞的顺序用疏开队形接敌，待补充侦察完成后，全队再相对集中，并根据补充侦察的情报重新确定目标位置，更新武器系统数据，然后重新散开成攻击队形，实施攻击，多采用单机间隔跟进攻击方式。

2. 舰载机的飞行组织与计划

一般情况下，航空母舰的舰载机保持 25% 在修，实际出动率约为 75%。特殊情况也可达 90%，但最多只能维持 2~3 天。因为地勤人员过于疲劳，无法持久。在可以出动的飞机中，还会有 30% 的飞机可能因临时发生机械故障而不能执行任务的，其中在甲板上取消任务未能升空的约占三分之二，中途返航的约占三分之一。一昼夜 12h 飞行时间内，通常可安排 8 个波次，波次之间的间隔时间为 1h 30min。在一个飞行日中，每架飞机的出动强度可达 2~3 次。但飞行员就要视作战的持续时间而定。如作战时间预定在 48h 以内，飞行员作战出动强度可以大一些。如作战时间超过 48h，则飞行员不能超过 2 次/日。因此，战斗机和轻型攻击机的空勤组为 1~2 次/日，中型攻击机的空勤组为 1 次/日。此外，为了保持飞行员的着舰能力，即使没有作战任务，每隔 3 天也必须弹射着舰 1 次。美国航空母舰舰载机起降所需时间计算如表 13.2.4 所示。

现代大甲板航空母舰平时可以将 50% 左右的舰载机停放在飞行甲板的停机区，随时准备起飞。例如，美国的"尼米兹"级航空母舰在舰桥前可停放 26 架飞机，舰桥左、前可停放 12 架，斜角甲板左舷后突出部可停放 6~7 架。弹射放飞时和拦阻回收时，飞机停放的区域是不一样的，但停放飞机的总数约为 45 架。这个总数基本上决定了一次放飞和回收飞机数量的上限，也就决定了一个攻击波最多能够出动飞机的数量。除了停放区容积的限制外，还有弹射器和拦阻索等航空设施性能的限制。一般情况下，一个 80~90 架飞机的航空联队，每个攻击波最多可出动 40～45 架飞机。

表 13.2.4　　美国航空母舰舰载机起降时间表　　　　（单位: s）

类别		机种		
		预警机和中型攻击机	战斗机和轻型攻击机	加油机
机库——飞机甲板		60		
飞行甲板——弹射器上准备完毕		20～30	60	30～40
发出弹射信号——飞机离开弹射器		2～3		
起飞间隔	昼间	15	30	30
在同一座弹射器上 夜间	夜间	60		
在四座弹射器上 昼间	昼间	10～15		
在四座弹射器上 夜间	夜间	60		
飞机离开弹射器——飞行员可控制		2～3		
降落时间 昼间	昼间	30		
降落时间 夜间	夜间	60		

　　现代航空母舰的弹射器能够弹射重达 40t 的飞机，加速度 3g ～4g，飞机离舰速度可达 175kn。航空母舰弹射器采用固定的分配使用方式。例如，一艘航空母舰上有 4 座弹射器，可以规定 1 号弹射器专供预警机和中型攻击机使用，2、3、4 号弹射器供战斗机、轻型攻击机、加油机使用。1、2 号弹射器可同时使用，3、4 号弹射器不可同时使用。在实际应用中，所有航空母舰的弹射器往往不同时使用，而是按 1、2、3、4 顺序使用。一座弹射器使用后要间隔 10～15s(昼间) 或 60s(夜间) 再使用另一座弹射器。若四座弹射器都使用，则每座弹射器再次弹射间隔为 1min(昼间) 或 4min(夜间)。每部弹射器弹射同型飞机的间隔时间为 30～45s，弹射不同类型的飞机间隔时间大于 1min。同时使用两座以上弹射器放飞，每次弹射间隔时间还需增加 10～15s。总之，每弹射一架飞机需要 1～1.25min。如要以分波作业方式组成一个 20 架飞机的攻击编队约需 25min。而在实战中，一个攻击渡通常编为指挥引导、补充侦察、防空火力压制、空中掩护、突击等数个战术群。若以突击群弹射起飞的时间为准，则指挥引导群要提前 1～1.5h 弹射起飞。补充侦察群要提前 15min 弹射起飞。防空火力压制群要提前 8～12min 弹射起飞。空中掩护群通常和突击群同时弹射起飞。这些飞机起飞以后还要进行编队。如果不考虑指挥引导群在内，这些战术群的起飞时间有早有晚，整个攻击波弹射起飞的时间至少需要 32min。各个战斗群弹射起飞的相对时间如图 13.2.6 所示。

　　此外，弹射器的维修周期决定了可弹射飞机的总架次和每天飞机的出动率。由于这个原因，舰载机的出动率要比岸基飞机低。美国海军在海湾战争中，航空母舰舰载机弹射起飞控制很严，目的也主要在于延长航空母舰在战区的作战时间。

　　从理论上说，第二波次起飞开始 2.5min 后，第一波次即可开始降落。但在实际过程中，由于弹射可能临时发生故障，不能准时放飞。飞机降落有时一次不成功，只能复飞。出动的飞机途中也可能不能按计划返航，再加上飞机降落时，飞行甲板要做许多准备工作，故飞机起飞后，一般需要经过 90min 后上一波才能降落。如果飞机执行任务往返不需要 90min，则需在航空母舰上空等待。如飞机受伤或发生故障，只要通知航空母舰，5min 即可降落。舰载机降落到甲板上，要经过检查、加油和挂弹才可再次起飞。攻击机加油需 20min，挂弹需 30min。加油和挂弹虽可同时进行，但还需进行各种检查，紧急起飞仍需 1h，一般起飞需 3~4h。如果飞机降落后不关发动机，加完油立即起飞，则只需 15min。

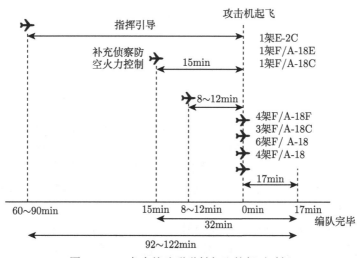

图 13.2.6　各个战斗群弹射起飞的相对时间

　　以航空母舰作为海上基地，在舰载机放飞和回收时都要求航空母舰转向顶风航向。这是因为现代舰载机重达 20~35t，弹射起飞的离舰速度高达 155~175kn，最大加速度达到 $3g~4g$，已近人体承受的极限。顶风航行可以使甲板风速控制在 30~50kn，从而降低相对航空母舰平台的飞机弹射末速和着舰进场速度。然而，排水量很大的航空母舰转向是非常困难的。3 万 t 的航空母舰转向 360° 约需 14min，6 万 ~10 万 t 的航空母舰转向时间更长。如果所需的风向和主航向夹角过大或转向过于频繁，就会严重影响航空母舰编队在主航向上的平均航速。为了保障舰载机的安全，每一种甲板操作程序都有相应甲板风风向、风速要求，而航空母舰执行任务又有机动性的要求。这时就需要根据甲板作业的情况，以提高航空母舰主航向航速的方法抵消转向损失的航速，来平衡两者的关系。

　　航空母舰飞行活动根据作战的需要可以分为两种基本的组织指挥方式：一种是分波作业方式；另一种是连续作业方式。分波作业方式是按波次飞行周期来活动的，两个相邻飞行周期之间没有交叉重叠，中间隔着一个准备周期。如图 13.2.7 所示。

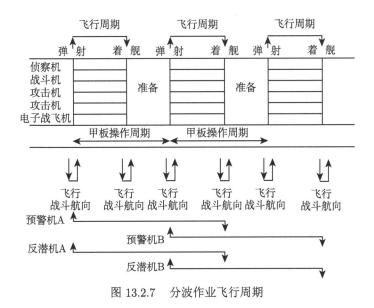

图 13.2.7 分波作业飞行周期

分波作业是攻击性航空母舰在海战中采用的主要作业方式。参与作战行动的飞机大多是载弹量大、作战航程远、留空时间长的飞机。每波出动的飞机可以多达 40~45 架，攻击力量强，可以饱和对空防御，而且一个飞行周期可达数小时，能够实施远程作战，适合集中攻击性的作战活动，例如，为夺取制空权的攻势防空作战、对海对岸攻击、两栖作战火力支援等。分波作业时起降次数少，间隔长，航空母舰转入飞行战斗航向的次数少，持续时间短，航空母舰可以保持较高的主航向平均航速。同时，甲板作业比较机动，安排人员休整也比较方便。但是这种作业方式的飞行周期固定，不利于执行多种任务。每个攻击波准备时间可能长达 4h，作战行动不连续，会使外防区的空中作战巡逻和中防区的对海作战巡逻产生较长时间的间断，使防御系统出现空隙。因此有时需要采用甲板待战的方式予以弥补。

连续作战方式的飞行周期是连续的。一个飞行周期未完，另一个飞行周期又插进来，出动飞机的飞行周期首尾交错重叠，如图 13.2.8 所示。

连续作业方式可以连续维持航空母舰编队的作战行动，并将空中作战能力保持很长的时间。这种方式飞行任务调整灵活，可以同时放飞不同型号的飞机执行多种作战任务，故主要用于需要同时执行防空、对海对岸警戒、反潜、监控、侦察等多种任务的防御性作战行动上，如航渡、待机、护航、显示实力以及处理危机等。参与作战的飞机往往只需携带少量武器。

连续作业的缺点是相邻两个飞行周期相互制约，周期都不能太长，一般只有 70~90min，每个飞行周期只能容纳 12~16 架飞机，攻击力不大，不适宜实施远程攻势行动。此外，甲板操作周期短，航空母舰就必须频繁转向飞行战斗航向，降低航空母舰编队在主航向上的平均航速，增加油耗，队形保持困难，人员容易疲劳。由分波作业转为连续作业约需 80min，由连续作业转为分波作业约需 4h。

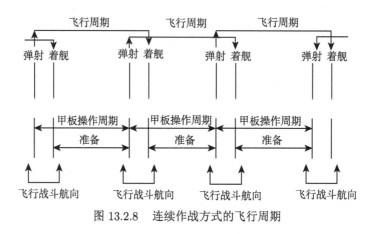

图 13.2.8　连续作战方式的飞行周期

13.3　野战防空作战装备体系

13.3.1　概述

按照军语，防空是指防备、抵御敌之空中入侵的措施与行动。《中国军事百科全书》定义防空的任务是"平时保卫国家领空不受侵犯，战时掩护国家转入战时体制，抗击和反击敌之空袭，保卫国家重要目标，保障军队行动自由，保护人民群众安全"。同时指出"防空对军队生存，稳定战局，保存国家战争潜力，坚持和夺取战争的最后胜利，都有巨大影响，在战略上有重要地位"。无论在平时，还是在战时，防空在防御作战中都发挥着重要作用，建立和完善防空作战体系是国家武装力量建设的重中之重。

防空体系是由各种防空组织、武器和设施等要素构成的有机整体，主要包括各类防空组织系统及其指挥控制、情报预警、防空武器、勤务保障等系统。按组织和任务不同，防空又分为国土防空、野战防空和人民防空。

野战防空是指部队在野战条件下，为保障其空中安全而组织实施的防空行动，它是整个防空体系的重要组成部分。野战防空的主要任务是：在野战条件下，掩护战斗区域内作战部队以及其他重要目标和设备不受敌方空中袭击，使地面部队能够顺利完成作战任务。野战防空面临的主要威胁包括武装直升机、战斗机、攻击机、无人机、战术空地导弹、制导航空炸弹、大口径火箭弹等。在现代高技术战争中，空袭已经成为陆军部队安全面临的首要威胁。组织好野战防空，对于保证部队的生存，保持作战体系完整和最终完成作战任务具有重要作用。

通常野战防空包括陆军野战防空、舰艇编队防空等。这里重点讨论陆军野战防空作战。

13.3.2　野战防空作战装备体系构建

1. 野战防空作战装备体系构建原则

为应对现代空袭的威胁，野战防空体系构建遵循以下基本原则。

1) 立体

"立体"就是指野战防空体系突破以往部署领域单纯在地面或空中，而是从地面到低空、中空、高空并且具有一定纵深的全高度、全方位立体部署。武器平台部署的立体化可以有效地解决各种火力的缺陷和软肋造成的影响，可以使野战防空安全伞撑得更高、更大、更结实。

2) 混合

"混合"就是将不同性能的防空武器混合配置，使之性能互补，能够互通、互联，构成高、中、低空相结合和远、中、近程相结合的严密完备的防空火力配系，可以拦截打击从不同高度、不同距离来袭的敌空袭兵器。混合配置的好处是有利于发挥各种拦截武器优势，提高抗击效率，增强整体威力；有利于各种拦截武器之间相互协同、相互掩护，提高生存能力和自同步行动能力。

3) 动态

"动态"指要能够根据具体的攻防态势、具体的作战阶段和空间、具体的敌空袭情况，及时调整拦截武器的配置，使之能够应对各种变化，快速适应战场环境。

2. 野战防空作战武器装备体系火力协同

野战防空作战装备体系构建和使用，不是将防空武器装备简单地叠加，要形成高效的装备体系。如何针对具体的作战任务，合理选择、部署和使用防空武器装备，是影响防空作战装备体系效能的关键问题。特别是体系构建后，合理使用各种装备，发挥各自作战优势，对所属装备高效地指挥控制，将直接影响整体效能的发挥。

1) 按作战行动空间组织协同

防空装备体系按作战行动空间组织协同有以下三种样式。一是依据战斗分界线组织协同。在野战防空整体作战区域内，依据各种类型拦截武器 (如歼击航空兵、地空导弹兵、高射炮兵) 的火力区的大小和具体要求，合理确定战斗分界线。各拦截武器按照战斗分界线组织战斗行动。歼击航空兵在截击线和战斗分界线之间实施拦截打击行动，当敌空袭兵器突破截击地带时，歼击航空兵不再尾追，由地面防空兵 (地空导弹兵、高射炮兵) 对其继续实施拦截打击。二是依据高度组织协同。由野战防空指挥员具体规定歼击航空兵活动的高度范围和地面防空兵火力的作战高度范围，各种类型拦截打击力量仅在自己的高度范围内对敌空袭兵器实施拦截打击。三是按方向组织协同。先根据野战防空区域的地形状况确定地面防空兵部署的主要方向，确保地形因素对地面防空兵效能的影响达到最低，然后确定歼击航空兵的主要作战方向，确保歼击航空兵弥补地面防空兵部署薄弱方向。此外，当敌空袭兵器从多个方向同时攻击，地面防空兵不能够拦截打击所有空袭兵器时，按照敌空袭兵器进入方向给歼击航空兵和地面防空兵分配拦截打击任务。

例如，将高射炮部署在地空导弹杀伤近界附近，以此保证高射炮火力区与地空导弹杀伤近界相衔接，弥补地空导弹火力近界短板，如图 13.3.1(a) 所示；将高射炮部署在地空导弹杀伤远界附近，以此保证高射炮火力区与地空导弹杀伤远界相衔接，来补充地空导弹火力远界"短板"，如图 13.3.1(b) 所示。

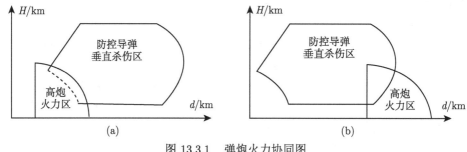

图 13.3.1　弹炮火力协同图

环形拦截网如图 13.3.2 所示。根据各类防空武器装备的性能特点，通常将地空导弹和高射炮武器采取三层环形布势：内层，由小口径高炮和近程低空防空导弹组成，分别以营和连为单位配置在内层环形区重要目标附近，构成环形火力配系，实施目标掩护；中层，由中近程、中低空防空导弹和中口径高炮为主组成，以火力单位疏开配置，尽量靠近中层环形区内的重要目标，采取区域掩护与目标掩护相结合的掩护方式；外层，防空兵设伏于重点方向的重点区域，通常是以中远程、中高空防空导弹为主，以小口径高炮、近程低空防空导弹为辅组成，实施区域掩护。外层中的小口径高炮、近程低空防空导弹，分别以营和连为单位，尽量与中高空防空导弹相互掩护、互为补充。中层、内层、外层之间要依据一定的火力重叠系数保持火力衔接，以保证对敌空袭目标射击时能够集中两个以上火力单元。通常将歼击航空兵力量部署在地面拦截打击网外层以外区域，其截击线应当与敌空袭主要方向相对应，尽量设定在外层地面防空兵有效射程以外地区。

扇形拦截网是指在主要来袭方向上将各种类型的防空兵力呈扇形配置。扇形配置通常是在野战防空兵力不足，或受地形条件限制不易构建环形拦截网，或已经准确判断出空袭之敌主攻方向并集中兵力等情况下采用。扇形拦截网应以保卫目标和作战区域为圆心，根据各种类型防空武器装备的性能和作战使用特点，在敌空袭兵器主要进入方向上实施纵深梯次配置，以增大火力纵深，力求在较远距离上对敌空袭兵器实施拦截打击。实行扇形拦截网时，要注意前后火力应相互衔接，左右火力应相互重叠，以增大火力密度和对威胁较大的目标进行集火射击。扇形拦截网的具体样式如图 13.3.3 所示。

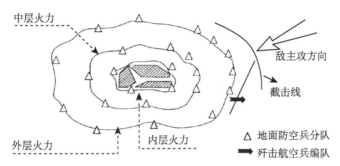

图 13.3.2　环形拦截网示意图

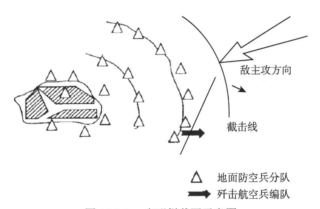

图 13.3.3　扇形拦截网示意图

2) 按作战行动时间组织协同

按作战行动时间组织协同是指明确划分各种类型拦截武器完成拦截任务的时间段和先后次序。其目的是保障各种拦截力量自身安全并且防止误伤。地面防空兵的武器装备 (地空导弹、高射炮) 战斗准备时间比较短，反应比较快，能够在极短的时间内实施拦截打击行动，可以首先进行拦截打击以应对敌人发动的突然空袭。在情况非常紧急时，可以规定先由地面防空兵对空中目标实施拦截打击，然后歼击航空兵在地面防空兵的掩护下随之起飞并对空袭之敌实施拦截打击。

3) 按作战行动任务组织协同

按作战行动任务组织协同，是指通过拟订拦截敌空袭目标次序的清单，根据清单来确定各种类型拦截武器使用的顺序和针对的目标。这就要求根据敌空袭兵器的种类、战技性能、攻击手段、作用域等因素，以及地面防空兵自身的战技性能，进行任务区分，确保拦截行动具有高度的针对性和有效性。通常情况下，地面防空兵部队主要拦截高空高速目标和低空目标以及其他歼击航空兵难以消灭的目标。当空袭实施密集突击时，则需要歼击航空兵的支持，歼击航空兵要在尽可能远处对敌空袭目标实施拦截；当空袭实施编队突击时，歼击航空兵应当以部分兵力歼灭敌压制地面的火力编队，为地面防空兵作战创造条件。

4) 按完成任务方法组织协同

按完成任务的方法组织协同，是依据具体的完成任务的行动方式来协调各种类型拦截打击力量。例如，选择同时拦截还是先后拦截。完成任务方法要依据野战防空战场实际态势来确定，不同区域、不同时域完成任务的方法都有所不同。

3. 典型野战防空装备体系

美国和俄罗斯是目前世界上野战防空武器装备最先进的国家，而且具有绝对的空中优势。目前美俄野战防空武器的装备与发展均集中于防空导弹上，使火力配系更加完善。

1) 美军野战防空装备体系

美国陆军按照分层防空的原则，将野战防空分为中、高空防空和前方地域近程防空。中、高空防空包括战区级地域防空和军级地域防空。战区级地域防空负责保护固定目标，军级地域防空负责军级地区内外的防空作战，要求其防空火力具有高度机动能力。前方地域近程防空负责所属地区和部队前沿 20~30km 的防空掩护。

美国陆军野战防空火力拦截武器系统主要由"爱国者"和"复仇者"防空导弹，"毒刺"便携式防空导弹，以及"布雷德利/毒刺"及其改进型 M6 "布雷德利–后卫"弹炮一体防空系统等组成。

美国陆军现编野战防空部队采用军属防空旅–营–连–排–班、师属防空炮兵营–连–排和团属防空炮兵连–排建制。美陆军防空部队拦截武器配置如表 13.3.1 所示。

表 13.3.1　美陆军防空部队拦截武器配置

防空部队	武器装备
军属防空旅	"爱国者"
师属防空营	"复仇者"、"毒刺"、"布雷德利/毒刺"，M6 "布雷德利–后卫"
团属防空连	"复仇者"、"毒刺"

美国野战防空系统能够覆盖各个空域，"爱国者" PAC-1 和 PAC-2 负责中高空、中远程的防空任务，"复仇者"、"毒刺"、"布雷德利/毒刺"负责低空近程的防空任务，整个野战防空火力覆盖距离 0.2~80km 以上、高度 0~24km 以上的范

围，可拦截战术弹道导弹、空地导弹、巡航导弹、固定翼飞机、直升机和无人机等各种空中目标，形成了中高空、中远程至低空、超低空近程比较完整的防空火力配系，可提供重叠火力，具备从低空近程到中高空、中远程的防空与反导的作战能力。

"爱国者"是美国陆军主要的远程野战防空武器 (也承担国土防空任务)，装备军以上部队，以营为建制单位，每营辖 6 个发射连，连是基本火力单位。一般情况下，"爱国者"防空导弹营的阵地配置是：距离己方战斗地域前沿 40~60km，各连之间的间隔 20~30km，营与营 (阵地中心点) 之间的距离为 40~50km。

"复仇者"是一种自行近程低空防空系统，主要掩护师的后方地域，可拦截巡航导弹、无人机，以及低空高速飞行的固定翼飞机和直升机。"毒刺"主要用于战地前沿或要地的低空防御，作战距离 0.2~4.8km，作战高度 0~3.8km。

"布雷德利/毒刺"及其改进型 M6 "布雷德利–后卫"用于为前方地域作战的机动部队提供防空掩护，火炮最大射程 2500m，导弹作战距离 0.2~4.8km、作战高度 0~3.8km。

2) 俄罗斯野战防空装备体系

目前俄罗斯陆军野战防空系统由防空导弹、弹炮一体防空系统和高炮组成，以防空导弹为主。陆军从方面军、集团军直到单兵都配备有防空导弹，且多代防空导弹并存 (第一、二、三代防空导弹均有装备)，构成了远、中、近配套的多层次防空导弹体系。

俄罗斯野战防空武器的拦截距离从上百千米的中远程到几十米的超近程，拦截高度从 30km 到十几米，可以打击各种空中威胁。在进行野战防空作战中，战区和集团军主要负责区域防御，战术分队主要负责点防御。

俄罗斯陆军从军区、集团军到团都有专门的野战防空部队，负责本部作战区域内的防空。军区集团军主要装备中远程、中空防空导弹，师级装备近程防空导弹，团级装备便携式防空导弹、弹炮一体防空系统和高炮。军区 (方面军) 级装备了 S-300V 远程防空导弹和"圆形"防空导弹，S-300V 防空导弹具有弹道导弹防御能力。集团军 (军) 级装备了"山毛榉"中程防空导弹，"山毛榉"-M2 导弹采用相控阵雷达，具有防御近程弹道导弹能力。师一级装备了"黄蜂"、"立方体"和"道尔"-M1 近程防空导弹。"道尔"-M1 防空导弹采用相控阵雷达，可对付10m 高的超低空目标。团一级装备了"通古斯卡"弹炮一体系统、"箭"-10 防空导弹和"针"便携式防空导弹系统。在"通古斯卡"弹炮一体防空系统的基础上，俄罗斯又发展了改进型"铠甲"弹炮一体防空系统。

13.3.3　野战防空作战装备体系部署

考虑作战行动空间的限制，要求合理地划分各种类型拦截武器的行动空间 (按方向、地带、扇区、区域、高度、地域区分)，在相应指定的空间内，有关拦截武器可以不受限制地对敌空袭目标进行拦截。

一般来讲，按作战行动空间组织部署防空武器装备体系要考虑以下影响因素：

(1) 保卫对象。

防空武器装备体系的部署要考虑被保卫对象的特点，例如，保卫对象的性质、数量、面积、形状以及要害部位的分布，保卫目标的重要程度，保卫目标周围的地形条件以及敌方可能攻击武器的使用等。

当保卫目标的数量较多、分散较广时，要精选重点目标，在此基础上合理确定保卫目标的边界，确定防空武器装备的类型、数量和部署的地域。当保卫小型独立目标时，通常按目标各组成部分的补沿连线划分部署。

(2) 敌方空袭兵器可能入侵的方向。

敌方空袭兵器可能入侵的方向可分为可能来袭方向和可能进入方向。可能来袭方向是指敌轰炸机进行袭击航线方向或弹道导弹、战略空地导弹、远程巡航导弹的方向。可能进入方向指敌攻击编队的轰炸航路方向和机载发射的空地导弹、制导炸弹方向。对于拥有大量外线部署和远程地空导弹的防御体系，主要考虑空袭兵器的来袭方向。对于拥有大量内线部署的中近程、中低空导弹防空体系，主要考虑可能进入方向。

(3) 部署防空武器装备的性能。

防空武器装备的部署要考虑所拥有的防空武器装备的性能。发挥各武器装备的性能和效能，形成不同火力配系的防空网，实现不同装备的共享，并可以实施统一指挥、协同作战。

防空武器装备体系空间布局一般分为四种形式：环形布局、扇形布局、线性布局和集团布局。环形布局是将各武器装备围绕保护目标或区域呈环状部署。环形布局使用于保护极重要的目标和区域。其优点是既加强了主要方向，又具备全方位的防空能力，但是需要的装备数量较多。扇形布局是在主要方向上将各火力单元呈扇形部署。扇形布局通常在火力单元数量有限、受地形条件限制等不能采用环形部署时采用。线性布局主要将防空火力单元沿保护目标呈一线部署。线性部局一般在保护特殊目标时采用。集团部局是将防空武器装备以较小的间隔距离集中配置在某一地域。集团各火力单元的最小间隔应保证火力单元互不干扰，发射时不危及其他单元的安全。

下面以针对保卫目标特点部署装备体系为例，说明野战防空作战装备体系部署。按保卫目标的特点，野战防空可分为前沿区域防空、后方要地防空和遂行掩护防空三类。

1. 前沿区域防空

前沿区域防空用于保卫战场前沿的野战部队。一般来说，前沿阵地最前沿部分为步兵阵地，步兵之后为炮兵和坦克兵阵地，再后是防空导弹阵地、预备阵地、野战医院、后勤部队和物资站及备用车辆。在前沿区域内连续分布着人员和装备，因此全区域需要进行防空掩护。前沿区域通常按军或集团军的防区划分。北约集团把这一区域定为宽度 40～60km，纵深 40～60km。

前沿区域防空主要用于保卫区域内的各部队和各种装备。但区域内可能分布着若干集群目标 (如坦克群)、面目标 (如营集结地)、点目标 (如防空导弹火力单元、下级指挥所等)，对这些目标一般还应设置要地防空型保卫。因此前沿区域防空是区域–要地式混合防空体制。

由于防空兵器不可能离开所保卫区域的边界前置部署，并且空袭飞机投弹距离不会很大，基本上是临空攻击，所以前沿区域防空一直采用掩护式防空，使任何空袭武器载机和战术侦察机不容许进入所保卫区域的上空。

图 13.3.4 是美国用 6 个"爱国者"(I 型) 防空导弹火力单元掩护一个 50km×50km 的前置区域火力部署和拦截区覆盖图，防空导弹的拦截区最远点刚好与己方前沿相切。在敌方飞机入侵时，越向纵深防空火力越强，在接近最前端火力单元时，高达 6 重火力覆盖。但是，"爱国者"防空导弹作战单元的这种部署方法，前方火力太弱，而且敌方空袭飞机很容易从防区外进行攻击，特别是可以用普通航空炸弹和廉价的制导炸弹对前沿步兵部队进行地毯式轰炸。图 13.3.5 是由 6 个"爱国者"火力单元和 4 个"霍克"火力单元组成的前沿区域防空拦截覆盖区图。这种部署方法加强了后方掩护，有效保卫各个火力单元，但前方火力仍然薄弱。

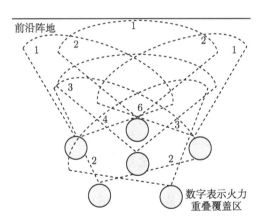

图 13.3.4 "爱国者"(I 型) 前沿区域防空拦截覆盖区

2. 后方要地防空

后方要地防空，西方称后方点防空，用于保卫紧靠前沿的机场，包括临时机场、军械与后勤物资仓库、战役指挥机关、通信中心等。保护目标的特点是范围小，但重要性大，价值高。

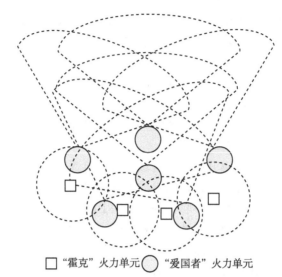

□ "霍克"火力单元　◯ "爱国者"火力单元

图 13.3.5　　"爱国者"与"霍克"防空导弹组成的混编前沿区域防空系统拦截覆盖区

现代陆军的后方要地防空，需要对付的空中目标主要有战术侦察机、歼击轰炸机和武装直升机。对于标志明显的地面目标，如野战机场、后方桥梁、大量车辆集中地等，还要防御巡航导弹和战术战役级弹道导弹的袭击。由于现代空袭飞机的投弹距离大大增加，对于标志明显目标的投弹距离可能达 50 km 以上，所以现代后方要地防空中，防空导弹应具有打击远射程空袭武器的能力，包括空地导弹和制导炸弹。

为了尽可能将空袭飞机杀伤在投弹之前，保卫重点后方要地的防空导弹应有比较大的射程，对要地实施封锁式防空和掩护式防空相结合的防御方法。这就需要配备中程 (30~200km) 和近程 (小于 30km) 两类防空导弹。其中中程防空导弹主要用于打击侦察机和歼击轰炸机，近程防空导弹用于掩护要地上空，打击直升机和空袭武器。一般来说，前沿区域防空导弹也适用于后方点防空，但在后方点防空中，防御战术战役级弹道导弹和巡航导弹的任务比前沿区域防空更重要。为此，俄罗斯的 S-300V 和"布克"防空导弹的改进型中，都加强了反弹道导弹和反巡航导弹的能力。

野战中后方要地防空长期都是采用掩护式防空，防空的目的是不容许空袭飞机进入要地上空进行空袭。图 13.3.6 是 6 个"爱国者"火力单元均衡部署保卫一个后方点目标的拦截覆盖区，6 个火力单元沿距保卫目标中心 15km 半径部署，用于保卫空中目标从各个方向都可能进入的要地。火力密度最高的区域在距所保卫目标中心 15km 范围内，为 6 重火力覆盖。单从图 13.3.6 看，6 个火力单元除很好地掩护了所保卫的目标之外，各火力单元在空中还能互相掩护。

为既能反飞机又能反战役战术弹道导弹，各个火力单元作战区外向分布

(图 13.3.7)，可以满足反弹道导弹的需要，在反飞机方面，也可增大防区范围。如果用水平射程 100~120km 的现代中程防空导弹，则离保卫的要地中心 10km 部署。6 个火力单元构成的火力区为 100km 防线 (图中虚线)，可对空袭武器载机形成 30km 的拦截纵深。从图 13.3.7 中可以看出，这样部署的火力重叠重数不足，大部分为 2 重火力区，小部分为单重火力区。为了实现 3 重火力覆盖还需增加 4 个火力单元。为了增加近程火力密度，最好再配以一定数量的近程 (射程 20km) 防空导弹，这样的部署更适应现代防空的需要。

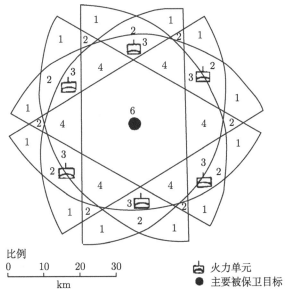

图 13.3.6　6 个"爱国者"火力单元组成的均衡点防空火力覆盖区

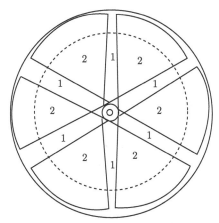

图 13.3.7　火力单元外向部署实施封锁式均衡点防空的火力覆盖区

3. 遂行掩护防空

遂行掩护防空所保护的目标是行军中的坦克部队、机械化步兵部队以及行军中的炮兵车队等。遂行掩护防空兵器是最具野战特点的防空兵器，在客观上要求它具有高的机动能力，能随摩托化步兵部队和坦克部队同步行军，并为这些快速部队提供防空掩护。用于遂行掩护防空的防空导弹，其防空战术是与摩托化步兵和坦克兵部队的战术不可分的。遂行掩护防空的防空兵器最好能边行军边作战，或者采用梯次向前推进，即一部分防空兵器停滞对空射击，一部分防空兵器以比行军部队更快的速度前进，轮番作战。

随着空袭平台和空袭武器的发展，部队在行军中所面临的威胁除了常规轰炸和航炮攻击外，主要威胁是反坦克导弹的攻击，主要包括美国"陶"式导弹、AH-64D 发射的"长弓海尔法"导弹，俄罗斯的 AT-X-16 导弹等。

针对反坦克导弹的攻击，苏联形成三种遂行掩护防空导弹体系："道尔"(Top)(SA-9)、"通古斯卡"和"箭"-10。三种遂行掩护防空导弹均为一个火力单元一辆战车，在一个摩步师的范围内装备 16 个"道尔"导弹火力单元，12 个"通古斯卡"火力单元和 12 个"箭"-10 火力单元。"道尔"防空导弹武器系统为自主自行式武器系统，一个火力单元的全部装备集中在一辆履带车上，可以边行军边搜索，但仍需停车射击。它的特点主要表现在高的越野和机动能力上，射击目标的种类扩大，包括有人和无人驾驶飞机、武装直升机、巡航导弹、空地导弹和制导炸弹；改进型的目标通道数为 2 个，最大作战高度 6km，最小作战高度 10m，最大射程12km。火力单元从行军状态转入作战状态时间 (展开时间) 为 3min，从作战状态转入行军状态时间 (撤收时间) 也是 3min，一辆战车装弹 8 发。"通古斯卡"防空导弹是一个弹炮结合系统，导弹的射高为 15m~3.5km，射程为 2.5~8km。高炮的射高为 0~3km，射程为 0.2~4km，全部作战装备集中在一辆履带车上，其中高炮可以在行进中射击，具有良好的射击武装直升机的能力。

北约组织的一个摩步师的双路行军长度为 132~165km，三路行军为 105km，北约其他国家大致相似。一个"道尔"火力单元，对抗带 8km 射程反坦克导弹载机，单向可掩护 9km 行军队列。16 个火力单元可掩护 144km 行军队列。一个"通古斯卡"火力单元对携带 5km 射程的反坦克导弹载机，单向可掩护 6.25km 行军队列，掩护 144km 行军队列需 23 个火力单元。如果空袭目标在 12.5km 内不超过 1 个，则一个"通古斯卡"火力单元可前后双向掩护 12.5 行军队列。这样掩护一个双向行军的摩步师，需 12 个火力单元。一个"箭"-10 火力单元，对携带3km 射程反坦克导弹载机单向可掩护 4km 行军队列，前后双向可掩护 8km 行军队列，掩护一个双路行军的摩步师需要 18 个火力单元。

此外，北约反坦克导弹装备包括"复仇者"、"小榭树"(改进型) 和"响尾蛇"

导弹等。

思 考 题

(1) 数字化装甲装备体系的概念。

(2) 美军数字化装甲装备部队的主要构成。

(3) 航母编队的作用有哪些?

(4) 航母编队的作战编成包括几种?

(5) 简要描述航母编队的一般队形和序列。

(6) 舰载机一般情况下的出动率是多少? 分波出动和连续作战出动的周期一般如何划分?

(7) 航母编队的作战防御一般由哪些构成?

(8) 野战防空的概念与任务是什么?

(9) 野战防空体系构建的基本原则是什么?

(10) 简述美军野战防空装备体系的构成。

(11) 按作战行动空间组织部署防空武器装备体系要考虑哪些因素?

参 考 文 献

陈永光, 李修和, 沈阳. 2006. 组网雷达作战能力分析与评估. 北京：国防工业出版社.

崔衍松, 韦世党, 张明. 1999. 联合防空信息作战. 北京：军事谊文出版社.

邓戈. 2007. 外军数字化部队探析. 北京：人民武警出版社.

窦超. 2009. 数字化先锋——美军第一支数字化师编制变化及未来发展. 现代兵器, 2: 53-55.

海军装备部飞机办公室. 2008. 国外舰载机使用保障. 北京：航空工业出版社.

刘进军, 陈伯江. 1996. 陆空协同作战概论. 北京：解放军出版社.

刘永辉. 2007. 国外航空母舰作战指挥. 北京：军事科学出版社.

孙诗南. 1998. 现代航空母舰. 上海：上海科学普及出版社.

王凤山, 李孝军, 马拴柱, 等. 2008. 现代防空学. 北京：航空工业出版社.

王洪光, 王凯, 刘晓斌. 2000. 建设具有我军特色的数字化部队势在必行势在能行. 装甲兵工程学院学报, 14(1): 2-7.

徐品高. 2001. 第 4 代防空导弹与防空体系. 防空导弹体系论文集 (第五集). 北京：《现代防御技术》编辑部.

张方伟, 张洪波, 刘新顺. 2009. 联合防空作战指挥研究. 北京：解放军出版社.

张伶军, 刘强, 顾光廷. 2006. 试论信息化条件下的野战防空体系. 北京：军事谊文出版社.

张新征, 蔡建华. 2006. 美军数字化师武器装备体系研究. 北京：军事科学出版社.

钟明范, 刘兵初. 2008. 防空作战. 北京：蓝天出版社.

Calvano C N. 1998. A short take-off /vertical landing aircraft carrier. Naval Postgradute School.

Gates S M. 1987. Simulation and analysis of flight deck operations on an LHA. AD Professional Paper: 456.

Johnston J S. 2009. A persistent monitoring system to reduce navy aircraft carrier flight deck mishaps. AIAA 2009-5647.

NAVAIR 00-80T-105. CV NATOPS MANUAL. Department of the navy chief of naval operations 2000 Navy Pentagon WASHINGTON, D.C. 20350-2000.

Schauppner C T. 1996. Optimal aircraft carrier deployment scheduling. Naval Postgraduate School.

Thate T. 2002. Requirements for digitlzed aircraft spotting (ouija)board for use on U.S. navy aircraft carriers. Naval Postgraduate School.

第 14 章　武器装备体系运用实例

14.1　我军典型军事行动装备运用案例

14.1.1　一江山岛战役

1955 年 1 月，我华东军区陆海空军各一部，对台湾省国民党军据守的浙江省东部一江山岛进行进攻作战。该战役是我军发动的第一场，也是迄今为止唯一的一场海、陆、空三军协同登陆作战。解放一江山岛的胜利，改变了台湾海峡的斗争形势，初步取得了联合军兵种协同作战的经验。

1. 战役概况

中华人民共和国成立后，国民党军残余部队退据东南沿海部分岛屿。台湾省国民党当局企图利用这些岛屿作为护卫台湾的屏障、反攻大陆的跳板、袭扰大陆的基地，并与美国政府签订了"共同防御条约"。为表明坚决反对这一侵略性、非法性条约的严正立场，我军在条约出笼前后，从空中、海上对一江山岛战场实行了封锁。空军和海军航空兵部队出动飞机 226 架次，轰炸大陈、一江山等岛军事目标和停泊舰艇，炸沉国民党军"中权"号坦克登陆舰，炸伤"太和"号护航驱逐舰等 4 艘舰艇；海军鱼雷艇部队击沉"太平"号护卫舰和"洞庭"号炮舰。两个多月的海空封锁作战，削弱了国民党守军的防御能力，我军掌握了战场的制海权、制空权。

1955 年 1 月 18 日，我军发起一江山岛登陆作战 (图 14.1.1)。8 时开始实施第一次火力准备。轰炸机大队和强击机大队在歼击机掩护下出击。9 时，50 余门火炮对一江山岛进行射击。12 时，登陆部队乘 70 余艘登陆艇在 40 余艘作战舰艇掩护下，分两批成三路防空队形向展开区开进。14 时，船载的 10 门火箭炮及轰炸机和强击机部队对守军阵地进行第二次火力准备。14 时 20 分，登陆部队在南–江、北–江两岛 20 多个登陆点实施登陆突击，迅速突破守军防御前沿阵地并向纵深发展。17 时 50 分，登岛部队清理战场并转入防御。

一江山岛解放后，为了实现解放大陈岛等浙东沿海岛屿的既定计划，我军于1955 年 1 月 30 日下达准备攻占大陈岛的预令。台湾省当局被迫于 2 月 5 日决定将国民党军撤离以大陈岛为中心的台州列岛。至 2 月 25 日，在美国海空军掩护下，国民党军全部撤离。至此浙东沿海岛屿全部解放。

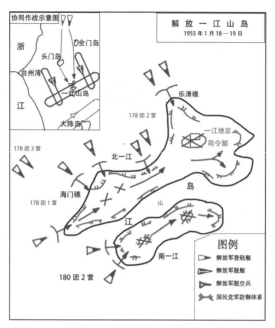

图 14.1.1 解放一江山岛作战示意图 (后附彩图)

2. 主要兵力与装备

敌我双方作战兵力如表 14.1.1 所示。

表 14.1.1 一江山岛作战双方主要兵力

	敌军	我军
陆军	步兵：突击第四大队、 第二大队第四中队 炮兵：第一中队 火炮：100 多门 机枪：100 多挺 火力点：154 个	步兵：178 团、180 团 (缺 1 个营) 炮兵：122 榴弹炮 2 个营、76.2 野炮 1 个营、 75 山炮 2 个连、120 迫击炮 2 个连
海军		航空兵：5 个团 舰艇、船：186 艘 (其中护卫舰 4 艘, 炮舰 2 艘, 鱼雷艇 12 艘, 炮艇 24 艘, 火箭炮船 6 艘, 各种登陆舰艇、运输船 138 艘) 海岸炮兵连：2 个
空军		轰炸航空兵第 20 师 60 团 歼击航空兵第 3 师、第 12 师

3. 装备运用特点

一是海陆武器创新结合。 在一江山岛的登陆作战中, 我军创造性地把战防炮架到木船上进行射击, 战防炮为掩护解放军攻击发挥了巨大作用 (图 14.1.2)。据统计，炮兵总共进行了 7 次射击，历时 127 min，发射炮弹达 400 多吨，平均每门炮发射了 280 发，有的达 400 多发 (图 14.1.3)。

图 14.1.2　一江山岛战役中我军登陆

图 14.1.3　一江山岛战役中我军炮兵远程支援

二是陆空装备紧密协同。周密组织协同，使参战力量协调一致地行动，是迅速达成登岛战役企图的重要保证。由于战前周密地组织陆军与空军部队的协同动作，围绕保障登岛部队顺利实施登岛这个重点，召开了各种协调会议，组织图上作业、沙盘推演和组织协同训练等多种方法，在实际作战中，空军的作战飞机不仅对登陆进行了前期的火力准备，强击机还对登陆作战进行了直接支援。在一次向滩头冲击时，登陆部队突遭炮火拦阻，指挥艇上的目标引导员立即呼叫强击机支援，对敌火炮实施了有效的压制。

三是三军通信联络畅通。针对通信问题，拟订了"三军联合作战通信联络实施计划"，建立了由三军 440 部电台组成的通信联络网。陆海协同方面，规定航渡时统一使用海军通信工具，禁止使用陆军通信工具；当转变为登陆队形时，则允许使用陆军通信工具。在陆空协同方面，由空军派出辅助指挥所，在登陆指挥所附近引导轰炸机和强击机行动，并派目标引导组 (员) 加入第一梯队各营、连指挥所。

14.1.2　新中国防空作战

1958 年起，台湾省国民党空军在美国的支持下开始使用高空侦察机对大陆进行战略侦察。为了打击国民党空军高空侦察机的嚣张气焰，保卫大陆的领空，中央军委决定迅速组建地空导弹部队。在艰苦卓绝的条件下，地空导弹营的官兵刻苦学习，精研战法，苦练技能，在最短的时间里最大限度地发挥了手中装备的性能，完成了世界防空史上第一次使用地空导弹击落飞机的壮举，并打破了 "U2 不可击" 的神话，扭转了新中国防空的不利态势，改善了战略条件。

1. 作战概况

国民党空军对大陆纵深进行高空战略侦察活动，是从 1958 年 2 月开始的。为了打击国民党空军高空侦察机，中央军委决定组建地空导弹部队。中国空军从苏联进口了地空导弹设备，并于 1959 年 4 月完成了第一批地空导弹营的组建。在苏联专家帮助下，经过突击训练，当年国庆节前担负起北京地区的防空任务。10 月 7 日上午 9 时许，国民党空军 1 架 RB-57D 型高空侦察机，从浙江路桥 (现为台州市路桥区) 附近入陆，高度为 1.9 万米，飞经杭州、南京后，继续北窜，12 时 4 分，进入地空导弹部队第二营的火力范围。营长岳振华果断下达命令，发射 3 枚导弹，将敌侦察机击落。地空导弹部队一举击落国民党空军 RB-57D 型高空侦察机，开创了世界防空史上使用地空导弹击落飞机的先例。

从 1962 年 1 月起，台湾省国民党空军的 "黑猫中队" 开始使用 U2 高空侦察机对大陆展开侦察。当时，能够对付 U2 的武器只有 "萨姆-Ⅱ" 地空导弹，但循常例，地空导弹部队是定点担负要地防空任务的，而我军没有足够的导弹部队能长期部署在重要的国防科研基地周围。1962 年 6 月，空军决定突破地空导弹部队只能固守一地的惯例，从保卫北京的导弹营中抽调出一部分来开展导弹游击战，在 U2 飞机的航线上机动设伏歼灭敌机。

1959 年首战告捷的导弹二营执行了首个游击设伏任务。部队化装成地质勘探队，先到长沙隐伏了两个多月，然后于 1962 年 8 月 29 日转移到江西南昌的向塘阵地。在二营设伏到位后，空军又连续两次命令轰炸机伴动，作为调 U2 出动的诱饵。9 月 9 日清晨，一架 U2 从桃园机场起飞，从福建的平潭岛飞入大陆直奔江西。在 U2 距南昌 40 km、二营阵地 78 km 时，二营发射 3 发导弹，2 发命中目标。我军地面防空部队将 U2 击落，在国际上激起强烈的反响。

在随后的几年中，地空导弹部队又创新了集群设伏和近快战法等新的战术手段，针对敌机的电子预警和干扰设备发展反制措施，在漳州、包头、嘉兴等地先后击落 4 架 U2 飞机 (图 14.1.4)。U2 高空侦察机被多次击落, 迫使国民党空军逐渐停止使用这种飞机对大陆进行高空侦察。

图 14.1.4 被我军击落的 U2 残骸

1958~1968 年, 解放军共击落 RB-57 型飞机 2 架、U2 型飞机 5 架。空军地空导弹第二营战绩卓著, 多次受到中国共产党中央委员会和中央军委的表彰与奖励。1963 年 12 月, 国防部授予岳振华 "空军战斗英雄" 称号。1964 年 6 月, 国防部授予地空导弹第二营 "英雄营" 称号。

2. 主要装备

U2 高空侦察机绰号 "黑寡妇", 是一种单座单发长航时高空战略侦察机, 能够携带各类传感器和照相设备, 对侦察区域实施连续不断的高空全天候区域监视。其主要参数如表 14.1.2 所示。

表 14.1.2 U2 高空侦察机主要参数表

尺寸数据	机长 15.11m, 机高 3.86m, 翼展 24.38m, 机翼面积 57.30m^2
重量数据	空重 5930kg, 最大起飞重量 13154kg, 最大载油量 4350kg
性能数据	最大平飞速度 930km/h, 最大巡航速度 775km/h, 爬升率 50m/s, 实用升限 24384m, 续航时间 8h, 最大航程 4700km

　　"萨姆-Ⅱ"地空导弹即 S-75(北约代号：SA-2) 是苏联第一代实用化的防空导弹系统，1954 年 10 月由拉沃奇金设计局设计，1957 年莫斯科五一节阅兵时公开(图 14.1.5)。主要用于拦截敌轰炸机执行要地防空，取代 130mm 与 100mm 高炮。其主要参数如表 14.1.3 所示。

图 14.1.5　　"萨姆-Ⅱ"地空导弹

表 14.1.3　　"萨姆-Ⅱ"防空导弹主要参数表

尺寸数据	长度 10.726m，直径 0.645m，翼展 2.56m
重量数据	负载重量 135kg，整体重量 2163kg
性能数据	引擎为两段式火箭后燃机，速度 3 马赫，射程 48km 以上，飞行高度 3000~22000m，弹头为火药爆裂弹，导引方式为雷达站无线电信号导引，发射平台为地面发射台

　　每个发射营装备六枚发射架呈六边形布置。导弹为两级发动机，第一级固体燃料助推段工作 4~5s，弹径 0.645m；第二级发烟硝酸–煤油液体发动机工作 22s，弹径 0.5m，推力 2650kg。发射营的火控系统站能跟踪一个目标，利用三个信道同时制导三枚导弹拦截目标。战斗部重 195kg，内装 135kg 炸药，低空杀伤半径 65m，高空杀伤半径 250m，平均精度 75m。单发杀伤概率 70%，三发杀伤概率 95%。载车为"吉尔"ZIL-157 半拖车，最大时速 35km。发射架为 CM-63 单臂全回转，重 8400kg，最大仰角 65°，电驱动，再装填时间 10min。

　　3. 装备运用特点

　　一是大胆灵活创新战略战术。苏联研制生产的"萨姆-Ⅱ"地空导弹，为半固定式，非常笨重，是固定防御这种要地防空作战思想的典型代表。我军突破常规，拖着笨重的装备千里设伏。经过对敌情的详细研判，导弹阵地准确地部署在敌机的航线上，达到了出其不意、攻敌不备的良好效果。

　　二是刻苦训练掌握装备性能。我军第一次击落 U2 之后，美军设法获取了我引导雷达的频率，迅速在 U2 飞机上加装了电子预警系统，用以向飞行员发出地空导弹威胁的报警信号，使飞行员操纵飞机机动逃脱。通过分析几次战斗失利的教训，我军指战员发现 U2 飞机上的预警系统虽然可以接收到地空导弹引导雷达的信号，但从接收到信号至开始实施机动一般要有 20s 的时间。针对这一情况，地空导弹部队采取了两个办法：一是压缩开制导雷达天线的距离，即由规定的距目标 75km 开天线压缩至 43～45km 开天线；二是快速完成射击操作动作，即将原来开天线后需做 14 个动作中的 9 个在开天线前做好，其余 5 个动作力争在开天线后几秒内完成，保证开天线后迅速抓住目标，立即发射导弹，使 U2 飞机来不及机动逃脱。实行这两个办法，对指挥员的作战指挥和部队操纵兵器的技术动作，提出了更高的要求。为此，各营进行了几个月的艰苦训练，逐步掌握了这种作战方法，将过去需要 8min 完成的战斗准备时间，用娴熟的技术和天衣无缝的战术配合，在瞬间完成。这种近距离开制导雷达天线，快速进行战斗操作的作战方法，称为"近快战法"，收到了良好效果，是人的因素和兵器潜能得到最大限度发挥的成果。

三是潜心钻研深挖装备潜能。 随着 U2 装备了更加先进的导弹预警系统，我军经过潜心钻研，在"近快战法"的基础上更进一步，将手中各项装备综合运用，极大提高了作战性能。通过在导弹未发射前先使用低于"萨姆-II"火控雷达脉冲重复频率的其他雷达探测、跟踪目标，导弹发射后再改用导弹自身的火控雷达来接替捕捉目标并制导。这样，打开制导雷达后 8s 发射导弹的"近快战法"就提高到了导弹发射 3s 后再打开制导雷达，待 U2 接收到我制导雷达信号后，导弹已经到了身边，使 U2 的导弹警报系统失去作用。

14.1.3 "八六"海战

1965 年 8 月，我海军南海舰队一部与国民党军海军军舰在福建省东山岛以东海域进行的一次海战。"八六"海战是中华人民共和国海军史上，迄今以来，歼敌最多、战果最大、影响深远的著名海战。

1. 海战概况

1965 年下半年开始，台湾省国民党军动用大型海军战斗舰艇，在海上进行袭扰行动。同年 8 月 5 日 17 时 45 分，我海军南海舰队接到通报：国民党海军两艘军舰由台湾省左营港出航。随即判断：敌舰可能在东山岛海域进行偷袭或对大陆渔民进行"心战"活动。南海舰队指挥员立即向总参谋部上报了"放至近岸、协同突击、——击破"的作战方案，得到总参谋部批准。

1965 年 8 月 5 日 21～24 时，参战各编队舰艇分别起航，驶往预定歼敌海区。8 月 6 日 1 时 42 分，国民党军海军"剑门"、"章江"两舰凭其火炮射程远的优势，先机向护卫艇开炮，艇队展开战斗队形接敌。当看清敌舰桅杆时，各艇一齐射击。我海军突击编队连续两次突击和抵近射击，敌舰"章江"号在我海军艇队的攻击下，失去抵抗能力，起火爆炸，于 8 月 6 日 3 时 33 分沉没于东山岛东南约 24.7n mile 处。击沉"章江"号后，经总参谋部批准，我海军编队于当日 3 时 43 分，对"剑门"号实施攻击。5 时 10 分接敌后，各舰艇集中火力猛烈射击，"剑门"号当即中弹起火。5 时 20 分，我编队快艇第二梯队在高速护卫舰的掩护下，接敌 2~3 链 (chain, 1chain=20.1168m) 时施放鱼雷，命中 3 条，"剑门"号随即沉没。

　　此次战斗，自我海军艇队出航到返回基地，历时 12h 45min，与敌战斗持续 3h 43min。取得了中华人民共和国成立后人民解放军海军最大一次海上歼灭战斗的胜利，共击沉国民党海军扫雷舰 1 艘、猎潜舰 1 艘，毙敌 170 余人，俘 33 人，是海军快速轻型舰艇编队近战夜战、密切协同以及集中优势兵力达成的一次歼灭战 (图 14.1.6)。"八六"海战后，敌方的作战方针便逐步由"反攻大陆"转变为"防卫台澎金马"。

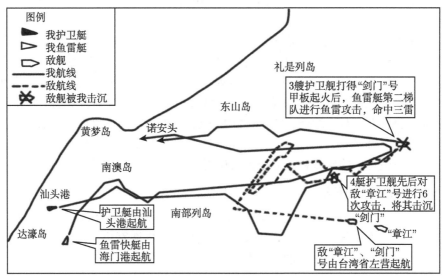

图 14.1.6　　"八六"海战示意图

2. 主要兵力与装备

此次海战中，敌我双方主要装备如表 14.1.4 所示。

表 14.1.4　　"八六"海战双方主要装备

敌军	我军
"剑门"号舰队扫雷舰	鱼雷艇 11 艘
"章江"号猎潜舰	护卫艇 4 艘

国民党军装备如下所述。

"剑门"号 (编号 65)。原系美国"海衙"级舰队扫雷舰 (大型、钢壳)"巨嘴鸟"号 (编号 MSF-387),于 1965 年 4 月驶抵台湾省。标准排水量 890 t,满载排水量 1250 t,航速 18kn,舰上有 76.2 mm 炮 1 门,40 mm 炮 4 门,雷达 1 部。

"章江"号 (编号 118)。原系美国海军猎潜舰 PC-1232 号,标准排水量 280 t,满载排水量 450 t,一般航速 14kn,最大航速 20 kn,舰上有 76.2 mm 炮 1 门,40 mm 炮 1 门,20 mm 炮 5 门,火箭 (组)76.2 mm 1 座,深水炸弹投射器 4 座,雷达 1 部。

我军装备如下所述。

P-4 级鱼雷快艇。此种以铝合金为艇体的快艇长 19.3 m,宽 3.7 m,B 型艇标准排水量 20.74 t,K 型艇标准排水量 21 t,总功率 2400 hp,最高航速 42 kn。配备有 2 具 457 mm 鱼雷发射管,鱼雷自重 918 kg。

P-6 级鱼雷快艇。属木制艇壳滑行型艇体,长 25.4 m,宽 6.2 m,满载排水量 66.5 t;发动机共 4800 hp,最高航速 43 kn。配备有 533 mm 鱼雷发射管两具,用来发射 53-39 型直航鱼雷,艇的首尾各设置 1 座 5 mm 双管炮,尾部还可以携带小型深水炸弹。鱼雷艇上间装有"秃头"平面搜索雷达一部。

护卫艇。即 41 大队的 598、558、601、611 艇。护卫艇长 38.78 m,宽 5.3 m,标准排水量 108.6 t。最大航速 30kn。总功率 4×1200 hp。它的武器为设在首尾的 2 座 61 式双链 37 mm 炮,中部两舷的 2 座 61 式双链 25 mm 炮,带 8 枚深水炸弹及烟幕释放器,并可携带 6 枚锚-1 型水雷。

3. 装备运用特点

一是装备上的以弱胜强。"八六"海战以弱胜强,打出了中华人民共和国人民海军的威风,也是我军指战员熟练掌握手中装备,根据装备性能确定战略战术的极好案例。敌人的装备有千吨级钢壳的大型扫雷舰,也有装备精良的猎潜舰,在吨位和装备上均优于我军舰艇,我舰艇编队充分利用自身小而灵活的优势,发扬勇猛顽强,敢打敢拼的战斗精神,一举将敌舰击沉,取得了中华人民共和国成立后我海军最大一次海上歼灭战斗的胜利。

二是兵力上的以多打少。此次海战,我军根据准确的情报,利用快艇体积小、速度快的特点,预先设伏;鱼雷艇和护卫艇交叉配置,以多打少。发挥情报优势,按照"放至近岸、协同突击、一一击破"的作战方案,抓住战机,提前部署,预设埋伏,在预定歼敌海区,勇追猛打,击沉"章江"号后,集中火力对"剑门"号射击,各个击破,最终取得这次海战的胜利。

三是装备性能充分发挥。将陆军的战役战术特点运用到海战中,针对我鱼雷快艇吨位小、航速快、火力猛的特点,灵活运用,发扬 P-6 级鱼雷快艇的 25mm 双管舰炮的威力,压制敌舰火力,攻击后掩护撤退,提高了战斗的灵活性,充分发挥了手中装备的性能，具有强烈的我军特色。

14.1.4　亚丁湾护航

我国海军护航舰艇编队赴索马里、亚丁湾海域护航，是维护国家发展利益，保护重要运输线安全的战略性行动；是实际运用海军兵力，遂行多样化军事任务的检验性行动；是推进海军建设，提升远海机动作战能力的探索性行动。

1. 护航行动概况

亚丁湾是指印度洋在也门和索马里之间的一片水域，是全球海盗活动的主要区域之一。为保证国际航运、海上贸易和人员安全，联合国安全理事会从 2008 年 6 月起，陆续通过多项决议，授权外国军队经索马里政府同意后进入索马里领海打击海盗及海上武装抢劫活动。从 2008 年 12 月起至 2023 年 2 月，中国海军相继派遣四十三批编队赴亚丁湾海域护航 (图 14.1.7)。

图 14.1.7　我海军舰艇在亚丁湾执行护航任务中

第一批，2008 年 12 月至 2009 年 4 月。第一批护航舰艇编队由"武汉"号、"海口"号导弹驱逐舰和"微山湖"号综合补给舰，以及 2 架舰载直升机和部分特战队员组成，共 800 余人。

第二批，2009 年 4~7 月。第二批护航编队由"深圳"号导弹驱逐舰、"黄山"号导弹护卫舰和首批护航编队留下来的"微山湖"号综合补给舰，以及 2 架舰载直升机和部分特战人员组成，整个编队共 800 余人。

至 2023 年 2 月 5 日，第四十三批护航编队正式开始执行亚丁湾、索马里海域护航任务。编队主要由导弹驱逐舰"南宁"号、导弹护卫舰"三亚"号以及综合补给舰"微山湖"号组成，携带舰载直升机 2 架、特战队员数十名，任务官兵共 700 余人。

2. 主要装备

亚丁湾护航行动中, 我海军的部分主要战舰如表 14.1.5 所示。

表 14.1.5 我海军亚丁湾护航主要战舰

导弹驱逐舰	"武汉"号 "海口"号 "深圳"号 "广州"号 "兰州"号
综合补给舰	"微山湖"号 "千岛湖"号
导弹护卫舰	"黄山"号 "舟山"号 "徐州"号 "马鞍山"号 "温州"号 "巢湖"号 (现名"衡阳"号)
船坞登陆舰	"昆仑山"号

3. 装备运用特点

一是装备复杂任务重。组织舰艇、舰载机和特种部队多兵种跨洋执行任务,时间紧、任务重、涉及单位多、协同复杂。舰艇编队远离国内保障基地,长时间执行远洋护航任务要进行充分的装备准备。例如, 首批编队接到海军预先号令后,仅用了半个月时间,组织完成了编队 300 余项故障的抢修和 171 舰 ("海口"号) 柴油机的等级保养,完成了直升机与航空舰面系统的对接调试和 54 台 (套) 专用设备及生活保障设施的加改装,补充器材备件 2 万余件套,装载各型导弹数十枚、各类弹药 20 余万发,制定完善了各类装备保障预案。

二是持续航行时间长。全程不靠港远海长时间执行任务,实际检验了海军部队军事斗争准备成果,全面摔打锻炼了任务部队的军政素质。第一批护航编队连续航行 2940 h,编队连续航行时间及里程、主机连续工作时间、直升机起飞架次和空中巡逻时间等均创下了海军新的纪录。第二批护航编队 167 舰 ("深圳"号) 服役近 12 年,且由于续航力不足,3~4 天就进行一次航行补给,补给频繁。第五批编队中 568 舰 ("巢湖"号) 提前前出加入第四批护航行动,连续执行了 6 个月护航任务,是目前海军连续执行护航任务时间最长的战斗舰艇;887 舰 ("微山湖"号) 在经过第一、二批护航任务后,经过半年的修理即参加第五、六批护航任务,是目前参加护航次数最多、执行护航任务时间最长的舰艇;168 舰 ("广州"号) 入列后,连续完成了大量的出访、联合军演、装备试验、远海训练等任务,是近几年执行海军重大任务最多的舰艇之一。

　　三是综合保障难度高。护航行动政治性、涉外性、涉法性强，涉及国家政治外交大局，不能出现丝毫纰漏，装备保障面临的压力大。装备保障护航编队远离保障母港，随舰保障能力有限。作为远离本土执行护航任务，每批护航编队携带了不少易损耗器材备件和部分专业的维修保障人员，但新型舰艇装备型号数量多、系统复杂，随舰力量很难全面保障舰艇需要。同时支援保障渠道受限，保障器材及维修人员投送渠道和时效性无法确定。护航任务海区远在国外，往该地区前送保障器材及维修人员还没有固定可靠的渠道，能否及时保证前出保障需求还不可预知。护航任务实战背景强，舰艇和直升机随时面临紧急机动和起飞，全武器系统均要保持良好的技术状态，装备保障时效性要求高、压力大。

14.2　外军经典联合作战装备运用案例

14.2.1　英阿马岛战争

　　马岛战争是第二次世界大战后最著名的一场海战。虽然其规模远不及第一次世界大战和第二次世界大战中那些场面宏大的海战，但由于导弹、核潜艇等新技术装备投入战场，这场海战明显区别于传统海战，它实际上揭开了新时代的序幕，标志着联合作战进入了一个新的历史时期——高技术条件下联合作战时期。

　　1. 战争概况

　　1982 年 4 月 2 日到 6 月 14 日，历时 74 天的英阿马岛之战，是一场未经正式宣战的战争，外交家称为"武装冲突"，军事家则称为"马岛战争"，这是 20 世纪第一场可算得上现代化的战争 (图 14.2.1)。

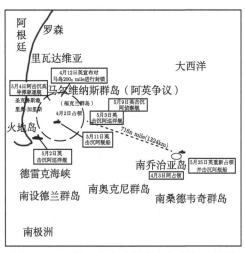

图 14.2.1　英军登陆马岛前双方冲突示意图

(1) 阿军武力收复。马岛战略地位极其重要，距阿根廷本土 276n mile，距英国本土 7000n mile，不仅位于沟通南半球两大洋交通的必经之路，而且漫长曲折的海岸线组成众多港湾，曾是英国在南大西洋最重要的基地。英国和阿根廷对马岛的主权进行过多次谈判。1982 年 2 月在双方谈判宣告破裂后，阿根廷开始准备以武力收复马岛，1982 年 3 月 26 日，阿根廷总统加尔铁里下令实施"罗萨里奥"计划。同年 4 月 11 日，阿军占领马岛，建立了行政机构。

(2) 英军重夺马岛。在马岛被阿根廷占领后，英军以"竞技神"号和"无敌"号航空母舰为核心组成特混舰队，共有 37 艘战舰，20 架"鹞"式战斗机，58 架各型直升机，3500 名海军陆战队，由朴次茅斯和直布罗陀起航。正在大西洋的 4 艘核潜艇也全速赶往马岛。此外，由 23 艘军舰、20 架飞机、2000 名陆军组成第二梯队从波特兰起航；由 18 艘军舰和 3000 名陆军组成的第三梯队从安普顿起航。1982 年 4 月 12 日，英军的核潜艇最先到达马岛海区执行封锁任务。至 6 月 14 日，斯坦利港内 9000 多阿军投降。6 月 15 日，阿根廷总统宣布马岛的战斗已经结束。英国也宣布阿军投降，夺回马岛。至此，历时 74 天的马岛战争正式结束。7 月中旬，双方遣返了战俘。8 月宣布取消海空禁区，恢复正常航行。至此两国间的敌对行动完全结束。

2. 装备运用特点

一是突显航母重要作用。在远离本土的岛屿争夺战中，必须拥有必要的空中力量活动平台或地面基地，最大限度地解决空中封锁、掩护和预警难题。马岛之战中，受活动基地的限制，双方空中力量都未能充分掌握制空权。英国方面由于当时中型航母已全部退役，轻型航母搭载的战斗机数量有限，始终无法保证对制空权的全时空掌握，使阿根廷空军有机可乘。另外，因轻型航母缺乏空中预警能力，英军不得不派出驱逐舰前出作为舰队的雷达哨，为此付出了沉重的代价（图 14.2.2、图 14.2.3）。

而在阿根廷方面，则未能很好地利用马岛上的机场，在进入马岛一个多月的备战阶段都没有整修机场，仅进驻了少量螺旋桨推进的"普卡拉"攻击机，其空军主力仍留驻 600 多千米外的本土机场，已达到其战机作战半径的极限。在战斗中，阿根廷战机飞临马岛战区后，其留空时间仅有短短的几分钟，只能采取打了就走的袭击战，数量优势无法发挥。

二是发扬舰载防空火力。马岛战争中，双方空中力量实际上都未能彻底掌握制空权，留下的空白只能由舰载和陆地防空火力来填补。例如，战争中，阿根廷开始时利用地面高炮火力击落了 30 多架英军飞机和直升机。英军则充分发挥了舰载防空火力的作用，在部队登陆脱离舰载防空火力圈后，还迅速投入了地面防空导弹系统，及时为登陆部队提供了保护。

图 14.2.2　当时英国最现代化的驱逐舰"谢菲尔德"号被"飞鱼"导弹击沉

图 14.2.3　承担英军外层防空任务的"鹞"式战斗机

三是攻击空中力量基地。为弥补战机数量的不足，在特混舰队抵达马岛水域之前，英军在战争中曾出动远程轰炸机空袭马岛机场。其后还出动特种部队袭击了阿根廷本土的里奥·加列戈斯空军基地，一举炸毁 8 架"超级军旗"攻击机，并袭击了佩布尔岛上的简易机场，烧毁了一批攻击机。此种袭击作为补充手段也发挥了重要的作用。

14.2.2　海湾战争

1991 年爆发的海湾战争，是继第二次世界大战之后，参战国最多、一次性投入兵力最大、战况空前激烈和发展异常迅猛、作战双方伤亡损失又极其悬殊的一场现代高技术局部战争。尽管战争只持续了 43 天，但战争准备时间却长达 5 个月之久。同时，大量信息化武器装备的使用，则使海湾战争成为机械化战争开始向信息化战争转变的标志。

1. 战争概况

海湾战争，自 1991 年 1 月 17 日开始至 2 月 28 日结束，历时 43 天。多国部队进攻作战，按作战进程大致可划分为战略空袭、夺取科威特战区制空权、地面作战三个阶段。

(1) 战略空袭阶段。自 1991 年 1 月 17 日凌晨 3 时开始，目的在于打乱伊拉克政府的主要职能，摧毁伊拉克维持战争的潜力和战略反击能力。美军出动"阿帕奇"直升机、F-117 隐形战斗机、B-52 战略轰炸机以及水面舰艇和潜艇，使用弹道导弹、激光制导炸弹和巡航导弹 (图 14.2.4)，攻击巴格达地区的战略目标，摧毁了伊拉克的通信大楼，随后又攻击了伊拉克战略防空系统、飞机掩体、核生化武器设施、桥梁和"飞毛腿"导弹基地等，使伊军指挥系统基本瘫痪，削弱了伊军反击能力。

图 14.2.4 美军舰艇防区外发射导弹

(2) 夺取制空权阶段。与战略空袭同时开始，但持续时间较短，目的在于摧毁伊拉克的防空体系，为多国部队飞机在科威特和伊拉克上空自由飞行创造条件。在此期间，联军出动 1 万多架次作战飞机，对伊拉克的 24 个主要机场和 30 多个疏散机场，以及防空指挥中心、雷达站和防空兵阵地进行了连续攻击，使伊军防空系统瘫痪，破坏了机场跑道，致使伊空军失去进攻作战能力。

(3) 地面作战阶段。地面进攻从 1991 年 2 月 24 日 4 时开始，至 2 月 28 日上午 8 时结束，历时 100h。目的是切断伊拉克东南部的交通线，击败科威特战区内的伊军，解放科威特，歼灭伊拉克共和国卫队。从 2 月 24 日至 2 月 28 日，多国部队经过 90h 的机动作战，歼灭了伊军十多个师后停止进攻，最终达成了战争目的，迫使伊拉克全面、彻底、无条件地接受了联合国安全理事会提出的 12 个决议，海湾战争结束。

2. 装备运用特点

一是高新技术武器装备的大量运用，引发作战方式发生深刻变化。随着高新技术武器装备的进步，空中力量的发展促进了战争的空中化，空中及空间力量正在成为未来战场的主力，空天战场正在确立自己新的主导地位。精确制导武器成为高技术局部战争的基本打击手段和主攻武器，防区外远程精确打击成为主要作战方式。

指挥手段的不断完善大大提高了作战效能。例如，美军在海湾战争中从发现一个机动目标到发动袭击需要一天的时间，在科索沃战争中这个时间差已经缩小到 1h。在阿富汗战争中，由于信息系统与作战系统的高度一体化，从发现一个机动目标到发动袭击仅需要 10 min 的时间。

二是信息化装备催生信息化战争形态的持续发展。现代高技术战争将围绕信息的搜集、处理、分发、防护而展开，信息化战争成为高技术战争的基本形态，夺取和保持制信息权成为作战的中心和焦点。在海湾战争开战前 24 h，美军实施宽带强功率压制式干扰，即"白雪"行动，造成伊军大部分通信联络中断，达成了空袭的突然性。联合空战中心配备了最新型的 C^4ISR 系统，综合分析、处理、分发由美军各种战场侦察系统所获取的战场信息数据，并将处理过的战场信息数据实时传输到轰炸机、战斗机等各种作战平台。此外，信息平台还逐渐具备了攻击能力。

三是装备体系的对抗是决定战争胜负的重要因素。海湾战争以及后来的科索沃战争、阿富汗战争证明，只有多种力量综合使用、各军兵种密切协同、各种武器系统优势互补，才能发挥整体威力，取得"1 + 1 > 2"的系统效应。海湾战争中，多国部队对伊拉克实施的空袭作战除出动大量战斗机、攻击机、轰炸机外，还动用了大量陆军攻击直升机和大量预警机、运输机、加油机、救护机等，海军的"战斧"巡航导弹以及由各种卫星组成的空间精确定位系统等多种航天力量，组成一个严密的作战体系对目标实施联合打击。

14.2.3　伊拉克战争

2003 年的伊拉克战争，是美英依靠高技术优势发动的一场实力悬殊的战争。战争中，美英联军采取陆海空联合作战的形式，大量运用精确制导武器，充分发挥其信息技术优势，只用 20 余天时间就全面击溃伊拉克军队，彻底摧毁了伊拉克的作战能力，迅速达到了战争目的。虽然战争的胜负从一开始就没有悬念，但战争进程充分反映了美军新的作战思想，全面检验了新型装备的作战效能和装备保障能力。

1. 战争概况

2003 年 3 月 20 日，美英两国不顾国际社会的强烈反对，绕过联合国安全理事会，公然对主权国家伊拉克发动了代号为"自由伊拉克行动"的伊拉克战争。其整个过程如下所述。

(1)"斩首行动"。"斩首行动"从北京时间 2003 年 3 月 20 日 10 时开始至 21 日 17 时结束。美英联军对伊拉克实施了三轮空袭行动，重点打击目标是萨达姆的藏身之地和政府首脑机构等要害部门，空袭的主要目的是炸死萨达姆，同时这也是发动这场战争的一个借口。

(2)"震慑行动"。"震慑行动"从北京时间 3 月 21 日 1 时开始至 4 月 8 日 24 时结束，该阶段是伊拉克战争的重心，对战争的胜利起到了决定性作用。这一阶段重点打击的目标是伊拉克的指挥机构、防空系统、通信系统、地面野战部队、电力等能源设施、民心等，并使用地面部队快速推进，直取要害目标伊拉克首都巴格达。其目的是通过强大的非对称军事行动，摧垮伊军的抵抗能力，崩溃伊军的意志、打垮民心士气，在保全自己又避免毁灭敌国、敌军的前提下实现让敌人完全屈服的全胜效果。通过"震慑"以最小代价和最短时间达到战略战术目标。

(3)"围剿行动"。"围剿行动"从北京时间 4 月 9 日凌晨开始，到 4 月 15 日 24 时主要军事行动结束为止。主要任务是在伊拉克全境围剿追杀包括萨达姆在内的 55 名被美军通缉的军政要人，美军要求联军"逮捕或者打死这些人"，清除当地隐藏起来的抵抗势力，搜寻大规模杀伤武器。"围剿行动"的主要目的是彻底推翻萨达姆政权，重建伊拉克新政府。

北京时间 4 月 15 日，美军下令撤回"小鹰"号、"星座"号航母，5 月 2 日上午 9 时，美国总统布什发表讲话，称伊拉克战争的"主要军事行动"已经结束，由英国、澳大利亚和美国组成的联军"取得了对伊拉克战争的胜利"。

2. 装备运用特点

一是精确制导武器成为主要毁伤手段。精确制导武器打击精度高、毁伤效果好、附带损伤小，在美军历次局部战争中发挥了重要作用。在此次战争中，美军至少发射了 750 枚巡航导弹和 14000 多枚其他精确制导弹药，占弹药投放总数的 70%~80%(在海湾战争中还不到 10%)。一方面，"战斧"巡航导弹使用数量明显增多，在此次战争中，"战斧"巡航导弹的使用远超过海湾战争。另一方面，大量使用带有 GPS 复合制导的武器，美军通过使用 GPS 制导技术改进原有的普通炸弹，使精确制导弹药的成本大幅降低，全天候作战能力得到较大提高，特别是低成本的"联合直接攻击弹药"(JDAM)，具有投放后不用管、可全天候使用、不受浓烟蔽日和沙尘暴等恶劣环境的影响等优点，成为美军实施持续空袭的有效手段。

二是信息化武器装备发挥骨干作用。美军此次部署和使用的武器装备中，全新研制的装备并不多，主要是经过改进、改型的装备。利用高新技术特别是信息技术，改造现役武器装备，是增强装备作战效能的重要途径。美军信息化改造主要包括：将非制导弹药改造成精确制导弹药，即在原有精确制导武器上采用新的信息技术和成果；对作战平台进行信息化改造，此次参战的作战飞机、主战坦克、武装直升机等都是经过信息化改造的，具备了较强的战场态势感知能力及互联互通能力，获得了网络化的作战能力和投放精确制导弹药的能力。

三是装备保障成美英联军面临的难题。 在本次军事行动中，美英联军虽然在作战装备方面占据了优势，但却在保障方面遭遇了前所未有的困难，在很大程度上影响了美英联军的作战进程。首先是没有获得广泛的盟国支持。在海湾战争中，以美国为首的军事行动得到了几乎全世界的支持，而在本次战争中，只有少数国家派遣了少量兵力提供有限的装备保障，使得美英联军可用的装备保障力量明显减少。其次是恶劣的气象条件导致了更大的保障负担，美英联军发动打击行动后，曾面临恶劣的天气困扰，沙尘暴对联军的装备保障造成严重影响，至少有 3 架直升机因沙尘暴导致的机械故障而坠毁。最后是因为装备保障力量成为伊拉克重点打击的目标，美军在大规模空袭没有完成的情况下，派遣大量地面部队直扑巴格达，由于联军装备保障力量缺乏有效的防御能力，再加上没有足够的空中力量支援，伊拉克军队多次成功地伏击了联军的装备保障力量，削弱了联军的装备保障能力。

思　考　题

(1) 结合新中国防空作战战例，阐述其装备运用特点，从中得到什么启示？

(2) 结合海军亚丁湾护航行动最新进展，阐述在非战争军事行动中装备运用与保障可能遇到的问题及解决思路。

(3) 结合伊拉克战争背景，阐述信息化条件下高技术武器装备的运用特点。

(4) 通观全书，论述自己对未来联合作战中装备体系发展趋势的理解。

彩　图

图 4.2.23　尾翼稳定脱壳穿甲弹脱壳过程

图 4.2.25　复合侵彻战斗部作战原理图

图 4.2.33　典型子母弹毁伤目标作用过程示意图

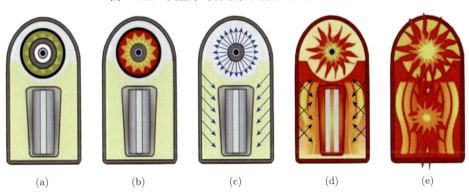

(a)　　　　　　(b)　　　　　　(c)　　　　　　(d)　　　　　　(e)

图 4.3.9　典型 Teller-Ulam 结构起爆过程示意图

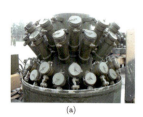

(a)　　　　　　　　　　　　(b)

图 5.2.18　烟幕弹炮车 (a) 和坦克炮塔旁的烟幕弹 (b)

图 5.2.20　石墨炸弹实物图

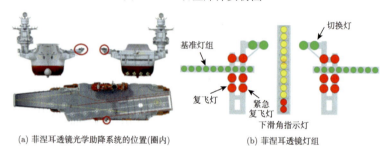

(a) 菲涅耳透镜光学助降系统的位置(圈内)　　　　(b) 菲涅耳透镜灯组

图 7.2.24　菲涅耳透镜光学助降系统的位置 (圈内) 及灯组

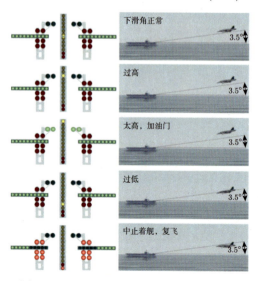

图 7.2.25　菲涅耳透镜光学助降系统示意图

图 8.2.44　常见的进气道布局形式

(a) 平视显示器

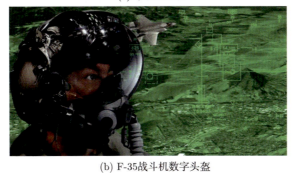

(b) F-35战斗机数字头盔

图 8.2.49　战斗机的人机交互界面

(a) 歼-10　　　　　　(b) 歼-15　　　　　　(c) F-15

(d) F-16　　　　　　(e) F/A-18　　　　　　(f) 米格-29

(g) 苏-27　　　　　　(h) "台风"　　　　　　(i) "幻影"-2000

图 8.3.1　典型的第三代歼击机

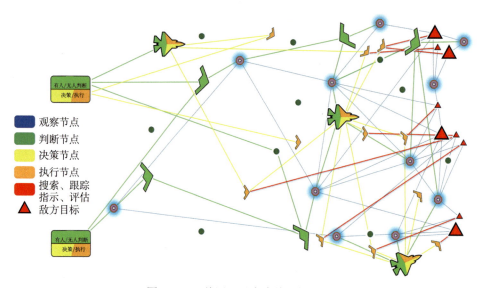

观察节点
判断节点
决策节点
执行节点
搜索、跟踪
指示、评估
敌方目标

有人/无人判断
决策/执行

有人/无人判断
决策/执行

图 10.1.6　美军"马赛克战"概念图

(a) E-3预警机

(b) A-50预警机

(c) "费尔康"预警机

(d) "空警"-200预警机

图 11.3.4　典型的预警机

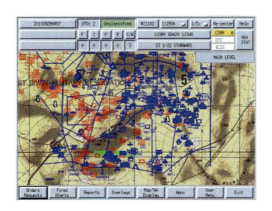

图 11.4.2　美军为旅级指挥员提供的公共战场态势图

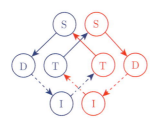
(a) "对抗"的攻击环

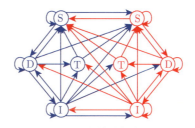
(b) 对抗关系全图

图 12.1.2　信息时代战斗模型 (IACM)

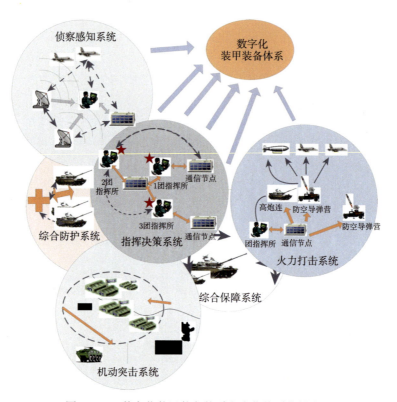

图 13.1.2　数字化装甲装备体系突击作战系统描述

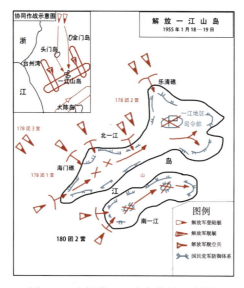

图 14.1.1　解放一江山岛作战示意图